OpenFOAM
多物理场计算基础与建模

Fundamental Multiphysics Computation
and Modelling with OpenFOAM

杨文明 编著

化学工业出版社
·北京·

内 容 简 介

工程技术中越来越依赖于多物理场的有效求解来理解所遇到实际问题的物理本质，OpenFOAM 是工程和科学计算领域解决多物理场数值计算的有力工具。本书内容涵盖使用 OpenFOAM 必须掌握的基础知识和针对特定物理问题编制 OpenFOAM 求解器的应用实例，既能满足初学者的学习需求，又能供熟练使用 OpenFOAM 的人员用于提高 OpenFOAM 编程能力。

全书共分为 11 章，前 5 章为基础部分，包括 Linux 操作系统基础、ParaView 数据分析和可视化基础、OpenFOAM 编程的 C++基础、OpenFOAM 编程基础和有限体积法基础；后 6 章为应用部分，包括编写 OpenFOAM 算例、编写 OpenFOAM 求解器、不可压缩流体流动求解器、多区域静磁场求解器、铁磁流体磁-流耦合流动求解器和纳米颗粒直接荷电过程多场耦合求解器。

本书可作为高等院校机械工程、动力工程及工程热物理、航空航天等专业的研究生教材，也可以供从事计算多物理场研究和使用 OpenFOAM 的技术人员参考。

图书在版编目（CIP）数据

OpenFOAM 多物理场计算基础与建模/杨文明编著. —北京：化学工业出版社，2022.12（2024.1 重印）

ISBN 978-7-122-42228-6

Ⅰ.①O… Ⅱ.① 杨… Ⅲ.①计算流体力学-应用软件 Ⅳ.①O35-39

中国版本图书馆 CIP 数据核字（2022）第 171218 号

责任编辑：张海丽　　装帧设计：刘丽华

责任校对：王　静

出版发行：化学工业出版社（北京市东城区青年湖南街 13 号　邮政编码 100011）

印　　装：大厂聚鑫印刷有限责任公司

787mm×1092mm　1/16　印张 27½　字数 683 千字　2024 年 1 月北京第 1 版第 4 次印刷

购书咨询：010-64518888　　售后服务：010-64518899

网　　址：http://www.cip.com.cn

凡购买本书，如有缺损质量问题，本社销售中心负责调换。

定　　价：138.00 元

前言

随着计算机技术的发展，数值计算已成为科学研究和解决工程实际问题的重要技术手段。各领域中不可避免地遇到多种物理现象的共同作用，而且有时这些物理现象间还存在相互耦合。OpenFOAM 为解决多物理场的数值计算提供了有效手段，已成为工程和科学计算的有力工具。编写本书的目的正是为非计算机专业的工程技术人员和科研工作者提供一种使用 OpenFOAM 解决本领域多物理场计算问题的方法。

OpenFOAM 是运行在 Linux 环境下，用于物理场操作和处理的开源 C++应用程序库。基于 OpenFOAM 的计算多物理场方法是一门交叉学科，涉及物理学、计算数学、计算机科学等诸多内容。但本书在基础部分不针对具体的物理场，侧重从使用 OpenFOAM 的角度出发，内容尽量涵盖使用 OpenFOAM 前必须掌握的基础知识，包括与 OpenFOAM 相关的 Linux 系统、C++语言、ParaView 后处理软件以及 OpenFOAM 编程基础等，这些内容能够满足 OpenFOAM 初学者的学习需求。在本书的实例部分，分别针对特定物理场，如不可压缩流体流场、多介质区域静磁场和较为复杂的耦合多物理场，介绍相应 OpenFOAM 求解器的编制方法，作为 OpenFOAM 的熟练使用者提高编程技术的学习内容。

OpenFOAM 中虽然内置了大量标准求解器和物理模型，使操作人员能够像使用传统商业计算软件那样解决物理场计算问题，但编著者认为 OpenFOAM 最引人之处在于：操作人员可以在 OpenFOAM 的基本框架内按照自己的意愿修改各数学模型和求解算法的底层代码，创建针对具体问题的专门模型和求解方法，这对于进行数学建模和算法研究的人员极具诱惑力。而能够做到理解 OpenFOAM 标准库中的代码，并能够轻松自如地修改和编写代码，达到求解自定义模型的目标，要求使用人员熟练掌握 Linux 系统的基本操作、C++语言的基本原理、ParaView 后处理软件的使用方法、OpenFOAM 程序组织结构，还要熟练应用有限体积法这一数值计算方法，将具体物理场的数学模型转换为计算程序源代码，这些要求正是本书内容安排的初衷所在。

本书的部分内容为编著者前期研究成果的总结，这些研究得到了国家自然科学基金（52005033）和北京市自然科学基金（3214048）等项目的资助，在此深表谢意！

限于编著者水平，书中难免出现不妥之处，恳请批评指正。

编著者

目录

第1章
Linux 操作系统基础

OpenFOAM 是基于 Linux 环境开发的一套开源程序，使用和编写 OpenFOAM 程序时，需具备一定的 Linux 操作系统基本知识。本章将介绍这些内容，作为使用和管理 OpenFOAM 的基础之一。另外，OpenFOAM 属于 Linux 终端应用程序，其命令行一般在文本编辑器中进行编辑，所以本章还包括终端应用的基础、图形 Shell 和 gedit 文本编辑器的使用方法。

1.1 Linux 操作系统简介

Linux 也常被称为 GNU/Linux，是一种功能强大的操作系统，起源于 20 世纪 60 年代美国贝尔实验室设计的 UNIX 操作系统。现在广泛应用的 Linux 系统是基于 Linus Torvalds 在 1991 年编写的类 UNIX 操作系统，遵循 GNU 通用公共许可证（GPL），任何个人和机构都可以免费使用 Linux 的所有底层源代码，也可以对其做进一步开发。普通用户使用的个人计算机 Linux 操作系统，是各 Linux 开发组织的发行版本，如 Ubuntu、Fedora Core、SUSE 等，每一种发行版本都会定期更新，而且更新后的版本均免费提供。各发行版除了包含 Linux 系统的内核外，还包括基本的 Shell、X Window 系统、窗口管理器和各种应用软件。

Linux 系统遵循开放系统互连国际标准，与遵循该标准开发的软、硬件彼此兼容。它支持多用户、多任务、多线程和多 CPU 应用，并与 POSI 相兼容。与 Windows 操作系统相比，Linux 系统构造更加简单、稳定，对 CPU 速度要求低，可连续运行数月甚至数年而无须重新启动，因而广泛应用在服务器上。

Linux 系统可直接在硬盘上安装并单独使用，或在已经安装了 Windows 系统的硬盘上并列安装，成为双操作系统，也可在 Windows 平台上利用虚拟机安装，安装方法在相关图书和网站上均有介绍，此处不再赘述。

安装 Linux 操作系统时，与安装 Windows 时在需要设置的内容上的最大不同之处在于磁盘的管理。Linux 系统用“挂载点”取代分区，可以把整个硬盘容量看作一个文件夹，该文件夹内的各子文件夹对应不同的挂载点，一张硬盘最多可划分为 15 个挂载点，包括 3 个主区和 12 个逻辑区。系统安装时一般以/dev/文件夹下的一个文件夹表示一个挂载点，常用的分区方案见表 1-1。

表 1-1　Linux 系统安装时常用分区方案

分区名	挂载点	说明
/dev/hda1	/	根目录
/dev/hda2	/boot	引导区，存放与系统开机相关的核心文件

续表

分区名	挂载点	说明
/dev/hda3	/home	个人用户主目录，系统重装时可保留
/dev/hda4	swap	交换分区

需要指出的是，Linux 系统安装过程中需要设置 swap 交换分区，它是利用硬盘空间临时当作内存使用的分区。系统运行过程中当物理内存不足时，会将一部分内存空间释放出来供当前运行的程序使用，被释放空间中的内容则临时保存到交换分区中，如果要运行这些内容，再从交换分区中恢复数据到内存中。通常交换分区的空间大小设置为物理内存的 2.0～2.5 倍，也可以设置多个交换分区加快交换速度。此外，即使在系统安装完成后，也可利用系统命令来增加或删除 swap 交换空间。

Windows 10 在其 2004 及更新的版本上内置了 Linux 子系统，此时可按照如下方法安装 Linux 系统：首先启用开发者模式，并在“打开或关闭 Windows 功能”选项卡中勾选“适用于 Linux 的 Windows 子系统”，之后可在 Microsoft Store 中获取并直接安装不同版本的 Linux 系统。以 Ubuntu 系统为例，安装完成后 Linux 子系统文件夹默认位于 Windows 系统的文件夹 rootfs 内，该文件夹的位置一般为：C：\Users\Username\AppData\Local\Packages\CanonicalGroupLimited.Ubuntu20.04onWindows_79rhkp1fndgsc\LocalState\rootfs。其中，Username 为 Windows 系统的用户名。

在 Windows 系统的应用程序列表中会显示 Ubuntu *** on Windows，其中***为版本号，单击后即可进入 Ubuntu 终端，基于该终端可以完成 OpenFOAM 程序的安装、运行和调试。但如果长期使用 OpenFOAM 进行程序编写，当前建议仍采用硬盘安装或虚拟机安装的 Linux 操作系统，因为运行在 Ubuntu *** on Windows 上的 gedit、paraFoam 等软件目前会出现方向键输入混乱等现象，给程序调试带来不便。

整个 Linux 类操作系统由外到内、从上到下可分为 5 层，即用户层、应用层、Shell 层、内核层（Kernal）和硬件层，其中 Shell 层起到承上启下的作用，在 Linux 终端应用中，它将应用层或用户层输入的命令经解释后传递给操作系统内核层，内核执行完成相应工作后，结果通过 Shell 层反馈至用户层或应用层。

1.2 Shell 及其基本操作

Shell 是 Linux 操作系统的组成部分，它是一种解释和执行用户输入命令的应用程序，通过该程序的图形界面可以访问 Linux 操作系统的内核，可认为是用户与计算机内核间的桥梁。它将命令传递给系统内核，系统内核根据命令完成相应工作，并通过 Shell 反馈给用户。当启动 Linux 系统终端时，Shell 自动启动。OpenFOAM 是基于 Linux 的终端应用程序，通过 Shell 命令在终端内以命令行的模式工作。因此，掌握基本的 Shell 操作是使用 OpenFOAM 的基础。

Linux 的 Shell 种类很多，常见的有 Bourne Shell（sh）、Bourne Again Shell（bash）、C Shell、Korn Shell（ksh）等，它们均可以支撑 OpenFOAM 工作。可使用 echo 命令在终端内查询 Shell 种类，如果计算机上安装了多种 Shell，可使用 sh 命令切换要运行的 Shell 种类。

打开 Linux 终端时，界面上会出现一个提示符，主要有#、～、$等。其中$表示当前用户为普通用户，是 Linux 系统的默认登录用户；#提示符表示当前用户为系统管理员用户，即 root 用户，默认情况下不允许 root 用户登录，但在终端中进行某些操作时需要 root 用户身份才能进行，这时需要切换用户。在提示符后面，用户可以向系统输入各种 Shell 命令，这些命令经 Shell 解释后被操作系统执行。用户不仅可以直接使用 Shell 的内置命令，还可以应用 Shell 命令编写 Shell 脚本文件，达到批量执行命令实现复杂操作的目的。

Shell 的命令格式为：

```
command -options [argument]
```

其中，command 表示命令名；-options 表示选项，为了完成不同的功能，同一命令时可有不同的选项；[argument]表示参数，有的命令可以没有参数。使用时组成 Shell 命令的各部分间用空格隔开。表 1-2 给出 Linux 基本操作中常用的 Shell 命令。

表1-2　Linux 基本操作常用 Shell 命令

名称和语法	功能	选项说明	举例
ls [选项] [路径]	列出指定工作目录下包含的文件及子目录	-a：显示所有文件及目录 -l：显示文件的详细信息 -r：以相反次序显示文件 -t：安装创建时间次序显示文件 -A：显示所有文件及目录，但不列出“.”和“..” -F：显示时在文件名后加符号 -R：显示目录内的所有文件	ls -l ./test/：查看当前目录下 test 目录的详细内容； ls -al ./test/：查看当前目录下 test 目录的详细内容，包括隐藏文件； ls $FOAM_RUN：查阅 FOAM_ RUN 文件夹下的文件
pwd [-version] [-help]	显示当前工作目录的绝对路径	-help：显示帮助信息 -version：显示版本信息	pwd：显示当前工作目录的绝对路径
uname [选项]	查看当前系统信息	-r：显示系统内核版本 -s：显示内核名称 -o：显示系统信息	uname -r：显示内核版本号
cd [路径]	切换工作目录到指定路径下		cd /：切换到根目录/ cd $FOAM_RUN：进入 run 目录
cat [选项] [文件名]	在终端界面上显示文件内容	-n：对显示内容按行编号 -b：与-n 类似，对空白行不编号 -s：当有连续两行以上空白行时，替换为一行空白行	cat -n /etc/issue：显示/etc 文件夹下 issue 文件的内容，并显示行号； cat -n textfile1 > textfile2：把 textfile1 的文档内容加上行号后输入文档 textfile2
clear	清屏		clear：清除屏幕上的所有内容
sudo [选项] []	切换用户身份，使用时需输入密码	-b：在后台运行 -E：指定允许的环境变量 -e：不允许命令，编辑相应文件 -H：设置环境变量 HOME -h：显示帮助信息 -k：结束密码有效期 -l：列出当前用户可执行和不可执行的命令 -p：改变询问密码的提示符号 -s -command：执行该句后面的命令 -u -username：指定用户作为新用户身份 -v：延长密码有效期 5 分钟 -V：显示版本信息	
su [选项] [用户名]	切换用户	-c -command：执行指定命令，完毕后恢复原用户身份 -,-l 或 -login：改变用户身份，同时改变工作目录和 PATH 环境变量 -m，-p 或-preserve-environment：变更身份时不改变环境变量 -s -shell：指定要执行的 shell -h 或-help：显示帮助信息 -V：显示版本信息	sudo su root：切换到 root

续表

名称和语法	功能	选项说明	举例
man [命令名]	显示指定命令的详细内容和使用方法		man ls：查看 ls 命令的详细内容和使用方法
ps [参数]	显示当前进程状态	-A：列出当前所有进程 -au：列出进程的详细信息	ps：列出系统正在运行的进程
kill [参数] [程序名或编号]	中止执行中的程序		kill 6606：中止 PID 为 6606 的进程
jobs [进程名]	列出进程 ID		
fg	前端执行进程		
CTRL-c	中止正在运行的前端进程		
top	显示所有正在运行的进程		
which	显示可执行程序的完整路径		which gedit：显示程序 gedit 的完整路径
info coreutils	查询 Linux 命令		info coreutils ls：查询 ls 命令的使用方法

在 Linux 终端输入 Shell 命令时经常会用到通配符，表示特殊含义，常用的通配符及其含义见表 1-3。

表1-3 Linux 基本操作常用 Shell 通配符

符号	含义	举例
*	表示任意一个字符或任意多个字符组成的字符串	ls -l ./a*：查看当前目录下所有以 a 开头的文件及文件夹的详细信息
?	表示单个字符	ls -l ./a?：查看当前目录下所有以 a 开头且名称长度为 2 个字符的文件及文件夹的详细信息
[ ]	指定被显示内容的范围	ls [a-d]：查看当前目录下文件名为 a～d 的文件及文件夹
!	排除指定内容，显示剩余部分	ls [!a-d]：查看当前目录下除文件名为 a～d 外的文件及文件夹
;	同一行输入多个命令时分隔各命令	ls；ls-l：查看当前目录下的文件及文件夹，然后查看它们的详细信息
`	命令替代符，成对使用	echo `ls -l`：将命令"ls -l"的结果显示出来
#	注释符号，以该符号开头的一行不会被执行，常用语 Shell 脚本中	
～	home 目录	cd ～：跳到 home 目录
.	当前目录	
..	上一级目录	cd ../../：回到上两级目录
&	后台执行	xlogo &：后台运行 xlogo 程序

为了提高 Shell 命令的输入和执行效率，Shell 提供了一些高效输入和执行方法，见表 1-4。

表1-4 Shell 高效输入和执行方法

功能	实现方法
命令输入时自动补全	输入命令的前几个字母，按 Tab 键，如果与所输入的字母匹配的只有一个命令或文件名，输入内容将被自动补全；如果有多个与之匹配，发出报警声，这时再按一次 Tab 键，终端界面上将列出与之匹配的所有命令或文件名
历史命令自动输入	按上、下方向键选择曾经输入过的命令，也可输入 history 查看较长时间范围内的历史命令

续表

<table>
<tr><th>功能</th><th>实现方法</th></tr>
<tr><td>自定义命令别名</td><td>利用 alias 命令将 Shell 命令定义为另一个别名，如 alias h=man，即将 man 命令定义为 h，后续使用时直接输入 h 可实现 man 的功能</td></tr>
<tr><td>输入输出重定向</td><td>使用符号“<”进行输入重定向，“>”和“>>”进行输出重定向，可实现从文件输入命令，或将输出结果存储在指定文件。“>”和“>>”的区别在于覆盖和追加写入。如，ls -l > test，可将 ls -l 命令的结果输出到当前目录下的 test 文件中</td></tr>
<tr><td>管道方法执行多个命令</td><td>使用“|”符号隔开多个命令，前一个命令的输出作为后一个命令的输入。例如，命令行 ls -lR /usr/bin | grep “wc”　可用于寻找名称中含有字符串 wc 且位于目录/usr/bin 下的文件</td></tr>
</table>

1.3 Linux 文件系统结构及管理

在 Linux 系统中，没有像 Windows 系统那样的磁盘分区，其文件系统均需挂载到特定的目录才能使用，并使用 mount 工具对文件系统进行挂载。Linux 的文件系统主要有 ext2、ext3、ext4 和 reiserfs 等，并支持其他多种文件系统。Linux 文件系统的结构实现为一种分层的体系结构，将用户接口层、文件系统实现和存储设备的驱动程序分隔开来。

以 Ubuntu Linux 系统为例，它采用 ext3 文件系统，一切文件均以目录的形式存储，在根目录下既可以是目录，也可以是文件，且每一个目录中又可以包含子目录或文件。Ubuntu 系统具有如图 1-1 所示的树状目录结构。也可在终端的根目录下利用 ls 命令查看根目录下的文件及文件夹信息。

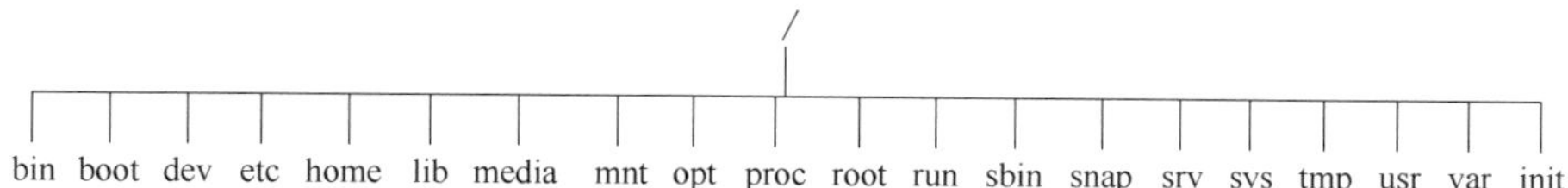

图 1-1　Ubuntu Linux 文件系统目录结构

图 1-1 中，“/”为系统根目录，根目录下各文件夹具有不同的功能，具体为：

/bin/：bin 是 binaries 的缩写，存放常用的二进制可执行命令文件。

/boot/：存放 Ubuntu 内核和系统启动文件，包括连接文件和镜像文件。

/dev/：dev 是 device 的缩写，存放 Linux 外部设备文件。

/etc/：存放系统管理所需的配置文件和子目录。

/home/：用户主目录，每个用户在该目录下均有一个以用户名命名的子目录。

/lib/：lib 是 library 的缩写，存放程序所需的共享库文件，这些库文件主要为/bin/和/sbin/目录下的可执行文件服务。

/media/：挂载 Ubuntu 系统自动识别设备的设备文件。

/mnt/：用于临时挂载其他文件系统。

/opt/：opt 是 optional 的缩写，安装软件的可选文件和程序的存放目录。

/proc/：proc 是 processes 的缩写，一个虚拟目录，目录内容位于内存而不是硬盘，是内存的映射，内容包括系统信息和进程信息。

/root/：系统管理员用户主目录，或超级权限者用户主目录。

/run/：临时文件系统，存储系统启动以来的信息，当系统重启时，该目录下的文件会被删除。

/sbin/：sbin 是 superuser binaries 的缩写，存放系统管理员使用的系统命令。

/snap/：存放某一个时间点系统的备份。

/srv/：存放系统服务启动后的提取数据。

/sys/：一个虚拟文件系统，存放当前系统上硬件设备相关信息。

/tmp/：tmp 是 temporary 的缩写，存放用户和系统的临时文件。

/usr/：usr 是 Unix shared resources 的缩写，存放用户的应用程序和文件，类似于 Windows 系统下的 program files 文件夹。

/var/：var 是 variable 的缩写，存放各种内容不断变化的文件，如各种日志文件。

/init/：Linux 系统的进程初始化工具。

在 Windows 10 操作系统上安装的内置 Linux 子系统也具有与图 1-1 类似的文件系统目录结构。

在 Linux 终端使用 Shell 命令可以非常高效地对文件系统进行管理，常用的文件系统 Shell 管理命令见表 1-5。

表1-5 Linux 常用文件系统管理 Shell 命令

名称和语法	功能	选项说明	举例
touch [参数] [文件名]	创建新文件，如果该文件已经存在，则修改源文件的修改日期	-a：只更改存取时间 -c：不建立任何文件 -d<时间日期>：使用指定时间 -m：只更改变动时间 -r<参考文件或目录>：将指定文件或目录的时间设置为参考文件或目录的时间 -t<日期时间>：使用指定时间 --help：在线帮助 --version：显示版本信息	touch a：创建文件 a； touch -t 201501211059 file1.txt：将文件 file1 的时间改为 2015 年 01 月 21 日 10 时 59 分
cp [参数] [源地址] [目标地址]	复制文件或目录	-a：与-dpR 的组合效果相同 -d：复制符号连接时保留原始连接 -f：强行复制，不管目标是否存在 -I：覆盖已有文件时需询问 -l：建立源文件的硬连接 -p：复制文件内容的同时保留修改时间和访问权限等信息 -P：保留源文件或目录的路径 -r：将指定目录下的文件与子目录一并复制 -R：将指定目录下的所有内容一并复制 -s：对源文件建立符号连接 -v：显示指令执行过程	cp -r a dir：将当前目录下的文件 a 复制到目录 dir 下； cp -r $FOAM_TUTORIALS $FOAM_RUN：拷贝文件 FOAM_TUTORIALS 到 FOAM_RUN 下； cp -r $WM_PROJECT_DIR/applications/solvers/multiphase/interFoam/* .：复制文件夹 interFoam 下的所有文件至当前目录
mv [参数] [源地址] [目标地址]	更改文件或目录名称，移动文件或目录	-b：若需覆盖文件，覆盖前需询问 -f：若目标地址处已存在相同文件或目录，直接覆盖 -I：覆盖前需询问 -v：显示指令执行过程	mv dir1/a dir2：移动目录 dir1 下的文件 a 至目录 dir2 下； mv a b：重命名当前目录下的文件 a 为 b
rm [参数] [目标地址]	删除文件或目录，对于链接文件，只删除链接	-d：删除目录的硬连接数据和目录 -f：强制删除文件或目录 -i：删除前逐一询问确认 -r：删除指定目录下的所有文件和子目录（删除目录时必须使用） -v：显示指令执行过程	rm -ri dir/：删除目录 dir，删除过程需询问； rm -r *：删除当前目录下的所有文件及目录
mkdir [参数] [目录名]	创建一个目录	-p：若所要建立目录的上级目录尚未建立，则一并建立上级目录	mkdir -p BBB/Test：在当前目录下的 BBB 目录中建立一个名为 Test 的子目录，若 BBB 目录原不存在，则建立一个

续表

名称和语法	功能	选项说明	举例
rmdir [参数] [目的地址]	删除一个目录	-p：若指定目录的上级目录在该目录被删除后成为空目录，一并删除上级目录	rmdir dir：删除当前目录下的目录 dir
more [参数] [文件名]	在终端界面按屏显示文件内容。按 Enter 键显示下一行，按 Space 键显示下一屏，按 Q 键退出显示模式	-p：显示下一屏前清屏 -d：在每一屏的底部显示操作提示 -s：显示时将连续的空白行压缩为一行 -num：要求每屏显示的行数，使用时 num 用数字代替	more -d10 a：显示文件 a 的内容，每屏 10 行，在底部显示操作提示
less [参数] [文件名]	与 more 功能相同，但使用 less 允许使用上下键翻阅	（与 more 的参数相同，也可以使用按键 J 和 K 导航，按 Q 键退出）	（与 more 的参数相同）
head [参数] [文件名]	只显示文件的前面几行或前面几个字节的内容	-num：要求显示的行数，默认 10 行 -c num：显示前 num 个字节的内容	head -20 /dir/a：显示 dir 目录下文件 a 的前 20 行内容
tail [参数] [文件名]	只显示文件的最后几行或最后几个字节的内容	-num：要求显示的行数，默认 10 行 -c num：显示后 num 个字节的内容	tail -20 /dir/a：显示 dir 目录下文件 a 的后 20 行内容
file [参数] [文件名]	显示文件类型	-b：显示结果是不包括文件名称 -c：显示指令执行过程 -L：显示符号连接所指向文件类别 -v：显示版本信息	file a：显示文件 a 的类型
ln [参数] [目的地址] [链接文件名]	创建链接文件	-b：覆盖目标文件之前的备份 -d：建立目录的硬链接 -f：强行建立文件或目录的链接 -i：覆盖文件前需询问 -n：视链接文件为一般文件 -s：建立符号链接	la a aaa：创建文件 a 的硬链接 aaa
wc [参数] [文件名]	统计文件中的字数、字节数等信息	-c：只统计字节数 -l：只统计行数 -w：只统计字数	wc -l a：显示文件 a 的字数
tee [参数] [文件名]	从标准设备读取数据，或输出至标准设备	-a 或--append：附加到既有文件的后面，而非覆盖它 -i 或--ignore-interrupts：忽略中断信号 --help：在线帮助	tee file1 file2：将用户输入的数据同时保存到文件"file1"和"file2"中； interFoam | tee log：将程序 interFoam 的输出写出至标准输出和文件
comm [参数] [文件 1] [文件 2]	逐行比较两个已排序文件的差异	-1：不显示文件 1 特有的行文 -2：不显示文件 2 特有的行文 -3：不显示两个文件共有的行文	comm -12 a b：显示文件 a 和 b 共有的行文
diff [参数] [文件 1] [文件 2]	逐行比较文本文件的异同。如果是指定目录，则只比较其中相同文件名的文件	-i：忽略文件内容中的大小写 -E：忽略 Tab 扩展导致的差别 -b：忽略空格字符的不同 -w：忽略所有空白 -B：不检查空白行 -a -text：将所有文件作为文本处理	diff -B a b：比较文件 a 和 b 的差异，不检查空白行
zip [参数] [压缩文件名.zip] [被压缩文件列表]	将被压缩文件列表指定的文件压缩为一个.zip 文件	-b <目录>：指定暂时存放文件的目录 -d：从压缩文件内删除指定文件 -F：修复已损坏的压缩文件 -g：文件压缩后附加在既有压缩文件之后 -h：帮助 -j：只保存文件名称及其内容而不存放目录名称 -m：压缩后删除原始文件	zip -r a.zip a/：压缩 a/文件夹下所有的文件至 a.zip

续表

名称和语法	功能	选项说明	举例
zip [参数] [压缩文件名.zip] [被压缩文件列表]	将被压缩文件列表指定的文件压缩为一个.zip 文件	-n<字尾字符串>：不压缩指定字尾的文件 -q：不显示指令执行过程 -r：将指定目录下的所有文件和子目录全部处理 -S：包含系统和隐藏文件 -t <时间>：设置压缩文件时间 -u：更新压缩文件内的文件 -v：显示执行过程或版本信息 -x<范本>：排除符合条件的文件 -y：直接保存符号链接，而不是该链接指向的文件 -z：为压缩文件增加注释 -$：保存第一个被压缩文件所在磁盘的卷册名称 -num：指定压缩效率	zip -r a.zip a/：压缩 a/文件夹下所有的文件至 a.zip
unzip [参数] [压缩文件名.zip]	解压缩.zip 文件	-l：显示压缩文件内所包含的文件 -t：检查压缩文件是否正确 -v：显示执行过程 -z：仅显示压缩文件的备注文字 -C：解压后的文件名区分大小写 -j：不处理压缩文件中原有目录路径 -L：解压后的文件名全部改为小写 -n：解压时不覆盖原有文件 -P <密码>：使用 zip 密码选项 -q：不显示执行过程 -d <目录>：指定解压后的存储目录 -x <文件>：指定不解压的文件 -Z：显示压缩包中的文件信息，不解压	unzip a.zip：将压缩包 a 解压到当前目录； unzip -l a.zip：显示压缩包 a 内包含的文件

与 Windows 系统类似，Linux 文件系统中也包括不同类型的文件，在显示文件详细信息时用不同的符号表示，主要有：

-：普通文件，通常为由应用程序创建的文件。

d：目录，可以包含多个文件或子目录。

c：字符设备、串口设备，如调制解调器等。

b：块设备，存储数据供系统存取的接口设备，如硬盘、光驱等。

l：符号链接文件，相当于快捷方式，指向目标文件。

s：套接口文件，用于网络通信。

p：管道文件，主要为 FIFO 文件。

这里的文件链接相当于创建文件的快捷方式，Linux 系统中有两种类型的文件链接——硬链接和软链接，其中软链接也称为符号链接。硬链接利用 Linux 为每个文件分配的物理编号建立，修改硬链接的目标文件名后，链接依然有效。软链接的建立则依赖于文件的路径名，修改链接的目标文件名后链接将断开。对链接文件进行移动或删除操作可能会导致链接断开。如果删除已有目标文件，重新建立一个同名文件时，软链接将恢复，而硬链接将失效。

在终端中使用 ls -l 命令可以查看文件的详细信息，例如，查看 OpenFOAM 安装文件夹后的显示内容及含义如图 1-2 所示。其中字符串“rwxr-xr-x”每 3 位一组，分别表示文件所属用户的权限、所属用户组的权限和其他用户组的权限，r 表示可读，w 表示可写，x 表示可执行。

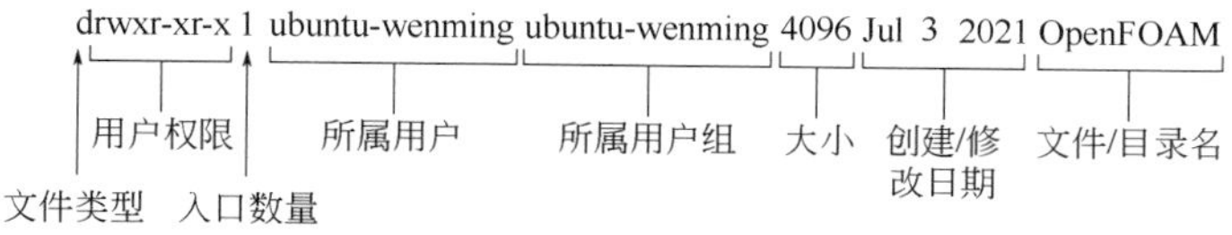

图 1-2 Linux 文件系统中的文件详细信息及含义

在 Linux 系统中，不同的用户有着不同的权限，如对某个文件的读写或对某个目录的执行等，只有开放了用户的权限才能进行。一般将具有相近权限的用户划分为一个用户组。系统文件/etc/passwd 和/etc/group 分别记录操作系统当前所有的用户信息和用户组信息。在 Shell 中也提供了关于用户和用户组及其权限管理的命令，其中的常用命令见表1-6。有时在删除文件等操作时只能使用 root 权限，此时使用命令

```
sudo su
```

进入 root 用户，在输入密码后可打开一个 root 权限的终端，执行完毕后从 root 用户回到原先用户可使用

```
exit
```

命令，也可使用该命令退出终端窗口。

表1-6　Linux 用户、用户组及其权限管理常用 Shell 命令

名称和语法	功能	选项说明	举例
whoami	显示当前用户名		
adduser [参数] [用户名]	添加用户	--system：添加一个系统用户 --home DIR：DIR 表示的主目录路径 --shell SHELL：SHELL 表示用户的默认 SHELL --uid ID：ID 表示用户的 uid --ingroup GRP：GRP 表示用户所述用户组 --help：帮助	adduser -system -home /home/a -shell /bin/bash aaa：添加用户 aaa，指定其主目录为/home/a，默认 shell 为 bash
finger [参数] [用户名]	查找用户信息	-l：列出用户的账号名称、姓名等信息 -m：不显示所查找用户的姓名 -s：查找用户的账号名称、姓名、登录主机等信息 -p：查找用户的账号名称、姓名、专属目录等信息	finger -l aaa：查找用户 aaa 的信息
passwd [参数] [用户名]	更改用户密码。系统管理员用户可以更改所有用户的密码	-d：删除用户密码，密码置空 -l：锁定用户，只有系统管理员可用 -u：解锁用户，只有系统管理员可用 -m -mindays DAYS：密码使用的最短天数 -m -maxdays DAYS：密码使用的最长天数	passwd aaa：更改用户 aaa 的密码
usermod [参数] [用户名]	修改用户登录信息	-d：修改用户登录时的主目录 -e <有效期限>：修改账号有效期 -f <天数>：密码过期指定天后关闭账号 -g <组>：修改用户所属组 -G <组>：修改用户所述附加组 -l <账号名>：修改用户账号名 -L：锁定用户密码，使其无效 -s：修改用户使用的 Shell -u：修改用户 ID -U：解除密码锁定	usermod -l aaa bbb：将用户 aaa 改名为 bbb
id [参数] [用户名]	显示用户的 ID 识别号	-g：显示用户所属组的 ID -G：显示用户所属附加组的 ID -r：显示实际 ID -u：显示用户 ID	id -u aaa：显示用户 aaa 的 ID
chfn [参数] [用户名]	修改用户基本信息	-f <姓名>：修改用户姓名 -h <家庭电话>：修改家庭电话 -r <房间号>：修改用户地址 -w <办公电话>：修改办公电话	chfn -f aaa bbb：将用户 bbb 的姓名改为 aaa

续表

名称和语法	功能	选项说明	举例
deluser [参数] [用户名]	删除用户	--ystem：只删除系统用户 --remove-home：删除用户主目录 --remove-all-files：删除所有有关文件 --backup：备份用户信息	deluser --remove-all-files aaa：删除用户 aaa 及其所有相关文件
addgroup [参数] [用户组名]	添加用户组	--gid：指定用户组 ID --system：添加一个系统用户组	addgroup aa：添加用户组 aa
Groups [用户组名]	显示组内用户		groups root：显示 root 内的用户
groupmod [参数] [用户组名]	修改用户组信息	-g <GID>：设置用户组识别码 -o：重复使用组识别码 -n <name>：更改组名称	groupmod -n aa bb：更改用户组 bb 的名称为 aa
delgroup [参数] [用户组名]	删除用户组	-only-if-emty：仅当所要删除的用户组内没有用户时才删除	delgroup aa：删除用户组 aa
chmod [参数] [文件名/目录名]	修改文件或文件夹的权限	-v：显示指令执行过程 -c：类似于-v，值显示更改部分 -f：不显示错误信息 -R：将指定目录下的所有文件和子目录全部处理	chmod a+w bbb：所有用户增加对文件 bbb 的可写权限，其中 a 表示所有用户
chown [参数] [用户名.<组名>] [文件名/目录]	修改文件或目录所属用户或组	-v：显示指令执行过程 -c：类似于-v，值显示更改部分 -f：不显示错误信息 -h：只更改符号链接文件 -R：将指定目录下的所有文件和子目录全部处理	chown aa aaa：修改文件 aaa 的所属组为 aa
chgrp [参数] [组名] [文件/目录名]	修改文件或目录的所属组	（与 chown 命令的参数内容及含义相同）	chgrp -c root aaa bbb：同时将文件 aaa 和 bbb 的所属组改为 root
du [参数] [目录或文件名]	显示文件或目录的大小	-a：显示目录中个别文件的大小 -b：显示的大小以 byte 为单位 -c：除显示个别目录或文件大小外，还显示所有目录或文件的大小总和 -h：以 KB、MB、GB 为单位 -k：以 1024bytes 为单位 -m：以 MB 为单位 -s：仅显示总大小	du OpenFOAM：显示目录 OpenFOAM 及其中各文件的大小； du -sh OpenFOAM：显示目录 OpenFOAM 总大小，以 MB 为单位

OpenFOAM 应用中经常会遇到从庞大的案例库或求解器库中查找相关信息，这时可使用 Linux 提供的各种文件搜索有关命令，见表 1-7。

表1-7 Linux 常用文件查询 Shell 命令

名称和语法	功能	选项说明	举例
find [路径] [参数] [关键字]	在目录结构中查找文件，关键字可以是文件名的一部分	-amin <分钟数> 或-atime <小时数>：查找一定时间前存取的文件或目录 -cmin <分钟数> 或-ctime <小时数>：查找一定时间前更改的文件或目录 -depth：从指定目录下最深层的子目录开始查找 -gid <群组识别码>：查找群组识别码对应的文件或目录 -group <群组名称>：查找群组名称对应的文件或目录 -name filename：查找与字符串“filename”匹配的文件或目录，可使用通配符 -typ <文件类型>：查找指定类型的文件 -uid <用户识别码>：查找指定用户识别码对应的文件或目录 -used <天数>：查找一定时间前存取过的文件或目录	find $WM_PROJECT_DIR-type d -name "*fvPatch*"：寻找目录 WM_PROJECT_DIR 下文件名中含有 fvPatch 的目录位置； find $FOAM_TUTORIALS -name "*Dict"：寻找 tutorials 目录下文件名以 Dict 结尾的所有文件

续表

名称和语法	功能	选项说明	举例
locate [参数] [关键字]	查找符合条件的文件或目录	-d <数据库文件>：设置 locate 命令使用的数据库，取代默认的数据库 -w：匹配整个路径 -c：只显示找的条目数量	locate cpuinfo：在默认数据库内查找文件名与 cpuinfo 匹配的文件
grep [参数] [关键字] [文件列表]	查找含有关键字所列字符串的文件	-b：在文字最前方标示出匹配列第一个字符的位编号 -c：给出匹配的列数 -i：忽略字符大小写 -v：反转查询 -x：只显示整行严格匹配的行 -r：在整个目录中查找	grep -r -n "LES" $FOAM_SOLVERS：寻找$FOAM_SOLVERS 目录下内容中含有字符串 LES 的文件； grep -n "user" /etc/passwd：在文件/etc/passwd 中寻找字符串 user，-n 表示显示行编号

使用 Linux 系统时，使用某个设备前，如 U 盘等存储设备，需事先将其挂载到系统中，也即将设备置于某一目录下。在挂载操作前，首先需要创建目标目录，而且目标目录中的原有文件在挂载后将不能使用。在 Linux 终端中可以使用 Shell 命令 mount 和 umount 进行挂载和卸载操作。例如，在/mnt 目录下创建新挂载点 tmp，并将 U 盘挂载到该挂载点的操作过程为：

```
mkdir /mnt/tmp
mount -t vfat /dev/sda1 /mnt/tmp -o iocharset=utf8
```

挂载后就可以该挂载点为目标进行 U 盘的读写操作。当设备使用完毕后，对其执行卸载操作，卸载挂载点的方法为：

```
umount -t vfat /dev/sda1
```

1.4 gedit 文档编辑

OpenFOAM 中的算例和求解器均由文件组成，这些文件可在 gedit 图形化文档编辑工具中进行编辑。gedit 是 Linux 自带的文本编辑器，操作简便。如果使用 Windows 10 的内置 Linux 子系统，如 Bash on Ubuntu on Windows，则需要另外安装 gedit 编辑器，安装时在终端使用如下命令即可：

```
apt-get install gedit
```

无论是硬盘安装的 Linux 系统，还是运行于 Windows 上的 Linux 子系统，均可通过在终端输入“gedit”命令打开 gedit 文本编辑器窗口，如图 1-3 所示。该窗口由菜单栏、文档编辑区和状态栏三部分组成。

菜单栏提供了文档打开，新建文档，文档保存，界面最大化、最小化、关闭等功能，以及当前活动文档的文件名和保存路径的信息。单击“打开”右侧的倒三角可看到最近打开过的文档，单击“+”可直接新建文档。单击下拉菜单按钮可打开如图 1-4 所示的下拉菜单选项，该菜单中最上方的三个按钮分别表示选项列表、打印文档和最大化文档编辑区，该选项列表中的各选项可实现的功能如下：

新窗口：打开一个新的 gedit 窗口并在该窗口创建一个新文档。

另存为：保存当前文档至指定路径。

全部保存：保存本 gedit 窗口内的所有文档。

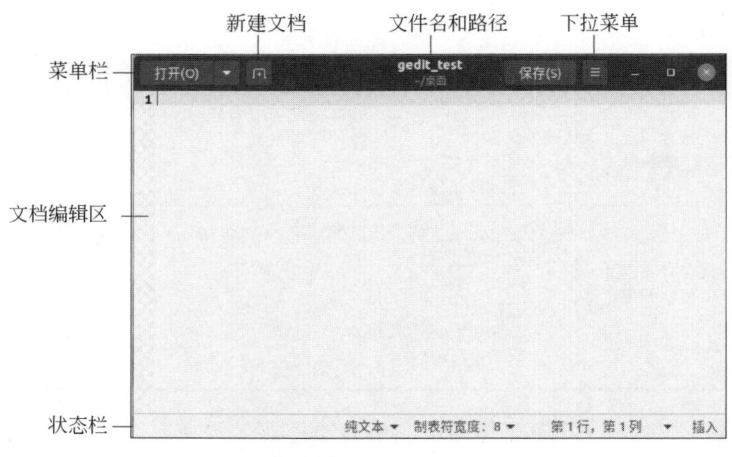

图 1-3　gedit 窗口

查找：在当前文档内查找指定文字。

查找和替换：查找并替换指定文字。

清除高亮：去除高亮显示部分。

跳到行：将光标从当前位置跳转到指定行。

查看：设置是否显示侧边栏、底部面板和高亮模式显示类型。

工具：设置拼写检查、语言、高亮显示拼写错误、日期和时间格式、文档信息统计。

首选项：提供了“查看”“编辑器”“字体和颜色”“插件”四类选项卡，如图 1-5 所示。“查看”选项卡用于设置是否显示行号、状态栏、网格、突出显示，以及设置右边提示线显示的位置等内容。“编辑器”选项卡用于设置制表符和文件保存间隔等内容。“字体和颜色”选项卡用于设置字体和配色方案。“插件”选项卡用于设置是否开启日期插入、拼写检查器等插件。

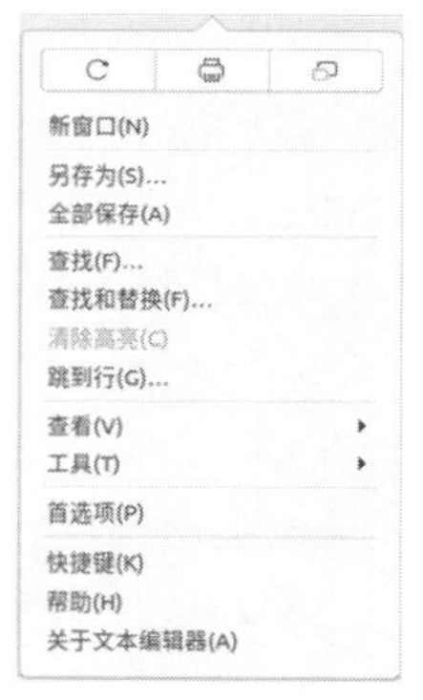

图 1-4　gedit 标题栏下拉菜单

图 1-5　gedit 下拉菜单首选项内容

快捷键：分页展示所有快捷键及对应的功能。

帮助：打开本地帮助页。

文档编辑区用于文档编辑，编辑过程中可以使用 Ctrl+Alt 键切换输入法，也可以使用鼠标右键打开常用菜单选项，包括撤销、重做、剪切、复制、粘贴、删除、全选、插入绘文字、更改大小写等。

状态栏用于显示当前光标所处的行号和列号，同时提供高亮模式选项、制表符宽度选项等内容。

第2章 ParaView 数据分析和可视化基础

ParaView 是一种开源、跨平台应用的可视化工具，适用于对大型数据集的分析和可视化。作为一种具有分布式架构的通用终端应用程序，它可以无缝地分析和处理 OpenFOAM 的计算结果数据，所以掌握 ParaView 的基本使用方法对基于 OpenFOAM 的编程和结果处理至关重要。

ParaView 可以在 Windows、Linux 等平台上使用，在其官方网站 https://www.paraview.org/ 可直接下载安装文件，Linux 用户可使用如下命令安装：

```
sudo apt install paraview
```

安装完成后在终端界面输入

```
paraFoam
```

即可打开 ParaView 软件。

一个完整的 ParaView 程序包括以下可执行程序：ParaView 图形用户界面，它是一个基于 Qt 的跨平台 UI，提供对 ParaView 计算能力的访问；pvpython，是用于运行 Python 的脚本；pvbatch，是为批处理设计的 Python 脚本解释器；pvserver，执行远程可视化的服务器；pvdataserver 和 pvrenderserver，分别为数据处理和渲染的远程可视化服务器。本章以 Windows 平台上安装的 ParaView 5.10.1 为例阐述 ParaView 图形用户界面的使用方法，作为处理 OpenFOAM 计算结果的基础。

2.1 ParaView 图形用户界面组成

ParaView 图形用户界面由菜单栏、工具栏、停靠面板和视口组成，如图 2-1 所示。

菜单栏提供了典型桌面应用的标准选项集，包括打开/保存文件（File 菜单）、撤销/重做（Edit 菜单）、切换面板和工具可见性设置（View 菜单）、创建用于生成不同种类测试数据集的数据源（Sources 菜单）、用于数据处理的过滤器（Filters 菜单）、访问高级功能的工具（Tools 菜单）、显示帮助信息的帮助菜单（Help 菜单）等。

工具栏位于菜单栏下方，通过工具栏可快速访问软件的常用功能，包括文件打开和保存、撤销、动画播放、颜色编辑、视口调整、常用过滤器等功能。工具栏中的部分功能也可以从菜单和停靠面板访问，但其中某些项是否可用取决于所选的模块或视口内容。

视口用于显示由数据生成的结果，默认结果为三维渲染视图。

停靠面板中的默认内容包括管道浏览器（Pipeline Browser）、属性（Properties）和信息（Information）三部分，位于视口左侧，管道浏览器位于上方，属性和信息以选项卡的形式位于下方。可以在菜单栏的视图（View）选项中启用或禁用停靠面板内容，面板启用后在界面上的显示位置也可能位于视口右侧或下方。属性面板是 ParaView 中最常用的面板，它包括用于更改管道浏览器中模块属性的“Properties”面板，控制它们在视图中显示方式的“Display”部分，以及自定义视图本身的“View”部分。

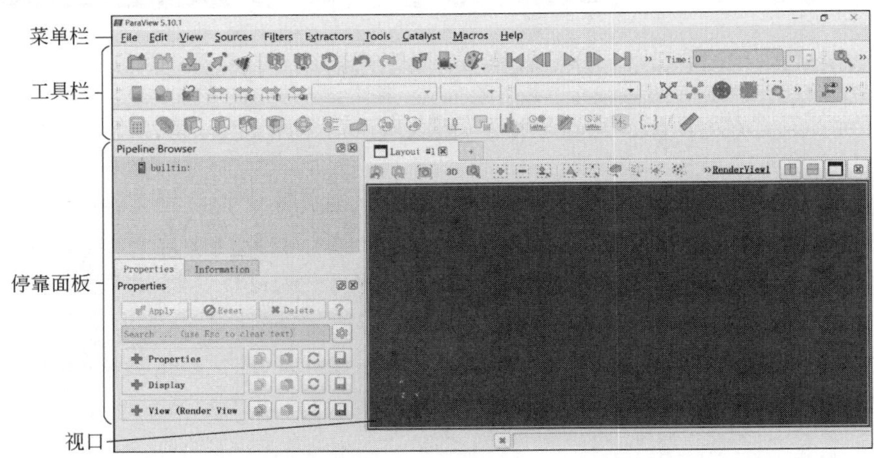

图 2-1 ParaView 图形用户界面

属性面板各部分包含的具体内容随选定的活动对象变化，但有些通用的属性参数是所有对象共有的，包括：

① 属性面板顶部的按钮可用来接受（Apply）、拒绝（Reset）对面板中可视化内容的更改或删除（Delete）活动对象。当所选对象有其他过滤器连接到它们时，按钮“Delete”可能会被禁用，这时需要先删除这些过滤器。

② 顶部按钮下方的搜索框用来输入某属性参数的名称或标签搜索属性。

③ 属性面板有两种控制面板内容详细程度的模式：默认和高级。在默认模式下，只显示管道模块的常用属性。在高级模式下，则显示所有可用属性。使用搜索框旁边的按钮可在默认模式和高级模式之间切换。当在搜索框中键入文本搜索属性时，无论面板当前处于何种模式（默认或高级），面板内都将显示与搜索文本匹配的所有属性。

④ 在属性面板中各组成部分的名称右侧有 4 个按钮，单击将当前属性值复制到剪贴板，单击可将复制的属性值粘贴到另一个兼容的面板部分，按钮和用于自定义属性的默认值。

⑤ 默认情况下，“Properties”“Display”和“View”属性部分在同一面板上显示，在菜单栏 Edit/Setting/General 选项的“Properties Panel Mode”部分可以设置为将每部分置于单独的面板中。设置后需要重新启动 ParaView 才能使此更改生效。

2.2 由数据源生成数据集和可视化

ParaView 图形用户界面不仅可以从数据文件读入数据，并进行处理和显示，软件本身还提供了大量数据源（位于 Sources 菜单内），由这些数据源可以生成样本数据集。本节介绍由数据源生成样本数据集，进行视图显示和属性更改，以及对其应用过滤器的方法，读者通过本节可以了解 ParaView 的可视化过程。

以一个球体的创建、属性调整和过滤器应用为例，说明 ParaView 的基本数据分析和可视化过程。单击菜单栏上的 Sources/Alphabetical/Sphere，此时停靠面板中管道浏览器和属性的内容均发生变化，如图 2-2 所示。在管道浏览器中添加了一个管道模型，其默认名称为 Sphere1。属性面板中列出了模型 Sphere1 对应的属性，如球心坐标、半径、显示分辨率等。按预定要求修改属性参数后，单击绿色高亮显示的“Apply”按钮，此时视口中显示 Sphere1 模型对应的视图结果，如图 2-3 所示，同时“Apply”按钮恢复至非高亮状态，属性面板的“Display”部分启用了显示参数。

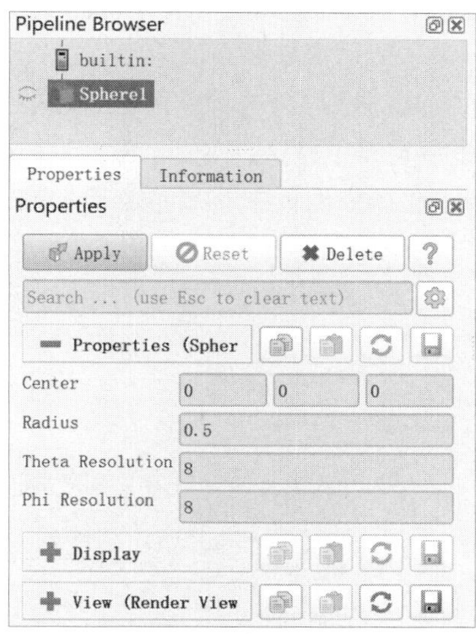

图 2-2　ParaView 由数据源创建视图时的面板显示

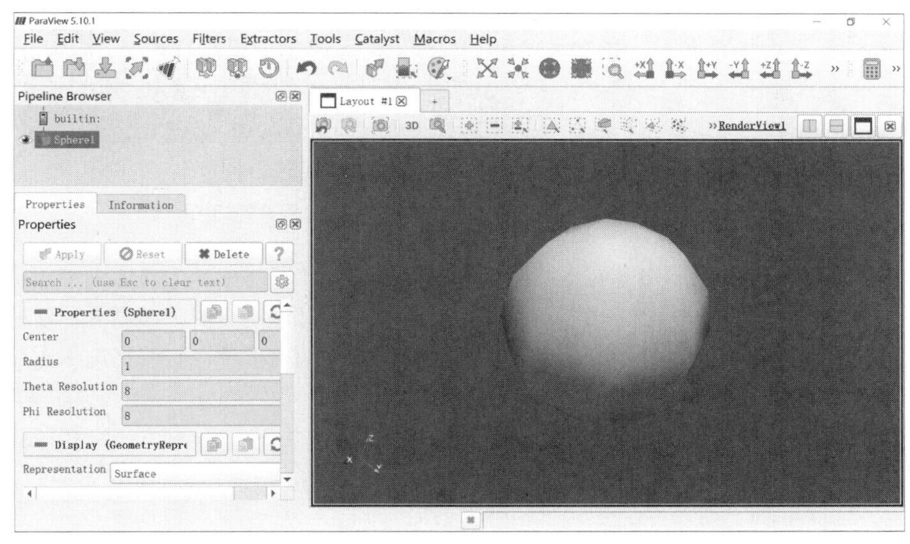

图 2-3　由数据源创建视图的初步结果

在属性面板的“Display”属性部分，可以改变视图的显示方法（Representation）为面、点、线框等，并设置颜色（Coloring）、造型（Styling）、光照（Lighting）、光线追踪（Ray Tracing）、是否启用坐标轴标尺（Data Axes Grid）等。例如，在颜色（Coloring）选项中，将颜色改为“Normal”“X 方向”，可将显示效果改为两种颜色渐变的形式。在属性面板的“View”属性部分（View），可以设置坐标轴（Axes Grid）、方向轴（Orientation Axes）、背景（Background）和光线追踪渲染（Ray Traced Rendering）等。与属性部分（Properties）不同的是，“Display”属性和“View”属性改变时视口的显示结果会立即随之改变。可以在菜单栏的Edit/Settings/General/选项卡内勾选“Auto Apply”来设置显示结果随属性改变的自动更新。

下面使用过滤器进行数据转换。在数据源模型被选中（管道浏览器中的 Sphere1 前面的眼球图标被填充）的情况下，查看菜单栏中的 Filter/Alphabetical/，该下拉菜单中包含很多过滤器选项，其中未启用的部分表示所选数据源不能应用该项过滤器。以 Shrink 过滤器进行网格单元减缩为例说明过滤器的使用方法。单击菜单栏中的 Filter/Alphabetical/Shrink，即创建了一个 Shrink 过滤器，在管道浏览器中默认以 Shrink1 表示，如图 2-4 所示，同时属性面板的内容也相应地进行了更新，调整属性面板中的减缩因子（Shrink Factor）为预定值后，单击“Apply”按钮，Shrink1 模型的结果即显示于视口中。

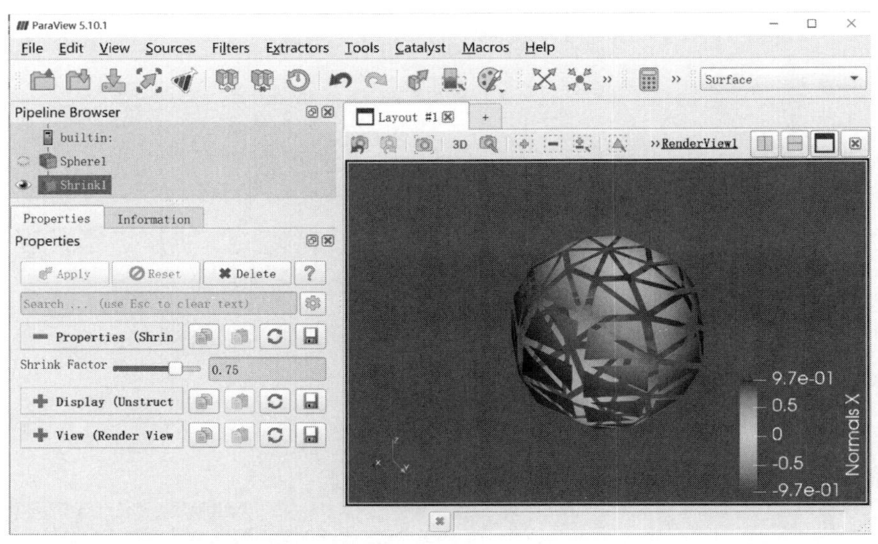

图 2-4　由数据源创建的视图使用过滤器后的结果

可以发现此时管道浏览器中的数据源 Shpere1 被自动隐藏（Sphere1 前面的眼球图标置为空），视口中也不再显示 Shpere1 模型的结果。可通过单击管道浏览器中模型名称前的眼球图标启用模型，但两种模型同时显示会出现视图重叠，不过这种重叠在有些情况下是需要的。

2.3 加载数据文件

除了可以处理和可视化软件自带数据源生成的数据外，如 2.2 节中的球体数据，ParaView 还可以由外部文件读入数据，并进行处理和可视化。

单击软件界面菜单栏上的 File/Open，或直接单击工具栏上的“Open”按钮，或者使用快捷键 Ctrl+O，即可打开如图 2-5 所示的“打开文件”对话框。在该对话框内可以浏览整个文件系统，单击对话框左上方的“↑”按钮可以回到父目录。对话框左上方的窗格“Favorites”内列出常用目录位置，可使用其上方的“+”和“-”按钮或者鼠标右键的选项将当前目录添至该窗格内。对话框左下方的窗格“Recent”内列出最近使用过的目录。在当前目录显示页中选择要打开的文件，或者使用 Ctrl 键选择多个文件，单击“OK”按钮即可打开单个或同时打开多个文件。此外，鼠标右键单击文件后出现若干选项，通过这些选项可以实现显示或隐藏文件、在文件资源管理器中打开、重命名、添加至“Favorites”窗格、删除空目录等操作。

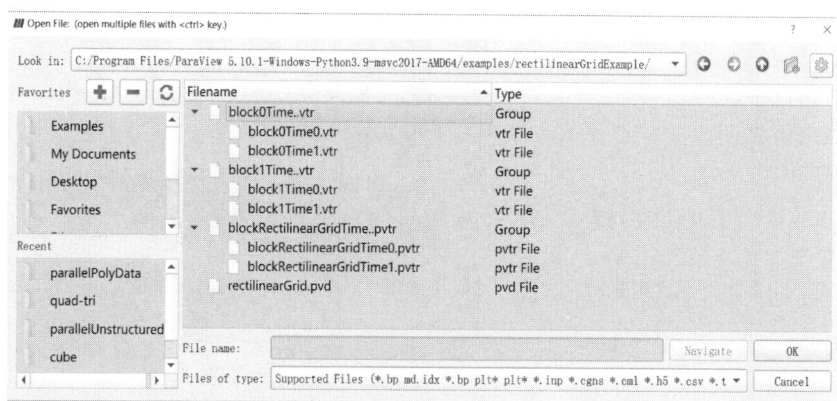

图 2-5　ParaView 打开文件时的对话框

ParaView 通过读取器（Reader）将所选文件中的数据读入软件，打开数据文件也相当于创建了数据例，所有数据例均在软件界面的管道浏览器内列出，它们对应的属性设置方法与 2.2 节设置数据源的方式相同。

打开文件过程中，在“打开文件”对话框并选择文件后，可通过“Files of type”选项卡选择相应的读取器。如果选择“Supported Files”，软件会自动匹配合适的读取器打开文件。如果有多个读取器与所选文件匹配，则会弹出“Open Data With...”对话框供用户选择所需的读取器，同时在该对话框内通过单击“Set reader as default”将所选读取器设置为后续使用时同类型文件的默认读取器。如果在“打开文件”对话框中选择“All Files”，可打开所有文件，但如果选择了与所选文件不匹配的读取器，在软件界面的属性面板中单击“Apply”按钮后将弹出“Output Messages”窗口显示错误信息。这时可在管道浏览器内删除相应的数据例，并尝试选择其他读取器重新打开。“Output Messages”窗口也可以从菜单栏 View/Output Messages 打开，该窗口中最上方的信息为最近一次出现的错误信息。

科学计算中很多情况下得到的是随时间变化的计算结果，这些结果的存储方式随所用文件格式的不同而不同，有时在同一个文件中存储多个时间步的结果，有时则被存储为文件序列。ParaView 可以自动识别文件序列，并在“打开文件”对话框中将同一序列的文件按组显示，如图 2-5 中的 block0Time..Vtr 即组名。在该对话框中选择组名后单击“OK”按钮即可打开该组包含的文件序列，也可只选择组内的某一个文件单独打开。ParaView 可将如下命名方式的文件自动识别为文件序列：

```
filenameN.ext    Nfilename.ext    filename.ext.N   filename_N.ext
filename.N.ext   N.filename.ext   filename.extsN
```

其中，filename 代表任意文件名，N 为以 0 开始的数列，ext 为表示文件格式的任意后缀。

ParaView 对打开的随时间变化的数据集自动建立动画演示，单击“VCR Controls”工具栏中的“播放”按钮即可按时间步播放动画。

数据文件被不同的读取器读入后，在 ParaView 图形界面显示的属性将不同。用户可以在如图 2-6 所示的属性对话框中选择用于可视化的数据组，如单元质心（显示为图标）、点中心（显示为图标）等。如果需要，可以在菜单栏的 Edit/Settings/General/Properties Panel Options 选项卡中勾选“Load All Variables”选项，将默认选择设置为加载所有可用数据组。如果所加载的数据例包含非常多的数据组，这时为了快速找到进行可视化的数据组，ParaView 提供了对数据组进行查找和排序的功能。单击属性面板内“Properties”部分右上方的按钮，在弹出的对话框中输入所要可视化的数据组名称对其高亮显示，或对所有数据组进行排序以方便查找。也可使用快捷键 Ctrl+F，打开搜索输入框，按相同的方法进行查找。

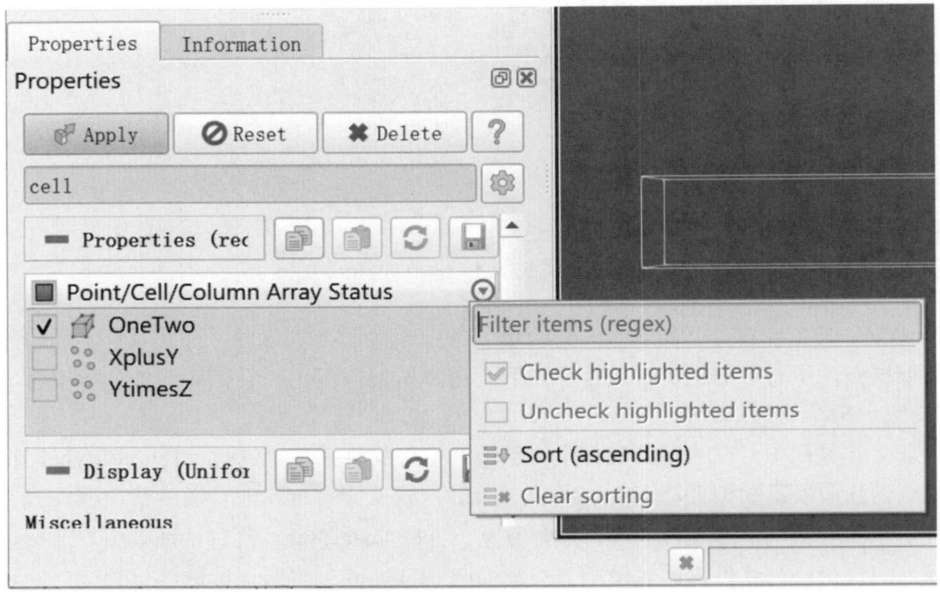

图 2-6 读入数据文件后的数据例属性

通常情况下，在仿真计算完全结束后才会使用 ParaView 进行数据处理，但有时会在仿真计算过程中使用 ParaView 查看已经得到的数据部分，此时计算结果数据文件仍在被写入新的时间步数据，或者在文件序列中添加新的时间步文件。这种情况下，可以使用菜单栏的 File/Reload Files 选项使读取器更新数据，及时读入新近计算完成的结果数据。单击该选项后，弹出“Reload Options”对话框，该对话框中的选项“Reload existing files”用于更新已经打开的数据文件，选项“Find new files”用于读入已打开的文件序列中的新文件。

2.4 ParaView 数据模型

ParaView 应用可视化工具包 VTK（Visualization Toolkit）建立数据可视化和数据处理的模型。VTK 中最基本的数据结构为数据对象，包括科学数据集，如有限元网格、直线网格等，也包括抽象数据结构，如图表和树状图。这些数据对象由更小的单位——网格（Mesh，包括拓扑和几何）和特征（Attributes）组成。

网格通常由顶点和单元（Cell）组成。单元可用来离散一个区域，可以有不同的形状，如四面体和六面体等，其中每一个单元包括一组顶点，从单元至顶点的映射称为连接（Connectivity）。VTK 中通常并不显式表示面、边等数据要素，它们可以由单元类型及其连接表示出来，但对于任意多面体单元，则需要显式存储面要素。一个网格可完全由其拓扑和顶点的空间坐标来定义，在 VTK 中，点的坐标可以是隐式的，也可以由一数据数组显式定义。

特征（Attributes）也即数据数组或场，是一组定义在网格上的离散数值，如压力场、温度场、应力张量等。VTK 中将所有特征均存储为数据数组，这些数组可以有任意数量的分量，而且并不区分它们是哪种特征或场。ParaView 可根据分量数量判断特征的类型，如 3 个分量的数组默认为矢量。特征或场可以定义在顶点上（Point-centered attributes），如图 2-7 所示，这时其他位置处的场值需应用顶点上的值通过插值得到，插值函数取决于单元类型。特征或场也可以定义在单元中心（Cell-centered attributes），这时场在整个单元上均为恒定值，如图 2-8 所示。正因如此，VTK 中的许多过滤器不能直接用于单元中心特征，这时通常需要应用“Cell Data to Point Data”过滤器，在 ParaView 中该过滤器是自动应用的。下面介绍 ParaView 中使用的几种网格类型。

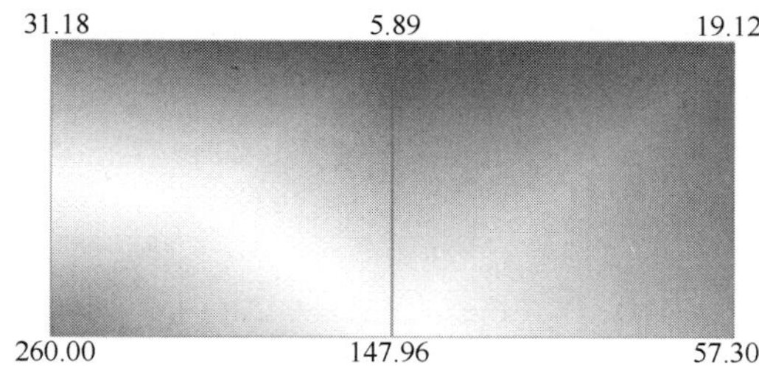

图 2-7　点中心特征

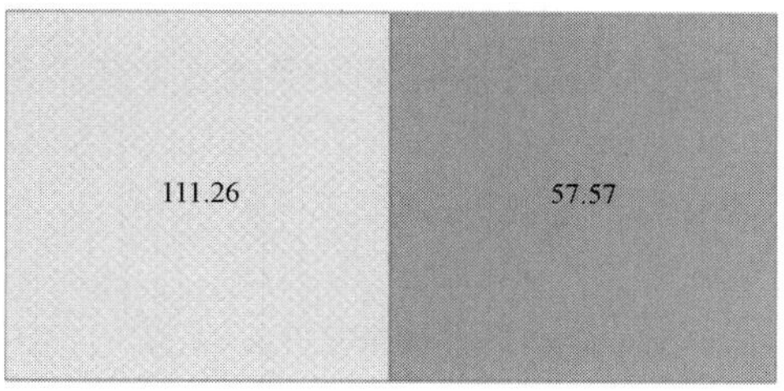

111.26　57.57

图 2-8　单元中心特征

均匀直线网格也即图像数据，如图 2-9 所示，其点的坐标和拓扑都是隐式定义的。VTK 通过如下方式定义这种网格：在每个方向上定义网格的最小和最大编号；指定原点位置；给定每两个点之间的距离，其中每个方向上的距离可单独定义。这样每个点的坐标可以计算为：点的坐标=原点坐标+编号×距离。VTK 使用扁平化指数（Flat index）表示各点，如编号 (i, j, k) 的点，对应的扁平化指数 $indx_{\text{flat}}$ 为：

$$indx_{\text{flat}} = k \times (npts_x \times npts_y) + j \times npts_x + i$$

式中，$npts_x$ 和 $npts_y$ 分别为 x 和 y 方向上的点数。

均匀直线网格由形状和大小均相同的单元组成，单元种类可以是零维、一维、二维和三维。这种网格非常规则，所需存储空间小，尤其适用于图像数据类型。

如图 2-10 所示为普通直线网格，这种网格隐式地定义拓扑，半隐式地定义点的坐标。VTK 通过如下方式定义这种网格：在每个方向上定义网格的最小和最大编号；由三个数组分别定义所有点在 x、y 和 z 三个方向上的坐标，则编号为 (i, j, k) 的点对应的坐标值为 $(co_{array_x}(i), co_{array_y}(j), co_{array_z}(k))$。每个点对应的扁平化指数与均匀直线网格相同。普通直线网格由形状相同的单元组成，单元种类也可以是零维、一维、二维和三维类型。

曲线网格或结构化网格隐式定义拓扑并显示定义点坐标，如图 2-11 所示。VTK 通过如下方式定义曲线网格：在每个方向上定义网格的最小和最大编号；由一个数组存储每一个顶点的位置，每一个点对应的坐标可按扁平化参数在该数组中检索得到。结构化网格由相同种类的单元组成，单元种类也可以是零维、一维、二维和三维。

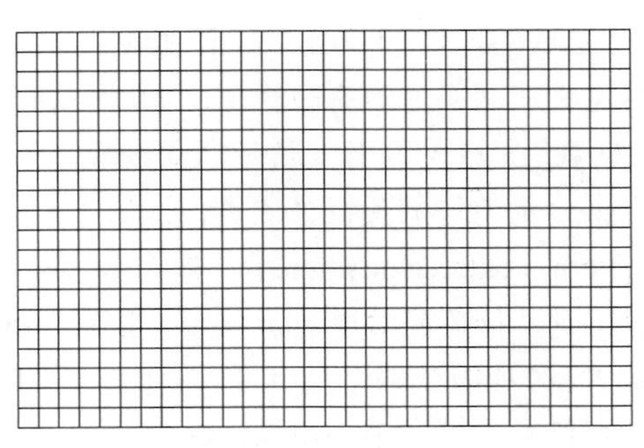

图 2-9 均匀直线网格

图 2-10 普通直线网格

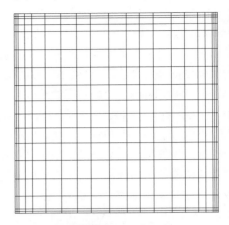

VTK 支持 Berger-Oliger 类型的 AMR 数据集（或自适应网格），如图 2-12 所示，这种网格本质上是均匀直线网格的组合，这些网格按递减或递增的细化比例分组。VTK 的 AMR 数据集不会对这些网格是否重叠或者如何重叠施加任何限制，但它支持使用字节数组屏蔽（消隐）直线网格的子区域，这允许 VTK 以最少的伪影处理重叠网格。VTK 可以自动为 Berger-Oliger 兼容网格生成屏蔽数组。

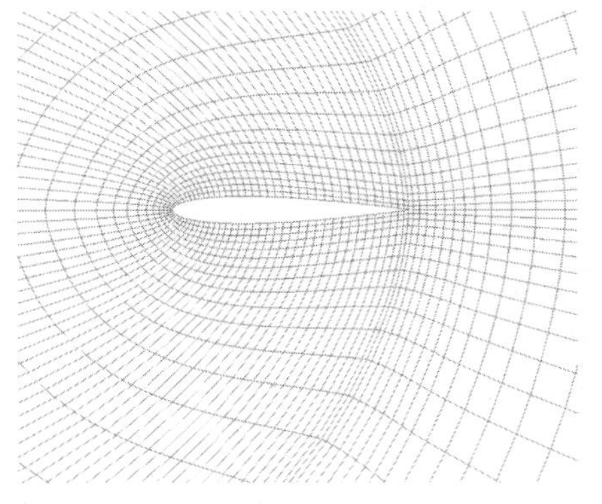

图 2-11 曲线网格（结构化网格）

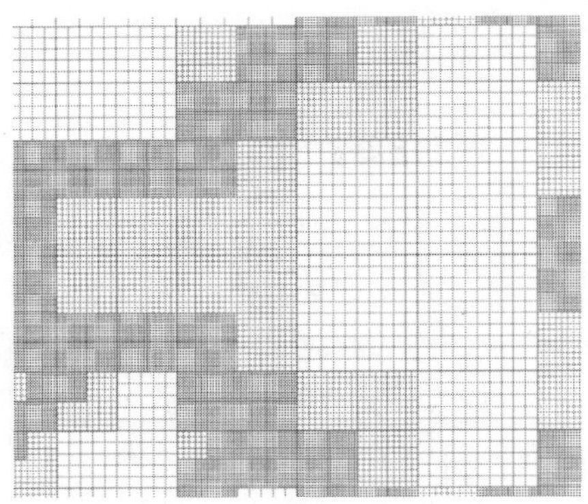

图 2-12 AMR 数据集

非结构化网格是 VTK 中最原始的网格类型，如图 2-13 所示。这种网格的拓扑和点的坐标都被显式存储，需要较多的存储空间来表示其全部网格，所以只有在上述网格类型均不能使用时才会考虑非结构化网格。VTK 支持许多单元类型，所有的这些单元都可以存在于一个非结构化网格中。

多边形网格是专门为高效渲染而设计的一种非结构化网格，如图 2-14 所示，它由 0D 单元（顶点和多顶点）、1D 单元（直线和折线）和 2D 单元（多边形和三角形条带）组成。那些仅可生成这些类型单元的过滤器可用于生成多边形网格，如 Contour 和 Slice 过滤器等。只包含 2D 单元（需是多边形网格支持的）的非结构化网格可通过 Extract Surface 过滤器转换为多边形网格，相反地，使用 Clean to Grid 过滤器可将多边形网格转换为非结构化网格。

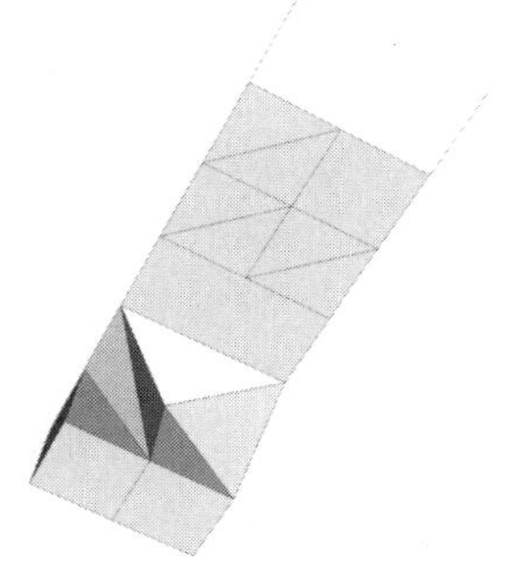

图 2-13　非结构化网格

图 2-14　多边形网格

表格（Table）也是一种数据集，由行和列组成。ParaView 中所有的图表视图都可与表格一起使用，所以所有能够展示图表视图的过滤器均可用来生成表格。此外，可以使用各种文件格式直接加载表格，如逗号分隔值格式。表格也可由过滤器转换为其他数据集，这些过滤器包括 Table to Points、Table to Structured Grid 等。

多块数据集（Multiblock dataset），如图 2-15 所示，可视为一种数据集树，树的叶节点为简单数据集。相比而言，除 AMR 数据集外，上述所有数据模型均为简单数据集。多块数据集用于将相关的数据集组合在一起，但这些数据集之间的关系不一定由 ParaView 定义。多块数据集可以表示由耦合模拟得到的不同部分的组合或不同种类的网格集合。在 ParaView 中，可以使用 Group 过滤器加载或创建多块数据集。需要指出的是，多块数据集的叶节点可以具有不同的属性，那些需要定义属性的过滤器只可用于具有该属性的块。

多片数据集（Multi-piece datasets），如图 2-16 所示，与多块数据集类似，都是将简单数据集组合在一起。两者的主要区别在于，多片数据集是将整个网格的各组成部分数据集组合在一起，这些组成部分数据集具有相同的类型和属性。这种数据结构用于将并行模拟产生的数据集组合在一起，而无须附加网格。需要指出的是，在 ParaView 中无法创建多片数据集，它只能通过某些数据读取器来创建。此外，多片数据集在大多数情况下被视为简单数据集，如无法提取其中单个片的数据，也无法获取有关它们的信息。

图 2-15　多块数据集

图 2-16　多片数据集

在 ParaView 中，数据源、读取器和所有过滤器均可以生成数据，这些数据即上述数据模型中的某一种。当在软件中创建了数据源或打开某数据文件时，数据即被创建。使用停靠面板中的“Information”部分和“Statistics Inspector”部分可以查看当前生成数据的特性。

在图形用户界面属性面板中的“Information”部分给出了当前数据源生成的数据信息，如图 2-17 所示。对于随时间变化的数据，该面板只显示当前时间步的信息，浏览其他时间步的数据时，该面板的内容也会随时间切换。为了便于应用，该面板中的内容可以按通常的操作方式进行复制。“Information”面板中的“File Properties”组显示数据源文件的文件名和存储路径。“Statistics”组提供了数据类型、单元和点的数量（对于表格数据集，则提供行和列的数量）、数据集占用的内存空间、模型在笛卡儿坐标系中的边界（Bounds）、三个方向上的维数（Extents）等信息。Data Arrays 组给出当前时间步所有可用点、单元和场数组的信息，包括它们的数据类型和每个分量的范围。注意 ParaView 中分别用图标、和表示单元、点和场数据数组。对于如多块数据集或 AMR 数据集之类的复合数据集，“Data Arrays”组中的列表会给出叶节点数据集的信息，在列表的“Name”栏中用后缀（partial）表示。对于多块数据集，如果想要查看其中单个数据块的信息，可使用“Data Hierarchy”组（只有在打开多块数据集时才会出现），它给出了多块数据集的层次结构。

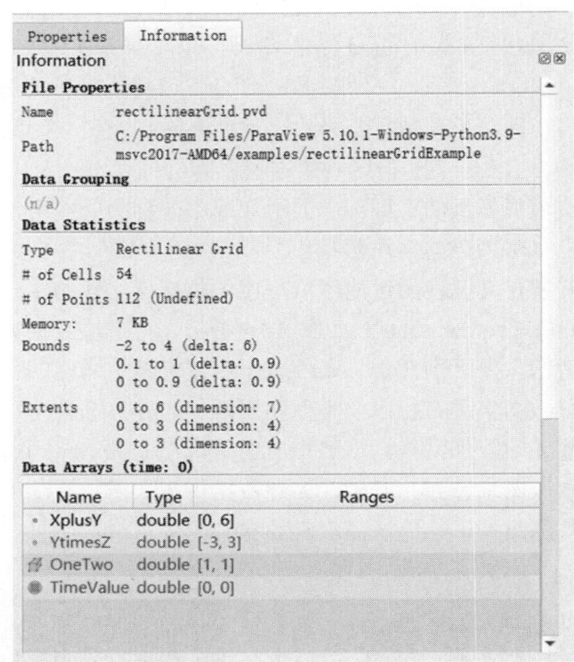

图 2-17 ParaView 中的“Information”面板

使用“Statistics Inspector”面板可以快速查看数据信息，单击 ParaView 菜单栏 View/Statistics Inspector 可启用该面板，如图 2-18 所示。除了“Geometry Size”外，该面板中的所有信息在“Information”面板中均有体现。“Geometry Size”表示在活动视图中转换和渲染当前数据集需要的内存大小。例如，如果将 3D 数据集渲染为 3D 视图中的表面，ParaView 必须将表面网格提取为数据，此数据所需的内存大小即“Geometry Size”的值。

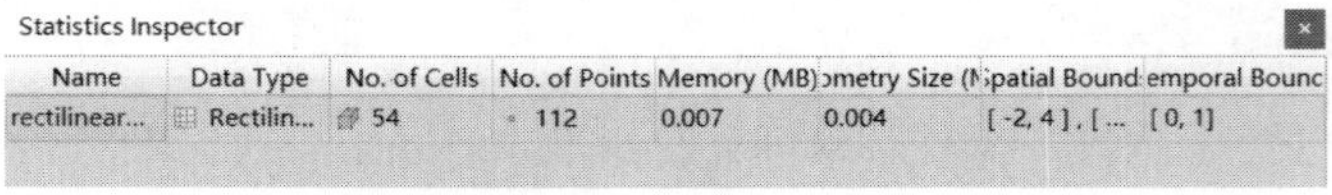

Statistics Inspector

Name	Data Type	No. of Cells	No. of Points	Memory (MB)	›metry Size (M	›patial Bound	emporal Bounc
rectilinear...	Rectilin...	54	112	0.007	0.004	[-2, 4], [...	[0, 1]

图 2-18 ParaView 中的 Statistics Inspector 面板

2.5 显示数据

显示数据的目的是生成数据的可视化表示，将表示结果显示在视图（View）中。视图提供了在其上显示数据可视化表示的画布，并提供如何从原始数据生成这些表示的方法。ParaView 中可视化管道（Visualization pipeline）的作用通常是转换数据，以便在视图中表示相关信息。视图是接收数据输入但不生成数据的接收器，通常提供将结果保存为图像或其他格式（包括 PDF、VRML 和 X3D）的机制。不同类型的视图提供的数据可视化方式不同，这些方式主要有以下几类：

① 渲染视图（Render View），渲染图形几何或实体。其他基于渲染视图的视图，如切片视图（Slice View）和四边形视图（Quad View），在基本渲染视图的基础上增加了其他机制，可用于查看切片或生成正交视图。

② 图表视图（Chart View），涵盖了用于可视化非几何数据的各种图形和绘图，包括折线图（Line Chart View）、条形图（Bar Chart View）、包图（Bag Chart View）、平行坐标（Parallel Coordinates View）等视图。

③ 比较视图（Comparative Views），用于快速生成用于参数研究的并列视图，也即对参数变化的影响进行可视化。ParaView 提供了渲染视图和几种图表视图的比较变体。

2.5.1 创建视图

ParaView 在其图形用户界面的视口中显示视图，软件启动后的默认视图为渲染视图。鼠标单击视口右上角的拆分控件可创建新视图，单击后视口中增加了一个空窗口，并列出所要创建视图的类型，如图 2-19 所示，单击所需类型后即创建了相应类型的新视图。从图 2-19 中可以看出，可创建的新视图包括：渲染视图（Render View）、条形图视图（Bar Chart View）、箱形图视图（Box Chart View）、鹰眼穹顶布光（Eye Dome Lighting）、直方图视图（Histogram View）、折线图视图（Line Chart View）、正交切片视图（Orthographic Slice View）、平行坐标视图（Parallel Coordinates View）、图形阵列视图（Plot Matrix View）、点图视图（Point Chart View）、Python 视图、四分位图视图（Quartile Chart View）、切片视图（Slice View）、表格视图（SpreadSheet View），以及部分视图的比较视图等。

在 ParaView 视口中，可通过单击并拖动某一视图的标题栏并将其放在另一个视图的标题栏上来交换两个视图的位置。在多视图的视口中，同一时间只能有一个视图是活动的，可以通过鼠标单击视图将某一视图置为活动，由视图周围的蓝色边框标记，此时可在属性面板中的“Display”属性部分对其进行设置。

除了在一个视口中创建多个视图外，ParaView 还支持分层创建视图，单击视口左上方的 + 按钮即创建了新分层的视图，单击分层视口标签上的 × 按钮可关闭该层中的所有视图。在视图窗口标题栏上单击右键后，在弹出的对话框中选择“Convert To”，可以将当前视图转换为其他种类的视图。此外，可以勾选菜单栏的 View/Fullscreen 选项将活动视图全屏显示，按 Esc 键可退出这种显示模式。

ParaView 图形用户界面上属性面板中的“View”属性部分用来设置活动视图的坐标轴是

否显示、背景以及光照追踪渲染等。属性面板中的“Display”属性部分用来设置活动视图的属性，包括设置那些控制来自管道模块的数据如何在视图中显示的参数，如选择输出网格为线框，使用数据属性为网格着色，以及选择在图表视图中绘制哪些属性。因此，每种视图均有各自的显示属性。

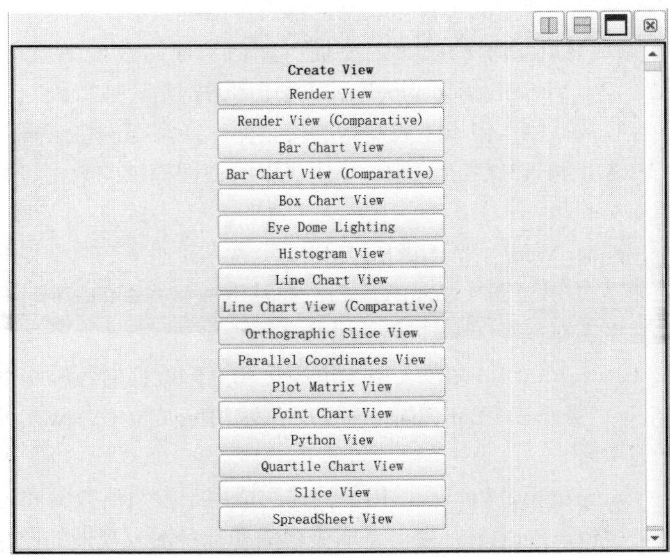

图 2-19 ParaView 界面创建新视图窗口

2.5.2 渲染视图（Render View）

渲染视图是 ParaView 中最常用的视图，用于在 3D 场景中渲染几何图形和实体。这种视图将数据映射到图形基元（如三角形、多边形和体素），并将它们呈现在场景中，映射方法包括：

① 表面渲染方法，为数据集渲染表面网格，多边形数据集可直接用来渲染，其他数据集则需要从数据集中的外部表面提取表面网格后再进行渲染，表面网格可渲染为填充表面或仅显示边缘的线框等。

② 切片渲染方法，可用于均匀直线网格数据集，通过渲染正交切片即可生成可视化表示，使用“Display”属性来选择切片位置和对齐方式。

③ 实体渲染方法，通过追踪数据集的光线，并根据基于颜色和不透明度传递函数集的累积强度来生成渲染。

每种渲染方法都称为表示（Representations），可以在属性面板上的“Display”属性部分更改表示类型。

在 ParaView 图形用户界面中，使用鼠标的三个按键配合 Ctrl、Shift 等键盘按键可以调整渲染视图的视角。可以在菜单栏的 Edit/Settings/Camera 选项卡中设置这些按键组合对应的调整方式，如图 2-20 所示。这些调整方式包括：

① 平移（Pan）：在视图平面平移视图。

② 缩放（Zoom）：放大或缩小视图。

③ 翻转（Roll）：翻转视图。

④ 旋转（Rotate）：围绕旋转中心旋转视图。

⑤ ZoomToMouse：放大或缩小鼠标位置处的投影点。

⑥ Multi-Rotate：通过从视图中间拖动来实现沿方位角和仰角旋转，从边缘拖动实现翻转。

⑦ SkyboxRotate：用于旋转环境 Skybox，常用在使用环境照明和 PBR 着色器的场合。

3D 和 2D 场景中的默认调整方式及对应的按键组合如图 2-20 所示。

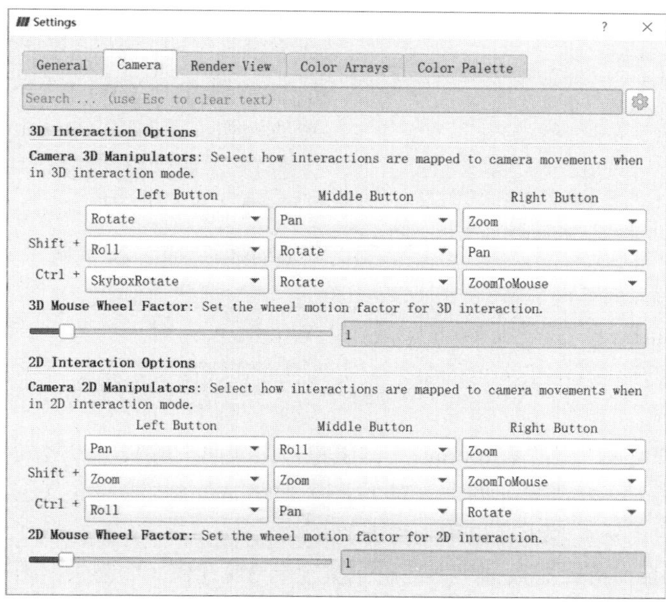

图 2-20　ParaView 中设置视口中视角调整方式的选项卡

渲染视图对应的“View”属性部分用来控制视图中的注释，如图 2-21 所示，其中各参数的含义如下：

① “Axes Grid”为包围视图中所有数据集的注释轴，单击按钮“Edit”后可用来设置注释的格式、标签等内容。

② “Center Axes Visibility”是场景中位于旋转中心处的轴，也即“旋转”调整方式中的旋转轴。

③“Orientation Axes”为位于视口左下方的坐标系，通过该坐标系可以实时了解场景的方向，如果启用了“Orientation Axes Interactivity”，可以拖动该坐标系至视口的任何位置。

④ “Background”用来设置视口的背景，可以将背景设置为单一颜色（Single），或由两种颜色组成的梯度颜色（Gradient），或选择图片（Texture）作为背景。

⑤ 高级属性“Hidden Line Removal”，在线框表示中隐藏被实体对象遮挡的线。

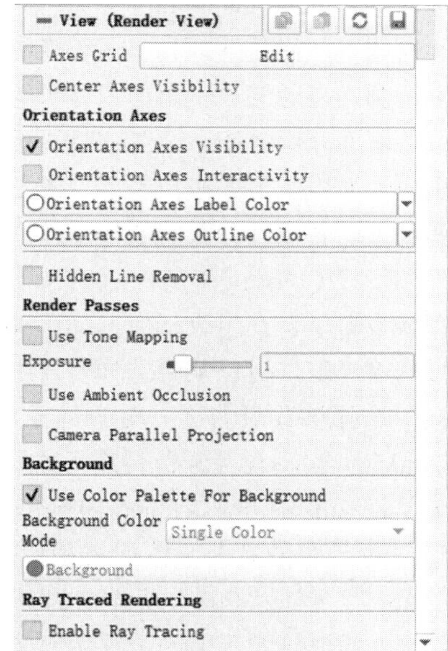

图 2-21　渲染视图对应的“View”属性

⑥ 高级属性“Camera Parallel Projection”，使用平行投影而不是默认的透视投影来渲染

数据。

属性面板中的“Display”属性部分，最常用的为表示（Representation），通过该属性选择映射模式，它包含的选项如图 2-22 所示，但某一选项对于某种视图是否可用取决于数据类型。每一种表示介绍如下：

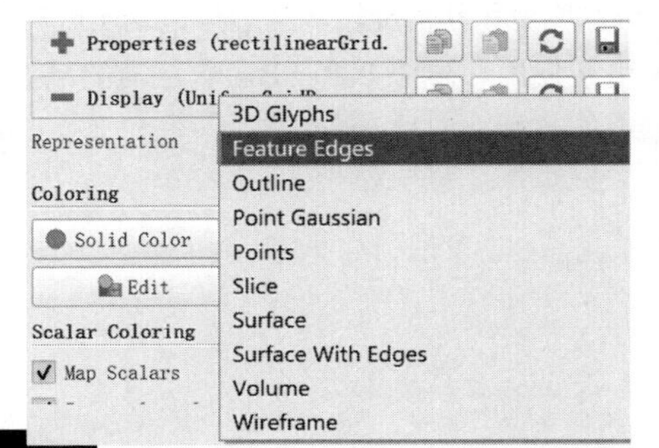

“Display”属性中的表示属性包含的选项

① “Outline”表示用于表达数据集对应的轮廓，由于只需表达边界框，所以这种模式运行速度很快，此时着色选项对这种表示类型没有影响，但可以更改使用的纯色（Solid Color，通过“Coloring”下方的“Eidt”按钮更改）和不透明度（Opacity，位于“Styling”下方）。需要指出的是，渲染半透明数据通常会增加渲染过程的计算成本，因此，在渲染大型数据集时，尽量避免在渲染过程中使用半透明的几何图形。

② Points、Surface、Surface With Edges 和 Wireframe：对于这些表示，需要从数据集中提取表面网格，然后将其渲染为点的集合、实体表面、突出显示单元边界的实体表面，或只有单元边界的线框。

③ “Feature Edges”是“Wireframe”的子集，由表面上的突出边组成，如组成锐角的单元之间的边或只有一个相邻单元的边。对于上述“Points”到“Feature Edges”表示，可以设置单一纯色，或使用标量着色（也称为伪着色）。

④ “3D Glyphs”可针对数据集中的点子集绘制 3D 几何（如箭头、圆锥或球体等）副本或符号，对这些符号可以设置单一颜色或伪彩色。达到相同表达效果时使用“3D Glyphs”比使用 Glyphs 过滤器更加节约内存。

⑤ “Point Gaussian”表示与“3D Glyphs”类似，不同的是，前者不是在每个点绘制 3D 几何图形，而是绘制具有透明度的 2D 图像，该图像可以是预定义的，如高斯模糊、球体、黑边圆、普通圆、三角形或方形轮廓，也可以使用 GLSL 着色器代码定义自定义图像。

下面介绍“Display”属性面板下的每一个属性组，其中部分属性被标记为高级属性，单击属性面板上方的按钮可切换显示高级属性，或者在搜索框中按名称搜索所需的属性。该面板下的各属性参数功能如下：

① “Coloring”属性组用来设置数据集的着色方式。如果选择纯色来填充曲面或者为线框或点着色，在组合框中选择“Solid Color”，单击其下方的“Edit”按钮后弹出标准颜色选择器对话框，可以从中选择要使用的颜色。如果使用数据集的属性数组进行伪着色，从组合框中选择该数组名称。对于包含多个分量的数组，可以选择模或某一分量进行标量着色。ParaView 自动设置颜色传递函数将数据数组映射为颜色，传递函数的默认颜色范围是根据在菜单栏 Eidt/Settings/General/Transfer Function Reset Mode 中首次创建该传递函数时的设置而确定的。如果另一个数据集稍后被同名的数据数组着色，则颜色范围将根据“Color Map Editor”（单击“Edit”后弹出的对话框）中的“Automatic Rescale Range Mode”属性进行更新。如需要将颜色范围重置为所选数据集中数据数组对应的范围，可使用 Edit 按钮右侧的各 Rescale 按钮。

② “Scalar Coloring”属性组仅在使用数据数组进行伪着色时才起作用。其中 Map Scalars

控制是否使用颜色传递函数。如果未选中，并且数据数组可以直接解释为颜色，则直接使用这些颜色。而如果勾选该复选框，将使用颜色传递函数。当且仅当数据数组是具有两个、三个或四个分量的无符号字符、浮点数或双精度数组时，才能将数据数组解释为颜色。如果数据数组是无符号字符，其颜色值定义在 0～255，而如果数据数组是浮点数或双精度类型，颜色值在 0～1。“Interpolate Scalars Before Mapping”控制在渲染的多边形间如何进行颜色插值，如果选中，标量颜色将在多边形内插值，并且在每个像素上进行颜色映射。如果未选中，则在多边形的点上进行颜色映射和插值，但这通常不太准确。

③ “Styling”属性组包括 Opacity（用于渲染半透明几何图形）、Point Size（用于在 Points 表示时渲染点的大小）、Line Width（用于在“Wireframe”渲染模式中控制线宽，或者在“Surface With Edges”模式中控制边缘粗细）。

④ “Lighting”属性组影响渲染表面的着色。“Interpolation”可在 Flat、Gouraud、PRB 着色之间进行选择。“Specular”“Specular Color”和“Specular Power”一起影响表面的光泽度，将它们设置为非零值可以将表面渲染为闪亮的金属效果。一般是在单一纯色着色的表面上使用“Specular”高光，而不在标量着色（或伪着色）的表面上使用。如果数据集含有纹理坐标数组，可以使用“Texture”组合框将纹理应用到数据集表面，单击“Load”加载纹理或应用组合框中列出的先前加载的纹理，如果数据集缺少纹理坐标，可以使用过滤器来创建，这些过滤器包括 Texture Map to Cylinder、Texture Map to Sphere、Texture Map To Plane、Calculator 和 Programmable Filter。

⑤ “Edge Styling”属性组用于在“Surface With Edges”表示中设置边缘颜色。

⑥ “Backface Styling”属性组通过控制正面和背面颜色来对渲染进行微调，其中正面是面向相机的所有网格面，而背面是背对相机的面。通过选择“Cull Frontface”或“Cull Backface”，或者选择用于背面的特定表示类型，可以自定义可视化。

⑦ “Transforming”属性组用于在不影响原始数据的情况下转换场景中的渲染数据，如果要转换数据本身，则应使用转换过滤器。

⑧ “Miscellaneous”属性组中包含若干属性参数。勾选“Pickable”选项意味着在选择时不忽略数据集。“Triangulate”常用于处理非凸多边形的渲染，但将多边形转换为三角形会增加额外的处理成本，因此应仅在必要时使用。“Nonlinear Subdivision Level”在渲染含有高阶元素的数据集时使用，用它来设置对高阶元素进行三角剖分时的细分级别，设置的值越大，表示边缘越平滑，但要以应用更多三角形为代价，因此会增加渲染时间，如图 2-23 所示。“Block Colors Distinct Values”用来设置按块 ID 为多块数据集着色时使用的单一颜色数。“Use Data Partitions”控制在半透明渲染时是否对数据进行重新分割，关闭该选项意味着数据在渲染之前由合成算法重新分割，这一操作会减慢渲染速度。开启此选项后，则将使用现有数据分割，这可避免对数据进行重新分割，但如果分割不能按从后到前的顺序排序，则可能会出现伪影。

图 2-23　由 1、2 和 3 级非线性细分的二次四面体组成的数据集

⑨“Polar Axes”(“Annotations”属性组）复选框切换显示数据周围的极轴。单击该复选框右侧的“Edit”按钮可以访问许多参数，包括角度、刻度范围、标签、对数模式、椭圆比率等。

⑩“Volume Rendering”属性组在对数据进行实体渲染时可用。在“Volume Rendering Mode”选项中选择特定类型的实体渲染模型，在绝大多数情况下选用默认模式“Smart”即可，这种模式会选择适合当前数据和图形设置的实体渲染模式。“Shade”用于是否启用基于渐变的着色。

⑪“Slicing”属性组在采用“Slice”表示时可用，用来设置正交切片平面方向（在“Slice Direction”中设置）和切片偏移量（调整“Slice”滑块）。

2.5.3 图表视图（Chart View）

图表视图包括许多种视图，本小节重点针对其中的折线图视图、条形图视图、箱形图、图形阵列视图、平行坐标视图、表格视图和切片视图，介绍它们的绘制方法、属性设置以及与视图的交互方式等内容。

（1）折线图视图（Line Chart View）

折线图视图用于将数据绘制为线图，如图 2-24 所示，表示因变量随自变量的变化。使用“Display”属性，还可以在此视图中显示散点图。这种视图和 ParaView 中的其他图表视图遵循类似的设计，在“Display”属性中选择属性数组，并将它们绘制在视图中。绘制方式取决于视图的类型，例如，折线图视图绘制一条连接样本点的线，而条形图视图则是为每个样本点呈现条形图。

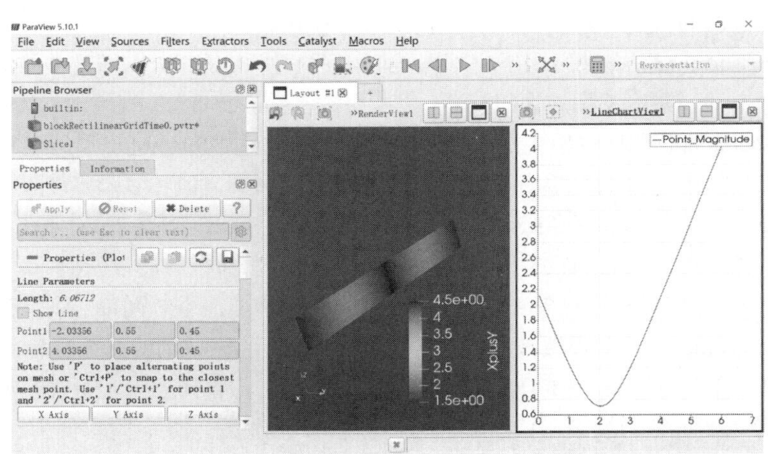

图 2-24 ParaView 中的折线图

获得线图最常用的方法是应用 Plot Over Line 过滤器，它可应用于任意数据集，该过滤器沿指定的直线在数据集中采集数据，然后在折线图视图中绘制采集结果。也可以由表格数据集直接在视图中显示数据。还可以使用 Plot Data 过滤器可视化任意数据集，甚至是那些不产生 vtkTable 输出的数据集。

在绘制折线图视图时，首先需要选择作为 x 轴的数据数组，软件将其视为自变量，然后选择 y 轴对应的数据数组作为因变量，这里可以同时选择多个因变量，在绘制时使用不同的线条颜色或线条样式来区分它们。VTK 数据集中的数据数组与单元或点相关联，而这些数据数组间没有相互比较关系，因此只能同时选择与其中一种（点或单元）相关联的数据数组。

与渲染视图的创建类似，对于折线图视图，也可以拆分视口或将当前视图转换为折线图视图。应用与该视图相关的过滤器，如 Plot Over Line 过滤器，将会自动创建折线图视图。当为折线图视图生成的数据量非常大时，选择全部变量进行绘制可能会非常耗时，这时可以通过勾选菜单栏选项 Settings/General/Properties Panel Options 下的“Load No Chart Variables”复选框将 ParaView 的默认状态更改为不加载任何变量。

在 ParaView 界面的折线图视图视口中，鼠标左键单击视口并拖动可以实现视图平移，也即更改原点，右键单击视口并垂直或水平拖动可以分别更改竖直轴和水平轴上的显示比例，也即更改轴的显示范围。

在 ParaView 界面的属性面板中，折线图视图对应的“View”属性部分按影响视图的属性和影响坐标轴的属性对属性参数了进行分组。各属性参数的功能为：

① 在“Chart Title”属性组中设置折线图的标题。

② 在“Chart Title Properties”属性组中设置标题的文本属性，如字体、大小、样式和相对于图表的对齐方式等。使用“Show Legend”复选框切换图例的可见性。

③ 在“Legend Location”选项中设置图例的放置位置。

④ 折线图的 4 个坐标轴均可进行属性设置，其中的上轴和右轴只有在设置为使用时才会显示。对于每个轴，均可以设置对应的标题，并调整标题字体属性。例如，可以通过选中“Show Left Axis Grid”来打开标尺显示。可以对每个轴定义坐标范围，选中某个轴的“Axis Use Custom Range”，指定坐标范围的最小值和最大值，即可精确设置坐标显示范围。另外，启用“Axis Log Scale”可以将某个轴改为对数坐标。

⑤ 对于坐标轴的坐标数值，默认情况下，软件会自动标示，但也可以通过勾选“Axis Use Custom Labels”后添加坐标值来使用自定义的坐标数值。

ParaView 界面属性面板的“Display”属性用来设置在当前视图中将哪些数据数组绘制为线图。各属性参数的功能为：

① 在“Attribute Type”选项卡中选择数据的类型，例如，如果要绘制与点关联的数组，选择“Point Data”。注意，不能同时绘制具有不同关联对象的数据数组，但可以使用过滤器 Cell Data to Point Data 或 Point Data to Cell Data 转换关联数组。

② “X Axis Parameters”属性组中的参数用来设置 x 轴对应哪种自变量，通过“X Array Name”选项来直接选择，如果没有合适的数组，可以通过选中“Use Index for XAxis”来选择使用数组中的元素索引作为 x 轴。

③ “Series Parameters”属性组用来控制 y 轴对应的数据数组。面板中以表格的形式列出了所有可用的数据数组，通过勾选或取消勾选来确定需绘制的数据数组。列表中的第二列显示了每一数据数组绘制后在视图中的颜色，可通过鼠标双击色样更改颜色，默认情况下，ParaView 将选择离散颜色的调色板。列表中的第三列为数据数组的名称，第四列为数据数组在曲线的图例中对应的标签，默认情况下它与数据数组名称相同，可以双击某一标签更改其标签名，如可以添加单位。

④ 属性参数“Line Thickness”“Line Style”和“Marker Style”分别用来设置某一数据数组对应曲线的线条粗细、线条样式和标记样式，更改参数值时需要选中列表中的某一行，也可使用 Ctrl 键或 Shift+↑键选择多行同时更改。

⑤ “Chart Axes” 参数用来更改显示的轴，默认值为 “Bottom-Left”，可以将其更改为 “Bottom-Right” “Top-Left” 或 “Top-Right” 实现在同一个图中以不同的范围展示不同的数据数组。

（2）条形图视图（Bar Chart View）

ParaView 中的条形图视图在视图创建、视图属性和显示属性方面与折线图视图类似，一个主要区别是，条形图视图不是将数据数组转换为线条，而是转换为条形图，如图 2-25 所示。此外，在属性面板的“Display”属性部分，“Line Style”和“Line Thickness”等“Series Parameters”不可用，因为它们不适用于条形图。

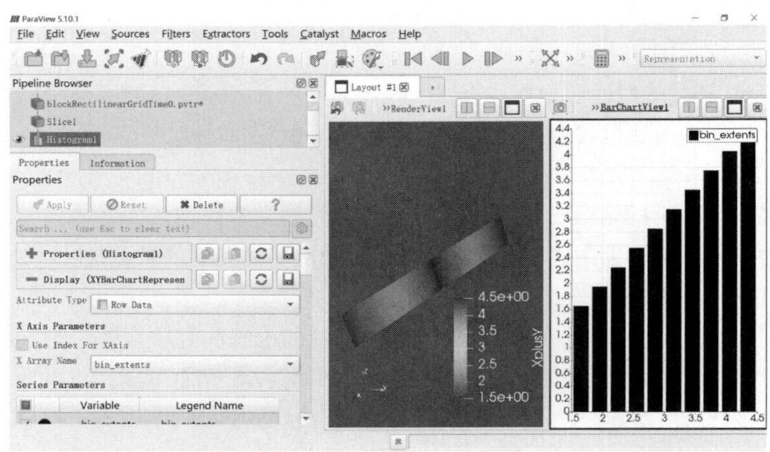

图 2-25　ParaView 中的条形图

（3）箱形图视图（Box Chart View）

箱形图是一种根据四分位数以图形方式描绘统计数据的标准方法，这种图由具有以下属性的箱形表示：矩形的底部对应第一个四分位数，矩形内的水平线表示中位数，矩形的顶部对应第三个四分位数。最大值和最小值用从矩形顶部和底部向外延伸的垂直线表示。在 ParaView 中，使用 Compute Quartiles 过滤器计算绘制箱形图所需的统计数据，并对数据进行可视化，如图 2-26 所示。

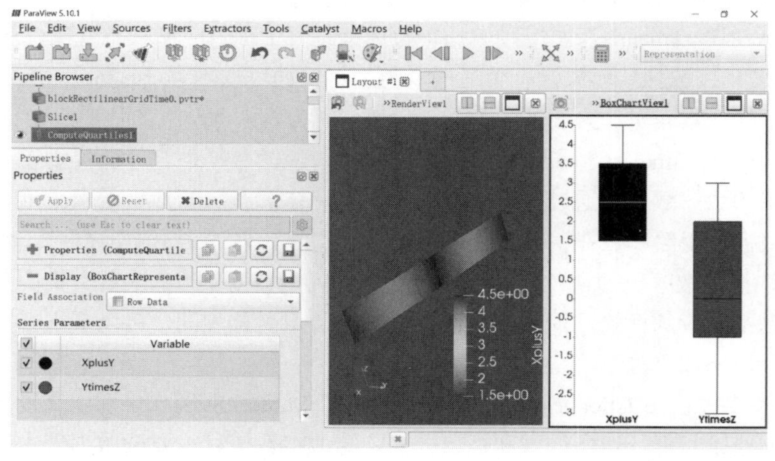

图 2-26　ParaView 中的箱形图

（4）图形阵列视图（Plot Matrix View）

ParaView 采用图形阵列视图表示变量之间的相关性，表现为如图 2-27 所示的散点图阵列。这种视图对所有选定的数据数组生成每两个数据数组所表示变量间关系的散点图，所以利用这些视图可以很容易发现所关注的变量关系。鼠标单击某一小的散点图后（使其处于活动状态），可以在视口右上方的较大比例坐标系中重新绘制该图，这时可以像折线图视图或条形图视图一样与活动视图交互以进行平移和缩放。视图中还显示了每个变量对应的直方图。图形阵列视图对应的属性面板中的“View”属性可用来设置用于活动图、直方图等的标题（Chart Title）、颜色（Active Plot Axis Color、Active Plot Grid Color），并控制直方图、活动图、轴标签、网格等的可见性。“Display”属性部分可用来选择“Attribute Type”、要绘制的数据数组等。

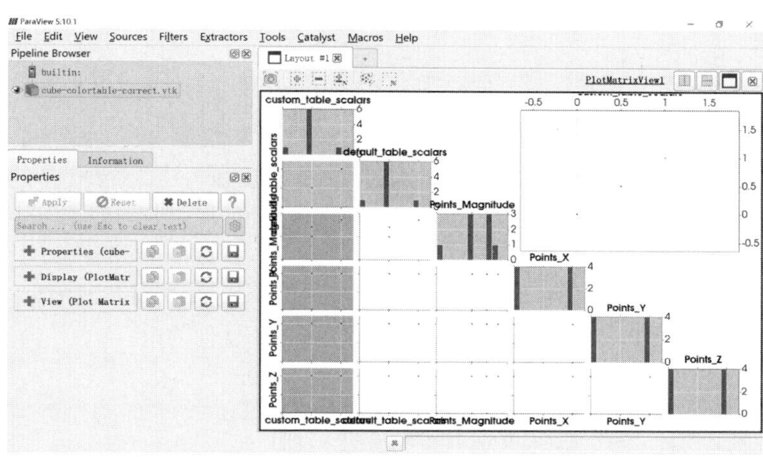

图 2-27　ParaView 中的图形阵列视图

（5）平行坐标视图（Parallel Coordinates View）

平行坐标视图用来表示表格中各列之间的相关性，如图 2-28 所示，其功能与图形阵列视图类似。平行坐标视图的主要特点是能够选择特定数据来分析影响所选数据的因素。例如，

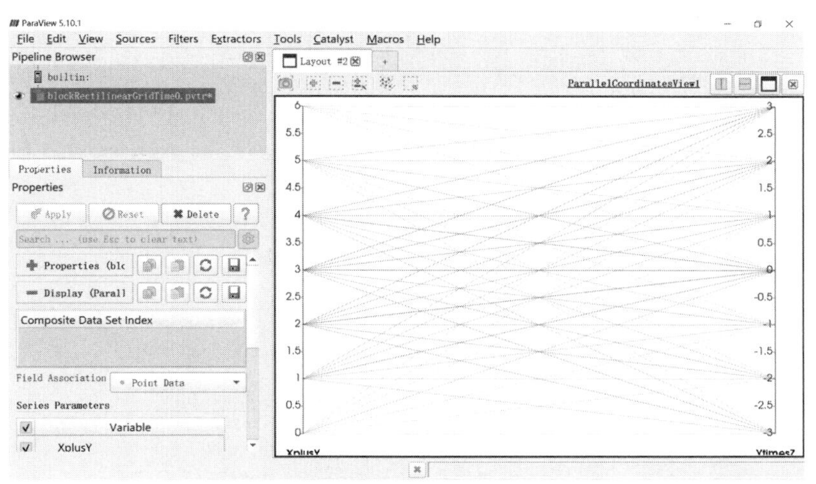

图 2-28　ParaView 中的平行坐标视图

对于一个包含三个变量的表格，假定其中一个是“输出”变量，另外两个变量是可能会影响“输出”变量的因素，这时可以从平行坐标视图中确定是否有一个、两个因素或没有因素影响“输出”变量。

（6）表格视图（Spreadsheet View）

表格视图用于以表格的形式查看原始数据，该视图主要用于 ParaView 图形用户界面。在界面的视口中创建表格视图，并启用管道浏览器中的某一数据模型，即可在视图中显示原始数据，如图 2-29 所示。由于表格视图同时只能显示一个数据集，因此，显示新数据集后将自动隐藏先前显示的数据集。在表格视图窗口上方的工具栏中提供了对该视图部分功能的快速访问按钮：

① “Showing”组合按钮用来查看和更改正在显示的数据集。

② 通过“Attribute”组合框可以选择要显示的数据类型，如 Cell Data、Point Data、Field Data 等。

③ “Precision”组合框用于在显示浮点数时更改使用的精度；按钮用于选择要显示的列，鼠标单击该按钮后弹出一个菜单，可以在其中选中或取消选中要显示或隐藏的列。

④ 如果表格中当前显示的数据为“Cell Data”，通过选中{...}按钮可以查看组成每个单元的点的 ID 号。

⑤ 单击按钮可以在视图中仅显示选定的数据。

需要指出的是，ParaView 的某些过滤器和读取器会生成 vtkTable，它们会自动显示在表格视图中，因此，使用 ParaView 可以非常轻松地读取.csv 文件的内容。

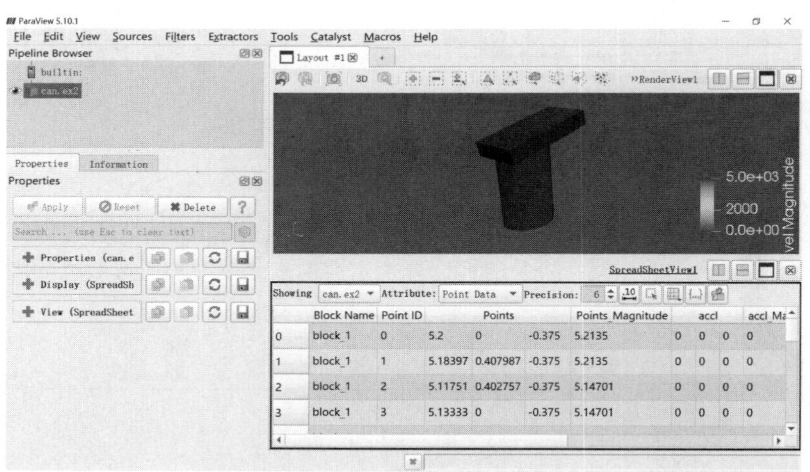

图 2-29 ParaView 中的表格视图

（7）切片视图（Slice View）

切片视图可以看作一种特殊的渲染视图，可用来查看任意数据集的正交切片显示结果，如图 2-30 所示。通过与视图中坐标轴框架的交互来指定切片位置：

① 在坐标轴框架和视图之间的区域双击鼠标左键可以添加新切片。

② 鼠标单击并拖动标记可移动切片位置。

③ 鼠标左键双击与某一切片对应的标记，即可删除该切片。

④ 鼠标右键单击切片标记可切换对应切片的可见性。

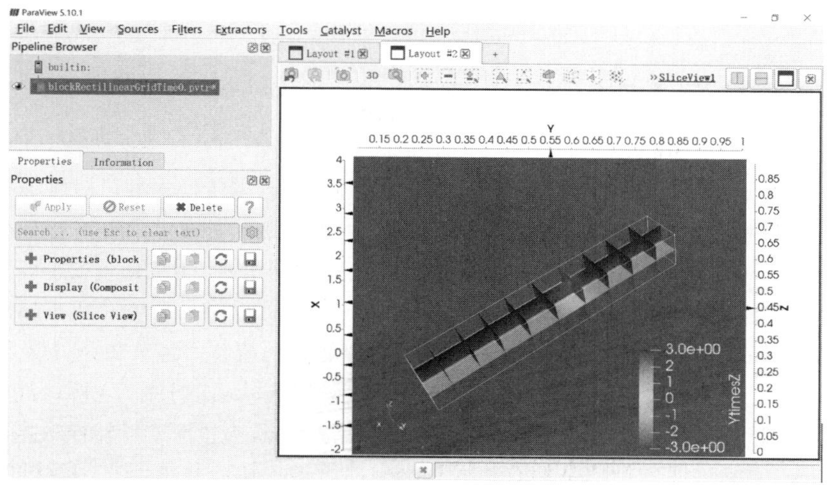

图 2-30　ParaView 中的切片视图

2.5.4 比较视图（Comparative View）

通过比较视图可以创建并列的多个视图，便于进行参数的比较研究。本小节以渲染视图的比较视图 Render View（Comparative）为例介绍其使用方法，这些方法也适用于其他比较视图，包括 Bar Chart View（Comparative）和 Line Chart View（Comparative）。

在新建渲染视图的比较视图时，单击新视图按钮后选择 Render View（Comparative），软件将显示并排的 4 个子渲染视图。该比较视图属性面板中的内容与渲染视图中的类似，更改属性参数会影响所有 4 个视图。

使用面板"Comparative View Inspector"（通过菜单栏 View/ Comparative View Inspector 访问）配置比较视图。应用"Layout"更改活动比较视图中的内部视图数量以及它们的布局方式，其第一个值为水平方向的视图数，第二个值为垂直方向的视图数。勾选复选框"Overlay all comparisons"表示只在单个视图中显示所有结果。

在比较视图中显示数据的方法与其他视图相同，只需激活该视图并使用管道浏览器切换眼球图标以显示所选管道模块生成的数据。但对于比较视图，所选的数据集将同时显示在所有子视图中，而且更改属性参数引起的结果也将同时反映在所有子视图中。此外，由于子视图之间的摄像机是自动链接的，如果与其中一个视图交互，所有视图也会在释放鼠标按键时同时更新。

进行参数研究的设置方法与设置动画的方法类似。在"Comparative View Inspector"面板的"Parameter"列表下方的组合框中选择要研究的参数，单击"+"按钮即可在"Parameter"列表中添加该参数。此时，在该组合框下方的表格中填充了一组默认的参数值，参数值的位置与视图位置对应，通过鼠标双击可以更改这些参数值。也可以一次更改多个参数值，鼠标单击并拖动列表中的多个单元格，当松开鼠标时，弹出一个对话框提示输入数据值范围，并提示选择在哪个方向上更改参数，可以选择先水平更改参数（Vary horizontally first）、先垂直更改参数（Vary vertically first），或者仅沿其中一个方向更改参数（Only vary horizontally 或 Only vary vertically），同时保持另一个方向不变。更改参数值后，各视图将立即更新。

2.6 过滤数据（Filtering Data）

数据的可视化过程可以看作将实验或模拟产生的原始数据转换为其可以解释和分析形式的过程，这一过程可以形象地表示为数据流流过各管道节点，并在节点上进行转换，直到成为可以被接收器使用的形式。本章 2.3 节介绍了如何将数据引入 ParaView，2.5 节介绍了如何在 ParaView 视图中显示数据。如果引入 ParaView 中的数据已经具有所有所需属性，并且它的形式可以直接在现有视图中表示，则该数据可直接进行可视化，这是 ParaView 最基本的功能。但 ParaView 可视化过程的真正魅力来自各种可视化技术，如切片、轮廓、裁剪等，这些技术均可以通过过滤器（Filter）实现。本节介绍利用过滤器构建管道以转换数据的方法。

ParaView 中的过滤器指的是拥有输入和输出的管道模块或算法，它们通过输入获取数据，输出转换后的数据或结果。一个过滤器可以有多个输入和输出端口，但端口的数量是固定不变的。每个输入端口都可以接受将要在过滤器中实现特定目的的输入数据。例如，Resample With Dataset 过滤器有两个输入端口：一个是被称为“Input”的输入端口，通过该端口获取提供插值属性的数据集；另一个是被称为“Source”的输入端口，通过该端口接受用作重新采样的网格数据集。输入端口本身可以选择接受多个输入连接，但是否可以接受多个输入连接取决于特定过滤器对输入端口的定义。

与读取器类似，过滤器对应的属性可以用来控制过滤算法，而哪些属性可用取决于使用何种过滤器。

本节在 2.6.1 节介绍创建和修改过滤器的方法，2.6.2～2.6.5 节介绍几种常用的过滤器。

2.6.1 创建和修改过滤器

ParaView 中的所有过滤器均可在 Filters 菜单下找到，并对这些过滤器进行了分类。通过创建过滤器对数据源或读取器生成的数据进行转换时，需首先在软件界面的管道浏览器中选择相应的数据源以使其处于活动状态，然后鼠标单击 Filters 菜单中的相应选项。如果某一过滤器选项被禁用，意味着所选的活动数据源不可以应用该过滤器转换数据。

创建过滤器时，被选中的活动数据源将连接到过滤器的第一个输入端口，如 Append Datasets 过滤器可以在该输入端口上采用多个输入连接，这种情况下，如要在过滤器的单个输入端口上传递多个管道模块作为连接，需要在管道浏览器中选择所有有关管道模块。使用 Ctrl+鼠标左键、Shift+鼠标左键或 Shift+↑同时选择多个模块，此时只有那些在其输入端口上可接受多个连接的过滤器才会在 Filters 菜单中启用。如图 2-31 所示为 Append Datasets 过滤器将两个输入 Shpere1 和 Cone1 连接至一个输入端口的结果。

ParaView 中的大多过滤器只有一个输入端口，在 Filters 菜单中单击过滤器名称后，软件将创建一个新的过滤器实例，并将其显示在管道浏览器中。而有些过滤器拥有多个输入，如 Resample With Dataset 过滤器，创建过滤器时必须先设置这些输入。这时，鼠标单击过滤器名称时，会弹出如图 2-32 所示的“Change Input Dialog”对话框，在该对话框中选择要连接到每个输入端口的管道模块，默认将活动数据源连接至第一个输入端口，当然也可以自由更改所要连接的数据源，而且如果一个输入端口可以接受多个输入连接，则可以选择多个管道模块连接至该端口。

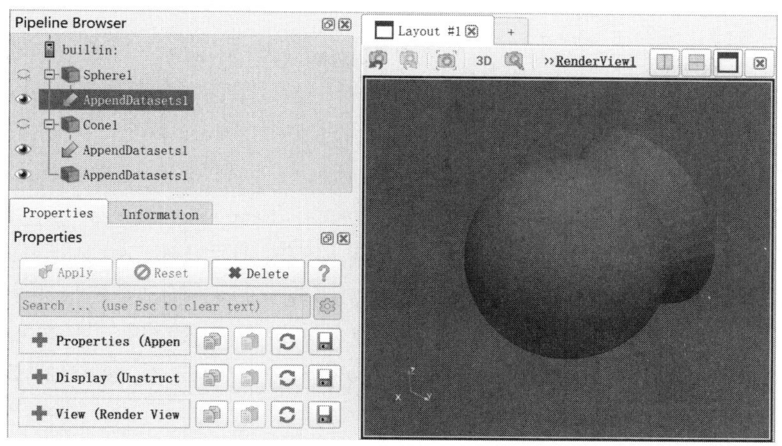

图 2-31　具有多个输入连接的管道

当某一过滤器被创建后，还可以更改其输入。鼠标右键单击管道浏览器中的过滤器打开快捷菜单，选择“Change Input...”，弹出与图 2-32 类似的对话框，使用该对话框为过滤器设置新的输入数据源。

为了从 ParaView 庞大的过滤器列表中快速找到所需的过滤器，ParaView 提供了快速启动过滤器的方法。在创建新过滤器时，采用按键 Ctrl+Space 或 Alt+Space 可打开快速启动对话框，如图 2-33 所示。此时输入要打开的过滤器的名称，输入字符的同时，对话框列表中将实时更新与键入的文本匹配的过滤器和数据源，这时可以使用箭头键定位要选择的过滤器或数据源，并使用回车键确认后即可创建选定的过滤器或数据源。输入过滤器名称的过程中，某些匹配的过滤器可能并不可用，这与在 Filters 菜单中进行选择时的情况一样，默认的选择为第一个可用的过滤器。按下 Esc 键清除键入的全部字符，再次按下 Esc 键后，对话框将关闭而不新建任何过滤器。

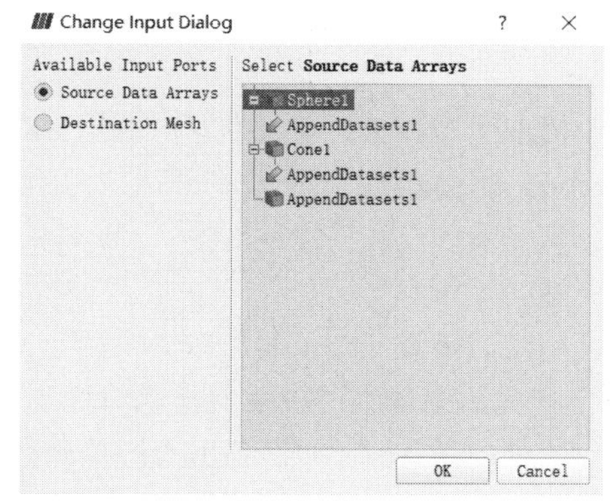

图 2-32　“Change Input Dialog”对话框

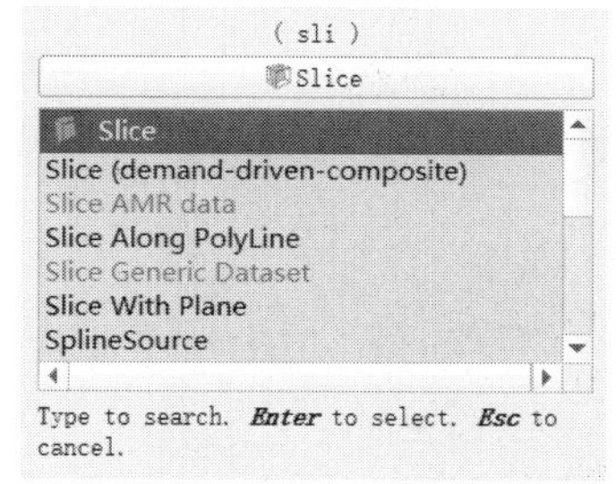

图 2-33　ParaView 的快速启动过滤器对话框

ParaView 为每个过滤器提供了属性更改功能，用来控制过滤器所使用的数据处理算法。更改和查看过滤器的属性与更改和查看其他管道模块（如读取器和数据源）的方法相同，也即通过软件界面上的属性面板实现。需要注意的是，属性面板显示的是活动的过滤器对应的属性，所以在使用时确保需要设置的过滤器处于活动状态，在管道浏览器中鼠标单击该过滤器即可将其激活。

如果经常使用某些过滤器，可以通过菜单栏的 Filters/Favorites/Manage Favorites 选项将它们添加在 Favorites 列表中，也可以在管道浏览器中通过鼠标右键单击某过滤器，在弹出的菜单中选择 Add Filter/Favorites/Add current filter 添加选中的过滤器至“Favorites”列表，或通过弹出的菜单 Add Filter/Favorites/Manage Favorites 打开“Favorites Manager”对话框添加其他过滤器至“Favorites”列表。在如图 2-34 所示的“Favorites Manager”对话框中，一方面可以添加过滤器至“Favorites”列表，也可以从该列表删除过滤器；另一方面可以创建目录，对“Favorites”列表中的过滤器分类。数据可视化过程中如果要使用的某过滤器在“Favorites”列表中，可直接在管道浏览器中鼠标右键单击数据源，在弹出的菜单 Add Filter/Favorites 中列出了已添加至“Favorites”列表中的过滤器，单击选择即可。

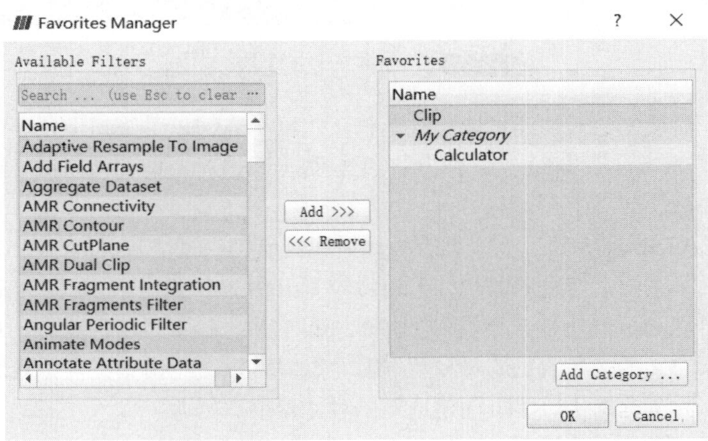

图 2-34 “Favorites Manager”对话框

2.6.2 用于提取子数据集的过滤器

用于提取子数据集的过滤器可从输入数据集中提取子数据集，主要包括 Clip、Slice、Extract Subset、Threshold、Iso Volume、Extract Selection 等过滤器，下面分别介绍它们如何定义被提取子集、如何创建以及如何设置属性。

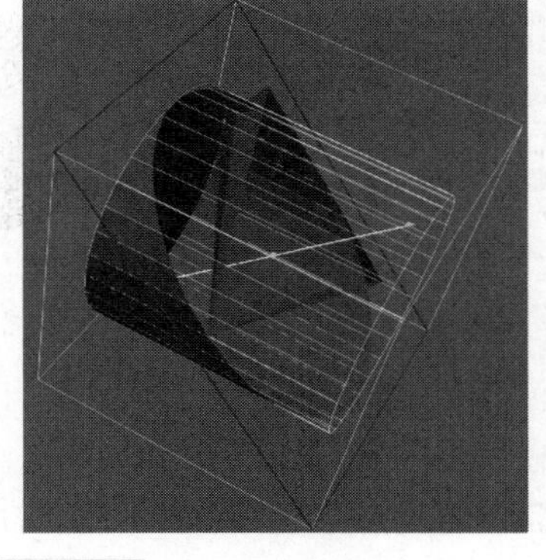

图 2-35 Clip 过滤器裁剪后的效果

（1）Clip 过滤器

Clip 过滤器使用隐式函数（如平面、球体或盒），或者使用输入数据集中标量数据数组的属性值来裁剪输入数据集，这里的标量数组指的是具有单一分量的点或单元数组。裁剪过程包括遍历输入数据集中的所有元素，其后删除那些被认为是处于隐式函数定义的空间之外的元素，或删除那些属性值小于预定值的元素。对于那些位于裁剪边界上的元素，裁剪后只保留其中位于隐式函数确定的空间内部（或大于标量属性值）的部分，如图 2-35 所示。对于复合数据集，使用 Clip 过滤器可将其转换为非结构化网格或非结构化网格的多块数据。

创建 Clip 过滤器时，使用菜单栏 Filters/Common/Clip 或 Filters /Alphabetical/Clip 选项，也可以通过鼠标单击 Common 工具栏上的按钮来创建。

在 ParaView 界面属性面板中的“Properties”部分，首先需要设置“Clip Type”，它用来指定用于裁剪操作的隐函数类型，可用选项包括“Plane”“Box”“Sphere”和“Scalar”，选择其中任何一个都会改变“Clip Type”组合框下面的面板内容，这些内容包括定义所选隐函数的特征变量，如平面的原点和法线、球体的中心和半径。如果选择“Scalar”类型，在面板中需要进一步选择数据数组和用于裁剪的阈值，过滤器将那些值大于或等于阈值的元素保留下来。“Invert”选项用于反转当前过滤器的输出结果。如果不希望分割位于裁剪边界上的元素，希望保留输入元素的完整结构，可选中“Crinkle Clip”。但使用“Scalar”类型的隐函数进行裁剪时，该选项不可用。

（2）Slice 过滤器

Slice 过滤器使用隐式函数（如平面、球体或盒）对输入数据集进行切片。该过滤器只输出隐式函数边界上的数据元素，所以它是一个降维过滤器（启用皱纹切片时除外），也即如果输入数据集包含 3D 单元，如四面体或六面体，则输出为 2D 单元，如三角形或四边形；而对包含 2D 元素的数据集进行切片时，结果将是 1D 的线条。

在 ParaView 中，使用菜单栏 Filters/Common/Slice 或 Filters /Alphabetical/Slice 选项，或通过鼠标单击 Common 工具栏上的按钮来创建 Slice 过滤器。

Slice 过滤器对应的属性内容和属性设置方法与 Clip 过滤器类似，如隐函数的设置：“Plane”“Box”“Sphere”和“Cylinder”，以及切换“Crinkle”切片的选项（为了避免切穿单元，保留那些与隐函数相交的数据集对应的单元），不同之处在于，Slice 过滤器中没有“Crinkle”切片，但实现类似功能可以使用 Contour 过滤器。另外，Slice 过滤器中增加了一个新的选项“Triangulate the slice”。图 2-36 比较了使用不同属性参数时生成的网格的差异。

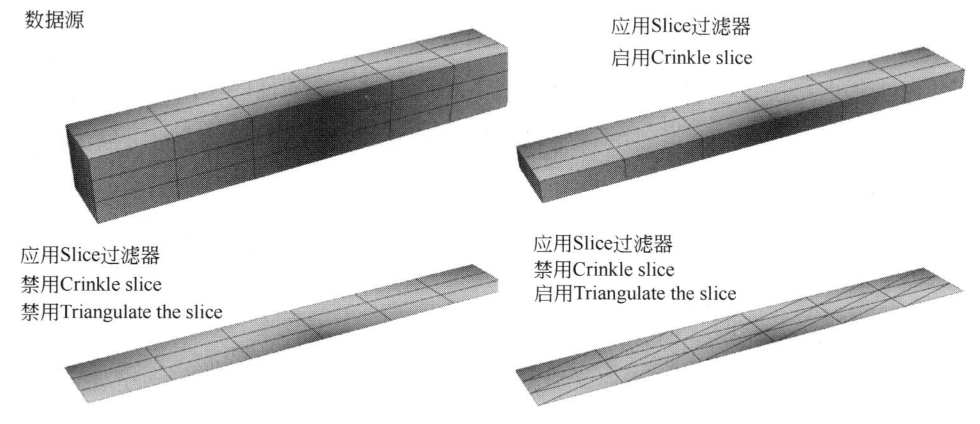

图 2-36　Clip 过滤器裁剪后的效果

与 Slice 表示（Representation，通过新建视图创建）相比，Slice 过滤器更加通用。首先，Slice 表示仅适用于图像数据集，而 Slice 过滤器可用于任意类型的 3D 数据集。其次，Slice 表示用于提取图像的子集，该子集只能由与 *XOY*、*YOZ* 或 *XOZ* 平面平行的 2D 切片组成，而 Slice 过滤器使用的平面可以沿任意方向放置。再次，Slice 表示总是显示一个平面对象，而且使用光照会干扰切片上数据值的表达，因此 Slice 表示不具有光照属性，但光照属性可以应用于 Slice 过滤器输出的结果。最后，Slice 表示比 Slice 过滤器可以更快地更新不同的切片，因为它不需要计算平面与数据集中单元的交集。

（3）Extract Subset 过滤器

Extract Subset 过滤器主要用于从结构化数据集，如图像数据集、直线网格和曲线网格中提取感兴趣的区域或子网格，提取时使用结构化坐标 (i, j, k) 指定要提取的区域。实际应用中遇到结构化数据集，应优先使用 Extract Subset 过滤器，而不是 Clip 或 Slice 过滤器，因为 Extract Subset 过滤器保留了输入数据类型。除了用于提取数据子集外，Extract Subset 过滤器还可用于对数据集重新采样以得到更粗的分辨率，这可以通过指定沿每个维度上的采样率实现。

在 ParaView 中，使用菜单栏 Filters/Common/Extract Subset 或 Filters /Alphabetical/Extract Subset 选项，或通过鼠标单击 Common 工具栏上的按钮来创建 Extract Subset 过滤器。

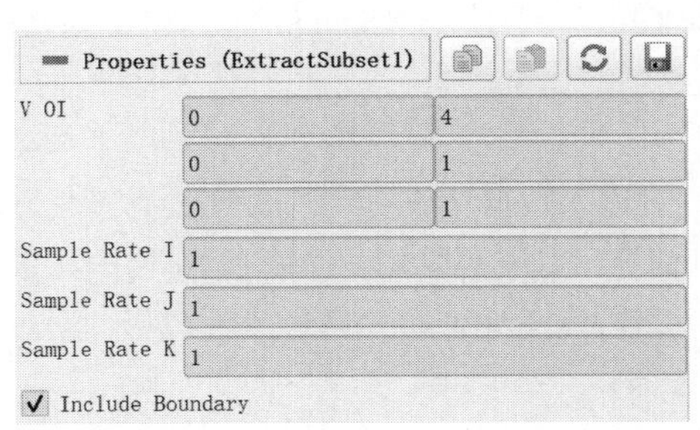

图 2-37 Extract Subset 过滤器属性面板中的属性参数

在 Extract Subset 过滤器中，使用属性面板中的“VOI”属性指定感兴趣区域，如图 2-37 所示，其中每行的值表示在每个结构化维度 (i, j, k) 上感兴趣子集的最小值和最大值。“Sample Rate I”“Sample Rate J”和“Sample Rate K”分别用来指定每个结构化维度上的子采样率。“Include Boundary”选项用于确定数据源边界是否包含在提取结果中，如果在某一维度上的子采样率大于1，则边界将被跳过。

（4）Threshold 过滤器

Threshold 过滤器根据所选阈值定义方法，将输入数据集中标量值位于指定范围内的元素提取出来。该过滤器可以对以点为中心或以单元为中心的数据进行处理，可将任意类型的数据集作为输入，输出非结构化网格。当对单元数据进行阈值处理时，标量值在指定范围内的所有单元都将被保留。如果是对点数据进行阈值处理，如果选中属性面板中的“All Scalars”，则只有组成单元的所有点对应的标量值都位于指定范围内时，该单元才会被过滤器保留，而如果未选中“All Scalars”，只要组成单元的所有点中有一个或一个以上的点对应的标量值位于指定范围内，该单元就会被过滤器保留。

在 ParaView 中，使用菜单栏 Filters/Common/Threshold 或 Filters/Alphabetical/Threshold 选项，或通过鼠标单击 Common 工具栏上的按钮来创建 Threshold 过滤器。

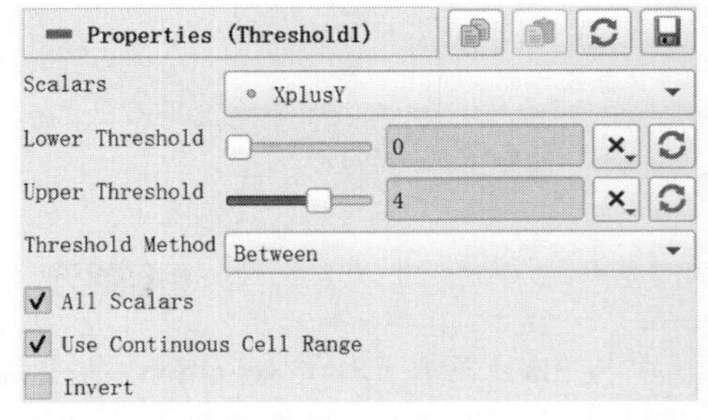

图 2-38 Threshold 过滤器属性面板中的属性参数

在 Extract Subset 过滤器对应的属性面板中，如图 2-38 所示，从“Scalars”组合框中选择用于设置阈值的标量，在“Lower Threshold”和“Upper Threshold”对应的内容中设置阈值的上下限，如果滑块显示的范围不够，可以在输入框中手动键入值。在“Threshold Method”组合框中选择阈值方法，其中“Between”用于提取标量值在下阈值和上阈值之间的元素；“Below Lower Threshold”用于提取标量值小于下阈值的元素；“Above Upper Threshold”用于提取标量值大于上阈值的元素。

（5）Iso Volume 过滤器

Iso Volume 过滤器与 Threshold 过滤器类似，也是用于从输入数据集中创建输出数据集，也即提取标量值满足指定范围的元素。如果处理对象是单元数据，Iso Volume 过滤器与 Threshold 过滤器的功能完全相同。而如果处理对象是点数据，当使用标量值作为提取条件时，Iso Volume 过滤器的效果类似于 Clip 过滤器，此时软件会沿标量值范围形成的等值面裁剪单元。图 2-39 比较了 Iso Volume 过滤器与 Threshold 过滤器在相同设置时的输出结果。

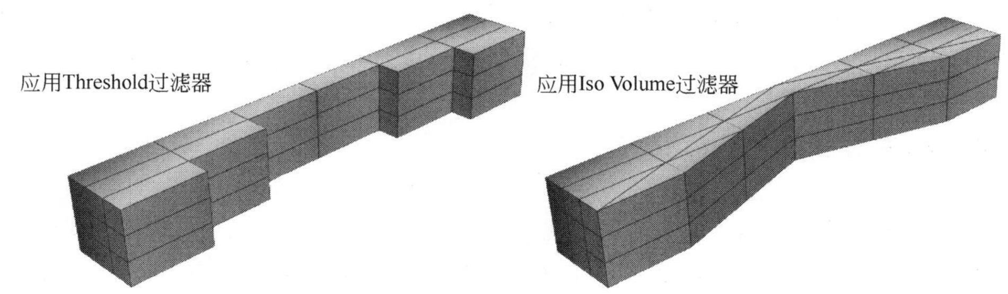

图 2-39　相同阈值范围的 Threshold 过滤器和 Iso Volume 过滤器输出结果比较

在 ParaView 中，使用菜单栏 Filters /Alphabetical/Iso Volume 选项创建 Iso Volume 过滤器。该过滤器的属性设置非常简单，只需指定标量值和最小值和最大值即可。

2.6.3 用于几何操作的过滤器

用于几何操作的过滤器可在不影响数据集中的拓扑或其连接性的情况下转换数据集的几何形状，主要包括 Transform、Reflect、Warp By Vector、Warp By Scalar 等过滤器。

（1）Transform 过滤器

Transform 过滤器可实现对数据集的平移、旋转和缩放，变换的过程包括按指定的值对数据集进行缩放、旋转和平移。由于这些过程都属于几何操作，所以不会影响输入数据集中数据的连接性，但一般情况下，变换后的数据集不再具有与输入数据集相同的数据类型表。例如，对图像数据和直线网格进行旋转变换后，输出数据集可以不再是轴对齐的，这就不能用两种数据类型中的任一种表示。在这种情况下，数据集将被转换为结构化或曲线网格。由于曲线网格的存储方式不像其他两种数据那样紧凑，它需要将结果以更通用的数据类型存储，这就意味着需要占用更大的内存空间。

在 ParaView 中，使用菜单栏 Filters /Alphabetical/Transform 选项创建 Transform 过滤器。创建后，可在属性面板中设置平移、旋转和缩放的具体数值。

（2）Reflect 过滤器

Reflect 过滤器用于对任意数据集沿某一轴平面进行反射变换。变化过程中可以选择数据集所在坐标系边界框对应的某个平面作为轴平面，在属性面板中设置为“X Min”“X Max”“Y Min”“Y Max”“Z Min”或“Z Max”即可将轴平面设置为相应的边界平面。如果需要按任意轴平面进行反射，将属性参数“Plane”设置为 X、Y 或 Z，并将“Center”设置为从轴平面与原点的偏移量。

输入数据集经 Reflect 过滤器进行反射变换后，生成非结构化网格，因此，Clip 和 Threshold

过滤器中关于处理结构化数据集时的说明对 Reflect 过滤器仍适用。

（3）Warp By Vector 过滤器

Warp By Vector 过滤器用于对输入网格中的点坐标按数据集本身包含的向量进行移动。可以使用属性面板上的“Vectors”属性参数来选择要使用的向量，“Scale Factor”属性参数用于指定位移的大小。

（4）Warp By Scalar 过滤器

Warp By Scalar 过滤器与 Warp By Vector 过滤器类似，它们都会使输入网格扭曲，但 Warp By Scalar 过滤器使用输入数据集中的标量数组来实现网格扭曲。在属性面板中使用“Normal”属性参数指定位移方向，也可以选中“Use Normal”以使用某一点位置上的法线。

2.6.4 用于数据采集的过滤器

用于数据采集的过滤器对输入数据集进行计算，生成新的数据集，新数据集保留了输入数据集具备的基本特征，主要包括 Glyph、Glyph With Custom Source、Stream Tracer、Stream Tracer With Custom Source、Resample With Dataset、Resample To Image、Probe Location、Plot over line 等过滤器。

（1）Glyph 过滤器

Glyph 过滤器用于在输入数据中某些点的位置处放置标记，这些标记可以根据点上的矢量和标量属性进行定向或缩放。

在 ParaView 中，使用菜单栏 Filters/Common/Glyph 或 Filters/Alphabetical/Glyph 选项，或通过鼠标单击 Common 工具栏上的按钮来创建 Glyph 过滤器。

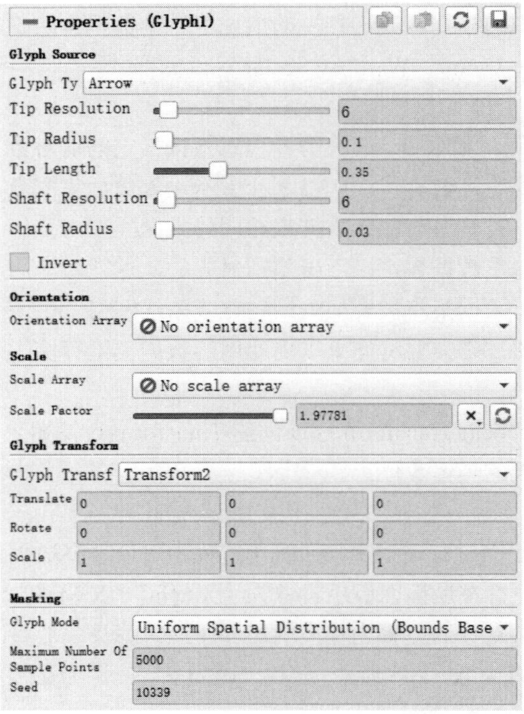

图 2-40 Glyph 过滤器的属性面板

在 Glyph 过滤器对应的属性面板中，如图 2-40 所示，首先，应在“Glyph Source”属性组的“Glyph Type”组合框中选择标记类型，选项包括“Arrow”“Sphere”“Cylinder”“Cone”“Box”“Line”“2D Glyph”等。“Glyph Type”组合框下方的各选项用于设置所选标记种类的特征。其次，在“Orientation Array”组合框中选择定向用的点数组（选择“No orientation array”将导致标记不被定向）。在“Scale”属性组中需要进行如下设置：

① 在“Scale Array”组合框中选择一个点数组作为标记缩放数组（如选择“No scale array”，则不执行缩放）。

② 如果将“Scale Array”设置为某矢量数组，则“Vector Scale Mode”属性参数可用，用来设置应使用向量的哪些属性来转换每个标记。如果“Vector Scale Mode”的值选为“Scale by Magnitude”，则某个点上的标记将按

该点矢量的大小进行缩放。而如果选为“Scale by Components”，则点上的标记在每个维度上的缩放比例将由对应维度上的矢量分量决定。

③“Scale Factor”属性参数用来对所有标记应用恒定的缩放比例，与“Scale Array”和“Vector Scale Mode”属性参数无关。比例因子是否合理取决于几个因素，包括输入数据集的边界、所选的“Scale Array”和“Vector Scale Mode”以及“Scale Array”属性中所选数组的范围。可以使用“Scale Factor”属性框旁边的按钮由软件根据当前数据集和缩放属性选择在一般情况下较为合理的比例因子值。

“Masking”属性组用来控制对输入数据集中的哪些点进行标记。其中“Glyph Mode”属性参数控制如何选择点进行标记，其可用选项如下：

①“All Points”：选择输入数据集中的所有点进行标记。这种模式需谨慎使用，一般仅在输入数据集中点的数量相对较少时才会使用，如果输入数据集中的点较多，使用这种模式不仅会导致视觉混乱，而且会阻塞内存并花费很长时间来生成和渲染标记。

②“Every Nth Points”：从输入数据集中的每 N 个点选择一个点进行标记，其中 N 通过“Stride”的值指定。将“Stride”的值设置为 1 时的效果将与选择“All Points”时的结果相同。

③“Uniform Spatial Distribution”：随机选择一组点进行标记。该算法首先在输入数据集的边界限定的空间中计算得到不超过“Maximum Number of Sample Points”对应数量的样本点，其后，对输入数据集中与这组样本中的点接近的点进行标记。“Seed”属性参数用于指定随机数生成器的种子数，该随机数生成器用于生成样本点，可确保随机采样点可重现和一致性。

需要指出的是，Glyph 表示（Representation，通过新建视图创建）同样可用于许多使用 Glyph 过滤器进行可视化的场合。相比而言，Glyph 表示的渲染更快，消耗内存更少。但对于需要生成 3D 几何的情况，如要将标记几何导出到文件时，则必须使用 Glyph 过滤器。

（2）Glyph With Custom Source 过滤器

Glyph With Custom Source 过滤器与 Glyph 过滤器功能类似，两者的不同之处在于，Glyph With Custom Source 过滤器可以在任何数据源中采集数据并生成 管道浏览器中可用的多边形数据集，而不是像 Glyph 过滤器那样只能在“Glyph Type”属性中选择一组。使用该过滤器时，在管道浏览器中选择要标记的数据源，并为该数据源添加 Glyph With Custom Source 过滤器（鼠标右键菜单中选择 Add Filter，在弹出的对话框中设置“Input”和“Glyph Source”即可）。

（3）Stream Tracer 过滤器

Stream Tracer 过滤器用于为矢量场生成流线，流线的特点是，在某一瞬时流线上每个点的切线方向与数据集中的矢量场在该点处的矢量方向相同，这种过滤器的输出给出了数据集中的粒子在某一时刻行进的方向。该算法通过在数据集中获取一组点（称为种子点），然后整合以这些种子点为起点的流线来实现可视化。

在 ParaView 中，使用菜单栏 Filters/Common/Stream Tracer 或 Filters/Alphabetical/Stream Tracer 选项，或通过鼠标单击 Common 工具栏上的按钮来创建 Stream Tracer 过滤器。

在 Stream Tracer 过滤器对应的属性面板中，如图 2-41 所示，各属性组的使用方法介绍如下：

① 在“Vectors”属性参数选项框中选择用于生成流线的矢量数组。

②“Integration Parameters”属性组用来通过指定积分方向（Integration Direction）和使

用的积分算法类型（Integrator Type）来对流线积分进行微调，该属性组还包括用于对积分进行微调的高级参数，包括积分步长等。

③“Streamline Parameters”属性组中的“Maximum Streamline Length”参数用来限制流线的最大长度，该参数的值越大，生成的流线将越长。

④“Seeds”属性组用来设置流线种子点的生成方式，其中有两个选项：“Point Cloud”，它根据指定的参数在用户指定点的周围生成点云；“Line”，它沿用户指定的线生成种子点。绘制时可以通过鼠标与视口的交互放置点云中心或定义线。图 2-42 比较了使用两种种子点时 Stream Tracer 过滤器的输出结果。

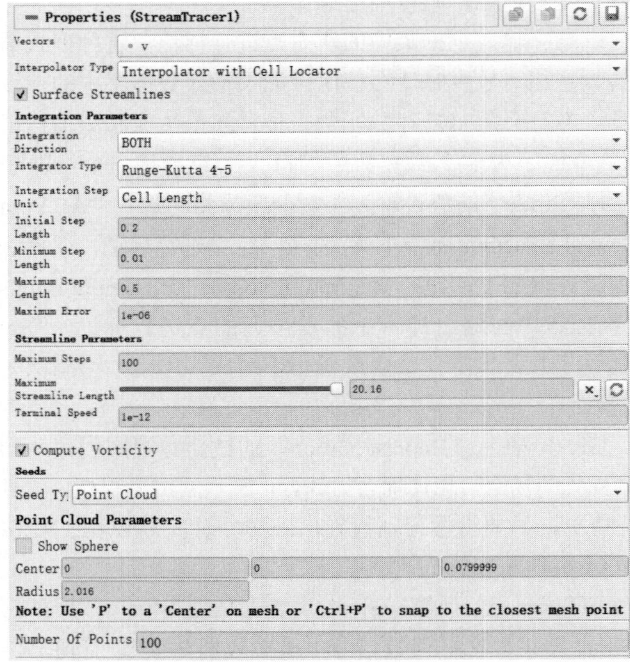

图 2-41 Stream Tracer 过滤器的属性面板

（4）Stream Tracer With Custom Source 过滤器

Stream Tracer 过滤器可以将种子点指定为点云或线，而如果要将其他数据源作为种子点，则需要使用 Stream Tracer With Custom Source 过滤器。与 Glyph With Custom Source 过滤器类似，该过滤器在创建时需要选择第二个输入连接作为种子点。图 2-43 为针对与图 2-42 相同的数据源，但同时应用了 Slice 过滤器，并使用其输出结果作为流线种子点，应用 Stream Tracer With Custom Source 过滤器后的结果。

（5）Resample With Dataset 过滤器

Resample With Dataset 过滤器采集一个数据集的点和单元属性，并将采样到的属性赋予另一个数据集。创建该过滤器时将这两个数据集分别连接至过滤器的两个输入端口，其中“Source Data Arrays”端口与提供属性的数据集连接，“Destination Mesh”与目标数据集连接。图 2-44 所示为一应用 Resample With Dataset 过滤器的例子。

（6）Resample To Image 过滤器

Resample To Image 过滤器是 Resample With Dataset 过滤器的一个特例，该过滤器采集一

个输入数据集的点和单元属性，并将这些属性赋予具有均匀网格的数据集上。其中被赋予属性的数据集不是作为输入源，而需要在属性面板中定义。可以指定均匀网格的边界和范围，默认边界为输入数据集的边界。Resample To Image 过滤器的输出是一个图像数据集。

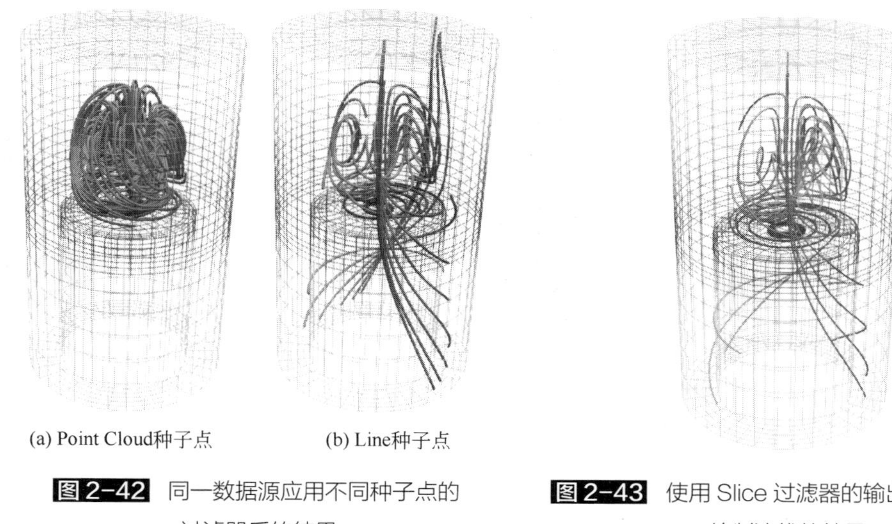

(a) Point Cloud种子点　　(b) Line种子点

图 2-42　同一数据源应用不同种子点的过滤器后的结果

图 2-43　使用 Slice 过滤器的输出作为种子点绘制流线的结果

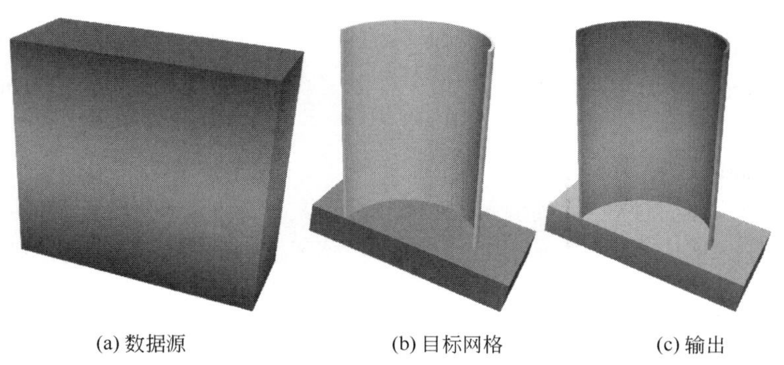

(a) 数据源　　(b) 目标网格　　(c) 输出

图 2-44　Resample With Dataset 过滤器的应用实例

使用均匀网格数据集的好处是可以基于此实现某些高效操作，如体的渲染，Resample to Image 过滤器可用于在执行此类操作之前将任意数据集转换为图像数据。

（7）Probe Location 过滤器

Probe Location 过滤器用于在指定点位置处采集输入数据集，获得包围该点的单元的数据属性，以及经插值得到的该点处的数据属性，并使用表格视图查看采集到的值。创建 Probe Location 过滤器时，可以在活动的渲染视图中通过鼠标交互指定数据采集位置。

（8）Plot over line 过滤器

Plot over line 过滤器沿指定的直线采集输入数据集，并在折线图视图中绘制采集结果。在软件内部，Plot over line 过滤器使用与 Probe Location 过滤器相同的数据采集原理，它沿直线上的点采集数据以获取直线上包含的单元的属性和经插值后的点的属性。使用属性面板上的“Resolution”属性参数可以控制在指定直线上的采样点数。图 2-45 所示为 Plot over line 过滤器应用于 disk_out_ref.ex2 数据集及其输出的数据采集结果，其中在渲染视图中展示了定义的直线，折线图视图中曲线的间隙起因于所定义直线上含有位于输入数据集之外的部分。

图 2-45 Plot over line 过滤器的应用实例

2.6.5 用于属性操作的过滤器

用于属性操作的过滤器的主要功能是向数据集添加新的数组，这些新添加数组通常用于增加导出量，以便在管道中进行进一步的处理。这一类过滤器主要包括 Calculator、Gradient、Mesh Quality 等。

（1）Calculator 过滤器

Calculator 过滤器根据已有的输入数组按照一定的函数关系计算得到新的数据数组或新的点坐标。如果计算时使用点中心数组，则结果数组也为点中心数组，而计算时使用以单元为中心的数组，则结果数组仍为以单元为中心的数组。如果针对点坐标进行计算（通过选择属性面板上的“Coordinate Results”属性参数来确定），则计算结果必定是拥有三个分量的向量。

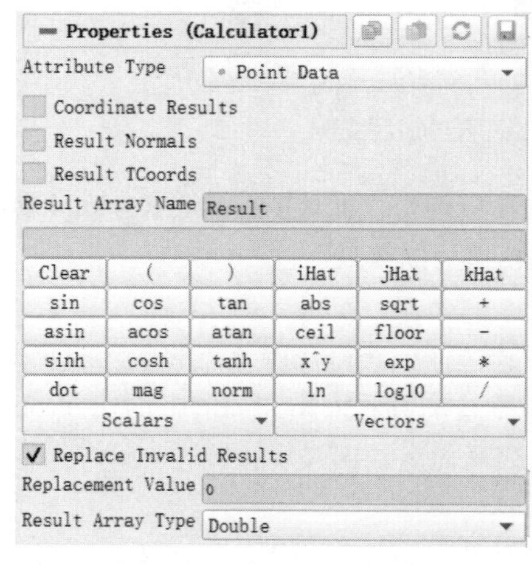

图 2-46 Calculator 过滤器的属性面板

Calculator 过滤器对应的属性面板如图 2-46 所示，对其中各函数的操作类似于使用科学计算器，除了运算符外，需要将操作数置于函数后的括号中。每个函数的功能可由其名称直观确定，这里只介绍其中部分函数的功能：

① ceil：对浮点数向上取整。

② floor：对浮点数向下取整。

③ dot：计算两矢量的点积。

④ cross：计算两矢量的叉积。

⑤ mag：计算矢量的模（大小）。

⑥ norm：归一化矢量。

⑦ iHat、jHat 和 kHat 为常量矢量，分别表示 X、Y 和 Z 方向上的单位矢量。

图 2-46 中函数列表下方的"Scalars"菜单列出了标量数组的名称和矢量数组分量的名称，"Vectors"菜单列出了矢量数组的名称，这里的数组属于以点为中心或以单元为中心的数据集。可使用函数组合

$$scalar_x * iHat + scalar_y * jHat + scalar_z * kHat$$

将三个输入标量 $scalar_x$、$scalar_y$、$scalar_z$ 转换为矢量数组。Calculator 过滤器可对任何类型的输入数据集进行操作，但输入数据集中需至少包含一个标量或向量数组。

属性面板中的"Checking Coordinate Results""Result Normals"和"Result TCoords"分别用来将计算结果数组设置为点坐标、归一化数组或纹理坐标，"Result Array Name"用于指定计算结果数组的名称，默认为"Result"。计算过程中有时会得到无效值，通过选中"Replace Invalid Results"复选框将结果中的无效值替换为指定值，该值在"Replacement Value"组合框中给定。"Result Array Type"属性参数用于设置输出数组的类型，包括整型、字符型等。

Calculator 过滤器的功能还可以通过 Python Calculator 过滤器实现，后者使用 Python 语言编辑表达式对一个或多个输入数组进行计算得到新的输出数组，而且包含的函数种类更加丰富。

（2）Gradient 过滤器

Gradient 过滤器针对任意类型数据集，计算其单元或点数据数组的梯度。对于非结构化网格，单元数据的梯度对应于单元上的导数。对于点数据，给定点处的梯度计算为该点所属单元上导数的平均值。对于结构化网格，在数据集的边界上，采用向前和向后差分计算边界单元的梯度，其他位置处的梯度则使用中心差分法计算。

Gradient 过滤器还可以用来计算散度（Divergence）、涡量（Vorticity）和 Q-criterion，计算这些量时均需拥有三个分量的数组，而且默认仅启用梯度计算。如果输入数据集为均匀直线网格，Gradient 过滤器还可以计算点数据数组的梯度，这一计算通过复制边界值将中心差分扩展至边界单元来实现，将"Boundary Method"属性参数设置为"Smoothed"即可启用该选项。

（3）Mesh Quality 过滤器

Mesh Quality 过滤器创建一个新的单元数组，该单元数组包含对其中每个单元质量的度量。可以根据单元的形状选择不同的质量表征量。

Mesh Quality 过滤器对应的属性面板如图 2-47 所示，其中各组合框的功能介绍如下：

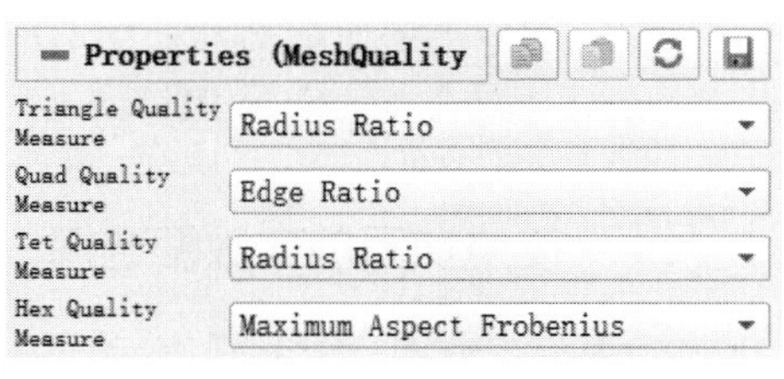

图 2-47　Mesh Quality 过滤器的属性面板

①"Triangle Quality Measure"：指定使用哪种表征量来评估三角形网格的质量，其中"Radius Ratio"为三角形外接圆的半径除以三角形内切圆的半径得到的值，"Edge Ratio"为最长边边长与最短边边长的比值。

②"Quad Quality Measure"：指定使用哪种表征量来评估四边形网格的质量。

③"Tet Quality Measure"：指定使用哪种表征量来评估四面体网格的质量，"Radius Ratio"为四面体外接圆的半径与其内切圆的半径之比，"Edge Ratio"为四面体上最长边边长与最短边边长之比，"Collapse Ratio"为四面体上某一顶点至与该顶点相对的三角形的距离与该三角形最长边边长之比，并取四面体上所有四个顶点/三角形对对应的这一比值的最小值。

④ “Hex Quality Measure”：指定使用哪种表征量来评估六面体网格的质量。

2.7 选择数据（Selecting Data）

典型的数据可视化过程由两个组成部分：设置可视化场景和进行结果分析以获得对数据的深入理解。这一过程往往涉及使用过滤器从输入数据中提取相关信息，并选择最能代表数据的视图。评估结果是否满足要求的方法之一是通过检查数据或采集感兴趣的数据来判断可用性，ParaView 中的数据选择机制专为此类应用而设计。本节主要介绍 ParaView 中选择数据的各种方法，并利用这些选择进行数据分析。

广义上讲，选择数据指的是从数据集中选择元素，如单元、点、行（针对表格数据集）等。在 ParaView 中，数据由读取器读入或由数据源创建，并使用过滤器进行转换，因此创建选择相当于从数据源、过滤器或其他管道模块的输出生成的数据集中选择元素。

ParaView 中有很多方法可以创建选择，且有些视图本身提供了创建选择的方法。例如，在表格视图中，鼠标单击某一行即可选择该行，或者使用 Ctrl+鼠标左键选择多行，但通过突出显示表格视图中的行几乎无法实现任何目标。而本节将要介绍的数据选择则是一种不同视图间的链接，也即如果从某一视图中的数据集中选择了元素，则显示相同数据集的所有其他视图也将突出显示所选元素。

使用数据选择功能时需要注意以下几点：

① 当创建了新的数据选择后，已有选择会被清除，所以在任一时刻，程序中最多只能一个活动的数据选择。

② 数据选择的结果是暂时的，它不能被撤销/重做或保存在状态文件中并用来重新加载，也不能对数据选择本身应用过滤器或其他转换。但有时希望使用交互定义的选择从数据集中提取子集，然后对该子集应用过滤器或进行其他分析，这时可使用过滤器 Extract Selection 和 Plot Selection Over Time，它们可以捕获活动的数据选择作为过滤器参数，然后生成一个由所选元素组成的新数据集。

③ 数据选择有多种类型，例如，基于 ID 的选择，其中用索引标识被选择的元素；基于视景体的选择，其中所选元素是与 3D 空间中定义的视景体相交的元素；基于查询的选择，其中所选元素是与查询字符串匹配的元素。

2.7.1 使用视图创建数据选择

在 ParaView 界面可以通过与视图交互创建数据选择。与渲染视图交互可以创建多种类型的数据选择（基于 ID 或视景体选择点和单元），而与表格视图和折线图视图等交互仅支持一种类型的数据选择（基于 ID 选择点或单元）。

（1）在渲染视图中选择

使用视口顶部的工具栏在渲染视图中创建数据选择。ParaView 中有两种选择单元、点或块的方式：交互式和非交互式。

当用鼠标单击按钮其中之一时，ParaView 进入非交互选择模式，所创建的数据选择类型取决于单击的按钮。进入非交互选择模式后，光标将切换为十字准线，单击并拖动以创建选择区域。鼠标释放后，ParaView 即创建了包含所选择区域中所有元素的数据选择，并返回默认交互模式。非交互选择模式的各按钮功能如下：

① 使用和按钮分别从视图中的可见单元和可见点中创建选择，这里的可见单元和可见点指的是屏幕上当前呈现的那些单元和点，而那些被遮挡或因太小而无法在屏幕上呈现的元素不会被选择。也可以使用热键 S 和 D 分别选择可见单元和可见点。

② 如果要选择与选择矩形形成的视景体相交的所有数据元素，需使用按钮（选择单元）和（选择点），在这种情况下，由视景体定义的 3D 空间内的所有可见或不可见元素都将被选中。可以使用热键 F 和 G 分别实现基于视景体的可见单元和可见点选择。

③ 使用按钮为视图中的可见块创建选择，注意对块没有基于视景体的选择。

④ 大多选择模式使用矩形选择区域，但按钮（选择单元）和（选择点）可以使用封闭多边形选择区域，但只限于选择表面元素，即这种模式没有基于视景体的选择。

当鼠标单击按钮、其中之一时，ParaView 进入交互选择模式。在交互选择模式下，只能对可见元素（单元或点）进行操作。当光标移至数据集元素上时，ParaView 会高亮显示这些元素，单击一个元素即可选择该元素，单击不同的元素会将它们添加至选择列表中，再次单击处于按下状态的交互式选择按钮或按下 Esc 键可退出交互式选择模式。当进入非交互选择模式时，交互式选择模式自动退出。使用按钮以交互方式选择数据集的单元，使用按钮以交互方式选择点。

如果当前已有数据选择，使用按钮可以清除所有选中的内容。按钮和分别用来以已选择元素为基础增加或删减选择元素。

（2）在表格视图中选择

在表格视图中创建数据选择时，只需鼠标单击表格中的相应行即可。可以使用按键 Ctrl 和 ↑ 添加数据选择。软件根据视图中当前显示数据的属性，包括点数据、单元数据或表格行，来确定所选数据的种类（点、单元或行）。

（3）在折线图视图中选择

在折线图视图中，可以从绘制的数据值中选择元素，默认选择方式为交互模式。与渲染视图中的操作类似，从视口上方的工具栏中，单击按钮和进入选择模式分别进行矩形选择和多边形选择。进入选择模式后，单击鼠标并拖动以定义选择区域，释放鼠标后，数据选择即被创建。

默认情况下，新的数据选择被创建后，同时视图中的所有已有选择将被清除，但使用工具栏中的选择修改器按钮可更改这种方式。按钮用于控制新的数据选择是否添加至选定元素，按钮用于从选定元素中删除，按钮用于前两者间的切换。这些修改器按钮是互斥的，鼠标单击后它们会一直保持启用状态，直到鼠标再次单击以取消，或直到启用另一个修改器按钮。

2.7.2 使用 Find Data 面板创建数据选择

从 2.7.1 节可以看出，视图提供了交互模式下创建选择的机制，在图表视图和表格视图中可交互地选择具有某些数据属性的元素，而不是空间位置。使用 ParaView 中的“Find Data”机制同样可以实现基于数据属性的选择。

在 ParaView 图形用户界面上，可以从菜单 Edit/Find Data 或 View/Find Data 选项进入 Find Data 面板，也可以使用快捷键 V 或 Main Control 工具栏上的按钮访问该面板，如图 2-48 所示。Find Data 面板可分为三个部分，“Create Selection”部分用于定义选择条件，确定要选择哪些元素、单元或点；“Selected Data”部分用来显示最近选择的结果，显示方式类似于表格视图；“Selection Display”部分用于更改所选元素在活动视图中的显示方式。

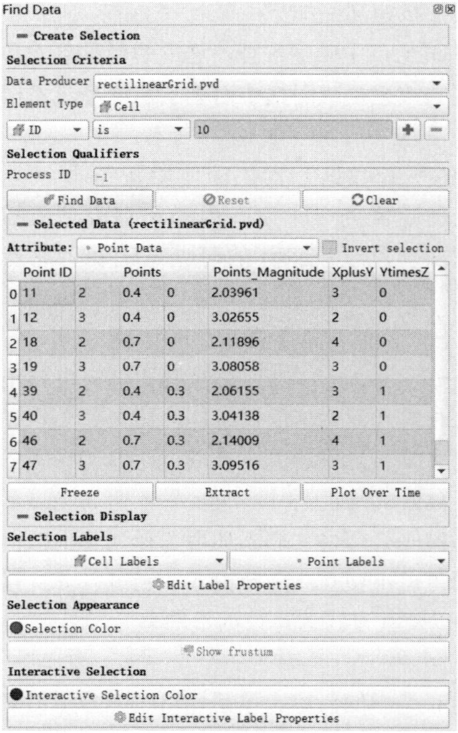

图 2-48 ParaView 的 Find Data 面板

使用 Find Data 面板创建选择时，首先在“Create Selection”部分的“Data Producer”组合框中选择数据来源，可以是数据源或过滤器，其次在“Element Type”组合框中选择元素类型，包括“Cell”“Point”“Vertex”“Edge”“Row”等选项，接着定义选择条件，在“Element Type”下方的组合框中选择数据数组和运算符，这些运算符包括：

① is：匹配单个值。

② is in range：匹配由最大和最小值定义的范围内的值。

③ is one of：匹配由逗号分隔的值的列表。

④ is >=：匹配所有大于或等于指定值的值。

⑤ is <=：匹配所有小于或等于指定值的值。

⑥ is min：匹配当前时间步的数组的最小值。

⑦ is max：匹配当前时间步的数组的最大值。

⑧ is <= mean：匹配小于或等于平均值的值。

⑨ is >= mean：匹配大于或等于平均值的值。

⑩ is mean：匹配等于指定容差内平均值的值。

单击组合框右侧的按钮可以实现多个选择条件的组合，每个选择条件之间是“与”的关系，也即选择结果必须同时满足所有条件。确定了选择条件后，单击“Find Data”按钮即可创建数据选择。

如果数据被成功创建，Find Data 面板“Selected Data”部分中的表格将更新显示所选元素，使用该部分中的“Attribute”组合框可以更改表格中显示元素的类型。

与在视图中创建的数据选择类似，如果通过 Find Data 面板创建了一个数据选择，则显示所选数据的任何视图都会突出显示所选元素，如渲染视图将显示一个标记选定元素的彩色线框，表格视图将高亮显示所选元素对应的行。Find Data 的面板“Selection Display”部分用来更改所选数据在活动视图中的显示方式，包括选择用于显示所选元素的颜色，以及选择用于标记单元或点的数据属性。单击按钮后，在弹出的对话框中可设置标签的格式、颜色、字体等。

除了创建新的数据选择外，通过 Find Data 面板还可以查看由其他方式新近完成的数据选择。例如，如果在渲染视图中通过视图交互方式选择了元素，打开 Find Data 面板后，其中

“Selected Data”部分中的表格会列出当前选择的元素，在面板中还可以更改其显示属性并使用提取按钮提取此数据选择。

2.7.3 提取和冻结数据选择

由 2.7.1 节和 2.7.2 节介绍的方法创建的数据选择都是暂时的，主要用于突出显示数据。如果要对所选数据进行进一步操作，如提取所选元素，将结果另存为新数据集或仅对所选元素应用过滤器，则需要使用提取选择过滤器，这种过滤器包括 Extract Selection 和 Plot Selection Over Time 过滤器。

（1）Extract Selection 过滤器

Extract Selection 过滤器用于将所选择元素提取为新数据集。有多种方法可以创建该过滤器，可以通过菜单 Filters/Extract Selection 选项，还可以使用 Find Data 面板上“Selected Data”部分中的“Extract”按钮。Extract Selection 过滤器对应的属性面板如图 2-49 所示，该属性面板中显示了所选择的内容。如果有新近选择的数据，单击属性面板中的“Copy Active Selection”按钮可将过滤器中的数据更新为最新选择结果。

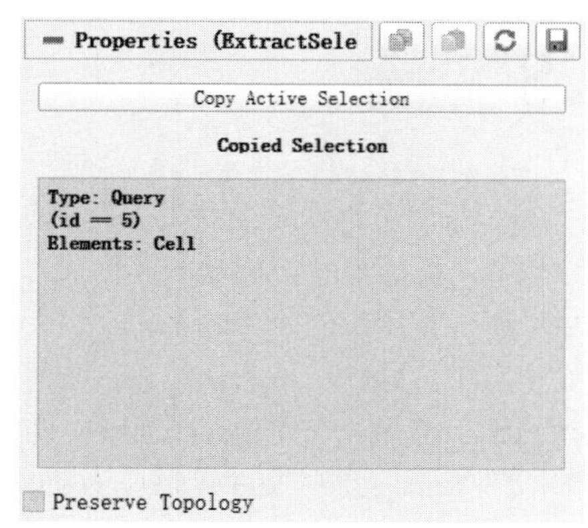

图 2-49 Extract Selection 过滤器的属性面板

Extract Selection 过滤器在默认情况下只提取所选元素，但如果在属性面板中勾选了“Preserve Topology”选项，该过滤器会将所选元素拓展为整个输入数据集。

（2）Plot Selection Over Time 过滤器

Plot Selection Over Time 过滤器的功能类似于 Extract Selection 过滤器，都是用来从输入数据中提取所选择的元素，但 Plot Selection Over Time 过滤器除了简单地提取结果外，还绘制所选元素的属性随时间的变化。

使用 Filters/Data Analysis/Plot Selection Over Time 选项，或使用 Data Analysis 工具栏上的按钮，或者单击 Find Data 面板上“Selected Data”部分中的“Plot Over Time”按钮，均可创建 Plot Selection Over Time 过滤器。该过滤器对应的属性面板内容与 Extract Selection 过滤器的相同，其操作方法也相同。

如果数据选择是通过 Find Data 面板上的操作创建的，则使用 Plot Selection Over Time 过滤器无法绘制每个所选元素的属性随时间的变化，而是绘制所选元素属性的特征量随时间的变化，这些特征量包括最小值、最大值和中间值等量。这一功能有时是必不可少的，因为随着时间的推移，所选元素的数量可能会变化。选中属性面板上的“Only Report Selection Statistics”属性后，过滤器将始终只生成针对特征量的静态数据（即使数据选择是通过视图交互创建的）。

（3）冻结数据选择

上述两种提取选择过滤器与其他过滤器类似，只要输入数据集、过滤器的属性或当前时间发生更改时，它们都会重新执行。而过滤器每次重新执行都会进行选择和提取操作。在这种情况下，如果在渲染视图中基于 ID 创建了数据选择，过滤器将识别哪些元素满足更改后的 ID 条件，然后保留这些 ID 对应的元素；对于基于视景体的数据选择，过滤器将确定哪些元素仍属于指定的视景体并提取这些元素。同样，对于使用 Find Data 面板基于查询方式创建的数据选择，过滤器重新执行时会重新评估查询条件，这可能会导致不同时间步上选择的结果不同，如要选择某属性最大的元素，不同时间步对应的选择结果可能不同。但如果要绘制最后时间步内满足某属性的元素，可以在 Find Data 面板上“Selected Data”部分中单击“Freeze”按钮，这时软件会将任意类型的数据选择（基于视景体或基于查询）转换为与当前所选元素的 ID 匹配的基于 ID 的选择。之后就可以对这种基于 ID 的冻结选择应用 Extract Selection 或 Plot Selection Over Time 过滤器。

2.8 动画

ParaView 可以通过一系列关键帧创建动画，对于每个关键帧，可以设置构成可视化管道的读取器、数据源和过滤器的属性值，以及相机的位置和方向，这些属性参数选定后，即可播放动画（使用 VCR Controls 工具栏）。播放动画时，可以选择将可视化管道的几何输出缓存在内存中，这样在重新播放该动画时可实现快速播放。动画结果可以保存为图像文件（每个动画帧保存为一个图像）或视频文件，经渲染后每帧的几何图形也可以保存为 ParaView 的 PVD 文件格式，这些文件可以作为随时间变化的数据集被 ParaView 重新加载。

2.8.1 动画视图（Animation View）

动画视图实际上是一个通过添加关键帧创建动画的用户界面，通过该界面可以将多个参数的变化过程（轨道）制作为动画。从菜单栏的 View/Animation View 选项访问动画视图界面，该视图界面以表格的形式呈现，如图 2-50 所示。表格上方有控制动画中时间进程的控件。动画的轨道在表格中表示为行，从左到右依时间递增。第一行（标签为 Time）显示动画可以覆盖的总时间跨度，当前显示对应的时间用一条可拖动的竖直线表示。

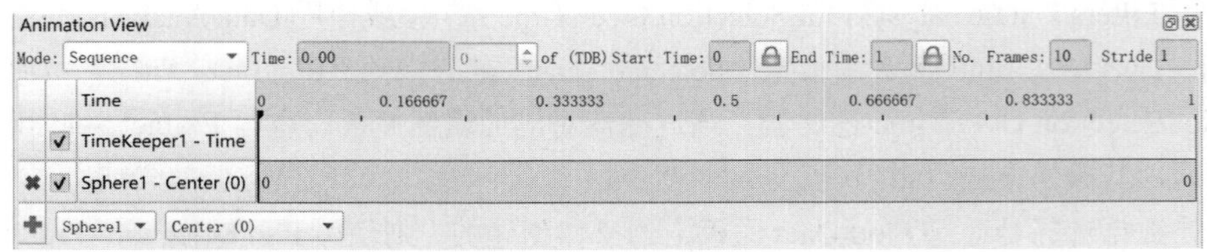

图 2-50 动画视图界面

下面介绍动画视图界面最上方的进程控件及其功能。“Mode”控制动画播放模式，ParaView 支持三种动画播放模式：

① 在“Sequence”模式下，动画以一系列图像（或帧）的形式播放，这些图像一个接一个地生成并立即连续渲染，帧数由控件“No. Frames”控制，软件尽可能快速地渲染每一帧，因此帧速率取决于生成和渲染每一帧所需的时间。

② 在“Real Time”模式下，“Duration”控件表示整个动画运行的时间（以 s 为单位），每一帧的渲染时间为当前时间相对于该帧开始时间的时间差，实际生成（或渲染）的总帧数

取决于每一帧的渲染时间。

③ 在“Snap To TimeSteps”模式下，动画中的帧数由数据集中时间值的数量决定，这是 ParaView 的默认动画模式，即按数据集中的时间值一个接一个地播放。ParaView 加载了具有时间值的数据集后，动画自动创建，无须其他任何操作。但注意如果加载的数据集不包含时间数据，使用此模式将无法创建动画。

控件“Time”及其输入框显示当前动画帧的时间，与该视图中的竖直标记线显示的时间相同，可在此框中输入时间值（如果可用）或拖动竖直标记线来更改当前动画帧的时间。“Start Time”和“End Time”控件显示动画的开始和结束时间，当加载的数据源包含时间数据时，软件会自动调整开始时间和结束时间以覆盖数据的整个时间范围。“Start Time”和“End Time”控件各自右侧的检查锁定按钮用来确保动画覆盖所选的特定时间域。

动画视图面板靠左侧的部分是动画轨道名称的可扩展列表（需要制作为动画的特定对象和属性）。面板中的最后一行用来选择数据源及其对应的属性，单击其中左侧的按钮“+”即创建了一个新轨道，也即使用该属性的关键帧创建动画轨道。可以通过取消选中某一轨道左侧的复选框来暂时禁用该轨道。

鼠标双击轨道名称右侧的白色区域可用来输入属性值，双击后打开动画关键帧对话框，如图 2-51 所示。在动画关键帧对话框中，单击“New”按钮用来创建新的关键帧，此时将向表中添加一个新行。单击“Delete”或“Delete All”分别来删除部分或全部关键帧。在每一行中，双击“Time”列可以指定该行表示的关键帧对应的时间，双击“Value”列可以输入对应的参数值，双击“Interpolation”列可用来更改两个关键帧之间的插值方法。

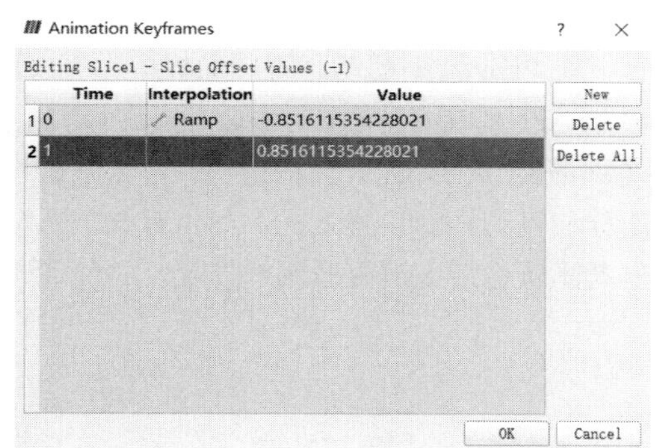

图 2-51　动画关键帧对话框

在动画视图的轨道中，将每个关键帧出现的时间位置表示为一条竖直线，在轨道内以文本的形式显示属性值和当前值和下一个值之间使用的插值函数。通过鼠标拖动表示时间的竖直线来调整每个关键帧出现的时间。

需要说明的是，不经动画视图界面也可以创建动画轨道。在菜单栏 Edit/Settings/General 选项卡中勾选“Show Animation Shortcut”并单击“Apply”按钮，此时在数据源的属性面板中各属性参数的最右侧会出现按钮，使用该按钮可以快速添加简单的动画轨道并编辑关键帧。

勾选菜单栏 Edit/Settings/General/Animation Time Precision 选项的值可以更改动画时钟显示的精度（有效位数）。

2.8.2　为包含时间值的数据集创建动画

加载包含时间值的数据集时，ParaView 会自动创建一个默认动画，该动画可直接播放，无须手动创建动画。针对这一类数据，可以在动画视图中将数据时间与动画时间分离，这样再创建动画时可以同时创建操纵数据时间的关键帧。

鼠标双击动画视图中的“TimeKeeper - Time”轨道，弹出如图 2-52 所示的对话框，在该

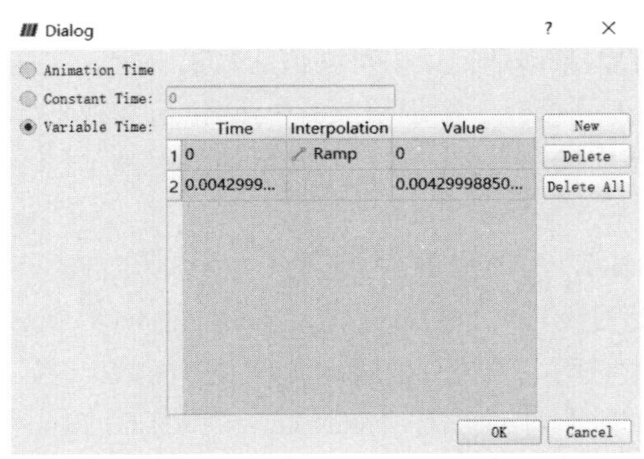

图 2-52 “TimeKeeper-Time”对话框

对话框中，可以通过三种不同的方式设置数据时间进程：

① 如果选择“Animation Time”，数据时间将与动画时间相关联并随动画时间缩放，这样数据将随着动画播放而自然演变。

② 选择“Constant Time”意味着忽略数据的时变特性。在这种情况下，动画内容将只是所指定时间对应的数据。

③ 选择“Variable Time”后，可以控制数据时间，这与动画关键帧对话框中的操作类似。

2.8.3 设置动画中的相机参数

在 ParaView 的动画视图面板中，可以更改相机的参数，如图 2-53 所示，可以为任意 3D 渲染视图添加相机的动画轨道。在动画视图面板的最后一行的第一个下拉菜单中选择“Camera”后单击“+”按钮，即可为动画视图添加相机动画轨道。在该行的第二个下拉列表选择相机动画的设置方式，其中有 5 个选项，分别用来表示确定关键帧的模式，但在添加相机动画轨道后无法更改所选模式，只能通过删除轨道并重新创建来更改。

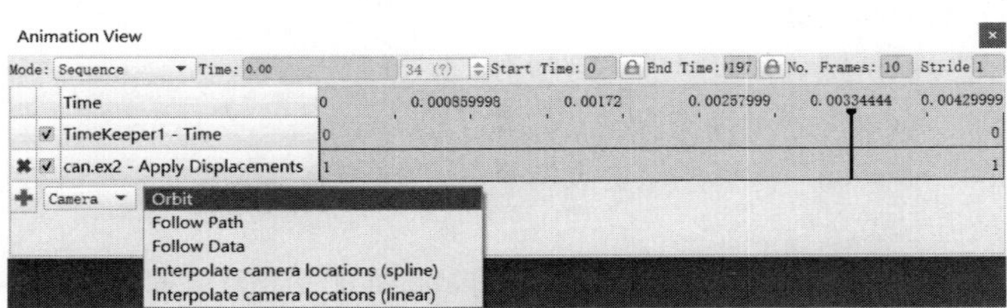

图 2-53 设置相机参数

确定关键帧的各种模式包括：

① “Interpolate camera locations”模式，在该模式下可以为每个关键帧指定相机位置、焦点、视角和向上方向，动画播放器在这些指定关键帧之间进行插值。双击相机轨道后，在弹出的对话框中可以编辑关键帧，如图 2-54 所示。单击“Use Current”按钮可将当前位置捕获为关键帧。添加关键帧的数量越多，可以在该模式下获得越平滑的可视化效果。

② “Orbit”模式，使用该模式可以快速创建相机动画，其效果是相机围绕感兴趣的对象旋转。在这种模式下添加相机轨道时，需在管道浏览器中选择要围绕其旋转的对象，然后从动画视图的“Camera”组合框中选择“Orbit”，然后单击“+”即可创建动画轨道。在弹出的对话框中编辑轨道参数，如旋转中心（Center）、旋转平面的法线（Normal）和原点（Origin）等。在默认情况下，“Center”对应选定对象边界的中心，“Normal”对应相机当前使用的向上方向，而“Origin”对应当前相机位置。

③ “Follow path”模式，该模式用来指定相机位置和相机焦点的路径，默认路径为围绕选定对象运行的轨道，可以通过编辑关键帧更改路径。如图 2-55 展示了为关键帧编辑路径的

对话框，单击“+”按钮插入新的控制点，单击“-”按钮删除控制点。

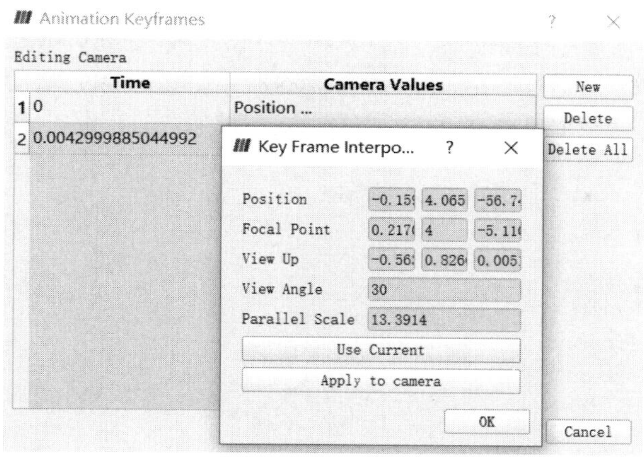

图 2-54　编辑关键帧对话框

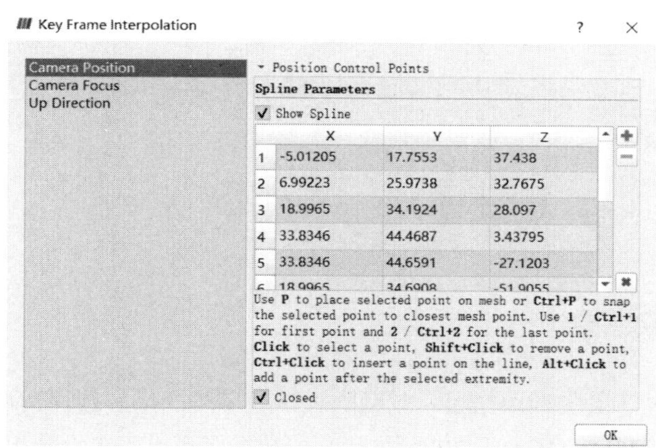

图 2-55　设置相机位置的对话框

2.9 保存结果

本节介绍在 ParaView 中保存可视化结果的方法。可视化过程生成的结果不仅包括图像和渲染结果，还包括由过滤器生成的数据集、将要导入其他渲染应用程序中的场景表示，以及由动画生成的视频等。

2.9.1 保存数据集

ParaView 中所有管道模块，包括数据源、读取器和过滤器生成的数据集均可以保存。对 ParaView 中的数据集进行保存操作时，首先在管道浏览器中选择管道模块，使其成为活动源，对于具有多个输出端口的管道模块，需进一步选择生成所要保存数据集的输出端口。使用菜单栏的 File/Save Data 选项，或 Main Controls 工具栏上的相应按钮，或者使用键盘快捷键

Ctrl+S，均可以执行数据保存操作，在弹出的“Save File”对话框中设置文件名和文件格式后即可保存数据集。

保存数据集时，在选定存储位置、文件名和文件格式后，ParaView 会弹出如图 2-56 所示的“Configure Writer”对话框，在该对话框中可进一步定义写入过程，包括是否写入所有时间步、写入输出文件的数据属性等内容。而且该对话框显示的内容随所选择的文件格式不同而不同。

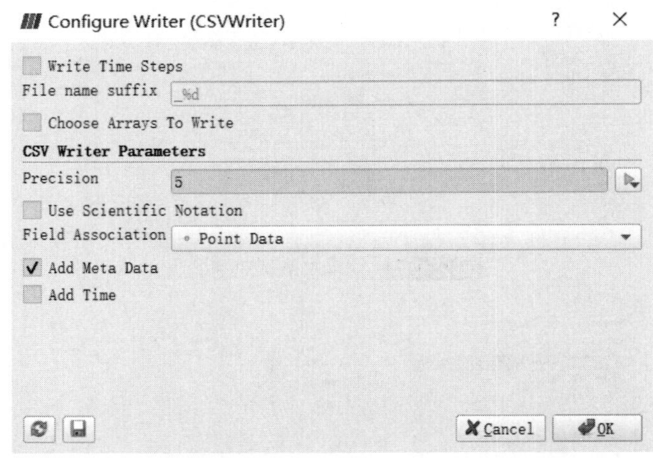

图 2-56 “Configure Writer”对话框

2.9.2 保存渲染结果

ParaView 中经过渲染的视图结果（包括除表格视图外的所有视图）可以保存为标准图像格式（PNG、JPEG、TIFF、BMP、PPM），其中一些视图还可以保存为 PDF、X3D 和 VRML 等多种格式。

使用菜单栏的 File/Save Screenshot 选项保存渲染视图，选定保存位置、文件名和文件格式后，弹出如图 2-57 所示的“Save Screenshot Options”对话框，在该对话框中设置各种参数来控制保存哪些信息以及如何保存，典型参数包括：

① “Image Resolution”表示以像素为单位的目标图像分辨率，默认为当前视图尺寸，也可以根据需要更改，如果设置的分辨率大于当前视口的分辨率，ParaView 将分多个阶段渲染完整图像，同时还可以在菜单栏 Tools/Lock View Size Custom 选项将视图大小锁定为固定的横纵比。

② “Font Scaling”，当指定的分辨率大于视图本身的分辨率时，使用该属性参数控制视图中字体的缩放方式。只要保持视图原纵横比，默认会按与视图相同的比例进行缩放，这种情况适用于保存高于屏幕 DPI（或 PPI）的图像。选择“Do not scale fonts”可避免字体缩放并保持其大小（以像素为单位）与当前屏幕上的大小相同，这种情况适用于在较大显示器上保存具有相同像素分辨率的图像。

③ “Override Color Palette”，更改要保存视图的调色板。

④ “Stereo Mode”，选择一种立体模式保存图像。

⑤“Transparent Background”，如果文件格式支持，选中此选项可以使用透明背景而不是当前背景颜色保存图像。

⑥“Format”，显示在文件保存对话框中选择的文件格式。

⑦ 如果所选择的图像格式在压缩级别等方面有不同的选择，“Save Screenshot Options”对话框中会给出这些特殊选项。例如，要保存为 PNG 格式，则会增加一个压缩级别选项，范围从 0（无压缩）到 9（最大压缩）。如为 JPEG 格式，则会增加选项“Quality”（范围从 0 到 100）和“Progressive”（将文件保存为渐进式 JPEG）。TIFF 文件格式会增加一个“Compression”选项，可选的值为“None”“PackBits”和“Deflate”。对 BMP 文件格式无新增选项。

⑧ 如果在执行保存时视口内有多个视图，则“Save Screenshot Options”对话框中的内容会新增两个选项，如图 2-58 所示。选中“Save All Views”表示要保存活动选项卡中的所有视图，其布局与视口布局完全相同，如果未选中，则仅保存活动视图。“Separator Options”用来控制保存后的图像中视图之间绘制的分隔符。可以指定以近似像素为单位的分隔符宽度（Separator Width）和分隔符颜色（Separator Color）。

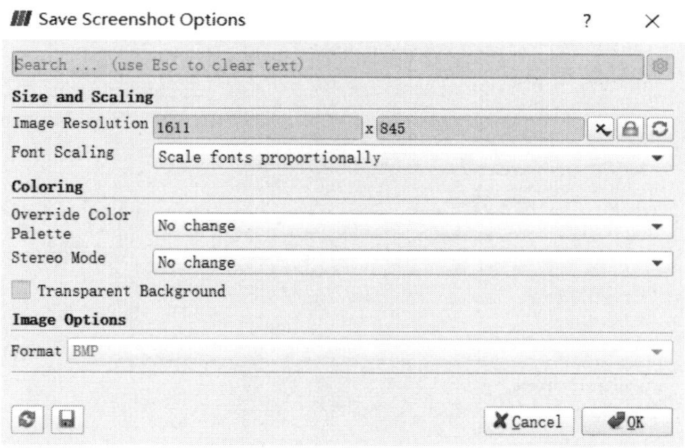

图 2-57　“Save Screenshot Options”对话框

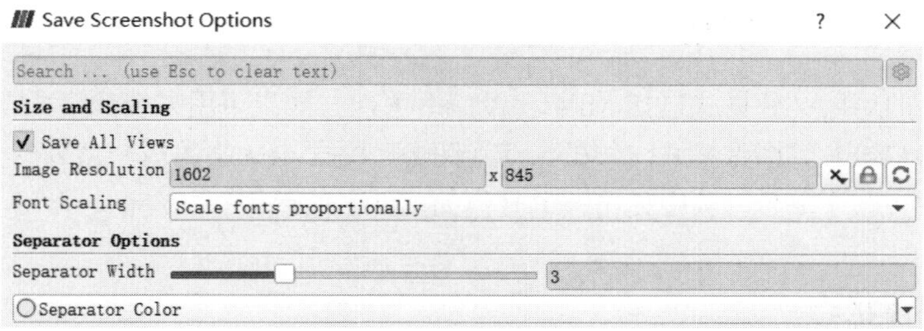

图 2-58　同时保存多个视图时的“Save Screenshot Options”对话框

在 ParaView 中还可以使用菜单栏的 File/Export Scene 选项导出多种格式的视图可视化结果。对于渲染视图（或类似视图），可用格式包括 Cinema Database、EPS、PDF、PS、SVG、POV、VRML、WebGL、X3D 和 X3DB。在选择了文件名称和格式后同样会弹出一个导出选项对话框，该对话框的设置类似于保存数据集时的设置。

2.9.3 保存动画

在 ParaView 中使用菜单栏的 File/Save Animation 选项将动画保存为视频或一系列图像文件，在选择了存储位置、文件名称和格式后，会弹出如图 2-59 所示的“Save Animation Options”对话框。该对话框的内容与“Save Screenshot Options”对话框（图 2-57）几乎相同，只是增加了特定格式的压缩选项和一些针对动画的特定参数，包括：

①“Frame Rate”，将动画保存为视频文件而不是一系列图像时，该参数用来指定视频的帧速率。当保存动画为一系列图像时，它不起作用。

②“Frame Window”，如果并不保存完整的动画内容，使用该参数指定要保存的帧范围。如果动画是由包含时间值的数据集生成的，则每一帧通常对应于时间步进编号。

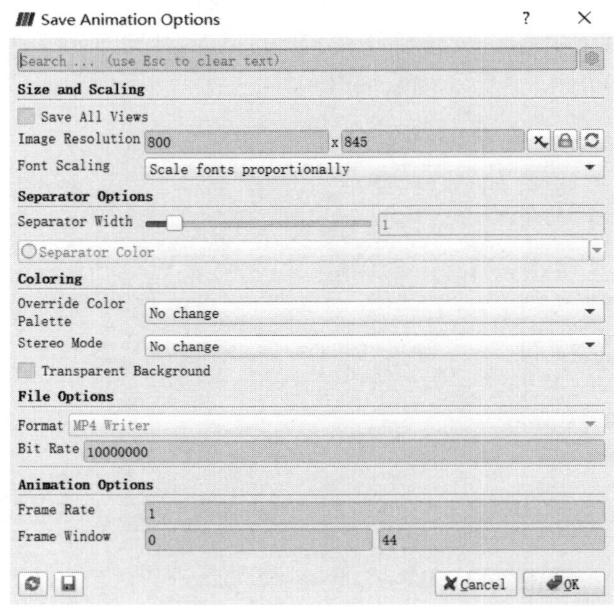

图 2-59 “Save Animation Options”对话框

保存动画的可用文件格式包括 MP4、AVI 和 OGV（如果可用）视频格式，以及 BMP、PNG、JPEG 和 TIFF 等图像格式。如果保存为图像，ParaView 将生成一系列图像文件，并对这些图像文件按顺序编号，其中使用帧编号作为文件名的后缀。

2.9.4 保存状态

在 ParaView 中还可以保存可视化管道本身的状态，包括所有管道模块、视图以及它们的布局和属性。使用菜单 File/Save State 选项保存状态，而如果要加载状态文件，则使用菜单选项 File/Load State。

ParaView 可以保存两种类型的状态文件：ParaView 状态文件（*.pvsm）和 Python 状态文件（*.py）。PVSM 文件是基于 XML 的文本文件，虽然它对于新手用户来说不算友好，但如果无须阅读和理解状态文件，PVSM 是保存应用程序状态的最强大和最可靠的方法。而如果需要在保存状态后手动修改，使用 Python 状态文件可能会更方便，因为它将图形界面中执行的操作以 Python 脚本的方式保存下来。另外，Python 状态文件还将应用程序的当前状态保存为 Python 脚本，并可以在 ParaView 或 Python Shell 中使用该脚本。

加载状态文件时，会影响图形界面当前的可视化状态。如果加载 PVSM 文件，系统会询问搜索数据文件的位置，有三个可用选项："Use File Names From State""Search Files under Specified Directory"和"Choose File Names"。如果选择"Use File Names From State"，ParaView 将在状态文件中保存的绝对路径中查找数据。如果选择"Search Files under Specified Directory"，将弹出一个选项，用于浏览 ParaView 搜索文件的目录，而且该目录为状态文件的默认位置，这样便于在计算机之间共享状态文件。如果选择"Choose File Names"，将获得状态文件中的文件名列表，并且可单独覆盖每个文件名。

2.9.5 提取器（Extractors）

2.9.1 节和 2.9.2 节分别介绍了通过使用单击按钮的方式保存数据集和图像的方法，如果要保存其他时间步生成的结果，则必须重复所有操作。避免这种重复操作的方法是使用提取器，它是一种管道模块，类似于数据源和过滤器，但其行为更像是一种写入器。提取器具有输入，但是它们不会生成可供另一个管道模块使用的输出。当提取器被激活后，它们将生成文件，将这一过程称为提取。

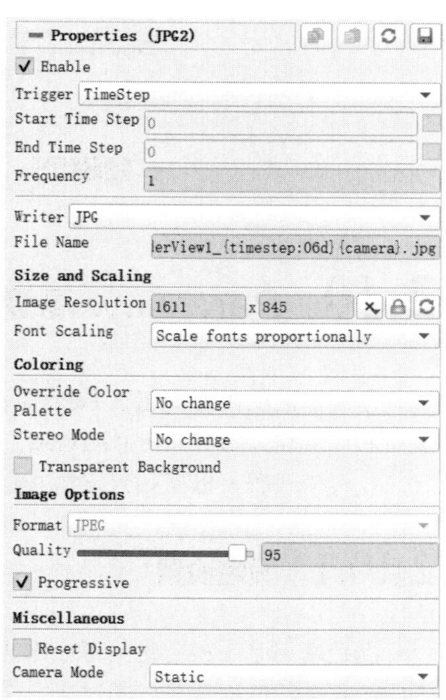

图 2-60　提取器属性面板

提取器的创建和配置方法与数据源和过滤器类似，可以使用菜单 Extractors 创建提取器，在管道浏览器显示了可视化过程中存在的所有提取器，可以通过在管道浏览器中单击其中一个对其选择，此时属性面板将更新显示所选提取器的属性参数。

ParaView 有两种类型的提取器：数据提取器和图像提取器。前者从数据源或过滤器生成的数据集生成文件，而后者则保存视图的渲染结果。创建提取器时，数据提取器默认使用活动源作为输入（类似于过滤器），而图像提取器则使用活动视图作为输入。

使用图形界面上的属性面板可以更改提取器属性，如图 2-60 所示。这些属性可分为两大类：一种是对所有提取器通用的触发器属性，另一种为写入器属性，它包括提取器所使用的写入器种类对应的特定参数。这两种属性的功能分别介绍如下：

① 触发属性定义提取器何时被激活，即提取器在什么条件下生成目标文件，它支持基于时间的控制。可以选择起始时间步（Start Time Step）、结束时间步（End Time Step）或生成结果的频率（Frequency）。这里的频率指的是每隔多少个时间步激活一次，也即每隔一个时间步写入一次，将频率设置为 2，每隔两个时间步写入一次，将其设置为 3，以此类推。

② 写入器属性包含的内容与特定的写入器有关。对于数据提取器，其写入器的属性设置类似于图 2-56 中“Configure Writer”对话框中的设置。对于图像提取器，写入器的属性设置类似于图 2-57“Save Screenshot Options”对话框中的设置。在写入器属性中可以设置文件名称（File Name），也即用于保存数据提取结果的文件名。由于设计提取器的目的是在每次激活时生成一个新的提取结果，因此属性中的文件名支持每次激活均对应唯一的文件名，保存文件时文件名中的{timestep}或{time}将被时间步索引和每次激活的时间值替换。可以使用{timestep：06d}等形式在数字中添加前导零或其他前缀，如果表示时间步的字符位数小于 6，则用 0 填充。注意不能在此处使用绝对路径来指定文件名。

设置好提取器后，可以使用菜单栏的 File/Save Extracts 选项保存提取器的结果，这时弹出如图 2-61 所示的“Save Extracts Options”对话框，在其中可以配置结果生成过程。“Extracts Output Directory”用于指定保存所有提取结果的根目录。选中“Generate Cinema Specification”后，则会在指定的目录下生成一个 data.csv 文件，该文件可以与 Cinema Science 项目提供的查看器一起使用，用来查看生成的提取结果。单击“OK”按钮后，ParaView 将对所有时间步的渲染结果制作动画（类似于使用 VCR 控件），根据触发条件激活提取器，然后生成提取结果。完成提取后，则可以在所选根目录下看到所有文件。

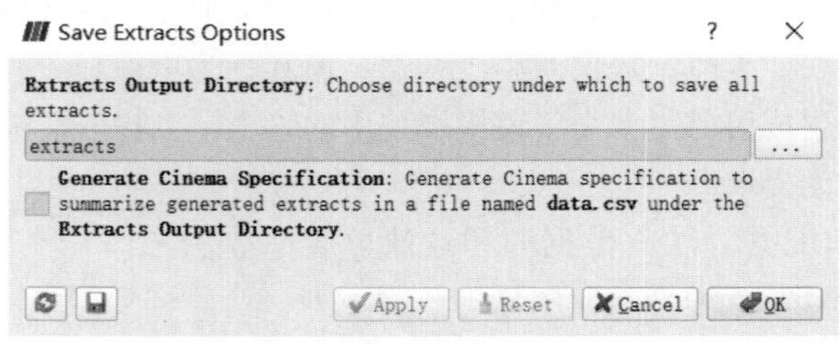

图 2-61 “Save Extracts Options”对话框

2.10 ParaView 高级设置

本章前面的内容介绍了 ParaView 的基本使用方法，掌握这些内容后可以完成基本的数据分析和可视化。本节介绍 ParaView 的部分高级设置内容，包括颜色设置、多块数据检查、注释、坐标轴设置，以及如何定制 ParaView。

2.10.1 颜色设置

颜色映射是一种常见的可视化技术，它将数据映射至颜色，并在渲染图像中显示颜色。而将数据数组映射为颜色的过程中需要使用传递函数，传递函数也可用于将数据数组映射为不透明度，这样可以渲染半透明表面或渲染实体。本小节介绍将数据数组映射为颜色和不透明度的基础知识。

颜色映射（包括不透明度映射）有时还被称为标量映射或伪着色，其基本原理是在渲染表面网格或实体时将数据数组映射为颜色。由于数据数组可能为任意值和类型，所以需要确定特定数据值将被映射为哪种颜色，这是由颜色映射或传递函数定义的。颜色和不透明度映射均有各自的传递函数，不透明度的传递函数主要用于绘制实体。

ParaView 中，在属性面板“Display”部分的“Coloring”组，或 Active Variables Controls 工具栏设置颜色传递函数，如图 2-62 所示。首先需要选择用于颜色映射的数组和多分量数组的分量或大小，ParaView 将为选定的数组使用现有传递函数或创建一个新的传递函数。为了使 ParaView 对当前活动的表示使用独立的颜色图，单击图 2-62 中的按钮。独立的颜色图不是按名称在各种表示之间共享，而是与数组名称和表示唯一地关联。

图 2-62　设置颜色传递函数面板

（1）“Color Map Editor”面板

在“Color Map Editor”面板中定义颜色和不透明度传递函数，该面板可以通过单击图 2-62 中的“Edit”按钮，或通过菜单栏 Edit 访问，如图 2-63 所示。与属性面板类似，该面板的默认内容给出了传递函数的常用属性，使用按钮切换高级属性的可见性，也可以在搜索框中键入某属性的名称来搜索特定属性。每当传递函数发生变化时，软件都要进行重新渲染，这可能会很耗时。为避免这种情况，可以切换按钮，取消选中时，则使用“Render Views”按钮手动更新。按钮用来将当前颜色映射恢复为默认设置。按钮和将当前颜色和不透明度传递函数及其所有属性保存为默认设置，ParaView 在下次需要设置传递函数为新数据数组着色时将直接使用这一设置。不同的是，按钮将传递函数的设置保存为同名数组将使用的默认设置，而按钮将传递函数的设置保存为所有数组的默认设置。

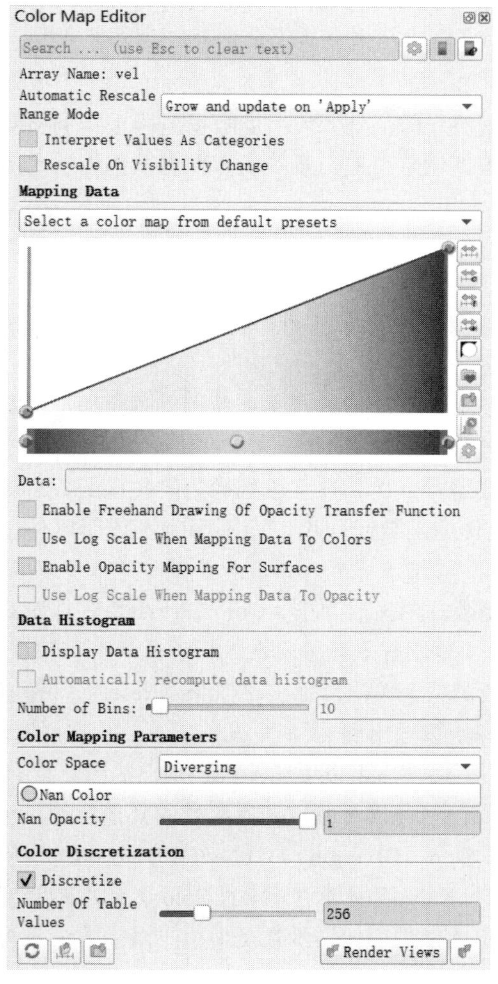

图 2-63　“Color Map Editor”面板

图 2-63 中的“Mapping Data”属性组用来控制数据如何映射为颜色或不透明度，这是通过函数编辑器实现的。如果选中“Enable opacity mapping for surfaces”，则在进行表面网格渲染时也会启用不透明度传递函数，而在进行实体渲染时，软件将始终使用不透明度映射。选中“Use log scale when mapping data to colors”表示将数据映射到颜色时使用对数坐标而不是线性坐标，但这只对非零数据有效。

颜色映射的范围是一个非常重要的属性，它控制数据值到颜色的映射。在很多情况下软件可以自动更新这一范围，更新方式由“Color Map

Editor”面板中的“Automatic Rescale Range Mode”属性控制。如果选择“Never”，数据范围将一直不会自动更新。如果选择“Grow and update on 'Apply'”，则每次在属性面板上单击“Apply”按钮时，ParaView会扩大颜色/不透明度范围以包含当前数据范围，因此，这一选择使得当数据范围发生变化时，或者时间步发生变化时，颜色/不透明度范围不会受到影响。若要随时间步扩大范围，需选择“Grow and update every timestep”选项，这时颜色范围将在时间步更改时更新。如果希望颜色范围与当前数据范围完全匹配，选择“Clamp and update every timestep”选项，这时每次在属性面板上单击“Apply”按钮或时间步更改时，颜色范围都将与数据范围保持一致。“Automatic Rescale Range Mode”的初始选择可由菜单栏的Settings/General对话框中的“Transfer Function Reset Mode”设置。

传递函数编辑器的使用方法：不透明度编辑器和颜色编辑器的控制点彼此独立。单击选择某控制点后，选中的控制点以红色圆圈突出显示，并且在数据输入框中显示了与该控制点关联的数据值，也可以通过更改数据输入框中的值对控制点关联的数据值进行微调。单击空白区域某一位置后将在该位置添加一个控制点，单击并拖动控制点可对其进行移动，使用Delete按键可删除选中的控制点。传递函数编辑器顶部的组合框用于在默认的预设颜色之间快速切换。

传递函数编辑器右侧的控制按钮可实现的功能介绍如下：

① 按钮：使用在管道浏览器中选中的数据源（即活动源）中的数据范围重新调整颜色和不透明度传递函数。单击该按钮后，软件会重新调整传递函数，所有控制点都将按比例调整以适应新的范围。

② 按钮：使用用户提供的范围重新调整颜色和不透明度传递函数。单击后将弹出一个对话框供用户输入自定义范围。

③ 按钮：将颜色和不透明度传递函数重新调整为所有时间步对应的数据值范围。该操作可能很耗时，因为需要读取所有时间步的数据。

④ 按钮：使用视图中可见元素（单元或点）对应的值的范围重新调整颜色和不透明度传递函数。该操作将整个颜色范围分配给可见元素。

⑤ 按钮：通过移动控制点来反转颜色传递函数，例如，红色到绿色的传递函数将被反转为绿色到红色的传递函数。该操作只对颜色传递函数起作用，而不影响不透明度传递函数。

⑥ 按钮：从预设函数库中加载颜色传递函数。单击后弹出“Color Preset”管理器对话框，从中可以选择ParaView包含的颜色图或从文件中导入预设颜色。

⑦ 按钮：将当前颜色传递函数保存为预设函数。单击后弹出“Color Preset”管理器对话框，在该对话框中可以命名传递函数并将传递函数导出到文件。

⑧ 按钮：切换传递函数控制点的详细视图。切换后可以手动输入控制点的值。

图2-61所示的“Color Mapping Parameters”属性组提供对颜色传递函数的其他控制，包括对颜色插值空间的控制，即RGB、HSV、Lab、Step、Diverging或Lab/CIEDE2000。当使用NaN对浮点数组进行颜色映射时，可以选择用于NaN值的颜色（NaN Color）和不透明度（NaN Opacity）。在“Color Discretization”属性组中选择颜色传递函数是使用平滑插值还是将图例离散为固定数量的颜色（勾选“Discretize”）。

（2）颜色图例

颜色图例（Color Legend），也称为标量条或颜色条，用于指明颜色与渲染视图中数据值之间的对应关系。单击“Color Map Editor”面板顶部的按钮或属性面板“Coloring”部分的按钮切换视图中颜色图例的可见性。颜色图例的默认名称为被映射的数组的名称（对于非标量数据数组，为分量编号或模）。颜色图例一般在视图创建后自动生成，其名称位于一侧，另一侧为注释，包括描述颜色图例范围的最小值和最大值。可以通过鼠标单击并拖动图例以将其放置在视图中的任何位置，还可以在图例的两端由鼠标单击并拖动更改图例的长度。

需要编辑颜色图例的参数时，单击“Color Map Editor”面板顶部的按钮或属性面板“Coloring”部分的按钮，弹出如图 2-64 所示的“Edit Color Legend Properties”对话框，在对话框中可以修改活动视图中颜色图例的参数。其中前几个选项控制渲染视图中颜色图例的方向和位置，选中“Auto Orient”表示自动确定颜色图例的方向，此时用鼠标将颜色图例拖动到渲染视图的底部或顶部时，它将演变为水平方向放置，当拖动到左侧或右侧时则变为垂直方向。如果取消选中“Auto Orient”，可以在“Orientation”组合框中选择一个选项来指定颜色图例的方向。“Window Location”选项控制颜色图例在窗口中的位置，如果选择其值为“AnyLocation”，则颜色图例将不会被固定到任何特定位置。颜色图例也可以通过在“Position”组合框中使用范围[0，1]的分数坐标指定位置，其中分数坐标表示颜色图例左下角位置相对于窗口宽度和高度的比例分数。

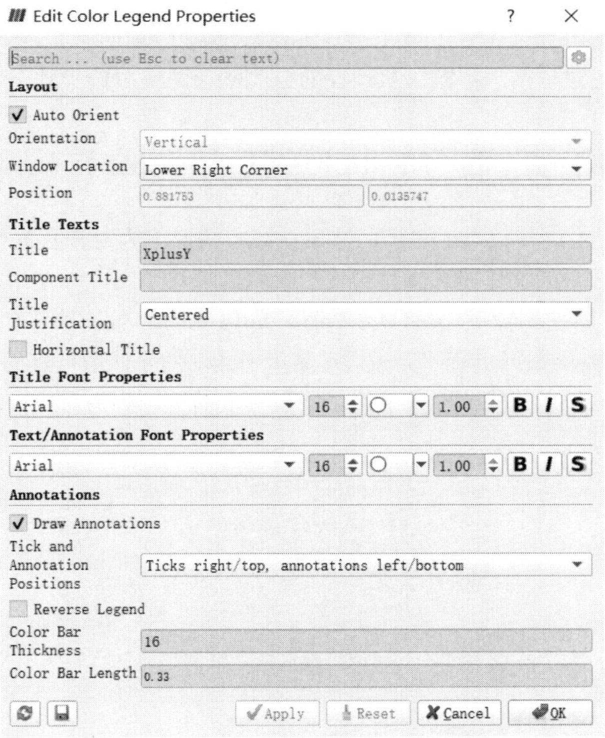

图 2-64　“Edit Color Legend Properties”对话框

除了名称、标签和注释的字体属性外，还有其他一些参数用来控制颜色图例的外观。默认情况下，当颜色图例垂直放置时，其名称文本会逆时针旋转 90°，但选中“Horizontal Title”会使名称始终保持水平方向。选中“Draw Annotations”表示绘制注释。如果选中“Automatic Label Format”，ParaView 将根据数据值和可用视口空间选择最佳呈现方式，而如果取消选中该项，可以指定用于数值的 printf 格式。如果要标记感兴趣的值，可启用“Use Custom Labels”选项。“Color Bar Thickness”用于控制图例的粗细，“Color Bar Length”用于设置图例的长度值，该值为窗口宽度（当颜色图例水平放置时）或高度（垂直放置时）的比例分数。

在“Color Map Editor”面板的高级属性中自定义注释，如图 2-65 所示，在其列表中输入注释内容。使用列表右侧的按钮添加或删除注释内容。在“Value”列下输入要注释的数据值，在“Annotation”列下输入在该值处显示的文本。注意添加的值不应超出颜色传递函数的映射范围，否则注释文本不会显示在图例上。列表右侧的和按钮用于使用数据数组中的特定离散值填充注释，前者的数据数组值来自选定的源对象，后者的则来自可见管道对象。

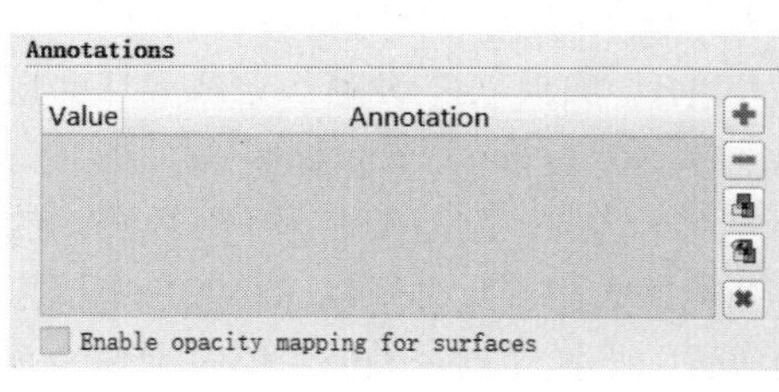

图 2-65 “Annotations”面板

（3）分类颜色设置

分类颜色（Categorical color）指的是颜色与一组离散值对应，而不是连续的颜色传递函数。在“Color Map Editor”面板中选中“Interpret Values As Categories”复选框即可启用分类颜色模式，此时面板上的“Mapping Data”属性组被隐藏，“Annotations”组则成为非高级组。在“Annotation”属性组的列表中，每个注释条目给定一个颜色例，双击色样指定用于该条目的颜色，或者可以通过单击按钮从预设的分类颜色图集中选择整个颜色图例。

2.10.2 多块数据检查器（Multiblock Inspector）

使用 OpenFOAM 进行科学计算后的结果在很多情况下为复合数据集，ParaView 的部分读取器针对这一类结果的文件格式支持一次只读取部分块数据，而使用多块数据检查器可以在所有块数据均读取后控制各个块的显示属性，如可见性、不透明度和颜色等。

图 2-66 所示为多块数据检查器面板，它显示了活动的多块数据集的层次结构。单击块名称旁边的复选框可以显示或隐藏对应的块。面板列表的第一列为对应块的颜色，双击每一行

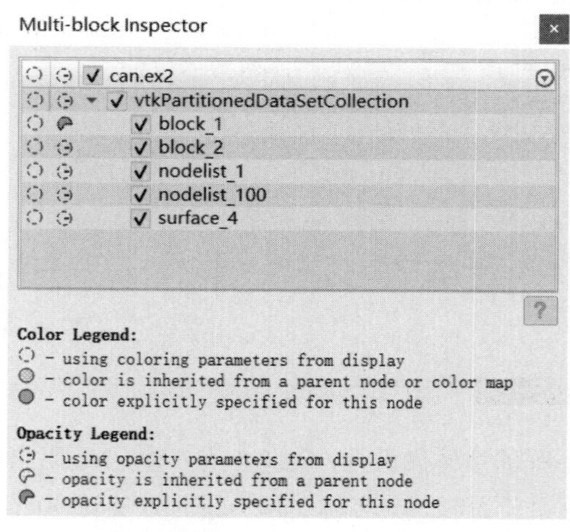

图 2-66 多块数据检查器面板

的该按钮，在弹出的对话框中设置颜色。在父节点上更改颜色时，其所有子节点都将继承该颜色。面板列表的第二列为对应块的不透明度，同样可以通过双击相应按钮设置单个块的不透明度。

2.10.3 注释

在 ParaView 中，通过菜单 Sources/Alphabetical 中的部分数据源选项可以为视图添加文本注释。这些注释的共有属性，如字体、大小、颜色、不透明度、对齐方式，以及文本效果（粗体、斜体或阴影）可在属性面板的“Display”部分设置。可以使用下列数据源为视图添加注释：

① 使用数据源 Text 可以在渲染视图中添加文本注释，通过其属性参数可以定义显示的文本。文本可以为多行，可以包含数字和字符，还可以在两$符号间输入数学公式表达式。

② 数据源 Annotate Time 的设置方法与 Text 源几乎相同，但它可以访问 ParaView 的当前时间值。

使用数据源添加的文本注释不依赖于任何数据集，而使用注释过滤器可以为管道浏览器中的活动数据源创建与数据值相关的注释。这些过滤器包括：

① Annotate Attribute Data 过滤器：使用数据集中的数据值创建注释。创建该过滤器时，在“Select Input Array”中选择包含所用数据的数组，这些数组可以是点、单元或场数据。“Element Id”属性参数用于指定显示在注释中的点或单元的索引。如果输入数组为场数组（与点或单元无关），则“Element Id”指定要显示数组的元组。“Prefix”属性参数用于指定显示内容的前缀。如果所选数组值是标量数组，则对应的注释将仅为数字。而如果数组值来自多分量数组，在注释内容中需为各个分量添加括号，且每两个分类间用空格分隔。

② Annotate Global Data 过滤器：有些文件格式具有全局数据的概念，即每一时间步对应数据数组中一个值。ParaView 将此类数据值的集合存储为场数组，数组长度与时间步的数量相同。使用 Annotate Global Data 过滤器可在渲染视图中显示这些全局值。创建该过滤器时，在“Select Arrays”菜单中显示可用的场数组，“Prefix”和“Suffix”属性参数分别用于指定注释的前缀和后缀，“Format”属性参数是一 C 语言格式说明符，类似于使用 printf 进行函数调用。

③ Annotate Time Filter 过滤器：该过滤器的功能与 Annotate Time 数据源类似，但后者用于显示数据源生成数据时对应的时间。属性参数“Shift”和“Scale”分别用于对时间进行线性变换。

④ Environment Annotation 过滤器：生成可视化环境的信息，可以在视图上显示软件的用户名、操作系统、生成可视化的日期和时间、文件名等信息。可以通过过滤器属性面板中对应的复选框来选择是否显示这些信息。

2.10.4 坐标轴设置

通过设置坐标轴网格（Axes Grid）可在视图上增加一个带有坐标值的轴或轴网格。在属性面板的“View”部分，选中“Axes Grid”复选框可以打开活动视图的坐标轴网格。单击该复选框旁边的“Edit”，弹出如图 2-67 所示的坐标轴网格设置对话框。与其他面板类似，可在搜索框中搜索需要的属性，单击按钮切换高级模式。

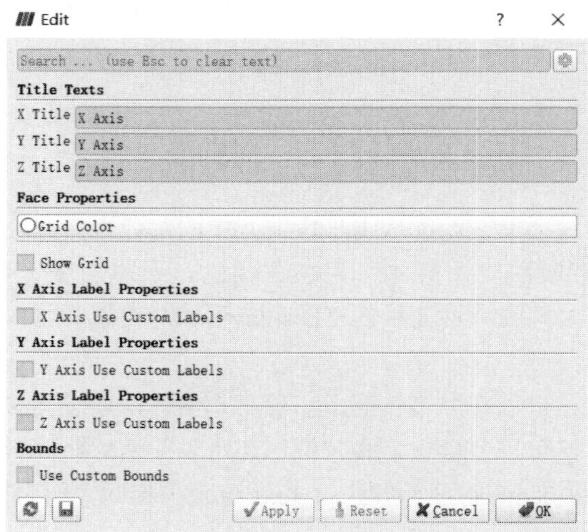

图 2-67 设置坐标轴网格的对话框

在坐标轴网格设置对话框中，可以更改每个方向上坐标轴的名称（X Title、Y Title 和 Z Title），坐标名和坐标值的字体（Title Font Properties 和 Label Font Properties）等常见属性，还可以通过选中“Show Grid”来显示坐标网格。设置完成后，使用保存设置，这样下次启动 ParaView 时自动加载这些设置，但也可以使用按钮将其恢复为 ParaView 的默认设置。

默认情况下，ParaView 视口中的坐标轴网格面始终位于当前视角的最远端，也即它们始终保持在渲染几何体的后面（即使在旋转场景时）。取消选中“Cull Frontfaces”后，可使视口中显示的坐标轴网格面不随场景旋转而隐藏或显示，也即它会一直显示。单击“Faces To Render”按钮选中某些面后，则视图中只显示这些面。

在坐标轴网格设置对话框中除了可以控制坐标轴网格面外，还可以控制坐标值的放置位置。选中“X Axis Use Custom Labels”后，在列表中可添加 *X* 轴上显示的坐标值。在“X Axis Title Font Properties”和“X Axis Label Font Properties”下的选项中可分别用来设置 *X* 轴名称和轴上坐标值的字体、字体大小、颜色、显示效果等。其他两个方向上的设置方法相同。设置好坐标轴名称和字体后，默认情况下它们在坐标轴平面的两侧都显示了出来，如果只需在一侧显示，单击“Axes To Label”取消选中无须显示的方向即可。

2.10.5 定制 ParaView

ParaView 可以按照需要通过多种方式进行定制，定制内容包括通用应用设置，用于过滤器、表示和视图的默认属性值，以及 ParaView 客户端的界面等。

（1）在“Settings”对话框中定制

通过菜单栏的 Eidt/Settings 选项访问用于定制 ParaView 的“Settings”对话框。该对话框分为 5 个选项卡，其中“General”选项卡整合了大多数杂项设置，在“Camera”选项卡中可以更改视图的鼠标交互方式（已在 2.5.2 节介绍），“Render View”选项卡提供了在渲染视图及其相似视图中进行渲染的选项，“Color Palette”选项卡用于更改活动调色板。这些选项卡中的部分属性在本章前面的内容中已经做了介绍，这里只针对未做解释的其他部分内容进行阐述。

“Settings”对话框顶部的搜索框可用来搜索与输入文本匹配的属性，按钮用于在默认模式和高级模式之间切换。对话框底部的按钮“OK”用于在更改设置后应用设置，“Cancel”则拒绝所做的任何更改并关闭对话框。应用后的设置内容在下次更改前在会话中保持不变，重新启动 ParaView 后这些设置仍然可用。使用“Restore Defaults”按钮可恢复所有设置至软件默认值。

“General”选项卡中部分属性的功能为：

① Show Welcome Dialog：启动 ParaView 应用程序时是否显示欢迎窗口。

② Show Save State On Exit：退出 ParaView 应用程序时是否提示保存状态文件。

③ Crash Recovery：选中后，可视化管道发生更改时 ParaView 自动备份状态文件。如果 ParaView 由于某种原因退出，重新启动后，可以加载退出之前保存的备份状态文件。

④ Force Single Column Menus：在支持多列菜单的平台上，确保所有菜单项在低分辨率屏幕上均可显示。

⑤ Override Font：选中后，在图形界面使用自定义字体大小。

⑥ Default View Type：ParaView 启动后，默认创建渲染视图。使用该选项可更改默认创建的视图类型。也可以选择“None”不创建任何视图。

⑦ Auto Apply：选中后，软件将自动应用属性面板中的任何更改，而无须单击“Apply”按钮。

⑧ Auto Apply Active Only：限制“Auto Apply”只应用于活动源。

⑨ Properties Panel Mode：允许将属性面板拆分为单独的面板。

⑩ Auto Convert Properties：ParaView 中的某些过滤器只能用于一种类型的数组，创建此类过滤器之前需要应用“Point Data To Cell Data”或“Cell Data To Point Data”过滤器进行转换。选中此复选框后，ParaView 将根据过滤器的需要自动转换数据数组，包括将单元数组转换为点数组，或反向转换，以及从多分量数组中提取单个分量等。

⑪ Transfer Function Reset Mode：控制 ParaView 颜色和不透明度（或传递函数）范围的初始设置。在创建颜色映射后，可以基于每个颜色映射更改此设置。

⑫ Scalar Bar Mode：控制 ParaView 如何管理在视图中显示颜色图例。

⑬ Cache Geometry For Animation：在播放动画时缓存几何图形以加速循环播放。启用后，信息面板和其他面板报告的数据范围可能不正确，因为管道可能尚未更新。

⑭ Animation Time Notation：设置注释工具栏中时间的显示符号。

⑮ Animation Time Precision：设置动画工具栏中时间的显示位数。

⑯ Maximum Number of Data Representation Labels：标记点的数据时设置要标记的最大点数，默认为 100。

“Render View”选项卡中部分属性的功能如下：

① LOD Threshold：设置在交互式渲染中使用抽取几何的数据大小。如果几何尺寸低于该阈值，ParaView 将渲染完整的几何图形。如果显卡性能允许，可增大此值。而如果在使用中交互式渲染速度很慢，需减小此值。

② LOD Resolution：设置控制抽取几何大小的因子，设置值介于 0 和 1 之间。其中 0 使得生成非常少量的三角形，可能引起失真；1 使得生成非常精细的表面，但几何形状会很大。

③ Non Interactive Render Delay：在交互式渲染和静止渲染之间添加延迟。ParaView 通常在交互动作完成后立即执行静止渲染（如在旋转后释放鼠标按钮）。添加延迟后，可在静止渲染开始前进行第二次交互。常用于静止渲染需要很长时间才能完成的场合。

④ Use Outline For LOD Rendering：使用轮廓代替抽取的几何图形。

⑤ Depth Peeling：启用或禁用深度剥离。深度剥离是 ParaView 用来渲染半透明表面的一种技术。该技术在应用中，上表面在渲染后被剥离，接着渲染下表面，以此类推。如果进行表面透明处理时会减慢运行速度或渲染完不正确，那么计算机图形硬件可能无法实现深度剥离，此时应关闭该选项。

⑥ Depth Peeling for Volumes：在深度剥离时包括实体，以正确混合实体和半透明多边形。

⑦ Maximum Number Of Peels：设置深度剥离操作时的最大剥离次数。次数较多时可获得较大的深度复杂性，但次数较少时的运行速度更快。如果半透明几何体渲染太慢或半透明图像渲染不正确，需要调整该参数。

⑧ Outline Threshold：当数据集中的单元数超过所设置阈值时，默认使用轮廓表示。

⑨ Show Annotation：显示或隐藏表示渲染性能的信息。

“Color Palette”选项卡用于更改活动调色板中的颜色。该选项卡中列出了颜色设置针对的类别 Surface、Foreground、Edges、Background、Text 和 Selection。 可以手动设置要用于每种类别的颜色，或使用“Load Palette”选项加载一个预定义的调色板。例如，若要生成用于打印的图像，希望背景颜色为白色，线框和注释为黑色，这时不必为每个视图、显示和立方体轴更改颜色，直接在“Settings”对话框中将活动调色板更改为“Print Background”即可。

（2）在属性面板中定制

ParaView 中的属性面板一般包含三个部分——“Properties”“Display”和“View”，每个部分都有按钮和。其中后者用于保存已经应用（单击了“Apply”按钮）的当前属性值，保存后这些值将被视为默认值，会被写入配置文件，ParaView 重启时仍然可用，直到它们被更改并重新保存。如果不使用该功能，当前设置的属性值仅应用于当前对象，并且该对象的新实例仍然采用上次保存的自定义默认属性值。按钮用于将所有自定义的属性设置恢复为 ParaView 应用程序的默认值。

第3章 OpenFOAM 编程的 C++基础

OpenFOAM 是一个 C++库，基于该库创建 OpenFOAM 应用程序，如求解器时，需应用 C++支持的数据类型和 C++代码语言的基本知识，理解 C++类和面向对象的基本原理，并满足 C++编程规范。因此，进行 OpenFOAM 编程前需具备一定的 C++程序设计基础，本章将阐释这方面的内容。编写本书的目的是为非计算机专业的工程技术人员和科研工作者提供一种解决本领域多物理场计算问题的方法和工具，因此本章并不包含 C++的所有内容，而是力图用较少的篇幅介绍 OpenFOAM 编程中常用的 C++编程规范，使读者无须像专业 C++程序开发人员那样通读大量由计算机专家编写的 C++书籍。

3.1 C++程序组成

3.1.1 C++程序的总体组成

一个完整的 C++程序一般由预处理器指令、函数头、注释、编译指令和函数体组成，程序将这些部分组织为：

```
#include<FileName>              //预处理器指令
int main()                      //函数头
{
     statements                 //C++语句
     return 0;                  //返回值语句
}
```

其中，代码行#include<FileName>为预处理器指令，符号“#”为预处理标志。编译器在编译程序前先处理预处理器命令。该代码行的作用是指示编译器查找文件名为“FileName”的文件并将该文件的内容添加到程序中，这些内容中的部分或全部会被函数体中的语句调用，而且程序只有在需要调用外部文件的内容时才会包含相关的预处理器指令。尖括号内的文件名 FileName 对应的文件称为头文件，头文件的扩展名一般为“.H”。

C++中的函数指的是能实现特定功能的代码块。上述程序段中由括号“{ }”扩起的所有内容组成函数体，这些内容由完整的指令组成，也称为语句，语句指明计算机应该做什么，每一条语句均以分号“;”结束。有时为了使程序更清楚易懂，用括号“{ }”括起部分语句组成块，块的结尾不需要使用分号。

括号“{”前面的 int main()为函数头，它是该函数与调用它的函数之间的接口，其中 main() 为函数名。每个 C++程序必须包含且只能包含一个名为 main()的全局函数，而且程序执行时首先执行该函数。函数名 main()前面的 int 表示函数的返回类型，程序在 Linux 环境中运行时 main()函数通常会给系统返回一个值，函数体的最后一行 return 0 表示它返回整数 0。而且语句 return 0 只适用于 main()函数。

从双斜线//开始直到它所在的行结束的内容为注释，它是为了方便阅读和理解程序而在程序编制和修改时提供的，编译器不处理注释。另一类 C++注释由“/*”标记，表示其后的所有内容均为注释（不只是某一行），直到发现“*/”为止，这一类注释往往用于较大的程序块中。

C++源代码的格式通常遵循这些规则：每行一条语句；每个函数都有一个开始花括号和一个结束花括号，而且这两个花括号各占一行；函数中的语句都相对于花括号进行缩进；函数名称后面的圆括号内没有空白。

3.1.2 C++语句

C++程序可以看作一组函数，每个函数又由一条条语句组成。C++表达式后加上分号即成为语句。下面介绍 C++程序中常用的声明语句、赋值和初始化语句、输入输出语句以及组成语句的变量和常量、运算符和操作符等内容。

（1）变量和常量

C++中的变量是计算机中临时存储数据的地方，对应内存中的一个地址，程序可以从该地址读取数据或写入数据至该地址。为了在程序中使用变量，需要对每一个变量定义变量名，这样程序在读取或写入数据时不必指定变量的物理地址，只需指定变量名即可。

定义变量名时可以使用字母、数字和下划线等字符，且名称的第一个字符不能是数字，一般使用能够表征该变量用途且易懂的字符作为变量名，如驼峰式命名法等。需要注意的是，C++区分大小写字符，所以相同字母的大写和小写字符作为变量名时表示不同的变量。另外，C++中的关键字不能作为变量名，如 if、while、main、for 等。此外，通常以下划线开头或结尾的名称一般用于全局标识符或 C++类的实现。

C++中的常量也是数据存储的位置，但常量的值在初始化后不变。因此，常量在创建时初始化，而且不能再向其赋值。在 OpenFOAM 编程中，经常用到由 const 关键字创建常量。const 为 C++中的限定符，使用 const 创建常量时需遵守这样的语法规则，即在声明时进行初始化，通用格式为：

```
const type name=value;             //使用 const 创建常量 name
```

常量被初始化后，其值即被固定，不允许在后续程序中修改常量的值。

（2）声明语句

C++中形如

```
int inch;                          //声明语句
```

的语句为声明语句，用来定义声明。该语句指出变量的存储类型为 int，inch 为变量名，表示该程序中将使用 inch 标识对应内存单元内的值。C++程序中所有变量在首次使用前必须声明。此外，C++允许一次声明多个同类型的变量，如：

```
int inch,weight,height;            //同时声明多个同类型变量，变量名之间用逗号隔开
```

（3）赋值和初始化语句

变量被声明后可以对其赋值，如将整数 20 赋给变量 inch 表示的内存单元，语句为：

```
inch=20;                                  //赋值语句
```

其中，符号“=”为赋值操作符。

C++中可以连续使用赋值操作符，例如：

```
inch1=inch2=20;                           //赋值语句
```

该赋值语句从右向左进行，首先将 20 赋给 inch2，然后 inch2 的值被赋给 inch1。

C++允许在创建变量时对其进行赋值，例如：

```
int inch=20;                              //初始化语句
```

这一过程也称为初始化，它在创建变量的同时指定变量的值，这也是初始化与赋值的本质区别，也即初始化将赋值与声明合并在一起。可以将变量初始化为另一个变量或表达式，条件是变量（另一个）或表达式中的值都是已知的。C++中还常用形如

```
int inch(20);                             //初始化语句 ，将量 inch 初始化为 20
```

的另一种初始化语句，它在变量名后用圆括号将赋给变量的值括起来。

需要注意的是，常量必须被初始化，因为它不能被赋值。

（4）输入输出语句

C++中分别使用类对象 cin 和 cout 实现从键盘输入字符至程序和从程序输出信息至屏幕。例如，语句

```
cin>>inch;                                //从键盘输入字符，并经转换后的值赋给变量 inch
```

可实现键盘输入的值最终赋给变量 inch，操作符“>>”表示从输入流中抽取字符，通常需要在该操作符右侧提供一个变量，以接收抽取的信息。

下面的语句

```
cout<<"Hello World!\n";                   //输出信息至屏幕
```

可实现将字符串“Hello World!”打印到屏幕上，操作符“<<”表示将字符串发送给 cout。使用 cout 还可以输出变量的值，只不过在输出过程中操作符“<<”将变量的值转换为字符串的格式。

使用 cout 的输出语句中常应用控制符“endl”和换行符“\n”。endl 表示重起一行，在上面的语句中插入 endl 可使屏幕光标移到下一行的开头。在需要输出的字符串中包含\n 也可以实现换行。

使用 cout 还可以将多项需输出的内容合并为一条，例如：

```
cout<<"The result is "<<radius<<"mm."<<endl;
                                          //使用 cout 拼接输出
```

其中，将字符串输出和整数输出合并为一条语句，radius 为变量。

需要注意的是，如果需要在两字符串间留出空格，必须将空格包含在字符串中，如上面语句中 is 后面的空格和 mm 前的空格。但为了使程序版面清晰，语句中经常使用的非字符串内的空白（包括制表符、空格、空行），在程序编译时将被忽略。

（5）运算符和操作符

表 3-1 中总结了 C++中常用的各类运算符和操作符。各运算符和操作符的优先级等说明如下：

① 对于数学运算符，其优先级与代数优先级相同，也即先乘除后加减，两数学运算符的

优先级相同时，语句由左至右执行。可以使用括号改变优先级的顺序，这时括号内运算的优先级较数学运算符的优先级高，当有多层括号时，由内向外优先级降低，但不建议使用很多层的括号嵌套，因为这样会使得程序难读。

② 对于逻辑运算符，按!、&&、||的顺序优先级由高到低。

③ 逻辑运算符&&和||的优先级比关系运算符低，而逻辑运算符！的优先级高于所有关系运算符和数学运算符。逻辑运算符&&的优先级高于||。

④ 关系操作符的优先级比数学运算符低。

⑤ 输出操作符的优先级比表达式中使用的操作符高。

⑥ 前缀递增、前缀递减和解除引用操作符的优先级相同，从右到左结合；后缀递增和后缀递减的优先级相同，比前缀操作符的优先级高，从左到右结合。

⑦ 所有操作符中，逗号操作符的优先级最低。

表3-1　C++中的运算符和操作符

类别	符号	含义及说明	示例
数学运算符	+	加	
	−	减	
	*	乘	

	/	除，结果与操作数类型有关	x=5.0/2; //其中一个操作数为浮点数时，结果为浮点数
			x=5/2; //整数相除结果为整数

	%	整数取余	x=8%3;　//结果为 2
赋值运算符	=	使运算符左边操作数的值改变为右边操作数的值，也即它是从右向左结合的	x=30; x=a + 30; //先相加后赋值

递增和递减操作符	++或− −	使变量的值加 1（++）或减 1（--）	i ++; //相当于 i=i +1
			++ i; //相当于 i=i +1

组合运算符	=++或=− −	赋值和数学运算符的组合，此时自加或自减运算符前置和后置对结果有影响	j=++ i; //i 先加 1，后赋值
			j=i ++; //先赋值，i 后加 1

	+=		x+=y;　//x=x+y
	−=		x−=y;　//x=x−y
	*=		x*=y;　//x=x*y
	/=		x/=y;　//x=x/y
	%=		x%=y;　//x=x%y
关系运算符	==	等于，不可用于 c-风格字符串。比较结果为 true 或 false	
	!=	不等于	
	>	大于	
	<	小于	
	>=	大于或等于	
	<=	小于或等于	
逻辑运算符	!	逻辑非，可由标识符 not 代替	
	&&	逻辑与，可由标识符 and 代替	if (age > 17 && age<35)
	||	逻辑或，可由标识符 or 代替	

续表

类别	符号	含义及说明	示例
位操作运算符	&	按位与	
	|	按位或	
	^	按位异或	
	~	按位取反	
	<<	按位左移，一般情况下，左移一位，值乘以 2（未溢出），末尾补零	
	>>	按位右移，一般情况下，右移一位，值除以 2（未溢出），原最高位为 1 时补 1，原最高位为 0 时补 0	

字节运算符	sizeof	返回数据对象的长度，单位为字节数。用于数组时，返回数组的长度	sizeof x; //x 的字节数
			sizeof(int); //int 类型字节数

成员操作符	.	连接对象名和函数名	cout.put(x); //输出字符
输出操作符	<<		cout<<(x<3); //输出 bool 型比较结果
输入操作符	>>		
解除引用操作符	*	用于指针时得到该指针所表示地址处存储的值	*pt=0.3; // 修改指针 pt 指向的值
逗号操作符	,	允许将两个表达式放到只允许放一个表达式的地方	i=0,j=1; //同时为 i 和 j 赋值
地址操作符	&	获取变量的存储地址	pt=& val; //将变量 val 的地址赋给指针 pt
作用域解析操作符	::	定义类的成员函数时连接类名和函数名；确定类或函数所属的名称空间	Foam::Field<Type>; //使用 Foam 名称空间中的类 Field<Type>

（6）typedef 语句

使用关键字 typedef 可为某一类型（包括 C++的内置类型和类）创建一个别名。创建方法是，在关键字 typedef 后先后指明被代替的类型和该类型的新名称，例如：

```
typedef unsigned short int USHORT;
typedef fvPatch Patch;
typedef vector<double>doubleVector;
```

其中，用 USHORT 代替 unsigned short int，用 Patch 代替 fvPatch。创建后的新名称可在程序的任何地方代替被替代类型。例如通过上述第三条语句的定义，初始化 Vector<double> a(8) 将等效于 doubleVector a(8)。

（7）编译预处理语句

编译预处理是在编译程序之前进行的一些简单处理。预处理指令都是以#开头，每条指令占一行，一般写在程序的开始部分。源程序进行预处理后，将生成一个临时文件，然后编译器再对这个临时文件生成目标文件，通过链接生成可执行文件。编译预处理主要包括：宏定义、文件包含和条件编译。

文件包含的格式为：

```
#include<FileName>        //预处理器指令（文件包含）
```

或

```
#include "FileName"       //预处理器指令（文件包含）
```

该指令指示编译器首先在工作目录中寻找被包含文件，如果找不到，再按标准方式进行查找。

这种方式适用于包含用户自定义的头文件，也适用于嵌入系统的头文件。

条件编译指令用于指示编译器仅编译源程序中满足条件的程序段，使生成的目标程序较短，从而减少程序运行时的内存开销并提高程序的效率。条件编译指令的格式为：

```
#ifndef Field_H          //条件编译指令
#define Field_H
```

或者

```
#ifdef                   //条件编译指令
…
#else
…
#endif
```

其中，每两个命令中间不加大括号，而且中间可以有多行。

3.1.3 代码块

（1）for 循环

for 循环用于执行重复的操作，通过判断测试变量是否满足测试条件确定循环是否继续，格式为

```
for(initialization;test-expression;update-expression)
{
      body
}
```

其中，initialization 用于设置测量变量初值，也可以在声明测量变量的同时初始化；test-expression 用于执行测试，查看循环是否继续进行；update-expression 用于更新测试值。如果循环体中只有一条语句，可以不加花括号，并用分号结束。例如：

```
for(i=6;i<10;i++) f_function(i);
```

for 循环的执行过程为：首先设置测试变量初值，其后执行测试表达式，如果表达式结果为 true，执行循环体，之后更新测试值；如果测试表达式的值为 false，将不会执行循环体。可见，for 循环是入口条件循环。需要注意的是，for 循环中定义的变量只在程序执行该代码块时存在，执行完该代码块后变量将被释放。

（2）while 循环

与 for 循环相比，while 循环没有测试参数的初始化和更新，只有测试条件和循环体，格式为：

```
while(test-condition)
{
     body
}
```

一般在该代码块前面设置测量变量初始化语句，在循环体中设置一条影响测试条件的语句，执行该语句后，测试条件将发生改变，下一次循环时根据变化后的测试条件判断循环是否继续进行。while 循环也是入口条件循环。

（3）do while 循环

do while 循环是出口条件循环，程序先执行循环体，其后判断测试表达式结果是否为 true，

也即循环至少执行一次，其格式为：

```
do
{
     body
} while(test-expression);
```

（4）if 和 if else 语句块

程序中使用 if（或 if else）语句实现选择是否执行某个操作。if 语句块的格式为：

```
if(test-condition)
{
     statement
}
```

如果测试条件（test-condition）结果为 true，程序将执行 statement 语句块；如果测试条件结果为 false，程序将跳过该语句块，执行后续语句。使用 if else 语句可以让程序按照条件执行两个语句块的某一个，格式为：

```
if(test-condition)
{
    statement1
}
else
{
    statement2
}
```

如果测试条件(test-condition)结果为 true，程序将执行 statement1 语句块，跳过 statement2；如果测试条件结果为 false，程序将跳过 statement1，执行 statement2 语句块。如果各语句块中只有一条语句，可省略前后的花括号。

如果测试表达式是进行浮点数的比较，如 x 是否为零，这时建议使用表达式：

```
If(x>=-0.000001&&x<=0.000001)
```

因为浮点数的存储并不是精确的。

程序执行时如果需要在更多的选项中做出选择，可以使用 if else 语句。

if else 语句可由条件操作符“? :”语句代替，其格式为：

```
expression1?expression2:expression3
```

如果表达式 expression1 的值为 true，整个语句的值为 expression2 的值，否则为 expression3 的值。例如：

```
int c=a>b ? a:b;                    //如果 a>b 为真，c=a，否则 c=b
```

条件操作符最适合用于简单关系和简单表达式赋值。

（5）switch 语句

如果要从多于两个选项中选择，而且每个选项可以由整数常量标识，则常用 switch 语句实现，其格式为：

```
switch(integer-expression)              //括号中是结果为整数的表达式
{
     case label1:statement(s)
```

```
        case label2:statement(s)
        ...
        default:statement(s)             //可选，可以没有该选项
    }
```

其中，每个标签 label1、label2 等均为整数常量表达式，可以是 int、char 常量或枚举量。该语句块在执行时，程序首先判定表达式 integer-expression 的值，然后执行与该值对应的标签的那一行。如果使程序一次只执行一行，可在该行后面使用 break 语句，这样程序将跳到 switch 语句块后面的语句执行。

break 语句还可用于循环体中，使程序跳到循环语句块后面的语句处执行。但如遇循环嵌套，只能中止最里层的循环，对外循环不构成影响。与此类似，在循环体中使用 continue 语句（只能用于循环语句块中），可以使程序跳过循环体中余下的代码，开始新一轮的循环条件判断。

（6）文本文件输入/输出语句块

使用 ofstream 类可将程序执行过程中的内容写入文本文件，文本文件可以是 Windows 系统中的记事本文件，或者 Linux 系统下的 vi 或 gedit 文件。写入步骤为：①在 main()函数外包含头文件 fstream；②在 main()函数中创建一个 ofstream 对象；③将创建的 ofstream 对象与一个文本文件关联起来；④可以像使用 cout 那样使用 ofstream 对象。例如：

```
    #include<fstream>                    //包含头文件 fstream
    int main()
    {
        using namespace std;
        ofstream outFile;                //创建 ofstream 对象 outFile
        outFile.open("temp.txt");        //将对象 outFile 与文本文件 temp.txt 关联
        …
        outFile<<values;                 //将 values 的值写入 temp.txt
        outFile.precision(2);            //设置数值精度
        outFile.close();                 //关闭文件
        …
    }
```

其中需要注意的是，temp.txt 可以是新建文件，如果 temp.txt 为已有文件，新写入的内容将覆盖文件原有内容。

使用 ifstream 类可以将文本文件内容读入程序，步骤为：①在 main()函数外包含头文件 fstream；②在 main()函数中创建一个 ifstream 类对象；③将创建的 ifstream 对象与一个文本文件关联起来；④可以像使用 cin 那样使用 ifstream 对象，如操作符<<、函数 get()、getline()等；⑤关闭文件。例如：

```
    #include<fstream>                    //包含头文件 fstream
    int main()
    {
        using namespace std;
        ifstream inFile;                 //创建 ifstream 对象 inFile
        inFile.open(filename);           //将对象 inFile 与文本文件 filename 关联
        if(!inFile.is_open())            //判断是否正确打开文件
        {
            exit(EXIT_FAILURE);          //中止程序
        }
```

```
        inFile>>value;                    //读入文件 filename 中的第一个值，并赋给 value
        while(inFile.good())              //在正确读取的前提下读取后续内容
        {
             inFile>>value;               //读取下一个值
        }
        inFile.close();                   //关闭文件
  }
```

3.1.4 函数简介

这里的函数指的是能够对数据进行处理并能够返回一个值的子程序，一个 C++程序由若干个函数构成，其中一个是主函数（main()函数），是程序的执行入口，其他函数是子函数。子函数间可以相互调用，但主函数只能调用其他子函数，而不能被其他子函数调用。

C++中的函数分为有返回值和无返回值的函数两种。标准 C++库和标准 OpenFOAM 库中包含大量的预定义函数，称为库函数。在 OpenFOAM 编程中，用户也可以编写自己的函数，称为用户定义函数。

类似于变量在使用前需进行声明一样，C++程序中，每个函数在首次使用之前均需提供原型，函数原型用于将函数的返回值类型以及函数名、参数的类型和数量告诉编译器。通常把函数原型置于 main()函数之前。如果所要使用的函数为库函数，可以在源代码中以包含标准库头文件的形式提供原型，因为该头文件中定义了函数原型。对于自定义函数，函数原型可以从编入源代码，此时需要在同一源代码文件中提供函数定义。当函数内容较少时，可将函数放到主函数前面无须声明。但当函数内容较多时，应先声明，将函数定义放到主函数后面。下面给出一些函数原型的例子，在注释中说明了函数的参数和返回值类型。

```
double sqrt(double);                  //参数为 double 类型，返回值为 double 类型
double pow(double,double);            //两个参数为 double 类型，返回值为 double 类型
int rand(void);                       //无参数，返回值为 int 类型
void bits(double);                    //参数为 double 类型，无返回值
```

可见，从句法的角度看，函数原型与函数头几乎相同，只不过可以不提供参数名（也可以提供），只保留类型列表即可。其中需要注意的是，即使对于无参数的函数，在调用时函数名后仍需保留括号。

在 OpenFOAM 编程中，除了可以调用标准 OpenFOAM 库中预定义的函数外，用户往往需要自定义函数。用来定义函数的源代码往往放在 main()函数的后面。定义函数的格式与 main()函数的格式相同，一般为：

```
type functionname(argumentlist)
{
     Statements
     return value;                    //对于有返回值的函数，返回语句是必需的
}
```

其中，函数头 type functionname(argumentlist)中的 type 为该函数的返回值类型，如果类型为 void，表示该函数无返回值。functionname 为函数名，函数命名时建议使用让人一目了然的名称，但不能将 C++关键字用作函数名，可在有关 C++的资料中查看关键字列表。argumentlist 为参数列表，其中将相邻参数用逗号隔开，函数调用时传递的值将赋给这些参数，但需注意

所传递值的类型需与函数原型中各参数的类型一致。花括号中的内容为函数体。对于有返回值的函数，函数体的最后使用 return 返回语句将值返回给调用函数，返回值的类型必须为 type 类型或可以被转换为 type 类型，但 C++的返回值类型不能是数组。执行返回语句后退出函数。

在 C++程序中，程序一行接一行地执行语句，但遇到函数时，程序将转向执行该函数，执行函数完毕后，程序又将返回至调用该函数的语句的后面继续执行。在程序中调用函数的格式为：

```
functionname(argumentlist);
```

调用无返回值函数时，程序将完成某种功能，可单独作为函数调用语句使用。调用有返回值函数时，将产生一个值，函数调用通常位于一个表达式中。

函数被调用时，先将实参的值按照位置传递给对应的形参。一般情况下，实参与形参的个数及顺序应一一对应，并且类型匹配，但实参与形参的名字不要求相同。发生函数调用时，形参被初始化为相应实参的值。

关于函数的返回值，有如下说明：

① 一个函数可以有多个参数，但一个函数最多只能返回一个值。

② 如果一个函数的返回值类型不是 void，那么该函数必须包含 return 语句。

③ 函数运行结束后将返回值存储到某一内存位置，主函数访问这一位置获得返回值。

C++不允许在一个函数中定义另一个函数，而且函数在整个程序执行期间都一直存在。对于非内联函数，程序中只能包含其一个函数定义。在多文件程序中，只能有一个文件包含某一非内联函数的定义，如若其他文件中使用该函数，在这些文件中包含函数原型即可。对于内联函数，同一个函数的所有定义必须相同。如果定义了一个与库函数同名的函数，编译器将使用自定义的版本。

3.1.1 节中介绍的 main()函数并不是通常意义上的函数，它一般没有参数，在其函数体的最后一行必为语句 return 0。由于该函数由操作系统直接调用，它的返回值被返回至操作系统，操作系统接收到 0 后意味着程序运行成功。

局部变量与全局变量

局部变量为仅在某些函数或某些代码段中可见的变量；全局变量则是在整个程序中都可见的变量。

函数在被调用时，程序将变量传递给函数，函数在执行时除了这些变量外，多数情况下还需在函数体中声明和定义变量。函数体内定义的变量为局部变量，只在该函数内有效，当函数执行完毕后，局部变量不再有效。

在函数外定义的变量为全局变量，它们对程序中的所有函数均有效，作用域是从变量定义处开始到程序结束。如果程序的某个函数修改了全局变量，其他函数都“可见”修改后的结果。当函数中存在与全局变量同名的局部变量时，该函数中将仍然使用局部变量，全局变量被屏蔽。

3.2 C++支持的数据类型

C++是静态类型的语言，编译时必须明确所有实体（如对象、值、名称等）的类型，每一种实体的类型决定了可对其执行何种操作。内置的 C++数据类型可分为基本类型和复合类型两大类，其中基本类型包括整型、bool 型和浮点型，复合类型包括数组、字符串、结构、指针等，下面分别进行介绍。

3.2.1 基本数据类型

（1）整型

C++的基本整型有 8 种，分别是有符号的 char、short、int 和 long，以及无符号的 char、short、int 和 long 类型数据。各种整型数据之间的最大区别在于它们占用的内存单元大小不同，分别为：

① char 为 8 位。

② short 至少 16 位。

③ int 至少与 short 一样长。

④ long 至少 32 位，且至少与 int 一样长。

有符号类型整型可以表示的值的范围中，正值和负值几乎相同。例如，16 位的 int 的取值范围为−32768～+32767。相比较而言，无符号整型扩大了可表示的数值范围，但在创建无符号整型时需使用关键字 unsigned，如 unsigned short 的可表示范围为 0～65535。编制程序时在创建变量之前应正确估计其值的范围，并据此选择合适的数据类型，如果估计或选择不合适，将可能产生数据溢出，引起计算结果不正确。例如，unsigned short 型变量 temp 的当前值为 0，对其执行减 1 操作后，其值将成为 65535。在不产生数据溢出的前提下，尽量选用 int 类型。

编制程序时有时会遇到未经定义直接处理的常量，例如：

```
cout<<"Year="<<2022<<"\n";
```

其中，“2022”一般存储为 int 类型。如需处理为其他类型数据，需在该数字后增加后缀，如使用 l、L 表示 long 常量，使用 u 或 U 表示 unsigned int 常量，使用 ul 表示 unsigned long 常量。

char 整型专门用来存储字符，存储时将这些字符用数值编码（ASCII 码）表示，使用时字符常量需用单引号括起来，代表字符的数值编码，而字符串常量则使用双引号。

（2）bool 类型

定义为 bool 类型的变量的值为 true 或 false，它们也可以提升转换为 int 类型，此时 true 被转换为 1，false 则被转换为 0。相反，任何非零值均可被转换为 true，而零值被转换为 false。

（3）浮点型

用浮点数能够表示小数、非常大和非常小的数。在 OpenFOAM 和 C++中可以将浮点数表示为标准小数点格式或 E 格式，前者如 0.0、10.2 等，后者如 3E5、2.56E-6 等。

C++有 3 种浮点类型：

① float，一般含 32 位有效位数。

② double，一般含 64 位有效位数。

③ long double，一般含 80 位或更多的有效位数。

它们的指数范围至少为−37~37。

直接处理浮点型常量时，默认情况均为 double 型，在常量后增加后缀 f 或 F 可将常量的类型更改为 float，增加后缀 l 或 L 时则成为 long double 类型。

（4）类型转换

C++程序在执行过程中的某些操作会实现上述数据类型间的自动转换，主要有以下几种转换方式：

① 当将一种类型的数据的值赋值给另一种类型，后者的类型将被转换为前者的类型。但如果将表示较大范围的数据类型赋值给表示范围较小的数据类型，将可能出现有效位数降低、数据的部分位丢失等问题。

② 同一表达式中包含不同数据类型时，C++会将 bool、char、unsigned char、short 类型转换为 int 类型。在运算表达式中，能够表示的数值范围较小的类型将转换为较大范围的类型。

③ 调用函数并进行参数传递时，转换至的类型取决于函数原型中指定的参数类型。

④ OpenFOAM 编程中经常需要保持表达式中量纲一致，这时可以使用强制类型转换，格式为：

```
typeName(value)                          //将 value 转换为 typeName 类型
```

也可以使用静态变量，格式为：

```
static_cast<typeName>(value)             //将 value 转换为 typeName 类型
```

3.2.2 复合类型

复合类型是对基本数据类型的扩展，这里主要介绍部分普通的复合类型，其他复合类型如类等将在 3.4 节介绍。

（1）数组

数组用来存储多个同类型基本类型数据的值，其中的每个值称为数组元素，这些元素在计算机中依次存储。声明数组的格式为：

```
typeName arrayName[arraySize];       //声明数组
```

其中，typeName 为数组中每个元素的值的类型，arrayName 为数组名，arraySize 为数组的元素数目，它可以为整数常数、const 值或常量表达式。

数组在定义的同时进行初始化，可以用逗号分隔的列表并用花括号括起来对数组进行初始化，例如：

```
int temp[3]={20,30,50};                  //初始化数组
```

初始化时如果只对数组的一部分元素指定值，则程序执行时编译器会自动指定其他元素的值为 0。

不能将一个数组赋给另一个数组，但可以使用索引给数组中的某个元素赋值，此时注意 C++中的数组从 0 开始编号。通过索引也可以访问数组元素。

如果数组的元素本身又是数组，则该数组称为二维数组，这时数组可以声明为：

```
int maxTemps [3][5];                     //声明二维数组
```

表示数组 maxTemps 包含 3 个元素，每个元素都是由 5 个 int 型数据组成的数组。初始化时用逗号将一维数组元素隔开，例如：

```
int maxTemps [3][5]=          //二维数组初始化
{
```

```
    {1,2,3,4,5},
    {2,3,4,5,6},
    {3,4,5,6,7}
}
```

有关二维数组的操作往往使用嵌套循环的方式实现。

（2）字符串

C++可以两种方式处理字符串：C-风格字符串和 string 类。

C-风格字符串以空字符“\0”结尾，可存储在 char 数组中，初始化时用引号括起来，例如：

```
char fish[7]= "Bubbles";                    //初始化字符串数组
```

用 string 类处理字符串更加简单，在程序中包含头文件 string 后，即可使用 string 类。使用时可以像简单变量那样声明和初始化，也可以使用数组表示法来访问 string 对象中的字符，例如：

```
using namespace std;
string str1="panther";                      //声明和初始化 string 类
cout<<str1[2]<<endl;                        //输出字符串的第 3 个元素 n
```

与数组不同的是，对于 string 类，可以将一个 string 对象赋给另一个 string 对象，也可以使用操作符“+”将两个 string 类对象合并起来，还可以使用“+=”将一个字符串附加到一个 string 对象的末尾，例如：

```
string str2,str3,str4;                      //声明 string 类
str2=str1;                                  //string 对象赋值
str3=str1+str2;                             //string 类对象合并
str4+=str1;                                 //string 类对象附加
```

程序中还可以声明 string 对象数组，例如：

```
string list[SIZE];                          //数组 list 中包含 SIZE 个 string 对象
```

可以使用 cin>>和 cout<<分别将输入存入 string 对象和显示 string 对象字符串，也可以使用

```
getline(cin,str);                           //将一行输入读入至 string 对象 str
```

读入一行字符串。

（3）结构

结构可以用来存储多种类型的数据。应用结构时首先需要在 main()函数前或函数内部的函数头后进行结构声明，外部声明可以被其后的任何函数使用，声明格式为：

```
struct struName       //声明结构
{
      typeName1 arrayName[arraySize];     // typeName1 类型数组成员
      typeName2 varName1;                 // typeName2 类型变量成员
      typeName3 varName2;                 // typeName3 类型变量成员
      …
}
```

其中，关键字 struct 指明结构类型，struName 为结构名，花括号中的每一行定义了该结构中的每一个成员，这些成员可以是任意的基本数据类型。

结构被声明后，可以像创建普通变量那样创建结构，如结构 struName 已经声明，创建该类型结构的语句如下：

```
struName dok;                                 //创建名称为dok的struName类型结构
```

也可以在创建的同时初始化结构，例如：

```
struName dok={"Baby",12,2018};                //初始化名称为dok的struName类型结构
```

其中，花括号中用逗号分隔的内容与结构声明时定义的数据类型一致。

如果结构中包含 string 字符串成员，可先在结构外定义该字符串类，再在结构中使用相应的类对象，例如：

```
std::string str1;                             //定义string型字符串str1
struct struName                               //声明结构
{
      str1;                                   //string型成员str1
      …
}
```

使用成员操作符“.”访问结构中的成员，如 dok. varName1 指的是结构 dok 中的 varName1 成员。

C++中还可以创建元素为结构的数组，方法与创建普通数组相同，只不过其中每个元素为结构，例如：

```
struName doks[10];                            //创建struName类型结构数组
```

此时访问某一结构元素中的成员时需按照先访问数组元素再访问结构成员的顺序进行，例如：

```
cout<<doks[1]. varName1;                      //访问结构数组doks中第2个结构元素的成员
                                              //varName1
```

可以将一个结构赋给另一个同类型的结构，这时结构中每个成员的值都将被置为另一个结构中相应成员的值。结构也可以作为参数被传递给函数，或者被函数返回。

（4）枚举

枚举用来创建符号常量，这些常量的值被限定为一组可能值，定义方法与结构类似，例如：

```
enum season{spring,summer,autumn,winter};              //定义枚举类型
```

其中，enum 关键字指明为枚举类型，名称为 season，花括号中的内容 spring、summer 等为符号常量，称为枚举量，默认对应整数值 0~3，而且枚举量不能重复。也可以显式指定枚举量的整数值，例如：

```
enum season{spring=1,summer=2,autumn=3,winter=4};
                                              //定义枚举类型
```

枚举在定义后，可以用枚举名声明枚举类型的变量，例如：

```
season firstSeason;                           //声明枚举类型变量
```

一般只能将定义枚举时使用的枚举量赋给该类型的枚举变量，例如：

```
firstSeason=spring;                           //枚举量赋值
```

（5）指针

指针是一个变量，用来存储基本数据类型值的地址。指针声明时必须指定指针指向的数据类型，如创建一个指向 int 类型的指针，语句为：

```
int*p_intVal;                                 //声明一个指向int类型的指针p_intVal
```

其中，指针名 p_intVal 表示一个存储 int 类型数据的地址，*操作符为解除引用操作符，用于指针时得到该指针所表示地址处存储的值。例如，如下语句：

```
int val=5;                                    //声明一个变量
int*p_intVal;                                 //声明一个指针
p_intVal=& val;                               //将变量 val 的地址赋给指针 p_intVal
cout<<*p_intVal;                              //输出指针 p_intVal 指向的值
```

将变量 val 的地址赋给指针 p_intVal，其中&为地址操作符，用于变量时可获得它的存储地址。最后一句中用*p_intVal 表示指针 p_intVal 指向的值，需注意在应用操作符*获取指针所指向的值之前，需将该指针初始化为一个确定的地址，本例中的第 3 句即指针初始化语句。

使用 new 操作符可以先声明并初始化指针，然后指定指针所指向的值，格式为：

```
typeName*pointer_name=new typeName;           //声明和初始化一个指针
*pointer_name=data;                           //指定指针所指向的值
```

相当于使用 new 在程序运行阶段（而不是编译时）先分配 typeName 数据类型的内存，然后在该内存中存入数据 data。使用 new 分配的内存在使用完毕后一般需要配对地使用 delete 来释放相应内存，如对于上述程序段中由 new 分配的内存，可以使用如下程序段来释放：

```
delete pointer_name;                          //使用 delete 释放内存
```

使用 new 还可以用来创建指针指向的动态数组，格式为：

```
typeName*pointer_name=new typeName [numElements];
                                              //创建动态数组
```

其中，使用 new 操作符在程序运行时为数组分配可存储 numElements 个 typeName 类型数据的内存，指针 pointer_name 指向数组的第一个元素的地址。此时使用如下格式为 new 创建的动态数组释放内存：

```
delete [] pointer_name;                       //释放动态数组的内存
```

使用动态数组时，可以将指针名当作数组名，为数组中的元素赋值，此时也相当于对指针解除引用。但当需要改变指针指向的元素时，指针不能当作数组名，例如：

```
pointer_name[0]=0.3;                          //使用指针为动态数组中的元素赋值
pointer_name=pointer_name +1;                 //指针指向动态数组中下一个元素的地址
```

使用 new 还可以用来创建指向结构的指针，即动态结构，这时在程序运行过程中为结构分配内存空间。假如结构 struName 已在 main()函数外进行了声明，在函数内使用 new 创建一个未命名的 struName 类型的结构，语句为：

```
struName*ps=new struName;                     //创建指向结构的指针
```

该语句将可以存储 struName 类型结构的一块内存的地址赋给 ps。依靠指向结构的指针访问结构成员时，需使用箭头成员操作符“->”，而不是像依靠结构名那样使用的句点操作符“.”。例如，ps-> varName1 是结构中的成员 varName1。对于指向结构的指针，也可使用解除引用操作符获得结构后再使用操作符“.”访问结构成员，例如，(*ps).varName1 也是结构中的成员 varName1。

声明指针时，在指针的类型标识符之前或之后可以使用关键字 const 表明指针本身或指向的值不可以被改变，例如：

```
const int*pt1;                   //指向整型常量的指针，该指针所指向的值不能改变
```

```
int*const pt2;            //指向整型常量的指针，指向的值可以改变，但指针不能指向其
                          //他变量
const int*const pt3;      //指向整型常量的指针，指向的值不能改变，且该指针不能
                          //指向其他变量
```

3.2.3 数据的存储方式

C++有 3 种数据存储方式，它们的区别在于数据保留在内存中的时间不同。

① 自动存储变量：在函数定义中声明的变量（包括函数的参数），它们在函数被调用时被创建，函数执行完毕后它们占据的内存被释放。

② 静态变量：在函数外部定义的变量以及使用关键字 static 定义的变量，它们在程序的整个运行过程中都存在。

③ 动态存储变量：使用 new 操作符创建的变量，它们在创建后一直存在，直到使用 delete 释放或程序结束。

3.2.4 名称空间

前述所有基本数据类型、复合类型以及函数等均有自己的名称，当程序复杂庞大时，极有可能出现名称的冲突。C++的名称空间功能可避免这种情况发生，使得一个名称空间中的名称不会与另一个名称空间中的相同名称冲突。使用关键字 namespace 创建名称空间，例如：

```
namespace Jack{                     //创建名称空间
   double pail;                     //变量声明
   void fetch();                    //函数原型
   int pal;                         //变量声明
   struct Well{…};                  //结构声明
}
```

创建了名称空间 Jack，该名称空间中包含了变量、函数、结构等的声明。

名称空间一般在单独的头文件中创建，在另一个文件中对名称空间中的函数进行定义（注意要包含相应的头文件）。如果使用名称空间中的量，首先在程序文件中包含相应的头文件，其后在函数中使用 using 编译指令，例如：

```
using namespace Jack;               //using 编译指令
```

这样在该函数中可直接使用名称空间 Jack 的各量（使用名称即可）。

也可以不使用 using 编译指令，而是在需要的位置使用作用域解析符“::”，指定使用名称空间中的量，例如：

```
Jack::pal=12;                       //使用作用域解析符使用名称空间 Jack 中的量 pal
```

名称空间可以嵌套，如 OpenFOAM 库中有名称空间 Foam，Foam 名称空间中又包含 blocks、fv 等子名称空间。使用子名称空间中的类或函数时，可使用如下命令：

```
using namespace Foam::fv;
```

可使子名称空间 fv 中的类和函数可用，或者在调用时使用命令：

```
Foam::fv::buoyancyEnergy;
```

3.3 C++函数

本章在 3.1.4 节已经介绍了函数原型，函数的格式、参数和返回值等有关函数的基本知识，本节主要针对自定义函数，介绍使用函数处理较复杂的数据类型，如数组、指针、结构等的方法。

3.3.1 处理数组的函数

在大多情况下，C++将数组名视为指针，并将数组名解释为该数组第一个元素的地址，因此，可以使用指针来处理数组。例如，有如下以数组作为参数的函数头：

```
int sum_arr(int arr[],int n)                    //以数组作为参数的函数
```

其中，arr 为数组名，*n* 为数组长度。当对该函数执行如下调用操作时：

```
int sum=sum_arr(cookies,ArSize);                //函数调用
```

将数组 cookies 传递给函数。由于 cookies 是其第一个元素的地址，因此函数传递的其实是地址，所以函数的函数头也可以是：

```
int sum_arr(int*arr,int n)                      //函数调用
```

而且只在用于函数头或函数原型时，int * arr 和 int arr[]的含义才相同。需要注意的是，这里不能将数组的元素数量写在其中的[]内，而是需要使用另一个参数来传递元素数量的值。

由于调用以数组（数组名或指针）为参数的函数时传递的是数组的地址，所以在函数内对该数组进行操作时，使用的是原数组本身，而不是像传递常规变量时使用变量的拷贝。这就意味着函数体内对参数的任何改动都会修改数组本身，例如：

```
void revalue(double r,double ar[],int n)     //修改数组参数 ar[]中元素的值
{
     for(int i=0;i<n;i++)
     ar[i] *= r;
}
```

其中，使原数组元素的值乘以因子 r。而对常规变量，类似的方法并不能改变原变量的值。

对于处理数组的函数，有时并不希望原数组元素的值被函数内的操作改变，这时可以使用指向 const 的指针来保护数据。例如，可以将函数声明或函数头中的参数类型改为 const type：

```
void show_array(const double ar[],int n);    //使用指向 const 的指针保护数据
```

其中，ar[]也可以使用* ar 代替，这样可保证数组的内容不被函数的操作修改。但注意 const 的位置，相比而言，如下格式的声明：

```
void show_array(double const*ar,int n);      //不能保证输入 ar 的元素值不被修改
```

保证的是指针所指对象不变，但对象的值可以被修改。

如果函数以二维数组作为参数，函数声明时需使用指向数组的指针，例如，作为参数的二维数组 ar2 有 size（行数为 size）个元素，每个元素包含 4（列数为 4）个 int 型量，函数原型为：

```
int sum(int(*ar2)[4],int size)                  //二维数组作为参数的函数声明
```

由于数组名为其第一个元素的地址，所以此时 ar2 为指向由 4 个 int 量组成的数组的指针。也可以使用另一种格式：

```
int sum(int ar2[][4],int size)          //二维数组作为参数的函数声明
```

两种声明格式中函数 sum 只能接收列数为 4 的二维数组。

定义以二维数组为参数的函数时，可直接使用二维数组的名称进行操作，如对于上述函数声明，对二维数组 ar2 可以执行如下操作：

```
total += ar2[i][j];                     //函数内使用二维数组名执行操作
```

3.3.2 处理字符串的函数

C++中可使用的字符串包括 C-风格字符串和 string 类对象。对于 C-风格字符串，可以将其作为参数传递给函数。这与数组类似，实际传递的是字符串的第一个字符的地址，可以将函数的形参声明为 char *类型，例如如下函数声明：

```
int c_str(const char*str);              //使用指针传递字符串首字母地址
```

使用指针传递字符串 str 首字母的地址。与数组不同的是，字符串有内置的结束字符，所以不必传递字符串长度参数。

函数无法直接返回一个字符串，但可以返回字符串的地址，该地址用指针表示，例如：

```
char*buildstr(char c,int n)
{
    char*pstr=new char[n+1];
    pstr[n]='\0';                       //结束字符
    while(n-->0)
    pstr[n]=c;
    return pstr;
}
```

该函数在定义时使用 char *表示返回值为指向 char 类型的指针，在函数内新建了指针 pstr，并将由 n 个字符 c 组成的字符串赋给指针 pstr 所指的数组元素，最后返回指针（首字符地址）。程序在调用该函数时，接收该返回值的量也需为指向 char 的指针，例如：

```
char*ps=buildstr(ch,times);             //使用指针传递字符串首字母地址
```

string 对象可以作为完整实体传递给函数，甚至可以传递 string 对象数组，例如：

```
void display(const string sa[],int n)   //以 string 对象数组为参数的函数
{
    for(int i=0;i<n;i++)
    cout<<i+1<<":"<<sa[i]<<endl;        //sa[i]为一个 string 对象
}
```

其中，参数为一个 string 对象 sa，其后方的括号[]表示它为数组，n 为数组中包含的元素（string 对象）个数。

3.3.3 处理结构的函数

结构是独立的实体，可以像基本类型数据那样按值传递，函数将使用原始结构的拷贝，

并可以返回结构。

当结构比较小时，可直接使用按值传递，例如：

```
struct travel                                    //定义结构
{
     string place;
     int time;
}
…
travel list(travel t1,travel t2)                 //函数的参数为两个结构
{
     travel total;
     total.place=(t1.place+t2.place);
     total.time=t1.time+t2.time
     return total;                               //返回结构
}
```

函数 list 实现了两 travel 型结构的整合，并返回 travel 型结构 total。

如果结构非常大，按值传递将占用较大内存，此时可以通过使用指向结构的指针来传递结构的地址，从而可节省空间。例如，上面的程序段可修改为传递结构地址的形式：

```
…
travel t1,t2,tt;
list(&t1,&t2,&tt);                               //函数调用,将结果的地址传递给 tt
…
void travel list(const travel*t1,const travel*t2,travel*total)
{
     total->place=(t1->place+t2->place);
     total->time=t1->time+t2->time
}
```

可见，如果传递结构的地址，在调用函数时需使用操作符&获得结构的地址，在定义函数和提供函数原型时需将形参声明为指向结构的指针，在函数内应使用成员操作符->对结构的成员进行操作。

3.3.4 内联函数

在程序中调用常规函数时，计算机将跳到存放该函数的地址处执行，并在该函数执行结束后返回至原调用位置继续执行。如果被调用函数的执行时间较短，而且程序中频繁调用该函数，则使用内联函数可以省去调用时间，加快程序执行速度。内联函数与常规函数的最大区别在于，编译时使用函数的代码替换函数调用。

内联函数在声明原型和定义函数时在函数头最前面需使用关键字 inline，且往往在声明原型时定义函数，即将整个函数定义（函数头和代码）放在本应提供函数原型的位置。例如：

```
inline double square(double x){ return x*x;}     //声明和定义内联函数
```

内联函数中不允许用循环语句、switch 语句和嵌套的 if 语句等。即使将这样的函数定义为内联函数，系统也将它们作为一般的函数处理，达不到优化的目的。

3.3.5 使用引用变量作为函数形参

引用变量是已定义变量的别名，主要用作函数的形参，此时函数调用传递的是变量的原

始数据，而不是拷贝。通过引用做参数，可以修改调用函数中的变量。

使用符号&创建引用变量，例如：

```
int ox;                                          //原始变量
int & cattle=ox;                                 //创建引用，cattle 为 ox 的别名
```

相当于为 ox 定义了别名 cattle。需注意必须在声明引用时对其初始化，这一点类似于 const 指针。引用变量的值改变时原变量也将发生相同的变化，修改引用变量的值相当于修改原变量的值。

使用引用变量作为函数参数时，函数中的变量名其实是调用程序中变量的别名，也称为按引用传递，此时可将该函数的参数视为被初始化为被传递的参数。使用按引用传递时，首先在函数声明时使用引用变量作为参数，函数定义时在函数体内直接使用变量名而无须使用符号&，且在函数调用时传递的实参应为变量，而不能是表达式、常数等非变量。例如：

```
void swapr(int & a,int & b);                     //函数原型，符号&表明使用按引用传递
…
swapr(wallet1,wallet2);                          //函数调用
…
void swapr(int & a,int & b)                      //函数定义
{
     int temp;
     temp=a;                                     //直接使用变量名
     a=b;
     b=temp;
}
```

按引用传递参数的函数可以有多个返回值，因为除了 return 语句的直接返回值外，每个传递的引用参数其值被修改后都将返回给程序。使用传递指针的方式也可以实现对原变量的更改，但不同的是，此时在函数调用时需传递变量地址，函数定义时函数体内需使用解除引用操作符*。

如果在函数参数中使用了引用参数，而又不希望修改调用该函数时使用的原变量，可使用常量引用，此时应在函数原型和函数头中使用 const。例如：

```
double consRef(const double &ra);             //函数形参为常量引用
```

与普通按引用传递不同的是，此时如果实参与引用参数不匹配（变量类型不匹配甚至实参为非变量），C++将生成临时变量存储实参对应的值，函数内操作时使用临时变量，而不改变原实参量的值，确保原始数据不被修改。所以程序设计时尽可能将引用形参声明为 const。

当函数参数和返回值为引用结构时，使用方式与基本变量相同，声明函数时在结构参数和函数名前使用操作符&即可。例如：

```
const sysop & use(sysop & sysopref);           //参数和返回值均为引用结构的函数声明，
                                               //sysop 为结构名
```

其中，函数名 use 前的 sysop &表明函数的返回值为指向 sysop 类型结构的引用，括号中的 sysop &表明函数参数为 sysop 类型结构的引用。函数返回的引用结构实际上是被引用变量的别名，这时可以使用函数调用访问该结构的成员，如对于上述函数有如下调用：

```
cout<<use(looper).used; //looper 为传递的实参，used 为结构 sysop 的成员
```

当函数返回引用变量时，需注意返回值不能为临时变量，如函数内新定义的变量、指向临时变量的指针或指向临时变量的引用，因为函数在被调用且执行完毕后存储临时变量的内存单元被自动释放，该变量已不存在。这时可以利用函数的引用参数（函数头中的引用参数）

作为返回值，如上述函数可以返回结构 sysopref。还可以使用 new 来为临时变量分配存储空间，该空间在使用 delete 释放前一直存在，例如：

```
const sysop & clone(sysop & sysopref)
{
    sysop*psysop=new sysop;          //定义新变量psysop，为指向结构的指针，
                                     //并使用 new 分布存储空间
    *psysop=sysopref;
    return *psysop;                  //返回指针指向的值
}
```

函数返回类型为 const 引用时，程序中将不能对返回后的引用进行修改。如对于上述函数，不能执行如下操作：

```
clone(looper).used=10;               //clone(looper)返回 const 引用，不能修
                                     //改其成员值
```

总而言之，向函数传递参数的方式可以总结为三种情况：按值传递、传递引用和传递指针，它们的适用情况见表 3-2。

表3-2 向函数传递参数方式的指导原则

是否修改	数据类型			
	内置类型	数组	较大的结构	类对象
不修改传递的值	按值传递	const 指针	const 指针或 const 引用	const 引用
修改传递的值	指针	指针	引用或指针	引用

引用和指针的区别在于：指针表示内存地址，引用则是另一个量的别名；指针所指的内容可以修改和重新定义，但引用的量只能在初始化时指定。

3.3.6 函数的默认参数

函数的默认参数指的是函数调用时如果省略实参，程序自动使用的参数值。在提供函数原型时为参数赋值即可实现将该值设为默认参数值，例如有如下函数原型：

```
char*left(const char*str,int n=1);          //参数 n 的默认值为 1
```

在设置默认参数时需注意，如要将某个参数设为默认参数，则参数列表中它右边的所有参数都需设为默认参数；函数调用时按从左到右的顺序将实参赋给形参，不能跳过任何参数。虽然设置了默认参数，但函数定义与未设置默认参数时的定义完全相同。

函数中使用默认参数在定义类时可以减少需定义的析构函数、方法以及方法重载的数量。

3.3.7 函数重载

C++中可以定义函数名相同，但参数数目或参数类型不同的函数，称为函数重载，一般在对不同类型的数据执行相同的操作时使用。例如：

```
void print(const char*str,int width);       //重载函数 1
void print(int i,int width);                //重载函数 2
```

函数调用时根据所传递参数的类型来匹配函数，如对于上述两重载函数，如果传递实参类型均为 int，则调用第二个函数。需要注意的是，函数名和参数相同，但返回类型不同的函数不能认为是函数重载，而且不允许这样的程序设计。

对于含有引用参数的函数，如果参数列表中的其他参数类型和数量均相同，只有某一参数是引用和非引用的区别，则不能认为是函数重载。

对于含有 const 参数的函数，如果对 const 变量和非 const 变量均定义了函数，则可认为是函数重载。例如：

```
void dribble(char*bits);                          //重载函数1
void dribble(const char*cbits);                   //重载函数2
```

为两重载函数。但这种情况下其实定义第一个函数没有必要，因为 C++允许将非 const 值赋给 const 变量。

3.3.8 函数模板

OpenFOAM 编程中经常遇到同一种算法用于不同类型的参数，这时可使用函数模板。函数模板并不是真正意义上的函数，它在提供函数原型和定义函数时使用任意类型的参数，编译时根据传递给模板的参数类型生成相应的函数。建立模板时，在原型和定义中使用关键字 template，使用 typename 表示参数类型，并用尖括号将参数括起来。例如：

```
template<typename T>                              //定义函数模板
void Swap(T &a,T &b)
{
      T temp;
      temp=a;
      a=b;
      b=temp;
}
```

该模板告诉编译器如何定义函数，如果调用函数的参数类型为 int，编译器将模板中的 T 用 int 代替，创建相应的函数。程序中可按调用常规函数那样调用该函数。

模板也可以重载，也即可以定义具有不同数量或类型的参数的同名模板。例如，定义前述模板的重载模板为：

```
template<typename T>                              //重载模板
void Swap(T a[],T b[],int n)
{
      T temp;
      for(int i=0;i<n;i++)
     {
            temp=a[i];
            a[i]=b[i];
            b[i]=temp;
      }
}
```

该模板使用三个参数，其中有一个参数类型为 int，并不是模板参数类型，这是允许的。

如果函数模板不能满足某些数据类型的使用要求，可以在模板的基础上定义显式具体化的函数，该函数的函数名与函数模板的函数名相同，但指明了传递给函数的参数类型。编译时如发现具体化函数与调用类型匹配，则优先使用具体化函数，而不是函数模板。例如，在已定义前述 Swap 函数模板的前提下，定义如下显式具体化：

```
template<>void Swap<job>(job &j1,job &j2)          //显式具体化
{
        double t1;
        int t2;
        t1=j1.salary;
        j1.salary=j2.salary;
        j2.salary=t1;
}
```

该函数中指明了函数的参数类型为 job，函数名 Swap 后的<job>可以省略。如果调用函数时传递的参数类型为 job，编译器将选择这一函数。

除显式具体化外，C++还提供基于模板的显式实例化，它一般位于 mian()函数内，无须像显式具体化那样为其定义函数内容，命令编译器创建特定的函数实例，定义时在函数名后面用符号<>指示类型。例如：

```
template void Swap<int>(int,int);                    //显式实例化
```

函数调用时遇到 int 类型的参数则优先使用该显式实例化函数。需要注意的是，在同一程序中不能同时使用针对相同类型的显示具体化和显示实例化。

3.4 类和对象

C++类将数据表示和操纵数据的方法组合在一起，它是 C++最重要的内容，OpenFOAM 的源代码其实是一个庞大的 C++类库。OpenFOAM 编程时，绝大多数情况为基于 OpenFOAM 标准库中的类定义类对象，并调用类成员函数，这就需要知道类成员函数的功能，接收的参数类型以及返回值类型，而无须考虑类的实现细节。因此，理解 C++类的概念并掌握其使用方法是 OpenFOAM 编程最重要的语言基础。

3.4.1 类的定义和使用

C++类由两部分组成：类声明和类方法。类声明给出该类中包含的数据成员和成员函数原型（有时也给出部分成员函数的定义），类方法提供类成员函数的定义，而且定义一个 C++类必须完整给出这两部分内容。

（1）类声明

下面通过一个简单的例子说明类声明的创建方法。

```
class Stock                                            //类声明
{
private:                                               //私有成员
       char company[30];
       int shares;
       double share_val;
       double total_val;
       void set_tot(){ total_val=shares*share_val;}
```

```
public:                                       //公有成员
    Stock();                                  //默认构造函数
    Stock(const char*co,int n=0,double pr=0.0);
                                              //构造函数
    Stock(const Stock &);                     //复制构造函数
    ~Stock();                                 //析构函数
    void buy(int num,double price);
    void sell(int num,double price);
    void update(double price);
    void show() const;                        //const 成员函数
};
```

该范例中创建了一个名称为 Stock 的类，从中可以总结出声明类时的要点：

① 使用关键字 class 指明这些代码定义了一个类。

② 声明类数据成员。

③ 声明类成员函数，可以是函数原型，也可以给出定义（如 set_tot()函数）。

④ 关键字 private 表示其后声明的数据成员或成员函数是类的私有部分，关键字 private 也可以省略，因为这是类对象的默认访问控制。

⑤ 关键字 public 表示其后声明的成员是类的公有部分。

⑥ 通常将数据成员放在私有部分，将组成类接口的成员函数放在公有部分。程序可以通过类对象直接访问类的公有部分，但只能通过公有成员函数或友元函数访问对象的私有成员。

⑦ 通常将那些只是用来代码实现，而不是公有接口的函数声明为私有成员函数，如范例中的函数 set_tot()。它只能由成员函数使用，不能由调用类对象的程序使用。一般将那些在定义其他成员函数时频繁使用的功能定义为私有成员函数，这样可省去许多代码输入的工作。

⑧ 类声明的公有成员中有几个特殊的成员函数一般是必须提供的，分别是默认构造函数、构造函数和析构函数。它们的函数名与类名相同，没有返回值也没有声明为 void 类型。默认构造函数用于声明类对象，构造函数用于初始化类对象。需要注意的是，构造函数的参数名不能与类数据成员相同。

⑨ 默认构造函数可以没有任何参数，但如果有，必须为所有参数都提供默认值。

⑩ 可通过函数重载创建多个同名的构造函数（参数类型或数量不同）。

⑪ 复制构造函数是可选的，往往在新建一个对象并将其初始化为同类已有对象时，或者程序在生成对象的副本时，如按值传递或函数返回对象时，都将调用复制构造函数。如果类中包含其值在创建新对象时发生变化的静态数据成员，或者包含使用 new 初始化的指针成员，则需要显式定义复制构造函数。

⑫ 每个类只能有一个析构函数。

⑬ 如果要求成员函数在被调用时不修改调用对象，可将该函数声明为 const 成员函数，如函数 show()，将 const 关键字置于函数括号的后面。

⑭ 可以在类声明中创建 static 整数常量，但不能使用普通的初始化方式创建常量。例如在类声明的私有成员中，可以进行如下声明：

```
static const int Len=30;          //类声明中声明和初始化整型静态常量
char company[Len];
```

不能在类声明中初始化其他静态数据成员，它们可以在类声明中声明，在类方法中初始化，初始化时使用作用域解析符指出静态成员所属的类。例如：

```
static int num_strings;                    //类声明中声明静态变量成员
…
int Stock::num_strings=0;                  //类方法中初始化静态变量成员
```

⑮ 可以在类声明中创建枚举常量，并在数据成员中使用创建的枚举常量。例如：

```
class IOobject
{
public:
     enum objectState{GOOD,BAD};           //类声明中创建枚举常量
private:
     objectState objState_;                //数据成员中使用枚举常量
     …
}
```

⑯ 类的数据成员也可以是其他类对象。例如，以下类的数据成员中包含其他类的对象：

```
class blockDescriptor
{
     const pointField& vertices_;    //数据成员vertices_为pointField类引用
     …
}
```

（2）类方法

定义类方法其实是定义类成员函数，方法与常规函数类似，如对于上述声明中的update()函数和默认构造函数，可分别定义如下：

```
void Stock::update(double price)           //定义类成员函数update()
{
     share_val=price;
     set_tot();
}
Stock::Stock()                             //定义默认构造函数
{
     std::strcpy(company,"no name");
     shares=0;
     share_val=0.0;
     total_val=0.0;
}
```

定义类方法的要点有：

① 对函数头使用作用域解析符::标识函数所属的类。

② 类成员函数可以访问该类的private成员，如update()函数中的share_val。

③ 类方法定义可以与类声明放在同一个文件中，也可以放在单独一个文件中。当类方法与类声明不在同一文件时，将类声明的文件保存为头文件，并包含在类方法定义文件中，两文件的文件名相同。

④ 定义某一成员函数时，如果使用同一个类中的其他成员函数，则被使用函数的名称前不必使用作用域解析符。

⑤ 对于代码较为短小的成员函数，可以在类声明外将其定义为内联函数（使用关键字inline），例如类声明中的set_tot()函数，可以替换为如下内联函数：

```
inline void Stock::set_tot()                     //在类声明外定义内联函数
{
```

```
        total_val=shares*share_val;
    }
```

⑥ 如果构造函数使用了 new 动态分配内存，则析构函数中必须使用 delete 释放内存，而且 new 和 delete 必须互相兼容，new 对应于 delete，new []对应于 delete []，如果有多个构造函数，它们必须以相同的方式使用 new 和 delete，因为只有一个析构函数。

⑦ 如果构造函数中涉及类的数据成员，而且这些数据成员在类声明中被声明为非静态 const 数据成员或引用数据成员，则该构造函数在定义时必须使用成员初始化列表对所涉及的类数据成员进行初始化，定义构造函数时使用成员初始化列表的格式为：

```
Classy::Classy(int n,int m):mem1(n),mem2(0),mem3(n*m+2)
{
    …
}
```

其中，mem1、mem2、mem3 为类的数据成员，Classy 为类名。定义时成员初始化列表位于函数头后、函数体前，各初始化的成员以逗号隔开，最前面为冒号。对于类的其他简单数据成员，在定义构造函数时可以使用成员初始化列表，也可以在函数体中对其赋值，但前者的执行效率较高。

（3）使用类

类在创建后，可以用与 C++内置类型类似的方法使用类。例如，对于前面创建的类 Stock，使用时需要创建 Stock 类对象，这就要首先声明 Stock 类变量：

```
Stock sally;                                //声明 Stock 类对象 sally
```

变量 sally 被声明为 Stock 类后即具备了 Stock 类的特性，程序可以通过调用 sally 变量来使用 Stock 类的公有成员。可通过成员操作符“.”调用对象的成员函数，例如：

```
sally.update(12.1);                         //使用成员函数 update()
```

使用类对象时有如下要点：

① 程序中使用某一类对象调用成员函数时，该函数中使用的类数据成员为属于该类对象的数据成员。

② 可以像内置类型那样使用 new 为类对象分配存储空间，也可以将类对象作为函数的参数和返回值。

③ 程序在声明类对象时，将自动调用默认构造函数。

④ 每次创建类对象时，程序都将调用构造函数，但使用类对象无法调用构造函数。程序调用构造函数的方式有两种——显式调用和隐式调用，范例分别为：

```
Stock food=Stock("World Cabbage",250,1.25);       //显式调用构造函数
Stock garment("Furry Mason",50,2.5);              //隐式调用构造函数
```

⑤ 初始化类对象时应至少与某一构造函数的参数列表匹配。

⑥ 析构函数是被程序自动调用的，无须显式调用。

⑦ 可以将一个对象赋给同类型的另一个对象，此时源对象中每个数据成员的内容被复制到目标对象中相应的数据成员。

（4）this 指针

定义类时某个类的成员函数中有时需要针对该类自身操作，这时需要使用 this 指针。使用类对象时，程序中的 this 指针指向用来调用该成员函数的对象，而且被设置为调用它的对

象的地址，这样*this 即调用对象本身，this->total_val 为该对象的数据成员（假如 total_val 已声明为类的数据成员）。例如，有如下成员函数：

```
const Stock & Stock::topval(const Stock & s) const
{
    if(s.total_val>total_val)
            return s;                          //返回作为参数的另一个类
    else
            return *this;                      //返回调用对象本身
}
```

该函数的返回类型为 const 引用，圆括号中的 const 表明该函数不会修改作为参数的对象 s，括号后的 const 表明该函数不会修改调用它的对象。

3.4.2 对象数组

既然类可以像普通类型那样应用，那么就可以创建同一种类的对象组成的数组。例如，下面的对象数组的声明：

```
Stock mystuff[2];                      //声明由两个 Stock 对象组成的数组
```

其中，每个元素均为 Stock 对象，它们均可以使用 Stock 类的成员函数。

可通过为每个元素调用构造函数实现各元素的初始化。如果类包含多个构造函数，可以对不同的元素使用不同的构造函数。例如：

```
Stock stocks[2]={
      Stock("NanoSmart",12.5,20),     //使用 Stock(const char*co,int n,
                                      //double pr)初始化
      Stock(),                        //使用默认构造函数初始化
};
```

其中，未显式初始化的元素将自动调用默认构造函数进行初始化。

3.4.3 操作符重载

OpenFOAM 中几乎所有的场量类都涉及操作符重载，通过操作符重载使这些类对象能够像 C++内置类型那样使用+、–、*、/、[]等操作符。

通过定义操作符函数（可以是类的成员函数或非成员函数）实现操作符重载，重载操作符函数的格式为：

```
operator op(argument-list)                  //操作符函数的格式，op 为操作符
```

如果 *op* 为+，则该函数名为 operator +()，它用于对操作符“+”的重载。例如，在 fvMesh 类中声明操作符“==”的重载函数（公有成员）：

```
bool operator==(const fvMesh&) const;         //声明操作符重载函数
```

该函数的返回值类型为 bool，参数类型为 fvMesh 类引用。在 fvMesh 的类方法中将该函数定义为：

```
bool Foam::fvMesh::operator==(const fvMesh& bm) const
{
```

```
        return &bm==this;
    }
```

在该函数中定义使用对象引用作为参数。如果函数定义中创建了新的类对象，并将其最终结果作为返回值，这时可以返回该对象本身，但不能返回该对象的引用，因为返回对象本身时将创建对象的拷贝，调用函数可以使用该拷贝，而由于函数内新创建的对象为局部变量，在函数执行结束时即被删除，返回引用将指向一个不存在的对象。

定义了操作符重载函数后，可以使用操作符表示法调用对象。例如：

```
    if(mesh1==mesh2){…};            //使用操作符表示法调用对象，其中mesh1和mesh2均为
                                    //fvMesh类对象
```

其中，mesh1 对象调用了 operator ==()函数，mesh2 是作为参数被传递的对象。

重载操作符时需注意以下几点：

① 定义操作符重载函数时，必须使重载后的操作符至少有一个操作数是用户定义的类型，不能所有的操作数都是 C++内置类型。

② 重载时不能违反操作符传统的句法规则，如操作数的数量不变、操作符的优先级不变。

③ 不能重载传统意义上不存在的操作符。

④ 有些操作符不能重载，如 sizeof、“.”、“.*”、“::”、“?:” 等。

⑤ 有些操作符只能由成员函数重载，如=、()、[]、->。

⑥ C++中有一些隐式的操作符重载函数，如赋值操作符=和地址操作符&，如果需要，这些操作符函数是自动调用的，也可以自定义这些操作符的重载函数。但如果类的构造函数使用了 new 操作符分配类成员指向的内存，必须自定义一个重载赋值操作符的类成员函数。例如：

```
    c_name & c_name::operator=(const c_name & cn)
    {
        if(this==& cn_)
        return *this;
        delete [] c_pointer;                 // c_pointer是c_name的类成员
        c_pointer=new type_name[size];       // c_pointer指向type_name类型量
                                             // 的起始位置
        ...
        return*this;
    }
```

3.4.4 友元

一般情况下，类对象的私有成员除了能够通过公有成员函数访问外，还可以通过友元访问。友元分为友元函数、友元类、友元成员函数三种，这里只介绍友元函数。

友元函数具有与类的成员函数相同的访问权限，即可以访问类的私有成员，常用于二元操作符的重载函数。友元函数是一种特殊的非成员函数，不需要由对象调用，使用的参数均为显式参数（包括类），且只能从类声明中看出哪一个函数是友元函数。

创建友元函数时，首先将函数原型置于类声明中，并在原型声明前加关键字 friend。例如：

```
    friend Time operator*(double m,const Time & t);
                                             //在Time类声明中声明友元函数
```

使用关键字 friend 意味着 operator*()为友元函数，但它不是成员函数，不能使用成员操作符“.”来调用。

其次，在定义友元函数时，函数头前不再使用 friend，函数名前不再使用 Time::限定符。例如，如下友元函数定义：

```
ostream & operator<<(ostream & os,const Time & t)
{
    os<<t.hours<<"hours,"<<t.minutes<<"minutes";
    return os;
}
```

由于执行该函数时无须使用类对象调用，所以可以由 cout 使用重载后的操作符<<进行输出操作，即：

```
cout<<trip;            // trip 为 Time 类对象
```

上述友元函数的返回值为 ostream 类对象引用，这样可以实现连续输出，即：

```
cout<<"Trip time:"<<trip<<"(Tuesday)\n";    //trip 为 Time 类对象
```

当操作符函数是类的成员函数时，程序中必须使用类对象作为第一个操作数。而如果需要第一个操作数不是类对象，必须使用友元函数定义操作符函数。

与作为成员函数的重载操作符函数相比，重载操作符的非成员友元函数需要的形参数目与操作符本身使用的操作符数目相同，而成员重载操作符函数中的形参数目一般少一个，这是因为其中一个操作数会隐式地传递给调用对象。

3.4.5 类对象作为返回值时的返回种类

当普通函数或类的成员函数返回类对象时，有如下几种返回方式：

① 返回指向 const 对象的引用：如果函数要返回的对象为传递给它的对象，采用该方法可提高程序执行效率。例如：

```
const Vector & Max(const Vector & v1,const Vector & v2)
{
   if(v1.magval()>v2.magval())
        return v1;
   else
        return v2;              //返回 const 类对象的引用
}
```

② 返回指向非 const 对象的引用：常用于重载赋值操作符和重载与 cout 一起使用的<<操作符，因为返回值可能被修改。此外，如果函数要返回一个未定义复制构造函数的类的对象，这时必须返回一个指向这种对象的引用。

③ 返回对象：如果返回对象是在被调用函数内定义的局部变量，应返回对象本身，因为这时当调用的函数执行完毕后，引用指向的对象将不存在。使用返回对象方式时，将使用复制构造函数来生成返回的对象。这种方式常用于重载算术操作符，例如：

```
Vector Vector::operator+(const Vector & b) const
{
    return Vector(x+b.x,y+b.y);                    //返回对象
}
```

④ 返回 const 对象：如果要求函数返回的对象不能被修改，则使用这种方式。

3.4.6 静态数据成员和静态成员函数

对于已创建完成的类，如果定义了该类的对象，则对象中的普通数据成员和成员函数是该对象专有的，而不能在该类的不同对象间共享。但有时需要某些数据成员或成员函数属于类而不是属于该类的对象，这时可将这些数据成员或成员函数定义为 static 类型。例如：

```
class IOobject
{
public:
      static constexpr const char*foamFile="FoamFile";   //静态数据成员
      …
      static word group(const word& name);               //静态成员函数
}
```

该类中声明了静态数据成员 foamFile 和静态成员函数 group()。

公有的静态数据成员或静态成员函数可直接由 main()函数访问，而私有的数据成员只能通过类对象访问。例如：

```
main()
{
      IOobject::foamFile;                             //访问静态数据成员
      IOobject::group(const word& fileName);          //访问静态成员函数
      …
}
```

3.4.7 类的类型转换

C++为类提供了多种类型的转换方式。如果类的构造函数中只有一个参数，并且该参数类型为需要转换的类型，则在进行对象赋值或初始化时可实现参数类型至类的自动隐式转换。例如，如果类 Stonewt 中定义了构造函数：

```
Stonewt(double lbs);                         //类 Stonewt 的一个构造函数
```

则下面的初始化和赋值可实现 double 类型至 Stonewt 类的转换：

```
Stonewt blossem(132);                        //double 类型至 Stonewt 类的转换
Stonewt myCat;myCat=19.6;
```

如果不希望发生这种自动转换，可在声明构造函数时使用关键字 explicit 关闭这种自动特性，防止进行隐式转换。例如，在 OpenFOAM 的类模板 Field 中使用了这种特性：

```
template<class Type>
class Field:public tmp<Field<Type>>::refCount,public List<Type>
{
public
      explicit Field(const label);
      explicit Field(const UList<Type>&);
      explicit Field(List<Type>&&);
      explicit Field(const UIndirectList<Type>&);
      …
}
```

其中，关闭了 4 个构造函数的自动隐式转换特性。

如果要将类对象转换为其他类型，则需要使用转换函数。转换函数是一种特殊的类成员操作符函数，属于类的成员函数，它没有返回类型、没有参数，函数名为 operator typeName()，其中 typeName 为要转换至的类型。例如：

```
class Stonewt                              //类声明
{
public:
     Stonewt(int stn,double lbs);
     operator int() const;                 //声明转换函数
     …
}

Stonewt::operator int() const              //定义转换函数
{
     return int(pounds+0.5);               //pounds 为类数据成员
}

Stonewt poppins(9,2.8);                    //程序执行
cout<<int(poppins)<<"\n";                  //执行转换并输出
```

其中，在类 Stonewt 中定义了转换函数 operator int()，程序执行时将对象赋给 int 变量或调用转换函数 operator int()时，均可将类转换为 int 类型。

3.4.8 指向对象的指针

类似于定义指向普通变量的指针，可以定义指向任意类对象的指针。使用常规表示法声明指向对象的指针的格式为：

```
String*glamour;                    //常规表示法声明指向对象的指针
```

也可以将指针初始化为指向已定义的对象：

```
String*first=&sayings[0];          //sayings 数组的首地址赋给指针 first
```

最通用的方法是使用 new 初始化新创建的对象，该过程将会调用相应的类构造函数。例如：

```
String*gleep=new String;                        //调用默认构造函数
String*favorite=new String(sayings[choice]);    //调用复制构造函数
```

使用 new 创建对象后，针对该对象的操作结束后，需要在程序中或析构函数中对应地使用 delete 删除指针。例如：

```
delete gleep;                  //使用 delete 删除指针
```

访问指针指向的类对象的成员时，使用解除引用操作符*获得对象，再使用成员操作符“.”访问成员。例如：

```
(*gleep).getStr();             //访问 gleep 对象的 getStr()函数，gleep 为指针
```

也可以使用->操作符通过指针访问类方法。例如：

```
gleep->getStr();               //访问 gleep 对象的 getStr()函数，gleep 为指针
```

3.4.9 类继承

OpenFOAM 提供了庞大的类库，编程时还可以新建类，但更多的时候是在其基础上对已有类进行扩展和修改，以满足特定需求，这就会用到类继承。使用类继承从已有类派生出新的类，派生类继承了原有类（基类）的特征。与基类相比，派生类可能是添加了功能或数据成员，或者是修改了类方法。编程过程中不一定需要访问基类的源代码就可以编制派生类，所以实际中只需要了解 OpenFOAM 库中相关类的功能，如需新的功能，在已有类的基础上定义派生类即可。C++中的类有三种继承方式——公有继承、保护继承和私有继承，OpenFOAM 中大多使用公有继承。创建派生类时，同样需要提供类声明和类方法。

（1）声明派生类

派生类的声明与声明普通类的格式类似，只不过需要指明基类，在派生类名后加冒号并给出基类名来表明该派生类是继承来的。假如基于如下基类创建派生类：

```
class fvPatch                                               //基类声明
{
    const polyPatch& polyPatch_;                            //私有数据成员
    const fvBoundaryMesh& boundaryMesh_;
public:
    fvPatch(const polyPatch&,const fvBoundaryMesh&);        //构造函数
    fvPatch(const fvPatch&);                                //复制构造函数
    virtual ~fvPatch();                                     //析构函数
    const polyPatch& patch() const{return polyPatch_;};     //成员函数
}
```

将派生类声明为：

```
class wedgeFvPatch:public fvPatch                           //派生类声明
{
     const wedgePolyPatch& wedgePolyPatch_;                 //私有数据成员
public:
     wedgeFvPatch(const polyPatch& patch,const fvBoundaryMesh& bm);
                                                            //构造函数
}
```

其中，基类名 fvPatch 前的 public 表明该派生类是基于基类的公有继承，在这种情况下，基类的公有成员将成为派生类的公有成员（除构造函数、析构函数和赋值操作符外），基类的私有成员也成为派生类的一部分，但它们只能通过基类的公有和保护方法访问。这样，派生类对象将包含基类的数据成员，并能够使用基类的方法。同时，该派生类还添加了私有数据成员 wedgePolyPatch_和一个构造函数。

（2）定义派生类方法

派生类的构造函数一般使用成员初始化列表将基类信息传递给基类构造函数，例如对于上述派生类，其构造函数定义为：

```
wedgeFvPatch::wedgeFvPatch(const polyPatch& patch,const fvBoundaryMesh& bm)
:
    fvPatch(patch,bm),
    wedgePolyPatch_ (refCast<const wedgePolyPatch>(patch))
{}
```

该函数调用了基类构造函数 fvPatch()初始化从基类继承的数据成员，在成员初始化列表中还对派生类新增的数据成员进行了初始化。

（3）派生类和基类之间的关系

派生类和基类之间存在如下关系：

① 派生类对象可以使用基类的非私有方法。

② 基类指针和基类引用可以分别指向和引用派生类对象，如：

```
wedgeFvPatch wPatch1(wptach,bm1);           //创建派生类对象
fvPatch & rt=wPatch1;                       //指向派生类对象的基类引用
fvPatch*pt=&wPatch1;                        //指向派生类对象的基类指针
rt. patch();                                //基类引用调用基类方法
pt->patch();                                //基类指针调用基类方法
```

③ 基类指针或引用只能调用基类方法。

④ 不可以将基类对象和地址赋给派生类引用和指针。

（4）多态公有继承和虚函数

通过公有继承方式创建的派生类，其类对象其实也是一个基类对象，可以对基类对象执行的任何操作，都可以对公有继承的派生类对象执行。但程序中有时需要同一个方法（成员函数）对于派生类对象和基类对象的操作是不同的，即需要在派生类中重新定义某一方法（与基类中某成员函数名称相同的成员函数）。这时可以使用关键字 virtual 将基类中相应的成员函数声明为虚函数，同时该函数在派生类中也自动成为虚函数。例如，对于如下基类声明：

```
class IOobject                                   //基类声明
{
    word name_;                                  //私有数据成员
public:
    IOobject(const word& name,const fileName& instance,const objectRegistry
    & registry,readOption r=NO_READ,writeOption w=NO_WRITE,
    bool registerObject= true);
    virtual ~IOobject();                         //虚析构函数
    virtual void rename(const word& newName){name_=newName;}
                                                 //虚函数
}
```

使用了虚函数 rename()和虚析构函数。在其派生类中，如果需要重新定义 rename 函数，则派生类声明为：

```
class regIOobject:public IOobject                //派生类声明
{
    bool registered_;                            //私有数据成员
public:
    regIOobject(const IOobject&,const bool isTime=false);
    virtual ~regIOobject();                      //虚析构函数
    virtual void rename(const word& newName);//虚函数
}
```

而在定义基类和派生类的虚方法时，无须使用 virtual。例如，将派生类的虚函数定义为：

```
void Foam::regIOobject::rename(const word& newName)//定义派生类虚函数
{
    IOobject::rename(newName);                              //调用基类虚函数
```

```
        if(registerObject())
        {
                checkIn();
        }
}
```

可以看出，在定义派生类方法时，可以使用作用域解析符调用公有的基类方法。但如果是调用基类的普通成员函数而不是虚函数，则可直接使用函数名，无须使用作用域解析符。

声明为虚函数后，如果该函数被通过引用或指针调用，程序将根据引用或指针指向对象的类型而不是引用或指针自身类型来决定调用基类还是派生类的虚函数。例如，可以定义基类指针数组，用于存储指向基类和派生类对象的指针（而派生类指针数组不能同时存储这两种指针，因为基类指针可以指向派生类）：

```
IOobject*pt[4]                              //定义基类指针数组
…
pt[i]->rename();                            //调用虚函数
```

其中，调用的是基类还是派生类的函数 rename()取决于 pt[i]所指对象是基类还是派生类。

关于虚函数，有如下几点需要注意：

① 类的构造函数不能是虚函数。

② 基类和派生类的析构函数一般定义为虚函数。

③ 友元不能是虚函数。

④ 派生类中虚函数原型应与基类中相应的原型完全相同，但如果基类中虚函数的返回类型是基类引用或指针，则可将派生类中相应虚函数的返回类型修改为指向派生类的引用或指针。

⑤ 如果基类中有重载的虚函数，则派生类中需重新定义与之对应的所有虚函数。

（5）protected 类型的访问控制

控制对类成员访问权限的关键字除了 public 和 private 外，还有 protected 类型。与 private 类型类似，在类外，只能通过公有类成员访问 protected 部分中的类成员，但它们的区别在于，派生类成员可以直接访问基类的 protected 成员，但不能直接访问基类的私有成员。

对于类的数据成员，一般采用私有访问控制，不使用 protected 访问控制。派生类方法可以通过基类方法访问基类数据成员。但对于类的成员函数，定义为 protected 访问控制可以让派生类能够访问类外不能使用的内部数据。例如，下面的基类将函数定义为 protected 访问控制：

```
class IOobject                              //基类声明
{
      …
protected:
      void setBad(const string&);           //protected 访问控制类型的成员函数
}
```

（6）抽象基类和纯虚函数

在 C++和 OpenFOAM 编程中，有些基类只用作派生类的基类，程序不创建这种基类的对象，这就是抽象基类，其特点是类声明中包含纯虚函数。纯虚函数是那些在原型中使用了“=0”的虚函数。例如：

```
class coordinateRotation                    //声明抽象基类
```

```
{
    …
protected:
    symmTensor transformPrincipal(const tensor&,const vector&) const;
public:
    virtual const tensor& R() const=0;          //纯虚函数
    …
}
```

其中，定义了纯虚函数 R()，说明 coordinateRotation 为抽象基类。

在抽象基类的类方法中可以不对纯虚函数进行定义，但必须在派生类中定义它们。例如，有如下两个派生类：

```
class axesRotation:public coordinateRotation    //声明派生类 axesRotation
{
    …
public:
    virtual const tensor& R() const{return R_;}//声明抽象基类中对应的纯虚函数
    …
}
```

和

```
class cylindrical:public coordinateRotation//声明派生类 cylindrical
{
    …
public:
    virtual const tensor& R() const          //声明抽象基类中对应的纯虚函数
    {
        NotImplemented;
        return tensor::zero;
    }
    …
}
```

两派生类中均对基类中的纯虚函数 R()进行了定义。

（7）多重继承

多重继承是指派生类从多于一个的基类继承而来，这种情况在 OpenFOAM 类中应用较多，而且多为公有继承，例如：

```
class fvMesh
:
    public polyMesh,
    public lduMesh,
    public surfaceInterpolation,
    public fvSchemes,
    public fvSolution,
    public data
{
    …
}
```

其中，类 fvMesh 由 6 个基类继承而来，必须使用关键字 public 限定对每一个基类的继承方式。这种继承方式使派生类 fvMesh 从所有 6 个基类中继承了它们全部的成员。

对于多重继承，如果派生类从两个以上的不同类那里继承了两个或多个同名类成员，需要在派生类中使用类限定符来指明使用哪一个。如果其中有两个或更多的基类又是从同一个基类继承而来，需引入虚基类，并修改构造函数初始化列表的规则。这些情况在 OpenFOAM 类中遇到的比较少，这里不再详述。

3.4.10 类模板

OpenFOAM 中充满了类模板，有时会有多层类模板。类模板将类型名作为参数传递给接收方以建立类。

（1）建立类模板

建立类模板同样分为声明和方法定义两步。声明类模板的格式为：

```
template<class Type>                                    //声明类模板
class Field
:
     public tmp<Field<Type>>::refCount,
     public List<Type>
{
public:
     Field(const label,const Type&);
     …
}
```

其中，关键字 template 告诉编译器要定义一个模板，尖括号中的内容为参数类型，该范例中为 Type 类型的类，也可以是 int 等 C++内置类型，因此类模板的通用开头为：

```
template<typename Type>                                 //类模板通用开头
```

当类模板被调用时，模板开头及其各成员中的 Type 将被具体的类型值取代，如 int、float、string 或 class 等。

定义类模板方法时，成员函数的开头仍为 template<typename Type>，并在作用域操作符::前面的类名后增加<Type>。例如，上述类模板声明中的公有成员函数在类模板方法中定义为：

```
template<class Type>                                    //定义类模板方法
Field<Type>::Field(const label size,const Type& t)
:
     List<Type>(size,t)
{ }
```

类模板可以包含多个类型参数，并可以为类型参数提供默认值。例如：

```
template<class Type,class GeoMesh>                      //声明类模板
class DimensionedField: public regIOobject, public Field<Type>
{
       …
}
```

其中，类模板 DimensionedField 包含两个类型参数，并对第二个类型参数提供了默认值 GeoMesh 类。

（2）使用类模板

使用类模板时，首先需要声明一个类型为类模板的对象，使用具体类型名显式地替换类型参数 Type。例如：

```
Field<scalar>distance;                          //声明类型为 scalar 类的 Field 对象
```

声明后的 distance 为具体类的对象，可以像普通类那样进行成员函数调用等操作。这是声明类对象最常用的方式，称为隐式实例化。

程序中有时不直接创建类对象，而是先由类模板生成类声明和类方法定义，这时可以使用显式实例化。例如：

```
template class ArrayTP<string,100>; //生成 ArrayTP<string,100>类
```

当需要为特殊类型进行实例化时，可以在已经创建通用类模板的基础上，再创建显式具体化类模板，该模板的内容可能修改了通用模板。定义具体化类模板的格式为：

```
template<>class Classname<specialized-type-name>{…};
```

例如，已经创建通用类模板：

```
template<class T>
class SortedArray
{
    …
};
```

在此基础上，创建一个专门用于 char *类型使用的类模板，它可以声明为：

```
template<>class SortedArray<char*>
{
    …                                   //与通用模板中的内容相比，这里的内容可能会有所更改
};
```

当定义 SortedArray 类对象时，如果类型参数为 char *，编译器将使用上述具体化的类模板。

对于包含多个类型参数的类模板，有时需要部分限制其通用性，这时可对其进行部分具体化，也即对部分类型参数给定具体的类型。例如，通用类模板

```
template<class T1,class T2>class Pair{…};
```

的部分具体化版本为：

```
template<class T1>class Pair<T1,int>{…};
```

其中，对通用类模板中的第二个类型参数具体化为 int，但第一个参数保持不变。在这种情况下，定义 Pair 类对象时，编译器将使用具体化程度最高的类模板。

（3）函数模板作为类成员

C++支持将函数模板用作模板类成员。例如：

```
template<class Type>
class Field
:
public tmp<Field<Type>>::refCount,
public List<Type>
{
    …
    template<class Form,class Cmpt,direction nCmpt>
    void operator=(const VectorSpace<Form,Cmpt,nCmpt>&);
}
```

其中，声明了模板函数 operator=，该函数的参数为模板类对象引用。

（4）模板用作参数

类模板中除了包含类型参数外，还可以包含本身为模板的参数。例如，有如下模板类范例：

```
template<template<class>class Field,class Type>
class FieldField
:
     public tmp<FieldField<Field,Type>>::refCount,
     public PtrList<Field<Type>>
{
     …
}
```

其中，模板类 FieldField 的类型参数中包含模板参数 template<class> class Field，template<class> class 为类型，Field 是参数。该范例是一个部分具体化的模板类声明，对第一个类型参数进行了具体化，也即使用该模板类时其第一个类型参数必须是 Field 模板类。假如程序中有如下声明：

```
FieldField<Field,int>fluidField;
```

从继承关系看，作为参数的 Field 模板类被实例化为 Field<int>。

（5）类模板中的友元

像普通类那样，可以在类模板中声明友元函数，该函数在类模板被实例化后成为具体类的友元函数。例如：

```
template<class T>                             //类模板声明
class HasFriend
{
     friend void counts();                    //类模板中的友元函数
     …
};
```

如果友元函数中存在类模板参数，则函数定义时必须对参数进行具体化。例如：

```
template<class T>                             //类模板声明
class HasFriend
{
     friend void reports(HasFriend<T>&);  //类模板中以类模板作为参数的友元函数
     …
};

void reports(HasFriend<int>& hf)          //定义友元函数
{
     cout<<"HasFriend<int>:"<<hf.item<<endl;
}
```

其中，将作为参数的类模板 HasFriend 具体化为 HasFriend<int>。

C++也允许友元函数成为模板，这使得在获得类模板具体化的同时获得友元函数的具体化。定义这种友元函数时需在类模板声明前声明每个函数模板。例如，OpenFOAM 中的 FieldField 模板类，定义模板友元函数 operator<<()如下：

```
template<template<class>class Field,class Type>      //声明模板函数
Ostream& operator<<(Ostream&,const FieldField<Field,Type>&);

template<template<class>class Field,class Type>      //声明类模板
```

```
class FieldField
:
public tmp<FieldField<Field,Type>>::refCount,
public PtrList<Field<Type>>
{
     friend Ostream& operator<<<Field,Type>(Ostream&,const FieldField<Field,
          Type>&);
     …
}

template<template<class>class Field,class Type>//定义模板友元函数
Ostream& operator<<(Ostream& os,const FieldField<Field,Type>& f)
{
     os<<static_cast<const PtrList<Field<Type>>&>(f);
     return os;
}
```

对于两个关系非常密切的类模板，可在其中一个类模板中将另一个类模板声明为友元类，这样被声明为友元的类模板可以使用另一个类模板中的全部成员。例如，对于 OpenFOAM 的 UList 类模板：

```
template<class T>                                        //声明类模板
class UList
{
public:
     friend class List<T>;                               //声明友元类模板
     friend class SubList<T>;                            //声明友元类模板
     …
};
```

其中，将类模板 List 和 SubList 声明为类模板 UList 的友元类，这样类模板 List 和 SubList 将可以使用 UList 中的全部数据。

第4章 OpenFOAM 编程基础

OpenFOAM 是依据 C++规范编写的面向对象的开源程序，第 3 章介绍的所有 C++编程规范均可应用于 OpenFOAM 编程。但使用 OpenFOAM 编程进行多物理场计算时并不需要从 C++原始代码开始编起，因为 OpenFOAM 中定义了大量可供使用的函数、类和可执行程序，操作人员只需应用有关 C++的基本知识，理解 OpenFOAM 库中函数、类和程序的功能和使用方法，按照所研究问题的需要直接使用或修改后使用即可。本章将介绍 OpenFOAM 库中这些已有函数、类和程序的使用方法。

4.1 OpenFOAM 介绍

4.1.1 OpenFOAM 简介及功能

OpenFOAM 是“Open Source Field Operation and Manipulation”的简称，字面含义为“开源场操作和处理”。它是一款免费的开源 CFD 软件包，由 OpenFOAM 基金会（OpenFOAM Foundation）使用 GNU 通用性公开许可证（General Public License，GPL）面向全球发行，用户可在 GPL 许可条款内对其进行修改和重新发布，并保证新的软件可继续免费使用。

OpenFOAM最初由英国帝国理工学院的Henry Weller于1989年编写，并命名为“FOAM”。2004 年 12 月，Henry Weller、Chris Greenshields 和 Mattijs Janssens 等人将其更名为 OpenFOAM，并面向普通用户开源和发行。此后，随着更多功能的引入，OpenFOAM 基金会不定期发布新的版本，目前的最新版本为 2022 年发布的 OpenFOAM v10。

OpenFOAM 完全由个人开发和维护，全世界的用户都可以在其框架内开发新的求解器，并提出改进和完善建议，从而使其一直保持可靠性和稳健性。OpenFOAM 的内核是一个可扩展的 CFD 软件开发工具包（“devkit”），由 100 万行 C++代码组成，用户也可以基于这些代码方便地进行程序扩展和定制。

OpenFOAM 可以看作一个用于开发可执行应用程序的框架，使用 100 多个 C++库中的封装功能。基于该框架，OpenFOAM 构建了约 200 个预先构建的应用程序，它们主要用于求解偏微分方程（PEDs）和普通微分方程（ODEs），具有对诸多物理场的仿真能力，包括：流体流动（可压缩和不可压缩）、传热、电磁、燃烧和化学反应、多相流和传质、颗粒流、Lagrangian 颗粒追踪、应力分析、流体-结构相互作用。在前处理方面包含了旋转参考系、任意网格界面、动态网格处理和适应性网格细化等高级功能。而且几乎所有计算都可以并行执行，这使得能够充分利用具备多核处理器计算机资源。OpenFOAM 的这些特性使其在商业界和学术界的工程和科学计算领域拥有庞大的用户群。

虽然 OpenFOAM 中内置了大量物理模型，如紊流模型（RANS，DES，LES）、牛顿和非牛顿黏度模型、输运/黏度模型、热物理模型等，但作者认为 OpenFOAM 最引人之处在于：用户可以使用 OpenFOAM 提供的底层方法，应用 C++编程技术来扩展 OpenFOAM 中的求解器、实用程序和库的集合，可以在 OpenFOAM 的基本框架内按照自己的意愿修改各数学模型和求解算法的底层代码，创建针对具体问题的专门模型和求解方法，这对于进行数学建模和算法研究的人员极具诱惑力。

4.1.2 OpenFOAM 安装

OpenFOAM 源程序被打包在 Docker 镜像中，该软件包可以在 Linux 发行版和 macOS 操作系统上直接安装，也可以使用 Linux 虚拟机安装在 Windows 系统上，还可以安装在 Windows 的内置 Linux 子系统上。本节以 OpenFOAM v10 为例，分别介绍其在 18.04 LTS 或更新版本的 Ubuntu 和 Ubuntu 20.04 on Windows 上的安装方法。

（1）在 Ubuntu Linux 上安装 OpenFOAM v10

保持计算机网络连接，在 Ubuntu Linux 的终端界面，切换至超级用户后，使用第 1 章介绍的部分 Linux 命令，执行如下步骤可在 Ubuntu Linux 上安装 OpenFOAM v10：

① 复制如下内容至终端并单击回车运行，将 OpenFOAM v10 源文件的网络位置 dl.openfoam.org 添加至软件库列表中供 apt 命令搜索，并添加软件库的公钥（gpg.key）以启用软件包签名验证：

```
sudo sh-c "wget-O-https://dl.openfoam.org/gpg.key>
     /etc/apt/trusted.gpg.d/openfoam.asc"
sudo add-apt-repository http://dl.openfoam.org/ubuntu
```

② 在终端输入如下命令并运行以更新软件源：

```
sudo apt-get update
```

③ 在终端输入如下命令并运行以安装 OpenFOAM：

```
sudo apt-get-y install openfoam10
```

由于 OpenFOAM v10 的安装包中集成了 ParaView 5.6.3 的源文件，所以此时 OpenFOAM v10 和 ParaView 5.6.3 都已安装在系统的/opt 目录下。

如果计算之前已安装 OpenFOAM，可在终端中运行如下命令将软件升级为最新版本：

```
sudo apt-get update
sudo apt-get upgrade
```

或者运行如下命令只升级 OpenFOAM v10：

```
sudo apt-get update
sudo apt-get install--only-upgrade openfoam10
```

安装过程中如遇下面的错误提示：

```
Some packages could not be installed.This may mean that you
have requested an impossible situation…

The following information may help to resolve the situation:
```

```
The following packages have unmet dependencies: openfoam10:
Depends: csh but it is not installable...
```

很可能是因为未启用 Universe 存储库，在终端窗口键入并运行如下命令启用该库：

```
sudo apt-add-repository universe
sudo apt-get update
```

OpenFOAM v10 安装完成后，还需进行如下配置才能使用：

① 在终端窗口键入并运行如下命令，通过 gedit 编辑器打开用户主目录的.bashrc 文件：

```
source /opt/openfoam10/etc/bashrc
```

如果发现.bashrc 文件中已经添加了类似的行，这有可能是用户之前使用过的旧版本的 OpenFOAM，应删除该行，或者在其行首插入#来注释掉该行。如果系统上安装 MPICH，那么配置时可能会出现以下错误消息：

```
gcc: error: unrecognized command line option '--showme:link'
```

这可能是由默认的 mpicc 是 MPICH 而不是 OpenMPI 导致的，这时在终端提示符后键入并运行如下命令：

```
sudo update-alternatives--set mpi /usr/lib/openmpi/include
```

将 mpicc 设置为 OpenMPI。

② 通过 OpenFOAM 自带的任意可执行程序是否能够运行来测试 OpenFOAM v10 是否配置成功，例如，可以打开一个新的终端窗口，键入如下命令并回车：

```
simpleFoam-help
```

如果终端中显示

```
Usage: simpleFoam [OPTIONS]
```

等内容，表明配置成功。

使用 OpenFOAM 进行算例或求解器编写时，建议不要在 OpenFOAM 的安装目录中操作，而是在$HOME/OpenFOAM 目录下新建一个名称为<USER>-10 的项目目录，并在其中创建一个名称为 run 的目录，这可以通过使用如下命令实现：

```
mkdir-p $FOAM_RUN
```

此后在终端窗口可以直接输入 run 命令进入该目录。

（2）在 Ubuntu 20.04 on Windows 上安装 OpenFOAM v10

本书 1.1 节介绍了 Windows 10 操作系统上安装内置 Linux 子系统的方法，这里在此基础上介绍在该子系统上安装 OpenFOAM v10 的方法。在 Ubuntu 20.04 on Windows 的终端界面依次键入并运行如下命令安装 OpenFOAM v10：

```
sudo sh-c "wget-O-http://dl.openfoam.org/gpg.key|apt-key add-"
sudo add-apt-repository http://dl.openfoam.org/ubuntu
sudo apt-get update
sudo apt-get install openfoam10
```

安装完成后，默认的安装目录为 Windows 系统下的 rootfs/opt 文件夹内，文件名为 operfoam10 和 paraviewopenfoam56。

安装完成 OpenFOAM v10 后，还需安装编译工具，以便在编程时编译 OpenFOAM 应用程序和库，在终端键入并运行如下命令安装编译工具：

```
sudo apt-get install build-essential
```

与在 Ubuntu Linux 上安装类似，这里在使用 OpenFOAM 前也需要进行环境配置。首先使用如下命令获取用户的.bashrc 文件：

```
echo "./opt/openfoam10/etc/bashrc">>$HOME/.bashrc
```

其后在终端提示符下键入如下命令来注册对.bashrc 文件的更改：

```
.$HOME/.bashrc
```

最后同样可以使用如下命令测试是否配置成功：

```
simpleFoam-help
```

如若在 Ubuntu 20.04 on Windows 上运行图形 Linux 应用程序，如 ParaView 或 gedit 编辑器，需要在 Windows 系统安装 X 服务器软件，如 VcXsrv。安装前在下面的网址下载最新版 VcXsrv 源文件：

```
https://sourceforge.net/projects/vcxsrv/files/latest/download
```

安装完成后，运行 XLaunch，在打开的"Extra settings"窗口中取消勾选"Native opengl"，勾选"Disable access control"。

X 服务器软件安装完成后首次使用前需要将 Ubuntu 20.04 on Windows 的 bash Shell 的环境变量 DISPLAY 指向该软件，这时对于不同版本的 Linux 子系统有不同的设置方法。打开 Windows PowerShell 或命令提示符，键入如下命令并运行：

```
wsl-l-v
```

即可查看 Linux 子系统版本。如果为版本 1，在 Ubuntu 20.04 on Windows 终端窗口键入如下命令并运行，可在用户的.bashrc 文件中设置环境变量 DISPLAY：

```
echo "export DISPLAY=:0">>${HOME}/.bashrc
```

而如果为版本 2，相应的命令为：

```
echo "export DISPLAY=\$(awk '/nameserver / {print \$2;exit}' /etc/resolv.conf
2>/ dev/null):0">>${HOME}/.bashrc
```

此后再次执行.bashrc 文件：

```
.$HOME/.bashrc
```

X 服务器软件安装完成后，每次需要通过 Ubuntu 20.04 on Windows 终端打开 gedit、ParaView 等图形软件前均需启动该图形应用程序。

在安装了 VcXsrv 的基础上，在终端窗口键入并运行如下命令安装 gedit 文件编辑器：

```
sudo apt-get install gedit gedit-plugins
```

为了验证 VcXsrv 软件和 gedit 编辑器是否配置和安装成功，在终端窗口键入并运行如下命令：

```
gedit
```

如果此时能够打开 gedit 编辑器，说明安装成功。

如果计算机上安装的是版本 1 的 Linux 子系统，从终端输入命令：

```
paraview
```

启动 ParaView 软件时，可能会出现错误信息：

```
/opt/paraviewopenfoam56/lib/paraview: error while loading shared libraries: libQt5Core.so.5: cannot open shared object file: No such file or directory
```

此时在终端执行如下命令：

```
sudo cp /usr/lib/x86_64-linux-gnu/libQt5Core.so.5 /opt/paraviewopenfoam56/mesa/lib/
sudo strip--remove-section=.note.ABI-tag /opt/paraviewopenfoam56/mesa/lib/libQt5Core.so.5
```

（3）Linux 子系统与 Windows 系统交换文件

对于 Windows 10 操作系统上的内置 Linux 子系统，用户只能通过其终端界面与系统交互，没有像 Ubuntu Linux 系统那样拥有的桌面系统，这对很多用户来说并不方便。例如，需要将 OpenFOAM 的计算结果文件保存至磁盘分区上，这就涉及将文件从 Linux 子系统拷贝至 Windows 系统，或者反过来进行。为了完成这些操作，首先需要确定从终端访问 Windows 系统中文件存放位置的路径，下面以访问 Windows 系统桌面为例进行说明。启动终端后，默认的当前路径为：

```
/home/Username
```

其中，Username 为用户名。键入如下命令进入根目录：

```
cd /
```

通过该目录下的/mnt 目录可以进行 Windows 系统磁盘分区，键入下面的命令可进入 Windows 系统桌面：

```
cd mnt/c/Users/Username/Desktop
```

不同版本的系统该路径可能不同，但都可以经/mnt 进入 Windows 系统磁盘分区。

确认 Windows 系统桌面路径后，可使用该路径复制 Windows 系统中的文件至终端界面命令提示符指示的当前目录下。例如，使用如下命令：

```
cp-r mnt/c/Users/Username/Desktop/copyFile.
```

可将 Windows 系统桌面上的文件 copyFile 复制到 Linux 子系统中终端指示的当前目录下，这里也可由 Linux 子系统中的文件存储路径代替上述命令中的“.”，将文件 copyFile 复制到路径所指示的位置。

相反地，如果需要将 Linux 子系统中的文件复制到 Windows 系统桌面，首先通过终端进入 Windows 系统桌面，然后使用如下命令：

```
cp-r~/OpenFOAM/Username-10/run/copyFile.
```

可将 run 文件夹下的 copyFile 文件复制到桌面。也可以不进入 Windows 系统桌面，用桌面的路径代替“.”，同样可以实现这一复制功能。

4.1.3 OpenFOAM 的目录结构

（1）文件存储结构

不管是在 Ubuntu Linux 系统还是 Windows 10 操作系统上内置的 Linux 子系统上，

OpenFOAM 一般安装在它们的/opt 目录下，默认安装文件夹名为 openfoam10，其中的目录结构如图 4-1 所示。

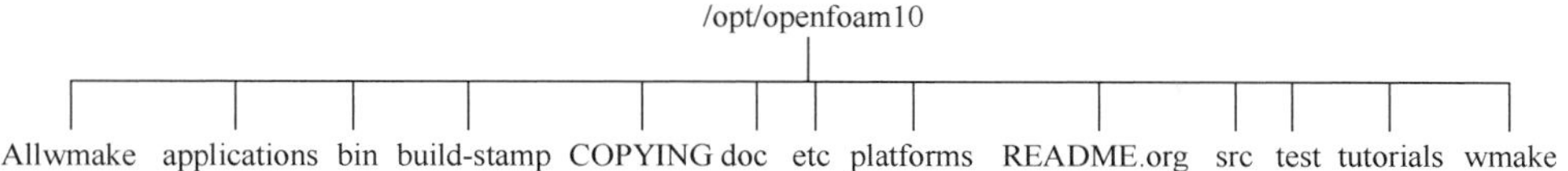

图 4-1　OpenFOAM 的目录结构

OpenFOAM 目录结构中各主要文件夹的功能介绍如下：

① applications 目录下包含如图 4-2 所示的子目录和文件，其中 solvers 子目录下中包含 OpenFOAM 中各种标准求解器的原始代码，test 子目录中包含一些测试程序的源代码，这些测试程序是为了测试 OpenFOAM 中的某些类是否可用；utilities 子目录中包含 OpenFOAM 实用程序源代码，如网格工具、前处理工具、后处理工具等。

OpenFOAM 标准求解器均以-Foam 命名，各标准求解器的目录结构如图 4-3 所示，其中 appName.C 为求解器的实际源代码，头文件 createFields.H 中声明所有的场变量并对解进行初始化，Make/files 文件指明求解器的名字和输出文件的位置，Make/options 指明被包含文件和库的目录，并将它们与求解器链接。

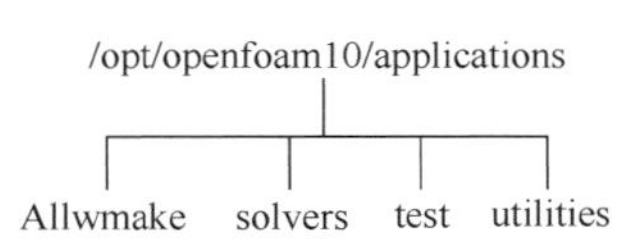

图 4-2　applications 目录下包含的子目录和文件

图 4-3　OpenFOAM 标准求解器目录结构

OpenFOAM 实用程序的目录结构如图 4-4 所示，其中 utilityName.C 为实用程序的实际源代码，header_files.H 为编译时所需的头文件，utility_dictionary 为 master 字典，Make/files 命名所有源文件，并输出文件的位置，Make/options 指明寻找被包含文件和库的路径，将它们链接至求解器。

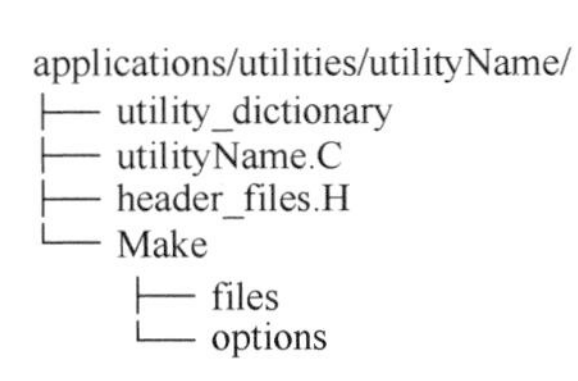

图 4-4　OpenFOAM 实用程序目录结构

② bin 目录下提供了 OpenFOAM 的许多外壳脚本，如 foamCleanTutorials、paraFoam 等，使用这些脚本对应的脚本命令可以方便终端界面上的操作。

③ doc 目录下提供了 OpenFOAM 的使用说明文件，如 OpenFOAMUserGuide-A4.pdf 和 OpenFOAMUserGuide-USletter.pdf 等。

④ etc 目录下包含环境设置文件 bashrc、模板、默认的热化学库等。

⑤ platforms 目录下包含编译 applications 目录下源代码产生的二进制文件和编译 src 目录下源代码产生的库文件。

⑥ src 目录下存储了 OpenFOAM 所有基础库的源代码，是 OpenFOAM 的核心文件夹，在终端键入“src”可直接访问该目录。该目录中的 OpenFOAM 子目录中提供了计算操作时使用的 containers 的定义、场的定义、网格和网格特征的声明，如 zones 和 sets 等。finiteVolume 子目录中提供了有限体积离散时使用的所有类，如 mesh 处理，有限体积离散算子（散度、

Laplacian、梯度、fvc/fvm 等）和边界条件，其中的 finiteVolume/lnInclude 中包含重要文件 fvCFD.H，该头文件在绝大多数求解器中都会使用。sixDoFRigidBodyMotion 子目录中提供了刚体运动求解器。transportModels 和 TurbulenceModels 子目录中分别提供了许多输运模型和紊流模型。

⑦ tutorials 目录下提供了大量的算例，将所有算例按照场的类型分为子目录，每个子目录内又按所使用的求解器不同进行了分类。在 Linux 终端键入“tut”可直接访问该目录。

⑧ wmake 目录中包含一些默认的编译器，以及用来组织编译文件或删除编译文件的脚本文件。OpenFOAM 使用特殊的 make 命令 wmake 来组织文件进行编译，该命令是专门针对 OpenFOAM 的文件结构而设置的。

（2）应用程序分类

OpenFOAM 中预先构建的应用程序可分为两类：求解器（solvers）和实用程序（utilities）。每一个求解器用于求解特定的微分方程，实用程序则用于执行涉及数据操作的任务。OpenFOAM 提供了预处理和后处理环境，而且预处理和后处理的接口本身就是 OpenFOAM 实用程序，从而确保在所有环境中数据处理的一致性。

OpenFOAM 中的应用程序及结构组成如图 4-5 所示。从求解数理问题的角度看，OpenFOAM 的应用程序可分为前处理、求解和后处理程序三类。其中前处理程序主要包括诸多进行数据处理的实用程序和网格划分工具，求解程序包括用户定义的应用程序和 OpenFOAM 库中的标准应用程序，后处理程序主要有第三方程序 ParaView 等数据分析软件。

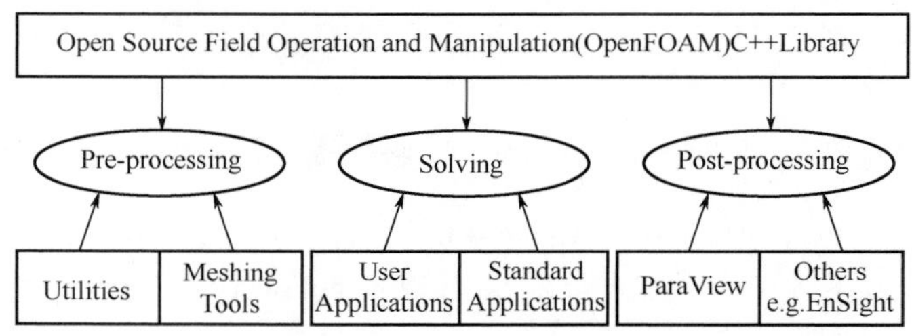

图 4-5 OpenFOAM 中的应用程序及结构组成

（3）OpenFOAM 相关的环境变量

OpenFOAM 在安装完成后自动设置了一些环境变量，它们用来代表某些文件的位置，其中一些环境变量在 OpenFOAM 编程中经常用到。例如，在组成求解器的 options 和 files 文件中，需要分别指定当前求解器主文件的位置和求解器编译过程中用到的库文件的位置，这些位置通常使用环境变量给出。在 Linux 终端使用 env 命令可以显示系统当前的所有环境变量及其代表的位置，表 4-1 给出了部分与 OpenFOAM 相关的环境变量及其代表的文件位置，其中 UserName 为用户名。

表4-1 OpenFOAM 相关的环境变量

环境变量名称	代表文件存储位置或值
WM_PROJECT_USER_DIR	/home/*UserName*/OpenFOAM/*UserName*-10
WM_PROJECT_INST_DIR	安装目录，如$HOME/OpenFOAM
WM_PROJECT_DIR	OpenFOAM 程序主目录，如/opt/openfoam10
WM_PROJECT	OpenFOAM

续表

环境变量名称	代表文件存储位置或值
WM_PROJECT_VERSION	编译的程序的版本
WM_DIR	/opt/openfoam10/wmake
HOME	/home/*UserName*
FOAM_RUN	/home/*UserName*/OpenFOAM/*UserName*-10/run
FOAM_TUTORIALS	/opt/openfoam10/tutorials
FOAM_APPBIN	/opt/openfoam10/platforms/linux64GccDPInt32Opt/bin
FOAM_LIBBIN	/opt/openfoam10/platforms/linux64GccDPInt32Opt/lib
FOAM_ETC	/opt/openfoam10/etc
FOAM_UTILITIES	/opt/openfoam10/applications/utilities
FOAM_SRC	/opt/openfoam10/src
FOAM_USER_LIBBIN	/home/*UserName*/OpenFOAM/*UserName*-10/platforms/linux64GccDPInt32Opt/lib
FOAM_APP	/opt/openfoam10/applications
FOAM_SOLVERS	/opt/openfoam10/applications/solvers
FOAM_USER_APPBIN	/home/*UserName*/OpenFOAM/*UserName*-10/platforms/linux64GccDPInt32Opt/bin
WM_THIRD_PARTY_DIR	第三方软件的路径，如$HOME/OpenFOAM/ThirdParty-10

在定义了上述环境变量后，在 Linux 终端界面键入表 4-2 所列的快捷字符可以直接进入相应目录，这些快捷字符在 OpenFOAM 编程中经常用到。其中，新建的用户目录和文件通常置于 run 目录下，包括算例文件、自定义的求解器、实用程序和库文件。

表4-2　OpenFOAM 进入目录的快捷字符

字符名称	目录
run	/home/*UserName*/OpenFOAM/*UserName*-10/run
src	/opt/openfoam10/src
tut	/opt/openfoam10/tutorials
app	/opt/openfoam10/applications
util	/opt/openfoam10/applications/utilities

一般将用户编写为文件可以按照图 4-3 或图 4-4 所示的结构存储在$WM_PROJECT_USER_DIR 目录下，但需要修改 Make/files 和 Make/options 文件使其指向编译二进制文件和库的新名字和新位置。

4.2 OpenFOAM 中的张量运算

就像 OpenFOAM 的全称所表示的那样，OpenFOAM 主要用于求解物理场，而物理场的数学描述一般为标量、矢量或张量方程，其中标量和矢量实为低阶的张量，所以从广义上讲，OpenFOAM 求解的未知物理量可认为就是张量。本节介绍有关张量及其运算的基本知识，以及 OpenFOAM 中用于张量运算的标准类。

4.2.1 张量表示法

张量是一组有序数组成的集合，这些有序数在坐标转换时满足逆变和协变转换关系。具体来说，如果用张量表示的物理量描述物理问题，该物理量在不同的坐标系中具有不同的分量表示，这些不同分量之间具有一定的逆变和协变转换关系。OpenFOAM 主要用来处理三维空间和时间坐标中由张量描述的物理问题，并采用右手直角笛卡儿坐标系，所以 OpenFOAM 中进行张量表示时无须考虑坐标转换问题，而且某一张量的分量是唯一的（无逆变、协变、混变分量之分）。

OpenFOAM 采用如图 4-6 所示的三维空间笛卡儿坐标系 (x, y, z)，选择沿 x、y 和 z 轴的单位矢量 $\boldsymbol{i}_x$、$\boldsymbol{i}_y$ 和 $\boldsymbol{i}_z$ 为正交标准化基。基矢量的点积满足对偶条件，即

$$\boldsymbol{i}_i \boldsymbol{i}_j = \delta_{ij} \tag{4-1}$$

式中，δ_{ij} 为 Kronecker 符号，其值为

$$\delta_{ij} = \begin{cases} 1, & i = j \\ 0, & i \neq j \end{cases} \tag{4-2}$$

将任意个数的这些正交标准化基并写在一起，成为并矢，它们属于不同阶数的张量，而且是基张量。如 $\boldsymbol{i}_x$ 为一阶基张量，$\boldsymbol{i}_x \boldsymbol{i}_y$ 为二阶基张量，$\boldsymbol{i}_x \boldsymbol{i}_y \boldsymbol{i}_y$ 为三阶基张量。同一阶数的所有基张量（下标取值遍历 x、y 和 z 的所有排列组合）构成三维笛卡儿坐标系中相应阶数张量的一组基，任意张量实体在三维笛卡儿坐标系中均可按这组基分解。例如，将任一二阶张量 $\boldsymbol{T}$ 分解为

$$\boldsymbol{T} = T_{xx}\boldsymbol{i}_x\boldsymbol{i}_x + T_{xy}\boldsymbol{i}_x\boldsymbol{i}_y + T_{xz}\boldsymbol{i}_x\boldsymbol{i}_z + T_{yx}\boldsymbol{i}_y\boldsymbol{i}_x + T_{yy}\boldsymbol{i}_y\boldsymbol{i}_y + T_{yz}\boldsymbol{i}_y\boldsymbol{i}_z + T_{zx}\boldsymbol{i}_z\boldsymbol{i}_x + T_{zy}\boldsymbol{i}_z\boldsymbol{i}_y + T_{zz}\boldsymbol{i}_z\boldsymbol{i}_z \tag{4-3}$$

式中，每一个基张量前面的量为张量 $\boldsymbol{T}$ 的分量。为了简化表示，本书后续内容中使用哑指标和 Einstein 求和约定，并用数字 1、2 和 3 分别表示 x、y 和 z 方向，这样上述二阶张量可表示为

$$\boldsymbol{T} = \sum_{i,j=1}^{3} T_{ij}\boldsymbol{i}_i\boldsymbol{i}_j = T_{ij}\boldsymbol{i}_i\boldsymbol{i}_j \tag{4-4}$$

式中，下标 i 和 j 为哑指标，分别在 1、2 和 3 内遍历取值。式（4-4）最后一项表示方法的含义为：同一项中，指标成对出现表示遍历其取值范围求和。

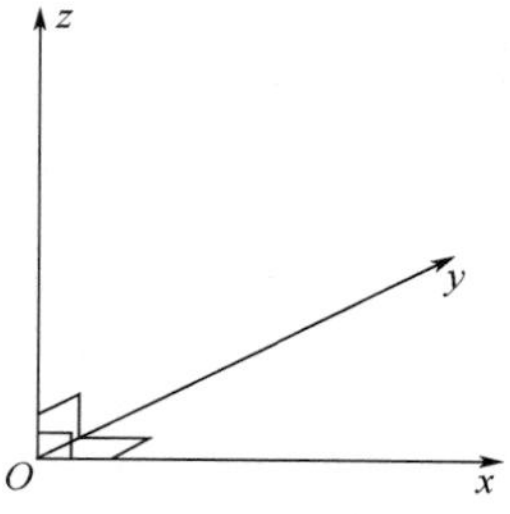

张量有两种等价的表示方法：分量表示法和实体表示法。分量表示法将张量分量按一定的规律排列组成集合，例如，二阶张量用分量表示法可表示为

$$\boldsymbol{T} = \begin{bmatrix} T_{11} & T_{12} & T_{13} \\ T_{21} & T_{22} & T_{23} \\ T_{31} & T_{32} & T_{33} \end{bmatrix} \tag{4-5}$$

图 4-6 OpenFOAM 中使用的三维空间笛卡儿坐标系

实体表示法将张量表示为单个分量与基张量的组合，式（4-3）即实体表示法。无论采用哪种表示法，张量实体是一个整体，而且不因坐标转换而变化，但张量的分量则与所采用的坐标系有关。OpenFOAM

对张量的任何操作都是在张量实体上进行的，而不是针对张量的某个分量。

从以上张量的表示可以看出，零阶张量其实是标量，表示那些可以用单个数值表示的物理量，如质量、体积、压力、温度、能量等。一阶张量为矢量，常用来表示具有大小和方向的物理量，如力、速度、加速度、电场强度、磁场强度、面积矢量等，用分量表示为 $\boldsymbol{a}=(a_1,a_2,a_3)$。二阶张量有 9 个分量，如应力张量、应变率张量等。三阶张量有 27 个分量，如压电模量张量等，用实体表示法表示为 $P_{ijk}\boldsymbol{i}_i\boldsymbol{i}_j\boldsymbol{i}_k$。

描述物理场特征的很多张量为对称张量，与普通张量相比，计算机处理对称张量时可以节省内存。例如，二阶对称张量中，分量 $T_{ij}=T_{ji}$，其 9 个分量中只有 6 个独立分量；三阶对称张量中，分量 $P_{ijk}=P_{ikj}=P_{jik}=P_{jki}=P_{kij}=P_{kji}$，其 27 个分量中只有 10 个独立分量。

4.2.2 张量运算

（1）张量的相加和相减

两个同阶张量的对应分量一一相加或相减，得到和张量或差张量的对应分量。例如，二阶张量 $\boldsymbol{T}$ 和 $\boldsymbol{S}$ 的和为

$$\boldsymbol{T}+\boldsymbol{S}=(T_{ij}+S_{ij})\boldsymbol{i}_i\boldsymbol{i}_j \tag{4-6}$$

（2）张量与标量相乘

张量各分量乘以标量，得到乘积张量的对应分量。例如，二阶张量 $\boldsymbol{T}$ 与标量 k 的乘积为

$$k\boldsymbol{T}=kT_{ij}\boldsymbol{i}_i\boldsymbol{i}_j \tag{4-7}$$

（3）张量的点积

张量的点积也称为内积，两张量点积后得到一个新的张量。如果 $\boldsymbol{T}$ 为 m 阶张量，$\boldsymbol{S}$ 为 n 阶张量，则它们的点积 $\boldsymbol{U}$ 的阶数为 $m+n-2$。而且除两矢量的点积满足交换律外，其他阶张量的点积一般不满足交换律。以实体表示法表示的张量间进行点积时，组成两张量的基张量中与运算符“ • ”相邻的两矢量进行缩并。以二阶张量和三阶张量的点积为例，结果为三阶张量：

$$\boldsymbol{T}\cdot\boldsymbol{P}=T_{ij}\boldsymbol{i}_i\boldsymbol{i}_j\cdot P_{lmn}\boldsymbol{i}_l\boldsymbol{i}_m\boldsymbol{i}_n=T_{ij}P_{lmn}\delta_{jl}\boldsymbol{i}_i\boldsymbol{i}_m\boldsymbol{i}_n=T_{ij}P_{jmn}\boldsymbol{i}_i\boldsymbol{i}_m\boldsymbol{i}_n=U_{imn}\boldsymbol{i}_i\boldsymbol{i}_m\boldsymbol{i}_n \tag{4-8}$$

特别地，两矢量点积后的结果为标量，例如：

$$s=\boldsymbol{a}\cdot\boldsymbol{b}=a_i\boldsymbol{i}_i\cdot b_j\boldsymbol{i}_j=a_ib_i \tag{4-9}$$

矢量与二阶张量点积后的结果为矢量，例如：

$$\boldsymbol{b}=\boldsymbol{a}\cdot\boldsymbol{T}=a_k\boldsymbol{i}_k\cdot T_{ij}\boldsymbol{i}_i\boldsymbol{i}_j=a_iT_{ij}\boldsymbol{i}_j=b_j\boldsymbol{i}_j \tag{4-10}$$

矢量与三阶张量点积后的结果为二阶张量，例如：

$$\boldsymbol{T}=\boldsymbol{a}\cdot\boldsymbol{P}=a_k\boldsymbol{i}_k\cdot P_{lmn}\boldsymbol{i}_l\boldsymbol{i}_m\boldsymbol{i}_n=a_lP_{lmn}\boldsymbol{i}_m\boldsymbol{i}_n=T_{mn}\boldsymbol{i}_m\boldsymbol{i}_n \tag{4-11}$$

（4）张量的双点积

两个张量均以实体表示法表示时，进行双点积运算时它们的基张量间进行两次缩并。OpenFOAM 中对张量进行的双点积运算属于并联式双点积，即两张量的基张量按先后顺序的对应关系进行缩并。例如，一个二阶张量 $\boldsymbol{T}$ 和一个三阶张量 $\boldsymbol{P}$ 间的并联式双点积，结果为矢量 $\boldsymbol{a}$：

$$\boldsymbol{a}=\boldsymbol{T}:\boldsymbol{P}=T_{ij}\boldsymbol{i}_i\boldsymbol{i}_j:P_{lmn}\boldsymbol{i}_l\boldsymbol{i}_m\boldsymbol{i}_n=T_{ij}P_{lmn}\delta_{jm}\delta_{il}\boldsymbol{i}_n=T_{ij}P_{ijn}\boldsymbol{i}_n=a_n\boldsymbol{i}_n \tag{4-12}$$

特别地，两个二阶张量 $\boldsymbol{T}$ 和 $\boldsymbol{S}$ 的双点积结果为一个标量 s，例如：

$$s=\boldsymbol{T}:\boldsymbol{S}=T_{ij}\boldsymbol{i}_i\boldsymbol{i}_j:S_{lm}\boldsymbol{i}_l\boldsymbol{i}_m=T_{ij}S_{ij} \tag{4-13}$$

根据双点积运算可以得到二阶张量的模，二阶张量的模为标量，计算为

$$s=(\boldsymbol{T}:\boldsymbol{T})^{\frac{1}{2}}=\sqrt{T_{ij}T_{ij}}$$

一般情况下，张量的双点积运算不满足交换律。

（5）张量的并乘

张量的并乘也称为外积，计算时将参与并乘运算的两张量的分量两两相乘，两基张量合并为新的并矢，结果张量的阶数为两张量的阶数之和。例如，一个矢量 $\boldsymbol{a}$ 与一个二阶张量 $\boldsymbol{T}$ 的并乘为一个三阶张量 $\boldsymbol{P}$：

$$\boldsymbol{P}=\boldsymbol{a}\otimes\boldsymbol{T}=a_i\boldsymbol{i}_i\otimes T_{lm}\boldsymbol{i}_l\boldsymbol{i}_m=a_iT_{lm}\boldsymbol{i}_i\boldsymbol{i}_l\boldsymbol{i}_m=P_{ilm}\boldsymbol{i}_i\boldsymbol{i}_l\boldsymbol{i}_m \tag{4-14}$$

两矢量的并乘为一个二阶张量，例如：

$$\boldsymbol{T}=\boldsymbol{a}\otimes\boldsymbol{b}=a_i\boldsymbol{i}_i\otimes b_j\boldsymbol{i}_j=a_ib_j\boldsymbol{i}_i\boldsymbol{i}_j=T_{ij}\boldsymbol{i}_i\boldsymbol{i}_j \tag{4-15}$$

还可以定义 n 个张量的并乘，或者张量的幂，它们皆为并乘运算。一般情况下，张量的并乘运算不满足交换律。

（6）张量的矢积

矢积也称为叉积或外积，两张量进行矢积运算时，两基张量中与运算符相邻的矢量间进行置换运算，结果张量的阶数为两张量的阶数之和减一。例如，两二阶张量 $\boldsymbol{T}$ 和 $\boldsymbol{S}$ 进行矢积运算，结果为一个三阶张量 $\boldsymbol{P}$：

$$\boldsymbol{P}=\boldsymbol{T}\times\boldsymbol{S}=T_{ij}\boldsymbol{i}_i\boldsymbol{i}_j\times S_{lm}\boldsymbol{i}_l\boldsymbol{i}_m=T_{ij}S_{lm}\boldsymbol{i}_i(\boldsymbol{i}_j\times\boldsymbol{i}_l)\boldsymbol{i}_m=T_{ij}S_{lm}\epsilon_{jlk}\boldsymbol{i}_i\boldsymbol{i}_k\boldsymbol{i}_m=P_{ikm}\boldsymbol{i}_i\boldsymbol{i}_k\boldsymbol{i}_m \tag{4-16}$$

式中，ϵ_{jlk} 为置换张量的分量，在直角笛卡儿坐标系中，ϵ_{jlk} 可以用置换符号 e_{jlk} 代替，其值为

$$e_{jlk}=\begin{cases}1, & j,l,k\text{顺序排列}\\-1, & j,l,k\text{逆序排列}\\0, & j,l,k\text{非序排列}\end{cases} \tag{4-17}$$

其中，顺序排列是指 j、l、k 按 123、231、312 三种指标排列，逆序排列是指 j、l、k 按 321、213、132 三种指标排列。置换符号满足如下等式：

$$e_{ijk}e_{ist}=\delta_{js}\delta_{kt}-\delta_{jt}\delta_{ks} \tag{4-18}$$

两矢量进行矢积运算后，结果仍为矢量：

$$\boldsymbol{a}\times\boldsymbol{b}=a_i\boldsymbol{i}_i\times b_j\boldsymbol{i}_j=e_{ijk}a_ib_j\boldsymbol{i}_k=(a_2b_3-a_3b_2,a_3b_1-a_1b_3,a_1b_2-a_2b_1) \tag{4-19}$$

（7）张量的缩放

定义某一张量相对于另一同阶张量的缩放计算为：各分量两两相乘后得到新张量的对应分量。例如，对矢量 $\boldsymbol{b}$ 使用矢量 $\boldsymbol{a}$ 进行缩放后得到矢量 $\boldsymbol{c}$：

$$\boldsymbol{c}=\text{scale}(\boldsymbol{a},\boldsymbol{b})=(a_1b_1,a_2b_2,a_3b_3) \tag{4-20}$$

4.2.3 二阶张量及其代数运算

二阶张量是多物理场计算中最常遇到的一类张量，它们具有一些共同性质，遵循相似的计算方法。

二阶张量 $\boldsymbol{T}$ 的转置 $\boldsymbol{T}^{\mathrm{T}}$ 为

$$\boldsymbol{T}^{\mathrm{T}}=(T_{ij}\boldsymbol{i}_i\boldsymbol{i}_j)^{\mathrm{T}}=T_{ji}\boldsymbol{i}_i\boldsymbol{i}_j \tag{4-21}$$

进行转置操作时保持基张量中各矢量的顺序不变，调换张量分量的指标顺序。

满足 $\boldsymbol{N}^{\mathrm{T}}=\boldsymbol{N}$ 的张量 $\boldsymbol{N}$ 为对称二阶张量，而满足 $\boldsymbol{\Omega}^{\mathrm{T}}=-\boldsymbol{\Omega}$ 的张量 $\boldsymbol{\Omega}$ 为反对称二阶张量。任意二阶张量 $\boldsymbol{T}$ 可以进行对称和反对称化运算，分别得到对称张量和反对称张量：

$$\boldsymbol{N}=\frac{1}{2}(\boldsymbol{T}+\boldsymbol{T}^{\mathrm{T}}) \tag{4-22}$$

$$\boldsymbol{\Omega}=\frac{1}{2}(\boldsymbol{T}-\boldsymbol{T}^{\mathrm{T}}) \tag{4-23}$$

可见，任意二阶张量都可以分解为一个对称二阶张量和一个反对称二阶张量。

二阶张量 $\boldsymbol{T}$ 的行列式 $\det(\boldsymbol{T})$ 计算为

$$\det(\boldsymbol{T})=\begin{vmatrix}T_{11} & T_{12} & T_{13}\\ T_{21} & T_{22} & T_{23}\\ T_{31} & T_{32} & T_{33}\end{vmatrix}=\frac{1}{6}e_{ijk}e_{pqr}T_{ip}T_{jp}T_{kr} \tag{4-24}$$

两互为转置的张量的行列式相等。式（4-24）中去掉分量 T_{ij} 所在的行和列后，剩下的二阶行列式 M_{ij} 称为分量的余子式，而 $(-1)^{i+j}M_{ij}$ 称为分量 T_{ij} 的代数余子式，将代数余子式各分量看作是某一张量的分量，则称该张量为代数余子式张量，表示为

$$\mathrm{cof}(\boldsymbol{T})=(-1)^{i+j}M_{ij}=\frac{1}{2}e_{jkr}e_{ist}T_{sk}T_{tr} \tag{4-25}$$

二阶张量 $\boldsymbol{T}$ 的迹 $\mathrm{tr}(\boldsymbol{T})$ 为其对角线分量之和：

$$\mathrm{tr}(\boldsymbol{T})=T_{11}+T_{22}+T_{33} \tag{4-26}$$

定义任意二阶张量的对角线分量构成的矢量为对角矢量 $\mathrm{diag}(\boldsymbol{T})$：

$$\mathrm{diag}(\boldsymbol{T})=(T_{11},T_{22},T_{33}) \tag{4-27}$$

直角笛卡儿坐标系中，定义度量张量 $\boldsymbol{G}$ 为

$$\boldsymbol{G}=\boldsymbol{i}_i\boldsymbol{i}_i \tag{4-28}$$

它对应的矩阵为单位对角阵。

根据二阶张量 $\boldsymbol{T}$ 的迹和度量张量定义 $\boldsymbol{T}$ 对应的球形张量 $\boldsymbol{P}$ 为

$$\boldsymbol{P}=\frac{1}{3}\mathrm{tr}(\boldsymbol{T})\boldsymbol{G} \tag{4-29}$$

偏斜张量 $\boldsymbol{D}$ 为

$$\boldsymbol{D}=\boldsymbol{T}-\frac{1}{3}\mathrm{tr}(\boldsymbol{T})\boldsymbol{G} \tag{4-30}$$

这样，任意二阶张量均可分解为球形张量和偏斜张量。

对于行列式不为 0 的二阶张量 $\boldsymbol{T}$，定义二阶张量的逆 $\boldsymbol{T}^{-1}$ 满足

$$\boldsymbol{T} \bullet \boldsymbol{T}^{-1} = \boldsymbol{T}^{-1} \bullet \boldsymbol{T} = \boldsymbol{G} \tag{4-31}$$

逆张量 $\boldsymbol{T}^{-1}$ 可由 $\boldsymbol{T}$ 的代数余子式张量的转置和张量 $\boldsymbol{T}$ 的行列式计算为

$$\mathrm{inv}(\boldsymbol{T}) = \boldsymbol{T}^{-1} = \frac{[\mathrm{cof}(\boldsymbol{T})]^{\mathrm{T}}}{\det(\boldsymbol{T})} \tag{4-32}$$

二阶张量与矢量的点积可看作是一个线性变换，例如，二阶张量 $\boldsymbol{T}$ 右点乘 $\boldsymbol{u}$ 得到另一个矢量 $\boldsymbol{w}$:

$$\boldsymbol{w} = \boldsymbol{T} \bullet \boldsymbol{u} = T_{ij}\boldsymbol{i}_i\boldsymbol{i}_j \bullet u_k\boldsymbol{i}_k = T_{ij}u_j\boldsymbol{i}_i \tag{4-33}$$

式（4-33）相当于矩阵 $[\boldsymbol{T}]$ 乘以列阵 $[u_k]$ 得到矩阵 $[w_i]$ 的运算。特别地，三维空间中任意二阶张量 $\boldsymbol{T}$ 将任意矢量组 $[\boldsymbol{u},\boldsymbol{v},\boldsymbol{w}]$ 线性变换为另一矢量组：

$$[\boldsymbol{T} \bullet \boldsymbol{u}, \boldsymbol{T} \bullet \boldsymbol{v}, \boldsymbol{T} \bullet \boldsymbol{w}] = \det(\boldsymbol{T})[\boldsymbol{u},\boldsymbol{v},\boldsymbol{w}] \tag{4-34}$$

而度量张量将矢量变换为其自身，且标量在坐标变换时不发生变化。

笛卡儿坐标系中，反对称二阶张量 $\boldsymbol{\Omega}$ 只有三个独立的分量，这三个分量组成 Hodge 对偶矢量 $*\boldsymbol{\Omega}$：

$$*\boldsymbol{\Omega} = (\Omega_{23}, -\Omega_{13}, \Omega_{12}) \tag{4-35}$$

该矢量具有性质：反对称张量和任意矢量的内积等于矢量与 $*\boldsymbol{\Omega}$ 的矢积，即

$$\boldsymbol{\Omega} \bullet \boldsymbol{a} = (*\boldsymbol{\Omega}) \times \boldsymbol{a} \tag{4-36}$$

二阶张量 $\boldsymbol{T}$ 有三个主不变量，分别计算为

$$g_1 = T_{11} + T_{22} + T_{33} \tag{4-37}$$

$$g_2 = \begin{vmatrix} T_{11} & T_{12} \\ T_{21} & T_{22} \end{vmatrix} + \begin{vmatrix} T_{22} & T_{23} \\ T_{32} & T_{33} \end{vmatrix} + \begin{vmatrix} T_{33} & T_{31} \\ T_{13} & T_{11} \end{vmatrix} \tag{4-38}$$

$$g_3 = \begin{vmatrix} T_{11} & T_{12} & T_{13} \\ T_{21} & T_{22} & T_{23} \\ T_{31} & T_{32} & T_{33} \end{vmatrix} \tag{4-39}$$

4.2.4 常用矢量公式

为便于查用，下面列出一些 OpenFOAM 编程中常用的矢量公式，其中 s 为标量，$\boldsymbol{a}$ 和 $\boldsymbol{b}$ 为矢量。

$$\nabla \bullet (\nabla \times \boldsymbol{a}) = 0 \tag{4-40}$$

$$\nabla \times (\nabla s) = 0 \tag{4-41}$$

$$\nabla \bullet (s\boldsymbol{a}) = s\nabla \bullet \boldsymbol{a} + \boldsymbol{a} \bullet \nabla s \tag{4-42}$$

$$\nabla \times (s\boldsymbol{a}) = s\nabla \times \boldsymbol{a} + \nabla s \times \boldsymbol{a} \tag{4-43}$$

$$\nabla(\boldsymbol{a} \bullet \boldsymbol{b}) = \boldsymbol{a} \times (\nabla \times \boldsymbol{b}) + \boldsymbol{b} \times (\nabla \times \boldsymbol{a}) + (\boldsymbol{a} \bullet \nabla)\boldsymbol{b} + (\boldsymbol{b} \bullet \nabla)\boldsymbol{a} \tag{4-44}$$

$$\nabla \bullet (\boldsymbol{a} \times \boldsymbol{b}) = \boldsymbol{b} \bullet (\nabla \times \boldsymbol{a}) - \boldsymbol{a} \bullet (\nabla \times \boldsymbol{b}) \tag{4-45}$$

$$\nabla\times(\boldsymbol{a}\times\boldsymbol{b})=\boldsymbol{a}(\nabla\bullet\boldsymbol{b})-\boldsymbol{b}(\nabla\bullet\boldsymbol{a})+(\boldsymbol{b}\bullet\nabla)\boldsymbol{a}-(\boldsymbol{a}\bullet\nabla)\boldsymbol{b} \tag{4-46}$$

$$\nabla\times(\nabla\times\boldsymbol{a})=\nabla(\nabla\bullet\boldsymbol{a})-\Delta\boldsymbol{a} \tag{4-47}$$

$$(\nabla\times\boldsymbol{a})\times\boldsymbol{a}=\boldsymbol{a}\bullet(\nabla\boldsymbol{a})-\nabla(\boldsymbol{a}\bullet\boldsymbol{a}) \tag{4-48}$$

式中，∇ 为 Hamilton 矢性微分算子：

$$\nabla=\frac{\partial}{\partial x}\boldsymbol{i}_x+\frac{\partial}{\partial y}\boldsymbol{i}_y+\frac{\partial}{\partial z}\boldsymbol{i}_z \tag{4-49}$$

其运算规则为

$$\nabla s=\frac{\partial s}{\partial x}\boldsymbol{i}_x+\frac{\partial s}{\partial y}\boldsymbol{i}_y+\frac{\partial s}{\partial z}\boldsymbol{i}_z \tag{4-50}$$

$$\nabla\bullet\boldsymbol{a}=\frac{\partial a_x}{\partial x}+\frac{\partial a_y}{\partial y}+\frac{\partial a_z}{\partial z} \tag{4-51}$$

$$\nabla\times\boldsymbol{a}=\begin{vmatrix}\boldsymbol{i}_x & \boldsymbol{i}_y & \boldsymbol{i}_z\\ \frac{\partial}{\partial x} & \frac{\partial}{\partial y} & \frac{\partial}{\partial z}\\ a_x & a_y & a_z\end{vmatrix} \tag{4-52}$$

Δ 为 Laplacian 算子：

$$\Delta=\frac{\partial^2}{\partial x^2}+\frac{\partial^2}{\partial y^2}+\frac{\partial^2}{\partial z^2} \tag{4-53}$$

其运算规则为

$$\Delta s=\frac{\partial^2 s}{\partial x^2}+\frac{\partial^2 s}{\partial y^2}+\frac{\partial^2 s}{\partial z^2} \tag{4-54}$$

$$\Delta\boldsymbol{a}=\Delta a_x\boldsymbol{i}_x+\Delta a_y\boldsymbol{i}_y+\Delta a_z\boldsymbol{i}_z \tag{4-55}$$

4.2.5 张量运算在 OpenFOAM 中的表示

4.2.2 节和 4.2.3 节描述的所有张量运算在 OpenFOAM 中均有实现，其中普通张量运算的表示见表 4-3。

表4-3 张量运算在 OpenFOAM 中的表示

张量运算	数学表示	OpenFOAM 实现
加法	$\boldsymbol{T}+\boldsymbol{S}$	T + S
减法	$\boldsymbol{T}-\boldsymbol{S}$	T − S
与标量相乘	$s\boldsymbol{T}$	s * T
点积（内积）	$\boldsymbol{T}\bullet\boldsymbol{S}$	T & S
双点积	$\boldsymbol{T}:\boldsymbol{S}$	T && S
外积（并乘）	$\boldsymbol{T}\otimes\boldsymbol{S}$	T * S
矢积（叉乘）	$\boldsymbol{T}\times\boldsymbol{S}$	T ^ S

续表

张量运算	数学表示	OpenFOAM 实现
平方	$\boldsymbol{T}^2$	sqr(T)
模	$\lvert\boldsymbol{T}\rvert$	mag(T)
模的平方	$\lvert\boldsymbol{T}\rvert^2$	magSqr(T)
幂	$\boldsymbol{T}^n$	pow(T,n)
所有分量的均值	$\left(\Sigma T_{ij}\right)/n$，$n$ 为分量个数	cmptAv(T)
分量的最大值	$\max(T_{ij})$	max(T)
分量的最小值	$\min(T_{ij})$	min(T)
分量相乘	$T_{ij} \times S_{ij}$	cmptMultiply(T, S)
分量相除	T_{ij} / S_{ij}	cmptDivide(T, S)
缩放	$\mathrm{scale}(\boldsymbol{a},\boldsymbol{b})$	scale(a, b)

专门针对二阶张量的运算在 OpenFOAM 中的实现见表 4-4。

表4-4　二阶张量运算在 OpenFOAM 中的表示

二阶张量运算	数学表示	OpenFOAM 实现
转置	$\boldsymbol{T}^{\mathrm{T}}$	T.T()
对角矢量	$\mathrm{diag}(\boldsymbol{T})$	diag(T)
迹	$\mathrm{tr}(\boldsymbol{T})$	tr(T)
对称张量	$\boldsymbol{N}=\frac{1}{2}(\boldsymbol{T}+\boldsymbol{T}^{\mathrm{T}})$	symm(T)
反对称张量	$\boldsymbol{\Omega}=\frac{1}{2}(\boldsymbol{T}-\boldsymbol{T}^{\mathrm{T}})$	skew(T)
偏斜张量	$\boldsymbol{T}-\frac{1}{3}\mathrm{tr}(\boldsymbol{T})\boldsymbol{G}$	dev(T)
行列式	$\det(\boldsymbol{T})$	det(T)
代数余子式	$\mathrm{cof}(\boldsymbol{T})$	cof(T)
逆	$\boldsymbol{T}^{-1}$	inv(T)
Hodge 对偶矢量	$*\boldsymbol{\Omega}$	*T

专门针对标量的运算在 OpenFOAM 中的实现见表 4-5。

表4-5　标量运算在 OpenFOAM 中的表示

标量运算	数学表示	OpenFOAM 实现
符号函数	$\mathrm{sign}(s)=\begin{cases}1, & s \geqslant 0\\ -1, & s<0\end{cases}$	sign(s)

续表

标量运算	数学表示	OpenFOAM 实现
正值判断函数	$\mathrm{pos}(s)=\begin{cases}1, & s\geqslant 0\\ 0, & s<0\end{cases}$	pos0(T) pos(T)（用 $s>0$ 代替 $s\geqslant 0$ 时）
负值判断函数	$\mathrm{neg}(s)=\begin{cases}1, & s<0\\ 0, & s\geqslant 0\end{cases}$	neg0(T) neg(T)（用 $s<0$ 代替 $s\leqslant 0$ 时）
极限判断函数	$\mathrm{limit}(s,n)=\begin{cases}s, & s<n\\ 0, & s\geqslant n\end{cases}$	limit(s, n)
平方根	$\sqrt{s}$	sqrt(s)
指数函数（底数为 e）	$\exp(s)$	exp(s)
对数函数（底数为 e）	$\ln(s)$	log(s)
对数函数（底数为 10）	$\log_{10}(s)$	log10(s)
正弦函数	$\sin(s)$	sin(s)
余弦函数	$\cos(s)$	cos(s)
正切函数	$\tan(s)$	tan(s)
反正弦函数	$\arcsin(s)$	asin(s)
反余弦函数	$\arccos(s)$	acos(s)
反正切函数	$\arctan(s)$	atan(s)
双曲正弦函数	$\sinh(s)$	sinh(s)
双曲余弦函数	$\cosh(s)$	cosh(s)
双曲正切函数	$\tanh(s)$	tanh(s)
反双曲正弦函数	$\mathrm{arcsinh}(s)$	asinh(s)
反双曲余弦函数	$\mathrm{arccosh}(s)$	acosh(s)
反双曲正切函数	$\mathrm{arctanh}(s)$	atanh(s)
误差函数	$\mathrm{erf}(s)$	erf(s)
补余误差函数	$\mathrm{erfc}(s)$	erfc(s)
对数 Gamma 函数	$\ln\Gamma(s)$	lgamma(s)
1 型 0 阶 Bessel 函数	$J_0(s)$	j0(s)
1 型 1 阶 Bessel 函数	$J_1(s)$	j1(s)
2 型 0 阶 Bessel 函数	$Y_0(s)$	y0(s)
2 型 1 阶 Bessel 函数	$Y_1(s)$	y1(s)

4.2.6 OpenFOAM 中的基本张量类

OpenFOAM 的 primitives 类库中包含了前述所有张量类型，该类库位于目录：

```
/opt/openfoam10/src/OpenFOAM/primitives/
```

这里只介绍 OpenFOAM 中的 Scalar、Vector 和 Tensor 三个基本张量类。OpenFOAM 约定类模板的名称（及其文件和目录名称）以大写字母开头。

（1）Scalar 类

OpenFOAM 中将 Scalar 定义为类模板 pTraits 的实例化，使用 Scalar 类可实现针对标量的各种操作。

Scalar 类有两个构造函数：

```
explicit pTraits(const Scalar&);
pTraits(Istream&);
```

其中，第一个构造函数用于由另一个标量初始化标量对象，且不进行类型转换，第二个构造函数用于从输入命令流创建标量对象。

Scalar 中以内联函数的形式定义了诸多标量运算方法，除了在表 4-5 中给出的运算外，还有如下成员函数：

```
inline bool equal(const Scalar& s1,const Scalar& s2)
                                          //判断两标量是否相等，若相等，
                                          //返回 true；否则返回 false
inline bool notEqual(const Scalar s1,const Scalar s2)
                                          //判断两标量是否不等，若不等，
                                          //返回 true；否则返回 false
inline Scalar minMod(const Scalar s1,const Scalar s2)
                                          //返回两标量的较小值
inline Scalar magSqr(const Scalar s)      //返回标量 s 的平方
inline Scalar sqr(const Scalar s)         //返回标量 s 的平方
inline Scalar pow3(const Scalar s)        //返回标量 s 的立方
inline Scalar pow4(const Scalar s)        //返回标量 s 的四次方
inline Scalar pow5(const Scalar s)        //返回标量 s 的五次方
inline Scalar pow6(const Scalar s)        //返回标量 s 的六次方
inline Scalar pow025(const Scalar s)      //返回标量 s 的 1/4 次幂
inline Scalar inv(const Scalar s)         //返回标量 s 的倒数
inline Scalar dot(const Scalar s1,const Scalar s2)
                                          //返回两标量的乘积
inline Scalar cmptMultiply(const Scalar s1,const Scalar s2)
                                          //返回两标量的乘积
inline Scalar cmptPow(const Scalar s1,const Scalar s2)
                                          //返回标量 s1 的 s2 次幂
inline Scalar cmptDivide(const Scalar s1,const Scalar s2)
                                          //返回标量 s1 与 s2 的商
inline Scalar cmptSqr(const Scalar s)     //返回标量 s 的平方根
inline Scalar sqrtSumSqr(const Scalar a,const Scalar b)
                                          //返回 sqrt(a^2+b^2)
inline Scalar stabilise(const Scalar s,const Scalar small)
                                          //使 s 加上或减去 small，保证除法
                                          //运算时分母非零
```

OpenFOAM 编程时一般使用 scalar 定义标量，scalar 其实是 float 型量，根据计算机中设置的精度不同，scalar 有不同的类型，宏定义中定义的精度为 WM_SP、WM_DP、WM_LP 分别对应 float、double float 和 long double float 型，这些定义分别在头文件 floatScalar.H、doubleScalar.H 和 longDoubleScalar.H 中实现。例如，floatScalar.H 中包含定义：

```
typedef float floatScalar;
```

在该文件中还使用如下命令：

```
#define Scalar floatScalar
#include "Scalar.H"
```

使 scalar 类型的量可以使用 Scalar 类的方法。

（2）Vector 类模板及其实例化

在介绍 Vector 类模板之前需先介绍描述矢量空间的类模板 VectorSpace，该模板以分量类型和分量数量为参数，定义了如下成员函数：

```
inline static direction size();                        //返回矢量空间中的元素
                                                       //个数
inline const Cmpt& component(const direction)const;    //返回某个方向上的分量
inline Cmpt& component(const direction);               //返回某个方向上的分量
inline void component(Cmpt&,const direction)const;//返回某个方向上的分量
inline void replace(const direction,const Cmpt&);      //替换某个方向上的分量
inline static Form uniform(const Cmpt& s);             //返回所有元素均为 s 的
                                                       //矢量空间
template<class SubVector,direction BStart>
inline const ConstBlock<SubVector,BStart>block()const;
                                                       //返回矢量空间的子块
```

此外，该类模板中还重载了操作符[]、+=、−=、*=、/=、>>、<<等。需要指出的是，OenFOAM 为几乎所有的张量和物理场类定义了操作符重载函数，可方便地进行操作符运算。

Vector 类模板由 VectorSpace 类继承而来，用于实现对矢量的操作。Vector 类模板有 5 个构造函数：

```
inline Vector();                                       //创建空矢量
inline Vector(const Foam::zero);                       //创建零矢量
template<class Cmpt2>                                  //由 VectorSpace 类创
                                                       //建矢量
inline Vector(const VectorSpace<Vector<Cmpt2>,Cmpt2,3>&);
inline Vector(const Cmpt& vx,const Cmpt& vy,const Cmpt& vz);
                                                       //指定各分量创建矢量
inline Vector(Istream&);                               //根据输入流创建矢量
```

Vector 类模板的下列成员函数可用于访问矢量分量：

```
inline const Cmpt& x()const;    //返回 x 分量的 const 引用，函数不会修改对象
inline const Cmpt& y()const;    //返回 y 分量的 const 引用，函数不会修改对象
inline const Cmpt& z()const;    //返回 z 分量的 const 引用，函数不会修改对象
inline Cmpt& x();               //返回 x 分量
inline Cmpt& y();               //返回 y 分量
inline Cmpt& z();               //返回 z 分量
```

Vector 类模板还从 VectorSpace 类继承了诸多运算符重载函数，包括成员操作符[]，运算符+=、−=、*=、/=，以及赋值运算符=，可直接使用这些运算符对矢量对象执行相应运算。

vector 类为 Vector 类模板在参数为 scalar 时的实例化，即

```
typedef Vector<scalar>vector;    //vector 类为 Vector 类模板的实例化
```

使用 vector 类可以实现 Vector 类模板中定义的所有功能。例如，由指定分量的方法创建矢量时，可以使用如下形式：

```
vector a(1,2,3);
```

使用如下语句可访问矢量 ***a*** 的 *x* 分量：

```
ax=a.x();          //将矢量 a 的 x 分量赋给 ax
```

OpenFOAM 中还定义了矢量类 labelVector、floatVector 和 complexVector，它们分别为类模板 Vector 中类型参数为 label、float 和 complex 时的实例化，分别在头文件 labelVector.H、floatVector.H 和 complexVector.H 中进行了定义：

```
typedef Vector<label>labelVector;
typedef Vector<float>floatVector;
typedef Vector<complex>complexVector;
```

对于 complexVector 类型的矢量，在头文件 complexVectorI.H 中重载了运算符*、/、&和^。

OpenFOAM 定义了与 Vector 类模板类似的类模板 Vector2D，用于处理二维平面空间中的矢量，它只包含两个分量。Vector2D 类模板的构造函数和成员函数的定义方法与 Vector 类模板中的类似，只不过其中只需对两个分量（*x* 分量和 *y* 分量）定义了成员函数。vector2D 为 Vector2D 类模板的实例化，用于实现对二维矢量的操作：

```
typedef Vector2D<scalar>vector2D;
```

（3）Tensor 类模板及其实例化

在介绍 Tensor 类模板之前需先介绍描述张量空间的类模板 MatrixSpace，该模板由类模板 VectorSpace 继承而来，以分量类型和张量对应矩阵的行数和列数为参数，并将行数和列数的乘积（总的分量个数）作为继承类 VectorSpace 的分量个数参数，将分量类型参数作为 VectorSpace 的类型参数。

```
template<class Form,class Cmpt,direction Mrows,direction Ncols>
class MatrixSpace: public VectorSpace<Form,Cmpt,Mrows*Ncols>
{…}
```

MatrixSpace 类模板中除了定义有访问张量分量的成员函数外，还定义了求取张量对应矩阵的子块、重载()、=等操作符的成员函数。

Tensor 类模板由 MatrixSpace 类模板继承而来，用于实现对基本张量的操作。Tensor 类模板的构造函数及其说明如下：

```
inline Tensor();                                  //创建空张量
inline Tensor(const Foam::zero);                  //创建零张量
template<class Cmpt2>                             //由 MatrixSpace 类模板创建张量
inline Tensor(const MatrixSpace<Tensor<Cmpt2>,Cmpt2,3,3>&);
template<class Cmpt2>                             //由 VectorSpace 类模板创建张量
inline Tensor(const VectorSpace<Tensor<Cmpt2>,Cmpt2,9>&);
inline Tensor(const SphericalTensor<Cmpt>&);
                                                  //由 SphericalTensor 类模板创建张量
inline Tensor(const SymmTensor<Cmpt>&); //由 SymmTensor 类模板创建张量
inline Tensor(const DiagTensor<Cmpt>&); //由 DiagTensor 类模板创建张量
inline Tensor(const Vector<Vector<Cmpt>>&);//由 Vector 类模板创建张量
inline Tensor(const Vector<Cmpt>& x,const Vector<Cmpt>& y,const Vector
      <Cmpt>& z);
                                                  //由矢量分量创建张量
inline Tensor(const Cmpt txx,const Cmpt txy,const Cmpt txz,
              const Cmpt tyx,const Cmpt tyy,const Cmpt tyz,
              const Cmpt tzx,const Cmpt tzy,const Cmpt tzz);
                                                  //由张量分量创建张量
```

```
template<template<class,direction,direction>class Block2,
         direction BRowStart,
         direction BColStart>
                              //由 Block2 类模板创建张量
Tensor (const Block2<Tensor<Cmpt>,BRowStart,BColStart>& block);
inline Tensor(Istream&);      //由输入流创建张量
```

Tensor 类模板中的下列成员函数用于访问张量类对象的分量：

```
inline const Cmpt& xx()const;   //返回 xx()分量的 const 引用，函数不会修改对象
inline const Cmpt& xy()const;   //返回 xy()分量的 const 引用，函数不会修改对象
inline const Cmpt& xz()const;   //返回 xz()分量的 const 引用，函数不会修改对象
inline const Cmpt& yx()const;   //返回 yx()分量的 const 引用，函数不会修改对象
inline const Cmpt& yy()const;   //返回 yy()分量的 const 引用，函数不会修改对象
inline const Cmpt& yz()const;   //返回 yz()分量的 const 引用，函数不会修改对象
inline const Cmpt& zx()const;   //返回 zx()分量的 const 引用，函数不会修改对象
inline const Cmpt& zy()const;   //返回 zy()分量的 const 引用，函数不会修改对象
inline const Cmpt& zz()const;   //返回 zz()分量的 const 引用，函数不会修改对象
inline Cmpt& xx();              //返回 xx()分量
inline Cmpt& xy();              //返回 xy()分量
inline Cmpt& xz();              //返回 xz()分量
inline Cmpt& yx();              //返回 yx()分量
inline Cmpt& yy();              //返回 yy()分量
inline Cmpt& yz();              //返回 yz()分量
inline Cmpt& zx();              //返回 zx()分量
inline Cmpt& zy();              //返回 zy()分量
inline Cmpt& zz();              //返回 zz()分量
```

如果将二阶张量对应的矩阵的每一行看作一个矢量的三个分量，三行分别对应 x 行矢量、y 行矢量和 z 行矢量。Tensor 类模板中的下列成员函数可用于访问张量类对象的这些矢量：

```
inline Vector<Cmpt>x()const;    //返回 x 行矢量
inline Vector<Cmpt>y()const;    //返回 y 行矢量
inline Vector<Cmpt>z()const;    //返回 z 行矢量
inline Vector<Cmpt>vectorComponent(const direction)const;
                                //返回指定的行矢量
```

Tensor 类模板中还定义了求二阶张量的转置和逆的成员函数：

```
inline Tensor<Cmpt>T()const;    //返回二阶张量的转置
inline Tensor<Cmpt>inv()const;  //返回二阶张量的逆
```

以及求内积和针对不同张量的赋值操作符的重载函数，并通过多重继承从类模板 VectorSpace 继承了运算符[]、+=、−=、*=、/=的重载函数。此外，在头文件 TensorI.H 中定义了 Tensor 类模板的部分类方法，除了上述 Tensor 类模板中的成员函数外，还包括运算符重载函数&=、=、*、&、/，以及表 4-3 和表 4-4 中的张量运算。例如：

```
inline Cmpt tr(const Tensor<Cmpt>& t);                    //返回二阶张量的迹
inline SphericalTensor<Cmpt>sph(const Tensor<Cmpt>& t)
                                                          //返回球形张量的分量
inline SymmTensor<Cmpt>symm(const Tensor<Cmpt>& t)  //返回对称张量
inline SymmTensor<Cmpt>twoSymm(const Tensor<Cmpt>& t)//返回二倍的对称张量
inline Tensor<Cmpt>skew(const Tensor<Cmpt>& t)      //返回反对称张量
inline Tensor<Cmpt>dev(const Tensor<Cmpt>& t)       //返回偏斜张量
inline Tensor<Cmpt>dev2(const Tensor<Cmpt>& t)      //返回偏斜张量
inline Cmpt det(const Tensor<Cmpt>& t)              //返回行列式的值
```

```
inline Tensor<Cmpt>cof(const Tensor<Cmpt>& t)          //返回代数余子式
inline Tensor<Cmpt>inv(const Tensor<Cmpt>& t,const Cmpt dett)
                                                       //返回张量的逆
inline Cmpt invariantI(const Tensor<Cmpt>& t)          //返回第一主不变量
inline Cmpt invariantII(const Tensor<Cmpt>& t)         //返回第二主不变量
inline Cmpt invariantIII(const Tensor<Cmpt>& t)        //返回第三主不变量
```

其中，函数 symm()返回的对称张量的各分量为：对角分量等于原张量对应分量，上三角非对角分量为两对称分量之和。函数 skew()返回的反对称张量的各分量为：上三角各分量为两对称分量之差的一半。函数 dev2()的偏斜张量为：$\boldsymbol{T}-\frac{2}{3}\mathrm{tr}(\boldsymbol{T})\boldsymbol{G}$。

tensor 类为 Tensor 类模板在参数为 scalar 时的实例化，即

```
typedef Tensor<scalar>tensor;                 //tensor 类为 Tensor 类模板的实例化
```

而且在 tensor 类定义中定义了求张量的特征值和特征向量的重载函数。

使用 tensor 类可以创建类对象，例如如下语句可实现由 9 个张量分量创建二阶张量：

```
tensor T(1,2,3,4,5,6,7,8,9);                  //由张量分量创建二阶张量 T
```

使用如下语句可访问 tensor 类对象：

```
scalar txx=t.xx();                            //访问二阶张量 T 的 xx 分量
```

OpenFOAM 中还定义了张量类 labelTensor 和 floatTensorr，它们分别为类模板 Tensor 中参数为 label 和 float 时的实例化，分别在头文件 labelTensor.H 和 floatTensor.H 中进行定义：

```
typedef Tensor<label>labelTensor;
typedef Tensor<float>floatTensor;
```

与 Vector2D 类模板之于 Vector 类模板类似，OpenFOAM 定义了用于处理二维平面空间中张量的类模板 Tensor2D，这种张量只包含 4 个分量（*xx*、*xy*、*yx* 和 *yy* 分量）。Tensor2D 类模板的构造函数的定义方法与 Tensor 类模板中的类似，访问张量分量的成员函数只有 4 个，在头文件 Tensor2DI.H 中定义了针对二维张量的与 TensorI.H 中类似的运算方法。tensor2D 为 Tensor2D 类模板的实例化，用于实现对二维张量的操作。

OpenFOAM 针对特殊张量——对角张量、球形张量和对称张量，使用与定义 Tensor 类模板相似的方法，定义了 DiagTensor、SphericalTensor 和 SymmTensor 类模板，它们均继承自 VectorSpace 类模板，在各自的类定义中提供了访问相应张量分量的成员函数，只不过这里只需提供针对独立分量的成员函数。例如 DiagTensor 类模板只需提供 3 个这种成员函数，SphericalTensor 类模板只需提供 1 个这种成员函数，而 SymmTensor 类模板需提供 6 个这种成员函数。在相应的***I.H 头文件中定义了针对这些特殊张量运算的成员函数。在编程中使用这些张量时，应使用它们的实例化类，OpenFOAM 为 DiagTensor 类模板提供了类型参数为 scalar 的实例化类 diagTensor，为 SphericalTensor 类模板分别提供了类型参数分别为 label 和 scalar 的实例化类 labelSphericalTensor 和 sphericalTensor，为 SymmTensor 类模板分别提供了类型参数分别为 label 和 scalar 的实例化类 labelSymmTensor 和 symmTensor。

对于球形张量和对称张量，OpenFOAM 分别提供了平面空间中的类模板版本 SphericalTensor2D 和 SymmTensor2D，它们各自只有 4 个分量，以及相应于类型参数为 scalar 时实例化类 sphericalTensor2D 和 symmTensor2D。

针对张量，OpenFOAM 在 Foam 空间中提供了头文件 transform.H 和 symmTransform.H，

分别针对普通张量和对称张量定义了若干张量变换函数，可实现平移张量、旋转张量等操作。例如，transform.H 中定义了如下函数：

```
inline tensor rotationTensor (const vector& n1,const vector& n2);
                                        //创建从矢量 n1 转向矢量 n2 的变换张量
inline tensor Rx(const scalar& omega);  //创建绕 x 轴旋转 omega 弧度的变换张量
inline tensor Ry(const scalar& omega);  //创建绕 y 轴旋转 omega 弧度的变换张量
inline tensor Rz(const scalar& omega);  //创建绕 z 轴旋转 omega 弧度的变换张量
inline tensor Ra(const vector& a,const scalar omega);
                                        //创建以矢量 a 为轴旋转 omega 弧度的变
                                        //换张量
inline Vector<Cmpt>transform(const tensor& tt,const Vector<Cmpt>& v);
                                        //返回 tt&v
inline Tensor<Cmpt>transform(const tensor& tt,const Tensor<Cmpt>& t);
                                        //返回 tt&t&tt.T()
inline SphericalTensor<Cmpt>transform(const tensor& tt,const Spherical
     Tensor<Cmpt>& st)
                                        //返回 st
inline SymmTensor<Cmpt>transform(const tensor& tt,const SymmTensor
     <Cmpt>& st)
                                        //返回 tt&t&tt.T()
```

此外，OpenFOAM 还定义了 transformer 类用于在三维空间中执行平移、旋转和比例缩放等操作。

除以上基本张量类外，OpenFOAM 定义了类模板 CompactSpatialTensor、CompactSpatialTensorT、SpatialTensor 和 SpatialVector，用于对描述刚体角惯性和线性惯性的空间张量进行坐标变换，这里不再叙述。

4.2.7 OpenFOAM 中的量纲和单位制

对物理场进行操作时，要求保持量纲一致性。为了防止对物理场进行无意义或错误的操作，OpenFOAM 编程时需要为所有张量定义单位，这样在进行张量操作时，OpenFOAM 可以对张量表达式进行量纲检查，避免无意义的操作。

OpenFOAM 采用国际单位制，并选取了 7 个基本物理量，并为每个基本物理量选定了基本单位，所有其他物理量的单位均可根据它们与基本物理量间的物理公式（定义式、理论公式或经验公式）由这 7 个基本单位表示。OpenFOAM 中的 7 个基本物理量以及它们对应的基本单位见表 4-6。

▫ 表4-6　OpenFOAM 中的基本物理量和基本单位

顺序	基本物理量	基本单位名称	基本单位符号
1	质量	千克	kg
2	长度	米	m
3	时间	秒	s
4	温度	开尔文	K
5	物质的量	摩尔	mol
6	电流	安培	A
7	发光强度	坎德拉	cd

（1）dimensionSet 类

为了使程序便于量纲检查和分析，OpenFOAM 在 dimensionSet 类中列出了这些基本物理量的量纲，dimensionSet 类定义了以它们作为元素的枚举类型共有常量数据成员：

```
enum dimensionType
{MASS,LENGTH,TIME,TEMPERATURE,MOLES,CURRENT,LUMINOUS_INTENSITY};
```

dimensionSet 类的构造函数及其说明如下：

```
dimensionSet (const scalar mass,const scalar length,const scalar time,
    const scalar temperature,const scalar moles,const scalar current,
    const scalar luminousIntensity);                    //构造函数
dimensionSet (const scalar mass,const scalar length,const scalar time,
    const scalar temperature,const scalar moles);  //构造函数
dimensionSet(const dimensionSet& ds);                  //复制构造函数
autoPtr<dimensionSet>clone()const          //返回 dimensionSet 类型的指针
dimensionSet(Istream&);                                 //由输入流构造
```

其中，使用前两个构造函数创建量纲时，在函数参数中使用整数标量表示某一量纲的指数。例如，对某一张量规定了如下量纲：

```
dimensionSet (0,1,-2,0,0,0,0)
```

表示其单位为 m/s^2。

dimensionSet 类中定义的部分成员函数及其功能为：

```
bool dimensionless()const;                      //判断张量对象是否为无量纲量
void reset(const dimensionSet&);              //重置张量的量纲
Istream& read(Istream& is,scalar& multiplier,const dictionary&);
                                                //使用指定的量纲读入
Istream& read(Istream& is,scalar& multiplier,const HashTable<dimensioned
    Scalar>&);                                  //使用指定的量纲读入
Istream& read(Istream& is,scalar& multiplier);
                                                //使用系统量纲读入
Ostream& write(Ostream& os,scalar& multiplier,const dimensionSets&)
    const;                                      //使用指定的量纲写出
Ostream& write(Ostream& os,scalar& multiplier)const;
                                                //使用系统量纲写出
```

dimensionSet 类重载了操作符[]、==、!=、=、+=、-=、*=、/=，并以友元函数方式定义了标量运算中常用的运算，用于对量纲的操作。

（2）dimensioned 类模板及其实例化

OpenFOAM 使用 dimensioned 类模板定义带量纲的张量，在文件 dimensionedType.H 中对该类进行了声明。dimensioned 类模板的构造函数说明如下：

```
dimensioned(const word&,const dimensionSet&,const Type&);
    //指定张量名、量纲和类型创建张量
dimensioned(const dimensionSet&,const Type&);         //指定量纲和类型创建张量
dimensioned(const Type&);                              //指定类型创建张量
dimensioned(const word&,const dimensioned<Type>&); //由另一个张量创建张量
dimensioned(Istream&);                                 //由输入流创建张量
```

```
dimensioned(const word&,Istream&);            //由张量名和输入流创建张量
dimensioned(const word&,const dimensionSet&,Istream&);
    //由张量名、量纲和输入流创建张量
dimensioned(const word&,const dimensionSet&,const dictionary&);
    //在dictionary对象中搜索给定张量名和量纲的张量，并据此建立新张量
dimensioned();                                //创建空张量
```

其中，Type 为类模板的类型参数，可以是 scalar、vector 和 tensor 等。

dimensioned 类模板定义了 4 个重载的静态成员函数，用于根据提供的张量名称从 dictionary 类对象中搜索指定名称对应的值，并使用该值创建张量类。这 4 个函数分别为：

```
static dimensioned<Type>lookupOrDefault
(const word&,const dictionary&,const dimensionSet& dims=dimless,
     const Type& defaultValue=pTraits<Type>::zero );
static dimensioned<Type>lookupOrDefault
(const word&,const dictionary&,const Type& defaultValue=pTraits<Type>::
     zero);
static dimensioned<Type>lookupOrAddToDict
(const word&,dictionary&,const dimensionSet& dims=dimless,
     const Type& defaultValue=pTraits<Type>::zero);
static dimensioned<Type>lookupOrAddToDict
(const word&,dictionary&,const Type& defaultValue=pTraits<Type>::zero);
```

dimensioned 类模板中的成员函数及其说明介绍如下：

```
const word& name()const;                     //返回张量名的const引用
word& name();                                //返回张量名的引用
const dimensionSet& dimensions()const;       //返回张量量纲的const引用
dimensionSet& dimensions();                  //返回张量的量纲
const Type& value()const;                    //返回张量值的const引用
Type& value();                               //返回张量值
dimensioned<cmptType>component(const direction)const;
                                             //返回带量纲的张量分量
void replace(const direction,const dimensioned<cmptType>&);
                                             //替换张量的某一分量
dimensioned<Type>T()const;                   //返回张量的转置
void read(const dictionary&);                //将dictionary类对象中的值读入至张量
bool readIfPresent(const dictionary&);       //将dictionary类对象中的值读入至张量
Istream& read(Istream& is,const dictionary&);
    //分别从输入流和dictionary类对象中读入值和量纲至张量
Istream& read(Istream& is,const HashTable<dimensionedScalar>&);
    //分别从输入流和HashTable类对象中读入值和量纲至张量
Istream& read(Istream& is);                  //分别从输入流和系统表中读入值和量纲
```

dimensioned 类模板中对操作符[]、+=、−=、*=、/=、<<、>>进行了重载，并定义了表 4-3 中的张量运算。

带量纲标量由 dimensionedScalar 类定义，它是 dimensioned 类模板在类型参数为 scalar 时的一种实例化：

```
typedef dimensioned<scalar>dimensionedScalar;
```

类 dimensionedScalar 中定义了表 4-5 中所有的运算。

带量纲矢量由 dimensionedVector 类定义，它是 dimensioned 类模板在类型参数为 vector 时的一种实例化：

```
typedef dimensioned<vector>dimensionedVector;
```

带量纲普通张量由 dimensionedTensor 类定义，它是 dimensioned 类模板在类型参数为 tensor 时的一种实例化：

```
typedef dimensioned<tensor>dimensionedTensor;
```

dimensionedTensor 类中除了定义了表 4-4 中的张量运算外，还定义了 4 个求张量的特征值和特征矢量的函数：

```
dimensionedVector eigenValues(const dimensionedTensor&);
dimensionedTensor eigenVectors(const dimensionedTensor&);
dimensionedVector eigenValues(const dimensionedSymmTensor&);
dimensionedTensor eigenVectors(const dimensionedSymmTensor&);
```

进行上述定义后，即可对带量纲张量进行操作。例如，可使用 dimensioned 的第一个构造函数创建张量对象：

```
dimensionedTensor sigma
(
    "sigma",
    dimensionSet(1,-1,-2,0,0,0,0),
    tensor(1e6,0,0,0,1e6,0,0,0,1e6),
);
```

该命令创建了名称为 sigma，单位为 kg/(m·s^2)，相应矩阵的对角分量均为 10^6 的二阶张量。

带量纲球形张量由 dimensionedSphericalTensor 类定义，它是 dimensioned 类模板在类型参数为 sphericalTensor 时的一种实例化：

```
typedef dimensioned<sphericalTensor>dimensionedSphericalTensor;
```

dimensionedSphericalTensor 类中重新定义了求球形张量的迹、行列式和逆的函数。

带量纲对称张量由 dimensionedSymmTensor 类定义，它是 dimensioned 类模板在类型参数为 symmTensor 时的一种实例化：

```
typedef dimensioned<symmTensor>dimensionedSymmTensor;
```

dimensionedSymmTensor 类中重新定义了表 4-4 中张量运算的函数。

（3）Foam 名称空间中的量纲常量

OpenFOAM 在声明 dimensionSets 类时，定义了几种 dimensionSet 类型的量纲常量，这些常量在 OpenFOAM 编程中在给定变量的量纲时非常有用。同时，OpenFOAM 将这些常量置于名称空间 Foam 中，使用时直接应用 Foam::***即可，其中***代表量纲常量。例如，dimensionSet.H 中有如下声明：

```
extern const dimensionSet dimMass;
```

代表量纲为质量，单位为 kg，dimensionSet 类型量 dimMass 的值为(1, 0, 0, 0, 0, 0, 0)。编程中直接使用 Foam::dimMass 即表示某一量的单位为 kg。

表 4-7 中给出了 Foam 名称空间中的各量纲常量及对应的值。

▫ 表4-7　Foam 名称空间中的量纲常量及它们的值

量纲常量名称	量纲常量值
dimless	(0, 0, 0, 0, 0, 0, 0)
dimMass	(1, 0, 0, 0, 0, 0, 0)

续表

量纲常量名称	量纲常量值
dimLength	(0, 1, 0, 0, 0, 0, 0)
dimTime	(0, 0, 1, 0, 0, 0, 0)
dimTemperature	(0, 0, 0, 1, 0, 0, 0)
dimMoles	(0, 0, 0, 0, 1, 0, 0)
dimCurrent	(0, 0, 0, 0, 0, 1, 0)
dimLuminousIntensity	(0, 0, 0, 0, 0, 0, 1)
dimArea	sqr(dimLength)
dimVolume	pow3(dimLength)
dimVol	dimVolume
dimDensity	dimLength/dimTime
dimForce	dimVelocity/dimTime
dimEnergy	dimMass/dimVolume
dimPower	dimMass*dimAcceleration
dimVelocity	dimForce*dimLength
dimAcceleration	dimEnergy/dimTime
dimPressure	dimForce/dimArea
dimCompressibility	dimDensity/dimPressure
dimGasConstant	dimEnergy/dimMass/dimTemperature
dimSpecificHeatCapacity	dimGasConstant
dimViscosity	dimArea/dimTime
dimDynamicViscosity	dimDensity*dimViscosity
dimFlux	dimArea*dimVelocity
dimMassFlux	dimDensity*dimFlux

4.3 OpenFOAM 的基本数据类型

OpenFOAM 除了支持 C++的 int、bool、float、char、string 等所有数据类型外，还定义了其自身特有的数据类型。这些数据类型大多以类的形式定义，大多存储在目录

```
/opt/openfoam8/src/OpenFOAM/primitives
```

下，本节介绍除 4.2.6 节已介绍的基本张量外的其他常用类型。

4.3.1 简单数据类型

（1）direction

direction 类型是 8 位无符号整型数据，常用于表示空间坐标的方向，在三维笛卡儿坐标系中，一般用 direction 为 1 表示 x 方向，2 表示 y 方向，3 表示 z 方向。

（2）label

label 类型是整型数据的一种，常用于在循环语句块中测试变量的类型，或用于作为数组或链表元素索引的变量类型，它占的内存大小取决于系统的环境变量 WM_LABEL_SIZE 的值，一般为 32 位。对 label 类型数据，可执行幂、12 内的阶乘等运算，函数声明及其功能分别为：

```
label pow(label a,label b);                                   //求 a^b
label factorial(label n);                                     //求 n!
inline label& setComponent(label& l,const direction);         //返回值 l
inline label component(const label l,const direction);        //返回值 l
inline label sign(const label s);        //s≥0 时，返回 1，否则返回-1
inline label pos0(const label s);        //s≥0 时，返回 1，否则返回 0
inline label neg(const label s);         //s<0 时，返回 1，否则返回 0
inline label posPart(const label s);     //s>0 时，返回 s，否则返回 0
inline label negPart(const label s)      //s<0 时，返回 s，否则返回 0
```

OpenFOAM 还定义了 label 类型的无符号版本 uLabel，不过没有针对 uLabel 类型数据符号操作函数，也即上述函数声明中只有前 4 个适用于 uLabel 类型数据。

（3）zero

zero 表示数值 0，由类 zero 定义，在头文件 zeroI.H 中定义了可对 zero 执行的操作，包括 zero 与另一个操作数间的+、−、*、/、求最大和最小值运算。

（4）one

one 表示数值 1，由类 one 定义，头文件 oneI.H 中定义了可对 one 执行的操作，包括 one 与另一个操作数间的+、−、*、/、求最大和最小值运算。

（5）word

word 是一串没有空格、引号、斜杠、分号或大括号的字符，一般用于表示单词，单词间由空格分割。word 类型由类 word 定义，该类继承于 string 类。可使用如下方法构造 word 类对象：

```
inline word();                                   //构造空对象
inline word(const word&);                        //复制构造函数
inline word(const char*,const bool doStripInvalid=true);
                                                 //复制字符数组构造对象
inline word(const char*,const size_type,const bool doStripInvalid);
                                                 //指定最大字符数构造对象
inline word(const string&,const bool doStripInvalid=true);
                                                 //复制 string 字符串构造对象
inline word(const std::string&,const bool doStripInvalid=true);
                                                 //复制 string 字符串构造对象
word(Istream&);                                  //由输入流构造对象
```

例如，定义并初始化名称为 dictName 的 word 对象：

```
const word dictName ("customProperties")
```

对 word 对象可执行的操作有：

```
inline static bool valid(char);        //判断字符是否为有效的 word 类型
inline word capitalise()const;         //返回首字母为大写的 word 数值
```

由于 word 类继承自 string，所以对 string 可执行的所有操作均可以用于 word 对象。根据 word 类中赋值操作符重载函数的种类，可将 word、string、char 等类型的数据赋给 word 对象。

（6）fileName

fileName 为不带空格和引号的字符串，一般用于表示文件名，这些文件名可以由 char、string 或 word 等构成，可使用分隔符“/”连接。fileName 类型数据由 fileName 类定义，它继承于 string 类，创建 fileName 对象的方法有：

```
inline fileName();                          //创建空对象
inline fileName(const fileName&);           //复制构造函数
inline fileName(fileName&&);                //迁移构造函数
inline fileName(const word&);               //通过复制 word 对象创建对象
inline fileName(const string&);             //通过复制 string 对象创建对象
inline fileName(const std::string&);        //通过复制 string 对象创建对象
inline fileName(const char*);               //通过复制 char 数组创建对象
explicit fileName(const wordList&);         //将 wordList 中若干个 word 对象用/
                                            //连接构造对象
fileName(Istream&);                         //由输入流创建对象
```

对 fileName 对象可执行的操作有：

```
inline static bool valid(char);             //判断字符是否为有效 fileName 对象
bool clean();                               //清理 fileName 对象
fileName clean()const;                      //清理 fileName 对象
fileType type(const bool checkVariants=true,const bool followLink
     =true)const;                           //返回文件种类
bool isName()const;                         //如果对象中不包含路径，返回真
bool hasPath()const;                        //如果对象中包含路径，返回真
bool isAbsolute()const;                     //如果对象为绝对路径，返回真
fileName& toAbsolute();                     //将对象表示的相对路径转换为绝对路径
word name()const;                           //返回对象名称
string caseName()const;                     //返回对象名称
word name(const bool noExt)const;           //返回对象名称
fileName path()const;                       //返回目录路径
fileName lessExt()const;                    //返回不带扩展名的对象名称
word ext()const;                            //返回扩展名
wordList components(const char delimiter='/')const;
                                            //以 word 链表形式返回路径
word component(const size_type,const char delimiter='/')const;
                                            //返回路径的单个组成部分
```

可将 fileName、word、string、char 数组等类型的量赋给 fileName 对象。

（7）Pair

Pair 为两个同类对象的有序对，由类模板 Pair 定义，该类模板由类模板 FixedList 继承而来，类型参数为对象类型。

```
template<class Type>
class Pair: public FixedList<Type,2>{…}
```

Pair 类模板的构造函数有：

```
inline Pair();                              //构建空对象
inline Pair(const Type& f,const Type& s);   //通过指定两对象构建 Pair 对象
inline Pair(const FixedList<Type,2>& fl);   //通过指定 FixedList 中的对象构
                                            //建 Pair 对象
inline Pair(Istream& is);                   //通过输入流构建 Pair 对象
```

可对 Pair 对象执行的操作有：

```
inline const Type& first()const;          //返回 Pair 中的第一个对象
inline Type& first();                     //返回 Pair 中的第一个对象
inline const Type& second()const;         //返回 Pair 中的第二个对象
inline Type& second();                    //返回 Pair 中的第二个对象
inline const Type& other(const Type& a)const
                                          //返回除指定对象 a 外的另一个对象
static inline int compare(const Pair<Type>& a,const Pair<Type>& b)
                                          //比较 Pair 中的两个对象
Pair<Type>reverse(const Pair<Type>& p)    //颠倒 Pair 中两个对象的次序
```

此外，还可以对不同的 Pair 对象执行==、!=、<、>、<=、>=、>>和<<等操作。

OpenFOAM 提供了 Pair 类模板的实例化类 labelPair，它是 Pair 类模板中类型参数为 label 时的实例化：

```
typedef Pair<label>labelPair;
```

（8）complex

complex 是复数类型，由类 complex 定义，它是 C++中 complex 库的扩展。complex 类中包含两个 scalar 类型的数据成员 re 和 im，分别表示复数的实部和虚部。可以通过给定实部和虚部构造 complex 类对象：

```
inline complex(const scalar Re,const scalar Im);
                                          //指定实部和虚部构造 complex 类对象
```

也可以构造空对象或由输入流创建 complex 类对象。对于 complex 类对象，可执行的操作如下：

```
inline scalar Re()const;                                //返回复数对象的实部
inline scalar Im()const;                                //返回复数对象的实部
inline scalar& Re();                                    //返回复数对象的实部
inline scalar& Im();                                    //返回复数对象的虚部
inline complex conjugate()const;                        //返回共轭复数
friend scalar magSqr(const complex& c);                 //返回复数模的平方
friend complex sqr(const complex& c);                   //返回复数的平方
friend scalar mag(const complex& c);                    //返回复数的模
friend const complex& max(const complex&,const complex&);
                                                        //返回模较大的复数
friend const complex& min(const complex&,const complex&);
                                                        //返回模较小的复数
friend complex limit(const complex&,const complex&);
        //对两复数的实部和虚部分别应用 limit()函数，返回它们所得结果组成的复数
friend const complex& sum(const complex&);              //返回复数本身
inline complex operator!()const;                        //返回共轭复数
```

此外，还可以对 complex 类对象执行+、−、*（两复数间和复数与标量之间）、/、=、+=、−=、*=、/=、==、!=、<<、>>等操作，其中，通过函数重载定义了不同种类的/运算：

```
friend complex operator/(const complex&,const complex&);
                                                        //两复数相除
friend complex operator/(const complex&,const scalar);
                                                        //实部和虚部分别除以标量
friend complex operator/(const scalar,const complex&);
                                                        //标量分别除以实部和虚部
```

对于+=、−=、*=、/=4 种运算，通过函数重载定义了分别针对复数和标量的运算：

```
inline void operator+=(const complex&);       //复数间的运算
inline void operator-=(const complex&);       //复数间的运算
inline void operator*=(const complex&);       //复数间的运算
inline void operator/=(const complex&);       //复数间的运算
inline void operator+=(const scalar);         //复数的实部加标量
inline void operator-=(const scalar);         //复数的实部减标量
inline void operator*=(const scalar);         //复数的实部和虚部均乘以标量
inline void operator/=(const scalar);         //复数的实部和虚部均除以标量
```

（9）Random

Random 用来产生随机数，由 Random 类定义，可由 label 类型的种子构建 Random 类对象：

```
inline Random(const label s);
```

Random 类对象可执行的操作如下：

```
inline scalar scalar01();     //返回 0 到 1 间均匀分布的随机数
inline scalar scalarAB(const scalar a,const scalar b);
                              //返回 a 到 b 间均匀分布的随机数
scalar scalarNormal();        //返回正态分布（均值为 0，标准差为 1）的随机数
template<class Type>inline Type sample01();
                              //返回 0 到 1 间均匀分布的指定类型的随机数
template<class Type>inline Type sampleAB(const Type& a,const Type& b);
                              //返回 a 到 b 间均匀分布的指定类型的随机数
template<class Type>inline Type sampleNormal();
                              //返回正态分布（均值为 0，标准差为 1）指定类型的随机数
scalar globalScalar01();      //返回 0 到 1 间均匀分布的随机数
```

4.3.2 Tuple2

Tuple2 用于存储两个不同类型的对象，由类模板 Tuple2 定义。该类模板以两个不同类型的对象作为私有成员数据，声明格式为：

```
template<class Type1,class Type2>
class Tuple2 {…}
```

类模板 Tuple2 可通过以下三种方法构造：

```
inline Tuple2();                              //构造空对象
inline Tuple2(const Type1& f,const Type2& s):f_(f),s_(s)
                                              //通过指定两对象构造
inline Tuple2(Istream& is)                    //由输入流构造对象
```

对 Tuple2 对象可执行如下操作：

```
inline const Type1& first()const;     //访问 Tuple2 对象中的第一个对象
inline Type1& first();                //访问 Tuple2 对象中的第一个对象
inline const Type2& second()const;    //访问 Tuple2 对象中的第二个对象
inline Type2& second();               //访问 Tuple2 对象中的第二个对象
```

以及>>、<<等操作。

4.3.3 多项式方程

OpenFOAM 提供了由指定系数生成线性、二次和三次多项式方程的类，分别定义为类

linearEqn、quadraticEqn 和 cubicEqn，这些类均继承自类模板 VectorSpace。

linearEqn 类用于创建线性方程，并定义对线性方程执行的操作，由指定系数构建线性方程的方法为：

```
inline linearEqn(const scalar a,const scalar b);    //构建方程 ax+b=0
```

linearEqn 类中定义了如下成员函数，以实现对线性方程的操作：

```
inline scalar a()const;                          //访问线性方程的系数 a
inline scalar b()const;                          //访问线性方程的系数 b
inline scalar& a();                              //访问线性方程的系数 a
inline scalar& b();                              //访问线性方程的系数 b
inline scalar value(const scalar x)const;        //由指定 x 值计算多项式的值
inline scalar derivative(const scalar x)const;
                                                 //由指定 x 值计算多项式的导数
inline scalar error(const scalar x)const;        //计算指定 x 值时的误差
inline Roots<1>roots()const;                     //求方程的根
```

quadraticEqn 类用于创建二次方程，并定义对二次方程执行的操作，由指定系数构建二次方程的方法为：

```
inline quadraticEqn(const scalar a,const scalar b,const scalar c);
                                                 //构建方程 a*x^2+b*x+c=0
```

quadraticEqn 类中定义了如下成员函数，以实现对二次方程的操作：

```
inline scalar a()const;                          //访问线性方程的系数 a
inline scalar b()const;                          //访问线性方程的系数 b
inline scalar c()const;                          //访问线性方程的系数 c
inline scalar& a();                              //访问线性方程的系数 a
inline scalar& b();                              //访问线性方程的系数 b
inline scalar& c();                              //访问线性方程的系数 c
inline scalar value(const scalar x)const;        //由指定 x 值计算多项式的值
inline scalar derivative(const scalar x)const;
                                                 //由指定 x 值计算多项式的导数
inline scalar error(const scalar x)const;        //计算指定 x 值时的误差
Roots<2>roots()const;                            //求方程的根
```

cubicEqn 类用于创建三次方程，并定义对三次方程执行的操作，由指定系数构建三次方程的方法为：

```
inline cubicEqn(const scalar a,const scalar b,const scalar c,const scalar d);
                                          //构建方程 a*x^3+b*x^2+c*x+d=0
```

cubicEqn 类中定义了如下成员函数，以实现对三次方程的操作：

```
inline scalar a()const;                          //访问线性方程的系数 a
inline scalar b()const;                          //访问线性方程的系数 b
inline scalar c()const;                          //访问线性方程的系数 c
inline scalar d()const;                          //访问线性方程的系数 d
inline scalar& a();                              //访问线性方程的系数 a
inline scalar& b();                              //访问线性方程的系数 b
inline scalar& c();                              //访问线性方程的系数 c
inline scalar& d();                              //访问线性方程的系数 d
inline scalar value(const scalar x)const;        //由指定 x 值计算多项式的值
inline scalar derivative(const scalar x)const;
                                                 //由指定 x 值计算多项式的导数
```

```
inline scalar error(const scalar x)const;       //计算指定 x 值时的误差
Roots<3>roots()const;                           //求方程的根
```

OpenFOAM 定义了用于存储多项式方程根的类模板 Roots，可由根的数量、类型和数值构造 Roots 类。

4.3.4 链表

OpenFOAM 中包含诸多链表类，这里只介绍几种在计算多物理场编程中常用的链表类，包括 UList、List、UPtrList 和 PtrList。

UList 为相同类型对象的一维向量，由类模板 UList 定义。创建 UList 向量时需指定向量中分量的数量和各分量的值，其中一个构造函数为：

```
inline UList(T* __restrict__ v,label size);
                                    //通过指定元素值和元素数量构建 UList 对象
```

对 UList 类型对象可执行的操作有：

```
inline label fcIndex(const label i)const;   //返回前向循环索引
inline label rcIndex(const label i)const;   //返回反向循环索引
std::streamsize byteSize()const;            //返回向量中字符数的二进制大小
inline const T* cdata()const;               //返回指向第一个数据元素的
                                            //const 指针
inline T* data();                           //返回指向第一个数据元素的指针
inline T& first();                          //返回向量的第一个元素
inline const T& first()const;               //返回向量的第一个元素
inline T& last();                           //返回向量的最后一个元素
inline const T& last()const;                //返回向量的最后一个元素
inline void checkStart(const label start)const;
                                            //检查开始索引是否在有效范围内
inline void checkSize(const label size)const;
                                            //检查向量大小是否在有效范围内
inline void checkIndex(const label i)const;  //检查索引 i 是否在有效范围内
inline void shallowCopy(const UList<T>&);   //复制给定 UList 对象的指针
void deepCopy(const UList<T>&);             //复制给定 UList 对象的元素
```

此外，类模板 UList 重载了操作符[]，使用该操作符可根据指定索引访问元素。

当 UList 类模板的类型参数取 word、label、bool、scalar、vector、tensor、string 等时，得到相应的实例化类：

```
typedef UList<word>wordUList;
typedef UList<label>labelUList;
typedef UList<bool>boolUList;
typedef UList<scalar>scalarUList;
typedef UList<vector>vectorUList;
typedef UList<tensor>tensorUList;
typedef UList<string>stringUList;
```

List 为相同类型对象的一维数组，由类模板 List 定义，该类模板继承自类模板 UList<T>，它们拥有相同的类型参数，常用于在编写 OpenFOAM 算例时定义有限体积网格，如描述单元顶点的链表等。类模板 List 的部分构造函数如下：

```
explicit List(const label);                 //给定数组大小创建数组
```

```
List(const label,const T&);                  //给定数组大小和元素值创建数组
List(const label,const zero);                //给定数组大小创建所有元素为 0 的数组
List(const List<T>&);                        //复制构造函数
explicit List(const List<T2>&);              //复制另一种对象的构造函数
List(List<T>&&);                             //迁移构造函数
List(List<T>&,bool reuse);                   //复制或重用构造函数
List(const UList<T>&,const labelUList& mapAddressing);
                                             //构造为对象的子集
List(InputIterator first,InputIterator last);
                                             //指定开头和结尾构造迭代器
explicit List(const PtrList<T>&);            //由 PtrList 类对象创建数组
explicit List(const SLList<T>&);             //由 SLList 类对象创建数组
explicit List(const UIndirectList<T>&);//由 UIndirectList 类对象创建数组
explicit List(const BiIndirectList<T>&);     //由 BiIndirectList 类对象创建数组
List(std::initializer_list<T>);              //由 initializer_list 类对象创建数组
List(Istream&);                              //由输入流创建数组
inline autoPtr<List<T>>clone()const;         //创建对象的副本
```

对 List 对象可执行的操作如下：

```
inline label size()const;                        //返回 List 对象中元素的个数
inline void resize(const label);                 //重设数组中的元素个数
inline void resize(const label,const T&);        //重设数组中的元素个数
void setSize(const label);                       //重设数组中的元素个数
void setSize(const label,const T&);              //重设数组中的元素个数
inline void clear();                             //将数组的元素个数设为 0
inline void append(const UList<T>&);             //在链表末尾增加一个链表
inline void append(const T&);                    //在链表末尾增加一个元素
inline void append(const UIndirectList<T>&);     //在链表末尾增加一个
                                                 // UIndirectList 对象
void transfer(List<T>&);                         //转移给定对象中的元素，并将其废止
void transfer(DynamicList<T,SizeInc,SizeMult,SizeDiv>&);
                                                 //转移给定对象中的元素，并将其废止
void transfer(SortableList<T>&);                 //转移给定对象中的元素，并将其废止
inline T& newElmt(const label);                  //返回链表的下标检查元素
```

类模板 List 中还定义了诸多重载赋值操作符函数，使得可以直接将含有相同类型元素的 UList、List、SLList、UIndirectList、BiIndirectList、initializer_list 赋给 List 对象。

同样地，当 List 类模板的类型参数取 word、label、bool、scalar、vector、tensor、string 等时，得到相应的实例化类：

```
typedef List<word>wordList;
typedef List<label>labelList;
typedef List<bool>boolList;
typedef List<scalar>scalarList;
typedef List<vector>vectorList;
typedef List<tensor>tensorList;
typedef List<string>stringList;
```

UPtrList 为指向相同类型对象的指针的一维链表，由类模板 UPtrList 定义。可通过指定链表中元素个数或复制已有同类链表来创建 UPtrList 类对象：

```
explicit UPtrList(const label);        //通过指定元素数量构造 UPtrList 对象
UPtrList(UPtrList<T>&,bool reuse);  //通过复制或重用已有对象构造 UPtrList 对象
```

对 UPtrList 链表可执行的操作如下：

```
inline label size()const;                   //返回对象链表的元素个数
inline bool empty()const;                   //判断对象中元素个数是否为 0
inline T& first();                          //返回链表中第一个元素的引用
inline const T& first()const;               //返回链表中第一个元素的引用
inline T& last();                           //返回链表中最后一个元素的引用
inline const T& last()const;                //返回链表中最后一个元素的引用
void setSize(const label);                  //重设链表的元素个数
inline void resize(const label);            //重设链表的元素个数
void clear();                               //将链表的元素个数置 0
void transfer(UPtrList<T>&);                //转移给定对象中的元素，并将其废止
inline bool set(const label)const;          //判断是否已设置元素
inline T* set(const label,T*);              //设置元素，返回原元素
void reorder(const labelUList& oldToNew); //对元素重新排序
void shuffle(const labelUList& newToOld); //对元素重新排序
```

UPtrList 类模板对操作符[]进行了重载，使得可以使用该操作符读取链表中元素的引用。

PtrList 为指向相同类型对象的指针的一维链表，由类模板 PtrList 定义，它继承自 UPtrList，它们拥有相同的类型参数。类模板 PtrList 的部分构造函数如下：

```
explicit PtrList(const label);              //给定链表中元素个数创建数组
PtrList(const PtrList<T>&);                 //复制构造函数
PtrList(const PtrList<T>&,const CloneArg&);
                                            //给定附加参数的复制构造函数
PtrList(PtrList<T>&&);                      //迁移构造函数
PtrList(PtrList<T>&,bool reuse);            //复制或重用构造函数
explicit PtrList(const SLPtrList<T>&);  //复制SLPtrList对象构造PtrList对象
PtrList(Istream&,const INew&);              //应用指定的Istream类由输入流创建对象
PtrList(Istream&);                          //由输入流创建对象
```

对 PtrList 对象可执行的操作如下：

```
void setSize(const label);                  //重设链表中的元素个数
inline void resize(const label);            //重设链表中的元素个数
void clear();                               //将链表的元素个数设为 0
inline void append(T*);                     //在链表末尾增加一个元素
inline void append(const autoPtr<T>&);  //在链表末尾增加一个元素
inline void append(const tmp<T>&);          //在链表末尾增加一个元素
void transfer(PtrList<T>&);                 //转移给定对象中的元素，并将其废止
inline bool set(const label)const;          //判断是否已设置元素
inline autoPtr<T>set(const label,T*);       //由 T 类型元素设置指针列表中第 label
                                            //个元素
inline autoPtr<T>set(const label,const autoPtr<T>&);
                                            //为给定对象设置元素，返回原元素
inline autoPtr<T>set(const label,const tmp<T>&);
                                            //为给定对象设置元素，返回原元素
void reorder(const labelUList& oldToNew); //对元素重新排序
void shuffle(const labelUList& newToOld); //对元素重新排序
```

类模板 PtrList 重载了赋值操作符，使得可以将一个 PtrList 对象赋给另一个 PtrList 对象。从 UPtrList 类模板继承的操作符[]重载函数，使得可以使用该操作符访问 PtrList 链表中的元素，返回元素的引用。

4.3.5 HashTable

HashTable 也是一种容器类数据，它是符合 C++STL 规范的哈希表，由类模板 HashTable

定义，继承于 HashTableCore，类声明为：

```
template<class T,class Key=word,class Hash=string::hash>
class HashTable: public HashTableCore {…}
```

构造 HashTable 类对象的方法有：

```
HashTable(const label size=128);                    //给定表初始容量构造对象
HashTable(Istream&,const label size=128);           //由输入流构造对象
HashTable(const HashTable<T,Key,Hash>&);            //复制构造函数
HashTable(HashTable<T,Key,Hash>&&);                 //迁移构造函数
HashTable(std::initializer_list<Tuple2<Key,T>>);    //由 initializer 链表构造
                                                    //对象
```

可以对 HashTable 类对象执行的操作有：

```
inline label capacity()const;          //返回基础表容量大小
inline label size()const;              //返回表中元素个数
inline bool empty()const;              //如果为空表，返回真
bool found(const Key&)const;           //如果在表中找到表入口，则返回真
iterator find(const Key&);             //在表入口处查找并返回一个迭代器集
const_iterator find(const Key&)const;
                                       //在表入口处查找并返回一个迭代器集
List<Key>toc()const;                   //返回表目录
List<Key>sortedToc()const;             //返回目录的排序列表
Ostream& printInfo(Ostream&)const;     //打印信息
inline bool insert(const Key&,const T& newElmt);
                                       //插入一个新的表入口
inline bool set(const Key&,const T& newElmt);
                                       //分配一个新的表入口，覆盖现有入口
bool erase(const iterator&);           //删除由给定迭代器指定的表入口
bool erase(const Key&);                //删除由给定关键字指定的表入口
label erase(const UList<Key>&);        //删除所列关键字指定的入口，并返回被删元素
                                       //的数量
label erase(const HashTable<AnyType,Key,AnyHash>&);
        //删除所列关键字指定的入口，并返回被删元素的数量
void resize(const label newSize);      //重设表中容纳的元素个数
void clear();                          //删除表的所有入口
void clearStorage();                   //删除表的所有入口及表本身
void shrink();                         //将分配的表缩小至约两倍元素数量的大小
void transfer(HashTable<T,Key,Hash>&);
                                       //将指定表中的内容转移至本表，废止指定表
```

HashTable 类模板中重载了操作符[]、()、=、==、!=等，使得可以对其对象执行求取表入口、赋值、比较等操作。

4.3.6 autoPtr

autoPtr 为一种指针，在被访问时自动转换为类型的引用，由类模板 autoPtr 定义。构造 autoPtr 指针的方法为：

```
inline explicit autoPtr(T*=nullptr);      //创建空指针
inline autoPtr(const autoPtr<T>&);
        //新建对象指向指定 autoPtr 指针所指内容，原指针置为空
inline autoPtr(const autoPtr<T>&,const bool reuse);
        //新建对象指向指定 autoPtr 指针所指内容，原指针置为空
```

对 autoPtr 指针对象可执行的操作有：

```
inline bool empty()const;              //如果对象为空指针，返回真
inline bool valid()const;              //如果对象指针有效，返回真
inline T* ptr();                       //返回对象指针以便重用
inline void set(T*);                   //将对象指针所指内容设置为指定对象
inline void reset(T*=nullptr);
    //如果对象指针已设置，删除所指对象，并使用给定指针指向该对象
inline void clear();                   //删除指针所指对象，使其成为空指针
```

autoPtr 类中重载了()、*、->、=等操作符，可分别用来实现返回指针所指对象数据、对象指针以及对指针赋值等操作。

4.3.7 物理常数

为了方便使用，OpenFOAM 定义了诸多物理常数。它们及其单位和所属的名称空间见表 4-8。这些常数可分为基本物理常数和导出物理常数两类，在定义时前者的值直接给出，后者的值则根据前者的值计算得到。

表4-8　OpenFOAM 中的物理常数

名称空间	符号	单位	数值	说明
Foam::constant::mathematical	e	—		自然对数的底数
	pi	—		π
	twoPi	—		2π
	piByTw	—		0.5π
	Eu	—		Euler 常数
Foam::constant::universal	c	m/s		真空中的光速
	G	m^3/（kg • s^2）		万有引力常数
	h	kg • m/s		普朗克常数
	hr	J/s	h/(2π)	约化普朗克常数
Foam::constant::electromagnetic	e	s • A		元电荷量
	mu0	kg • m/（s^2 • A^2）	4π×10^{-7}	真空磁导率
	epsilon0	F/m	1/ (mu0 • c^2)	真空介电常数
	Z0		mu0 • c	真空特征阻抗
	kappa	N • m^2/C^2	1/(4π • epsilon0)	库仑常数
	G0	S	$2e^2$/h	电导量子常数
	kJ	Hz/V	2e/h	约瑟夫森常数
	phi0	Wb	h/2e	磁通量量子
	RK		h/e^2	von Klitzing 常数
Foam::constant::atomic	me	kg		电子质量
	mp	kg		质子质量
	alpha	—	e^2/(2epsilon0 • h • c)	精细结构常数
	Rinf	1/m	$alpha^2$ • me • c/(2h)	里德堡常数

续表

名称空间	符号	单位	数值	说明
Foam::constant::atomic	a0	m	alpha/(4π・Rinf)	玻尔半径
	re	m	e^2/(4πepsilon0・me・c^2)	经典电子半径
	Eh	J	2Rinf・h・c	Hartree 能量
Foam::constant::physicoChemical	mu	kg		原子质量单位
	NA	1/mol	$6.0221417930\times10^{23}$	阿伏伽德罗数
	k	kg・m^2/（s^2・K）		玻尔兹曼常数
	R	J/（mol・K）	NA·k	理想气体常数
	RR	J/（kmol・K）	1000×R	理想气体常数
	F	C/mol	NA・e	法拉第常数
	sigma	W/（m^2・K^4）	π^2・k^4/(60hr^3・c	Stefan-Boltzmann 常数
	b	m・K	h·c/(4.965114231×k)	维恩位移常数
	c1	W/m^2	2π・h・c^2	第一辐射常数
	c2	m・K	h・c/k	第二辐射常数
Foam::constant::standard	Pstd	kg/（m・s^2）		标准压力
	Tstd	K		标准温度

表 4-8 中计算各常量值的公式中使用的 e 均为名称空间 Foam::constant::electromagnetic 中的 e。

4.4 编程中常用的 OpenFOAM 标准类

本节介绍多物理计算中常用的 OpenFOAM 标准类，这里在介绍每一个类时，均从编程应用的角度出发，即只介绍类的接口，主要包括类的构造函数和成员函数，以方便在编程时定义类对象和对类对象执行相应的操作。

4.4.1 tmp

tmp 用来管理临时对象，由类 tmp 定义。构造 tmp 对象的方法有：

```
inline explicit tmp(T*=0,bool nonReusable=false);
    //构造存储不可重用或可重用临时对象的对象指针
inline tmp(const T&);                           //构造 const 引用对象的 tmp 对象
inline tmp(const tmp<T>&);                      //复制构造函数，增加引用计数
inline tmp(const tmp<T>&&);                     //迁移构造函数，不增加引用计数
inline tmp(const tmp<T>&,bool allowTransfer);   //在需要时构造临时副本对象
```

可对 tmp 对象执行的操作如下：

```
inline bool isTmp()const;                       //如果对象为临时对象，返回真
inline bool empty()const;                       //如果临时对象为空，返回真
inline bool valid()const;                       //如果对象有效，返回真
inline word typeName()const;                    //返回 tmp 对象的类型名称
inline T& ref()const;                //返回对象的非 const 引用(对象不能为 const 型)
```

```
inline T* ptr()const;              //返回 tmp 指针以便重用
inline void clear()const;          //删除对象中存储的内容
```

tmp 类重载了()、->、=等操作符，可执行取消引用、返回对象指针和赋值等操作。

4.4.2 refCount

refCount 相当于一计数器，由类 refCount 定义。refCount 类对象只有一种构建方法，即初始计数为 0 的 refCount 对象：

```
refCount(): count_(0)              //count_为类的数据成员
```

对 refCount 类对象可执行的操作如下：

```
int count()const;                  //返回当前参考计数值
bool unique()const  ;              //如果当前参考计数值为 0，返回真
void operator++();                 //参考计数值加 1
void operator++(int);              //参考计数值加 1
void operator--();                 //参考计数值减 1
void operator--(int);              //参考计数值减 1
```

4.4.3 IOobject

IOobject 类多用于定义某些其他对象的输入输出属性，为进行 I/O 流操作提供基础，方便读入写出数据或读入整个文件。

IOobject 类对象可由如下构造函数定义：

```
IOobject(const word& name,const fileName& instance,const objectRegistry&
    registry,readOption r=NO_READ,writeOption w=NO_WRITE, bool
    registerObject=true);
                        //由对象名、文件名及存储位置和 I/O 选项构造对象
IOobject(const word& name,const fileName& instance,const fileName& local,
    const objectRegistry& registry,readOption r=NO_READ,writeOption w=NO_
    WRITE,bool registerObject=true);
                        //由对象名、文件名及存储位置和 I/O 选项构造对象
IOobject(const fileName& path,const objectRegistry& registry,readOption
    r=NO_READ,writeOption w=NO_WRITE,bool registerObject=true);
                        //由文件路径、文件名及存储位置和 I/O 选项构造对象
IOobject(const IOobject& io,const objectRegistry& registry);
                        //根据存储位置复制 IOobject 对象构造新对象
IOobject(const IOobject& io,const word& name);
                        //根据对象名称复制 IOobject 对象构造新对象
IOobject(const IOobject& io)=default;      //复制构造函数
autoPtr<IOobject>clone()const
                        //构造同一 IOobject 对象的 autoPtr 指针
autoPtr<IOobject>clone(const objectRegistry& registry)const
                        //根据存储位置构造 IOobject 对象的 autoPtr 指针
```

例如，应用第一个构造函数定义对象 dictIO 的方法为：

```
IOobject dictIO
(
    dictName,       //输入输出文件名，需要先有定义 word dictName 并进行初始化
```

```
        mesh.time().constant(),
                            //文件夹名为 constant，也即存储目录
        mesh,               //fvMesh 对象，由于继承关系，也是 objectRegistry 对象
        IOobject::MUST_READ //读取控制，必须读
    )
```

该对象表征存储在 constant 目录下的 dictName 文件的属性，构造函数参数列表中的最后两个参数采用了默认参数。

构造 IOobject 类对象时可选用的 I/O 选项通过枚举量给出：

```
enum readOption{MUST_READ,MUST_READ_IF_MODIFIED,READ_IF_PRESENT,NO_READ};
enum writeOption{AUTO_WRITE=0,NO_WRITE=1};
```

对 IOobject 类对象可执行的主要操作有：

```
const Time& time()const;                           //返回时间
const objectRegistry& db()const;                   //返回文件存储位置
const word& name()const;                           //返回文件名
const word& headerClassName()const;                //返回从头文件读取的类名
word& headerClassName();                           //返回从头文件读取的类名
string& note();                                    //访问类的 I/O 选项
const string& note()const;                         //访问类的 I/O 选项
virtual void rename(const word& newName);          //重新定义名称
bool& registerObject();                            //判断对象是否存储于此位置
bool registerObject()const;                        //判断对象是否存储于此位置
readOption readOpt()const;                         //返回读选项
readOption& readOpt();                             //返回读选项
writeOption writeOpt()const;                       //返回写选项
writeOption& writeOpt();                           //返回写选项
fileName path()const;                              //返回对象存储路径
bool typeHeaderOk(const bool checkType=true);      //根据类型检查头文件信息
```

IOobject 类有一继承类 regIOobject，用于自动记录对象，OpenFOAM 编程时常使用其中具有写出功能的成员函数：

```
virtual bool write(const bool write=true)const;    //使用数据库中的设置写出
```

同样，regIOobject 的继承类 objectRegistry 中有一常用成员函数：

```
template<class Type>
const Type & lookupObject (const word &name)const
```

用于查找并返回给定类型的对象。

OpenFOAM 在声明 IOobject 类时在同一文件中提供了一个用于获得文件存储路径的函数模板 typeFilePath()，并将其置于 Foam 空间中，该函数在 OpenFOAM 编程中使用较多，其函数声明如下：

```
template<class T>
inline fileName typeFilePath(const IOobject& io);
```

4.4.4 dictionary

dictionary 类用于表示关键字链表，常被称为字典类，字典中的每一关键字及其对应的内容称为条目。在编制 OpenFOAM 算例时，常用 dictionary 类给定边界条件、物理参数以及求

解控制参数等。

dictionary 类对象可由如下构造函数定义：

```
dictionary();                                //构造空 dictionary 对象
dictionary(const fileName& name);            //指定对象名称构造空 dictionary 对象
dictionary (const fileName& name,const dictionary& parentDict,Istream&);
                                             //指定对象名称、父字典对象和输入流构造对象
dictionary(Istream&,const bool keepHeader=false);
                                             //由输入流构造对象
dictionary(const dictionary& parentDict,const dictionary&);
                                             //指定父字典的复制构造函数
dictionary(const dictionary&);               //复制构造函数
dictionary(const dictionary*);               //使用对象指针的复制构造函数
dictionary(const dictionary& parentDict,dictionary&&);
                                             //指定父字典的迁移构造函数
autoPtr<dictionary>clone()const;             //建立 dictionary 对象的 autoPtr 指针
static autoPtr<dictionary>New(Istream&);
                                             //由输入流构造对象的 autoPtr 指针
```

上述构造函数中之所以有父字典和子字典的区别，是因为使用构造函数可以由字典对象定义字典。例如，假如 p 是 dictionary 类对象，有如下构造 dictionary 类对象 solvers 的语句：

```
solvers                                      //父字典
{
        p                                    //子字典
        {
              solver                         PCG;
              preconditioner                 DIC;
              tolerance                      1e-6;
              relTol                         0;
        }
}
```

其中，分别将 solvers 和 p 称为父字典和子字典。

dictionary 类的类方法有很多，在多物理计算中对其中与搜索和查询功能相关的成员函数应用较多，这些成员函数包括：

```
tokenList tokens()const;;   //以 tokens 列表的格式返回字典
bool found (const word&,bool recursive=false,bool patternMatch=true)
      const;
                            //给定关键字查找字典
const entry* lookupEntryPtr(const word&,bool recursive,bool patternMatch)
      const;
                            //查找并返回条目数据流指针，否则返回 null
entry* lookupEntryPtr(const word&,bool recursive,bool patternMatch);
                            //查找并返回用于操作的条目数据流指针，否则返回 null
const entry* lookupEntryPtrBackwardsCompatible(const wordList&,bool
      recursive,bool patternMatch)const;
                            //查找并返回条目数据流，否则返回 null
const entry& lookupEntry(const word&,bool recursive,bool patternMatch)const;
                            //查找并返回条目数据流，否则报错
const entry& lookupEntryBackwardsCompatible(const wordList&,bool recursive,
      bool patternMatch)const;
                            //查找并返回条目数据流，否则报错
```

```
ITstream& lookup(const word&,bool recursive=false,bool patternMatch=true)
    const;          //查找并返回条目数据流
ITstream& lookupBackwardsCompatible(const wordList&,bool recursive=false,
    bool patternMatch=true)const;
                //查找并返回条目数据流，否则报告与关键字相关的错误
T lookup(const word&,bool recursive=false,bool patternMatch=true)const;
                //查找并返回一个T类型量，如果未找到，报错
T lookupBackwardsCompatible(const wordList&,bool recursive=false,
    bool patternMatch=true)const;
                //查找并返回一个T类型量，否则报告与关键字相关的错误
T lookupOrDefault(const word&,const T&,bool recursive=false,
    bool patternMatch=true)const;
                //查找并返回一个T类型量，如果未找到，返回给定默认值
T lookupOrDefaultBackwardsCompatible(const wordList&,const T&,
    bool recursive=false,bool patternMatch=true )const;
                //查找并返回一个T类型量，否则报告与关键字相关的错误
T lookupOrAddDefault(const word&,const T&,bool recursive=false,
    bool patternMatch=true);
                //查找并返回一个T类型量，否则返回默认值并将其加入字典
bool readIfPresent(const word&,T&,bool recursive=false,bool patternMatch=
    true)const;
                //查找字典条目，并将其指定为T类型，找到后返回真
const entry*lookupScopedEntryPtr(const word&,bool recursive,bool pattern
    Match)const;
                //查找并返回条目数据流指针
bool isDict(const word&)const;                      //判断条目是否为子字典
const dictionary*subDictPtr(const word&)const;
                //查找并返回子字典指针，否则返回null
dictionary*subDictPtr(const word&);
                //查找并返回子字典指针，否则返回null
const dictionary& subDict(const word&)const;    //查找并返回子字典
dictionary& subDict(const word&);               //查找并返回子字典用于操作
dictionary subOrEmptyDict(const word&,const bool mustRead=false)const;
                //查找并返回子字典作为副本，如果子字典不存在则返回空字典
const dictionary& optionalSubDict(const word&)const;
                //查找并返回子字典，否则返回字典本身
const dictionary& scopedDict(const word&)const;
                //通过范围查找并返回子字典，如果查找关键字为null，返回字典本身
dictionary& scopedDict(const word&);
                //通过范围查找并返回子字典，如果查找关键字为null，返回字典本身
wordList toc()const;                            //返回目录链表
wordList sortedToc()const;                      //返回排序后的目录链表
List<keyType>keys(bool patterns=false)const;    //返回可用关键字或模式链表
```

上述成员函数中的 T 为函数模板中的类型参数。

由于 dictionary 类方法中重载了操作符=、+=、[]、|=、<<=、>>、<<等，使得分别可以对 dictionary 类对象执行赋值、加入条目、返回条目、有条件地包含给定字典中的条目、无条件地包含给定字典中的条目、对象输入和输出等操作。

OpenFOAM 中定义了 dictionary 类和 regIOobject 类的继承类 IOdictionary，用于为字典提供自动 I/O 功能，如读取一个文件字典内的数据等。其中与写出相关的函数在 OpenFOAM 编程中应用较多。IOdictionary 类的构造函数有：

```
IOdictionary(const IOobject&);        //由IOobject对象构造IOdictionary对象
```

```
IOdictionary(const IOobject&,const dictionary&);
    //由 IOobject 对象和字典对象构造 IOdictionary 对象
IOdictionary(const IOobject&,Istream&); //由 IOobject 对象和输入流构造对象
IOdictionary(const IOdictionary&);       //复制构造函数
IOdictionary(IOdictionary&&);            //迁移构造函数
```

IOdictionary 类的主要成员函数有：

```
virtual fileName filePath()const;
    //如果文件存在于 case/processor 中，则返回完整路径和对象名称，否则返回 null
virtual bool readData(Istream&);          // regIOobject 读取操作所需的函数
virtual bool writeData(Ostream&)const;  // regIOobject 写入操作所需的函数
```

另外，IOdictionary 类还继承了 regIOobject 类的成员函数 write()，在 OpenFOAM 编程中常用于写出操作。

4.4.5 Time

Time 类用于 OpenFOAM 编程中的时间控制，尤其在编写瞬态方程的求解器时一定会用到 Time 类的部分功能。Time 类由 5 个基类继承而来，如下面的类定义：

```
class Time:
      public clock,
      public cpuTime,
      public TimePaths,
      public objectRegistry,
      public TimeState
{…}
```

Time 类对象有 4 种构造方法：

```
Time(const word& name,const argList& args,const word& systemName="system",
    const word& constantName="constant");
                        //给定要读取的字典名和参数列表构造对象
Time(const word& name,const fileName& rootPath,const fileName& caseName,
    const word& systemName="system",const word& constantName="constant",
    const bool enableFunctionObjects=true);
                        //给定要读取的字典名、根目录和算例路径构造对象
Time(const dictionary& dict,const fileName& rootPath,const fileName&
    caseName,const word& systemName="system",const word& constantName=
    "constant", const bool enableFunctionObjects=true);
                        //给定字典名、根目录和算例路径构造对象
Time(const fileName& rootPath,const fileName& caseName,
    const word& systemName="system",const word& constantName="constant",
    const bool enableFunctionObjects=true);
                        //给定结束时间、根目录和算例路径构造对象
```

OpenFOAM 编程中常用的 Time 类成员函数有：

```
virtual word timeName()const;          //返回当前时间的名称
virtual bool loop();                   //如果继续运行，返回 true，且执行时间步进
functionObjectList& functionObjects();//返回非 const 的函数对象列表
virtual bool stopAt(const stopAtControl)const;     //调整当前的中止时间
virtual void setTime(const Time&);                 //重置时间为给定时间
virtual void setTime(const instant&,const label newIndex);
```

```
                                //重置时间为给定时间
virtual void setTime(const dimensionedScalar&,const label newIndex);
                                //重置时间
virtual void setTime(const scalar,const label newIndex);
                                //重置时间为给定时间
virtual void setEndTime(const dimensionedScalar&);      //设置结束时间
virtual void setEndTime(const scalar);                  //设置结束时间
virtual void setDeltaT(const dimensionedScalar&);       //设置时间步进值
virtual void setDeltaT(const scalar);                   //设置时间步进值
virtual void setDeltaTNoAdjust(const scalar);
                                //设置时间步进值，且不允许调整和修改
virtual void setWriteInterval(const scalar writeInterval);
                                //重设写出时间间隔
virtual TimeState subCycle(const label nSubCycles);
                                //给定步数设置子循环时间
virtual void endSubCycle();     //子循环结束后重置时间为循环前的时间
```

此外，Time 类从基类继承的常用成员函数有：

```
const word& constant()const;    //从 TimePaths 继承，返回 word 类型常数名
const Time& time()const;        //从 objectRegistry 继承，返回 Time 类型的时间
const Type & value ()const;
    //从 dimensionedScalar/TimeState 继承，返回对象对应的值
virtual bool write (const bool valid=true)const;
    //从 regIOobject/objectRegistry 继承，使用数据库中的设置写出
double elapsedCpuTime()const;
    //从 cpuTime 继承，返回相对于起始计时的 CPU 时间，单位为秒(s)
time_t elapsedClockTime ()const;
    //从 clock 继承，返回相对于 clock 初始化的 wall-clock 时间
bool writeTime()const;          //从 TimeState 继承，如果为写出时间，则返回
                                //true
```

以上成员函数的说明中位于符号/前面的为基类，后面的为继承类。

4.4.6 argList

argList 类用于读入外部命令参数，并从 argc 和 argv 参数中提取命令参数和选项，在编写 OpenFOAM 求解器时经常用到。例如，OpenFOAM 求解器的主函数中通常会包含头文件 setRootCase.H，该文件中定义了 argList 类对象 args。

argList 类对象可由两种方法创建：

```
argList(int& argc,char**& argv,bool checkArgs=true,bool checkOpts=true,bool
    initialise=true);
     //由 argc 和 argv 参数构建对象，在必要时检查参数和选项
argList(const argList& args,const HashTable<string>& options,bool checkArgs=
    true,bool checkOpts=true,bool initialise=true);
     //复制已有对象作为新建对象
```

对 argList 类对象的常用操作包括：

```
inline const string& commandLine()const;    //返回命令行字符串
inline const word& executable()const;       //返回不带路径的可执行文件的名称
inline const fileName& rootPath()const;     //返回根目录路径
inline const fileName& caseName()const;     //返回算例名称
```

```
inline const fileName& globalCaseName()const;         //返回算例名称
inline const ParRunControl& parRunControl()const;   //返回并行计算控制命令
inline fileName path()const;                          //返回算例所在目录
inline const stringList& args()const;                 //返回参数
inline stringList& args();                            //返回参数
inline const string& arg(const label index)const;   //返回指定索引对应的参数
inline label size()const;                             //返回参数个数
inline T argRead(const label index)const;    //返回指定索引对应参数的值
                                             //索引 0 对应可执行文件的名称
                                             //索引 1 对应第一个参数
inline const Foam::HashTable<string>& options()const; //返回选项
inline Foam::HashTable<string>& options();            //返回选项
inline const string& option(const word& opt)const;
                    //返回与名称选项关联的参数字符串
inline bool optionFound(const word& opt)const;
                    //如果找到名称字符串，返回 true
inline IStringStream optionLookup(const word& opt)const;
                    //返回名称选项中的 IStringStream 对象
inline T optionRead(const word& opt)const;            //返回名称选项中的值
inline bool optionReadIfPresent(const word& opt,T&)const;
                    //如果名称选项存在，返回名称选项中的值
inline bool optionReadIfPresent(const word& opt,T&,const T& deflt)const;
                    //从名称选项中读取一个值（如果存在），如果找到指定的选项，
                    //则返回 true，否则使用所提供的默认值并返回 false
inline T optionLookupOrDefault(const word& opt,const T& deflt)const;
                    //从名称选项中读取一个值（如果存在），否则返回所提供的默认值
List<T>optionReadList(const word& opt)const;//从名称选项中读取参数值列表
static void addBoolOption(const word& opt,const string& usage="");
                    //向 validOptions 添加 bool 型选项
static void addOption(const word& opt,const string& param="",const string&
    usage="");
                    //添加信息至 validOptions，带有空参数的选项为布尔选项
static void addUsage(const word& opt,const string& usage);
                    //将选项信息添加至 optionUsage
static void addNote(const string&);      //为所使用的信息添加额外注释
static void removeOption(const word& opt);
                    //从 validOptions 和 optionUsage 中删除选项
static void noParallel();                //删除并行选项
static bool postProcess(int argc,char *argv[]);
                    //如果指定了后处理选项，则返回 true
bool setOption(const word& opt,const string& param="");
                    //直接设置选项
bool unsetOption(const word& opt);       //直接取消设置选项
bool check(bool checkArgs=true,bool checkOpts=true)const;
                    //检查参数列表
bool checkRootCase()const;               //检查根目录和算例目录
```

argList 类方法中重载的[]操作符可用于返回给定索引或给定名称选项对应的参数，它们的定义分别如下：

```
inline const string& operator[](const label index)const;
inline const string& operator[](const word& opt)const;
```

4.4.7 token

token 类用于处理通过 Istream 读取的对象。构建 token 类对象的方法有：

```
inline token();                                              //构造空对象
inline token(const token&);                                  //复制构造函数
inline token(punctuationToken,label lineNumber=0);           //构造标点符号token对象
inline token(const word&,label lineNumber=0);                //构造单词 token 对象
inline token(const string&,label lineNumber=0);              //构造字符串 token 对象
inline token(const verbatimString&,label lineNumber=0);
                                       //构造 verbatimString 型 token 对象
inline token(const label,label lineNumber=0);
                                       //构造 label 型 token 对象
inline token(const floatScalar,label lineNumber=0);
                                       //构造 floatScalar 型 token 对象
inline token(const doubleScalar,label lineNumber=0);
                                       //构造 doubleScalar 型 token 对象
inline token(const longDoubleScalar,label lineNumber=0);
                                       //构造 longDoubleScalar 型 token 对象
token(Istream&);                       //由输入流构造 token 对象
```

对 token 类对象可执行的操作有：

```
inline tokenType type()const;                        //返回对象类型
inline tokenType& type();                            //返回对象类型
inline bool good()const;                             //判断对象是否完好
inline bool undefined()const;                        //判断对象是否未定义
inline bool error()const;                            //判断对象中是否有错误
inline bool isPunctuation()const;                    //判断对象类型是否为标点符号
inline punctuationToken pToken()const;               //返回对象中的标点符号
inline bool isWord()const;                           //判断对象类型是否为word 字符
inline const word& wordToken()const;                 //返回对象中的 word 字符
inline bool isFunctionName()const;                   //判断对象类型是否为函数名
inline const functionName& functionNameToken()const;
                                                     //返回对象中的函数名
inline bool isVariable()const;                       //判断对象类型是否为变量
inline const variable& variableToken()const;         //返回对象中的变量
inline bool isString()const;                         //判断对象类型是否为string 字符串
inline const string& stringToken()const;             //返回对象中的 string 字符串
inline bool isVerbatimString()const;                 //判断对象类型是否为 Verbatim
                                                     //String 类型
inline const verbatimString& verbatimStringToken()const;
                                       //返回对象中的 VerbatimString 数据
inline bool isAnyString()const;        //判断对象中是否包含 string 字符串
inline const string& anyStringToken()const;          //返回对象中的 string 字符串
inline bool isLabel()const;            //判断对象类型是否为 label 类型
inline label labelToken()const;        //返回对象中的 label 数据
inline bool isFloatScalar()const;      //判断对象类型是否为 FloatScalar 类型
inline floatScalar floatScalarToken()const;
                                       //返回对象中的 FloatScalar 数据
inline bool isDoubleScalar()const;     //判断对象类型是否为 DoubleScalar 类型
inline doubleScalar doubleScalarToken()const;
                                       //返回对象中的 doubleScalar 数据
inline bool isLongDoubleScalar()const;
                                       //判断对象类型是否为 LongDoubleScalar
inline longDoubleScalar longDoubleScalarToken()const;
                                       //返回对象中的 LongDoubleScalar 数据
inline bool isScalar()const;           //判断对象类型是否为 scalar 类型
inline scalar scalarToken()const;      //返回对象中的 scalar 数据
```

```
inline bool isNumber()const;                    //判断对象类型是否为数字
inline scalar number()const;                    //返回对象中的数字
inline bool isCompound()const;                  //判断对象类型是否为复合类型
inline const compound& compoundToken()const;
                                                //返回对象中的复合类型量
compound& transferCompoundToken(const Istream& is);
                                                //将输入流传递至复合类型量
inline label lineNumber()const;                 //返回对象中的 lineNumber
inline label& lineNumber();                     //返回对象中的 lineNumber
inline void setBad();                           //清空对象中的数据，将其类型置为error
```

其中，成员函数 isWord()和 wordToken()在 OpenFOAM 编程中应用较多。

4.5 Foam 名称空间

OpenFOAM 在大量类定义的基础上提供了内容庞大的名称空间，使得可以区别来自不同类但名称相同的函数和变量，编程时在函数或变量名前使用空间名和作用域解析符即可使用相应函数或变量。OpenFOAM 将名称空间中的内容分为三大类：函数（Functions）、变量（Variables）和别名（Typedefs），它们均已在相关的类中进行了定义，使用时除了直接应用名称空间和作用域解析符外，还可以由类对象调用。本章在 4.2.7 节和 4.3.7 节分别介绍了 Foam 名称空间中的量纲常量和物理常量，与场量相关名称空间中的内容将在第 7 章介绍，本节介绍其中在多物理计算中常用的其他内容。

4.5.1 Foam 名称空间中的函数

Foam 名称空间中集合了表 4-5 中所有针对带量纲标量的运算，如 acos()、add()等。

在 OpenFOAM 的头文件 contiguous.H 中提供了用于判断某一类型的数据是否连续的函数模板，并将这些函数模板定义在 Foam 名称空间中。例如，判断 64 位整型数据是否连续的函数在 contiguous.H 中定义为：

```
template<>
inline bool contiguous<int64_t>()
{return true;}
```

函数默认指定的数据是不连续的，所以如果数据不连续，返回 true，否则返回 false。在 Foam 名称空间中，该函数为：

```
contiguous<uint64_t>()
```

使用时可通过命令 Foam::contiguous<uint64_t>()调用该函数。OpenFOAM 针对它所使用的所有数据类型均提供了这种函数模板，并将它们整合在 Foam 空间中。

OpenFOAM 在头文件 vectorTools.H 中定义了用于测试两个矢量之间关系的函数，并在 Foam:: vectorTools 空间中包含了这些函数集合，主要包括：

```
bool areParallel(const Vector<T>& a,const Vector<T>& b,const T&
   tolerance=small)                              //判断两个矢量是否平行
bool areOrthogonal(const Vector<T>& a,const Vector<T>& b,const T& tolerance=
```

```
   small)                              //判断两个矢量是否正交
bool areAcute(const Vector<T>& a,const Vector<T>& b)
                                       //判断两个矢量间夹角是否为锐角
bool areObtuse(const Vector<T>& a,const Vector<T>& b)
                                       //判断两个矢量间夹角是否为钝角
T cosPhi(const Vector<T>& a,const Vector<T>& b,const T& tolerance=small)
                                       //计算两矢量间夹角的余弦值
T radAngleBetween(const Vector<T>& a,const Vector<T>& b,const T& tolerance=
   small)                              //计算两矢量间的夹角，结果用弧度表示
T degAngleBetween(const Vector<T>& a,const Vector<T>& b,const T& tolerance=
   small)                              //计算两矢量间的夹角，结果用度表示
scalar distance(const vector&,const vector&);
                                       //计算两矢量间的距离，即矢量差的模
```

OpenFOAM 在头文件 unitConversion.H 中定义了用于单位转换的函数，并在 Foam 空间中包含了这些函数集合，包括：

```
inline scalar degToRad(const scalar deg);       //由度转换为弧度
inline scalar radToDeg(const scalar rad);       //由弧度转换为度
inline scalar atmToPa(const scalar atm);        //由 atm 转换为 Pa
inline scalar paToAtm(const scalar pa);         //由 Pa 转换为 atm
```

Foam 空间中的 clone()函数模板常用于返回给定类型数据的副本，定义为：

```
template<class T>
inline T clone(const T& t){return move(T(t));}
```

为了方便在链表中查找满足要求元素的索引，Foam 空间中提供了如下函数：

```
label Foam::findIndex(const ListType &,typename ListType::const_reference,
     const label start=0)              //查找指定元素的索引
labelList Foam::findIndices(const ListType &,typename ListType::
     const_reference,const label start=0)
                                       //查找指定元素在链表中的所有索引
label Foam::findMax (const ListType &,const label start=0)
                                       //查找最大元素的索引
label Foam::findMin(const ListType &,const label start=0)
                                       //查找最小元素的索引
label Foam::findSortedIndex(const ListType &,typename ListType::const_
     reference,const label start=0)
                                       //在排序的列表中查找指定元素第一次出现的索引
label Foam::findLower(const ListType &,typename ListType::const_
     reference,const label stary,const BinaryOp & bop)
                                       //查找小于指定值的最后一个元素
label Foam::findLower(const ListType &,typename ListType::const_reference,
     const label start=0)              //查找小于指定值的最后一个元素
```

OpenFOAM 在头文件 spatialTransformI.H 中定义了用于空间张量变换的函数，并在 Foam 空间中包含了这些函数集合，所有这些函数都是基于右手坐标系定义的，它们的返回值为空间变换张量，它们包括：

```
inline spatialTransform Xrx(const scalar& omega);
            //关于 x 轴旋转角度 omega 的空间变换张量
inline spatialTransform Xry(const scalar& omega);
            //关于 y 轴旋转角度 omega 的空间变换张量
inline spatialTransform Xrz(const scalar& omega);
```

```
            //关于 z 轴旋转角度 omega 的空间变换张量
inline spatialTransform Xr(const vector& a,const scalar omega)
            //以矢量 a 为轴旋转角度 omega 的空间变换张量
inline spatialTransform Xt(const vector& r);   //沿矢量 r 平移的变换张量
```

4.5.2 Foam 名称空间中的变量

Foam 名称空间中除了 4.2.7 节和 4.3.7 节介绍的量纲常量和物理常量外，主要针对不同精度要求的算术类型，定义了算术类型常量，见表 4-9。

表4-9　Foam 空间中的算术类型常量

常量名	值
GREAT	取决于计算机采用的精度类型
ROOTGREAT	
VGREAT	
ROOTVGREAT	
SMALL	
ROOTSMALL	
VSMALL	
ROOTVSMALL	
NaN	
doubleScalarVGreat	numeric_limits<doubleScalar>::max()/10
doubleScalarVSmall	numeric_limits<doubleScalar>::min()
doubleScalarSmall	numeric_limits<doubleScalar>::epsilon()
doubleScalarGreat	1.0/doubleScalarSmall
doubleScalarRootVGreat	sqrt(doubleScalarVGreat)
doubleScalarRootVSmall	sqrt(doubleScalarVSmall)
doubleScalarRootGreat	sqrt(doubleScalarGreat)
doubleScalarRootSmall	sqrt(doubleScalarSmall)
doubleScalarNaN	numeric_limits<doubleScalar>::signaling_NaN()
floatScalarVGreat	numeric_limits<floatScalar>::max()/10
floatScalarVSmall	numeric_limits<floatScalar>::min()
floatScalarSmall	numeric_limits<floatScalar>::epsilon()
floatScalarGreat	1.0/floatScalarSmall
floatScalarRootVGreat	sqrt(floatScalarVGreat)
floatScalarRootVSmall	sqrt(floatScalarVSmall)
floatScalarRootGreat	sqrt(floatScalarGreat)
floatScalarRootSmall	sqrt(floatScalarSmall)
floatScalarNaN	numeric_limits<floatScalar>::signaling_NaN()
longDoubleScalarVGreat	numeric_limits<longDoubleScalar>::max()/10
longDoubleScalarVSmall	numeric_limits<longDoubleScalar>::min()
longDoubleScalarSmall	1e3*numeric_limits<longDoubleScalar>::epsilon()

续表

常量名	值
longDoubleScalarGreat	1.0/longDoubleScalarSmall
longDoubleScalarRootVGreat	sqrtl(longDoubleScalarVGreat)
longDoubleScalarRootVSmall	sqrtl(longDoubleScalarVSmall)
longDoubleScalarRootGreat	sqrtl(longDoubleScalarGreat)
longDoubleScalarRootSmall	sqrtl(longDoubleScalarSmall)
longDoubleScalarNaN	numeric_limits<longDoubleScalar>::signaling_NaN()
uLabelMax	UINT_SIZE(UINT, _MAX)
labelMin	INT_SIZE(INT, _MIN)
labelMax	INT_SIZE(INT, _MAX)
Zero	zero

表 4-9 中 numeric_limits<T>为 C++中的类模板，用于为算术类型提供极值等属性，T 表示数据类型。表中前面的量（从 GREAT 至 NAN）的值取决于计算机所采用的精度类型，如果采用 WM_SP 类型，它们的值与 float 数据的对应量相同；如果采用 WM_DP 类型，它们的值与 double 数据的对应量相同；如果采用 WM_LP 类型，它们的值与 long double 数据的对应量相同。

4.5.3 Foam 名称空间中的别名

Foam 名称空间中的别名主要是针对类模板的实例化类定义的（包含少部分变量类型的别名），表 4-10 列出了计算多物理场中部分常用的别名及其表示的实例化类。

表4-10 OpenFOAM 编程中常用别名

类别	别名	表示
基本数据类型	direction	uint8_t
	doubleScalar	double
	floatScalar	float
	longDoubleScalar	long double
	label	INT_SIZE(int, _t)
基本张量	tensor	Tensor<scalar>
	tensor2D	Tensor2D<scalar>
	floatTensor	Tensor<float>
	labelTensor	Tensor<label>
	symmTensor	SymmTensor<scalar>
	symmTensor2D	SymmTensor2D<scalar>
	diagTensor	DiagTensor<scalar>
	labelSphericalTensor	SphericalTensor<label>
	sphericalTensor	SphericalTensor<scalar>
	sphericalTensor2D	SphericalTensor2D<scalar>
	labelSymmTensor	SymmTensor<label>

续表

类别	别名	表示
基本张量	spatialTensor	SpatialTensor<scalar>
	vector	Vector<scalar>
	vector2D	Vector2D<scalar>
	complexVector	Vector<complex>
	floatVector	Vector<float>
	labelVector	Vector<label>
	spatialVector	SpatialVector<scalar>
	point	vector
	point2D	vector2D
	compactSpatialTensor	CompactSpatialTensor<scalar>
带量纲变量	dimensionedScalar	dimensioned<scalar>
	dimensionedVector	dimensioned<vector>
	dimensionedTensor	dimensioned<tensor>
	dimensionedSphericalTensor	dimensioned<sphericalTensor>
	dimensionedSymmTensor	dimensioned<symmTensor>
基本参数链表	boolUList	UList<bool>
	boolList	List<bool>
	boolListList	List<List<bool>>
	charList	List<charList>
	wordList	List< word >
	wordIOList	IOList<word>
	wordListIOList	IOList<wordList>
	fileNameUList	UList<fileName>
	fileNameList	List<fileName>
	scalarUList	UList<scalar>
	scalarList	List<scalar>
	scalarListList	List<scalarList>
	labelList	List<label>
	labelListList	List<labelList>
	stringUList	UList<string>
	stringList	List<string>
几何参数链表	blockEdgeList	PtrList<blockEdge>
	blockFaceList	PtrList<blockFace>
	blockList	PtrList<block>
	blockVertexList	PtrList<blockVertex>
	pointList	List<point>
	cellList	List<cell>
	cellIOList	IOList<cell>
	cellCompactIOList	CompactIOList<cell, label>
	cellShapeList	List<cellShape>

续表

类别	别名	表示
几何参数链表	cellShapeListList	PtrList<cellShapeList>
	cellShapeIOList	IOList<cellShape>
	edgeIOList	IOList<edge>
	edgeCompactIOList	CompactIOList<edge, label>
	edgeIOList	IOList<edge>
	edgeCompactIOList	CompactIOList<edge, label>
	edgeList	List<edge>
	edgeListList	List<edgeList>
	faceIOList	IOList<face>
	faceCompactIOList	CompactIOList<face, label>
	faceUList	UList<face>
	faceList	List<face>
	faceSubList	SubList<face>
	faceListList	List<faceList>
	bPatch	PrimitivePatch< faceList, const pointField >
	unallocFaceList	UList<face>
张量链表	vectorList	List<vector>
	vectorUList	UList<vector>
	vectorIOList	IOList<vector>
	tensorList	List<tensor>
	tensorUList	UList<tensor>
	sphericalTensorList	List<sphericalTensor>
	sphericalTensorUList	UList<sphericalTensor>
	symmTensorUList	UList<symmTensor>
	symmTensorList	List<symmTensor>
	polyPatchList	PtrList<polyPatch>
几何区域编号	cellZoneID	DynamicID<meshCellZones>
	faceZoneID	DynamicID<meshFaceZones>
	pointZoneID	DynamicID<meshPointZones>
	polyPatchID	DynamicID<polyBoundaryMesh>
几何区域网格	meshCellZones	MeshZones<cellZone, polyMesh>
	meshFaceZones	MeshZones<faceZone, polyMesh>
	meshPointZones	MeshZones<pointZone, polyMesh>

4.6 OpenFOAM 中的物理场类

本节介绍 OpenFOAM 中的标准物理场类，介绍方法与 4.5 节类似。

4.6.1 Field

Field 类模板是面向通用物理场的类，它不带量纲，常作为诸多其他物理场类的基类。Field

类模板继承自 tmp<Field<Type>>::refCount 和 List<Type>，它的构造函数有：

```
Field();                          //构造空物理场
explicit Field(const label);      //给定场的大小构造物理场，使用前需进行初始化
Field(const label,const Type&);              //给定场的大小和初值构造物理场
Field(const label,const zero);               //给定场的大小构造物理场，初值为 0
explicit Field(const UList<Type>&);          //复制 UList 对象构造物理场
explicit Field(List<Type>&&);                //迁移 List 对象构造物理场
explicit Field(const UIndirectList<Type>&);
                                  //复制 UIndirectList 对象构造物理场
Field(const Field<Type>&);        //复制构造函数
Field(Field<Type>&,bool reuse);   //复制或重用构造物理场
Field(Field<Type>&&);             //迁移构造函数
Field(const tmp<Field<Type>>&); //复制 tmp 对象构造物理场
Field(const UList<Type>& mapF,const labelUList& mapAddressing);
                                             //映射指定场构造物理场
Field(const tmp<Field<Type>>& tmapF,const labelUList& mapAddressing);
                                             //映射指定 tmp 对象构造物理场
Field(const UList<Type>& mapF,const labelListList& mapAddressing,
     const scalarListList& weights);   //插值映射给定场构造物理场
Field(const tmp<Field<Type>>& tmapF,const labelListList& mapAddressing,
     const scalarListList& weights);   //插值映射给定 tmp 对象构造物理场
Field(Istream&);                             //由输入流构造物理场
Field(const word& keyword,const dictionary&,const label size);
                                             //由字典目录构造物理场
tmp<Field<Type>>clone()const;                //构造物理场额副本
```

除了由 tmp<Field<Type>>::refCount 和 List<Type>继承的类方法外，对 Field 对象可执行的操作如下：

```
void map(const UList<Type>& mapF,const labelUList& mapAddressing);
                                             //根据给定场映射函数
void map(const tmp<Field<Type>>& tmapF,const labelUList& mapAddressing);
                                             //根据给定 tmp 场的映射函数
void map(const UList<Type>& mapF,const labelListList& mapAddressing,
     const scalarListList& weights);   //根据给定场的插值映射函数
void map(const tmp<Field<Type>>& tmapF,const labelListList& mapAddressing,
     const scalarListList& weights);   //根据给定 tmp 场的插值映射函数
void rmap(const UList<Type>& mapF,const labelUList& mapAddressing);
                                             //根据给定场的反映射函数
void rmap(const tmp<Field<Type>>& tmapF,const labelUList& mapAddressing);
                                             //根据给定 tmp 场的反映射函数
void rmap(const UList<Type>& mapF,const labelUList& mapAddressing, const
     UList<scalar>& weights);          //根据给定场的插值反映射函数
void rmap(const tmp<Field<Type>>& tmapF,const labelUList& mapAddressing,
     const UList<scalar>& weights);    //根据给定 tmp 场的插值反映射函数
void negate();                               //使物理场无效
tmp<Field<cmptType>>component(const direction)const;
                                             //返回对象的分量场
void replace(const direction,const UList<cmptType>&);
                                             //替换对象的分量场
void replace(const direction,const tmp<Field<cmptType>>&);
                                             //替换对象的分量场
void replace(const direction,const cmptType&); //替换对象的分量场
tmp<Field<Type>>T()const;                    //返回对象的转置场，只对二阶张量场有效
```

Field 类模板中重载了操作符=、+=、-=、*=、/=，使得可以实现 Field 类对象与 UList 和 tmp 对象间的这些运算，以及与 scalar 量间的*=和/=运算。

当 Field 类模板的类型参数取 scalar、vector 等变量类型时，得到如下实例化类：

```
typedef Field<scalar>scalarField;
typedef Field<vector>vectorField;
typedef vectorField pointField;
typedef Field<tensor>tensorField;
typedef Field<diagTensor>diagTensorField;
typedef Field<sphericalTensor>sphericalTensorField;
typedef Field<symmTensor>symmTensorField;
typedef Field<label>labelField;
typedef Field<complex>complexField;
typedef Field<triad>triadField;
typedef Field<quaternion>quaternionField;
```

例如，创建 tensorField 类 tf1，其中包含两个张量场，每个场都初始化为 one，并可以使用访问算子[]访问某个分量，命令如下：

```
#include "tensorField.H"
…
tensorField tf1(2,tensor::one);
tf1[0]=tensor(1,2,3,4,5,6 ,7,8,9);
…
```

OpenFOAM 还提供了值为 0 和 1 的场类 zeroField 和 oneField，以及一个只存储一个值的均匀场类 UniformField。其中，UniformField 类中的重载操作符成员函数

```
inline Type operator[](const label)const;
```

用于返回该均匀场的值。

4.6.2 FieldField

FieldField 为以物理场为类型参数的类模板，常作为其他类的基类，它继承自 tmp::refCount 和 PtrList 类模板，类声明为：

```
template<template<class>class Field,class Type>
class FieldField: public tmp<FieldField<Field,Type>>::refCount,public
      PtrList<Field<Type>>
{…}
```

FieldField 类模板的构造函数有：

```
FieldField();                                  //构造空对象
explicit FieldField(const label);   //给定场的大小构造对象，使用前需初始化
FieldField(const word&,const FieldField<Field,Type>&);
                                              //给定 FieldField 对象构造对象
FieldField(const FieldField<Field,Type>&);          //复制构造函数
FieldField(FieldField<Field,Type>&&);               //迁移构造函数
FieldField(FieldField<Field,Type>&,bool reuse);//复制或重用构造函数
FieldField(const PtrList<Field<Type>>&);          //复制 PtrList 对象构造对象
FieldField(const tmp<FieldField<Field,Type>>&);//复制 tmp 对象构造对象
FieldField(Istream&);                               //由输入流构造对象
tmp<FieldField<Field,Type>>clone()const;            //构造对象的副本
```

对 FieldField 类对象可执行的主要操作有：

```
void negate();                                              //删除对象
tmp<FieldField<Field,cmptType>>component(const direction)const;
                                                            //返回分量场
void replace(const direction,const FieldField<Field,cmptType>&);
                                                            //替换分量场
void replace(const direction,const cmptType&);              //替换分量场
tmp<FieldField<Field,Type>>T()const;                        //返回转置场
```

FieldField 类对象与同类型对象或 tmp 对象间可进行=、+=、−=、*=、/=等运算，或与 Type 型量间进行+=和−=运算，与 scalar 量间进行*=、/=运算。

4.6.3 DimensionedField

DimensionedField 类模板为带量纲的物理场，而且它与场的几何特性相关。DimensionedField 类模板的类型参数除了数据类型参数 Type 外，还有一表示场的几何特性的类 GeoMesh。DimensionedField 类模板继承于 regIOobject 和 Field<Type>，其类声明为：

```
template<class Type,class GeoMesh>
class DimensionedField: public regIOobject,public Field<Type>{…}
```

DimensionedField 类模板的构造函数有：

```
DimensionedField(const IOobject&,const Mesh& mesh,const dimensionSet&,
    const Field<Type>&);                          //由分量构造对象
DimensionedField(const IOobject&,const Mesh& mesh,const dimensionSet&,
    const bool checkIOFlags=true);                //由分量构造对象，使用前需初始化
DimensionedField(const IOobject&,const Mesh& mesh,const dimensioned<Type>&,
    const bool checkIOFlags=true);                //由分量构造对象
DimensionedField(const IOobject&,const Mesh& mesh,
    const word& fieldDictEntry="value");          //由输入流构造对象
DimensionedField(const IOobject&,const Mesh& mesh,const dictionary&
    fieldDict,const word& fieldDictEntry="value");
                                                  //由字典构造对象
DimensionedField(const DimensionedField<Type,GeoMesh>&);
                                                  //复制构造函数
DimensionedField(DimensionedField<Type,GeoMesh>&,bool reuse);
                                                  //复制或重用
DimensionedField(DimensionedField<Type,GeoMesh>&&);
                                                  //迁移构造函数
DimensionedField(const tmp<DimensionedField<Type,GeoMesh>>&);
                                                  //由 tmp 类对象构造
DimensionedField(const IOobject&,const DimensionedField<Type,GeoMesh>&);
                                                  //重设 IO 参数的复制构造函数
DimensionedField(const IOobject&,DimensionedField<Type,GeoMesh>&,bool
    reuse);                                       //重设 IO 参数并重用的复制构造函数
DimensionedField(const word& newName,const DimensionedField<Type,
    GeoMesh>&);                                   //重设名称的复制构造函数
DimensionedField(const word& newName,DimensionedField<Type,GeoMesh>&,
    bool reuse);                                  //重设名称并重用的复制构造函数
DimensionedField(const word& newName,const tmp<DimensionedField<Type,
    GeoMesh>>&);                                  //重设名称的复制构造函数
```

```
tmp<DimensionedField<Type,GeoMesh>>clone()const;          //构造对象副本
static tmp<DimensionedField<Type,GeoMesh>>New(const word& name,const
    Mesh& mesh,const dimensionSet&);
                            //给定名称、网格和量纲定义物理后返回其副本
static tmp<DimensionedField<Type,GeoMesh>>New(const word& name,
    const Mesh& mesh,const dimensioned<Type>&);
                            //给定名称、网格和dimensioned定义物理后返回其副本
static tmp<DimensionedField<Type,GeoMesh>>New(const word& newName,
    const DimensionedField<Type,GeoMesh>&);
                            //给定名称和已知物理场构造临时对象
static tmp<DimensionedField<Type,GeoMesh>>New(const word& newName,
    const tmp<DimensionedField<Type,GeoMesh>>&);
                            //返回重新命名的临时对象
```

对 DimensionedField 类对象可执行的主要操作有：

```
void readField(const dictionary& fieldDict,const word& fieldDictEntry=
    "value");
                                                       //从字典读入物理场
inline const Mesh& mesh()const;                        //返回几何网格
inline const dimensionSet& dimensions()const;          //返回物理场的量纲
inline dimensionSet& dimensions();                     //返回物理场的量纲
inline const Field<Type>& field()const;                //返回物理场的量纲
inline Field<Type>& field();                           //返回物理场的量纲
tmp<DimensionedField<cmptType,GeoMesh>>component(const direction)const;
                                                       //替换分量场
void replace(const direction,const DimensionedField<cmptType,GeoMesh>&);
                                                       //替换分量场
void replace(const direction,const tmp<DimensionedField<cmptType,
    GeoMesh >>&);
                                                       //替换分量场
tmp<DimensionedField<Type,GeoMesh>>T()const;
                                        //返回场的转置场，只对二阶张量场有效
dimensioned<Type>average()const;        //计算并返回物理场的算术平均值
dimensioned<Type>weightedAverage(const DimensionedField<scalar,
    GeoMesh>&)const;
                                        //计算并返回物理场的加权平均值
dimensioned<Type>weightedAverage(const tmp<DimensionedField<scalar,
    GeoMesh>>&)const;                   //计算并返回物理场的加权平均值
bool writeData(Ostream&,const word& fieldDictEntry)const;
                                        //写出物理场
bool writeData(Ostream&)const;          //写出物理场
```

除了从 regIOobject 和 Field<Type>继承的操作外，DimensionedField<Type>类模板中重载了操作符=、+=、−=、*=、/=等，可实现将 DimensionedField<Type>、tmp<Type>、dimensioned<Type>、zero 类对象赋给 DimensionedField<Type>类对象，与 DimensionedField<Type>和 tmp<Type>对象间的这些运算，以及与 dimensioned<Type>对象间的+=和−=、与 dimensioned<scalar>对象间的*=、/=运算。

4.6.4 GeometricField

GeometricField 类模板为通用几何场类，其类型参数有数据类型 Type、类模板 PatchField

和几何特性类 GeoMesh，继承于 DimensionedField<Type, GeoMesh>。它建立了场与网格中的离散点间的关系，这种类型的场往往是计算多物理场的求解对象，是 OpenFOAM 编程中需要了解的核心内容。

GeometricField 类模板的构造函数有：

```
GeometricField(const IOobject&,const Mesh&,const dimensionSet&,const
    word& patchFieldType=PatchField<Type>::calculatedType());
    //给定 IOobject、mesh、量纲和 patchField 类型构造对象，主要用于创建临时场
GeometricField(const IOobject&,const Mesh&,const dimensionSet&,const
    wordList & wantedPatchTypes,const wordList& actualPatchTypes=
    wordList());
    //给定 IOobject、mesh、量纲和 patchField 类型构造对象，主要用于创建临时场
GeometricField(const IOobject&,const Mesh&,const dimensioned <Type>&,
    const word& patchFieldType=PatchField<Type>::calculatedType());
    //给定 IOobject、mesh、量纲和 patchField 类型构造对象
GeometricField(const IOobject&,const Mesh&,const dimensioned<Type>&,
    const wordList& wantedPatchTypes,const wordList& actualPatchTypes=
    wordList());
    //给定 IOobject、mesh、量纲和 patchField 类型构造对象
GeometricField(const IOobject&,const Internal&,const PtrList<PatchField
    <Type>>&);                                          //由分量构造对象
GeometricField(const IOobject&,const Mesh&,const dimensionSet&,const
    Field<Type>&,const PtrList<PatchField<Type>>&);
    //由分量构造对象
GeometricField(const IOobject&,const Mesh&);    //给定 IOobject 构造对象
GeometricField(const IOobject&,const Mesh&,const dictionary&);
                                                //由字典构造对象
GeometricField(const GeometricField<Type,PatchField,GeoMesh>&);
                                                //复制构造函数
GeometricField(GeometricField<Type,PatchField,GeoMesh>&&);
                                                //迁移构造函数
GeometricField(const tmp<GeometricField<Type,PatchField,GeoMesh>>&);
    //复制 tmp 对象构造对象
GeometricField(const IOobject&,const GeometricField<Type,PatchField,
    GeoMesh>&);                                 //复制并重设 IO 参数构造对象
GeometricField(const IOobject&,const tmp<GeometricField<Type,PatchField,
    GeoMesh>>&);                                //复制 tmp 对象并重设 IO 参数构造对象
GeometricField(const word& newName,const GeometricField<Type,PatchField,
    GeoMesh>&);                                 //复制并重设名称构造对象
GeometricField(const word& newName,const tmp<GeometricField<Type,PatchField,
    GeoMesh>>&);                                //复制 tmp 对象并重设名称构造对象
GeometricField(const IOobject&,const GeometricField<Type,PatchField,
    GeoMesh>&,const word& patchFieldType);
    //复制并重设 IO 参数和 PatchField 类型构造对象
GeometricField(const IOobject&,const GeometricField<Type,PatchField,
    GeoMesh>&,const wordList& patchFieldTypes,const wordList&
    actualPatchTypes= wordList());
    //复制并重设 IO 参数和边界类型构造对象
GeometricField(const IOobject&,const tmp<GeometricField<Type,PatchField,
    GeoMesh>>&,const wordList& patchFieldTypes,const wordList&
    actualPatchTypes= wordList());
    //复制并重设 IO 参数和边界类型构造对象
tmp<GeometricField<Type,PatchField,GeoMesh>>clone()const;
                                                            //构造对象副本
```

```
static tmp<GeometricField<Type,PatchField,GeoMesh>>New(const word& name,
    const Internal&,const PtrList<PatchField<Type>>&);
    //给定名称、内部场和 patch 场列表构造对象
static tmp<GeometricField<Type,PatchField,GeoMesh>>New(const word& name,
    const Mesh&,const dimensionSet&,const word& patchFieldType=
    PatchField <Type>::calculatedType());
    //返回由给定名称、mesh、量纲和 patch 场类型建立的临时场
static tmp<GeometricField<Type,PatchField,GeoMesh>>New(const word& name,
    const Mesh&,const dimensioned<Type>&,const word& patchFieldType=
    Patch Field <Type>::calculatedType());
    //返回由给定 mesh、量纲和 patch 场类型建立的临时场
static tmp<GeometricField<Type,PatchField,GeoMesh>>New(const word& name,
    const Mesh&,const dimensioned<Type>&,const wordList& patchFieldTypes,
    const wordList& actualPatchTypes=wordList());
    //返回由给定 mesh、量纲和 patch 场类型建立的临时场
static tmp<GeometricField<Type,PatchField,GeoMesh>>New(const word& newName,
    const tmp<GeometricField<Type,PatchField,GeoMesh>>&);
    //重命名临时场并返回
static tmp<GeometricField<Type,PatchField,GeoMesh>>New(const word& newName,
    const tmp<GeometricField<Type,PatchField,GeoMesh>>&,const word&);
    //重命名临时场，重设 patch 场类型并返回
static tmp<GeometricField<Type,PatchField,GeoMesh>>New(const word& newName,
    const tmp<GeometricField<Type,PatchField,GeoMesh>>&,const wordList&
    patchField Types,const wordList& actualPatchTypes=wordList());
    //重命名对象的 patch 场名称，重设其类型并返回
```

可以看出，构造一个 GeometricField 类对象所需的基类较多，包括张量代数相关的场类 Field<Type>，量纲检查使用的类 dimensionSet 等，图 4-7 总结了这些相关的基类。

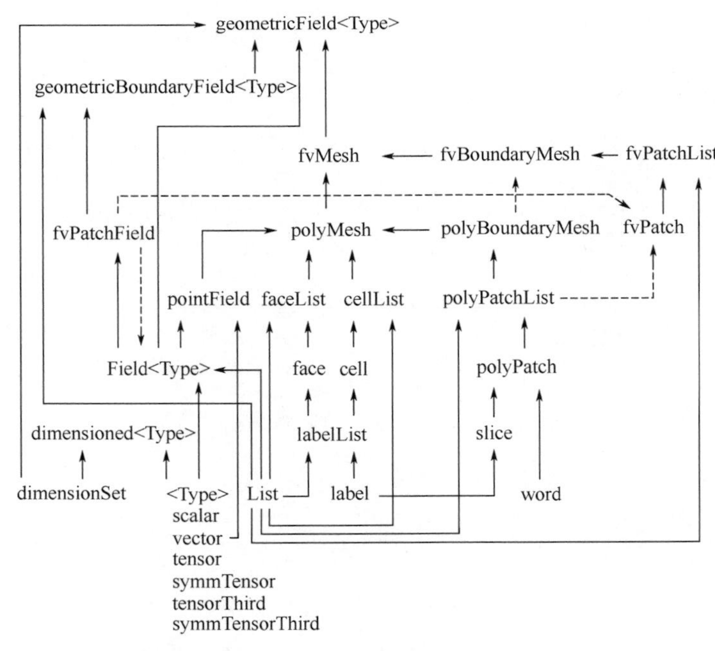

图 4-7 构造 GeometricField 类对象所需的其他基类

例如，由给定 IOobject、mesh、量纲和 patchField 类型构造对象 p：

```
volScalarField p
(
    IOobject
     (
         pName,
         runTime.timeName(),
         mesh,
         IOobject::READ_IF_PRESENT,
         IOobject::NO_WRITE
     ),
     mesh,
     dimensionedScalar(pName,sqr(dimVelocity),0),
     pBCTypes
);
```

由复制 tmp 对象构造 GeometricField 对象 gradT：

```
volVectorField gradT(fvc::grad(T))
```

由复制 tmp 对象并重设 IO 参数构造 GeometricField 对象 gradTx 和 phi：

```
volScalarField gradTx
(
    IOobject
    (
         "gradTx",
         runTime.timeName(),
         mesh,
         IOobject::NO_READ,
         IOobject::AUTO_WRITE
    ),
    gradT.component(vector::X)
);
surfaceScalarField phi
(
    IOobject
    (
         "phi",
         runTime.timeName(),
         mesh,
         IOobject::NO_READ,
         IOobject::AUTO_WRITE
    ),
    fvc::flux(U)
);
```

GeometricField 类模板的成员函数有：

```
Internal& ref();                            //返回带量纲内部场的引用
inline const Internal& internalField()const;
                                            //返回带量纲内部场的 const 引用
inline const Internal& v()const;            //返回带量纲内部场（体单元）的 const 引用
typename Internal::FieldType& primitiveFieldRef(); //返回内部场的引用
inline const typename Internal::FieldType& primitiveField()const;
                                            //返回内部场的引用
```

```
    Boundary& boundaryFieldRef();                          //返回边界场的引用
    inline const Boundary& boundaryField()const;           //返回边界场的引用
    inline label timeIndex()const;                         //返回物理场的时间索引
    inline label& timeIndex();                             //返回物理场的时间索引
    void storeOldTimes()const;                             //存储先前时间点的物理场
    void storeOldTime()const;                              //存储先前时间点的物理场
    label nOldTimes()const;
                    //返回已存储的先前时间点上的物理场数量
    const GeometricField<Type,PatchField,GeoMesh>& oldTime()const;
                    //返回先前时间点上的物理场
    GeometricField<Type,PatchField,GeoMesh>& oldTime();
                    //返回先前时间点上的非 const 物理场，常用于子循环内
    void storePrevIter()const;        //将当前物理场结果存储为上一迭代步的值
    const GeometricField<Type,PatchField,GeoMesh>& prevIter()const;
                    //返回上一迭代步的物理场
    void correctBoundaryConditions();//修正边界场
    bool needReference()const;        //判断物理场是否需要参考值用于求解
    tmp<GeometricField<cmptType,PatchField,GeoMesh>>component(const
        direction)const;              //返回 tmp 型分量场，direction 可以为 X、Y 或 Z
    bool writeData(Ostream&)const;  //regIOobject 所需的 writeData 成员函数
    tmp<GeometricField<Type,PatchField,GeoMesh>>T()const;
                    //返回转置场
    void relax(const scalar alpha);
                    //对物理场进行松弛操作，用于稳态求解，在 alpha <1 时进行松弛
    void relax();   //对物理场进行松弛操作，用于稳态求解，alpha 的值从控制字典读入
    word select(bool final)const;//如果参数 final 的值为 true，选择最后迭代步的参数
    void writeMinMax(Ostream& os)const; //将最小值和最大值写入 Ostream
```

可以看出，GeometricField 类模板中存储了如下信息：

① 内部场（Internal Field），一般为 Field<Type>类型。

② 边界场（BounaryField），它是一种 GeometricBoundaryField 类型的场，其中为每个 patch 面定义了一个场。

③ Mesh，它是 fvMesh 的引用，增加了诸如场是否定义在单元质心或面质心上等信息。

④ 量纲：属于 dimensionSet 类。

⑤ 先前时间步上的值，用来为时间导数的离散提供场数据。

⑥ 先前迭代步上的值，多用于为迭代求解过程的欠松弛方法提供数据。

此外，OpenFOAM 编程中经常用到 GeometricField 类模板从 UList<Type>中继承的成员函数：

```
    const Type &    operator[] (const label)const
```

可用于提取物理场中的某一元素，且提取后的元素量纲为 1 的量。例如，某 volScalarField 类的场 F，其元素 F[i]为 scalar 类型的量。

例如，对创建的 volScalarField 场 p 执行访问和输出操作，其命令如下：

```
    volScalarField p
    (
        IOobject
        (
            "p",
            runTime.timeName(),
            mesh,
            IOobject::MUST_READ,
            IOobject::AUTO_WRITE
```

```
        ),
        mesh
    );
    Info<<p<<endl;
    Info<<p.boundaryField()[0]<<endl;
```

除了从 DimensionedField<Type, GeoMesh>继承的操作外，GeometricField 类模板中重载了操作符=、==、+=、-=、*=、/=等，可实现将 GeometricField、tmp、dimensioned、zero 类对象赋给 GeometricField 类对象，与 tmp、dimensioned 和 zero 类对象的比较，与 GeometricField 和 tmp 对象间的这些所有运算，以及与 dimensioned<Type>对象间的+=和-=，与 dimensioned<scalar>对象间的*=、/=运算。

OpenFOAM 定义了 GeometricField<Type, PatchField, GeoMesh>类模板部分具体化类的别名，包括定义在体单元、面单元上的具体化类：

```
    VolField=GeometricField<Type,fvPatchField,volMesh>;
    SurfaceField=GeometricField<Type,fvsPatchField,surfaceMesh>;
    typedef GeometricField<scalar,fvPatchField,volMesh>volScalarField;
    typedef GeometricField<vector,fvPatchField,volMesh>volVectorField;
    typedef GeometricField<sphericalTensor,fvPatchField,volMesh>volSpherical
        TensorField;
    typedef GeometricField<symmTensor,fvPatchField,volMesh>volSymmTensor
        Field;
    typedef GeometricField<tensor,fvPatchField,volMesh>volTensorField;
    typedef GeometricField<scalar,fvsPatchField,surfaceMesh>surfaceScalar
        Field;
    typedef GeometricField<vector,fvsPatchField,surfaceMesh>surfaceVector
        Field;
    typedef GeometricField<sphericalTensor,fvsPatchField,surfaceMesh>surface
        SphericalTensorField;
    typedef GeometricField<symmTensor,fvsPatchField,surfaceMesh>surfaceSymm
        TensorField;
    typedef GeometricField<tensor,fvsPatchField,surfaceMesh>surfaceTensor
        Field;
```

其中，VolField 为定义在单元质心上的场，SurfaceField 为定义在单元面上的场，PointField 为定义在单元顶点上的场，各种场又分为内部场和边界场，如图 4-8 所示。

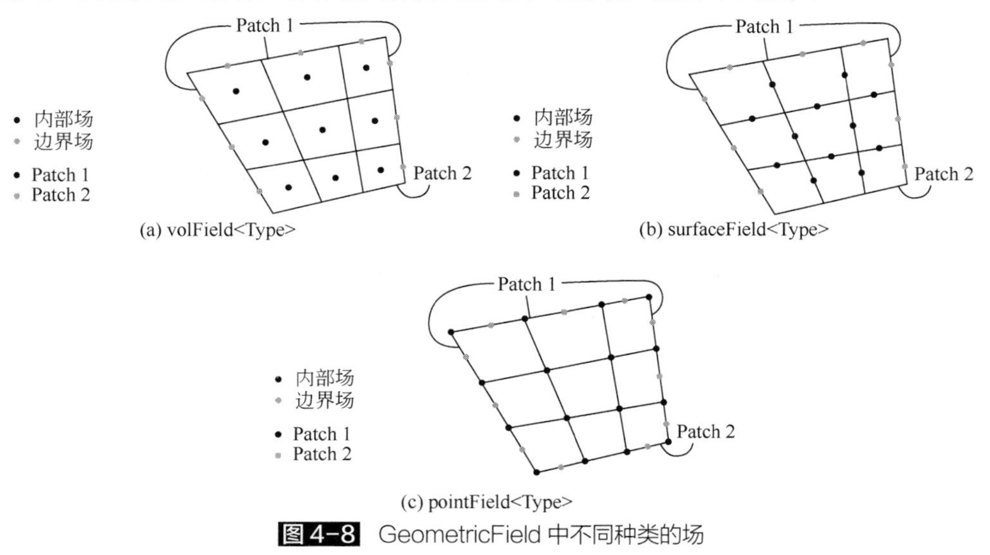

图 4-8　GeometricField 中不同种类的场

4.6.5 Boundary

Boundary 类的声明位于 GeometricField 类模板内，是嵌套类，表示边界场。GeometricField 类及其派生类的成员函数可以使用 Boundary 类对象，而在 GeometricField 类外使用 Boundary 类时，需使用作用域解析符，即：

```
GeometricField<Type,PatchField,GeoMesh>::Boundary
```

Boundary 类继承自类模板 FieldField<PatchField, Type>，其类对象的构造方法如下：

```
Boundary(const BoundaryMesh&);        //由 BoundaryMesh 对象构造
Boundary(const BoundaryMesh&,const Internal&,const word&);
    //由 BoundaryMesh 对象构造，并设为内部场和 Patch 场类型的引用
Boundary(const BoundaryMesh&,const Internal&,const wordList& wantedPatch
    Types,const wordList& actualPatchTypes=wordList());
    //由 BoundaryMesh 对象构造，并设为内部场和 Patch 场类型的引用
Boundary(const BoundaryMesh&,const Internal&,const PtrList<PatchField
    <Type>>&);
    //由 BoundaryMesh 对象构造，并设为内部场和 PtrList 对象的引用
Boundary(const Internal&,const Boundary&);
    //复制构造函数，并设为内部场的引用
Boundary(const Boundary&)=delete;
    //复制构造函数，如果未成功设为内部场引用，则将其删除
Boundary(Boundary&&)=delete;
    //迁移构造函数，如果未成功设为内部场引用，则将其删除
Boundary(const BoundaryMesh&,const Internal&,const dictionary&);
    //由字典对象构造
```

对 Boundary 类可执行的操作有：

```
void readField(const Internal& field,const dictionary& dict);
                                           //读取边界场
void updateCoeffs();                       //更新边界条件系数
void evaluate();                           //估计边界条件
wordList types()const;                     //返回 patch 场类型链表
Boundary boundaryInternalField()const;     //返回与边界相邻的单元上的边界场值
LduInterfaceFieldPtrsList<Type>interfaces()const;
    //返回每一个 patch 场的指针链表，只针对设置为指向界面的 patch 场
lduInterfaceFieldPtrsList scalarInterfaces()const;
    //返回每一个 patch 场的指针链表，只针对设置为指向界面的 patch 场
void writeEntry(const word& keyword,Ostream& os)const;
                                           //将边界场写入字典目录
```

其中，成员函数 boundaryInternalField()在计算多物理场中经常用到。此外，Boundary 类的继承类 FieldField<PatchField, Type>继承于类模板 PtrList< T >，PtrList< T >又继承于 UPtrList< T >，类模板 UPtrList<T>中有成员函数 size()在 Boundary 类对象操作时被经常使用，它返回 UPtrList 中元素的个数：

```
label size ()const
```

Boundary 类从类模板 FieldField<PatchField, Type>继承的函数 clone()，在 OpenFOAM 编程时可用于将 Boundary 类型转换为 Field 类型：

```
tmp<FieldField<PatchField,Type>>    clone ()const
```

Boundary 类定义中定义了操作符=和==的重载函数，可用于将该 Boundary 对象引用、FieldField<PatchField, Type>对象引用及类型参数 Type 指定的量赋给 Boundary 对象引用，或者用于它们之间的比较。

4.6.6 fvPatchField

fvPatchField 为描述边界场的抽象基类模板，计算多物理场中几乎所有的边界条件均为该类的继承类。fvPatchField 类模板继承自 Field<Type>，它的构造函数有：

```
fvPatchField(const fvPatch&,const DimensionedField<Type,volMesh>&);
                                //由 patch 和内部场构造对象
fvPatchField(const fvPatch&,const DimensionedField<Type,volMesh>&,const
    Field<Type>&);              //由 patch、内部场和 patch 场构造对象
fvPatchField(const fvPatch&,const DimensionedField<Type,volMesh>&,const
    dictionary&,const bool valueRequired=true);
                                //由 patch、内部场和字典构造对象
fvPatchField(const fvPatchField<Type>&,const fvPatch&,const DimensionedField
    <Type,volMesh>&,const fvPatchFieldMapper&,const bool mappingRequired=
    true);                      //映射给定 fvPatchField 至新 patch 构造对象
fvPatchField(const fvPatchField<Type>&)=delete;
                                //不设置内部场引用时禁止复制
tmp<fvPatchField<Type>>clone()const;        //不设置内部场引用时禁止构建副本
fvPatchField(const fvPatchField<Type>&,const DimensionedField<Type,
    volMesh>&);                 //设置内部场引用的复制构造对象
virtual tmp<fvPatchField<Type>>clone(const DimensionedField<Type,volMesh>&
    iF)const;                   //构造并返回副本，设置内部场引用
```

fvPatchField 类模板定义了选择器，用于创建临时对象：

```
static tmp<fvPatchField<Type>>New(const word&,const fvPatch&,const
    Dimensioned Field<Type,volMesh>&);
    //给定 patch 和内部场构建新的 fvPatchField，不设置其值，返回指向该对象的指针
static tmp<fvPatchField<Type>>New(const word&,const word& actual PatchType,
    const fvPatch&,const DimensionedField<Type,volMesh>&);
    //给定 patch 和内部场构建新的 fvPatchField，不设置其值，返回指向该对象的指针
static tmp<fvPatchField<Type>>New(const fvPatchField<Type>&,const
    fvPatch&,const DimensionedField<Type,volMesh>&,const
    fvPatchFieldMapper&);
    //由给定 fvPatchField 映射至新 patch 构建 fvPatchField，返回指向该对象的指针
static tmp<fvPatchField<Type>>New(const fvPatch&,const DimensionedField
    <Type,volMesh>&,const dictionary&);
    //给定字典构建新的 fvPatchField，返回指向该对象的指针
static tmp<fvPatchField<Type>>NewCalculatedType(const fvPatch&);
    //构建新的 calculatedFvPatchField，不设置其值，返回指向该对象的指针
template<class Type2>static tmp<fvPatchField<Type>>NewCalculatedType
     (const fvPatchField<Type2>&);
    //构建新的 calculatedFvPatchField，不设置其值，返回指向该对象的指针
```

fvPatchField 类模板的成员函数有：

```
static const word& calculatedType();        //返回对象的 calculated 类型
virtual bool fixesValue()const;
    //如果 patch 场为固定值，返回 true，在求解 Poisson 方程时需验证
```

```
virtual bool assignable()const;          //如果 patch 场的值被改变，返回 true
virtual bool coupled()const;             //如果 patch 场被耦合，返回 true
bool overridesConstraint()const;         //如果基本的约束类型被覆盖，返回 true
const objectRegistry& db()const;         //返回 objectRegistry
const fvPatch& patch()const;             //返回 patch
const DimensionedField<Type,volMesh>& internalField()const;
    //返回带量纲内部场的引用
const Field<Type>& primitiveField()const; //返回内部场的引用
bool updated()const;                     //如果边界条件已经更新，返回 true
bool manipulatedMatrix()const;           //如果矩阵已经被操作，返回 true
virtual void autoMap(const fvPatchFieldMapper&);//给定映射对象的映射函数
virtual void rmap(const fvPatchField<Type>&,const labelList&);
    //将给定 fvPatchField 反向映射至对象
virtual void write(Ostream&)const;              //写出至 Ostream
void check(const fvPatchField<Type>&)const;
    //对照给定的 fvPatchField<Type>检查对象
virtual tmp<Field<Type>>snGrad()const;          //返回 patch 的法向梯度场
virtual tmp<Field<Type>>snGrad(const scalarField& deltaCoeffs)const;
    //应用提供的 deltaCoeffs 返回 patch 的法向梯度场，用于耦合 patch
virtual void updateCoeffs();
    //更新与 patch 场有关的系数，并将 Updated 参数设为 true
virtual void updateWeightedCoeffs(const scalarField& weights);
    //给定权重场更新与 patch 场有关的系数，并将 Updated 参数设为 true
virtual tmp<Field<Type>>patchInternalField()const;
    //返回与 patch 相邻的内部场作为 patch 场
virtual void patchInternalField(Field<Type>&)const;
    //返回与 patch 相邻的内部场作为 patch 场
virtual tmp<Field<Type>>patchNeighbourField()const;
    //返回耦合 patch 的反向 patch 对应的 patch 场
virtual void initEvaluate(const Pstream::commsTypes commsType =
    Pstream::commsTypes::blocking);      //初始化 patch 场的估计值
virtual void evaluate(const Pstream::commsTypes commsType =
    Pstream::commsTypes::blocking);  //估计 patch 场，将参数 Updated 设为 false
virtual tmp<Field<Type>>valueInternalCoeffs(const tmp<Field<scalar>>&)
    const;
    //针对带权重的 patch 场估计值，返回其对应矩阵的对角系数
virtual tmp<Field<Type>>valueBoundaryCoeffs(const tmp<Field<scalar>>&)
    const;
    //针对带权重的 patch 场估计值，返回其对应矩阵源系数
virtual tmp<Field<Type>>gradientInternalCoeffs()const;
    //针对 patch 场梯度估计值，返回其对应矩阵的对角系数
virtual tmp<Field<Type>>gradientInternalCoeffs(const scalarField& delta
    Coeffs)const;
    //针对应用了 deltaCoeffs 的耦合 patch 场梯度估计值，返回其对应矩阵的对角系数
virtual tmp<Field<Type>>gradientBoundaryCoeffs()const;
    //针对 patch 场梯度估计值，返回其对应矩阵源系数
virtual tmp<Field<Type>>gradientBoundaryCoeffs(const scalarField& delta
    Coeffs)const;
    //针对应用了 deltaCoeffs 的耦合 patch 场梯度估计值，返回其对应矩阵源系数
virtual void manipulateMatrix(fvMatrix<Type>& matrix); //矩阵操作
virtual void manipulateMatrix(fvMatrix<Type>& matrix,const scalarField&
    weights);
    //给定权重的矩阵操作
```

fvPatchField 类模板在定义时重载了操作符=、+=、−=、*=、/=等，可实现同类型对象间

的这些运算，以及与 Field<Type>类对象间的+=和−=运算，与 Field<scalar>对象间的*=和/=运算，与 Type 类型量间的=、+=、−=运算，与 scalar 类型量间的*=和/=运算。

fvPatchField 类模板的具体化类以及它们的别名有：

```
typedef fvPatchField<scalar>fvPatchScalarField;
typedef fvPatchField<vector>fvPatchVectorField;
typedef fvPatchField<sphericalTensor>fvPatchSphericalTensorField;
typedef fvPatchField<symmTensor>fvPatchSymmTensorField;
typedef fvPatchField<tensor>fvPatchTensorField;
```

fvPatchField 类模板主要用来作为基类定义计算多物理场中的边界条件类，OpenFOAM 将这些边界条件分为基本、几何约束和导出边界条件三类。例如，常用的 fixedValue 边界条件其实为类模板 fixedValueFvPatchField 定义的场，该类模板继承自 fvPatchField<Type>。由于在计算多物理场及 OpenFOAM 编程中，这一类场多用于编写算例中指定边界条件，无须理解这一类场及其对应类定义的内部细节，因此本书不再针对这些场进行详细介绍。

4.7 OpenFOAM 编程语句

C++中的所有语法规范都可以用于 OpenFOAM 编程，但 OpenFOAM 在 C++的基础上定义了一些特有的命令，这些命令可以代替原 C++命令的功能。在使用 OpenFOAM 计算多物理场的编程中，有一些常用的语句块，它们多为基于 OpenFOAM 中标准类的应用。为了使用方便，本节对这些内容进行阐释和总结。

4.7.1 简单语句

（1）屏幕输出语句

OpenFOAM 使用 Info 命令进行屏幕输出，其使用方法类似于 C++中的 cout。例如：

```
Info<<"Time="<<runTime.timeName()<<nl<<endl;
```

可将字符串 Time = 0 输出至屏幕（假如 timeName 为 0）。该命令行中 nl 相当于 C++中的换行符“\n”，endl 为屏幕输出换行符。有时在该命令行中使用 tab，可在屏幕上显示时缩进。

（2）forAll 循环语句

OpenFOAM 使用 forAll 命令进行循环操作，可代替 C++中的 for 循环语句，用于遍历某一链表中所有元素。forAll 的语句格式为：

```
forAll(anyList,i)
{
     statements;
}
```

其中，i 为 label 类型变量。该语句块相当于 C++中的

```
for (Foam::label i=0;i<(list).size();i++)
{
     statements;
}
```

由于 OpenFOAM 中定义的物理场类均继承于 List 类，所以 forAll 多用于遍历某一物理

场中所有单元。例如，输出 fluidRegions 场中所有单元的名称，命令为：

```
forAll(fluidRegions,i)
{
    Info<<"\nSolving for fluid region "<<fluidRegions[i].name()<<endl;
}
```

（3）forAllIter 循环语句

forAllIter 命令也可以用于循环操作，但主要针对容器类。语句格式为：

```
forAllIter(ContainerType,container,iter)
{
    statements;
}
```

其中，iter 为 label 类型变量。该语句块相当于 C++中的

```
for(Container::iterator iter=(container).begin();
    iter !=(container).end();++iter)
{
    statements;
}
```

例如，对于类型为 PtrDictionary<phase>容器类 phases_，遍历其中所有元素执行如下操作：

```
forAllIter(PtrDictionary<phase>,phases_,iter)
{
    alphas_ +=level*iter();
    level +=1.0;
}
```

（4）isA 语句

isA 语句为函数模板，其定义如下：

```
template<class TestType,class Type>
inline bool isA(const Type& t)
{
    const Type* tPtr=&t;
    return dynamic_cast<const TestType*>(tPtr);
}
if (isA<alphaContactAngleFvPatchScalarField>(gbf[patchi]))
```

其中，C++运算符 dynamic_cast 用于将 Type 类型的对象 t 转换为 TestType 类型的对象，如果转换成功，返回 TestType 类型指针；如果转换失败，返回 null。而转换成功与否取决于 TestType 类与 Type 类间是否有继承关系，如果 TestType 类为 Type 类的继承类，则转换成功。所以，isA 函数模板可用来判断对象 t 所属的类是否为 TestType 类的基类，如果是，返回 true，否则返回 false。它常用于 if 语句块中判断条件是否满足。例如，下面的语句：

```
if (isA<alphaContactAngleFvPatchScalarField>(gbf[patchi]))
{…}
```

其中，如果 alphaContactAngleFvPatchScalarField 类继承自 gbf[patchi]所属的类，则条件判断为 true，执行语句块内的操作。

4.7.2 与字典操作相关的语句

在编写 OpenFOAM 算例及求解器时需要大量与字典相关的操作，这里总结一些常用的

与字典操作相关的语句。

检查字典文件是否存在并遵循 OpenFOAM 格式的语句块为：

```
if (!dictIO.typeHeaderOk<dictionary>(true))
     FatalErrorIn(args.executable())<<"cannt open specified refinement
          dictionary"<<dictName<<exit(FatalError);
```

其中，dictIO 为已定义的 IOobject 对象，dictName 为所定义的 IOobjct 对象的名称。

创建名称为“customProperties”的字典文件，并指定位置为算例目录/constant/的语句块为：

```
dictionary customDict;                          //声明字典对象 customDict
const word dictName("customProperties");        //定义文件名
IOobject dictIO                                 //构建 IOobject 对象 dictIO
(
    dictName,
    mesh.time().constant(),                     //文件位置，位于 constant 目录下
    mesh,
    IOobject::MUST_READ                         //文件读取控制，必须读
);
if (!dictIO.typeHeaderOk<dictionary>(true))
    FatalErrorIn(args.executable())<<"cannt open specified refinement
        dictionary"<<dictName<<exit(FatalError);
customDict=IOdictionary(dictIO);                //初始化字典对象 customDict
```

查找字典中某一对象的值的操作在 OpenFOAM 编程中经常用到。例如，对于 word 类型数据，查找 dictionary 类对象 customDict 中名称为 someword 的对象，并将其数值赋给 someWord：

```
word someWord;
customDict.lookup("someWord")>>someWord;
```

或者在定义 someWord 时对其初始化，使用如下格式：

```
word someWord(customDict.lookup("someWord"));
```

对于 scalar 类型数据，查找 dictionary 类对象 customDict 中名称为 someScalar 的 scalar 类型对象，如果找到，则将其值赋给 someScalar；如果未找到，返回 1.0 赋给 someScalar：

```
scalar someScalar(customDict.lookupOrDefault<scalar>("someScalar",
    1.0));
```

对于 bool 类型数据，使用 Switch 类作为 bool 类的封装，使得 bool 类型可以有 yes/on/ture/1 和 no/off/false/0 等具体值：

```
bool someBool(customDict.lookupOrDefault<Switch>("someBool",true));
```

对于 List 类型数据，定义 scalar 类型 List 对象 someList，并使用查询结果初始化该对象：

```
List<scalar>someList (customDict.lookup("someList"));
```

其中，someList 中存储有链表的大小和各元素值。

对于 HashTable 类型数据，有类似操作：

```
HashTable<vector,word>someHashTable(customDict.lookup("someHashTable"));
```

4.7.3 输入输出

在 OpenFOAM 编程中，当需要输出结果至文件时，可使用下列语句块（与 C++中的类似操作不同的是，这里不需要关闭文件）：

```
fileName outputDir=mesh.time().path()/"postProcessing";
    //在当前算例目录下创建的 fileName 类对象 outputDir 的名称为"postProcessing"
mkDir(outputDir);        //创建文件夹 outputDir（文件名为 postProcessing）
autoPtr<OFstream>outputFilePtr;      //定义一指向输出至文件流类型的自动指针
outputFilePtr.reset(new OFstream(outputDir/"customOutputFile.dat"));
    //使用 new OFstream 在"postProcessing"目录下创建文件 customOutputFile.dat，
    //并用当前指针指向该文件
outputFilePtr()<<"# this is a header"<<endl;    //字符输出至文件
outputFilePtr()<<"0 1 2 3 4 5"<<endl;
outputFilePtr()<<someHashTable<<endl;   //someHashTable 内容输出至文件
```

以 token 的形式在屏幕上输字典文件中的 word 内容，语句格式为：

```
List<token>characters(this->tokens());
std::stringstream ss;
ss<<"Tokens in the file:";
forAll(characters,i)
if (characters[i].isWord())
      ss<<"\n"<<tab<<characters[i].wordToken();
Info<<ss.str().c_str()<<endl;
```

定义输入输出字典文件，文件名为 transportProperties，其存储目录为 runTime/constant，语句格式为：

```
IOdictionary transportProperties
(
    IOobject
     (
         "transportProperties",
         runTime.constant(),
         mesh,
         IOobject::MUST_READ_IF_MODIFIED,
         IOobject::NO_WRITE
     )
);
```

第5章 有限体积法基础

有限体积法（FVM）是一种数值计算方法，可将描述物理场的守恒定律的偏微分方程在体微元上转换为有限体积（或单元）上的离散代数方程。与有限差分法或有限元法类似，求解物理问题首先需要对物理场所在的几何区域离散化，在 FVM 中，几何区域被离散为不重叠的单元或有限体积。通过在每个离散单元上对偏微分方程积分将它们离散并转换为代数方程组，求解代数方程组计算得到每个单元上因变量的值。本章将阐释这些方面的内容。

5.1 物理现象的数学描述

在大量的工程实际问题中，传热、传质、流体流动、电磁等物理过程起着非常重要的作用，预测和估计这些物理过程有利于提升人们对工程问题物理本质的理解，从而能够确定最佳设计方案，避开潜在不利因素，获得最佳经济效益。给出那些控制有关过程的变量值，说明其中每个物理量随几何条件、物质特性等参数的变化规律，是物理过程预测的本质。

在物理过程的各种预测方法中，理论计算是其中的主要方法。理论的预测来自对数学模型求解的结果，对于本书关注的物理过程，数学模型一般由一组微分方程组成。本节将简单讨论控制典型物理过程的方程的数学形式，有关方程的完整推导，请读者查阅相关书籍。

5.1.1 控制微分方程的物理含义

描述物理场的控制方程均以一定的守恒原理为基础，每个方程表示影响其中因变量的各要素间存在的某种平衡。这些方程中的因变量通常属于强度量（intensive property），即具有“比”的性质，例如以单位质量为基础表示的速度（单位质量的动量）、比焓，以单位电荷量为基础表示的电场强度（单位电荷量的电场力），以单位电流源为基础表示的磁感应强度（单位电流源的磁场力）。

微分方程中的各项代表以单位体积为基础的效应。例如，用 $\boldsymbol{J}$ 表示一个典型强度量 ϕ 的通量密度，在如图 5-1 所示的尺寸为 $\mathrm{d}x$、$\mathrm{d}y$ 和 $\mathrm{d}z$ 的控制体中，$\boldsymbol{J}$ 在 x 方向上的分量 J_x 表示进入面积 $\mathrm{d}y\mathrm{d}z$ 的面通量密度（单位时间单位面积上的通量），由泰勒展开可得离开与该面相对的面上的通量密度为 $J_x+(\partial J_x/\partial x)\mathrm{d}x$。于是在控制体内因变量 ϕ 在 x 方向上的净通量为 $(\partial J_x/\partial x)\mathrm{d}x\mathrm{d}y\mathrm{d}z$。用同样的方法可得 y 和 z 方向上的净通量分别为 $(\partial J_y/\partial y)\mathrm{d}x\mathrm{d}y\mathrm{d}z$ 和 $(\partial J_z/\partial z)\mathrm{d}x\mathrm{d}y\mathrm{d}z$，从而可得控制体内单位体积的流出净通量为

$$\frac{\partial J_x}{\partial x}+\frac{\partial J_y}{\partial y}+\frac{\partial J_z}{\partial z}=\nabla\cdot\boldsymbol{J} \tag{5-1}$$

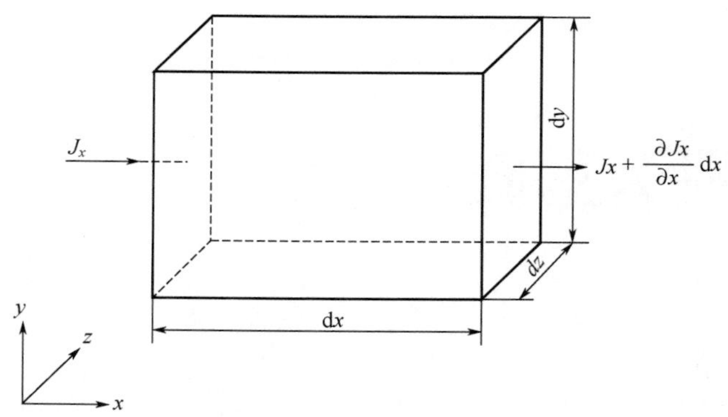

图 5-1 控制体上通量的平衡

再例如，如果强度量 ϕ 是以单位质量为基础的性质，ρ 为密度，则 $\rho\phi$ 表示单位体积内的广延量（extensive property），$\partial(\rho\phi)/\partial t$ 表示单位体积内有关性质的时间变化率。

描述物理场的微分方程就是这样一些项的组合，其中每一项代表以单位体积表示的效应，方程中所有项一起表示某种平衡或守恒，而数值计算方法则是基于一个控制体上的这种平衡。具体来说，一个强度量 ϕ 满足守恒方程：物质体积内 Δt 时间内的变化等于时间 Δt 内流过控制体 V 的面通量与时间 Δt 内控制体 V 内 ϕ 的源或汇之和，其中第一项根据 Reynolds 输运定理和随体导数的性质表示为

$$\frac{\mathrm{d}}{\mathrm{d}t}\int_V(\rho\phi)\mathrm{d}V=\int_V\left[\frac{\partial(\rho\phi)}{\partial t}+\nabla\cdot(\rho\boldsymbol{v}\phi)\right]\mathrm{d}V \tag{5-2}$$

第二项根据通量表达式和高斯定理表示为

$$-\int_S\boldsymbol{J}\cdot\boldsymbol{n}\mathrm{d}S=\int_V\nabla\cdot(\Gamma^{\phi}\nabla\phi)\mathrm{d}V \tag{5-3}$$

第三项可以表示为

$$\int_V Q^{\phi}\mathrm{d}V \tag{5-4}$$

式中，$\boldsymbol{v}$ 为物质运动速度，Γ^{ϕ} 为 ϕ 在控制体面上的扩散系数，Q^{ϕ} 为控制体内单位体积内 ϕ 的产生或消失量。根据上述积分体积的任意性，可得到描述守恒定律的微分方程：

$$\frac{\partial(\rho\phi)}{\partial t}+\nabla\cdot(\rho\boldsymbol{v}\phi)=\nabla\cdot(\Gamma^{\phi}\nabla\phi)+Q^{\phi} \tag{5-5}$$

该方程中的 4 项依次分别为瞬态项、对流项、扩散项和源项。其中的因变量 ϕ 可以代表不同的物理量，如速度、温度等。

可以将描述物理场变化的任意特定微分方程写成方程（5-5）的形式，该过程相当于将有关因变量的瞬态项、对流项和扩散项转换为方程（5-5）中的标准形式，将因变量的梯度项的系数取为 Γ^{ϕ} 的表达式，其余各项之和定义为源项 Q^{ϕ}。描述传热传质、流体流动、电磁等物理现象的微分方程均可以看作通用方程（5-5）的特殊情况。这样，在确立数值求解方法时只需针对方程（5-5）即可，对不同意义的 ϕ 只需重复使用该方法，但对于不同的 ϕ 需要对相应的 Γ^{ϕ} 和 Q^{ϕ} 赋予各自合适的表达式，以及给定合适的初始条件和边界条件。

5.1.2 质量守恒方程

质量守恒原理表明，在没有质量源和汇的条件下，某一区域内的质量是恒定不变的。在

方程（5-5）中令 $\phi = 1$，得到质量守恒方程：

$$\frac{\partial \rho}{\partial t} + \nabla \cdot (\rho \boldsymbol{v}) = 0 \tag{5-6}$$

或者使用随体导数 $\frac{\mathrm{D}\rho}{\mathrm{D}t}$，将式（5-6）写成如下形式：

$$\frac{\mathrm{D}\rho}{\mathrm{D}t} + \rho \nabla \cdot \boldsymbol{v} = 0 \tag{5-7}$$

以流体为例，如果流体不可压缩，有 $\frac{\mathrm{D}\rho}{\mathrm{D}t} = 0$，表明每一个流体微元在运动时保持其原来的密度，可得到

$$\nabla \cdot \boldsymbol{v} = 0 \tag{5-8}$$

此即不可压缩流体的质量守恒方程。

5.1.3 动量守恒方程

这里只针对线性动量守恒方程。线性动量守恒原理表明，在无任何外力作用时，物体会保持其原有动量。在方程（5-5）中令 $\phi = \boldsymbol{v}$，得到线性动量守恒方程：

$$\frac{\partial (\rho \boldsymbol{v})}{\partial t} + \nabla \cdot (\rho \boldsymbol{v} \boldsymbol{v}) = \nabla \cdot (\Gamma^{v} \nabla \boldsymbol{v}) + Q^{v} \tag{5-9}$$

对于流体而言，将方程（5-9）右端表示为表面力和体积力之和：

$$\frac{\partial (\rho \boldsymbol{v})}{\partial t} + \nabla \cdot (\rho \boldsymbol{v} \boldsymbol{v}) = \boldsymbol{f}_s + \boldsymbol{f}_b \tag{5-10}$$

式中，$\boldsymbol{f}_s$ 为表面力，$\boldsymbol{f}_b$ 为体积力。

对于牛顿流体，其表面应力张量（剪切）为

$$\boldsymbol{\tau} = \mu \left[\nabla \boldsymbol{v} + (\nabla \boldsymbol{v})^{\mathrm{T}} \right] - \frac{2}{3} \mu (\nabla \cdot \boldsymbol{v}) \boldsymbol{I} \tag{5-11}$$

式中，$\boldsymbol{I}$ 为单位张量，μ 为流体的黏度。则剪切引起的表面力为

$$\boldsymbol{f}_{s,1} = \nabla \cdot \boldsymbol{\tau} = \nabla \cdot \{ \mu [\nabla \boldsymbol{v} + (\nabla \boldsymbol{v})^{\mathrm{T}}] \} - \frac{2}{3} \nabla [\mu (\nabla \cdot \boldsymbol{v})] \tag{5-12}$$

考虑流体静压力后，牛顿流体的线性动量守恒方程为

$$\frac{\partial (\rho \boldsymbol{v})}{\partial t} + \nabla \cdot (\rho \boldsymbol{v} \boldsymbol{v}) = -\nabla p + \nabla \cdot \{ \mu [\nabla \boldsymbol{v} + (\nabla \boldsymbol{v})^{\mathrm{T}}] \} - \frac{2}{3} \nabla [\mu (\nabla \cdot \boldsymbol{v})] + \boldsymbol{f}_b \tag{5-13}$$

对于不可压缩的牛顿流体，该方程为

$$\frac{\partial (\rho \boldsymbol{v})}{\partial t} + \nabla \cdot (\rho \boldsymbol{v} \boldsymbol{v}) = -\nabla p + \nabla \cdot \{ \mu [\nabla \boldsymbol{v} + (\nabla \boldsymbol{v})^{\mathrm{T}}] \} + \boldsymbol{f}_b \tag{5-14}$$

对于恒定黏度的不可压缩牛顿流体，其线性动量守恒方程为

$$\frac{\partial (\rho \boldsymbol{v})}{\partial t} + \nabla \cdot (\rho \boldsymbol{v} \boldsymbol{v}) = -\nabla p + \mu \nabla^2 \boldsymbol{v} + \boldsymbol{f}_b \tag{5-15}$$

5.1.4 能量守恒方程

热力学第一定律表明，一个过程中能量既不会创造，也不会消失，只会由一种形式转换为另一种形式，即孤立系统的总能量保持不变。定义某一时刻 t 物质的总能量 E 为内能和动

能之和：

$$E = m\left(\hat{u} + \frac{1}{2}\boldsymbol{v} \cdot \boldsymbol{v}\right) \tag{5-16}$$

式中，$\hat{u}$ 为单位质量的内能，用 e 表示单位质量的总能量，则

$$e = \hat{u} + \frac{1}{2}\boldsymbol{v} \cdot \boldsymbol{v} \tag{5-17}$$

在方程（5-5）中令 $\phi = e$ 可得到能量守恒方程，但为了求取各项的系数和确切表达式，需从物理意义角度给出能量守恒方程。

将经典热力学第一定律应用于一定的物质体积，则物质体积内总能量的时间变化率等于它的热量增加率 $\dot{W}_b$ 与物质通过边界对外做功 $\dot{W}$ 之和，即

$$\left(\frac{\mathrm{d}E}{\mathrm{d}t}\right)_{MV} = \dot{Q} - \dot{W} = \dot{Q}_V + \dot{Q}_S - \dot{W}_b - \dot{W}_S \tag{5-18}$$

其中，将热量增加率 $\dot{W}_b$ 分为物质体积内热量的产生或消失率 $\dot{Q}_V$ 与经由物质表面的热传导率 $\dot{Q}_S$ 两部分，将物质对外做功 $\dot{W}$ 分为表面力做功功率 $\dot{W}_b$ 和体积力做功功率 $\dot{W}_S$ 之和。

如果用 $\dot{q}_V$ 表示单位物质体积内热量源和汇的变化率，用 $\dot{\boldsymbol{q}}_S$ 表示材料体积上单位面积上的热传导速率，则 $\dot{Q}_V$ 和 $\dot{Q}_S$ 可分别表示为

$$\dot{Q}_V = \int_V \dot{q}_V \mathrm{d}V \tag{5-19}$$

$$\dot{Q}_S = -\int_S \dot{\boldsymbol{q}}_S \cdot \boldsymbol{n} \mathrm{d}S = -\int_V \nabla \cdot \dot{\boldsymbol{q}}_S \mathrm{d}V \tag{5-20}$$

体积力和表面力做功的功率可分别表示为

$$\dot{W}_b = -\int_V (\boldsymbol{f}_b \cdot \boldsymbol{v}) \mathrm{d}V \tag{5-21}$$

$$\dot{W}_S = -\int_S (\boldsymbol{f}_s' \cdot \boldsymbol{v}) \mathrm{d}S \tag{5-22}$$

式中，$\boldsymbol{f}_s'$ 为单位面积上的力，即应力矢量。

对于流体而言，根据表面应力与应力张量间的关系 $\boldsymbol{f}_s' = \boldsymbol{n} \cdot \boldsymbol{\Sigma}$ 和应力张量的对称性可得

$$\dot{W}_S = -\int_S (\boldsymbol{n} \cdot \boldsymbol{\Sigma} \cdot \boldsymbol{v}) \mathrm{d}S = -\int_S \mathrm{d}\boldsymbol{S} \cdot (\boldsymbol{\Sigma} \cdot \boldsymbol{v}) = -\int_V \nabla \cdot (\boldsymbol{\Sigma} \cdot \boldsymbol{v}) \mathrm{d}V \tag{5-23}$$

代入应力张量的表达式 $\boldsymbol{\Sigma} = \boldsymbol{\tau} - p\boldsymbol{I}$，得

$$\dot{W}_S = -\int_V \nabla \cdot [(-p\boldsymbol{I} + \boldsymbol{\tau}) \cdot \boldsymbol{v}] \mathrm{d}V \tag{5-24}$$

将上述表达式代入方程（5-18），并根据 Reynolds 输运定理将 $\left(\frac{\mathrm{d}E}{\mathrm{d}t}\right)_{MV}$ 表示为

$$\left(\frac{\mathrm{d}E}{\mathrm{d}t}\right)_{MV} = \int_V \left[\frac{\partial(\rho e)}{\partial t} + \nabla \cdot (\rho e \boldsymbol{v})\right] \mathrm{d}V \tag{5-25}$$

以及积分体积的任意性，得能量守恒方程：

$$\frac{\partial(\rho e)}{\partial t} + \nabla \cdot (\rho e \boldsymbol{v}) = -\nabla \cdot \dot{\boldsymbol{q}}_S - \nabla \cdot (p\boldsymbol{v}) + \nabla \cdot (\boldsymbol{\tau} \cdot \boldsymbol{v}) + \boldsymbol{f}_b \cdot \boldsymbol{v} + \dot{q}_V \tag{5-26}$$

用比内能表示的能量守恒方程为

$$\frac{\partial(\rho \hat{u})}{\partial t} + \nabla \cdot (\rho \hat{u} \boldsymbol{v}) = -\nabla \cdot \dot{\boldsymbol{q}}_S - p\nabla \cdot \boldsymbol{v} + \boldsymbol{\tau} : \nabla \boldsymbol{v} + \dot{q}_V \tag{5-27}$$

用总比焓表示的能量守恒方程为

$$\frac{\partial(\rho\hat{h})}{\partial t}+\nabla\bullet(\rho\hat{h}\boldsymbol{v})=-\nabla\bullet\dot{\boldsymbol{q}}_S+\frac{\partial p}{\partial t}+\nabla\bullet(\boldsymbol{\tau}\bullet\boldsymbol{v})+\boldsymbol{f}_b\bullet\boldsymbol{v}+\dot{q}_V \tag{5-28}$$

对于牛顿流体，用温度表示的能量守恒方程为

$$C_p\left[\frac{\partial(\rho T)}{\partial t}+\nabla\bullet(\rho T\boldsymbol{v})\right]=-\nabla\bullet\dot{\boldsymbol{q}}_S-\frac{\partial\ln\rho}{\partial\ln T}\frac{\mathrm{D}p}{\mathrm{D}t}+\boldsymbol{\tau}:\nabla\boldsymbol{v}+\dot{q}_V \tag{5-29}$$

如果流体是各向同性的，该方程为

$$C_p\left[\frac{\partial(\rho T)}{\partial t}+\nabla\bullet(\rho T\boldsymbol{v})\right]=\nabla\bullet(k\nabla T)-\frac{\partial\ln\rho}{\partial\ln T}\frac{\mathrm{D}p}{\mathrm{D}t}+\lambda\Psi+\mu\Phi+\dot{q}_V \tag{5-30}$$

式中，k 为流体的导热系数，$\lambda=-(2/3)\mu$，在正交笛卡儿坐标系中，有

$$\Psi=\left(\frac{\partial v_x}{\partial x}+\frac{\partial v_y}{\partial y}+\frac{\partial v_z}{\partial z}\right)^2 \tag{5-31}$$

$$\Phi=2\left[\left(\frac{\partial v_x}{\partial x}\right)^2+\left(\frac{\partial v_y}{\partial y}\right)^2+\left(\frac{\partial v_z}{\partial z}\right)^2\right]+\left(\frac{\partial v_x}{\partial y}+\frac{\partial v_y}{\partial x}\right)^2+\left(\frac{\partial v_x}{\partial z}+\frac{\partial v_z}{\partial x}\right)^2+\left(\frac{\partial v_y}{\partial z}+\frac{\partial v_z}{\partial y}\right)^2 \tag{5-32}$$

Φ 也被称为黏性耗能系数，只有在流体中存在较大的速度梯度时才会考虑。

对于各向同性的不可压缩牛顿流体，能量守恒方程为

$$\frac{\partial(\rho C_p T)}{\partial t}+\nabla\bullet(\rho C_p T\boldsymbol{v})=\nabla\bullet(k\nabla T)+\rho T\frac{\mathrm{D}C_p}{\mathrm{D}t}+\dot{q}_V \tag{5-33}$$

C_p 为流体的定压比热。如果 C_p 为常数，方程为

$$\frac{\partial(\rho T)}{\partial t}+\nabla\bullet(\rho T\boldsymbol{v})=\nabla\bullet(k\nabla T)+\frac{\dot{q}_V}{C_p} \tag{5-34}$$

对于可压缩理想气体（各向同性，牛顿流体），相应的能量守恒方程为

$$C_p\left[\frac{\partial(\rho T)}{\partial t}+\nabla\bullet(\rho T\boldsymbol{v})\right]=\nabla\bullet(k\nabla T)+\frac{\mathrm{D}p}{\mathrm{D}t}+\lambda\Psi+\mu\Phi+\dot{q}_V \tag{5-35}$$

5.1.5 化学组分守恒方程

化学组分守恒实质上是质量守恒。令 m_l 表示某混合物中化学组分 l 的质量分数，m_l 的计算为一定体积中组分 l 的质量与该体积中混合物的总质量之比。

当混合物中存在速度场时，可将 m_l 的守恒方程表示为

$$\frac{\partial(\rho m_l)}{\partial t}+\nabla\bullet(\rho\boldsymbol{v}m_l+\boldsymbol{J}_l)=R_l \tag{5-36}$$

式中，ρ 为混合物的密度，$\boldsymbol{J}_l$ 为扩散通量密度，R_l 为单位体积内化学组分 l 的生成率。

方程（5-36）中的第一项表示单位体积内化学组分 l 的质量随时间的变化率，量 $\rho\boldsymbol{v}m_l$ 为组分 l 的对流通量密度，也即由流场携带的通量密度。扩散通量密度 $\boldsymbol{J}_l$ 通常由 l 的梯度引起，用 Fick 扩散定律表示扩散通量密度：

$$\boldsymbol{J}_l=-\Gamma^l\nabla m_l \tag{5-37}$$

式中，Γ^l 为扩散系数，将其代入方程（5-36）中，得 m_l 的守恒方程为

$$\frac{\partial(\rho m_l)}{\partial t}+\nabla\bullet(\rho\boldsymbol{v}m_l)=\nabla\bullet(\Gamma^l\nabla m_l)+R_l \tag{5-38}$$

可以发现，这里所提到的所有守恒方程都具有一种共同形式，这种形式上的一致性是构造一种通用解法的基础。

5.2 离散方法

对于描述物理场的微分方程（5-5），一般而言，通过采用经典的数学物理方法求解这些微分方程来预测工程实际中的物理现象几乎是不可能的，因为只有它们中非常小的一部分可以得到解析解，而且这些解中往往包含无穷级数、特殊函数、超越方程等，求取具体结果仍需依赖于数值计算。本节主要介绍数值求解微分方程时的离散方法。

5.2.1 偏微分方程数值求解的总体过程

一个偏微分方程的数值解相当于在计算区域的给定点上寻找因变量ϕ的值，从而构建它在整个计算区域上的分布。这些点称为网格单元或网格节点，是由将原始计算区域离散化为一组不重叠的离散单元得到的，这一过程称为划分网格（meshing）。由网格划分得到的节点通常位于单元的质心或顶点，这取决于所采用的离散过程。数值方法实际是将计算区域内有限数量网格节点上因变量的值当作基本未知量来处理，用这些离散值代替偏微分方程的连续精确解，数值方法的任务是提供一组关于这些未知量更容易求解的代数方程，并选定求解这组方程的合适算法。将偏微分方程转换为一组离散值满足的代数方程组的过程称为离散化过程，将实现该转换的具体方法称为离散化方法。

离散化得到的代数方程组是连接一组网格节点处ϕ值的代数关系式，它们由控制偏微分方程推导而来，包含控制偏微分方程中的全部信息。在离散化过程中，需要假设网格节点之间ϕ如何变化，一般选择分段的简单变化关系，用该简单关系表示段内及段边界网格节点上ϕ值的变化规律。正因为如此，一般情况下，离散得到的代数方程只与少数几个相邻网格节点有关，在一个网格节点处的ϕ值只影响与其相邻的一些节点上的ϕ分布。而且，一般将计算区域划分为一定数量的单元，每一个或几个相邻单元内假设ϕ值有独立分布。可以预见，当划分计算区域所得的单元数量非常大时，离散得到的代数方程的解将趋近于相应微分方程的精确解，这是因为随着网格单元越来越靠近，相邻网格单元之间的ϕ值变化很小，网格节点之间ϕ如何变化的假设关系已变得不重要。

对于某一微分方程，离散得到的代数方程并不是唯一的，得到什么样的代数方程取决于网格节点之间ϕ如何变化的假设和由微分方程得到代数方程的推导方法（也即离散化方法）。常用的离散化方法如有限差分法、有限单元法、有限体积法、边界元法等。

上述离散化过程可以总结为图 5-2 所示的求解过程。首先需要对所研究的物理现象及其所在的几何区域进行建模，物理现象建模在某种程度上是物理场计算的核心。为了便于用数学模型表示和求解，物理现象建模中通常忽略次要因素，并考虑几何区域的对称性，将实际的三维问题转换为二维问题或减小区域的大小。通过两方面的建模得到定义在计算区域上的控制方程（组）及其边界条件。

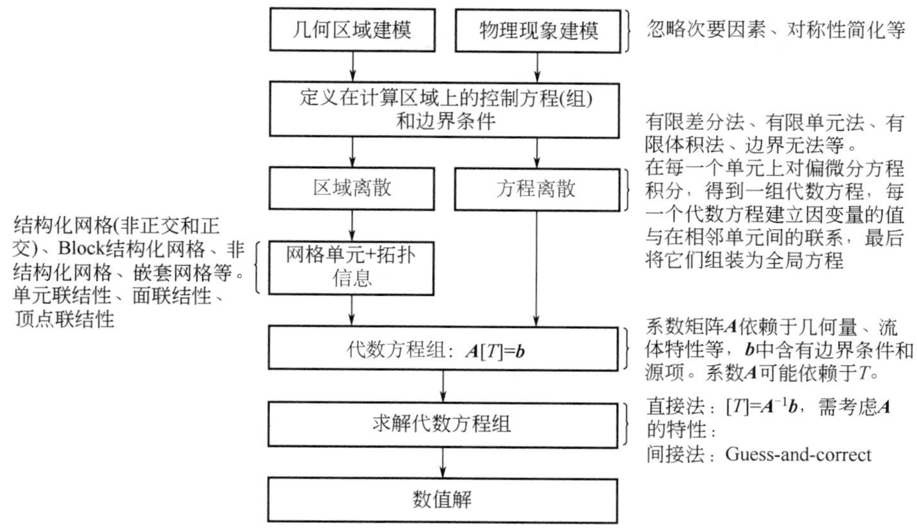

图 5-2　偏微分方程数值求解的总体过程

通过对几何区域的离散获得网格，守恒方程将基于这些网格进行求解。几何区域离散将区域细分为离散的非重叠单元，要求这些单元能够完全填充计算区域，所有单元组成网格或网格系统。网格可以按照结构化、正交性、块、单元形状、是否可变等性质分类，但无论何种网格，它们都由一组顶点定义并以面为界的离散单元组成。数值求解中，除了需要网格的几何信息外，还需要与网格单元的拓扑相关的信息，包括单元间的关系、面与单元的关系、表面的几何信息、单元的质心和体积、面质心、面的面积和法线方向等，这些信息通常由基本网格数据推断得到。对于某些网格拓扑，如结构化网格，网格的细节可以很容易地从单元索引中推断出来；而对于其他网格，如非结构化网格，则必须在离散后主动构建这些信息并将它们存储在列表中以供检索。

网格一方面代表一维、二维或三维空间中的顶点或点的位置列表，另一方面还表示细分为非重叠单元的离散域，这些单元的形状可以是任意凸多面体。计算域内部单元本身可以完全由相邻单元的公共面限定，所以可以使用单元的顶点或限制它们的面来定义单元。存储在列表中的网格面有两种类型：两个单元公共（或连接）的内部面，以及与计算域边界重合的边界面，其中边界面只属于一个单元。计算域内部面的法线方向通常根据其相邻单元的拓扑来定义，而边界面的法线方向总是指向计算域外。在 OpenFOAM 中，按照边界面所属的边界 patch，将边界面存储为单独的链表。

在方程离散过程中，首先在网格中的每个单元上对偏微分方程积分，得到一组代数方程，每个代数方程将一个单元上的因变量值与其相邻单元上的值联系起来。其次，将代数方程组装为全局矩阵和向量：

$$\boldsymbol{A}[\phi]=\boldsymbol{b} \tag{5-39}$$

并且将每个方程的系数存储在对应于各单元索引的行和列的位置。

单元联结性将方程在每个单元上的积分与全局矩阵联系起来，通常包括单元到单元、单元到面和单元到顶点的联结性，它们分别将单元与相邻单元、边界面和顶点相关联。顶点联结性通常包括具有公共顶点的单元和面的链表，常用在后处理和梯度计算中。

使用有限体积法离散微分方程时，首先在控制体或单元上对微分方程积分，得到方程的半离散形式，其后利用假设的网格单元之间因变量的变化关系来获得最终的离散形式。在该过程中，只有少数网格单元参与某一单元上方程的离散化过程，这是由所假设的变化关系的分段性质决定的，所以，某一网格点上的因变量值只影响该点邻近单元上因变量值的分布。

由离散微分方程得到的代数方程组，必须通过求解来获得因变量的离散值。这些方程的系数可能与因变量无关（线性）或依赖于因变量（非线性）。求解代数方程组的方法独立于离散方法，求解方法可大致分为直接法或迭代法两类。在直接法中，代数方程组的解是通过应用相对复杂的算法（如矩阵求逆）获得的，与迭代法相比，对于给定的一组系数，它只需一次计算即可获得解。但矩阵求逆的操作计算量极大，所以实际问题中几乎从不使用这样的方法。在多物理场计算中，系数矩阵 $\boldsymbol{A}$ 一般为稀疏矩阵，对于结构化网格，它具有带状结构，对于某些类型的方程（如纯扩散），系数矩阵具有对称结构。所以在选择求解方法时需考虑 $\boldsymbol{A}$ 的特殊结构。一般来说，直接法很少用于计算多物理场，因为它们需要大量的计算和存储量。尤其是非线性问题，使用直接法求解将更加耗时。

求解代数方程组的迭代方法可看作一个猜测-纠正过程，通过重复求解离散方程组来逐步逼近估计解。以 Gauss-Seidel 迭代法为例，其整体求解循环过程为：

① 猜测计算域中所有网格上因变量的离散值。

② 依次访问每个网格单元，使用每个网格单元对应的代数方程更新因变量的值，更新时代数方程中相邻单元上的因变量值使用上一步迭代结果或本次迭代已更新结果。

③ 更新完成后，检查因变量结果是否满足预定的收敛标准。如果满足，则停止。否则，返回第二步重复执行。

但需要注意的是，Gauss-Seidel 迭代法并不总是能够得到收敛解。

5.2.2 有限体积法离散

应用有限体积法离散，将描述物理场的微分方程转换为代数方程组分两步完成：①在每一个单元上对偏微分方程积分，将微分方程转换为单元上的平衡方程，也即将体积分转变为单元或单元面上的离散代数关系式，得到一组半离散方程；②选择一种插值算法，近似相邻单元间变量的变化关系，建立单元面上变量的值与单元上变量的值之间的关系，将半离散方程转换为代数方程。下面以稳态守恒方程为例介绍这一过程。

根据方程（5-5），将稳态守恒方程的一般形式写为

$$\nabla \cdot (\rho \boldsymbol{v} \phi) = \nabla \cdot (\Gamma^{\phi} \nabla \phi) + Q^{\phi} \tag{5-40}$$

对该方程，在某一单元 C 上积分，得

$$\int_{V_C} \nabla \cdot (\rho \boldsymbol{v} \phi) \mathrm{d}V = \int_{V_C} \nabla \cdot (\Gamma^{\phi} \nabla \phi) \mathrm{d}V + \int_{V_C} Q^{\phi} \mathrm{d}V \tag{5-41}$$

式中，V_C 表示单元 C 的体积，注意该方程中因变量 ϕ 的值为单元体内的值。对方程（5-41）应用散度定理，得

$$\oint_{\partial V_C} (\rho \boldsymbol{v} \phi) \cdot \mathrm{d}\boldsymbol{S} = \oint_{\partial V_C} (\Gamma^{\phi} \nabla \phi) \cdot \mathrm{d}\boldsymbol{S} + \int_{V_C} Q^{\phi} \mathrm{d}V \tag{5-42}$$

式中，∂V_C 为单元 C 的整个表面，$\mathrm{d}\boldsymbol{S}$ 为面积元矢量，该方程前两项中因变量 ϕ 的值为单元面上的值。将包围面上的积分分解为单元各面上的积分和：

$$\sum_{f\sim face(C)}\int_f(\rho\boldsymbol{v}\phi)\cdot\mathrm{d}\boldsymbol{S}=\sum_{f\sim face(C)}\int_f(\Gamma^{\phi}\nabla\phi)\cdot\mathrm{d}\boldsymbol{S}+\int_{V_C}Q^{\phi}\mathrm{d}V \tag{5-43}$$

式中，f 表示单元的某一个面，$face(C)$ 表示单元 C 的所有面。

对于方程（5-43）中对流项和扩散项中求和号下的每一个面上的积分，用被积函数在面上某些点上的带权值近似代替整个面上的值，即

$$\int_f(\rho\boldsymbol{v}\phi)\cdot\mathrm{d}\boldsymbol{S}=\sum_{ip\sim ip(f)}\omega_{ip}(\rho\boldsymbol{v}\phi)_{ip}\cdot\boldsymbol{S}_f \tag{5-44}$$

$$\int_f(\Gamma^{\phi}\nabla\phi)\cdot\mathrm{d}\boldsymbol{S}=\sum_{ip\sim ip(f)}\omega_{ip}(\Gamma^{\phi}\nabla\phi)_{ip}\cdot\boldsymbol{S}_f \tag{5-45}$$

式中，ip 为面 f 上的某一个积分点，$ip(f)$ 为面 f 上的所有积分点，$\boldsymbol{S}_f$ 表示面 f 的面积矢量。积分点的选取方法有：

① 平均值积分，也称为梯形法则。只选取面的质心为积分点，即 $ip=1$，$\omega_{ip}=1$，这种方法具有二阶精度，可用于二维或三维区域。

② 取两点，只能用于二维区域。从面（实际上是线）的一端算起，在总长的 $\xi_1=\dfrac{3-\sqrt{3}}{6}$ 和 $\xi_2=\dfrac{3+\sqrt{3}}{6}$ 位置处取值，具有三阶精度，此时 $ip=\omega_{ip}=1/2$。

③ 取三点，在总长的 $\xi_1=\dfrac{5-\sqrt{15}}{10}$，$\xi_2=\dfrac{1}{2}$ 和 $\xi_2=\dfrac{5+\sqrt{15}}{10}$ 位置处取值，此时 $\omega_1=5/18$，$\omega_2=4/9$，$\omega_3=5/18$。

对于方程（5-43）中的源项，应用高斯求积法，得

$$\int_{V_C}Q^{\phi}\mathrm{d}V=\sum_{ip\sim ip(V)}\left(Q_{ip}^{\phi}\omega_{ip}V\right) \tag{5-46}$$

其中积分点的选取方法有：

① 一点高斯积分：$ip=1$，$\omega_{ip}=1$，积分点位于单元的质心，具有二阶精度，可用于二维或三维区域。

② 四点高斯积分：积分点为 $\left(\dfrac{3-\sqrt{3}}{6},\dfrac{3+\sqrt{3}}{6}\right)$、$\left(\dfrac{3+\sqrt{3}}{6},\dfrac{3+\sqrt{3}}{6}\right)$、$\left(\dfrac{3-\sqrt{3}}{6},\dfrac{3-\sqrt{3}}{6}\right)$、$\left(\dfrac{3+\sqrt{3}}{6},\dfrac{3-\sqrt{3}}{6}\right)$。

有限体积法中通常使用一个积分点，即中点积分近似（mid-point integration approximation），具有二阶精度。这时，单元上半离散形式的稳态有限体积方程成为

$$\sum_{f\sim nb(C)}(\rho\boldsymbol{v}\phi-\Gamma^{\phi}\nabla\phi)_f\cdot\boldsymbol{S}_f=Q_C^{\phi}V_C \tag{5-47}$$

式中，$nb(C)$ 表示单元 C 的所有表面，下标 f 表示在面质心取值，下标 C 表示在单元质心取值。

令 $\boldsymbol{J}_f^{\phi}=(\rho\boldsymbol{v}\phi-\Gamma^{\phi}\nabla\phi)_f$，如果面 f 为单元 C 和 F 的公共面，假设通过 f 的面通量可以线性化为

$$\boldsymbol{J}_f^{\phi}\cdot\boldsymbol{S}_f=\mathrm{Flux}C_f\phi_C+\mathrm{Flux}F_f\phi_F+\mathrm{Flux}V_f \tag{5-48}$$

式中，$\mathrm{Flux}C_f$ 为单元 C 的通量线性化系数，$\mathrm{Flux}F_f$ 为单元 F 的通量线性化系数，$\mathrm{Flux}V_f$ 为非线性项。同时将 $Q_C^{\phi}V_C$ 项线性化为

$$Q_C^{\phi}V_C = \text{Flux}C\phi_C + \text{Flux}V \tag{5-49}$$

将式（5-48）和式（5-49）代入方程（5-50），得到线性化的代数方程

$$\sum_{f\sim nb(C)}(\text{Flux}C_f - \text{Flux}C)\phi_C + \sum_{F\sim NB(C)}(\text{Flux}F_f\phi_F) = -\text{Flux}V_f + \text{Flux}V \tag{5-50}$$

式中，下标 F 表示与单元 C 相邻的某一单元的质心，$NB(C)$ 为单元 C 的所有相邻单元。令该方程中的系数

$$a_C = \sum_{f\sim nb(C)}(\text{Flux}C_f - \text{Flux}C)$$

$$a_F = \text{Flux}F_f$$

$$b_C = -\text{Flux}V_f + \text{Flux}V$$

得到线性化代数方程的一般形式：

$$a_C\phi_C + \sum_{F\sim NB(C)}(a_F\phi_F) = b_C \tag{5-51}$$

式中，a_C 为代数方程的主系数，包括空间离散、时间离散的影响等，a_F 表示相邻单元上的变量 ϕ_F 对单元 C 上变量 ϕ_C 的影响系数，b_C 包含源项和其他变量的影响。本章后续各节将介绍确定方程（5-51）中各系数的方法。

5.2.3 以单元为中心的 FVM

以单元为中心处理变量是目前与 FVM 一起使用的最常用的变量处理类型，在这种方法中，将变量及其相关量存储在网格单元的质心处。而且该方法具有二阶精度，因为所有量都是在单元质心和面质心处计算，变量值与其平均值之间的差为 $O(\Delta x^2)$，变量在单元内的变化可以使用泰勒级数展开来构建。这种方法的另一个优点是它允许使用普通的多边形单元，而不需要预定义的形状函数，便于在全局直接应用多网格方法。

以单元为中心的 FVM 的两个缺点在于对非正交单元的处理方式以及扩散项在非正交单元上的离散方式。第一个问题影响该方法的准确性，第二个问题影响其鲁棒性，同时两者都受到网格质量的影响。例如，如图 5-3 中的两非正交单元，很明显，在单元质心 C 和 F 处定义的任意平均值都将定义在 f' 而不是面质心 f 处。因此，使用该插值的离散过程都不会具有 $O(\Delta x^2)$ 精度。

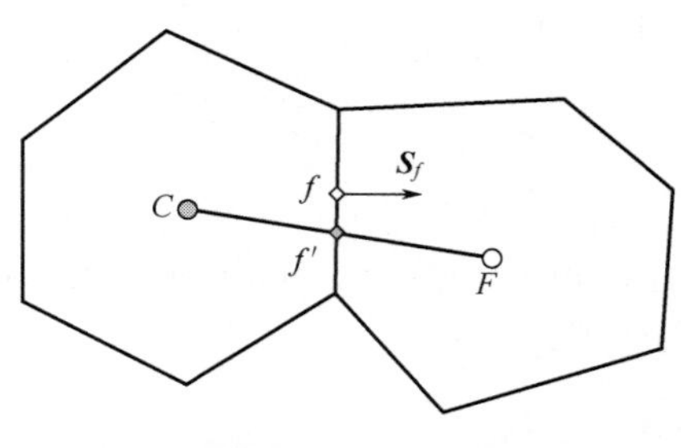

图 5-3 两非正交单元

以单元为中心的 FVM 的离散误差很大程度上取决于网格的平滑程度。对于足够平滑的网格，以单元为中心的 FVM 可以获得二阶或更高的精度。

定义了积分点的数量和线性化类型后，以单元为中心的 FVM 得到一组方程（5-51），其中以位于单元质心处的因变量作为未知数。按照对这些未知数的组织和求解方式的不同，将数值求解方法分为显式或隐式方法。显式数值方法中，可由已知值直接计算得到因变量的值，这时可以根据实际变量值直接评估离散算子。隐式数值方法中，因变量被视为未知数并组装

成一组耦合方程，然后使用直接法或迭代法求解。当描述物理场的方程为非线性时，隐式求解方法通常优于显式方法。

5.2.4 离散方法需满足的基本原则

在建立针对物理场方程的求解方法时，有一些基本原则必须遵守，这些原则是一种离散化方法是否能够获得有意义的离散解的基础。

（1）控制体面上的连续性

对于作为两相邻控制体的公共面，在这两个控制体上对微分方程离散化后得到代数方程，该两代数方程内表达通过公共面的热流密度、质量流量、动量通量等通量参数的表达式必须相同。这一原则是由物理意义决定的。例如，通过公共面离开控制体的热流密度必然与通过该面进入相邻控制体的热流密度相同，否则将不满足热流量的总体平衡。

以一维稳态热传导为例，描述该物理问题的微分方程为

$$\frac{\mathrm{d}}{\mathrm{d}x}\left(k\frac{\mathrm{d}T}{\mathrm{d}x}\right)+Q=0 \tag{5-52}$$

式中，Q 为单位体积的热产生量。将计算域（沿 x 方向的一维区域）划分为如图 5-3 所示的网格，其中 W、C、E、EE 为相邻单元的质心，w 和 e 分别为单元间的公共面。在单元 C 上对方程（5-52）积分，得

$$\left(k\frac{\mathrm{d}T}{\mathrm{d}x}\right)_e-\left(k\frac{\mathrm{d}T}{\mathrm{d}x}\right)_w+\int_w^e Q\mathrm{d}x=0 \tag{5-53}$$

进一步离散化时，如果假设在相邻单元间 T 具有二次曲线的分布，如图 5-4 所示，则计算单元面 e 上的热流密度 $\left(k\frac{\mathrm{d}T}{\mathrm{d}x}\right)_e$ 时，如果导热系数在计算域上恒定，梯度 $\frac{\mathrm{d}T}{\mathrm{d}x}$ 由二次曲线的斜率计算得到，可见在图 5-3 所示情况中，该梯度值将不连续，进而引起热流密度的不连续，这将违反控制体面上的连续性原则。

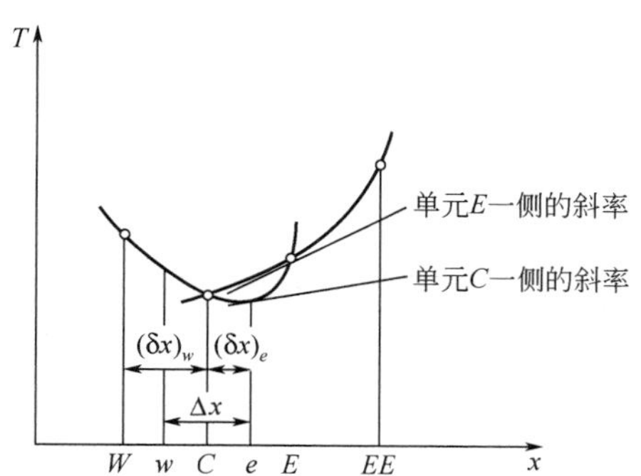

图 5-4　假设的因变量在相邻单元间二次曲线分布引起公共面上热流密度不连续

另一方面，在上述热传导案例中，如果假设相邻单元间 T 线性分布，这时可以保证单元面 e 上的温度梯度连续。但如果 k 在计算域内不均匀分布，并假设每个单元内的 k 均匀，也即在公共面 e 上，位于单元 C 一侧的 k 值为 k_C，而位于单元 E 一侧的 k 值为 k_E，此时 e 上的热流密度也不连续。一种解决方法是通过插值得到公共面上的 k 值，也即将界面上的热流密度看作属于界面本身，而不是属于控制体。

（2）代数方程中因变量系数的符号

对于大多数实际问题，某一单元的质心或节点上的因变量值通过对流或扩散过程受到相邻单元质心或节点上因变量值的影响。当其他条件不变时，单元质心处该因变量值的增加应导致相邻单元质心上该值的增加。仍以方程（5-52）描述的稳态热传导问题为例，图 5-3 中 W 位置处温度 T_W 的增加必导致 C 处温度 T_C 的增加。如果假设两相邻单元间温度线性分布，

由此可以计算方程（5-53）中的导数，得

$$k_e \frac{T_E - T_C}{(\delta x)_e} - k_w \frac{T_C - T_W}{(\delta x)_w} + \int_w^e Q \mathrm{d}x = 0 \tag{5-54}$$

用单元 C 内 Q 的平均值 $\bar{Q}$ 代入式（5-54）中的被积函数，并化简，得

$$a_C T_C + a_E T_E + a_W T_W = -\bar{Q}\Delta x \tag{5-55}$$

式中，$a_C = -\frac{k_e}{(\delta x)_e} - \frac{k_w}{(\delta x)_w}$，$a_E = \frac{k_e}{(\delta x)_e}$，$a_W = \frac{k_w}{(\delta x)_w}$。

对于方程（5-55）的形式（包含各因变量的项位于等号同一侧），代数方程中 T_C 的系数与相邻单元上因变量 T_E 和 T_W 的系数符号相反，满足上述要求。同理，在一般形式的代数方程（5-51）中，单元 C 的质心上因变量 ϕ_C 的系数 a_C 与各相邻单元质心上因变量 ϕ_F 的系数 a_F 均必须具有相反的符号。

（3）线性近似源项时需使用负斜率

离散化过程中，在某一单元上，如果使用关于因变量的线性方程近似代替源项中某一物理量在单元上的平均值，则在形如方程（5-55）的表示中该线性方程中因变量的系数需为负。例如，在方程（5-55）中，假设可以近似表示为 $\bar{Q} = Q' + Q_C T_C$，则方程成为

$$a_C T_C + a_E T_E + a_W T_W = -Q'\Delta x \tag{5-56}$$

此时系数 $a_C = -\frac{k_e}{(\delta x)_e} - \frac{k_w}{(\delta x)_w} + Q_C$，为了保证能够满足上述第二项原则，线性方程的系数 Q_C 需为负或为零。

（4）代数方程中相邻质点上因变量的系数之和

对于只包含关于因变量导数项的控制方程，离散化后关于某一单元的代数方程中，中心单元质心上因变量的系数绝对值应等于各相邻单元质心上因变量的系数之和。这是因为，这种情况下，因变量 ϕ 与 $\phi + c$（c 为任意常数）均满足微分方程，而微分方程的这一特性也必定反映在与之对应的离散后的代数方程中。例如，如果令方程（5-52）中的源项为零，离散得到的代数方程（5-55）中，有 $a_C = -(a_E + a_W)$，满足这里的原则。另一方面，由这一原则可以得出，如果源项为零，所有相邻单元质心上的温度都等于 T，则中心单元质心上的温度也为 T。

5.2.5 有限体积网格

本节在推导有限体积法离散方程时，都假设某些几何和拓扑信息是已知的，这些信息都需要通过有限体积网格来获得。在有限体积法中，所需要的单元信息有索引、质心、边界面列表和相邻单元列表，面的信息有定义它的顶点列表、面的索引、质心、面矢量、所属的相邻单元列表，需要有关计算域边界的信息，即定义每个边界块的边界面，除此之外，还需确定单元面法向量的方向。

计算区域离散将连续计算域替换为由一组连续的非重叠单元或由一组面分隔的单元组成的离散网格，并通过标记边界面定义物理边界，随后在该网格上求解控制方程。区域离散结果不只包含非重叠单元和其他相关几何实体的集合，以及生成的关于它们几何属性的信息，还包括有关它们之间关系的拓扑信息。由几何信息和拓扑信息定义了有限体积网格。

网格间距的取值与因变量在计算域内的变化方式有关，如果因变量在某些区域变化缓慢，网格间距可以取较大值，而如果变化剧烈，则需取较小网格间距。实际计算时可首先使用较粗的网格初步求解得到因变量的变化，根据这一结果再对因变量变化剧烈的区域进行网格细化。

通常可将区域离散后的网格分为结构化和非结构化网格。结构化网格具有许多编码和性能优势，但几何灵活性有限。非结构化网格采用基于连通性表和几何实体编号的显式拓扑信息。OpenFOAM 中使用非结构化网格。

（1）结构化网格

结构化网格是指计算域中的每个内部单元都拥有相同数量的相邻单元。这些相邻单元可以分别使用 x、y 和 z 坐标方向上的索引 i、j 和 k 来识别，并且可以通过递增或递减各自的索引来直接访问。由于拓扑信息通过索引系统嵌入网格结构中，因此可以降低内存使用量。这也提高了编码、缓存利用率。

在结构化网格中，将每个单元与一组有序的索引(i, j, k)相关联，其中每个索引的值在确定范围内变化，并且相邻单元的索引相差 1。在三维计算域中，每个单元为具有 6 个面和 8 个顶点的六面体，每个内部单元有 6 个相邻单元。对于二维计算域，单元为具有 4 个面和 4 个顶点的四边形，每个内部单元有 4 个相邻单元。

访问结构化网格单元的几何信息非常简单，对于如图 5-5 所示的单元(i, j)，包围该单元的面的面矢量分别有 $\boldsymbol{S}_1(i, j)$ 、 $\boldsymbol{S}_2(i, j)$ 、 $\boldsymbol{S}_1(i+1, j)$ 和 $\boldsymbol{S}_2(i, j+1)$ 。由于单元面矢量指向单元的外部，则有关系式

$$\boldsymbol{S}_{i-1/2,j} = -\boldsymbol{S}_1(i, j)\,,\quad \boldsymbol{S}_{i,j-1/2} = -\boldsymbol{S}_2(i, j)\,,$$
$$\boldsymbol{S}_{i+1/2,j} = \boldsymbol{S}_1(i+1, j)\,,\quad \boldsymbol{S}_{i,j+1/2} = \boldsymbol{S}_2(i, j+1)$$

式中，下标 $i-1/2$ 表示第 $i-1$ 个单元在 i 方向上的第 2 个面，$\boldsymbol{S}_1$ 为第 (i, j) 个单元在 i 方向左侧的面，$\boldsymbol{S}_2$ 为第 (i, j) 个单元在 j 方向下侧的面。

由于每一个 $\boldsymbol{S}$ 为单元面上垂直于表面且指向外部的矢量，而除了计算域边界外，每一个面均由两个单元共享，所以，一个单元的向外方向将代表另一个单元的向内方向。而程序在界面处只计算和存储一个面矢量，方法是只存储 i 或 j 增加方向上的那个矢量。对于任意单元 (i, j)，索引大于 i 或 j 的面矢量为正，而索引小于 i 或 j 的面矢量为负。

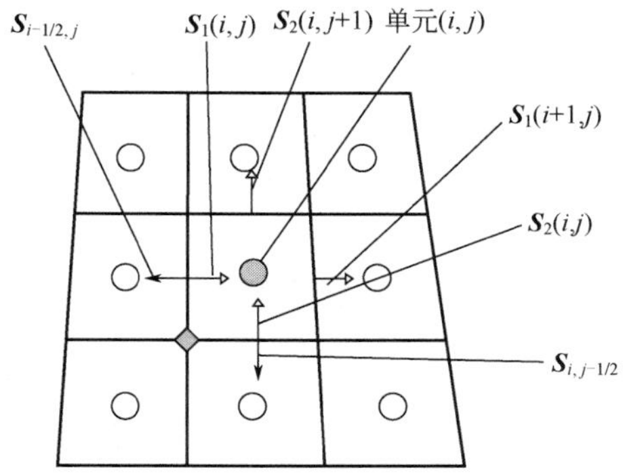

图 5-5　结构化网格的几何信息

结构化二维或三维网格中的单元场可分别定义为大小为 $N_x \times N_y$ 或 $N_x \times N_y \times N_z$ 的数组，因此访问单元上的值及其相邻单元的值也相对容易。在二维区域中，$\phi(i, j)$ 或 ϕ_{ij} 即单元 (i, j) 上场 ϕ 的值，其相邻单元上的值分别为 $\phi_{i+1,j}$ 、 $\phi_{i-1,j}$ 、 $\phi_{i,j+1}$ 、 $\phi_{i,j-1}$ 。

（2）非结构化网格

无论是在可以使用的单元类型方面，还是在单元可以细化的位置方面，使用非结构化网格划分计算域时具有更大的灵活性，但这也增加了网格处理的复杂性。在非结构化网格系统中，单元、面、节点和其他几何量均按顺序编号，不像结构化网格那样可以直接建立索引与各种实体的关系。例如，在如图 5-6 所示的非结构化网格中，与编号为 9 的单元相邻单元的

编号不能直接从索引 9 导出。同样，单元 9 的面和节点也不能以同样的方式根据其索引导出，但在结构化网格中则可以实现。因此，非结构化网格中必须从确定特定单元对应的几何量开始显式定义局部联结性，而且需要明确面、节点和相邻单元的详细拓扑信息的全局索引。

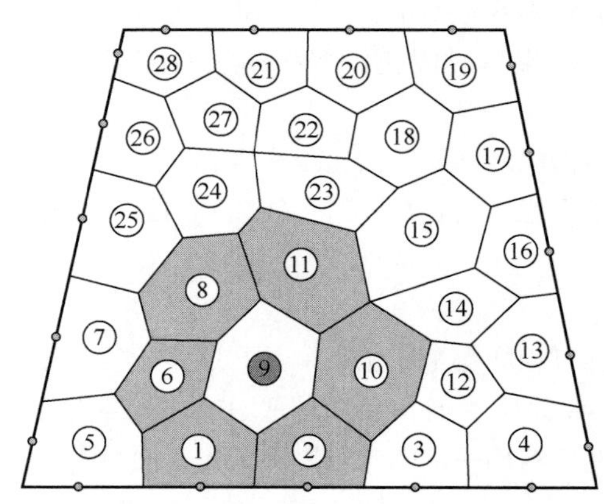

图 5-6 非结构化网格及其编号

网格的拓扑信息是通过显式构建单元、面、节点的局部和全局索引来建立的，这些索引定义了几何联结性（单元到单元、单元到面、面到单元、单元到节点等）。为此，表示单元、面和节点的数据结构中应当包括局部和全局索引方面的信息。例如，对于如图 5-7 所示的单元 C，其拓扑信息包括：

① 表示单元间联结性的相邻单元的索引，局部索引为[1,2,3,4,5,6]，全局索引为[10,11,8,6,1,2]。

② 表示单元到面的联结性的面的索引，其局部索引为[1,2,3,4,5,6]，全局索引为[16,22,23,15,11,10]。

③ 表示单元到节点联结性的节点的索引，其局部索引为[1,2,3,4,5,6]，全局索引为[21,22,23,14,13,12]。

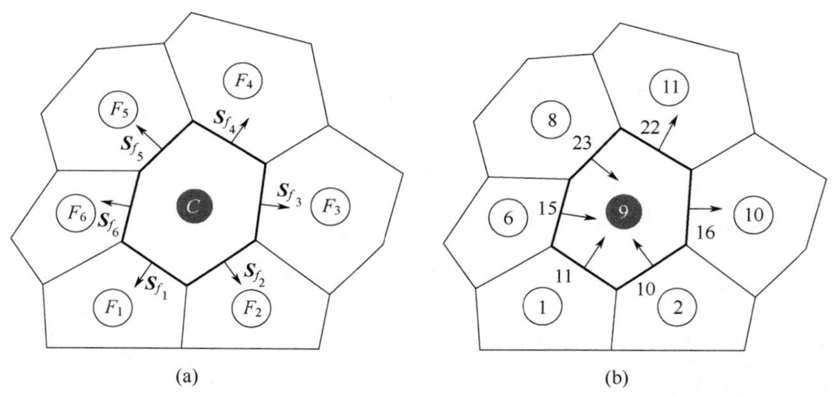

图 5-7 由局部索引（a）和全局索引（b）表示的单元拓扑信息

由于在任何一个面上只存储其一个法向矢量，这些面矢量有的会指向单元的内部，如图 5-8 所示，这时面矢量是负的。非结构化网格中，需要以特定方式存储面矢量的方向。可以通过按指定顺序索引单元的方式定义面的方向，这时两单元间面的法向量从单元 1 指向单元 2，在 OpenFOAM 中分别由面的所有者（owner）和相邻单元（neighbour）表示，如图 5-7 所示。因此，如果考虑单元 2，则面矢量应乘以负号。例如，图 5-6 中，将单元 9 和 8 之间的面 23 的联结性表示为：局部索引[1,2]，全局索引[8,9]。如果关注单元 9，则面 23 的面矢量应为负，因为在联结性中编号 9 位于局部索引 2 对应的位置。

非结构化网格中的单元形状为多面体（三维网格）或多边形（二维网格），如四面体、六面体、棱柱、普通多面体等。三维单元中面的形状与二维单元的形状相同，有四边形、三角形、五边形等多边形。对于二维网格，单元体积为二维单元的面积大小。

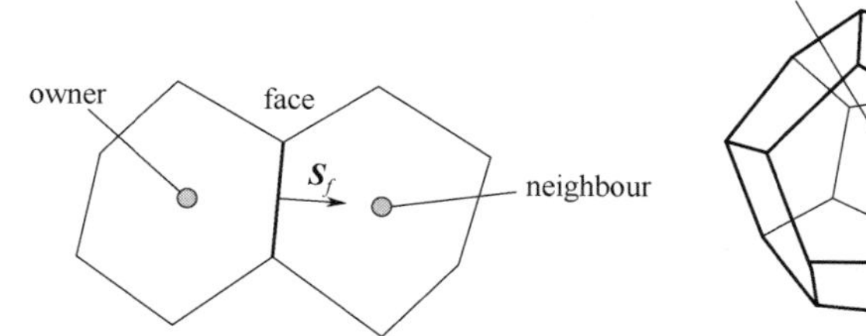

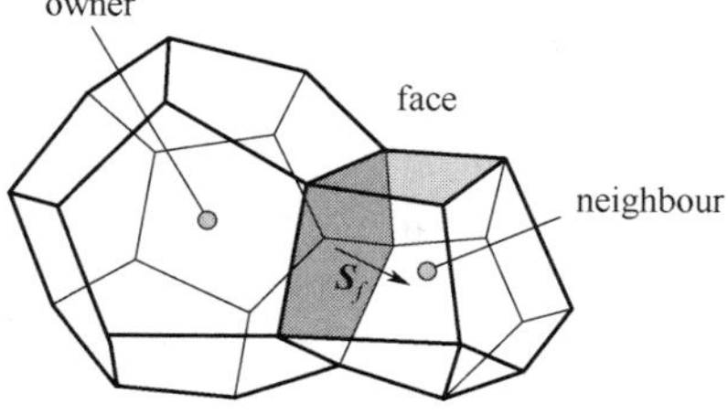

图 5-8　二维和三维单元中的所有者（owner）、相邻单元（neighbour）和面（face）

寻找多边形面的质心的方法为：

① 由多边形各顶点坐标 $\boldsymbol{x}_i$ 计算得到多边形的几何中心的坐标：$\boldsymbol{x}_G = \frac{1}{k}\sum_{i=1}^{k}\boldsymbol{x}_i$。

② 几何中心点与多边形各边形成 k 个子三角形，如图 5-9 所示，计算每个子三角形的面积 S_t 和质心 $\boldsymbol{x}_{Gt}$，其中三角形的质心和几何中心重合。

③ 子三角形面积之和得到多边形的总面积 S_f。

④ 多边形的质心计算为：$\boldsymbol{x}_{CE,f} = \frac{\sum_{t=1}^{k}\boldsymbol{x}_{Gt}S_t}{S_f}$。

计算多面体单元体积和质心的方法为：

① 由多面体各顶点坐标计算得到多面体单元的几何中心坐标 $\boldsymbol{x}_G = \frac{1}{k}\sum_{i=1}^{k}\boldsymbol{x}_i$。

② 以几何中心为顶点，以多面体单元的多边形面为底，构建 k 个子多面棱锥，如图 5-10 所示。

③ 计算每个子多面棱锥的体积为：$V_p = \frac{1}{3}\boldsymbol{d}_{Gf}\boldsymbol{S}_f$。

④ 子多面棱锥的质心 $\boldsymbol{x}_{CE,p}$ 位于连接底面质心与锥顶顶点的连线的 $\frac{1}{4}$ 处。

⑤ 由各子多面棱锥的体积加和得到多面体单元的体积 V_C。

⑥ 多面体单元的质心计算为各子多面棱锥质心的体积加权平均值：$\boldsymbol{x}_{CE,C} = \sum_{p=1}^{k}\boldsymbol{x}_{CE,p}V_p / V_C$。

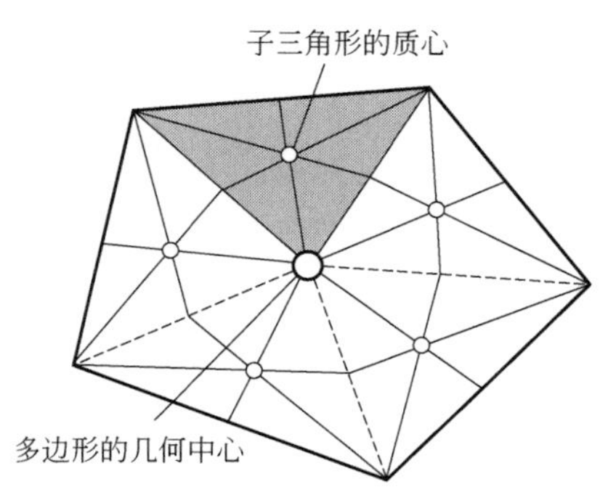

图 5-9　多边形的几何中心和质心

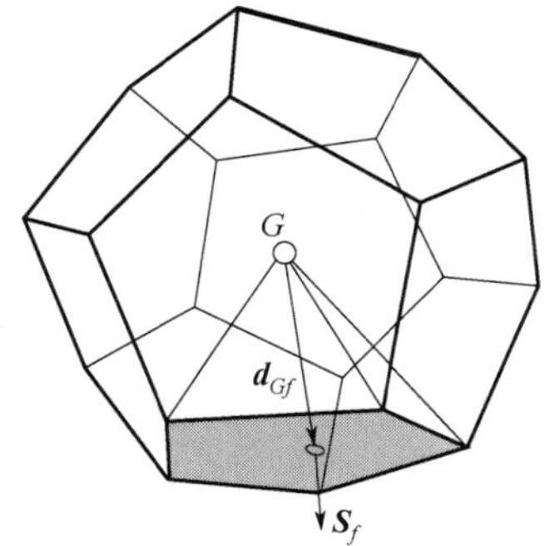

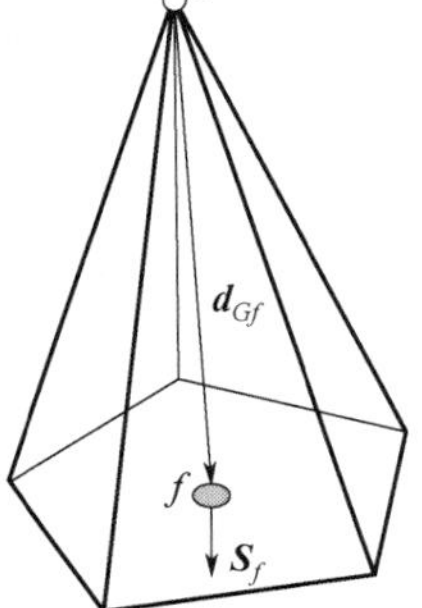

图 5-10　多面体及其子多面棱锥

求解微分方程时常遇到根据两相邻单元质心上的变量值计算它们公共面上的值，这时需要使用插值因子，也称为面权重系数。例如，对于如图 5-11 所示的一维网格，由单元 C 和 F

质心上的值计算面f上的值为

$$\phi_f = g_f \phi_F + (1-g_f)\phi_C$$

式中，g_f为面权重系数，$g_f = \dfrac{\boldsymbol{d}_{Cf}}{\boldsymbol{d}_{Cf} + \boldsymbol{d}_{fF}}$。对于最一般的二维或三维单元，当相邻单元质心连线与面不垂直时，如图 5-12 所示，将权重系数计算为

$$g_f = \frac{\boldsymbol{d}_{Cf} \cdot \boldsymbol{e}_f}{\boldsymbol{d}_{Cf} \cdot \boldsymbol{e}_f + \boldsymbol{d}_{fF} \cdot \boldsymbol{e}_f}$$

式中，$\boldsymbol{e}_f$为面法向单位矢量，$\boldsymbol{e}_f = \boldsymbol{S}_f / |\boldsymbol{S}_f|$。

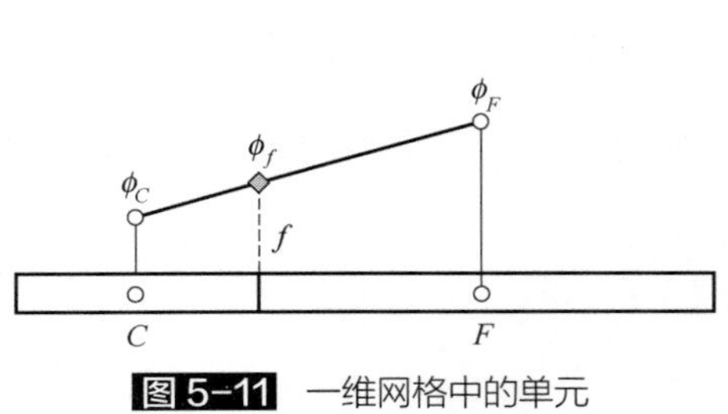

图 5-11 一维网格中的单元

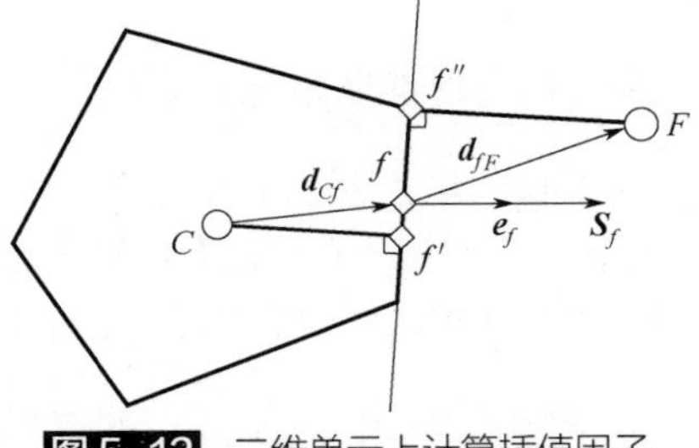

图 5-12 二维单元上计算插值因子

5.3 代数方程组求解

描述物理场的微分方程经离散后成为形如方程（5-39）和方程（5-51）的代数方程组，其中位于网格单元质心上的因变量是进一步要求解的值。在该方程组中，构成矩阵 $\boldsymbol{A}$ 的未知量的系数依赖于离散过程和网格几何参数，而向量 $\boldsymbol{b}$ 包含所有源项、常数、边界条件以及非线性分量。求解线性方程组的方法通常可以分为直接法和迭代法。对于非线性问题，由于离散得到的系数矩阵依赖于解，而每一步迭代并不需要精确解，所以一般使用迭代法求解非线性问题的代数方程。对于二维和三维问题，使用直接法需要相当大的存储空间和计算时间，一般也使用迭代法。

将方程（5-39）写成其展开形式：

$$\begin{bmatrix} a_{11} & a_{12} & \dots a_{1N-1} & a_{1N} \\ a_{21} & a_{22} & \dots a_{2N-1} & a_{2N} \\ \vdots & \vdots & \vdots & \vdots \\ a_{N1} & a_{N2} & \dots a_{NN-1} & a_{NN} \end{bmatrix} \begin{bmatrix} \phi_1 \\ \phi_2 \\ \vdots \\ \phi_N \end{bmatrix} = \begin{bmatrix} b_1 \\ b_2 \\ \vdots \\ b_N \end{bmatrix} \tag{5-57}$$

其中，矩阵中的每一行表示在计算域的一个单元上离散后得到的代数方程，该行中的非零系数与该单元的相邻单元相关，如系数 a_{ij} 可用来衡量控制体质心处的 ϕ_i 值与其相邻单元之间的联系强度。由于通常某个单元只与少数单元相邻，因此矩阵中的大多系数为零，也即矩阵 $\boldsymbol{A}$ 为稀疏矩阵。如果使用结构化网格，矩阵 $\boldsymbol{A}$ 中的所有非零系数将沿对角线排列。本节分别介绍求解方程组（5-57）的直接法和迭代法。

5.3.1 直接法

（1）高斯消元法

对于方程组（5-57），采用高斯消元法求解时分两步执行：前向消元和反向代入。在方程

组（5-57）中，矩阵 $\boldsymbol{A}$ 的第一行对应关于 ϕ_1 的离散方程（以编号为 1 的单元为中心进行离散），第二行对应关于 ϕ_2 的离散方程，以此类推，第 i 行对应关于 ϕ_i 的离散方程。

执行前向消元时，首先从第一行以下所有各行对应的方程中消去 ϕ_1，如对于第 i 行，将该行减去第一行乘以 a_{i1}/a_{11} 后的结果，得到如下方程：

$$\begin{bmatrix} a_{11} & a_{12} & \dots & a_{1N-1} & a_{1N} \\ 0 & a'_{22} & \dots & a'_{2N-1} & a'_{2N} \\ \vdots & \vdots & & \vdots & \vdots \\ 0 & a'_{N2} & \dots & a'_{NN-1} & a'_{NN} \end{bmatrix} \begin{bmatrix} \phi_1 \\ \phi_2 \\ \vdots \\ \phi_N \end{bmatrix} = \begin{bmatrix} b_1 \\ b_2 \\ \vdots \\ b_N \end{bmatrix} \tag{5-58}$$

其后，从第二行以下所有各行对应的方程中消去 ϕ_2，此时对于第 i 行，将该行减去第二行乘以 a'_{i2}/a'_{22} 后的结果。以此类推，直到在第 N 行对应的方程中消去因变量 ϕ_{N-1}，得到与方程组（5-57）等价的方程组，其系数矩阵成为上三角矩阵：

$$\begin{bmatrix} a_{11} & a_{12} & \dots & a_{1N-1} & a_{1N} \\ 0 & a'_{22} & \dots & a'_{2N-1} & a'_{2N} \\ \vdots & \vdots & & \vdots & \vdots \\ 0 & 0 & \dots & 0 & a_{NN}^{N-1} \end{bmatrix} \begin{bmatrix} \phi_1 \\ \phi_2 \\ \vdots \\ \phi_N \end{bmatrix} = \begin{bmatrix} b'_1 \\ b'_2 \\ \vdots \\ b_N^{N-1} \end{bmatrix} \tag{5-59}$$

执行反向代入时，在方程组（5-59）中，首先可根据最后一个方程得到 ϕ_N 的值：

$$\phi_N = b_N^{N-1} / a_{NN}^{N-1} \tag{5-60}$$

再基于该结果，求解第 $N-1$ 个方程，得到 ϕ_{N-1} 的值。以此类推，可得到所有因变量的值：

$$\phi_i = \frac{b_i^{i-1} - \sum_{j=i+1}^{N} a_{ij}^{i-1}\phi_j}{a_{ii}^{i-1}} \tag{5-61}$$

高斯消元法计算成本极高，求解包含 N 个方程的线性方程组所需的运算次数与 $N^3/3$ 成正比，对于系数矩阵为稀疏矩阵的方程组不适用。

（2）LU 分解法

LU 分解法为一种改进的高斯消元法，与上述高斯消元法相比，这种方法在执行 LU 分解后，对于不同的向量 $\boldsymbol{b}$，可在不增加消元次数的条件下，根据需要求解任意次数。

将原代数方程组（5-57）经转换得到的方程组（5-59）写为

$$\begin{bmatrix} u_{11} & u_{12} & \cdots & u_{1N-1} & u_{1N} \\ 0 & u_{22} & \cdots & u_{2N-1} & u_{2N} \\ \vdots & \vdots & & \vdots & \vdots \\ 0 & 0 & \cdots & 0 & u_{NN} \end{bmatrix} \begin{bmatrix} \phi_1 \\ \phi_2 \\ \vdots \\ \phi_N \end{bmatrix} = \begin{bmatrix} c_1 \\ c_2 \\ \vdots \\ c_N \end{bmatrix} \tag{5-62a}$$

或简写为

$$\boldsymbol{U\phi} - \boldsymbol{c} = 0 \tag{5-62b}$$

假设原代数方程组的系数矩阵 $\boldsymbol{A}$ 可以分解为

$$\boldsymbol{A} = \boldsymbol{LU} \tag{5-63}$$

式中，$\boldsymbol{L}$ 为下三角矩阵：

$$\boldsymbol{L} = \begin{bmatrix} 1 & 0 & \cdots & 0 & 0 \\ \ell_{21} & 1 & \cdots & 0 & 0 \\ \vdots & \vdots & & \vdots & \vdots \\ \ell_{N1} & \ell_{N2} & \cdots & \ell_{NN-1} & 1 \end{bmatrix} \tag{5-64}$$

在方程（5-63）左端乘以矩阵 $\boldsymbol{L}$，得

$$\boldsymbol{LU\phi} - \boldsymbol{Lc} = \boldsymbol{A\phi} - \boldsymbol{Lc} \tag{5-65}$$

可见，通过先后求解方程

$$\boldsymbol{Lc} = \boldsymbol{b} \tag{5-66}$$

和方程（5-62）得到 $\boldsymbol{\phi}$ 的值。但在求解之前，需要求得 $\boldsymbol{U}$ 和 $\boldsymbol{L}$ 中的元素值，根据矩阵乘法可得

$$u_{ij} = a_{ij} - \sum_{k=1}^{i-1} \ell_{ik} u_{kj},\ j = i, i+1, \cdots, N \tag{5-67}$$

$$\ell_{ki} = \frac{a_{ki} - \sum_{j=1}^{i-1} \ell_{kj} u_{ji}}{u_{ii}},\ k = i+1, i+2, \cdots, N \tag{5-68}$$

求得 $\boldsymbol{L}$ 和 $\boldsymbol{U}$ 后，原代数方程可通过两步求解，但由于 $\boldsymbol{L}$ 和 $\boldsymbol{U}$ 分别为下三角和上三角矩阵，求解过程相对简便。第一步，求向量 $\boldsymbol{c}$，由前向代入可得

$$c_1 = b_1, c_i = b_i - \sum_{j=1}^{i-1} \ell_{ij} c_j, i = 2, 3, \cdots, N \tag{5-69}$$

第二步，反向代入可得

$$\phi_N = \frac{c_N}{u_{NN}}, \phi_i = \frac{c_i - \sum_{j=i+1}^{N} u_{ij}\phi_j}{u_{ii}}, i = N-1, N-2, \cdots, 2, 1 \tag{5-70}$$

对 N 阶的方阵执行 LU 分解所需的运算次数为 $2N^3/3$，是高斯消元法求解相同阶数方程组所需运算次数的两倍。但 LU 分解法的优点是，当许多方程组均具有相同的系数矩阵 $\boldsymbol{A}$（不同的向量 $\boldsymbol{b}$）时，只执行一次 LU 分解即可。另外，LU 分解法是构建许多迭代方法的基础。

（3）三对角矩阵法（TDMA）

三对角矩阵法（Tri-Diagonal Matrix Algorithm，TDMA）也称为 Thomas 算法，用于求解具有三对角系数矩阵（所有非零系数均位于矩阵的三条对角线上）的代数方程组，方程组中第 i 个方程为

$$a_i\phi_i + b_i\phi_{i+1} + c_i\phi_{i-1} = d_i, i = 1, 2, \cdots, N, c_1 = b_N = 0 \tag{5-71}$$

求解该方程组的算法为：

① 前向递归计算系数：$P_i = -\dfrac{b_i}{a_i + c_iP_{i-1}}$，$Q_i = \dfrac{d_i - c_iQ_{i-1}}{a_i + c_iP_{i-1}}, i = 1, 2, \cdots, N$，其中 $P_1 = -\dfrac{b_1}{a_1}$，$Q_1 = \dfrac{d_1}{a_1}$。

② 令 $\phi_N = Q_N$。

③ 反向递归计算因变量 $\phi_i = P_i\phi_{i+1} + Q_i$。

TDMA 需要的计算存储量及计算时间正比于 N。

（4）五对角矩阵法（PDMA）

五对角矩阵法（Penta-Diagonal Matrix Algorithm，PDMA）用于求解具有五对角系数矩阵的代数方程组，这样的方程组一般是在对微分方程离散时建立中心节点上游的两相邻单元质心及下游的两相邻单元质心之间关系时得到的，方程组中的第 i 个方程为

$$\begin{gathered} a_i\phi_i + b_i\phi_{i+2} + c_i\phi_{i+1} + d_i\phi_{i-1} + e_i\phi_{i-2} = f_i, i = 1, 2, \cdots, N \\ d_1 = e_1 = e_2 = 0,\quad b_{N-1} = b_N = c_N = 0 \end{gathered} \tag{5-72}$$

求解该方程组的算法为：

① 前向递归计算系数：

$$P_i = -\frac{b_i}{a_i + e_i P_{i-2} + (d_i + e_i Q_{i-2}) Q_{i-1}}$$

$$Q_i = -\frac{c_i + (d_i + e_i Q_{i-2}) P_{i-1}}{a_i + e_i P_{i-2} + (d_i + e_i Q_{i-2}) Q_{i-1}}$$

$$R_i = -\frac{f_i - e_i R_{i-2} - (d_i + e_i Q_{i-2}) R_{i-1}}{a_i + e_i P_{i-2} + (d_i + e_i Q_{i-2}) Q_{i-1}}$$

式中，$P_1 = -\frac{b_1}{a_1}$，$Q_1 = -\frac{c_1}{a_1}$，$R_1 = \frac{f_1}{a_1}$，$P_2 = -\frac{b_2}{a_2 + d_2 Q_1}$，$Q_2 = -\frac{c_2 + d_2 P_1}{a_2 + d_2 Q_1}$，$R_2 = \frac{f_2 - d_2 R_1}{a_2 + d_2 Q_1}$。

② 令 $\phi_N = R_N$，$\phi_{N-1} = Q_{N-1}\phi_N + R_{N-1}$。

③ 反向递归计算因变量：

$$\phi_i = P_i \phi_{i+2} + Q_i \phi_{i+1} + R_i$$

式中，$i = N-2, \cdots, 2, 1$。

5.3.2 迭代法

求解代数方程组的迭代方法有很多，这里只介绍其中部分基本迭代方法。使用迭代法求解代数方程组的一般过程为，从初始点（表示为矩阵 $\boldsymbol{\phi}^{(0)}$，它等于初始条件或给定的猜测值）开始，迭代求得一系列 $\boldsymbol{\phi}^{(n)}$，当 $n \to \infty$ 时，满足 $\boldsymbol{\phi}^{(n)} \to \boldsymbol{\phi}$。

对于固定点迭代，将方程组的系数矩阵 $\boldsymbol{A}$ 分解为 $\boldsymbol{A} = \boldsymbol{M} - \boldsymbol{N}$，这时方程组成为

$$(\boldsymbol{M} - \boldsymbol{N})\boldsymbol{\phi} = \boldsymbol{b} \tag{5-73}$$

应用固定点迭代方法的求解过程表示为

$$\boldsymbol{M}\boldsymbol{\phi}^{(n)} = \boldsymbol{N}\boldsymbol{\phi}^{(n-1)} + \boldsymbol{b} \tag{5-74}$$

令

$$\boldsymbol{B} = \boldsymbol{M}^{-1}\boldsymbol{N}, \quad \boldsymbol{C} = \boldsymbol{M}^{-1} \tag{5-75}$$

迭代求解过程进一步表示为

$$\boldsymbol{\phi}^{(n)} = \boldsymbol{B}\boldsymbol{\phi}^{(n-1)} + \boldsymbol{C}\boldsymbol{b}, n = 1, 2, \cdots \tag{5-76}$$

选择不同的 $\boldsymbol{B}$ 和 $\boldsymbol{C}$ 矩阵对应不同的迭代方法。

为保证上述迭代过程收敛，需满足下列条件：

① 当迭代过程达到精确解时，所有的后续迭代都不修改解。

由 $\boldsymbol{\phi} = \boldsymbol{B}\boldsymbol{\phi} + \boldsymbol{C}\boldsymbol{b}$ 得 $\boldsymbol{C}^{-1}(\boldsymbol{I} - \boldsymbol{B})\boldsymbol{\phi} = \boldsymbol{b}$，与原方程组对比，得各矩阵满足

$$\boldsymbol{B} + \boldsymbol{C}\boldsymbol{A} = \boldsymbol{I} \tag{5-77}$$

② 迭代方法能够自修正。

如果 $\boldsymbol{\phi}^{(0)} \neq \boldsymbol{\phi}$，由式（5-76）可得

$$\boldsymbol{\phi}^{(n)} = \boldsymbol{B}^n \boldsymbol{\phi}^{(0)} + \sum_{i=0}^{n-1} \boldsymbol{B}^i \boldsymbol{C}\boldsymbol{b}$$

如若 $\boldsymbol{\phi}^{(n)}$ 在第 n 次迭代后收敛于 $\boldsymbol{\phi}$，需满足 $\lim\limits_{n \to \infty} \boldsymbol{B}^n = 0$，也即 $\boldsymbol{B}$ 的谱半径小于 1，$\rho(\boldsymbol{B}) < 1$。

定义误差 $\boldsymbol{e}^{(n)} = \boldsymbol{\phi}^{(n)} - \boldsymbol{\phi}$，代入式（5-76），有 $\boldsymbol{e}^{(n)} = \boldsymbol{B}\boldsymbol{e}^{(n-1)}$，方程收敛的条件为 $\lim\limits_{n \to \infty} \boldsymbol{e}^{(n)} = \boldsymbol{0}$。假设 $\boldsymbol{B}$ 的特征矢量为完全特征矢量，即它们构成空间 $\boldsymbol{R}^N$ 中的一组基，这样矢量 $\boldsymbol{e}$ 可以用这

组基线性表示，$\boldsymbol{e}=\sum_{i=1}^{N}\alpha_i\boldsymbol{v}_i$，其中特征矢量 $\boldsymbol{v}_i$ 满足 $\boldsymbol{B}\boldsymbol{v}_i=\lambda_i\boldsymbol{v}_i$，$\lambda_i$ 为特征矢量 $\boldsymbol{v}_i$ 对应的特征值。各误差矢量成为

$$\boldsymbol{e}^{(1)}=\boldsymbol{B}\boldsymbol{e}^{(0)}=\boldsymbol{B}\sum_{i=1}^{N}\alpha_i\boldsymbol{v}_i=\sum_{i=1}^{N}\alpha_i\boldsymbol{B}\boldsymbol{v}_i=\sum_{i=1}^{N}\alpha_i\lambda_i\boldsymbol{v}_i$$

$$\boldsymbol{e}^{(2)}=\boldsymbol{B}\boldsymbol{e}^{(1)}=\boldsymbol{B}\sum_{i=1}^{N}\alpha_i\lambda_i\boldsymbol{v}_i=\sum_{i=1}^{N}\alpha_i\lambda_i\boldsymbol{B}\boldsymbol{v}_i=\sum_{i=1}^{N}\alpha_i\lambda_i^2\boldsymbol{v}_i$$

以此类推，有 $\boldsymbol{e}^{(n)}=\sum_{i=1}^{N}\alpha_i\lambda_i^n\boldsymbol{v}_i$。可见，若要方程组收敛，需满足 $\lambda_i<1$，与上述由谱半径表示的结果一致，即

$$\rho(\boldsymbol{B})=\max_{1\leqslant i\leqslant N}\lambda_i<1 \tag{5-78}$$

通过减小迭代矩阵 $\boldsymbol{B}$ 的谱半径可加速迭代收敛，这是迭代技术的核心。

③ 有合适的中止判据。任何迭代方法都需要具备一定的中止判据，一种使用较多的迭代判据基于残差范数 $\boldsymbol{r}^{(n)}=\boldsymbol{A}\boldsymbol{\phi}^{(n)}-\boldsymbol{b}$。定义第一种判据为：计算域内的最大残差小于阈值 ε 时表明解收敛，即

$$\max_{1\leqslant i\leqslant N}\left|b_i-\sum_{j=1}^{N}a_{ij}\phi_j^{(n)}\right|\leqslant\varepsilon$$

定义第二种判据为：均方根残差小于 ε，即

$$\frac{\sum_{i=1}^{N}\left[b_i-\sum_{j=1}^{N}a_{ij}\phi_j^{(n)}\right]^2}{N}\leqslant\varepsilon$$

定义第三种判据为：相邻两次迭代步的因变量的最大相对差值小于 ε，即

$$\max_{1\leqslant i\leqslant N}\left|\frac{\phi_i^{(n)}-\phi_i^{(n-1)}}{\phi_i^{(n)}}\right|\times 100\%\leqslant\varepsilon$$

使用迭代法时，中间的迭代计算精度可以不高，因为中间迭代步的计算值只是作为下一次迭代的估计值，中间过程的计算误差在计算结束时都将趋于消失。

（1）Jacobi 法

Jacobi 法是一种最简单的迭代方法。对于方程组（5-39），首先将因变量的初始猜测值（或初始条件）分配给未知向量 $\boldsymbol{\phi}$，如果其系数矩阵中的对角线元素不为零，则用第一个方程求解新的 ϕ_1，第二个方程求解新的 ϕ_2，以此类推，直到计算出新的 ϕ_N，完成一次迭代。一次迭代获得的结果用于下一次迭代所需的新猜测值，然后重复上述求解过程，直到相邻两次迭代的预测值变化降至阈值以下或满足预设的收敛标准，获得最终解。这种方法中，给定当前估计值 $\boldsymbol{\phi}^{(n-1)}$，更新预测值的公式为

$$\phi_i^{(n)}=\frac{1}{a_{ii}}\left(b_i-\sum_{\substack{j=1\\ j\neq i}}^{N}a_{ij}\phi_j^{(n-1)}\right),i=1,2,\cdots,N \tag{5-79}$$

表明其中每一步迭代过程中得到的中间值不用于本次迭代后续的计算，而是保留用于下一次迭代。

将代数方程组的系数矩阵写成

$$\boldsymbol{A}=\boldsymbol{D}+\boldsymbol{L}+\boldsymbol{U} \tag{5-80a}$$

式中，$\boldsymbol{D}$、$\boldsymbol{L}$、$\boldsymbol{U}$（与 LU 分解中的 $\boldsymbol{L}$ 和 $\boldsymbol{U}$ 不同）分别为矩阵 $\boldsymbol{A}$ 中的对角线、严格下三角、严格上三角元素组成的矩阵，式（5-79）对应迭代方程

$$\phi^{(n)}=-\boldsymbol{D}^{-1}(\boldsymbol{L}+\boldsymbol{U})\phi^{(n-1)}+\boldsymbol{D}^{-1}\boldsymbol{b} \tag{5-80b}$$

所以 Jacobi 法的收敛条件为 $\rho(-\boldsymbol{D}^{-1}(\boldsymbol{L}+\boldsymbol{U}))<1$，而由于

$$\boldsymbol{D}^{-1}(\boldsymbol{L}+\boldsymbol{U})=\begin{bmatrix} 0 & \dfrac{a_{12}}{a_{11}} & \cdots & \dfrac{a_{1N}}{a_{11}} \\ \dfrac{a_{21}}{a_{22}} & 0 & \cdots & \dfrac{a_{2N}}{a_{22}} \\ \vdots & \vdots & \cdots & \vdots \\ \dfrac{a_{N1}}{a_{NN}} & \dfrac{a_{N2}}{a_{NN}} & \cdots & 0 \end{bmatrix}$$

为了满足该矩阵的谱半径小于 1，需使其中每一行元素之和小于 1，即

$$\rho(-\boldsymbol{D}^{-1}(\boldsymbol{L}+\boldsymbol{U}))<\max_{1\leqslant i\leqslant N}\left(\sum_{j=1}^{N}\left|\frac{a_{ij}}{a_{ii}}\right|\right)\leqslant 1$$

也即

$$\sum_{\substack{j=1\\ j\neq i}}^{N}\left|a_{ij}\right|\leqslant\left|a_{ii}\right|,i=1,2,\cdots,N \tag{5-81}$$

（2）Gauss-Seidel 法

Gauss-Seidel 法是一种 Jacobi 法，它比基本 Jacobi 法更常用，收敛特性更好。而且占用内存较少，因为它不需要将新估计值存储在单独的数组中。将代数方程组写成

$$(\boldsymbol{D}+\boldsymbol{L})\boldsymbol{\phi}=-\boldsymbol{U}\boldsymbol{\phi}+\boldsymbol{b}$$

迭代方程成为

$$\boldsymbol{\phi}^{(n)}=-(\boldsymbol{D}+\boldsymbol{L})^{-1}\boldsymbol{U}\boldsymbol{\phi}^{(n-1)}+(\boldsymbol{D}+\boldsymbol{L})^{-1}\boldsymbol{b} \tag{5-82}$$

对应的每一步迭代的计算式为

$$\phi_i^{(n)}=\frac{1}{a_{ii}}\left(b_i-\sum_{j=1}^{i-1}a_{ij}\phi_j^{(n)}-\sum_{j=i+1}^{N}a_{ij}\phi_j^{(n-1)}\right),i=1,2,\cdots,N \tag{5-83}$$

可见，这种方法在迭代过程中使用最近更新的部分因变量值，且在同一存储空间存放新近值。Gauss-Seidel 法收敛的必要条件为 $\rho(-(\boldsymbol{D}+\boldsymbol{L})^{-1}\boldsymbol{U})<1$。在满足收敛条件的前提下，Gauss-Seidel 法的主要缺点是收敛速度太慢，特别是当单元数量很大时尤为明显。

（3）迭代法的预处理

迭代算法的收敛速率取决于迭代矩阵 $\boldsymbol{B}$ 的谱特性，而谱特性又取决于系数矩阵中的元素。建立新的迭代方法时往往希望通过对代数方程变形，而且变形后的方程与原方程具有相同的解，但可获得具有更好谱特性的迭代矩阵，从而加速收敛。预处理的目的就是得到这样的变形方程。

定义预处理矩阵 $\boldsymbol{P}$ 满足

$$\boldsymbol{P}^{-1}\boldsymbol{A}\phi=\boldsymbol{P}^{-1}\boldsymbol{b}$$

令 $\boldsymbol{A}=\boldsymbol{P}-\boldsymbol{N}$，可将固定点迭代式写为

$$\boldsymbol{\phi}^{(n)}=\boldsymbol{P}^{-1}\boldsymbol{N}\boldsymbol{\phi}^{(n-1)}+\boldsymbol{P}^{-1}\boldsymbol{b}=(\boldsymbol{I}-\boldsymbol{P}^{-1}\boldsymbol{A})\boldsymbol{\phi}^{(n-1)}+\boldsymbol{P}^{-1}\boldsymbol{b} \tag{5-84}$$

迭代矩阵为 $\boldsymbol{B}=\boldsymbol{I}-\boldsymbol{P}^{-1}\boldsymbol{A}$，相应的收敛条件为 $\rho(\boldsymbol{I}-\boldsymbol{P}^{-1}\boldsymbol{A})<1$。Jacobi 法和 Gauss-Seidel 法的迭代矩阵可看作这一结果的特例，对于 Jacobi 法，有

$$\boldsymbol{B}=-\boldsymbol{D}^{-1}(\boldsymbol{L}+\boldsymbol{U})=-\boldsymbol{D}^{-1}(\boldsymbol{A}-\boldsymbol{D})=\boldsymbol{I}-\boldsymbol{D}^{-1}\boldsymbol{A}$$

相当于 $\boldsymbol{P}=\boldsymbol{D}$。

对于 Gauss-Seidel 法，有

$$\boldsymbol{B}=-(\boldsymbol{D}+\boldsymbol{L})^{-1}\boldsymbol{U}=-(\boldsymbol{D}+\boldsymbol{L})^{-1}(\boldsymbol{A}-\boldsymbol{L}-\boldsymbol{D})=\boldsymbol{I}-(\boldsymbol{D}+\boldsymbol{L})^{-1}\boldsymbol{A}$$

相当于 $\boldsymbol{P}=\boldsymbol{D}+\boldsymbol{L}$。

方程（5-84）还可写为残差形式：

$$\boldsymbol{\phi}^{(n)}=\boldsymbol{\phi}^{(n-1)}+\boldsymbol{P}^{-1}(\boldsymbol{b}-\boldsymbol{A}\boldsymbol{\phi}^{(n-1)})=\boldsymbol{\phi}^{(n-1)}+\boldsymbol{P}^{-1}\boldsymbol{r}^{(n-1)} \tag{5-85}$$

一种简单有效的预处理方法是对系数矩阵 $\boldsymbol{A}$ 进行不完全分解，不像完全 LU 分解那样将矩阵 $\boldsymbol{A}$ 中的零元素位置在分解后的 $\boldsymbol{L}$、$\boldsymbol{U}$ 矩阵中的相应位置填充了非零值，不完全 LU 分解（ILU）方法在分解后仍将这些位置用零填充，这样 $\boldsymbol{L}$ 和 $\boldsymbol{U}$ 与矩阵 $\boldsymbol{A}$ 的下三角部分和上三角部分具有相同的非零结构，这时，将 $\boldsymbol{A}$ 分解为

$$\boldsymbol{A}=\boldsymbol{L}\boldsymbol{U}+\boldsymbol{R}$$

同时将代数方程组写成 $(\boldsymbol{A}-\boldsymbol{R})\boldsymbol{\phi}=(\boldsymbol{A}-\boldsymbol{R})\boldsymbol{\phi}+(\boldsymbol{b}-\boldsymbol{A}\boldsymbol{\phi})$，其迭代形式为

$$(\boldsymbol{A}-\boldsymbol{R})\boldsymbol{\phi}^{(n)}=(\boldsymbol{A}-\boldsymbol{R})\boldsymbol{\phi}^{(n-1)}+(\boldsymbol{b}-\boldsymbol{A}\boldsymbol{\phi}^{(n-1)}) \tag{5-86}$$

对应的迭代矩阵为

$$\boldsymbol{B}=-(\boldsymbol{A}-\boldsymbol{R})^{-1}\boldsymbol{R}=-(\boldsymbol{L}\boldsymbol{U})^{-1}(\boldsymbol{A}-\boldsymbol{L}\boldsymbol{U})=\boldsymbol{I}-(\boldsymbol{L}\boldsymbol{U})^{-1}\boldsymbol{A}$$

可见预处理矩阵为 $\boldsymbol{P}=\boldsymbol{L}\boldsymbol{U}$。式（5-86）的残差形式为

$$\boldsymbol{\phi}^{(n)}=\boldsymbol{\phi}^{(n-1)}+\boldsymbol{\phi}'^{(n-1)} \tag{5-87}$$

此时式（5-86）成为

$$(\boldsymbol{A}-\boldsymbol{R})\boldsymbol{\phi}'^{(n-1)}=\boldsymbol{b}-\boldsymbol{A}\boldsymbol{\phi}^{(n-1)}$$

该式可用来求解 $\boldsymbol{\phi}'^{(n)}$，再用式（5-87）更新 $\boldsymbol{\phi}^{(n)}$。

无填入的不完全 LU 分解法（ILU(0)）是一种最简单的 ILU 方法。这种方法中，$\boldsymbol{L}$、$\boldsymbol{U}$ 矩阵中零元素的位置与原系数矩阵中的完全相同，其中的一种特殊情况是针对对称正项矩阵，也称为不完全 Cholesky 分解，这时只使用下三角部分进行分解，即 $\boldsymbol{A}\approx\overline{\boldsymbol{L}}\overline{\boldsymbol{L}}^{\mathrm{T}}$，相当于 $\boldsymbol{A}=\overline{\boldsymbol{L}}\overline{\boldsymbol{L}}^{\mathrm{T}}+\boldsymbol{R}$，这时 $\boldsymbol{P}=\overline{\boldsymbol{L}}\overline{\boldsymbol{L}}^{\mathrm{T}}$。这种方法在处理过程中使得精度降低，需更多的迭代次数。

对角线 ILU（DILU）方法是另一种 ILU 方法，与 ILU(0)相比，它只将原系数矩阵中的零元素位置在分解后的 $\boldsymbol{L}$、$\boldsymbol{U}$ 中位于非对角线上的相应位置处中的元素置零，而保留分解过程中对角线元素的修改，这时可将预处理矩阵写为

$$\boldsymbol{P}=(\boldsymbol{D}^*+\boldsymbol{L})\boldsymbol{D}^{*-1}(\boldsymbol{D}^*+\boldsymbol{U})$$

式中，$\boldsymbol{L}$、$\boldsymbol{U}$ 中的元素为 $\boldsymbol{A}$ 中的相应元素，$\boldsymbol{D}^*$ 为对角矩阵，定义 $\boldsymbol{D}^*$ 为该式的乘积结果中对角线上的元素与 $\boldsymbol{A}$ 中对角线上相应元素相同，可由递归公式确定：

$$\begin{cases} d_{11}=a_{11} \\ d_{22}=a_{22}-\dfrac{a_{21}}{d_{11}}a_{12} \\ \quad\vdots \\ d_{jj}=a_{jj}-\displaystyle\sum_{i=1}^{j-1}\frac{a_{ji}}{d_{ii}}a_{ij} \end{cases}$$

（4）梯度法

当代数方程组的系数矩阵为对称正定矩阵时，可采用梯度法求解。梯度法主要包括最速下降法（Steepest Descent，SD）和共轭梯度法（Conjugate Gradient Method，CGM）。

由代数方程组中的量 $\boldsymbol{A}$、$\boldsymbol{b}$ 构造二次矢量函数

$$\boldsymbol{Q}(\boldsymbol{\phi}) = \frac{1}{2}\boldsymbol{\phi}^{\mathrm{T}}\boldsymbol{A}\boldsymbol{\phi} - \boldsymbol{b}^{\mathrm{T}}\boldsymbol{\phi} + \boldsymbol{c} \tag{5-88}$$

式中，$\boldsymbol{c}$ 为矢量，由于 $\boldsymbol{A}$ 为对称矩阵，该函数的导数为

$$\boldsymbol{Q}'(\boldsymbol{\phi}) = \boldsymbol{A}\boldsymbol{\phi} - \boldsymbol{b} \tag{5-89}$$

当 $\boldsymbol{Q}'(\boldsymbol{\phi}) = 0$ 时，$\boldsymbol{Q}(\boldsymbol{\phi})$ 取得最小值，对应的 $\boldsymbol{\phi}$ 为原代数方程的解。在某一点 $\boldsymbol{\phi}$ 上，$\boldsymbol{Q}'(\boldsymbol{\phi})$ 指向 $\boldsymbol{Q}(\boldsymbol{\phi})$ 增大最快的方向。

如果令精确解与当前估算值之间的差值 $\boldsymbol{e} = \boldsymbol{\phi}^{(n)} - \boldsymbol{\phi}$，则由式（5-88）得

$$\boldsymbol{Q}(\boldsymbol{\phi}^{(n)}) = \boldsymbol{Q}(\boldsymbol{\phi} + \boldsymbol{e}) = \boldsymbol{Q}(\boldsymbol{\phi}) + \frac{1}{2}\boldsymbol{e}^{\mathrm{T}}\boldsymbol{A}\boldsymbol{e}$$

由于 $\boldsymbol{A}$ 为正定矩阵，有 $\frac{1}{2}\boldsymbol{e}^{\mathrm{T}}\boldsymbol{A}\boldsymbol{e} > 0$，该式表明，精确值 $\boldsymbol{\phi}$ 对应的 $\boldsymbol{Q}(\boldsymbol{\phi})$ 是所有迭代值对应的 $\boldsymbol{Q}(\boldsymbol{\phi}^{(n)})$ 中的最小值。同时由于 $\boldsymbol{A}$ 正定，其所有特征值均为正，函数 $\boldsymbol{Q}(\boldsymbol{\phi})$ 具有唯一的最小值。

由于系数矩阵 $\boldsymbol{A}$ 为对称正定矩阵，可将收敛数列 $\boldsymbol{\phi}^{(n)}$ 写成

$$\boldsymbol{\phi}^{(n+1)} = \boldsymbol{\phi}^{(n)} + \alpha^{(n)}(\delta\boldsymbol{\phi}^{(n)}) \tag{5-90}$$

式中，$\alpha^{(n)}$ 为松弛因子，$\delta\boldsymbol{\phi}^{(n)}$ 与每一迭代步中为了最小化 $\boldsymbol{Q}(\boldsymbol{\phi})$ 而进行的修正有关。不同的梯度法实为使用不同的 $\alpha^{(n)}$ 和 $\delta\boldsymbol{\phi}^{(n)}$。下面根据梯度法原理介绍最速下降法和共轭梯度法。

① 最速下降法。函数 $\boldsymbol{Q}(\boldsymbol{\phi})$ 描述了一个抛物面（一维情况下为抛物线），求解过程为从初始位置 $\boldsymbol{\phi}^{(0)}$ 开始，沿抛物面迭代下降，最终到达最小值。下降速率最快的方向为 $-\boldsymbol{Q}'(\boldsymbol{\phi})$，由式（5-89）知，$-\boldsymbol{Q}'(\boldsymbol{\phi}) = \boldsymbol{b} - \boldsymbol{A}\boldsymbol{\phi}$。每一迭代步的误差和残差分别为 $\boldsymbol{e}^{(n)} = \boldsymbol{\phi}^{(n)} - \boldsymbol{\phi}$ 和 $\boldsymbol{r}^{(n)} = \boldsymbol{b} - \boldsymbol{A}\boldsymbol{\phi}^{(n)} = -\boldsymbol{Q}'(\boldsymbol{\phi}^{(n)})$，从而可得

$$\boldsymbol{r}^{(n)} = -\boldsymbol{A}\boldsymbol{e}^{(n)} \tag{5-91}$$

收敛数列可以写成

$$\boldsymbol{\phi}^{(n+1)} = \boldsymbol{\phi}^{(n)} + \alpha^{(n)}\boldsymbol{r}^{(n)} \tag{5-92}$$

为了求得 $\alpha^{(n)}$，令 $\dfrac{\mathrm{d}\boldsymbol{Q}(\boldsymbol{\phi}^{(n+1)})}{\mathrm{d}\alpha^{(n)}} = 0$，可得 $(\boldsymbol{r}^{(n+1)})^{\mathrm{T}}\boldsymbol{r}^{(n)} = 0$，表明新迭代步与旧迭代步的前进方向垂直，同时可得

$$\alpha^{(n)} = \frac{(\boldsymbol{r}^{(n)})^{\mathrm{T}}\boldsymbol{r}^{(n)}}{(\boldsymbol{r}^{(n)})^{\mathrm{T}}\boldsymbol{A}\boldsymbol{r}^{(n)}} \tag{5-93}$$

这样，最速下降法的求解步骤为：选择 $\boldsymbol{r}^{(0)}$；由式（5-91）计算 $\boldsymbol{r}^{(n)}$；由式（5-93）计算 $\alpha^{(n)}$；由式（5-92）计算 $\boldsymbol{\phi}^{(n+1)}$。这种方法的一个缺点是缺乏从 $\boldsymbol{\phi}^{(n)}$ 的值到残差的反馈，这可能会导致由于舍入误差的累积使得解收敛到与精确值不同的值。

② 共轭梯度法。虽然最速下降法可保证收敛，但收敛速率较慢，这是因为在局部极小值附近重复搜索。为了避免这种情况，需设置与之前迭代不同的搜索方向。选择一组与 $\boldsymbol{A}$ 正交的搜索方向 $\boldsymbol{d}^{(0)}$，$\boldsymbol{d}^{(1)}$，⋯，$\boldsymbol{d}^{(N-1)}$，它们满足

$$(\boldsymbol{d}^{(n)})^{\mathrm{T}}\boldsymbol{A}\boldsymbol{d}^{(m)}=0$$

同时选择迭代数列为

$$\boldsymbol{\phi}^{(n+1)}=\boldsymbol{\phi}^{(n)}+\alpha^{(n)}\boldsymbol{d}^{(n)} \tag{5-94}$$

误差方程为$\boldsymbol{e}^{(n)}=\boldsymbol{e}^{(n)}+\alpha^{(n)}\boldsymbol{d}^{(n)}$，残差方程为

$$\boldsymbol{r}^{(n+1)}=\boldsymbol{r}^{(n)}-\alpha^{(n)}\boldsymbol{A}\boldsymbol{d}^{(n)} \tag{5-95}$$

这种方法的另一个限制条件为：令$\boldsymbol{e}^{(n+1)}$与$\boldsymbol{d}^{(n)}\boldsymbol{A}$正交，也即$(\boldsymbol{d}^{(n)})^{\mathrm{T}}\boldsymbol{A}\boldsymbol{e}^{(n+1)}=0$，这一条件等价于沿搜索方向$\boldsymbol{d}^{(n)}$寻找最小值点，可得

$$\alpha^{(n)}=\frac{(\boldsymbol{d}^{(n)})^{\mathrm{T}}\boldsymbol{r}^{(n)}}{(\boldsymbol{d}^{(n)})^{\mathrm{T}}\boldsymbol{A}\boldsymbol{d}^{(n)}} \tag{5-96}$$

此外，假设搜索方向矩阵满足方程

$$\boldsymbol{d}^{(n+1)}=\boldsymbol{r}^{(n+1)}+\beta^{(n)}\boldsymbol{d}^{(n)} \tag{5-97}$$

其中由前述各方程可得$\beta^{(n)}$满足

$$\beta^{(n)}=\frac{(\boldsymbol{r}^{(n+1)})^{\mathrm{T}}\boldsymbol{r}^{(n+1)}}{(\boldsymbol{r}^{(n)})^{\mathrm{T}}\boldsymbol{r}^{(n)}} \tag{5-98}$$

这样，共轭梯度法的求解步骤为：选择残差$\boldsymbol{d}^{(0)}$；由式（5-96）计算$\alpha^{(n)}$；由式（5-94）计算$\boldsymbol{\phi}^{(n+1)}$；由式（5-95）计算$\boldsymbol{r}^{(n+1)}$；由式（5-98）计算$\beta^{(n)}$；由式（5-97）计算$\boldsymbol{d}^{(n+1)}$。

为了加速共轭梯度法的收敛，可引入预处理矩阵$\boldsymbol{P}$，它也为对称正定矩阵。应用Cholesky分解法，令$\boldsymbol{P}=\boldsymbol{L}\boldsymbol{L}^{\mathrm{T}}$，并且为了保证对称，将代数方程写成$\boldsymbol{L}^{-1}\boldsymbol{A}\boldsymbol{L}^{-\mathrm{T}}\boldsymbol{L}^{\mathrm{T}}\boldsymbol{\phi}=\boldsymbol{L}^{-1}\boldsymbol{b}$，其中$\boldsymbol{L}^{-1}\boldsymbol{A}\boldsymbol{L}^{-\mathrm{T}}$为对称正定矩阵。此外，还有其他预处理矩阵，包括Jacobi预处理阵和非完全Cholesky分解等。在求解大型代数方程时，共轭梯度法通常会应用预处理技术。

③ 双共轭梯度法（Bi- Conjugate Gradient Method，BiCG）和预处理BiCG。为了应用共轭梯度法求解非对称系数矩阵的代数方程，需将系数矩阵转换为对称阵，可将代数方程转换为

$$\begin{bmatrix}\boldsymbol{0} & \boldsymbol{A}\\ \boldsymbol{A}^{\mathrm{T}} & \boldsymbol{0}\end{bmatrix}\begin{bmatrix}\hat{\boldsymbol{\phi}}\\ \boldsymbol{\phi}\end{bmatrix}=\begin{bmatrix}\boldsymbol{b}\\ \boldsymbol{0}\end{bmatrix} \tag{5-99}$$

其中使用了伪变量$\hat{\boldsymbol{\phi}}$。应用共轭梯度法求解这一方程组时需两个迭代列：原代数方程的一般迭代列和用于求解$\hat{\boldsymbol{\phi}}$的另一个方程的伪迭代列，这也是这一方法名称的由来。同样用$\boldsymbol{r}$和$\boldsymbol{d}$分别表示原迭代列对应矢量的残差和搜索方向，用$\hat{\boldsymbol{r}}$和$\hat{\boldsymbol{d}}$分别表示它们相应于伪迭代列的等价形式。由方程

$$(\hat{\boldsymbol{r}}^{(m)})^{\mathrm{T}}\boldsymbol{r}^{(n)}=(\hat{\boldsymbol{r}}^{(n)})^{\mathrm{T}}\boldsymbol{r}^{(m)}=0, m<n$$

保证残差的双正交性。保证双共轭性则通过方程

$$(\hat{\boldsymbol{d}}^{(n)})^{\mathrm{T}}\boldsymbol{A}\boldsymbol{d}^{(m)}=(\boldsymbol{d}^{(n)})^{\mathrm{T}}\boldsymbol{A}^{\mathrm{T}}\hat{\boldsymbol{d}}^{(m)}=0, m<n$$

这种方法需满足的另一个有关残差序列和搜索方向的条件为：原迭代列对应矢量的残差与伪迭代列对应矢量的残差正交：

$$(\hat{\boldsymbol{r}}^{(n)})^{\mathrm{T}}\boldsymbol{d}^{(m)}=(\boldsymbol{r}^{(n)})^{\mathrm{T}}\hat{\boldsymbol{d}}^{(m)}, m<n$$

也可以在这种方法中引入预处理，如 Fletcher 法等。BiCG 的其他改进型包括：CGS（Conjugate Gradient Squared）、Bi-CGSTAB（Bi-Conjugate Gradient Stabilized）、GMRES（Generalized Minimal Residual）等，它们可用于结构和非结构网格时具有非对称系数矩阵的代数方程的求解。

（5）多重网格法

当求解的代数方程组非常庞大时，或者计算区域的网格较密，高频误差有可能在单个单元上振荡，而低频误差对单个单元来说则表现得较为平滑，因为一个单元上一般只存在周期性误差的一小部分。标准求解器（Jacobi、Gauss-Seidel、ILU）可识别并消除高频振荡误差，但对低频误差则无能为力，也即使用标准求解器求解大型代数方程组时，收敛特性可能会变差，尤其是网格更加细化时问题将更加严重。为解决这一问题，需将多重网格法与迭代方法相结合。在多重网格法中，迭代法也称为平滑器（smoother）。

多重网格法通过使用多个等级的粗糙网格，将由某一网格等级上应用平滑器时产生的低频振荡误差转变为另一较粗等级网格上的高频振荡误差，从而解决单纯使用平滑器时收敛特性较差的问题。

粗等级网格通常由细网格的拓扑或几何生成，类似于将细网格单元直接堆叠成粗网格。这种方法也称为代数多重网格法（Algebraic MultiGrid Method，AMG），这种方法不直接使用几何信息，堆叠过程是一个纯代数过程，由细网格上的代数方程重建粗网格上的代数方程，可用于高密度各向异性问题或网格。

多重网格循环过程中包含不同网格等级间的过渡，从一个细网格到粗网格的过渡包括如下过程：约束过程；粗网格上方程组的组装或更新；应用平滑器的一系列迭代。从一个粗网格到细网格的过渡包括如下过程：延伸过程；修正细网格上的场值；对约束过程构造的方程应用平滑器进行一系列迭代。下面详述这些过程：

① 单元堆叠/粗化。多重网格法求解的第一步是生成不同等级的粗/细网格，这有三种方法：第一种方法首先生成粗网格，经细化得到细网格，这种方法便于获得粗-细网格间的关系式，多用于自适应网格，但这种方法的细网格依赖于粗网格分布；第二种方法为非嵌套网格，这种方法中不同等级网格间的信息转换较烦琐；第三种方法首先生成最细的网格，由细网格单元堆叠成粗网格，如图 5-13 所示，堆叠过程基于单元几何或相邻单元系数满足的准则进行。其中方向堆叠（Directional Agglomeration，DA）是一种有效的堆叠算法，它由种子单元开始堆叠，根据几何联结性的强度与其相邻单元进行整合。

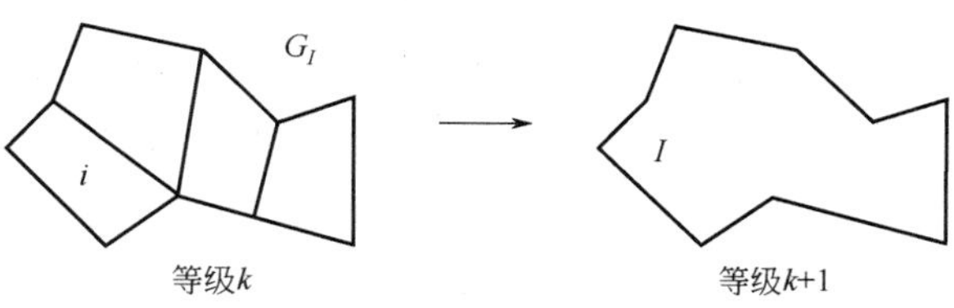

图 5-13　细网格堆叠为粗网格

② 约束和粗网格等级系数。求解过程从细网格开始，进行若干次迭代后，误差被转移至或限制在上一级网格，然后在该网格上求解，以此类推直到最粗网格等级。某一级网格上所求解方程可写成其修正形式：

$$\boldsymbol{A}^{(k)}\boldsymbol{e}^{(k)}=\boldsymbol{r}^{(k)}$$

下一级网格上的求解方程为

$$\boldsymbol{A}^{(k+1)}\boldsymbol{e}^{(k+1)} = \boldsymbol{r}^{(k+1)}$$

约束过程实质是限制残差 $\boldsymbol{r}$，计算为

$$\boldsymbol{r}^{(k+1)} = I_k^{k+1}\boldsymbol{r}^{(k)}$$

式中，I_k^{k+1} 为约束算子（从细等级到粗等级）。AMG 法中将约束算子定义为细等级网格对应的残差的线性求和，即

$$\boldsymbol{r}_I^{(k+1)} = \sum_{i\in G_I}\boldsymbol{r}_i^{(k)}$$

将方程（5-51）写成

$$a_i^{(k)}\phi_i^{(k)} + \sum_{j=NB(i)}\left(a_{ij}^{(k)}\phi_j^{(k)}\right) = b_i^{(k)} \tag{5-100}$$

k 等级网格对应的残差为

$$r_i^{(k)} = b_i^{(k)} - \left[a_i^{(k)}\phi_i^{(k)} + \sum_{j=NB(i)}\left(a_{ij}^{(k)}\phi_j^{(k)}\right)\right]$$

从等级 k 过渡至等级 k+1 后对解的修正为

$$\phi_i'^{(k)} = \phi_I^{(k+1)} - \phi_i^{(k)}$$

添加修正项后的残差为

$$\begin{aligned}\tilde{r}_i^{(k)} &= b_i^{(k)} - \left[a_i^{(k)}\left(\phi_i^{(k)} + \phi_i'^{(k)}\right) + \sum_{j=NB(i)}a_{ij}^{(k)}\left(\phi_j^{(k)} + \phi_j'^{(k)}\right)\right] \\ &= r_i^{(k)} - \left[a_i^{(k)}\phi_i'^{(k)} + \sum_{j=NB(i)}\left(a_{ij}^{(k)}\phi_j'^{(k)}\right)\right]\end{aligned}$$

令修正后的残差（在区域 G_I 内）为零，$\sum_{i\in G_I}\tilde{r}_i^{(k)} = 0$，由此可得到在 $k+1$ 级网格上的方程为

$$a_I^{(k+1)}\phi_I'^{(k+1)} + \sum_{J=NB(I)}\left(a_{IJ}^{(k+1)}\phi_J'^{(k+1)}\right) = r_I^{(k+1)} \tag{5-101}$$

式中，$a_I^{(k+1)} = \sum_{i\in G_I}a_i^{(k)} + \sum_{i\in G_I}\sum_{j\in G_I}a_{ij}^{(k)}$，$a_{IJ}^{(k+1)} = \sum_{i\in G_I}\sum_{\substack{j\notin G_I \\ j\in NB(I)}}a_{ij}^{(k)}$，$r_I^{(k+1)} = \sum_{i\in G_I}r_i^{(k)}$。

③ 延伸和细等级网格上的修正。延伸算子将修正结果从粗网格转移至细网格，其中零阶延伸算子中，细等级网格将继承粗网格上的误差，即它们拥有相同的误差值。修正结果是从粗网格上的方程组的解中获得的。细网格上的插值或延伸关系式为

$$\boldsymbol{e}^{(k)} = I_{k+1}^{k}\boldsymbol{e}^{(k+1)}$$

式中，I_{k+1}^{k} 为从粗网格至细网格的插值矩阵，将细网格上的值修正为

$$\boldsymbol{\phi}^{(k)} \leftarrow \boldsymbol{\phi}^{(k)} + \boldsymbol{e}^{(k)}$$

④ 多重网格法计算过程。在完成单元堆叠和粗化后，经如图 5-14 所示的循环最终得到所求的位于细网格上的解，该循环也相当于访问粗网格过程，也称为多重网格循环。

AMG 方程中的多重网格循环有 V 循环、W 循环和 F 循环。其中 V 循环最简单，该循环中每一个粗等级网格只访问一次，通常在约束阶段只进行少量的迭代，然后在粗网格上插入残差。

对于刚性较强的方程组，V 循环不足以加速求解，在粗等级网格上的迭代次数将增多。W 循环在每一次访问粗网格时应用较小的 V 循环，由嵌套的粗、细等级网格组成，等级数量增加时复杂度也增加。F 循环为 W 循环的改进，该循环访问粗网格的次数间于 V 循环和 W 循环之间。

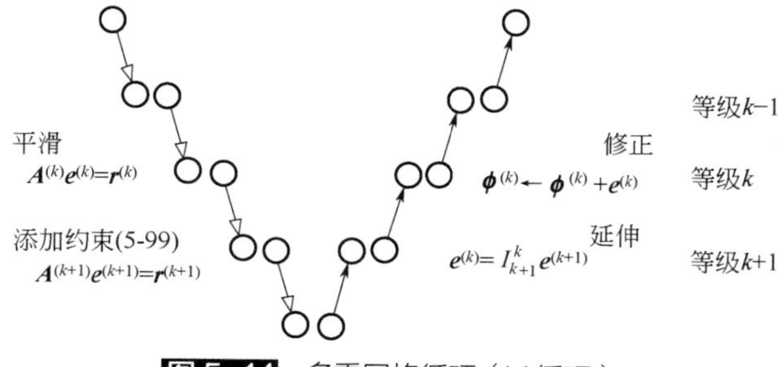

图 5-14　多重网格循环（V 循环）

5.3.3　求解代数方程的松弛技术

对于式（5-51）表示的微分方程离散后代数方程的一般形式，迭代求解该方程时通常希望减小每相邻两次迭代之间因变量的变化，这是为了改进非线性问题的收敛特性，同时为了避免因初始猜测值与精确值的较大差距引起发散，而网格的非正交性、源项的存在、模型的非线性特性等均会引起非线性。所以求解过程中经常通过减慢变量值的变化来改进收敛性，这种方法也称为松弛技术。这种方法包括隐式欠松弛方法、E 因子松弛法、伪瞬态法等。这些松弛技术的基本原理是减慢相邻单元和源项对欠松弛单元上值的影响，使松弛技术所处理单元上的源项和空间系数具有同等的影响。

松弛方法既可以在迭代得到解后显式执行，也可以在求解前将松弛的影响引入方程中隐式执行。

在显式欠松弛方法中，在每一迭代步后期，当得到新的函数值后，访问计算域中的所有单元，将预测的变量值修改为

$$\phi_C^{\text{new,used}}=\phi_C^{\text{old}}+\lambda^{\phi}\left(\phi_C^{\text{new,predicted}}-\phi_C^{\text{old}}\right)$$

式中，ϕ_C^{old} 为上一次迭代求得的解，$\phi_C^{\text{new,predicted}}$ 为本次迭代求得的解。当 $\lambda^{\phi}<1$ 时，表示该表达式对变量 ϕ 进行了欠松弛处理，可减慢收敛速度，增加计算的稳定性，减小发散或振荡的可能性；如果 $\lambda^{\phi}=1$，无松弛；如果 $\lambda^{\phi}>1$，为过松弛，可加快收敛速度，但减弱了稳定性。

显式欠松弛计算常用于求解流体运动方程时对压强进行欠松弛处理。在流体特性依赖于解的问题中，如紊流中的紊流黏度、可压缩流体中的密度等，这些特性迭代更新，这时使用显式欠松弛技术可促进收敛，在使用高精度格式计算单元面上的值时也是如此。欠松弛技术也可只用于方程中的某些项，如源项、求解变量的梯度等。

隐式欠松弛方法有 Patankar 欠松弛、E 因子欠松弛和伪瞬态欠松弛三种，下面分别介绍。

（1）Patankar 欠松弛

由一般的离散方程（5-51）可得

$$\phi_C=\frac{-\sum\limits_{F\sim NB(C)}(a_F\phi_F)+b_C}{a_C}$$

令 ϕ_C^* 为前一次迭代得到的 ϕ_C 值，在相邻两次迭代结果的变化量上加入松弛因子 λ^{ϕ}，有

$$\phi_C = \phi_C^* + \lambda^\phi \left(\frac{b_C - \sum_{F\sim NB(C)} (a_F \phi_F)}{a_C} - \phi_C^* \right)$$

重新整理后得

$$\frac{a_C}{\lambda^\phi}\phi_C + \sum_{F\sim NB(C)} (a_F \phi_F) = b_C + \frac{(1-\lambda^\phi)a_C}{\lambda^\phi}\phi_C^*$$

松弛因子修改了对角系数和等号右端的值，由于 $\lambda^\phi<1$，欠松弛方法相当于增大了对角系数，增强了迭代求解的稳定性，这也是与显式欠松弛方法相比的优势所在。通常根据经验确定 λ^ϕ 值，也可在不同迭代步使用不同的 λ^ϕ 值。

（2）E 因子欠松弛

将一般形式的离散方程（5-51）写成

$$a_C\phi_C = \lambda^\phi \left[b_C - \sum_{F\sim NB(C)} (a_F \phi_F) \right] + (1-\lambda^\phi)a_C\phi_C^*$$

用 $\dfrac{E^\phi}{1+E^\phi}$ 代替松弛因子，得到

$$a_C\left(1+\frac{1}{E^\phi}\right)\phi_C + \sum_{F\sim NB(C)} (a_F \phi_F) = b_C + \frac{1}{E^\phi}a_C\phi_C^*$$

这样可以由人为的瞬态时间执行欠松弛技术，令时间步 Δt 正比于特征时间间隔

$$\Delta t = E^\phi \Delta t^*,\quad \Delta t^* = \frac{\rho_C V_C}{a_C}$$

可见特征时间间隔与单元上的 ϕ_C 的扩散和对流变化相关，而且 E 因子等于单元 CFL 数。E^ϕ 的取值范围通常为 4～10。

在小尺寸的单元上，计算过程按时间推进缓慢，这对稳态求解的收敛速度不利。例如在边界处通常会使用高度拉伸的单元，使得单元体积较小，从而形成了计算域内的一个关键区域，这些区域上的时间步较其他区域上的小。

（3）伪瞬态欠松弛

将一般形式的离散方程（5-51）写成

$$(a_C + a_C^0)\phi_C + \sum_{F\sim NB(C)} (a_F \phi_F) = b_C + a_C^0\phi_C^*$$

式中

$$a_C^0 = \frac{\rho_C V_C}{a_C}$$

式中，$a_C^0\phi_C$ 为伪瞬态项，$a_C^0\phi_C^*$ 为上一时间步的伪瞬态项。当时间步进值 Δt 较大时，增加的伪瞬态项可以忽略。而当 Δt 值非常小时，含 a_C^0 的项成为占优项，相当于对解进行了重度欠松弛处理，使得 ϕ_C 值变化非常小。这种方法允许求解过程在整个区域上一致推进。

不同的方程可指定不同的欠松弛因子，也不必在整个计算域上使用同一个欠松弛因子，该因子也可以随迭代过程变化。

5.3.4 方程的残差

为了将一般形式的离散方程（5-51）写成“残差”形式，将解写为

$$\phi_C = \phi_C^* + \phi_C'$$

式中，ϕ_C' 为为了满足方程（5-51）而添加的修正值。原方程成为

$$a_C\phi_C' + \sum_{F\sim NB(C)}(a_F\phi_F') = b_C - \left[a_C\phi_C^* + \sum_{F\sim NB(C)}(a_F\phi_F^*)\right]$$

将等号右端的项称为 ϕ_C^* 的残差，表示为

$$\text{Res}_C^{\phi} = b_C - \left[a_C\phi_C^* + \sum_{F\sim NB(C)}(a_F\phi_F^*)\right]$$

使用 Patankar 欠松弛的离散方程的残差形式为

$$a_C(\phi_C^* + \phi_C') = \lambda^{\phi}\left[b_C - \sum_{F\sim NB(C)} a_F(\phi_F^* + \phi_F')\right] + (1-\lambda^{\phi})a_C\phi_C^*$$

可进一步化简为

$$a_C\phi_C' + \lambda^{\phi}\sum_{F\sim NB(C)} a_F\phi_F' = \lambda^{\phi}\underbrace{\left[b_C - \left(a_C\phi_C^* + \sum_{F\sim NB(C)} a_F\phi_F^*\right)\right]}_{\text{Res}_C^{\phi}}$$

为了确定解何时达到要求精度，需要有方法来在最终解未知时评估解的收敛性，将其称为收敛指示器，包括简单地监视迭代过程中某一点上的值，监视一个综合值，如流体计算中的总质量流量、壁面剪切应力等，或者监视方程的某种残差等。定义单元 C 上的残差为

$$\text{Res}_C^{\phi} = b_C - \left[a_C\phi_C + \sum_{F\sim NB(C)}(a_F\phi_F)\right]$$

单元 C 上的绝对残差为

$$R_C^{\phi} = \left|b_C - \left[a_C\phi_C + \sum_{F\sim NB(C)}(a_F\phi_F)\right]\right|$$

最大残差为

$$R_{C,\max}^{\phi} = \max_{\text{所有单元}}\left|b_C - \left[a_C\phi_C + \sum_{F\sim NB(C)}(a_F\phi_F)\right]\right| = \max_{\text{所有单元}} R_C^{\phi}$$

均方根残差为

$$R_{C,\text{rms}}^{\phi} = \sqrt{\frac{\sum\limits_{C\sim\text{所有单元}}\left\{b_C - \left[a_C\phi_C + \sum\limits_{F\sim NB(C)}(a_F\phi_F)\right]\right\}^2}{\text{单元总数}}} = \sqrt{\frac{\sum\limits_{C\sim\text{所有单元}}(R_C^{\phi})^2}{\text{单元总数}}}$$

相对残差为

$$R_{C,\text{相对}}^{\phi} = \frac{\left|b_C - \left[a_C\phi_C + \sum\limits_{F\sim NB(C)}(a_F\phi_F)\right]\right|}{\max\limits_{\text{所有单元}}\left|a_C\phi_C\right|}$$

当这里的一个或同时有多个残差小于给定的判断值时，可认为方程收敛至满足要求。除了使用残差确定是否收敛外，多物理计算中通常在得到收敛解前还需监视综合量的变化是否满足要求。

5.4 扩散项的离散

对流和扩散代表两种不同的物理现象，对微分方程中描述它们的项进行离散时将有不同的处理方式。本节首先介绍扩散项的离散。

5.4.1 二维规则笛卡儿网格内部单元上的离散

对于如图 5-15 所示的二维规则笛卡儿网格，以其中的单元 C 为例，方程（5-5）中的扩散项初步离散为方程（5-47）中的项 $\sum_{f\sim nb(C)}(-\Gamma^{\phi}\nabla\phi)_f\cdot\boldsymbol{S}_f$，在图 5-14 中的网格情况下，该项可进一步展开为

$$\sum_{f\sim nb(C)}(-\Gamma^{\phi}\nabla\phi)_f\cdot\boldsymbol{S}_f=(-\Gamma^{\phi}\nabla\phi)_e\cdot\boldsymbol{S}_e+(-\Gamma^{\phi}\nabla\phi)_w\cdot\boldsymbol{S}_w+(-\Gamma^{\phi}\nabla\phi)_n\cdot\boldsymbol{S}_n+(-\Gamma^{\phi}\nabla\phi)_s\cdot\boldsymbol{S}_s \tag{5-102}$$

对于其中等号右端的每一项面通量，计算其中的梯度项，以单元 C 的右侧面为例，有

$$J_e^{\phi,D}=(-\Gamma^{\phi}\nabla\phi)_e\cdot\boldsymbol{S}_e=-\Gamma_e^{\phi}S_e\boldsymbol{i}\cdot\left(\frac{\partial\phi}{\partial x}\boldsymbol{i}+\frac{\partial\phi}{\partial y}\boldsymbol{j}\right)_e=-\Gamma_e^{\phi}(\Delta y)_e\left(\frac{\partial\phi}{\partial x}\right)_e \tag{5-103}$$

假设该通量具有线性形式：

$$J_e^{\phi,D}=\mathrm{Flux}C_e\phi_C+\mathrm{Flux}F_e\phi_E+\mathrm{Flux}V_e$$

这时需要一种描述两相邻单元质心间 ϕ 的变化的方法，以确定该式中的系数。假设 ϕ 在两单元间线性变化，式（5-103）中的梯度项可线性化为

$$\left(\frac{\partial\phi}{\partial x}\right)_e=\frac{\phi_E-\phi_C}{(\delta x)_e}$$

该式相对于对导数的一阶近似，可保证原物理意义，单元尺寸越小，该近似的误差越小。从而可得

$$J_e^{\phi,D}=-\Gamma_e^{\phi}\frac{(\Delta y)_e}{(\delta x)_e}(\phi_E-\phi_C)$$

这样

$$\mathrm{Flux}C_e=\Gamma_e^{\phi}\frac{(\Delta y)_e}{(\delta x)_e}=\Gamma_e^{\phi}gDiff_e,\quad gDiff_e=\frac{(\Delta y)_e}{(\delta x)_e}=\frac{S_e}{d_{CE}}=\frac{\|\boldsymbol{S}_e\|}{\|\boldsymbol{d}_{CE}\|}$$

$$\mathrm{Flux}F_e=-\Gamma_e^{\phi}gDiff_e$$

$$\mathrm{Flux}V_e=0$$

类似地，可得其他三个面上的通量为

$$J_w^{\phi,D}=\Gamma_w^{\phi}\frac{(\Delta y)_w}{(\delta x)_w}(\phi_C-\phi_W)=\mathrm{Flux}C_w\phi_C+\mathrm{Flux}F_w\phi_W+\mathrm{Flux}V_w$$

$$J_n^{\phi,D}=-\Gamma_n^{\phi}\frac{(\Delta x)_n}{(\delta y)_n}(\phi_N-\phi_C)=\mathrm{Flux}C_n\phi_C+\mathrm{Flux}F_n\phi_N+\mathrm{Flux}V_n$$

$$J_s^{\phi,D}=\Gamma_s^{\phi}\frac{(\Delta x)_s}{(\delta y)_s}(\phi_C-\phi_S)=\mathrm{Flux}C_s\phi_C+\mathrm{Flux}F_s\phi_N+\mathrm{Flux}V_s$$

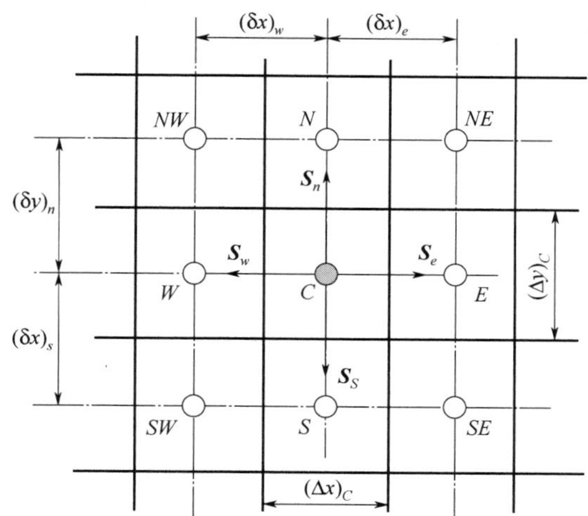

图 5-15　二维规则笛卡儿网格

将它们代入式（5-103），得扩散项的代数方程形式：

$$a_C\phi_C + a_E\phi_E + a_W\phi_W + a_N\phi_N + a_S\phi_S - b_C \qquad (5\text{-}104)$$

式中

$$a_C = \text{Flux}C_e + \text{Flux}C_w + \text{Flux}C_n + \text{Flux}C_s = a_E + a_W + a_N + a_S$$

$$a_E = \text{Flux}F_e = -\Gamma_e^{\phi} gDiff_e = -\Gamma_e^{\phi}\frac{S_e}{d_{CE}}$$

$$a_W = \text{Flux}F_w = -\Gamma_w^{\phi} gDiff_w = -\Gamma_w^{\phi}\frac{S_w}{d_{CW}}$$

$$a_N = \text{Flux}F_n = -\Gamma_n^{\phi} gDiff_n = -\Gamma_n^{\phi}\frac{S_n}{d_{CN}}$$

$$a_S = \text{Flux}F_s = -\Gamma_s^{\phi} gDiff_s = -\Gamma_s^{\phi}\frac{S_s}{d_{CS}}$$

$$b_C = -(\text{Flux}V_e + \text{Flux}V_w + \text{Flux}V_n + \text{Flux}V_s)$$

将扩散项的代数形式写成更紧凑的形式

$$a_C\phi_C + \sum_{F\sim NB(C)}(a_F\phi_F) - b_C \qquad (5\text{-}105)$$

其中各项系数间满足 $a_C = -\sum_{F\sim NB(C)} a_F$，与 5.2.4 节中的第二、四项原则一致。

对于正交网格，但网格方向与坐标系方向不一致时，有

$$J_e^{\phi,D} = (-\Gamma^{\phi}\nabla\phi)_e \cdot \boldsymbol{S}_e = -\Gamma_e^{\phi}(\nabla\phi\cdot\boldsymbol{n})_e S_e = -\Gamma_e^{\phi}\left(\frac{\partial\phi}{\partial n}\right)_e S_e = -\Gamma_e^{\phi} S_e \frac{\phi_E - \phi_C}{\boldsymbol{d}_{CE}}$$

可见，扩散项的离散结果和代数表达式与笛卡儿正交网格时的结果完全一致。

5.4.2　二维规则笛卡儿网格边界单元上的离散

从 5.4.1 节的离散结果看，围绕每一个单元质心都有一个类似于式（5-51）那样的方程，这样就组成一个代数方程组，但其中边界单元上对应的方程应当包含边界面上的函数值，通

过处理这些边界变量，将已知边界条件引入数值计算中。

边界面只属于一个单元，如图 5-16 所示，其上的通量表达式与内部单元不同，表示为

$$J_b^{\phi,D} = \text{Flux}T_b = -\Gamma_b^{\phi}(\nabla\phi)_b \cdot \boldsymbol{S}_b = \text{Flux}C_b\phi_C + \text{Flux}V_b$$

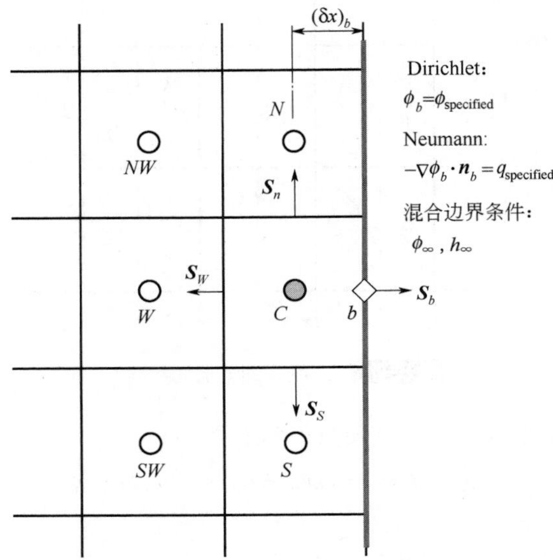

图 5-16　二维规则笛卡儿网格中的边界单元

（1）Dirichlet 边界条件

Dirichlet 边界条件指定边界上的 ϕ 值 ϕ_b，此时通量计算为

$$\text{Flux}T_b = -\Gamma_b^{\phi}(\nabla\phi)_b \cdot \boldsymbol{S}_b = -\Gamma_b^{\phi}(\Delta y)_b\left(\frac{\partial\phi}{\partial x}\right)_b = -\Gamma_b^{\phi}\frac{(\Delta y)_C}{(\delta x)_b}(\phi_b - \phi_C)$$

从而可得

$$\text{Flux}C_b = \Gamma_b^{\phi}\frac{(\Delta y)_b}{(\delta x)_b} = a_b$$

$$\text{Flux}V_b = -\Gamma_b^{\phi}\frac{(\Delta y)_b}{(\delta x)_b} = -a_b\phi_b$$

由于边界单元 C 的其他三个面上的通量表达式与普通内部单元相同，所以在该单元上的代数方程即在式（5-104）的基础上将 $a_E\phi_E$ 删除，而其中 a_C 的表达式中增加 a_b，b_C 的表达式中增加 $a_b\phi_b$。

（2）von Neumann 边界条件

von Neumann 边界条件为指定边界上 ϕ 的通量密度值，$(-\Gamma^{\phi}\nabla\phi)_b \cdot \boldsymbol{n}_b = q_b$。其中当 $q_b = 0$ 时称为自然边界条件。此时边界面上的通量表示为

$$J_b^{\phi,D} = -\Gamma_b^{\phi}(\nabla\phi)_b \left\|\boldsymbol{S}_b\right\| \boldsymbol{i} \cdot \boldsymbol{i} = q_b S_b = \text{Flux}C_b + \text{Flux}V_b$$

从而有

$$\text{Flux}C_b = q_b S_b$$

$$\text{Flux}V_b = 0$$

这时在该单元上的代数方程只需在式（5-104）的基础上在 b_C 项中增加 $q_b S_b$，其余项中删除和单元 E 有关的表达式。

由于 $J_b^{\phi,D} = -\Gamma_b^{\phi} S_b \dfrac{\phi_b - \phi_C}{(\delta x)_b}$，可在计算得到 ϕ_C 后计算边界上的 ϕ 值：

$$\phi_b = \frac{\Gamma_b^{\phi} gDiff_b \phi_C - q_b S_b}{\Gamma_b^{\phi} gDiff_b}$$

式中，$gDiff_b = \dfrac{S_b}{(\delta x)_b}$。

（3）混合边界条件

混合边界条件是指边界处的因变量值通过对流传递系数 h_∞ 和周围介质中的 ϕ 的值 ϕ_∞ 给定，表示为

$$J_b^{\phi,D} = -\Gamma_b^{\phi} (\nabla\phi)_b \cdot \boldsymbol{i} \| \boldsymbol{S}_b \| = -h_\infty (\phi_\infty - \phi_b)(\Delta y)_C$$

进而有

$$\Gamma_b^{\phi} S_b \frac{\phi_b - \phi_C}{(\delta x)_b} = -h_\infty (\phi_\infty - \phi_b) S_b$$

从而可得

$$\phi_b = \frac{h_\infty \phi_\infty + (\Gamma_b^{\phi} / (\delta x)_b)\phi_C}{h_\infty + \Gamma_b^{\phi} / (\delta x)_b}$$

$$J_b^{\phi,D} = -\frac{h_\infty \left(\dfrac{\Gamma_b^{\phi}}{(\delta x)_b}\right) S_b}{h_\infty + \dfrac{\Gamma_b^{\phi}}{(\delta x)_b}} (\phi_\infty - \phi_C) = \mathrm{Flux}C_b \phi_C + \mathrm{Flux}V_b$$

这时可通过在式（5-104）的基础上改变 a_C（增加 $\mathrm{Flux}C_b$）和 b_C（增加 $\mathrm{Flux}V_b$）得到边界单元上的扩散项代数表达式。

（4）对称边界条件

对称边界条件是指边界上 ϕ 的法向通量为零，相当于 von Neumann 边界条件中 $q_b = 0$，此时 $\mathrm{Flux}C_b = 0$，$\mathrm{Flux}V_b = 0$，边界单元上的扩散项代数表达式在式（5-104）的基础上去掉单元 E 的相关项即可。

5.4.3 非均匀扩散系数的处理

在扩散项的代数表达式中，扩散系数为单元面上的值，如果扩散系数在材料内非均匀变化（如介质特性本身非均匀，或者扩散系数随因变量变化），而计算时只已知单元质心上的扩散系数值，所以需要一种方法来根据单元质心上的系数值计算单元面上的系数值，处理方法有：

① 线性方法：假设扩散系数 Γ^{ϕ} 在两相邻单元的质心间线性变化，以内部单元 C 与其右侧的相邻单元 E 为例，有

$$\Gamma_e^{\phi} = (1 - g_e)\Gamma_C^{\phi} + g_e \Gamma_E^{\phi}$$

式中，插值因子 $g_e = \dfrac{\boldsymbol{d}_{Ce}}{\boldsymbol{d}_{Ce} + \boldsymbol{d}_{eE}}$，为距离比值，如果单元界面 e 位于两相邻单元质心 C 和 E 的中点，则 $g_e = 0.5$，Γ_e^{ϕ} 为 Γ_C^{ϕ} 与 Γ_E^{ϕ} 的算术平均值。线性方法不能用来处理扩散系数在界面上有突变的情况。

② 对于扩散系数有突变的情况，需根据扩散现象的物理意义推导单元面上的扩散系数值。以图 5-14 中单元面 e 为例，前面 5.4.1 节已将通过该面的扩散通量表示为

$$J_e^{\phi,D}=-\Gamma_e^{\phi}(\Delta y)_e\frac{\phi_E-\phi_C}{(\delta x)_e}$$

单元 C 和 E 内介质的扩散系数分别为 Γ_C^{ϕ} 和 Γ_E^{ϕ}。扩散现象的连续性满足：在单元面 e 附近位于单元 C 一侧的扩散通量等于位于单元 E 一侧的扩散通量，而这两个扩散通量可分别表示为

$$J_C^{\phi,D}=-\Gamma_C^{\phi}(\Delta y)_e\frac{\phi_e-\phi_C}{d_{Ce}},\quad J_E^{\phi,D}=-\Gamma_E^{\phi}(\Delta y)_e\frac{\phi_E-\phi_e}{d_{Ee}}$$

令 $J_e^{\phi,D}=J_C^{\phi,D}=J_E^{\phi,D}$，得

$$\frac{1}{\Gamma_e^{\phi}}=\frac{d_{Ce}}{(\delta x)_e}\frac{1}{\Gamma_C^{\phi}}+\frac{d_{Ee}}{(\delta x)_e}\frac{1}{\Gamma_E^{\phi}}=g_e\frac{1}{\Gamma_C^{\phi}}+(1-g_e)\frac{1}{\Gamma_E^{\phi}}$$

该式即单元面上的扩散系数满足的关系式。当单元面 e 位于单元质心 C 和 E 的中点时，$g_e=0.5$，有

$$\Gamma_e^{\phi}=\frac{2\Gamma_C^{\phi}\Gamma_E^{\phi}}{\Gamma_C^{\phi}+\Gamma_E^{\phi}}$$

此时界面上的扩散系数为两相邻单元质心上扩散系数的调和平均值。如果令 $\Gamma_E^{\phi}\to 0$，系数 $\Gamma_e^{\phi}\to 0$，意味着在一个扩散阻力无限大的界面上，扩散通量为零，与物理实际一致。另一方面，如果 $\Gamma_C^{\phi}\gg\Gamma_E^{\phi}$，有 $\Gamma_e^{\phi}\to\dfrac{\Gamma_E^{\phi}}{1-g_e}$，此时单元面上的扩散系数 Γ_e^{ϕ} 与 Γ_C^{ϕ} 无关，因为单元 C 内的扩散系数较单元 E 内的非常大时，C 内的扩散阻力可忽略不计。

5.4.4 非正交非结构化网格时的离散

当网格非正交且为非结构化类型时，面积矢量 $\boldsymbol{S}_f$ 和连接两相邻单元质心的矢量 $\boldsymbol{d}_{CF}$ 不共线，如图 5-17 所示，将面积矢量 $\boldsymbol{S}_f$ 分别沿 $\boldsymbol{d}_{CF}$ 和界面方向 $\boldsymbol{t}$ 分解：

$$\boldsymbol{S}_f=\boldsymbol{E}_f+\boldsymbol{T}_f$$

式中，$\boldsymbol{E}_f$ 为 $\boldsymbol{d}_{CF}$ 方向上的分量，$\boldsymbol{T}_f$ 为沿界面方向上的分量。则扩散项代数表达式中的项成为

$$(\nabla\phi)_f\cdot\boldsymbol{S}_f=(\nabla\phi)_f\cdot\boldsymbol{E}_f+(\nabla\phi)_f\cdot\boldsymbol{T}_f=E_f\left(\frac{\partial\phi}{\partial e_{CF}}\right)_f+(\nabla\phi)_f\cdot\boldsymbol{T}_f=E_f\frac{\phi_F-\phi_C}{d_{CF}}+(\nabla\phi)_f\cdot\boldsymbol{T}_f$$

式中，$\boldsymbol{e}_{CF}$ 为沿矢量 $\boldsymbol{d}_{CF}$ 方向的单位矢量其中的正交项与正交网格时的情况完全相同，对非正交项的处理方法有以下三种：

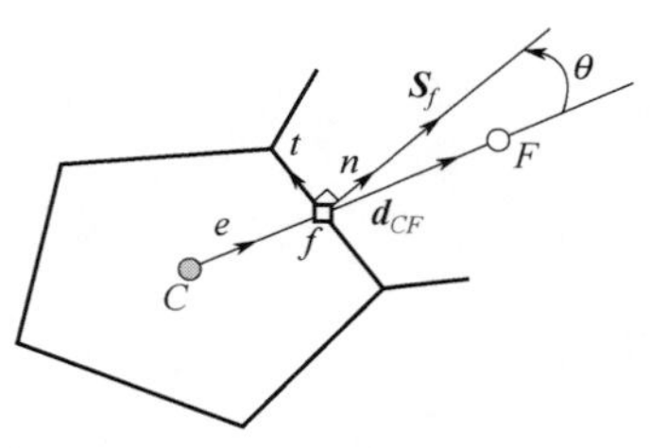

图 5-17 非正交网格中的单元

① 最小修正法（Minimum Correction Approach），将 $\boldsymbol{S}_f$ 正交分解在 $\boldsymbol{d}_{CF}$ 上，使得沿垂直于 $\boldsymbol{d}_{CF}$ 方向上的分量最小，此时 $\boldsymbol{E}_f=S_f\cos\theta\boldsymbol{e}_{CF}$。

② 正交修正法（Orthogonal Correction Approach），使 $\boldsymbol{S}_f$ 的 $\boldsymbol{d}_{CF}$ 方向上的分量与 $\boldsymbol{S}_f$ 的大小相同，$\boldsymbol{E}_f=S_f\boldsymbol{e}_{CF}$。

③ 过松弛法（Over-Relaxed Approach），使 $\boldsymbol{T}_f$ 与 $\boldsymbol{S}_f$ 垂直，$\boldsymbol{E}_f=\dfrac{S_f}{\cos\theta}\boldsymbol{e}_{CF}$。

上述三种方法的区别在于它们的精度和稳定性不同，其中过松弛法最稳定，适用于高度非正交的情况。非正交项最终成为代数方程中的源项：

$$(\nabla\phi)_f \cdot \boldsymbol{T}_f = (\nabla\phi)_f \cdot (\boldsymbol{S}_f - \boldsymbol{E}_f) = \begin{cases} (\nabla\phi)_f \cdot (\boldsymbol{n} - \cos\theta \boldsymbol{e}_{CF}) S_f, & \text{最小修正法} \\ (\nabla\phi)_f \cdot (\boldsymbol{n} - \boldsymbol{e}_{CF}) S_f, & \text{正交修正法} \\ (\nabla\phi)_f \cdot \left(\boldsymbol{n} - \dfrac{1}{\cos\theta}\boldsymbol{e}_{CF}\right) S_f, & \text{过松弛法} \end{cases} \tag{5-106}$$

可见，为了计算由于网格非正交引起的扩散项表达式中的非正交项，需要使用当前梯度场并将计算结果作为源项。不像在一维或多维正交网格情况时可将梯度表示为相邻单元质心上值的函数，非正交项中需使用当前场值显式计算并将计算结果设为源项，一种计算方法为 Green-Gauss 或梯度理论，即对任何封闭体 V，包围该体的面为 ∂V，有 $\int_V \nabla\phi \mathrm{d}V = \oint_{\partial V} \phi \mathrm{d}\boldsymbol{S}$，应用平均值理论，体 V 上的平均梯度为

$$\overline{\nabla\phi_C} = \frac{1}{V_C}\int_{V_C} \nabla\phi \mathrm{d}V = \frac{1}{V_C}\oint_{\partial V_C} \phi_f \mathrm{d}\boldsymbol{S}_f$$

将 ϕ 在单元面上的积分近似为面质心上的 ϕ 值乘以面积，即单元质心上的梯度为

$$\overline{\nabla\phi_C} = \frac{1}{V_C}\sum_{f\sim nb(C)} \phi_f \boldsymbol{S}_f$$

而面上的梯度 ϕ_f 可由单元质心上梯度的加权平均得到

$$(\nabla\phi)_f = g_C(\nabla\phi)_C + g_F(\nabla\phi)_F$$

式中，g_C 和 g_F 为几何插值因子。将该式代入式（5-106）即可得到非正交项的显式表示。

基于以上分析，非正交非结构化网格情况时扩散项的代数表达式成为

$$\begin{aligned}\sum_{f\sim nb(C)} (-\Gamma^\phi \nabla\phi)_f \cdot (\boldsymbol{E}_f + \boldsymbol{T}_f) &= \sum_{f\sim nb(C)} \left[(-\Gamma^\phi \nabla\phi)_f \cdot \boldsymbol{E}_f\right] + \sum_{f\sim nb(C)} \left[(-\Gamma^\phi \nabla\phi)_f \cdot \boldsymbol{T}_f\right] \\ &= \sum_{f\sim nb(C)} \left(-\Gamma_f^\phi E_f \frac{\phi_F - \phi_C}{d_{CF}}\right) + \sum_{f\sim nb(C)} \left[(-\Gamma^\phi \nabla\phi)_f \cdot \boldsymbol{T}_f\right] \\ &= \left(\sum_{f\sim nb(C)} \mathrm{Flux}C_f\right)\phi_C + \sum_{f\sim nb(C)} (\mathrm{Flux}F_f \phi_f) + \sum_{f\sim nb(C)} \mathrm{Flux}V_f\end{aligned}$$

该表达式同样可以写为式（5-105）的形式。

5.4.5 非正交网格时的边界条件

（1）Dirichlet 边界条件

Dirichlet 边界条件中边界上 ϕ 的值 ϕ_b 已知，边界面上的通量可以写为

$$J_b^{\phi,D} = -\Gamma_b^\phi (\nabla\phi)_b \cdot (\boldsymbol{E}_b + \boldsymbol{T}_b) = -\Gamma_b^\phi E_b \frac{\phi_b - \phi_C}{d_{Cb}} - \Gamma_b^\phi (\nabla\phi)_b \cdot \boldsymbol{T}_b$$

从而可得

$$\mathrm{Flux}C_b = \Gamma_b^\phi gDiff_b, \quad gDiff_b = \frac{E_b}{d_{Cb}}$$

$$\mathrm{Flux}V_b = -\Gamma_b^\phi gDiff_b \phi_b - \Gamma_b^\phi (\nabla\phi)_b \cdot \boldsymbol{T}_b$$

其中，需根据当前场计算边界面上的梯度 $(\nabla\phi)_b$。其他面上的面通量与内部单元的相同。

（2）Neumann 边界条件

Neumann 边界条件为 $(-\Gamma^{\phi}\nabla\phi)_b \cdot \boldsymbol{S}_b / \|\boldsymbol{S}_b\| = q_b$，这时边界面上的通量为

$$J_b^{\phi,D} = -\Gamma_b^{\phi}(\nabla\phi)_b \cdot \boldsymbol{S}_b = q_b S_b$$

可见，这种情况与正交网格时的情况相同，即只改变源项即可。

（3）混合边界条件

混合边界条件表示为 $J_b^{\phi,D} = -h_\infty(\phi_\infty - \phi_b)S_b$，通过边界面上的通量表达式

$$J_b^{\phi,D} = -\Gamma_b^{\phi} E_b \frac{\phi_b - \phi_C}{d_{Cb}} - \Gamma_b^{\phi}(\nabla\phi)_b \cdot \boldsymbol{T}_b$$

可得

$$\phi_b = \frac{h_\infty S_b \phi_\infty + \dfrac{\Gamma_b^{\phi} E_b}{d_{Cb}}\phi_C - \Gamma_b^{\phi}(\nabla\phi)_b \cdot \boldsymbol{T}_b}{h_\infty S_b + \dfrac{\Gamma_b^{\phi} E_b}{d_{Cb}}}$$

$$J_b^{\phi,D} = -\frac{h_\infty S_b \dfrac{\Gamma_b^{\phi} E_b}{d_{Cb}}}{h_\infty S_b + \dfrac{\Gamma_b^{\phi} E_b}{d_{Cb}}}(\phi_\infty - \phi_C) - \frac{h_\infty S_b \Gamma_b^{\phi}(\nabla\phi)_b \cdot \boldsymbol{T}_b}{h_\infty S_b + \dfrac{\Gamma_b^{\phi} E_b}{d_{Cb}}} = \mathrm{Flux}C_b\phi_C + \mathrm{Flux}V_b$$

5.4.6 网格偏斜时的离散

扩散项离散后的代数表达式中常会出现某一变量 ϕ 在面上的值，一般将其估算为在整个面上的平均值，如果假设变量 ϕ 线性变化，则在面上的平均值应为其质心上的值。如果两相邻单元质心的连线不过面质心，如图 5-18 所示，应进行偏斜修正。应用 Taylor 展开式

$$\phi_f = \phi_{f'} + (\nabla\phi)_{f'} \cdot \boldsymbol{d}_{f'f}$$

式中，下标 f 表示在面质心上计算因变量值，下标 f' 表示在两相邻单元连线与面的交点处计算因变量值，$\phi_{f'}$ 和 $(\nabla\phi)_{f'}$ 可由前面介绍的相邻单元质心间的线性插值和梯度加权平均得到。

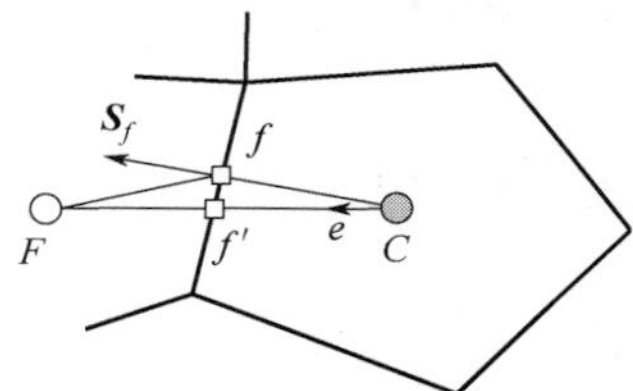

图 5-18 网格偏斜

5.4.7 各向异性扩散

如果扩散系数与方向有关，半离散格式的扩散项表达式为

$$\sum_{f\sim nb(C)} (-\boldsymbol{\kappa}^{\phi} \cdot \nabla\phi)_f \cdot \boldsymbol{S}_f$$

其中，扩散系数 $\boldsymbol{\kappa}^{\phi}$ 为二阶对称张量，表示为

$$\boldsymbol{\kappa}^{\phi} = \begin{bmatrix} \kappa_{11}^{\phi} & \kappa_{12}^{\phi} & \kappa_{13}^{\phi} \\ \kappa_{21}^{\phi} & \kappa_{22}^{\phi} & \kappa_{23}^{\phi} \\ \kappa_{31}^{\phi} & \kappa_{32}^{\phi} & \kappa_{33}^{\phi} \end{bmatrix}$$

将扩散项表达式展开为

$$(-\boldsymbol{\kappa}^{\phi}\bullet\nabla\phi)_f\bullet\boldsymbol{S}_f=-(\nabla\phi)_f\bullet((\boldsymbol{\kappa}^{\phi})^{\mathrm{T}}\bullet\boldsymbol{S})_f=-(\nabla\phi)_f\bullet\boldsymbol{S}'_f$$

可见，这种情况下，只需将离散过程中的 Γ^{ϕ} 替换为 1，$\boldsymbol{S}_f$ 替换为$\boldsymbol{S}'_f$，即可得到扩散项的代数表达式。

当扩散系数 Γ^{ϕ} 依赖于未知量 ϕ 时，或者网格高度非正交时，由于 Γ^{ϕ} 的非线性和非正交项的影响，源项受到当前 ϕ 值（还未收敛）的强烈影响，ϕ 值在相邻两次迭代间较大的变化会引起系数 Γ^{ϕ} 和源项发生较大程度的变化，从而极易引起计算发散。这时可以采用使用欠松弛技术降低 ϕ 的变化速率（每两次迭代间），促进迭代过程的收敛和稳定。

5.4.8 正交曲线坐标系中的离散

本章针对微分方程中各项的离散方法不只限于直角坐标系，它们同样适用于正交曲线坐标系，本小节以扩散项在极坐标系中的离散方法为例进行介绍。

在如图 5-19 所示的极坐标系 (r,θ) 中，根据梯度的表达式

$$\nabla\phi=\frac{\partial\phi}{\partial r}\boldsymbol{e}_r+\frac{1}{r}\frac{\partial\phi}{\partial\theta}\boldsymbol{e}_\theta$$

并假设 ϕ 在两单元间线性变化，扩散项成为

$$\begin{aligned}\sum_{f\sim nb(C)}(-\Gamma^{\phi}\nabla\phi)_f\bullet\boldsymbol{S}_f&=\sum_{f\sim nb(C)}\left(-\Gamma^{\phi}\frac{\partial\phi}{\partial r}\right)_f\boldsymbol{e}_r\bullet\boldsymbol{S}_f+\sum_{f\sim nb(C)}\left(-\Gamma^{\phi}\frac{1}{r}\frac{\partial\phi}{\partial\theta}\right)_f\boldsymbol{e}_\theta\bullet\boldsymbol{S}_f\\&=-\Gamma_n^{\phi}\frac{\phi_N-\phi_C}{(\delta r)_n}r_n\Delta\theta+\Gamma_s^{\phi}\frac{\phi_C-\phi_S}{(\delta r)_s}r_s\Delta\theta+\frac{\Gamma_w^{\phi}}{r_w}\frac{\phi_C-\phi_W}{(\delta\theta)_w}\Delta r-\frac{\Gamma_e^{\phi}}{r_e}\frac{\phi_E-\phi_C}{(\delta\theta)_e}\Delta r\\&=\underbrace{\left(\frac{\Gamma_n^{\phi}r_n\Delta\theta}{(\delta r)_n}+\frac{\Gamma_s^{\phi}r_s\Delta\theta}{(\delta r)_s}+\frac{\Gamma_w^{\phi}\Delta r}{r_w(\delta\theta)_w}+\frac{\Gamma_e^{\phi}\Delta r}{r_e(\delta\theta)_e}\right)}_{a_C}\phi_C-\\&\quad\left(\underbrace{\frac{\Gamma_n^{\phi}r_n\Delta\theta}{(\delta r)_n}}_{a_N}\phi_N+\underbrace{\frac{\Gamma_s^{\phi}r_s\Delta\theta}{(\delta r)_s}}_{a_S}\phi_S+\underbrace{\frac{\Gamma_w^{\phi}\Delta r}{r_w(\delta\theta)_w}}_{a_W}\phi_W+\underbrace{\frac{\Gamma_e^{\phi}\Delta r}{r_e(\delta\theta)_e}}_{a_E}\phi_E\right)\end{aligned}$$

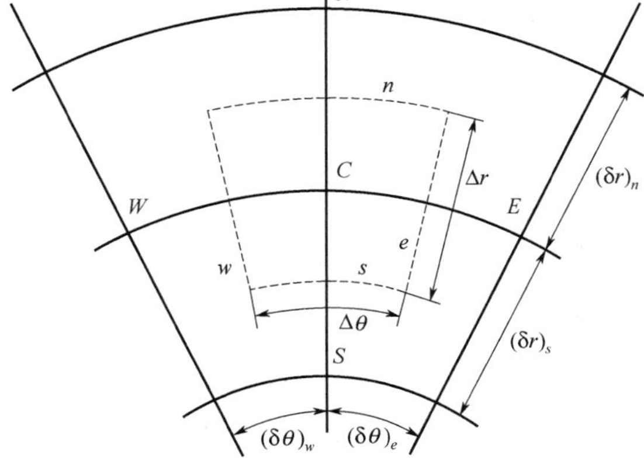

图 5-19　极坐标系中的网格单元

可见，与直角坐标系中的表达式相比，离散项的格式相同，因坐标系引入的参数主要为几何参数，坐标系的不同并不会引起代数方程求解方法的不同。

5.5 梯度计算

5.5.1 笛卡儿网格中的梯度计算

在如图 5-14 所示的二维正交笛卡儿网格中，可采用中心差分近似单元质心上的梯度：

$$\left(\frac{\partial\phi}{\partial x}\right)_C=\frac{\phi_E-\phi_W}{x_E-x_W}\ ,\quad \left(\frac{\partial\phi}{\partial y}\right)_C=\frac{\phi_N-\phi_S}{y_N-y_S}$$

5.5.2 非结构化网格上的梯度计算——Green-Gauss 梯度

根据 Green-Gauss 理论，单元质心上梯度为

$$(\nabla\phi)_C=\frac{1}{V_C}\sum_{f\sim nb(C)}\phi_f\boldsymbol{S}_f \tag{5-107}$$

可见，如要计算 $(\nabla\phi)_C$，需首先计算面上的函数值 ϕ_f，这有两种方法：

（1）基于面紧凑方法

该方法得到的结果中包含相邻面，多用于隐式离散。它使用两相邻单元质心上函数值的带权平均值计算面上的 ϕ_f，在如图 5-20 所示的非结构化网格中，计算为

$$\phi_f=g_C\phi_F+(1-g_C)\phi_C \tag{5-108}$$

式中，g_C 为几何权重系数，$g_C=\dfrac{\|\boldsymbol{r}_F-\boldsymbol{r}_f\|}{\|\boldsymbol{r}_F-\boldsymbol{r}_C\|}=\dfrac{d_{Ff}}{d_{FC}}$。这种方法只有在当两相邻单元质心连线过两单元公共面的质心时才具有二阶精度。如果不满足这一条件，需进行如下修正：

$$\begin{aligned}\phi_f&=\phi_{f'}+(\nabla\phi)_{f'}\bullet(\boldsymbol{r}_f-\boldsymbol{r}_{f'})\\&=g_C[\phi_C+(\nabla\phi)_C(\boldsymbol{r}_f-\boldsymbol{r}_C)]+(1-g_C)[\phi_F+(\nabla\phi)_F(\boldsymbol{r}_f-\boldsymbol{r}_F)]\\&=\phi_{f'}+g_C(\nabla\phi)_C(\boldsymbol{r}_f-\boldsymbol{r}_C)+(1-g_C)(\nabla\phi)_F(\boldsymbol{r}_f-\boldsymbol{r}_F)\end{aligned} \tag{5-109}$$

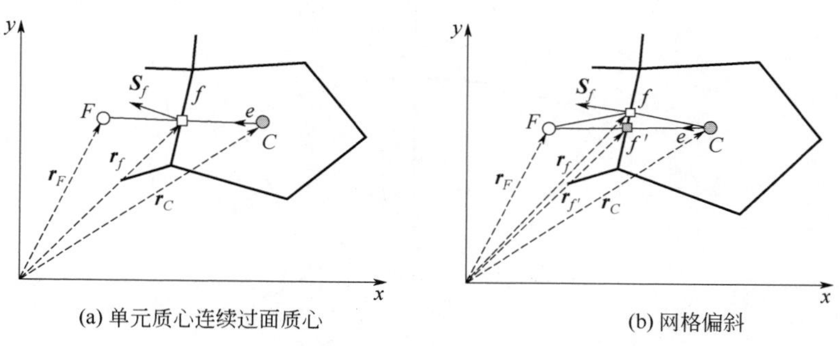

(a) 单元质心连续过面质心　　(b) 网格偏斜

图 5-20 非结构化网格中的单元

求解 ϕ_f 是为了求解式（5-107）表示的单元质心上的梯度，而式（5-109）中包含了单元质心上的梯度项，所以需迭代求解，即每一步迭代中使用当前梯度值计算面上的因变量平均值，然后使用这些面上的值计算新的梯度值。为防止过多迭代次数引起的振荡，一般选择迭代次数少于两次。

式（5-109）中的权重系数 g_C 与 $\boldsymbol{r}_{f'}$（即 f' 的位置）有关，确定交点 f' 位置的方法有：

① 使用的精确位置，即单元质心连线与面的交点，由 $(\boldsymbol{r}_f-\boldsymbol{r}_{f'})\cdot\boldsymbol{n}=0$，得 $\boldsymbol{r}_{f'}\cdot\boldsymbol{n}\cdot\boldsymbol{e}=\boldsymbol{r}_f\cdot\boldsymbol{n}\cdot\boldsymbol{e}$，$\boldsymbol{r}_{f'}=\dfrac{\boldsymbol{r}_f\cdot\boldsymbol{n}}{\boldsymbol{n}\cdot\boldsymbol{e}}\boldsymbol{e}$，其中 $\boldsymbol{n}=\boldsymbol{S}_f/\|\boldsymbol{S}_f\|$，$\boldsymbol{e}=\boldsymbol{d}_{CF}/\boldsymbol{d}_{CF}$，这时

$$g_C=\frac{\|\boldsymbol{r}_f-\boldsymbol{r}_{f'}\|}{\|\boldsymbol{r}_f-\boldsymbol{r}_C\|}=\frac{\boldsymbol{d}_{Ff'}}{\boldsymbol{d}_{FC}}$$

② 选 f' 为 $\boldsymbol{d}_{CF}$ 的中点，这时 $g_C=1/2$。

③ 使 $\overline{ff'}$ 尽量短，这样可使第一迭代步更加精确，令 $\boldsymbol{r}_{f'}=\boldsymbol{r}_C+q(\boldsymbol{r}_C-\boldsymbol{r}_F)$，$0<q<1$，有

$$\begin{aligned}\|\overline{ff'}\|^2&=(\boldsymbol{r}_f-\boldsymbol{r}_{f'})^2=[\boldsymbol{r}_f-\boldsymbol{r}_C-q(\boldsymbol{r}_C-\boldsymbol{r}_F)]^2\\&=(\boldsymbol{r}_f-\boldsymbol{r}_C)^2-2q(\boldsymbol{r}_f-\boldsymbol{r}_C)(\boldsymbol{r}_C-\boldsymbol{r}_F)+q^2(\boldsymbol{r}_C-\boldsymbol{r}_F)^2\end{aligned}$$

令 $\dfrac{\partial\|\overline{ff'}\|^2}{\partial q}=0$，得 $q=-\dfrac{\boldsymbol{r}_{Cf}\cdot\boldsymbol{r}_{CF}}{\boldsymbol{r}_{CF}\cdot\boldsymbol{r}_{CF}}$。

（2）基于顶点的方法

该方法得到的结果中包含相邻顶点，计算更精确。计算 ϕ_f 为面的顶点上函数值的平均值，而顶点上的函数值由各单元质心上的函数值的加权平均值得到，这里的单元为以该点为公共点的各单元。对于如图 5-21 所示的二维非结构网格中的单元，顶点 n 上的函数值为

$$\phi_n=\frac{\displaystyle\sum_{k=1}^{NB(n)}\frac{\phi_{F_k}}{\|r_n-r_{F_k}\|}}{\displaystyle\sum_{k=1}^{NB(n)}\frac{1}{\|r_n-r_{F_k}\|}}$$

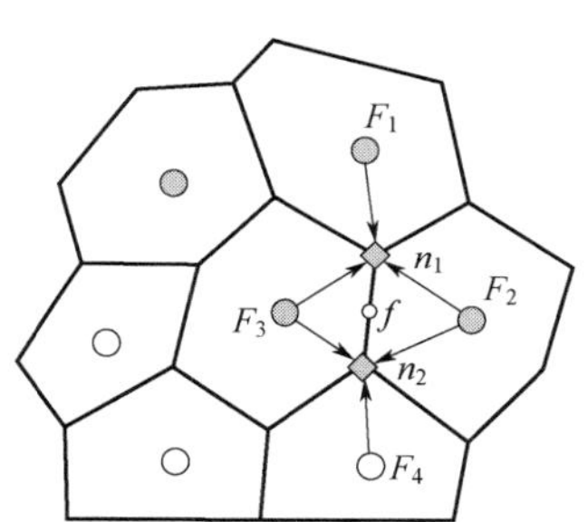

图 5-21　计算单元顶点上的函数值

式中，下标 F_k 表示第 k 个单元的质心。面质心上的函数值可根据该面各端点的函数值计算得到，有

$$\phi_f=\frac{\phi_{n1}+\phi_{n2}}{2}$$

对于三维情况，面上的 ϕ_f 值由各顶点上值的加权平均求得：

$$\phi_f=\frac{\displaystyle\sum_{k=1}^{nb(f)}\frac{\phi_{nk}}{\|r_{nk}-r_f\|}}{\displaystyle\sum_{k=1}^{nb(f)}\frac{1}{\|r_{nk}-r_f\|}}$$

这样就可以利用式（5-107）计算单元质心上的梯度。这种方法的一个缺点是，单元面的内部信息对变量的加权平均值也有贡献。

5.5.3 非结构化网格上的梯度计算——最小二乘梯度

如果$(\nabla\phi)_C$可精确表示，单元质心上的梯度值为

$$\phi_F = \phi_C + (\nabla\phi)_C(\boldsymbol{r}_F - \boldsymbol{r}_C)$$

但只有解为线性时才能得到$(\nabla\phi)_C$的精确值，因为单元C的相邻单元数量比梯度的分量个数多。使用最小二乘法得到这种线性表示所引起误差最小时的梯度值，令

$$\begin{aligned} G_C &= \sum_{k=1}^{NB(C)} \left\{ w_k \left[\phi_{F_k} - \phi_C - (\nabla\phi)_C \cdot \boldsymbol{r}_{CF_k} \right]^2 \right\} \\ &= \sum_{k=1}^{NB(C)} \left\{ w_k \left[\Delta\phi_k - \left(\Delta x_k \left(\frac{\partial\phi}{\partial x} \right)_C + \Delta y_k \left(\frac{\partial\phi}{\partial y} \right)_C + \Delta z_k \left(\frac{\partial\phi}{\partial z} \right)_C \right) \right]^2 \right\} \end{aligned}$$

式中，w_k为权重系数，$\Delta\phi_k = \phi_{F_k} - \phi_C$，$\Delta x_k = \boldsymbol{r}_{CF_k} \cdot \boldsymbol{i}$，令

$$\frac{\partial G_C}{\partial\left(\dfrac{\partial\phi}{\partial x}\right)} = \frac{\partial G_C}{\partial\left(\dfrac{\partial\phi}{\partial y}\right)} = \frac{\partial G_C}{\partial\left(\dfrac{\partial\phi}{\partial z}\right)} = 0$$

得

$$\sum_{k=1}^{NB(C)} \left\{ 2w_k \Delta x_k \left[-\Delta\phi_k + \Delta x_k \left(\frac{\partial\phi}{\partial x} \right)_C + \Delta y_k \left(\frac{\partial\phi}{\partial y} \right)_C + \Delta z_k \left(\frac{\partial\phi}{\partial z} \right)_C \right] \right\} = 0$$

$$\sum_{k=1}^{NB(C)} \left\{ 2w_k \Delta y_k \left[-\Delta\phi_k + \Delta x_k \left(\frac{\partial\phi}{\partial x} \right)_C + \Delta y_k \left(\frac{\partial\phi}{\partial y} \right)_C + \Delta z_k \left(\frac{\partial\phi}{\partial z} \right)_C \right] \right\} = 0$$

$$\sum_{k=1}^{NB(C)} \left\{ 2w_k \Delta z_k \left[-\Delta\phi_k + \Delta x_k \left(\frac{\partial\phi}{\partial x} \right)_C + \Delta y_k \left(\frac{\partial\phi}{\partial y} \right)_C + \Delta z_k \left(\frac{\partial\phi}{\partial z} \right)_C \right] \right\} = 0$$

写成矩阵形式为

$$\begin{bmatrix} \sum\limits_{k=1}^{NB(C)} w_k \Delta x_k \Delta x_k & \sum\limits_{k=1}^{NB(C)} w_k \Delta x_k \Delta y_k & \sum\limits_{k=1}^{NB(C)} w_k \Delta x_k \Delta z_k \\ \sum\limits_{k=1}^{NB(C)} w_k \Delta y_k \Delta x_k & \sum\limits_{k=1}^{NB(C)} w_k \Delta y_k \Delta y_k & \sum\limits_{k=1}^{NB(C)} w_k \Delta y_k \Delta z_k \\ \sum\limits_{k=1}^{NB(C)} w_k \Delta z_k \Delta x_k & \sum\limits_{k=1}^{NB(C)} w_k \Delta z_k \Delta y_k & \sum\limits_{k=1}^{NB(C)} w_k \Delta z_k \Delta z_k \end{bmatrix} \begin{bmatrix} \left(\dfrac{\partial\phi}{\partial x} \right)_C \\ \left(\dfrac{\partial\phi}{\partial y} \right)_C \\ \left(\dfrac{\partial\phi}{\partial z} \right)_C \end{bmatrix} = \begin{bmatrix} \sum\limits_{k=1}^{NB(C)} w_k \Delta x_k \Delta\phi_k \\ \sum\limits_{k=1}^{NB(C)} w_k \Delta y_k \Delta\phi_k \\ \sum\limits_{k=1}^{NB(C)} w_k \Delta z_k \Delta\phi_k \end{bmatrix} \tag{5-110}$$

求解该方程可得到满足线性化表示单元质心上函数值误差最小时的梯度$(\nabla\phi)_C$，其中的权重系数选择为

$$w_k = \frac{1}{\left\| \boldsymbol{r}_{F_k} - \boldsymbol{r}_C \right\|} = \frac{1}{(\Delta x_{F_k}^2 + \Delta y_{F_k}^2 + \Delta z_{F_k}^2)^{1/2}}$$

或者选择

$$w_k = \frac{1}{\left\| \boldsymbol{r}_{F_k} - \boldsymbol{r}_C \right\|^n}, \quad n = 1, 2, \cdots$$

在笛卡儿坐标系中，方程（5-110）成为

$$\begin{bmatrix} x_E - x_W & 0 & 0 \\ 0 & y_N - y_S & 0 \\ 0 & 0 & z_T - z_B \end{bmatrix} \begin{bmatrix} (\partial\phi/\partial x)_C \\ (\partial\phi/\partial y)_C \\ (\partial\phi/\partial z)_C \end{bmatrix} = \begin{bmatrix} \phi_E - \phi_W \\ \phi_N - \phi_S \\ \phi_T - \phi_B \end{bmatrix}$$

各梯度分量成为

$$\left(\frac{\partial\phi}{\partial x}\right)_C = \frac{\phi_E - \phi_W}{x_E - x_W}, \quad \left(\frac{\partial\phi}{\partial y}\right)_C = \frac{\phi_N - \phi_S}{y_N - y_S}, \quad \left(\frac{\partial\phi}{\partial z}\right)_C = \frac{\phi_T - \phi_B}{z_T - z_B}$$

5.5.4 由单元质心上的梯度插值得到面的上梯度

面上的梯度可由单元质心上的梯度插值得到，即

$$\overline{(\nabla\phi)}_f = g_C(\nabla\phi)_C + g_F(\nabla\phi)_F$$

为了增加单元质心上的函数值在面梯度中的影响比例，将该结果修正为

$$(\nabla\phi)_f = \overline{(\nabla\phi)}_f + \left[\frac{\phi_F - \phi_C}{d_{CF}} - \overline{(\nabla\phi)}_f \cdot \boldsymbol{e}_{CF}\right]\boldsymbol{e}_{CF}$$

该式相当于强行令面梯度 $(\nabla\phi)_f$ 沿 $\overline{CF}$ 方向上分量等于由单元质心 C 和 F 上的函数值定义的局部梯度，如图 5-22 所示。这种方法适用于结构和非结构化网格。

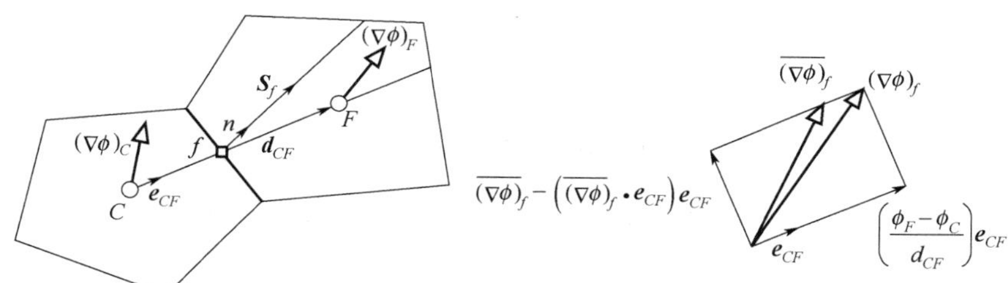

图 5-22　由单元质心上的梯度插值得到面的上梯度

5.6 对流项的离散

半离散形式的有限体积方程（5-47）中，对流项的半离散格式为

$$\sum_{f\sim nb(C)} (\rho \boldsymbol{v}\phi \cdot \boldsymbol{S})_f$$

如果流速已知，对流项的离散问题归结为如何根据相邻单元质心上的 ϕ 值得到面上的 ϕ 值 ϕ_f 。

5.6.1 一维网格时的中心差分法

中心差分法（Central Difference Scheme，CD）类似于在扩散项中那样，实际上是一种线性插值法，在如图 5-23 所示的一维网格上，假设面 e 上的因变量值具有形式 $\phi(x) = k_0 + k_1(x - x_C)$ ，可得中心差分格式

$$\phi_e = \phi_C + \frac{\phi_E - \phi_C}{x_E - x_C}(x_e - x_C)$$

这也相当于在 Taylor 级数展开式中忽略二阶以上的项得到的，具有二阶精度。如果为均匀网格，有

$$\phi_e = \frac{\phi_E + \phi_C}{2}$$

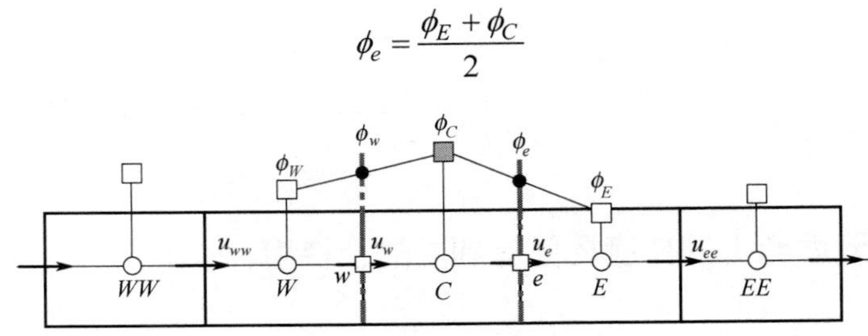

图 5-23 一维网格时的中心差分法

在中心差分条件下，各离散项为

$$(\rho \boldsymbol{v}\phi \cdot \boldsymbol{S})_e = (\rho u \Delta y)_e \phi_e = \underbrace{(\rho u \Delta y)_e \frac{x_E - x_e}{x_E - x_C}}_{\text{Flux}C_e}\phi_C + \underbrace{(\rho u \Delta y)_e \frac{x_e - x_C}{x_E - x_C}}_{\text{Flux}F_e}\phi_E$$

$$(\rho \boldsymbol{v}\phi \cdot \boldsymbol{S})_w = -(\rho u \Delta y)_w \phi_w = \underbrace{-(\rho u \Delta y)_w \frac{x_W - x_w}{x_W - x_C}}_{\text{Flux}C_w}\phi_C \underbrace{-(\rho u \Delta y)_w \frac{x_w - x_C}{x_w - x_C}}_{\text{Flux}F_w}\phi_W$$

最终的对流项成为

$$\begin{aligned}\sum_{f \sim nb(C)} (\rho \boldsymbol{v}\phi \cdot \boldsymbol{S})_f &= (\rho \boldsymbol{v}\phi \cdot \boldsymbol{S})_e + (\rho \boldsymbol{v}\phi \cdot \boldsymbol{S})_w \\ &= \underbrace{(\text{Flux}C_e + \text{Flux}C_w)}_{a_C}\phi_C + \underbrace{\text{Flux}F_e}_{a_E}\phi_E + \underbrace{\text{Flux}F_w}_{a_W}\phi_W \\ &= a_C\phi_C + a_E\phi_E + a_W\phi_W\end{aligned}$$

可见其中的系数由介质特性、单元参数和已知流速组成。

用中心差分法离散并求解同时含有扩散项和对流项的方程时，当 Péclet 数较大时，对流超过扩散成为主要输运形式，得到的解将无限偏离准确解。这是因为某一点 C 上的扩散受上、下游条件的影响均等，而对流过程是只有在流动方向上具有方向性输运特性。所以线性方法在迎风和顺风节点上给定相同的权重，对扩散项具有很好的近似，但对具有方向特异性的对流项则不然。而阶跃方法更适合对流项的离散。此外，对于流动问题，当雷诺数较大时，采用中心差分格式可能会导致离散方程中的系数不满足 5.2.4 节中提出的第二项准则，方程的解极有可能发散。

5.6.2 一维网格时的迎风格式

迎风格式（Upwind Scheme）模拟对流的物理特性，令单元面上的值依赖于其上游的节点值，也即依赖于流动方向。对于如图 5-24 所示的一维网格，如果假设面 e、w 上的质量流量分别为

$$\dot{m}_e = (\rho \boldsymbol{v} \cdot \boldsymbol{S})_e = (\rho u S)_e = (\rho u \Delta y)_e$$

$$\dot{m}_w = (\rho \boldsymbol{v} \cdot \boldsymbol{S})_w = -(\rho u S)_w = -(\rho u \Delta y)_w$$

令单元面上的值等于其上游最近节点上的值，则有

$$\phi_e = \begin{cases} \phi_C, \dot{m}_e > 0 \\ \phi_E, \dot{m}_e < 0 \end{cases}, \quad \phi_w = \begin{cases} \phi_C, \dot{m}_w > 0 \\ \phi_W, \dot{m}_w < 0 \end{cases}$$

面 e 和 w 上的对流通量分别为

$$\dot{m}_e \phi_e = \|\dot{m}_e, 0\| \phi_C - \|-\dot{m}_e, 0\| \phi_E$$

$$\dot{m}_w \phi_w = \|\dot{m}_w, 0\| \phi_C - \|-\dot{m}_w, 0\| \phi_W$$

这时，离散项的迎风格式为

$$\begin{aligned} \sum_{f \sim nb(C)} (\rho \boldsymbol{v} \phi \cdot \boldsymbol{S})_f &= (\rho \boldsymbol{v} \phi \cdot \boldsymbol{S})_e + (\rho \boldsymbol{v} \phi \cdot \boldsymbol{S})_w \\ &= \dot{m}_e \phi_e + \dot{m}_w \phi_w \\ &= \underbrace{\left(\|\dot{m}_e, 0\| + \|\dot{m}_w, 0\|\right)}_{a_C} \phi_C \underbrace{-\|-\dot{m}_e, 0\|}_{a_E} \phi_E \underbrace{-\|-\dot{m}_w, 0\|}_{a_W} \phi_W \\ &= a_C \phi_C + a_E \phi_E + a_W \phi_W \end{aligned}$$

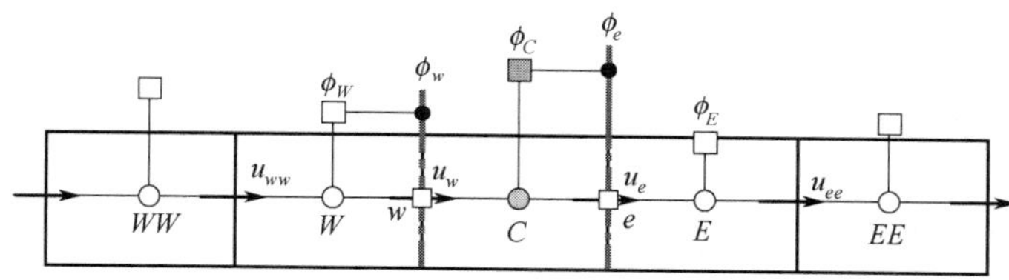

图 5-24　一维网格时的迎风格式

迎风格式具有一阶精度，但比中心差分法在物理意义上更加正确，即使在大的 Péclet 数时也能将解限制在合理范围。

5.6.3　一维网格时的顺风格式

在顺风格式中，将单元面上的值用该面下游节点上的值表示，此时有

$$\phi_e = \begin{cases} \phi_E, \dot{m}_e > 0 \\ \phi_C, \dot{m}_e < 0 \end{cases}, \quad \phi_w = \begin{cases} \phi_W, \dot{m}_w > 0 \\ \phi_C, \dot{m}_w < 0 \end{cases}$$

对流项的顺风格式成为

$$\sum_{f \sim nb(C)} (\rho \boldsymbol{v} \phi \cdot \boldsymbol{S})_f = \underbrace{\left(-\|-\dot{m}_e, 0\| - \|-\dot{m}_w, 0\|\right)}_{a_C} \phi_C + \underbrace{\|\dot{m}_e, 0\|}_{a_E} \phi_E + \underbrace{\|\dot{m}_w, 0\|}_{a_W} \phi_W$$

可见，顺风格式对解完全没有限制，不能得到合乎物理意义的解，该方法常与其他方法混用来预测尖锐界面上因变量的变化。

5.6.4　一维网格时的截断误差

离散过程的近似表示必然产生截断误差。对于迎风格式，如果流速沿正 x 方向，由迎风格式得单元面上的变量值为 $\phi_e = \phi_C$，$\phi_w = \phi_W$，一维对流项成为 $(\rho u \Delta y)_e \phi_C - (\rho u \Delta y)_w \phi_W$。而

ϕ_C 关于面 e 上值的 Taylor 级数展开式成为

$$\phi_C = \phi_e + \left(\frac{\mathrm{d}\phi}{\mathrm{d}x}\right)_e (x_C - x_e) + \cdots$$

$$\phi_W = \phi_w - \left(\frac{\mathrm{d}\phi}{\mathrm{d}x}\right)_w (x_w - x_W) + \cdots$$

截去二阶及更高阶项后，一维对流项成为

$$(\rho u \Delta y)_e \phi_C - (\rho u \Delta y)_w \phi_W = (\rho u \Delta y \phi)_e - (\rho u \Delta y \phi)_w + \underbrace{\rho u (x_C - x_e)}_{\Gamma^{\phi}_{\text{truncation}}}\left(\frac{\mathrm{d}\phi}{\mathrm{d}x}\Delta y\right)_e \underbrace{-\rho u (x_w - x_W)}_{\Gamma^{\phi}_{\text{truncation}}}\left(\frac{\mathrm{d}\phi}{\mathrm{d}x}\Delta y\right)_w$$

可见，计算结果相当于增加了一扩散分量，称为截断误差，也称为对流扩散，它通过改变扩散系数的大小引入误差，降低了解的精度。但另一方面，引入这一扩散项对解进行了限制，可稳定求解过程。若要减小扩散误差，需对对流项使用更高阶的近似。

顺风格式引入的截断误差与迎风格式的 $\Gamma^{\phi}_{\text{truncation}}$ 符号相反，称为反扩散误差，该截断误差使扩散系数减小。

中心差分格式的截断误差表示为 ϕ_C 的三次导数和更高阶导数，具有二阶精度。

5.6.5 数值稳定性

中心差分格式用于对流项时会产生无物理意义的解，因为它用于求奇次阶导数时不具有对流稳定性。对流稳定性用于描述将中心差分格式应用于对流起主要作用的流动时所产生的数值解的振荡现象。

以一维非稳态扩散-对流方程为例，假设流速恒定，其方程为

$$\frac{\partial(\rho\phi)}{\partial t} = -\frac{\partial(\rho u \phi)}{\partial x} + \frac{\partial}{\partial x}\left(\Gamma^{\phi}\frac{\partial \phi}{\partial x}\right) + Q^{\phi}$$

如果在单元质心为 C 的单元上应用该方程，方程左端（LHS）为单元内 ϕ_C 的时间变化率，右端（RHS）为经单元面的净流入量和单元内的源。如果 RHS 存在数值误差，则由该式计算得到的 ϕ_C 会增大或减小。在不稳定格式中，与准确值的一个小的偏离都将引起 RHS 净流入量的增大或减小，当使用迭代算法求解时，净流入量的增加或减小会进一步在每一个迭代步中增大或减小 ϕ_C。而在稳定格式中，这种在 RHS 中由于误差引起的 ϕ_C 的变化在迭代过程中以负反馈的形式改变 RHS，这时，RHS 满足 $\frac{\partial(\text{RHS})}{\partial \phi_C} < 0$。也即 ϕ_C 的增大或减小对应于净流入的减小或增大，这样接替最终使 ϕ_C 趋于其准确值。

分析前述三种格式的稳定性（用于对流项），对于均匀网格的中心差分，有

$$\frac{\partial\left(\text{RHS}_{\text{CD}}^{\text{Conv}}\right)}{\partial \phi_C} = -\frac{1}{2}(\dot{m}_e + \dot{m}_w)$$

可见，中心差分格式用于稳定流动时，该式为零，而用于非稳定流动时，该式结果为正。所以，应用中心差分格式时在这些区域上会产生波动源，在大的 Péclet 数时极易引起计算崩溃，即使对于稳定流动也不会进行自我修正。

对于迎风格式，有

$$\frac{\partial\left(\mathrm{RHS}_{\mathrm{Upwind}}^{\mathrm{Conv}}\right)}{\partial\phi_C}=-\|-\dot{m}_e,0\|-\|-\dot{m}_w,0\|$$

它对所有的流动均为负或为零，属于稳定型格式。

对于顺风格式，有

$$\frac{\partial\left(\mathrm{RHS}_{\mathrm{Downwind}}^{\mathrm{Conv}}\right)}{\partial\phi_C}=\|-\dot{m}_e,0\|+\|-\dot{m}_w,0\|$$

它对所有的流动均为正或为零，属于不稳定型格式。

5.6.6 高阶迎风格式

为了使数值离散的精度至少达到二阶，且为稳定型格式，可使用高阶迎风插值格式。

（1）二阶迎风格式（SOU）

二阶迎风格式用上游两质心确定线性格式来计算单元面上的变量值，在如图 5-25 所示的单元 C 上，有

$$\phi_f=\phi_C+\frac{\phi_C-\phi_U}{x_C-x_U}(x_f-x_C)$$

对于均匀网格，$\phi_f=\frac{3}{2}\phi_C-\frac{1}{2}\phi_U$，单元面上的对流通量为

$$\dot{m}_e\phi_e=\left(\frac{3}{2}\phi_C-\frac{1}{2}\phi_W\right)\|\dot{m}_e,0\|-\left(\frac{3}{2}\phi_E-\frac{1}{2}\phi_{EE}\right)\|-\dot{m}_e,0\|$$

$$\dot{m}_w\phi_w=\left(\frac{3}{2}\phi_C-\frac{1}{2}\phi_E\right)\|\dot{m}_w,0\|-\left(\frac{3}{2}\phi_W-\frac{1}{2}\phi_{WW}\right)\|-\dot{m}_w,0\|$$

对流项的离散格式成为

$$\sum_{f\sim nb(C)}(\rho\boldsymbol{v}\phi\boldsymbol{\cdot}\boldsymbol{S})_f=\dot{m}_e\phi_e+\dot{m}_w\phi_w$$

$$=\underbrace{\left(\frac{3}{2}\|\dot{m}_e,0\|+\frac{3}{2}\|\dot{m}_w,0\|\right)}_{a_C}\phi_C-\underbrace{\left(\frac{3}{2}\|-\dot{m}_e,0\|+\frac{1}{2}\|\dot{m}_w,0\|\right)}_{a_E}\phi_E$$

$$-\underbrace{\left(\frac{3}{2}\|-\dot{m}_w,0\|+\frac{1}{2}\|\dot{m}_e,0\|\right)}_{a_W}\phi_W+\underbrace{\frac{1}{2}\|-\dot{m}_e,0\|}_{a_{EE}}\phi_{EE}+\underbrace{\frac{1}{2}\|-\dot{m}_w,0\|}_{a_{WW}}\phi_{WW}$$

其截断误差为

$$\mathrm{TE}=-\frac{3}{8}\Delta x^2\phi_C'''-\frac{1}{4}\Delta x^3\phi_C^{iv}+\cdots$$

具有二阶精度。

对于稳定性，有

$$\frac{\partial\left(\mathrm{RHS}_{\mathrm{SOU}}^{\mathrm{Conv}}\right)}{\partial\phi_C}=-\frac{3}{2}\|\dot{m}_e,0\|-\frac{3}{2}\|\dot{m}_w,0\|$$

恒为负，表明 SOU 是一种稳定格式，但这只限于推导中的假设条件，即流速恒定。

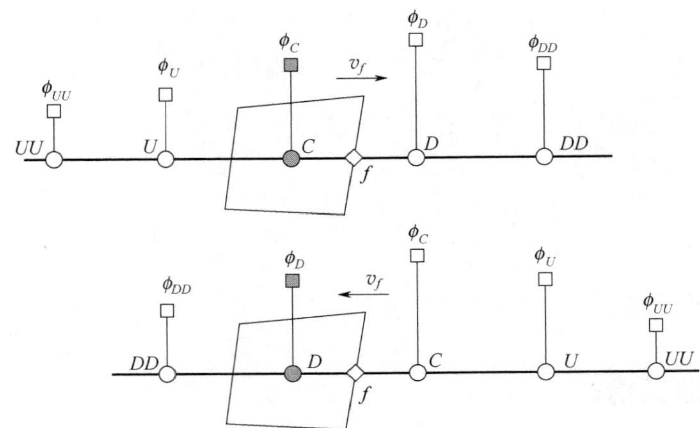

图 5-25 一维网格的单元和节点

（2）QUICK 格式

QUICK（Quadratic Upstream Interpolation for Convective Kinematics）格式中，单元面上的值由上游方向节点值的二次多项式插值得到。在如图 5-26 所示的网格中，假设插值关系式为

$$\phi(x) = k_0 + k_1 x + k_2 x^2$$

满足

$$\phi(x) = \begin{cases} \phi_U, x = x_U \\ \phi_C, x = x_C \\ \phi_D, x = x_D \end{cases}$$

得到

$$\phi(x) = \phi_U + \frac{(x - x_U)(x - x_C)}{(x_D - x_U)(x_D - x_C)}(\phi_D - \phi_U) + \frac{(x - x_U)(x - x_D)}{(x_C - x_U)(x_C - x_D)}(\phi_C - \phi_U)$$

对于均匀网格，$\phi_f = \dfrac{\phi_C + \phi_D}{2} - \dfrac{\phi_D - 2\phi_C + \phi_U}{8}$。

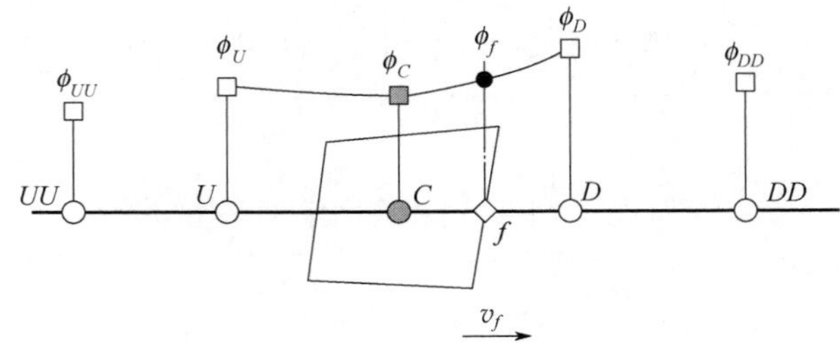

图 5-26 QUICK 离散格式

单元面上的对流通量为

$$\dot{m}_e \phi_e = \left(\frac{3}{4}\phi_C - \frac{1}{8}\phi_W + \frac{3}{8}\phi_E\right)\|\dot{m}_e, 0\| - \left(\frac{3}{4}\phi_E - \frac{1}{8}\phi_{EE} + \frac{3}{8}\phi_C\right)\|-\dot{m}_e, 0\|$$

$$\dot{m}_w \phi_w = \left(\frac{3}{4}\phi_C - \frac{1}{8}\phi_E + \frac{3}{8}\phi_W\right)\|\dot{m}_w, 0\| - \left(\frac{3}{4}\phi_W - \frac{1}{8}\phi_{WW} + \frac{3}{8}\phi_C\right)\|-\dot{m}_w, 0\|$$

对流项的离散格式成为

$$\sum_{f\sim nb(C)}(\rho \boldsymbol{v}\phi \cdot \boldsymbol{S})_f = \dot{m}_e\phi_e + \dot{m}_w\phi_w$$

$$= \underbrace{\left(\frac{3}{4}\|\dot{m}_e,0\| - \frac{3}{8}\|-\dot{m}_e,0\| + \frac{3}{4}\|\dot{m}_w,0\| - \frac{3}{8}\|-\dot{m}_w,0\|\right)}_{a_C}\phi_C +$$

$$\underbrace{\left(\frac{3}{8}\|\dot{m}_e,0\| - \frac{3}{4}\|-\dot{m}_e,0\| - \frac{1}{8}\|\dot{m}_w,0\|\right)}_{a_E}\phi_E + \underbrace{\left(\frac{3}{8}\|\dot{m}_w,0\| - \frac{3}{4}\|-\dot{m}_w,0\| - \frac{1}{8}\|\dot{m}_e,0\|\right)}_{a_W}\phi_W +$$

$$\underbrace{\frac{1}{8}\|-\dot{m}_e,0\|}_{a_{EE}}\phi_{EE} + \underbrace{\frac{1}{8}\|-\dot{m}_w,0\|}_{a_{WW}}\phi_{WW}$$

其截断误差为

$$TE = -\frac{1}{16}\Delta x^3\phi_C^{iv} - \frac{3}{128}\Delta x^4\phi_C^{v} + \cdots$$

具有三阶精度。

对于稳定性，有

$$\frac{\partial\left(\mathrm{RHS}_{\mathrm{QUICK}}^{\mathrm{Conv}}\right)}{\partial\phi_C} = -\frac{3}{8}\|\dot{m}_e,0\| - \frac{3}{8}\|\dot{m}_w,0\| - \frac{3}{8}(\dot{m}_e + \dot{m}_w) < 0$$

表明 QUICK 是一种稳定格式，但不能保证解的有界性，尤其是当速度场非均匀时。

（3）FROMM 格式

FROMM 离散格式中，以图 5-25 中的单元面 f 为例，用距离单元面更远的上游节点 U 和最近的下游节点 D 线性插值得到面上的值，即

$$\phi(x) = \phi_U + \frac{x - x_U}{x_D - x_U}(\phi_D - \phi_U)$$

可得

$$\phi_f = \phi_U + \frac{x_f - x_U}{x_D - x_U}(\phi_D - \phi_U) = \phi_C + \frac{x_f - x_C}{x_D - x_U}(\phi_D - \phi_U)$$

对于均匀网格，$\phi_f = \phi_C + \dfrac{\phi_D - \phi_U}{4}$。单元面上的对流通量为

$$\dot{m}_e\phi_e = \left(\phi_C - \frac{1}{4}\phi_W + \frac{1}{4}\phi_E\right)\|\dot{m}_e,0\| - \left(\phi_E - \frac{1}{4}\phi_{EE} + \frac{1}{4}\phi_C\right)\|-\dot{m}_e,0\|$$

$$\dot{m}_w\phi_w = \left(\phi_C - \frac{1}{4}\phi_E + \frac{1}{4}\phi_W\right)\|\dot{m}_w,0\| - \left(\phi_W - \frac{1}{4}\phi_{WW} + \frac{1}{4}\phi_C\right)\|-\dot{m}_w,0\|$$

对流项的离散格式成为

$$\sum_{f\sim nb(C)}(\rho \boldsymbol{v}\phi \cdot \boldsymbol{S})_f = \underbrace{\left(\|\dot{m}_e,0\| - \frac{1}{4}\|-\dot{m}_e,0\| + \|\dot{m}_w,0\| - \frac{1}{4}\|-\dot{m}_w,0\|\right)}_{a_C}\phi_C +$$

$$\underbrace{\left(\frac{1}{4}\|\dot{m}_e,0\| - \|-\dot{m}_e,0\| - \frac{1}{4}\|\dot{m}_w,0\|\right)}_{a_E}\phi_E + \underbrace{\left(\frac{1}{4}\|\dot{m}_w,0\| - \|-\dot{m}_w,0\| - \frac{1}{4}\|\dot{m}_e,0\|\right)}_{a_W}\phi_W +$$

$$\underbrace{\frac{1}{4}\|-\dot{m}_e,0\|}_{a_{EE}}\phi_{EE} + \underbrace{\frac{1}{4}\|-\dot{m}_w,0\|}_{a_{WW}}\phi_{WW}$$

其截断误差为

$$TE = O(\Delta x^2)$$

具有二阶精度。

对于稳定性，有

$$\frac{\partial\left(\mathrm{RHS}_{\mathrm{FROMM}}^{\mathrm{Conv}}\right)}{\partial \phi_C} = -\frac{3}{4}\|\dot{m}_e, 0\| - \frac{3}{4}\|\dot{m}_w, 0\| - \frac{1}{4}(\dot{m}_e + \dot{m}_w)$$

该式在速度恒定时为负，格式稳定。

从稳定性角度看，由稳定性分析中的系数大小可以判定，稳定性由高到低依次为 SOU＞Upwind＞FROMM＞QUICK＞CD。在低 Péclet 数时，CD 和 QUICK 格式的精度最高，Upwind 格式的精度最低，FROMM 格式的精度好于 SOU。在高 Péclet 数时，只有 Upwind 和 SOU 格式稳定，CD 稳定性最差，FROMM 和 QUICK 格式则有小幅波动。在具有较大梯度的场合中，如冲击波等，SOU 格式也会产生振荡。

5.6.7 二维稳态对流项的离散

对于如图 5-14 所示的二维笛卡儿网格中，使用 Upwind 格式，对流项可离散为

$$\begin{aligned}\sum_{f\sim nb(C)} (\rho v\phi \cdot \boldsymbol{S})_f &= (\rho u\Delta y\phi)_e - (\rho u\Delta y\phi)_w + (\rho v\Delta x\phi)_n - (\rho v\Delta x\phi)_s \\ &= \underbrace{(\|\dot{m}_e,0\| + \|\dot{m}_w,0\| + \|\dot{m}_n,0\| + \|\dot{m}_s,0\|)}_{a_C}\phi_C \\ &\quad \underbrace{-\|-\dot{m}_e,0\|}_{a_E}\phi_E \underbrace{-\|-\dot{m}_w,0\|}_{a_W}\phi_W \underbrace{-\|-\dot{m}_n,0\|}_{a_n}\phi_N \underbrace{-\|-\dot{m}_s,0\|}_{a_s}\phi_S\end{aligned}$$

如使用均匀网格时的 QUICK 格式，应用一维情况时的结果，对流项可离散为

$$\begin{aligned}\sum_{f\sim nb(C)} (\rho \boldsymbol{v}\phi \cdot \boldsymbol{S})_f = a_C\phi_C &+ \underbrace{\left(\frac{3}{8}\|\dot{m}_e,0\| - \frac{3}{4}\|-\dot{m}_e,0\| - \frac{1}{8}\|\dot{m}_w,0\|\right)}_{a_E}\phi_E + \\ &\underbrace{\left(\frac{3}{8}\|\dot{m}_w,0\| - \frac{3}{4}\|-\dot{m}_w,0\| - \frac{1}{8}\|\dot{m}_e,0\|\right)}_{a_W}\phi_W + \\ &\underbrace{\left(\frac{3}{8}\|\dot{m}_n,0\| - \frac{3}{4}\|-\dot{m}_n,0\| - \frac{1}{8}\|\dot{m}_s,0\|\right)}_{a_N}\phi_N + \\ &\underbrace{\left(\frac{3}{8}\|\dot{m}_s,0\| - \frac{3}{4}\|-\dot{m}_s,0\| - \frac{1}{8}\|\dot{m}_n,0\|\right)}_{a_S}\phi_S + \\ &\underbrace{\frac{1}{8}\|-\dot{m}_e,0\|}_{a_{EE}}\phi_{EE} + \underbrace{\frac{1}{8}\|-\dot{m}_w,0\|}_{a_{WW}}\phi_{WW} + \underbrace{\frac{1}{8}\|-\dot{m}_n,0\|}_{a_{NN}}\phi_{NN} + \underbrace{\frac{1}{8}\|-\dot{m}_s,0\|}_{a_{SS}}\phi_{SS}\end{aligned}$$

式中，$a_C = -\sum_{F\sim NB(C)} a_F + (\dot{m}_e + \dot{m}_w + \dot{m}_s + \dot{m}_s)$。

当速度场与网格方向不一致，且在与速度方向相垂直的方向上存在因变量的梯度时，使用迎风格式会产生拖尾（假扩散）现象，解的精度降低，将这种误差称为Cross-stream现象，或者称为多维现象，二维问题时的这种误差大小近似为

$$\Gamma_{false}^{\phi}=\frac{\rho v\Delta x\Delta y\sin(2\theta)}{4(\Delta y\sin^3\theta+\Delta x\cos^3\theta)}$$

式中，θ 为速度矢量与 x 坐标轴的夹角。QUICK 格式离散可减小该误差，但大梯度时会出现超调等分散（dispersion）误差，引起求解域内解的局部极大或极小值，这也是高阶格式的常见问题。由上式可以发现，当速度方向与网格线方向一致时，不存在多维误差，所以对计算域划分网格时尽量将网格线方向接近介质速度方向；减小单元尺寸可以减小多维误差；当速度方向与网格线之间的夹角呈 45° 时，多维误差最严重。

对流项离散时的数值误差源可分为：

① 数值扩散（diffusion）。它会造成大梯度问题时的拖尾，又分为 stream-wise 扩散和 cross-stream 扩散，前者可通过增加差分方法的阶数来减小，但会引起大梯度位置处的超调；后者由所假设方法的一维本质引起，可通过在流动方向上插值，或使用一维高阶插值方法来减小。

② 数值分散（dispersion）。当存在较大梯度时因振荡使误差变大，造成解无界，这是由无物理意义的插值方法引起的。

迎风格式会产生两种误差，而中心差分格式只产生数值分散误差。

5.6.8 非结构化网格时的高阶方法

对于非结构化网格，相邻单元间高阶格式的因变量函数关系式为定义在节点 U、C 和 D 上的变量值的函数，但对于内部单元面而言，节点 U 在非结构化网格中并不能直接定义，如图 5-27 所示，一种方法是根据 C 和 D 节点上的梯度重新定义高阶格式。

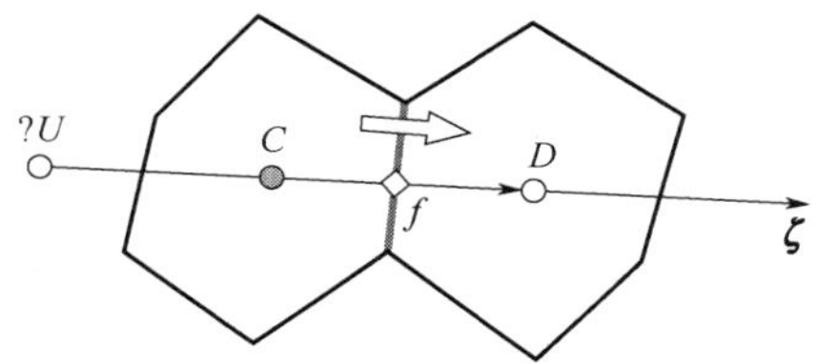

图 5-27 非结构化网格中的单元

将结构化网格时的 QUICK 格式重新写为

$$\phi_f=\phi_C+\frac{1}{4}\times\frac{\phi_D-\phi_U}{2}+\frac{1}{4}(\phi_D-\phi_C)$$

用 ζ 表示 $\boldsymbol{d}_{CF}$ 方向，则沿该方向在 C 和 f 上的梯度为

$$\frac{\partial\phi_C}{\partial\zeta}=\frac{\phi_D-\phi_U}{2\Delta\zeta}\text{，}\quad\frac{\partial\phi_f}{\partial\zeta}=\frac{\phi_D-\phi_C}{\Delta\zeta}$$

单元面上的变量值可重新写为

$$\phi_f=\phi_C+\frac{1}{2}\times\frac{\partial\phi_C}{\partial\zeta}\times\frac{\Delta\zeta}{2}+\frac{1}{2}\times\frac{\partial\phi_f}{\partial\zeta}\times\frac{\Delta\zeta}{2}$$

其矢量形式为

$$\phi_f=\phi_C+\frac{1}{2}(\nabla\phi)_C\cdot\boldsymbol{d}_{Cf}+\frac{1}{2}(\nabla\phi)_f\cdot\boldsymbol{d}_{Cf}$$

此即非结构化网格中 QUICK 格式的单元面上的变量值，它只需 C 和 f 位置上的梯度相关信息，具有二阶精度。

同样，可将基于三点的其他离散格式时单元面上的值写为

$$\phi_f = a\phi_C + b(\nabla\phi)_C \cdot \boldsymbol{d}_{Cf} + c(\nabla\phi)_f \cdot \boldsymbol{d}_{Cf}$$

令 ϕ_f 为结构化网格中单元面上的值来得到常数 a、b 和 c，如果近似表示该式中的梯度，可得到

$$\phi_f = \left(a - \frac{c}{2}\right)\phi_C + \left(\frac{b}{4} + \frac{c}{4}\right)\phi_D - \frac{b}{4}\phi_U$$

应用该式得到常数 a、b 和 c。对于不同的离散格式，有：

迎风格式：$\phi_f = \phi_C$

中心差分格式：$\phi_f = \phi_C + (\nabla\phi)_f \cdot \boldsymbol{d}_{Cf}$

SOU：$\phi_f = \phi_C + \left[2(\nabla\phi)_C - (\nabla\phi)_f\right] \cdot \boldsymbol{d}_{Cf}$

FROMM：$\phi_f = \phi_C + (\nabla\phi)_C \cdot \boldsymbol{d}_{Cf}$

QUICK：$\phi_f = \phi_C + \frac{1}{2}\left[(\nabla\phi)_C + (\nabla\phi)_f\right] \cdot \boldsymbol{d}_{Cf}$

顺风格式：$\phi_f = \phi_C + 2(\nabla\phi)_f \cdot \boldsymbol{d}_{Cf}$

5.6.9 迁延修正法

迁延修正法（Deferred Correction Approach，DC）用于在低阶格式的计算机代码上使用高阶格式（HO），且能保证稳定性，这种方法可用于结构或非结构化网格。

将单元面上的对流通量（高阶格式）根据迎风格式写为

$$\dot{m}_f\phi_f^{\mathrm{HO}} = \dot{m}_f\phi_f^{\mathrm{U}} + \dot{m}_f(\phi_f^{\mathrm{HO}} - \phi_f^{\mathrm{U}})$$

式中，等号右端第一项根据节点上的变量值隐式计算，第二项根据之前的迭代结果显式计算。即

$$\dot{m}_f\phi_f^{\mathrm{HO}} = \underbrace{\|\dot{m}_f, 0\|}_{\mathrm{Flux}C_f}\phi_C \underbrace{-\|-\dot{m}_f, 0\|}_{\mathrm{Flux}F_f}\phi_F + \underbrace{\left(\dot{m}_f\phi_f^{\mathrm{HO}} - \|\dot{m}_f, 0\|\phi_C + \|-\dot{m}_f, 0\|\phi_F\right)}_{\mathrm{Flux}V_f}$$

其中，$\mathrm{Flux}V_f$ 成为最终代数方程中源项的一部分。

迁延修正技术易于执行，但当由迎风格式和高阶格式计算得到的单元面上的变量值相差较大时，收敛速度将变慢。

5.7 对流项离散的高精度格式

高精度格式（High Resolution Scheme，HR）将高阶离散方法与对流有界性准则相结合来保证求解过程不振荡。HR 格式基于 NVF（Normalized Variable Formulation）和 TVD（Total Variation Diminishing）框架，使用 DC、DWF（Downwind Weighting Factor）和 NWF（Normalized Weighting Factor）等执行技术来得到不同系数矩阵和源项的代数方程。在具体方法上，HR 格式针对如何计算 ϕ_f 展开，而 DWF 和 NWF 则针对如何由得到的 ϕ_f 来组装代数方程。

5.7.1 NVF

NVF 通过对因变量的局部归一化构造单元面上的函数值，利用迎风节点、顺风节点和远

迎风节点的函数值构造归一化变量。对于如图 5-25 所示的网格单元，定义归一化变量为

$$\tilde{\phi}=\frac{\phi-\phi_U}{\phi_D-\phi_U}$$

这样，有 $\tilde{\phi}_U=0$，$\tilde{\phi}_D=1$，面上的因变量函数表达式 $\phi_f=f(\phi_U,\phi_C,\phi_D)$ 转换为

$$\tilde{\phi}_f=f\left(\tilde{\phi}_C\right)$$

其中只包含一个自变量 $\tilde{\phi}_C=\dfrac{\phi_C-\phi_U}{\phi_D-\phi_U}$，也将 $\tilde{\phi}_C$ 认为是 ϕ 场平滑性的指示器，具体为

$$\begin{cases}0<\tilde{\phi}_C<1, & \phi\text{单调变化}\\ \tilde{\phi}_C<0\text{或}\tilde{\phi}_C>1,\phi\text{在}C\text{上有极值}\\ \tilde{\phi}_C\approx 0\text{或}\tilde{\phi}_C\approx 1,\phi\text{在}C\text{上有梯度跳变}\end{cases}$$

在一维均匀网格中，5.6 节所述的各种对流项离散格式对应的归一化函数关系式成为：

$$\begin{cases}\text{迎风格式：}\ \phi_f=\phi_C,\tilde{\phi}_f=\tilde{\phi}_C\\ \text{中心差分格式：}\ \phi_f=\dfrac{\phi_C+\phi_D}{2},\tilde{\phi}_f=\dfrac{1}{2}(1+\tilde{\phi}_C)\\ \text{SOU：}\ \phi_f=\dfrac{3}{2}\phi_C-\dfrac{1}{2}\phi_U,\tilde{\phi}_f=\dfrac{3}{2}\tilde{\phi}_C\\ \text{FROMM：}\ \phi_f=\phi_C+\dfrac{\phi_D-\phi_U}{4},\tilde{\phi}_f=\tilde{\phi}_C+\dfrac{1}{4}\\ \text{QUICK：}\ \phi_f=\dfrac{\phi_C+\phi_D}{2}-\dfrac{\phi_D-2\phi_C+\phi_U}{8},\tilde{\phi}_f=\dfrac{3}{8}+\dfrac{3}{4}\tilde{\phi}_C\\ \text{顺风格式：}\ \phi_f=\phi_D,\tilde{\phi}_f=1\end{cases} \tag{5-111}$$

将这些归一化关系式绘制成 NVD 图，即在 $\left(\tilde{\phi}_C,\tilde{\phi}_f\right)$ 平面内绘制它们之间的函数关系，如图 5-28 所示。可见，所有离散格式的归一化函数关系均过点 $\left(\dfrac{1}{2},\dfrac{3}{4}\right)$，曲线越接近迎风格式，对应离散格式的扩散性越强，而越接近顺风格式，离散格式的反扩散性越强。

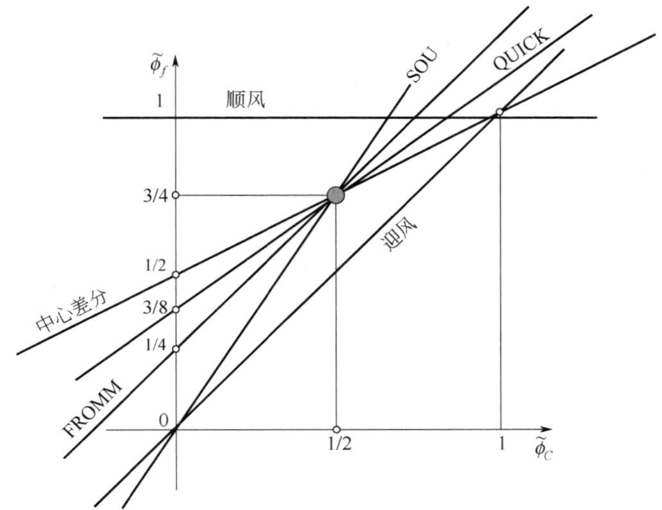

图 5-28　各对流项离散格式单元面上变量表达式归一化后的变化关系

上述各离散格式中所有高阶线性对流格式在较陡的梯度附近都会有振荡，也即不具有单调保持性，而只有具有一阶精度的线性格式才具有单调特性。为了构建具有单调保持性的离散格式，需使用非线性限制函数。

现有的高阶无振荡对流项离散格式可分为两类：在一阶迎风格式的基础上增加限制性反扩散通量，所得到的格式可无振荡地求解大梯度问题；在无界的 HO 离散格式上引入平滑扩散通量，以阻尼非物理意义的振荡。

5.7.2 对流有界性准则

任何数值离散格式均应保留其所描述的物理现象的物理特性，所以均应满足有界性条件。对流过程将介质特性从上游输运至下游，所以数值对流离散格式应当更加偏向于迎风格式，否则不具备对流稳定性。这样，除了界面两侧的节点 ϕ_C 和 ϕ_D 外，远迎风节点 ϕ_U 也变得重要，其他更远处的节点值在分析对流格式时则不再重要。一种有界性限定条件为

$$\min(\phi_C,\phi_D)\leqslant\phi_f\leqslant\max(\phi_C,\phi_D)$$

归一化后的条件为

$$\min(\tilde{\phi}_C,1)\leqslant\tilde{\phi}_f\leqslant\max(\tilde{\phi}_C,1)$$

隐式稳态流动计算时的对流有界性准则为

$$\tilde{\phi}_f=\begin{cases} f\left(\tilde{\phi}_C\right),\text{连续} \\ f\left(\tilde{\phi}_C\right)=1,\tilde{\phi}_C=1 \\ \tilde{\phi}_C<f\left(\tilde{\phi}_C\right)<1,0<\tilde{\phi}_C<1 \\ f\left(\tilde{\phi}_C\right)=0,\tilde{\phi}_C=0 \\ f\left(\tilde{\phi}_C\right)=\tilde{\phi}_C,\tilde{\phi}_C<0\text{或}\tilde{\phi}_C>1 \end{cases} \tag{5-112}$$

在这一准则条件下，$\tilde{\phi}_f$（或 ϕ_f）被限制在 $\tilde{\phi}_C$ 和 1 之间（ϕ_f 被限制在 ϕ_C 和 ϕ_D 之间），如图 5-29 所示。当 $\tilde{\phi}_C>1$ 时，$\tilde{\phi}_f$ 被指定为使用迎风节点值 $\tilde{\phi}_C$，这使得产生了最大的流出（outflow）条件，同时满足有界性条件，从而可阻尼过渡的振荡，因为流出大于流入（inflow），

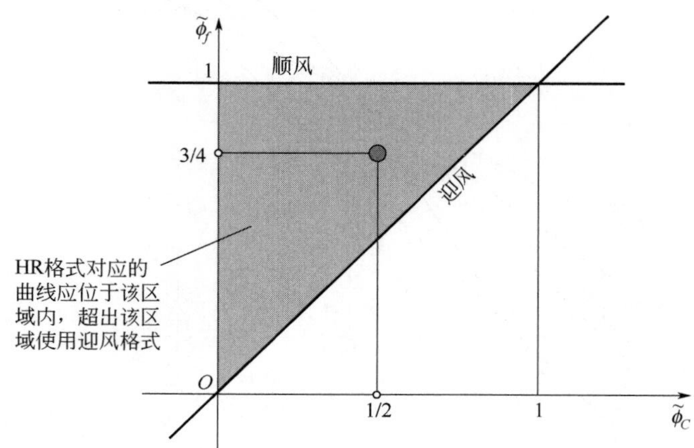

图 5-29 满足对流有界性准则的限制条件

ϕ_C 趋向于较低值。同样，当 ϕ_C 与非单调区的 ϕ_U 接近时，ϕ_f 也被指定为 ϕ_C，直到 $\phi_C=\phi_U$，也即函数曲线 $\left(\tilde{\phi}_C,\tilde{\phi}_f\right)$ 过点 $(0,0)$。当 $\tilde{\phi}_C<0$ 或 $\tilde{\phi}_C>1$ 时，解位于对流为主的区域，使用迎风格式近似。

5.7.3 NVF 框架下的 HR 格式

为了同时满足 NVF 框架和对流有界性准则，所构造的 HR 格式在 $0<\tilde{\phi}_C<1$ 内应具有单调性，且过 $(0,0)$、$(1,1)$ 两点，在该区域外使用迎风格式，同时在该区域内，归一化函数关系曲线应位于由迎风（$\tilde{\phi}_f=\tilde{\phi}_C$）和顺风（$\tilde{\phi}_f=1$）格式限定的区域内。另外，为了改进收敛特性，所构造的复合 HR 格式函数关系曲线应避免在拐点、水平和垂直位置出现较大的倾角变化。

几种复合 HR 格式及相应的 NVD 曲线如下：

MINMOD，$\tilde{\phi}_f=\begin{cases}\dfrac{3}{2}\tilde{\phi}_C, & 0\leqslant\tilde{\phi}_C\leqslant\dfrac{1}{2}\\ \dfrac{1}{2}\tilde{\phi}_C+\dfrac{1}{2}, & \dfrac{1}{2}\leqslant\tilde{\phi}_C\leqslant 1\\ \tilde{\phi}_C, & \text{其他}\end{cases}$

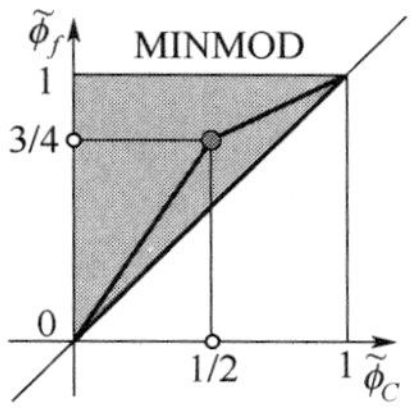

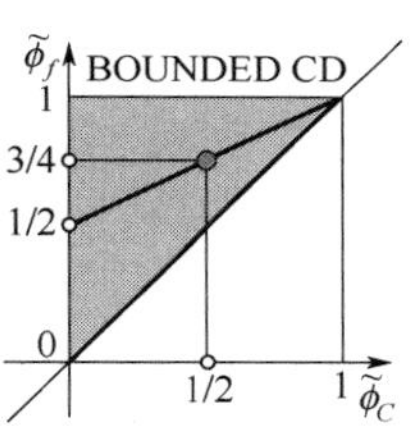

有界 CD，$\tilde{\phi}_f=\begin{cases}\dfrac{1}{2}\tilde{\phi}_C+\dfrac{1}{2}, & \dfrac{1}{2}\leqslant\tilde{\phi}_C\leqslant 1\\ \tilde{\phi}_C, & \text{其他}\end{cases}$

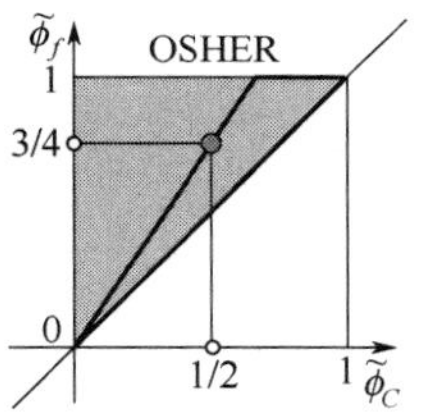

OSHER，$\tilde{\phi}_f=\begin{cases}\dfrac{3}{2}\tilde{\phi}_C, & 0\leqslant\tilde{\phi}_C\leqslant\dfrac{2}{3}\\ 1, & \dfrac{2}{3}\leqslant\tilde{\phi}_C\leqslant 1\\ \tilde{\phi}_C, & \text{其他}\end{cases}$

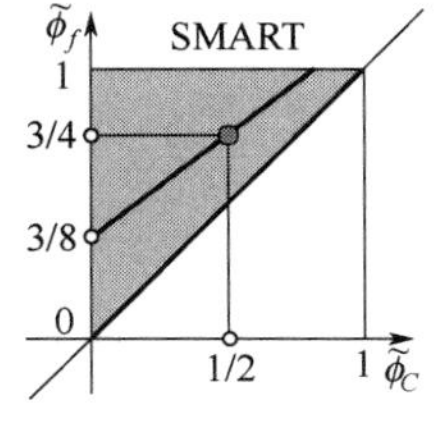

SMART，$\tilde{\phi}_f=\begin{cases}\dfrac{3}{4}\tilde{\phi}_C+\dfrac{3}{8}, & 0\leqslant\tilde{\phi}_C\leqslant\dfrac{5}{6}\\ 1, & \dfrac{5}{6}\leqslant\tilde{\phi}_C\leqslant 1\\ \tilde{\phi}_C, & \text{其他}\end{cases}$

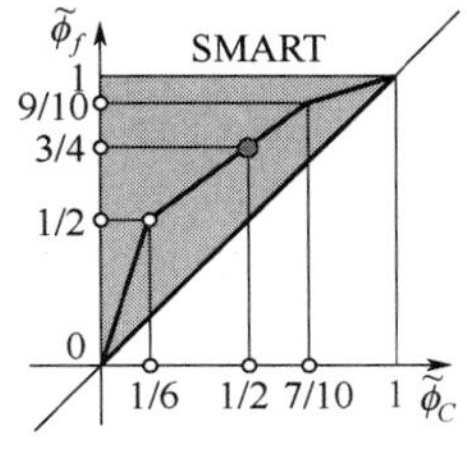

修正 SMART，$\tilde{\phi}_f=\begin{cases}3\tilde{\phi}_C, & 0\leqslant\tilde{\phi}_C\leqslant\dfrac{1}{6}\\ \dfrac{3}{4}\tilde{\phi}_C+\dfrac{3}{8}, & \dfrac{1}{6}\leqslant\tilde{\phi}_C\leqslant\dfrac{7}{10}\\ \dfrac{1}{3}\tilde{\phi}_C+\dfrac{2}{3}, & \dfrac{7}{10}\leqslant\tilde{\phi}_C\leqslant 1\\ \tilde{\phi}_C, & \text{其他}\end{cases}$

$$\text{STOIC}，\quad \tilde{\phi}_f=\begin{cases}\dfrac{1}{2}\tilde{\phi}_C+\dfrac{1}{2}, & 0\leqslant\tilde{\phi}_C\leqslant\dfrac{1}{2}\\ \dfrac{3}{4}\tilde{\phi}_C+\dfrac{3}{8}, & \dfrac{1}{2}\leqslant\tilde{\phi}_C\leqslant\dfrac{5}{6}\\ 1, & \dfrac{5}{6}\leqslant\tilde{\phi}_C\leqslant 1\\ \tilde{\phi}_C, & \text{其他}\end{cases}$$

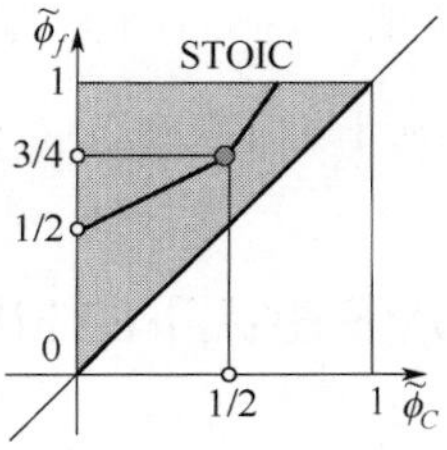

$$\text{修正 STOIC}，\quad \tilde{\phi}_f=\begin{cases}3\tilde{\phi}_C, & 0\leqslant\tilde{\phi}_C\leqslant\dfrac{1}{5}\\ \dfrac{1}{2}\tilde{\phi}_C+\dfrac{1}{2}, & \dfrac{1}{5}\leqslant\tilde{\phi}_C\leqslant\dfrac{1}{2}\\ \dfrac{3}{4}\tilde{\phi}_C+\dfrac{3}{8}, & \dfrac{1}{2}\leqslant\tilde{\phi}_C\leqslant\dfrac{7}{10}\\ \dfrac{1}{3}\tilde{\phi}_C+\dfrac{2}{3}, & \dfrac{7}{10}\leqslant\tilde{\phi}_C\leqslant 1\\ \tilde{\phi}_C, & \text{其他}\end{cases}$$

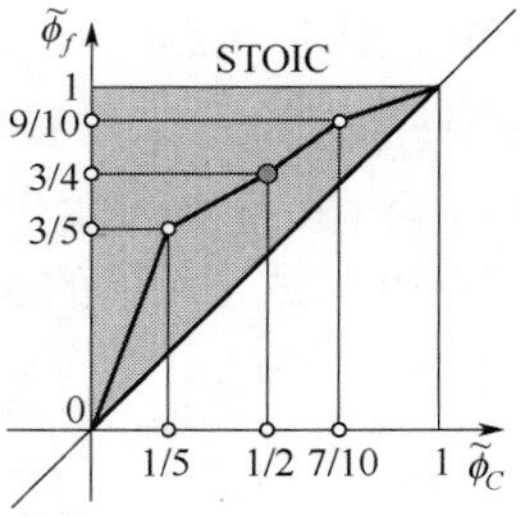

$$\text{MUSCL}，\quad \tilde{\phi}_f=\begin{cases}2\tilde{\phi}_C, & 0\leqslant\tilde{\phi}_C\leqslant\dfrac{1}{4}\\ \tilde{\phi}_C+\dfrac{1}{4}, & \dfrac{1}{4}\leqslant\tilde{\phi}_C\leqslant\dfrac{3}{4}\\ 1, & \dfrac{3}{4}\leqslant\tilde{\phi}_C\leqslant 1\\ \tilde{\phi}_C, & \text{其他}\end{cases}$$

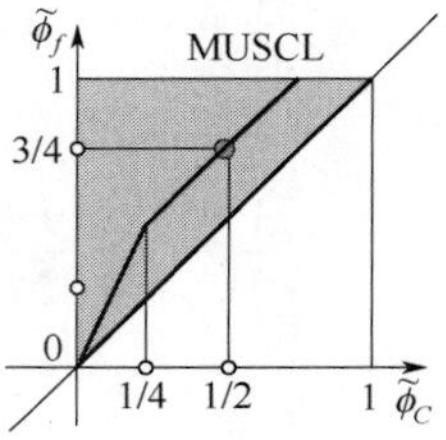

$$\text{SUPERBEE}，\quad \tilde{\phi}_f=\begin{cases}\dfrac{1}{2}\tilde{\phi}_C+\dfrac{1}{2}, & 0\leqslant\tilde{\phi}_C\leqslant\dfrac{1}{2}\\ \dfrac{3}{2}\tilde{\phi}_C, & \dfrac{1}{2}\leqslant\tilde{\phi}_C\leqslant\dfrac{2}{3}\\ 1, & \dfrac{2}{3}\leqslant\tilde{\phi}_C\leqslant 1\\ \tilde{\phi}_C, & \text{其他}\end{cases}$$

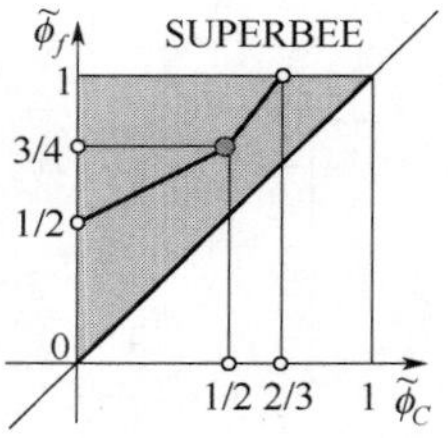

$$\text{修正 SUPERBEE}，\quad \tilde{\phi}_f=\begin{cases}2\tilde{\phi}_C, & 0\leqslant\tilde{\phi}_C\leqslant\dfrac{1}{3}\\ \dfrac{1}{2}\tilde{\phi}_C+\dfrac{1}{2}, & \dfrac{1}{3}\leqslant\tilde{\phi}_C\leqslant\dfrac{1}{2}\\ \dfrac{3}{2}\tilde{\phi}_C, & \dfrac{1}{2}\leqslant\tilde{\phi}_C\leqslant\dfrac{2}{3}\\ 1, & \dfrac{2}{3}\leqslant\tilde{\phi}_C\leqslant 1\\ \tilde{\phi}_C, & \text{其他}\end{cases}$$

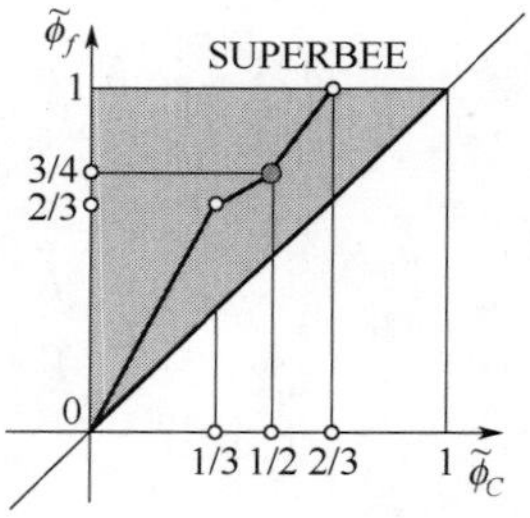

5.7.4 TVD 框架及该框架下的 HO 和 HR 格式

在求解含有对流项的偏微分方程中的ϕ时，定义变量总的变化（Total Variation，TV）为

$$TV = \sum_i \left|\phi_{i+1} - \phi_i\right|$$

式中，i 为网格内的节点索引，TV 表示某一迭代步时各相邻单元上的解相减后再求和。如果解的 TV 不随时间增加，则说明这种方法满足 TVD，即

$$TV(\phi^{t+\Delta t}) \leqslant TV(\phi^t)$$

可以证明，单调格式满足 TVD，能够保持单调性的格式在求解域内不产生新的局部极值。

以一维对流项为例，在方程（5-5）中将其移至等号右端成为 $-\dfrac{\partial(\rho \boldsymbol{v}\phi)}{\partial x}$，其一般离散形式为

$$-a(\phi_C - \phi_U) + b(\phi_D - \phi_C) \tag{5-113}$$

某一数值格式满足 TVD 或单调的充分条件为

$$a \geqslant 0，\ b \geqslant 0，\ 且\ 0 \leqslant a + b \leqslant 1 \tag{5-114}$$

式中，a、b 的值取决于所采用的对流离散格式。

由于一阶迎风格式具有扩散性，而二阶中心差分格式又具有分散性，所以需要构建一种格式使其兼具迎风格式的稳定性和中心差分格式的精度。从一维均匀网格时的中心差分格式出发，将单元面上的变量值写成

$$\phi_f = \frac{\phi_D + \phi_C}{2} = \underbrace{\phi_C}_{\text{迎风}} + \underbrace{\frac{1}{2}(\phi_D - \phi_C)}_{\text{反扩散通量}}$$

也即可将中心差分格式看作迎风格式和一个反扩散通量的和，迎风格式只具有一阶精度，而中心差分格式正是因为含有反扩散通量才具有二阶精度，但它减弱了数值扩散，引起非物理意义的振荡。一种解决办法是只将反扩散通量的一部分加到迎风格式上，使得得到的格式保留二阶精度且不引起无物理意义的振荡。其实现方法是在表示反扩散通量的项上乘以一个限制函数（limiter），通过该函数在可能发生振荡的区域（大梯度）避免扩散通量的过多作用，而在平滑区域最大化该通量的贡献。这时，单元面上的变量表达式为

$$\phi_f = \phi_C + \frac{1}{2}\underbrace{\psi(r_f)}_{\text{限制函数}}(\phi_D - \phi_C), r_f = \frac{\phi_C - \phi_U}{\phi_D - \phi_C}, \psi(r_f) \geqslant 0 \tag{5-115}$$

这样，开发满足 TVD 的格式归结为寻找限制函数使其满足充分条件（5-114）。为了确定限制函数满足的条件，需将 ϕ_f 组装为代数方程，因为式（5-113）为代数方程。同样考虑一维区域，单元面上的对流通量为

$$\dot{m}_e\phi_e = \left[\phi_C + \frac{1}{2}\psi(r_e^+)(\phi_E - \phi_C)\right]\left\|\dot{m}_e, 0\right\| - \left[\phi_E + \frac{1}{2}\psi(r_e^-)(\phi_C - \phi_E)\right]\left\|-\dot{m}_e, 0\right\|$$

$$\dot{m}_w\phi_w = \left[\phi_C + \frac{1}{2}\psi(r_w^+)(\phi_W - \phi_C)\right]\left\|\dot{m}_w, 0\right\| - \left[\phi_W + \frac{1}{2}\psi(r_w^-)(\phi_C - \phi_W)\right]\left\|-\dot{m}_w, 0\right\|$$

$$r_e^+ = \frac{\phi_C - \phi_W}{\phi_E - \phi_C}，\quad r_e^- = \frac{\phi_E - \phi_{EE}}{\phi_C - \phi_E}，\quad r_w^+ = \frac{\phi_C - \phi_E}{\phi_W - \phi_C}，\quad r_w^- = \frac{\phi_W - \phi_{WW}}{\phi_C - \phi_W}$$

如果假设流速 $u>0$，此时对流项的离散格式为

$$-\dot{m}_e\left[\phi_C + \frac{1}{2}\psi(r_e^+)(\phi_E - \phi_C)\right] - \dot{m}_w\left[\phi_W + \frac{1}{2}\psi(r_w^-)(\phi_C - \phi_W)\right]$$

考虑到连续性方程 $\dot{m}_e + \dot{m}_w = 0$，该式成为

$$-\dot{m}_e\left[1 + \frac{1}{2}\frac{\psi(r_e^+)}{r_e^+} - \frac{1}{2}\psi(r_w^-)\right](\phi_C - \phi_W)$$

将其与式（5-113）对比，得

$$a=1+\frac{1}{2}\frac{\psi(r_e^+)}{r_e^+}-\frac{1}{2}\psi(r_w^-)\,,\quad b=0$$

为满足 TVD 条件（5-114），有

$$0\leqslant 1+\frac{1}{2}\frac{\psi(r_e^+)}{r_e^+}-\frac{1}{2}\psi(r_w^-)\leqslant 1$$

展开并化简后可得

$$0\leqslant\psi(r)-\frac{\psi(r)}{r}\leqslant 2$$

加上限制条件后，可得限制函数满足 TVD 格式需满足条件

$$\psi(r)=\begin{cases}\min(2r,2), r>0\\ 0, \qquad\quad r\leqslant 0\end{cases}\tag{5-116}$$

这一条件可绘制成 Sweby 图，如图 5-30 所示。

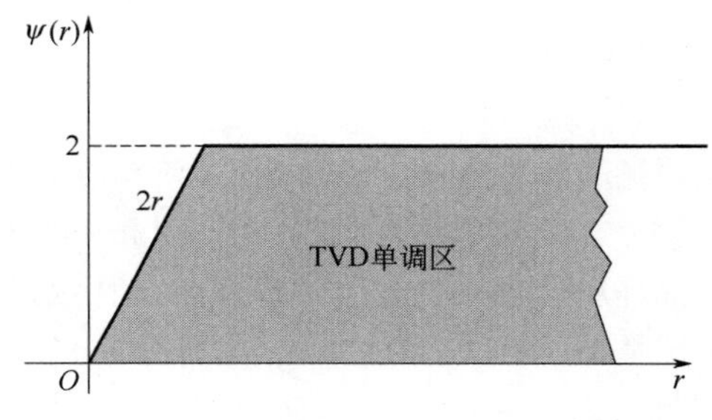

限制函数满足 TVD 格式时的条件

根据式（5-115）的对照，可得各种离散格式的限制函数如下：

$$\begin{cases}\text{迎风格式：}\ \psi(r_f)=0\\ \text{中心差分格式：}\ \psi(r_f)=1\\ \text{SOU：}\ \psi(r_f)=r_f\\ \text{FROMM：}\ \psi(r_f)=\dfrac{1+r_f}{2}\\ \text{QUICK：}\ \psi(r_f)=\dfrac{3+r_f}{4}\\ \text{顺风格式：}\ \psi(r_f)=2\end{cases}\tag{5-117}$$

任何二阶格式都可以写成 CD 和 SOU 格式的加权和，所以二阶格式的限制函数在 Sweby 图中必过 (1,1) 点，如图 5-31 所示，且必位于 CD 和 SOU 限制函数所限定的区域内，这一区域相应于 $\left(\tilde{\phi}_C,\tilde{\phi}_f\right)$ 的图如图 5-32 所示。而 HO 格式不完全位于这一区域内，所以 HO 格式不具有有界性。但 HR 格式满足这种有界性条件，部分这些格式转换为 TVD 后的限制函数为

$$\begin{aligned}&\text{SUPERBEE，}\ \psi(r_f)=\max\left(0,\min(1,2r_f),\min(2,r_f)\right)\\ &\text{MINMOD，}\ \psi(r_f)=\max\left(0,\min(1,r_f)\right)\\ &\text{OSHER，}\ \psi(r_f)=\max\left(0,\min(2,r_f)\right)\\ &\text{Van Leer，}\ \psi(r_f)=\frac{r_f+|r_f|}{1+|r_f|}\\ &\text{MUSCL，}\ \psi(r_f)=\max\left(0,\min\left(2r_f,\frac{r_f+1}{2},2\right)\right)\end{aligned}\tag{5-118}$$

它们对应的 Sweby 图如图 5-33 所示。

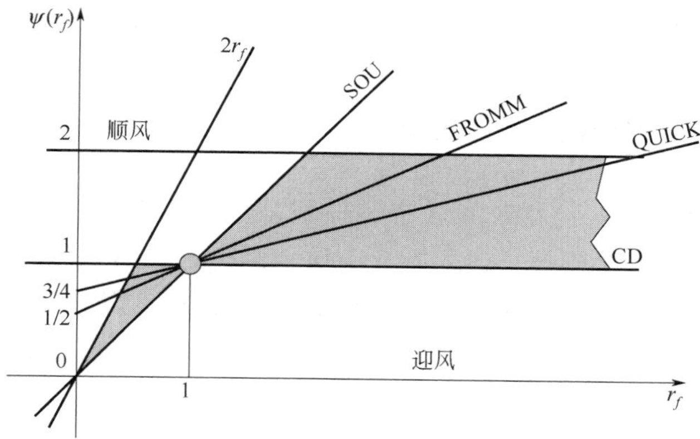

图 5-31　各种离散格式的 Sweby 图

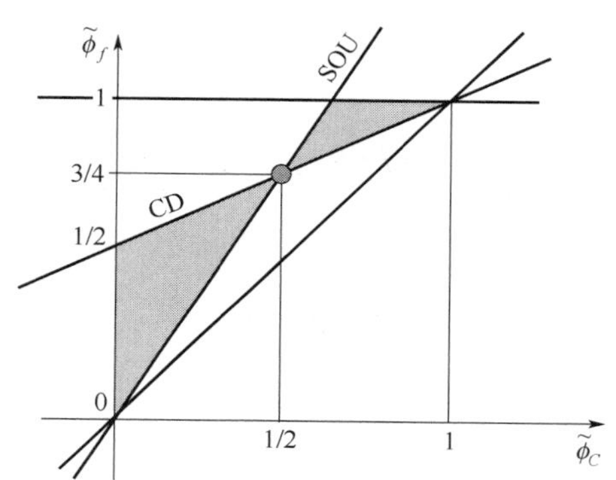

图 5-32　二阶格式满足 TVD 条件的单调区域

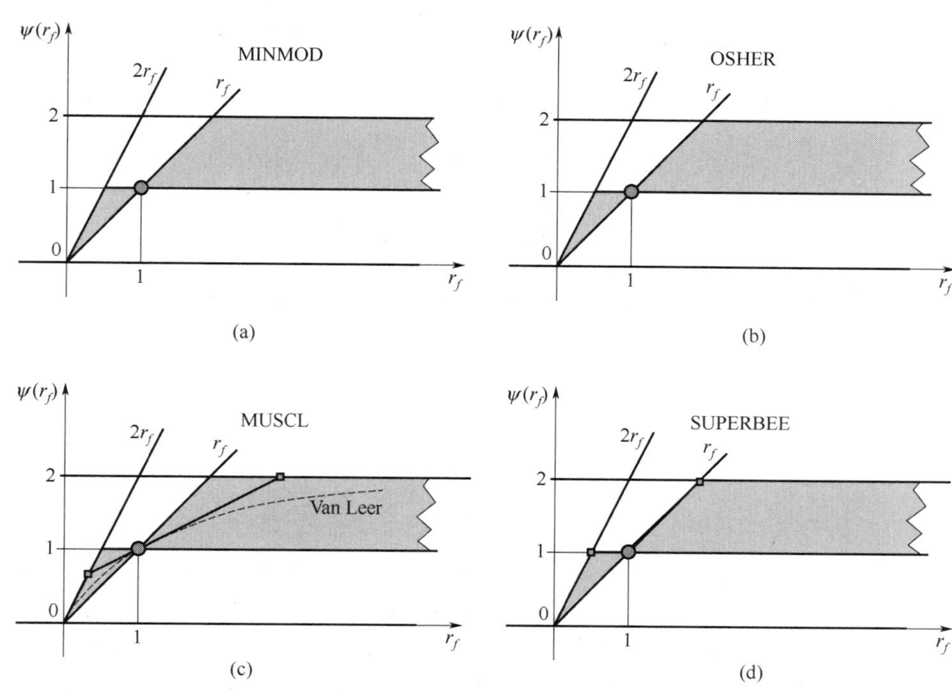

图 5-33　HR 离散格式的 Sweby 图

NVF 和 TVD 都是为了使离散格式具有有界性而设计的，这两种框架实质上是相同的。

5.7.5 非结构化网格中的 HR 格式

在非结构化网格中，对流项离散的一个困难是确定迎风位置 U，而在计算 ϕ_f、$\tilde{\phi}_C$、r_f 时都需要这个值。一种方法是创建一个虚拟点，如将其取为 C 和 D 连线上的点，计算为

$$\phi_D-\phi_U=(\nabla\phi)_C\cdot\boldsymbol{d}_{UD}=2(\nabla\phi)_C\cdot\boldsymbol{d}_{CD}$$

这里创建的虚拟节点 U 使得 C 为 UD 线段的中点。由这种方法计算得到 ϕ_U 后，就可以根据 NVF 或 TVD 格式计算 ϕ_f，进行对流项的离散。

5.7.6 HR 格式的迁延修正、DWF 和 NWF 方法

将对流项的半离散格式写为

$$\sum_{f\sim nb(C)}(\rho\boldsymbol{v}\phi\cdot\boldsymbol{S})_f=\sum_{f\sim nb(C)}\dot{m}_f\phi_f$$

由前述各离散格式表示 ϕ_f 后，最终都可将该项化为

$$a_C\phi_C+\sum_{F\sim NB(C)}(a_F\phi_F)$$

但在使用前述方法显式表示 ϕ_f 后会遇到解不稳定的问题，如用 TVD 格式表示的对流通量为

$$\begin{aligned}\dot{m}_f\phi_f&=\left[\phi_C+\frac{1}{2}\psi\left(\frac{\phi_C-\phi_U}{\phi_F-\phi_C}\right)(\phi_F-\phi_C)\right]\|\dot{m}_f,0\|-\left[\phi_F+\frac{1}{2}\psi\left(\frac{\phi_F-\phi_{DD}}{\phi_C-\phi_F}\right)(\phi_C-\phi_F)\right]\|-\dot{m}_f,0\|\\&=\left[\phi_C+\frac{1}{2}\psi(r_f^+)(\phi_F-\phi_C)\right]\|\dot{m}_f,0\|-\left[\phi_F+\frac{1}{2}\psi(r_f^-)(\phi_C-\phi_F)\right]\|-\dot{m}_f,0\|\end{aligned}$$

将该结果代入代数方程中，得到其中的系数为

$$a_F=-\|-\dot{m}_f,0\|+\frac{1}{2}\|\dot{m}_f,0\|\psi(r_f^+)+\frac{1}{2}\|-\dot{m}_f,0\|\psi(r_f^-)$$

$$a_C=-\sum_{F\sim NB(C)}a_F+\sum_{F\sim NB(C)}\dot{m}_f$$

在一维且 $u>0$ 的情况下，代数方程 $a_C\phi_C+a_E\phi_E+a_W\phi_W$ 中的相应项成为

$$a_E=\frac{1}{2}\dot{m}_e\psi(r_e^+)$$

$$a_W=\left[-1+\frac{1}{2}\psi(r_w^-)\right]\dot{m}_e$$

$$a_C=-a_E-a_W$$

由于 $0\leqslant\psi(r)\leqslant 2$，可见 a_E 与 a_W 符号相反，这会使得迭代过程收敛较困难。一种解决办法是使用前面提到的迁延修正法，即将 HR 和迎风格式的差作为源项加在代数方程的右端，并对这一增加的源项显式处理。迁延修正法易于执行，且可用于结构和非结构化网格，但当使用迎风格式和 HR 格式计算得到的面上的值相差较大时，收敛也将变慢。这就需要寻找一些方法使得执行 HR 格式时更加隐式但又不影响收敛速率，其中的两种方法是顺风加权因子法（Downwind Weighing Factor，DWF）和归一化加权因子法（Normalized Weighing Factor，NWF）。

（1）DWF 法

定义 DWF 为

$$\mathrm{DWF}_f=\frac{\phi_f-\phi_C}{\phi_D-\phi_C}=\frac{\tilde{\phi}_f-\tilde{\phi}_C}{1-\tilde{\phi}_C} \tag{5-119}$$

由该定义可得

$$\phi_f=\phi_C+\mathrm{DWF}_f(\phi_D-\phi_C),\mathrm{DWF}_f=\frac{1}{2}\psi(r_f)$$

可见，DWF_f 可由各 HR 格式的函数关系（$\tilde{\phi}_f\left(\tilde{\phi}_C\right)$ 或 $\psi(r_f)$）得到，且有 $0\leqslant\mathrm{DWF}_f\leqslant 1$。用 DWF_f 表示的对流通量为

$$\dot{m}_f\phi_f=\left[\mathrm{DWF}_f^+\phi_F+(1-\mathrm{DWF}_f^+\phi_C)\right]\|\dot{m}_f,0\|-\left[\mathrm{DWF}_f^-\phi_C+(1-\mathrm{DWF}_f^-\phi_F)\right]\|-\dot{m}_f,0\|$$

$$\mathrm{DWF}_f^+=\frac{\phi_f-\phi_C}{\phi_F-\phi_C},\quad \mathrm{DWF}_f^-=\frac{\phi_f-\phi_F}{\phi_C-\phi_F}$$

代数方程中与对流项有关的系数部分成为

$$a_F=\mathrm{DWF}_f^+\|\dot{m}_f,0\|-(1-\mathrm{DWF}_f^-)\|-\dot{m}_f,0\|$$

$$a_C=-\sum_{F\sim NB(C)}a_F+\sum_{f\sim nb(C)}\dot{m}_f$$

在一维网格且 $u>0$ 的情况中，方程中的项 $a_C\phi_C+a_E\phi_E+a_W\phi_W$ 成为

$$a_E=\dot{m}_e\mathrm{DWF}_e^+$$

$$a_W=-\dot{m}_e(1-\mathrm{DWF}_w^-)$$

$$a_C=-\dot{m}_e(\mathrm{DWF}_e^++\mathrm{DWF}_w^--1)$$

可见，a_E 和 a_W 符号相反，方程系统不稳定。如果 $\mathrm{DWF}_f>0.5$，对角系数 $a_C<0$，导致方程不能用迭代法求解，当 $\phi_f>0.5(\phi_D-\phi_C)$ 时，这种情况就会发生。这是因为 DWF 将大部分 HR 通量加在顺风格式的值上，类似于 CD 格式。

（2）NWF 法

NWF 法可避免 DWF 的缺点，它使用线性化的归一化插值方法：

$$\tilde{\phi}_f=\ell\tilde{\phi}_C+k \tag{5-120}$$

可通过与各种 HR 格式的 $\tilde{\phi}_f$ 函数比较得到相应的 ℓ 和 k 值。代入 $\tilde{\phi}_f$ 和 $\tilde{\phi}_C$ 各自的定义式后，可得到

$$\phi_f=\ell\phi_C+k\phi_D+(1-\ell-k)\phi_U \tag{5-121}$$

对于非结构化网格，U 的位置为虚位置，需要进行迁延修正得到 ϕ_U，但得到的迁延修正源项 $(1-\ell-k)\phi_C$ 小于 ϕ_C，正因为如此，NWF 比标准 DC 法具有较弱的欠松弛效果，使得能够快速收敛。

同样，考察这种方法的代数方程表示。对流通量为

$$\dot{m}_f\phi_f=\left[\ell_f^+\phi_C+k_f^+\phi_F+(1-\ell_f^+-k_f^+)\phi_U^+\right]\|\dot{m}_f,0\|-\left[\ell_f^-\phi_F+k_f^-\phi_C+(1-\ell_f^--k_f^-)\phi_U^-\right]\|-\dot{m}_f,0\|$$

代数方程中与对流项有关的系数部分成为

$$a_F=k_f^+\|\dot{m}_f,0\|-\ell_f^-\|-\dot{m}_f,0\|$$

$$a_C = \sum_{f\sim nb(C)} (\ell_f^+ \|\dot{m}_f, 0\| - k_f^- \|-\dot{m}_f, 0\|)$$

移入源项中的部分为

$$\sum_{f\sim nb(C)} \left[(1-\ell_f^+ - k_f^+)\phi_U^+ \|\dot{m}_f, 0\| - (1-\ell_f^- - k_f^-)\phi_U^- \|-\dot{m}_f, 0\|\right]$$

对于一维结构化网格，代数方程中对流项的 NWF 离散形式系数为

$$a_E = \|\dot{m}_e, 0\| k_e^+ - \|-\dot{m}_e, 0\| \ell_e^- + \|\dot{m}_w, 0\|(1-\ell_w^+ - k_w^+)$$

$$a_W = \|\dot{m}_w, 0\| k_w^+ - \|-\dot{m}_w, 0\| \ell_w^- + \|\dot{m}_e, 0\|(1-\ell_e^+ - k_e^+)$$

$$a_{EE} = -\|-\dot{m}_e, 0\|(1-\ell_e^- - k_e^-)$$

$$a_{WW} = -\|-\dot{m}_w, 0\|(1-\ell_w^- - k_w^-)$$

$$a_C = -(a_E + a_W + a_{EE} + a_{WW}) + (\dot{m}_e + \dot{m}_w)$$

在 HR 格式下的 NWF 形式中，$\ell > k$（除了那些非常靠近顺风格式曲线$\left(\tilde{\phi}_C, \tilde{\phi}_f\right)$的部分），$a_C$ 恒为正，不会发生不稳定现象。在顺风格式曲线上，$a_C = 0$，为了避免这种情况，令 $(\ell, k) = (L, 1 - L\phi_f)$，其中 L 通常被设为复合离散格式中上一个 $\tilde{\phi}_C$ 区间上的值。这种设置使得 NWF 比 DWF 更加可靠。

在 TVD 框架内，除了 MUSCL Van Leer 限制函数外，所有其他 HR 格式下的限制函数具有形式

$$\psi(r_f) = m r_f + n$$

同样，可通过与不同 HR 格式的$\psi(r_f)$对比得到不同区间上的(m,n)值。这样，有

$$\phi_f = \phi_C + \frac{1}{2}(m r_f + n)(\phi_D - \phi_C) = \left(1 + \frac{1}{2}m - \frac{1}{2}n\right)\phi_C + \frac{1}{2}n\phi_D - \frac{1}{2}m\phi_U$$

可见，(m,n) 与 (ℓ,k) 间具有关系 $\ell = 1 + \frac{1}{2}m - \frac{1}{2}n$，$k = \frac{1}{2}n$。

5.7.7 对流边界条件

对流边界条件主要包括：入口（Inlet）、出口（Outlet）、壁面（Wall）、对称（Symmetry）。对流通量在内部单元面上的值不因边界种类不同而改变，而边界单元上对流项离散为

$$\sum_{f\sim nb(C)} (\rho \boldsymbol{v} \phi \cdot \boldsymbol{S})_f = \sum_{f'\sim nb(C)} (\rho \boldsymbol{v} \phi \cdot \boldsymbol{S})_{f'} + (\rho \boldsymbol{v} \phi \cdot \boldsymbol{S})_b$$

其中，等号右端第一项中不包含边界上的面。

（1）Inlet

Inlet 边界条件为指定边界上的 ϕ 值 ϕ_b，即

$$(\rho \boldsymbol{v} \phi \cdot \boldsymbol{S})_b = (\rho \boldsymbol{v} \cdot \boldsymbol{S})_b \phi_b$$

在最终的代数方程中该项成为源项。

（2）Outlet

在 Outlet 边界上，不存在边界下游节点的信息，通常假设在该面上满足

$$(\nabla \phi \cdot \boldsymbol{n})_b = \left(\frac{\partial \phi}{\partial n}\right)_b = 0$$

且在该边界面上使用迎风格式 $\phi_b = \phi_C$，使该式自动满足。这时相当于在系数 a_C 中增加了一项关于 $\dot{m}_b$ 的项。

（3）Wall

壁面上的法向速度为零，也即对流通量为零，代数方程中不包含该边界面的信息即可。

（4）Symmetry

没有介质流过该界面，与 Wall 边界的处理方法相同。

5.8 瞬态项的离散

瞬态现象相当于在空间维度的基础上增加了一个时间维度，但瞬态变化本质上呈抛物线变化，不需要定义时间维度上的场。瞬态现象使用时间步进方法建模，从初始时间开始，求解算法逐步前进，某一步求得的解作为下一步的初始条件，直到达到规定时间。对于瞬态项有两种处理方法：一种为根据节点值，由 Taylor 展开式表示时间项，实质为有限差分离散；另一种在一个虚时间单元上应用有限体积法，类似于对流项离散中使用的方法。

描述瞬态现象的控制方程需要在空间和时间上都进行离散。空间离散在空间区域进行，与稳态时的情况相同；时间离散包括建立时间坐标，并沿时间坐标计算时间项的导数（有限差分法）和积分（有限体积法）。

将瞬态控制方程表示为

$$\frac{\partial(\rho\phi)}{\partial t} + \mathcal{L}(\phi) = 0 \tag{5-122}$$

其中，第一项也称为瞬态算子，第二项也称为空间算子，包括对流、扩散等项。瞬态项离散实质为如何表示第一项中的时间导数。将该方程在单元 C 上积分，有

$$\int_{V_C} \frac{\partial(\rho\phi)}{\partial t}\mathrm{d}V + \int_{V_C} \mathcal{L}(\phi)\mathrm{d}V = 0$$

用单元质心上的值表示的空间离散形式为

$$\frac{\partial(\rho_C\phi_C)}{\partial t}V_C + \mathcal{L}\left(\phi_C^{(t)}\right) = 0 \tag{5-123}$$

其中，空间离散算子为

$$\mathcal{L}\left(\phi_C^t\right) = a_C\phi_C^{(t)} + \sum_{F\sim NB(C)}\left(a_F\phi_F^{(t)}\right) - b_C \tag{5-124}$$

当 $t \to \infty$ 或达到稳态 $\phi_C^{(t+\Delta t)} = \phi_C^{(t)}$ 时，即求得所需的解，此时的解与求解稳态方程的解相同。

采用有限差分法离散时，将关于时间的偏导数表示为关于离散节点值的 Taylor 展开式；采用有限体积法离散时，将关于时间的偏导数在时间单元上积分，并像对流项离散那样转换为面通量（时间轴上）。

5.8.1 有限差分法

假设时间轴上的网格为结构化网格，如图 5-34 所示，在时刻 t 离散空间算子 $\mathcal{L}(\phi)$，同时应用关于 t 的 Taylor 展开式的组合表示时间导数。

（1）前向 Euler 格式（Forward Euler Scheme）

用关于时刻 t 的 Taylor 级数表示时刻 $t+\Delta t$ 的函数值：

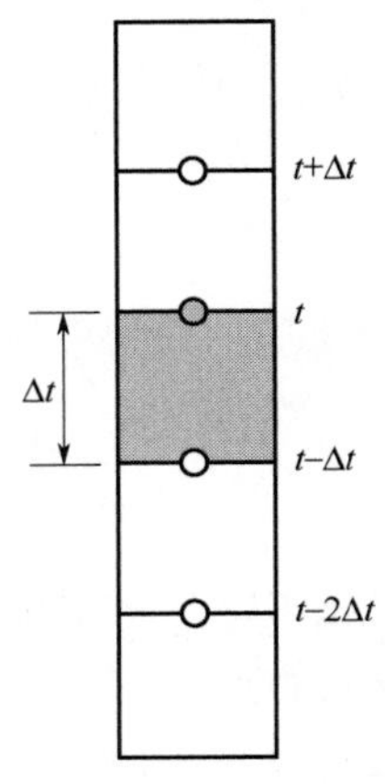

图 5-34 时间轴上的结构化网格

$$T(t+\Delta t)=T(t)+\frac{\partial T(t)}{\partial t}\Delta t+\frac{\partial^2 T(t)}{\partial t^2}\times\frac{(\Delta t)^2}{2}+\cdots$$

截断后将一阶偏导数表示为

$$\frac{\partial T(t)}{\partial t}=\frac{T(t+\Delta t)-T(t)}{\Delta t}+O(\Delta t)$$

该表达式为一阶离散，用 $\rho\phi$ 代替 T，离散方程（5-123）成为

$$\frac{(\rho_C\phi_C)^{(t+\Delta t)}-(\rho_C\phi_C)^{(t)}}{\Delta t}V_C+\mathcal{L}\left(\phi_C^{(t)}\right)=0$$

可见，时刻 $t+\Delta t$ 的值可根据先前时间步的值进行显式计算，无须求解代数方程，最终的代数方程成为

$$\underbrace{\frac{\rho_C^{(t+\Delta t)}V_C}{\Delta t}}_{a_C^{(t+\Delta t)}}\phi_C^{(t+\Delta t)}=b_C-\left[a_C\phi_C^{(t)}+\sum_{F\sim NB(C)}\left(a_F\phi_F^{(t)}\right)\right]+\underbrace{\frac{\rho_C^{(t)}V_C}{\Delta t}}_{-a_C^{(t)}}\phi_C^{(t)}$$

得

$$\phi_C^{(t+\Delta t)}=\frac{1}{a_C^{(t+\Delta t)}}\left[b_C-\left(a_C+a_C^{(t)}\right)\phi_C^{(t)}-\sum_{F\sim NB(C)}\left(a_F\phi_F^{(t)}\right)\right] \tag{5-125}$$

根据数值格式收敛和稳定性的 CFL 条件：为了使差分方程的解收敛于偏微分方程的解，数值格式必须使用初始数据中影响解的所有信息。也即两相邻时间步上单元质心 C 上因变量 ϕ_C 的瞬态系数应满足符号相反规则（在等号的同一侧时），如式（5-125）中的 $\phi_C^{(t+\Delta t)}$ 和 $\phi_C^{(t)}$ 的系数，其物理意义为：前一时间迭代步得到的较大的 ϕ_C 值也会导致本次时间步的较大 ϕ_C 值。在式（5-125）中，应满足 $a_C+a_C^{(t)}\leqslant 0$ 。在多维非稳态的时间-对流-扩散问题中，对于非结构化网格，有

$$a_C^{(t)}=-\frac{\rho_C^{(t)}V_C}{\Delta t},\quad a_C=\sum_{f\sim nb(C)}\left(\Gamma_f^{\phi}\frac{E_f}{d_{CF}}+\left\|\dot{m}_f^{(t)},0\right\|\right)$$

由 CFL 条件，有

$$\Delta t\leqslant\frac{\rho_C^{(t)}V_C}{\sum\limits_{f\sim nb(C)}\left(\Gamma_f^{\phi}\frac{E_f}{d_{CF}}+\left\|\dot{m}_f^{(t)},0\right\|\right)}$$

该式即显式瞬态格式需满足的稳定性要求。对于一维纯扩散问题，当网格均匀，单元尺寸为 Δx ，ρ 和 Γ^{ϕ} 恒定、均匀时，有

$$\Delta t\leqslant\frac{\rho_C^{(t)}\left(\Delta x_C\right)^2}{2\Gamma_C^{\phi}}$$

扩散 CFL 数为

$$\mathrm{CFL}^{diff}=\frac{\Gamma_C^{\phi}\Delta t}{\rho_C^{(t)}(\Delta x_C)^2}\leqslant\frac{1}{2}$$

对于同样条件下的纯对流问题，有

$$\Delta t \leqslant \frac{\Delta x_C}{u_C^{(t)}}$$

对流 CFL 数为

$$\mathrm{CFL}^{conv} = \frac{u_C^{(t)} \Delta t}{\Delta x_C} \leqslant 1$$

稳定性限制条件规定了求解瞬态问题的最大时间步长，可以看出，网格尺寸减小后，允许的最大时间步长也将减小，但这种限制条件不能应用于隐式格式。

（2）后向 Euler 格式（Backward Euler Scheme）

用后向 Taylor 展开式表示时间导数：

$$T(t-\Delta t) = T(t) - \frac{\partial T(t)}{\partial t}\Delta t + \frac{\partial^2 T(t)}{\partial t^2} \times \frac{(\Delta t)^2}{2} + \cdots$$

截断后的一阶偏导数为

$$\frac{\partial T(t)}{\partial t} = \frac{T(t) - T(t-\Delta t)}{\Delta t} + O(\Delta t)$$

代入方程（5-123）后得

$$\frac{(\rho_C \phi_C)^{(t)} - (\rho_C \phi_C)^{(t-\Delta t)}}{\Delta t} V_C + \mathcal{L}\left(\phi_C^{(t)}\right) = 0$$

代数方程成为

$$\underbrace{\left(a_C + \frac{\rho_C^{(t)} V_C}{\Delta t}\right)}_{a_C^{(t)}} \phi_C^{(t)} + \sum_{F \sim NB(C)} \left(a_F \phi_F^{(t)}\right) = b_C + \underbrace{\frac{\rho_C^{(t-\Delta t)} V_C}{\Delta t}}_{-a_C^{(t-\Delta t)}} \phi_C^{(t-\Delta t)}$$

可见，该方法需求解当前时间步的空间算子，这种需要通过求解代数方程才能得到新时间点上值的方法是隐式格式。由于 $a_C^{(t-\Delta t)}$ 与 $a_C^{(t)}$ 符号相反，所以后向 Euler 格式的稳定性与时间步长无关，使得可以使用大时间步快速计算，但使用大时间步时所得解的精度较低。

（3）Crank-Nicolson 格式

使用关于时刻 t 的 Taylor 展开式同时表示 $t-\Delta t$ 和 $t+\Delta t$ 时刻的函数值：

$$T(t+\Delta t) = T(t) + \frac{\partial T(t)}{\partial t}\Delta t + \frac{\partial^2 T(t)}{\partial t^2}\frac{(\Delta t)^2}{2} + \frac{\partial^3 T(t)}{\partial t^3}\frac{(\Delta t)^3}{6} + \cdots$$

$$T(t-\Delta t) = T(t) - \frac{\partial T(t)}{\partial t}\Delta t + \frac{\partial^2 T(t)}{\partial t^2}\frac{(\Delta t)^2}{2} - \frac{\partial^3 T(t)}{\partial t^3}\frac{(\Delta t)^3}{6} + \cdots$$

截断后的一阶偏导数为

$$\frac{\partial T(t)}{\partial t} = \frac{T(t+\Delta t) - T(t-\Delta t)}{2\Delta t} + O\left((\Delta t)^2\right)$$

这一表示具有二阶精度，代入式（5-123），得

$$\frac{(\rho_C \phi_C)^{(t+\Delta t)} - (\rho_C \phi_C)^{(t-\Delta t)}}{2\Delta t} V_C + \mathcal{L}\left(\phi_C^{(t)}\right) = 0$$

可得到显示离散格式为

$$\underbrace{\frac{\rho_C^{(t+\Delta t)} V_C}{2\Delta t}}_{a_C^{(t+\Delta t)}} \phi_C^{(t+\Delta t)} = b_C - \left[a_C \phi_C^{(t)} + \sum_{F \sim NB(C)} \left(a_F \phi_F^{(t)}\right)\right] + \underbrace{\frac{\rho_C^{(t-\Delta t)} V_C}{2\Delta t}}_{-a_C^{(t-\Delta t)}} \phi_C^{(t-\Delta t)} \tag{5-126}$$

这种格式需要前两个时间步的值计算当前时间步的值。

为了分析这种格式的稳定性，使用近似表达式

$$\phi = \frac{\phi^{(t+\Delta t)} + \phi^{(t-\Delta t)}}{2}$$

代入方程（5-126）成为

$$a_C^{(t+\Delta t)}\phi_C^{(t+\Delta t)} + \frac{1}{2}\left[a_C\phi_C^{(t+\Delta t)} + \sum_{F\sim NB(C)}\left(a_F\phi_F^{(t+\Delta t)}\right)\right] = b_C - \frac{1}{2}\left[\left(a_C + 2a_C^{(t-\Delta t)}\right)\phi_C^{(t-\Delta t)} + \sum_{F\sim NB(C)}\left(a_F\phi_F^{(t-\Delta t)}\right)\right]$$

稳定性条件成为

$$a_C + 2a_C^{(t-\Delta t)} \leqslant 0$$

对于一维均匀网格，扩散系数 Γ^{ϕ} 均匀，密度 ρ 恒定，空间离散采用迎风格式，$u>0$ 的纯对流问题，有

$$a_C = \sum_{f\sim nb(C)}\left(\Gamma_f^{\phi}\frac{E_f}{d_{CF}} + \left\|\dot{m}_f^{(t)},0\right\|\right) = \rho_C^{(t)}u_C^{(t)}\Delta y_C$$

则稳定性条件成为

$$\rho_C^{(t)}u_C^{(t)}\Delta y_C - \frac{\rho_C^{(t-\Delta t)}\Delta x_C\Delta y_C}{\Delta t} \leqslant 0\text{，}\quad \Delta t \leqslant \frac{\rho_C^{(t-\Delta t)}\Delta x_C}{\rho_C^{(t)}u_C^{(t)}} \approx \frac{\Delta x_C}{u_C^{(t)}}$$

相应的 CFL 数为 $\mathrm{CFL}^{conv} \leqslant 2$。

Crank-Nicolson 格式可看作前向 Euler 格式和后向 Euler 格式加和得到的，这样，Crank-Nicolson 格式可分两步执行，第一步隐式执行后向 Euler 格式，得到 t 时刻的值 $(\rho\phi)^{(t)}$，第二步显式执行前向 Euler 格式。所以，通常情况下，当使用较小的时间步时，Crank-Nicolson 格式可得到比后向 Euler 格式更高精度的解。

（4）Adams-Moulton 格式

使用关于 t 的 Taylor 展开式表示 $t-\Delta t$ 和 $t-2\Delta t$ 时刻的函数：

$$T(t-\Delta t) = T(t) - \frac{\partial T(t)}{\partial t}\Delta t + \frac{\partial^2 T(t)}{\partial t^2}\times\frac{(\Delta t)^2}{2} + \cdots$$

$$T(t-2\Delta t) = T(t) - \frac{\partial T(t)}{\partial t}2\Delta t + \frac{\partial^2 T(t)}{\partial t^2}\times\frac{4(\Delta t)^2}{2} + \cdots$$

截断后的一阶偏导数为

$$\frac{\partial T(t)}{\partial t} = \frac{3T(t) - 4T(t-\Delta t) + T(t-2\Delta t)}{2\Delta t} + O\left((\Delta t)^2\right)$$

代入式（5-123），得

$$\frac{3(\rho_C\phi_C)^{(t)} - 4(\rho_C\phi_C)^{(t-\Delta t)} + (\rho_C\phi_C)^{(t-2\Delta t)}}{2\Delta t}V_C + \mathcal{L}\left(\phi_C^{(t)}\right) = 0$$

离散格式为

$$\underbrace{\left(\frac{3\rho_C^{(t)}V_C}{2\Delta t}+a_C\right)}_{a_C^{(t)}}\phi_C^{(t)}+\sum_{F\sim NB(C)}\left(a_F\phi_F^{(t)}\right)=b_C+\underbrace{\frac{2\rho_C^{(t-\Delta t)}V_C}{\Delta t}}_{-a_C^{(t-\Delta t)}}\phi_C^{(t-\Delta t)}-\underbrace{\frac{\rho_C^{(t-2\Delta t)}V_C}{2\Delta t}}_{a_C^{(t-2\Delta t)}}\phi_C^{(t-2\Delta t)} \tag{5-127}$$

5.8.2 有限体积法

瞬态项的有限体积法离散类似于对流项的离散，只不过这里是在时间单元上积分。对方程（5-123）在时间区间$\left[t-\dfrac{\Delta t}{2},t+\dfrac{\Delta t}{2}\right]$上积分：

$$\int_{t-\frac{\Delta t}{2}}^{t+\frac{\Delta t}{2}}\frac{\partial(\rho_C\phi_C)}{\partial t}V_C\mathrm{d}t+\int_{t-\frac{\Delta t}{2}}^{t+\frac{\Delta t}{2}}\mathcal{L}\left(\phi_C^{(t)}\right)\mathrm{d}t=0$$

假设V_C为恒定值，该式等号左端第一项化简为面通量的差，同时对第二项应用中值定理，有

$$V_C(\rho_C\phi_C)^{\left(t+\frac{\Delta t}{2}\right)}-V_C(\rho_C\phi_C)^{\left(t-\Delta\frac{\Delta t}{2}\right)}+\mathcal{L}\left(\phi_C^{(t)}\right)\Delta t=0$$

也即

$$\frac{(\rho_C\phi_C)^{\left(t+\frac{\Delta t}{2}\right)}-(\rho_C\phi_C)^{\left(t-\frac{\Delta t}{2}\right)}}{\Delta t}V_C+\mathcal{L}\left(\phi_C^{(t)}\right)=0 \tag{5-128}$$

该式即半离散形式的瞬态方程。推导完整形式的离散方程其实为表示该式中的$(\rho_C\phi_C)^{\left(t+\frac{\Delta t}{2}\right)}$和$(\rho_C\phi_C)^{\left(t-\frac{\Delta t}{2}\right)}$，可认为它们为时间单元$t$上的两相邻面，将它们分别表示为单元质心$t$、$t-\Delta t$等上的值的组合。

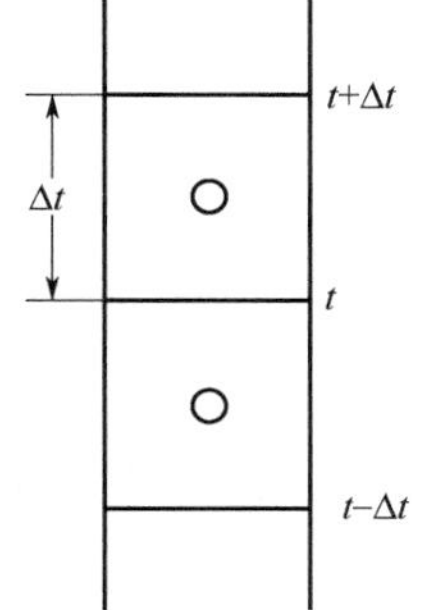

图 5-35　时间单元

（1）一阶隐式 Euler 格式

在如图 5-35 所示的时间单元上，应用一阶迎风插值格式，时间单元面上的值等于其迎风单元质心上的值，即

$$(\rho_C\phi_C)^{\left(t+\frac{\Delta t}{2}\right)}=(\rho_C\phi_C)^{(t)}，\quad(\rho_C\phi_C)^{\left(t-\frac{\Delta t}{2}\right)}=(\rho_C\phi_C)^{(t-\Delta t)}$$

式（5-128）成为

$$\frac{(\rho_C\phi_C)^{(t)}-(\rho_C\phi_C)^{(t-\Delta t)}}{\Delta t}V_C+\mathcal{L}\left(\phi_C^{(t)}\right)=0$$

得到一阶隐式 Euler 格式

$$\underbrace{\frac{\rho_C^{(t)}V_C}{\Delta t}}_{\mathrm{Flux}C^t}\phi_C^{(t)}+\mathcal{L}\left(\phi_C^{(t)}\right)=\underbrace{\frac{\rho_C^{(t-\Delta t)}V_C}{\Delta t}}_{-\mathrm{Flux}C^{t-\Delta t}}\phi_C^{(t-\Delta t)} \tag{5-129}$$

应用 Taylor 级数展开，$(\rho\phi)^{(t-\Delta t)}$可表示为

$$(\rho\phi)^{(t-\Delta t)}=(\rho\phi)^{(t)}-\left.\frac{\partial(\rho\phi)}{\partial t}\right|_t\Delta t+\left.\frac{\partial^2(\rho\phi)}{\partial t^2}\right|_t\frac{(\Delta t)^2}{2}+O\left((\Delta t)^3\right)$$

将其重新写为

$$\frac{(\rho\phi)^{(t)}-(\rho\phi)^{(t-\Delta t)}}{\Delta t}=\left.\frac{\partial(\rho\phi)}{\partial t}\right|_t-\frac{\Delta t}{2}\left.\frac{\partial^2(\rho\phi)}{\partial t^2}\right|_t-O\left((\Delta t)^2\right)$$

与方程（5-129）比较，得离散方程

$$\left.\frac{\partial(\rho\phi)}{\partial t}\right|_t+\frac{\mathcal{L}\left(\phi_C^{(t)}\right)}{V_C}=\underbrace{\frac{\Delta t}{2}\left.\frac{\partial^2(\rho\phi)}{\partial t^2}\right|_t}_{\text{数值扩散项}}+O\left((\Delta t)^2\right)$$

可见，方程中已包含数值扩散项。

（2）一阶显式 Euler 格式

应用一阶顺风插值格式，令时间单元面上的值等于其顺风时间单元质心上的值，有

$$(\rho_C\phi_C)^{\left(t+\frac{\Delta t}{2}\right)}=(\rho_C\phi_C)^{(t+\Delta t)}\text{，}\quad(\rho_C\phi_C)^{\left(t-\frac{\Delta t}{2}\right)}=(\rho_C\phi_C)^{(t)}$$

式（5-128）成为

$$\frac{(\rho_C\phi_C)^{(t+\Delta t)}-(\rho_C\phi_C)^{(t)}}{\Delta t}V_C+\mathcal{L}\left(\phi_C^{(t)}\right)=0$$

得到一阶显式 Euler 格式

$$\underbrace{\frac{\rho_C^{(t+\Delta t)}V_C}{\Delta t}}_{\text{FluxC}^{t+\Delta t}}\phi_C^{(t+\Delta t)}+\mathcal{L}\left(\phi_C^{(t)}\right)=\underbrace{\frac{\rho_C^{(t)}V_C}{\Delta t}}_{-\text{FluxC}^{t}}\phi_C^{(t)}\tag{5-130}$$

$(\rho\phi)^{(t+\Delta t)}$ 可由 Taylor 级数展开为

$$(\rho\phi)^{(t+\Delta t)}=(\rho\phi)^{(t)}+\left.\frac{\partial(\rho\phi)}{\partial t}\right|_t\Delta t+\left.\frac{\partial^2(\rho\phi)}{\partial t^2}\right|_t\frac{(\Delta t)^2}{2}+O\left((\Delta t)^3\right)$$

重新写为

$$\frac{(\rho\phi)^{(t+\Delta t)}-(\rho\phi)^{(t)}}{\Delta t}=\left.\frac{\partial(\rho\phi)}{\partial t}\right|_t+\frac{\Delta t}{2}\left.\frac{\partial^2(\rho\phi)}{\partial t^2}\right|_t-O\left((\Delta t)^2\right)$$

与方程（5-130）比较，得离散方程

$$\left.\frac{\partial(\rho\phi)}{\partial t}\right|_t+\frac{\mathcal{L}\left(\phi_C^{(t)}\right)}{V_C}=\underbrace{-\frac{\Delta t}{2}\left.\frac{\partial^2(\rho\phi)}{\partial t^2}\right|_t}_{\text{数值反扩散项}}+O\left((\Delta t)^2\right)$$

其中，数值反扩散项会引起数值不稳定。

如果将迎风对流格式和顺风对流格式组合使用，且它们的 Courant 数等于 1 时，它们中的扩散项和反扩散项大小相等，符号相反，相互抵消，这时可获得精确解，但这只能在一维情况下才能得到。

与对流离散格式类似，也可以使用线性插值方法构建二阶瞬态格式，包括对称插值方法（中心差分）得到的 Crank-Nicolson 格式，由二阶迎风插值方法得到的 Adams-Moulton 格式，也称为二阶迎风 Euler 格式（SOUE）。

（3）Crank-Nicolson 格式（中心差分格式）

使用单元面的迎风和顺风节点值的线性插值计算面上的值，对于如图 5-36 所示的均匀时间步：

$$(\rho_C\phi_C)^{\left(t+\frac{\Delta t}{2}\right)}=\frac{1}{2}(\rho_C\phi_C)^{(t+\Delta t)}+\frac{1}{2}(\rho_C\phi_C)^{(t)}$$

$$(\rho_C\phi_C)^{\left(t-\frac{\Delta t}{2}\right)}=\frac{1}{2}(\rho_C\phi_C)^{(t)}+\frac{1}{2}(\rho_C\phi_C)^{(t-\Delta t)}$$

代入式（5-128），得

$$\frac{(\rho_C\phi_C)^{(t+\Delta t)}-(\rho_C\phi_C)^{(t-\Delta t)}}{2\Delta t}V_C+\mathcal{L}\left(\phi_C^{(t)}\right)=0$$

瞬态项的显式离散格式为

$$\underbrace{\frac{\rho_C^{(t+\Delta t)}V_C}{2\Delta t}}_{\text{Flux}C^{t+\Delta t}}\phi_C^{(t+\Delta t)}+\mathcal{L}\left(\phi_C^{(t)}\right)=\underbrace{\frac{\rho_C^{(t-\Delta t)}V_C}{2\Delta t}}_{-\text{Flux}C^{t-\Delta t}}\phi_C^{(t-\Delta t)}\tag{5-131}$$

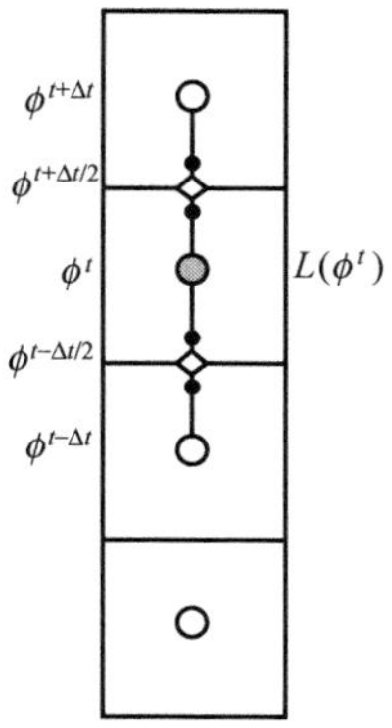

图 5-36　推导二阶瞬态中心差分格式使用的时间单元

分别对$(\rho\phi)^{(t+\Delta t)}$和$(\rho\phi)^{(t-\Delta t)}$进行 Taylor 展开，有

$$(\rho\phi)^{(t+\Delta t)}=(\rho\phi)^{(t)}+\left.\frac{\partial(\rho\phi)}{\partial t}\right|_t\Delta t+\left.\frac{\partial^2(\rho\phi)}{\partial t^2}\right|_t\frac{(\Delta t)^2}{2}+\left.\frac{\partial^3(\rho\phi)}{\partial t^3}\right|_t\frac{(\Delta t)^3}{6}+O\left((\Delta t)^4\right)$$

$$(\rho\phi)^{(t-\Delta t)}=(\rho\phi)^{(t)}-\left.\frac{\partial(\rho\phi)}{\partial t}\right|_t\Delta t+\left.\frac{\partial^2(\rho\phi)}{\partial t^2}\right|_t\frac{(\Delta t)^2}{2}-\left.\frac{\partial^3(\rho\phi)}{\partial t^3}\right|_t\frac{(\Delta t)^3}{6}+O\left((\Delta t)^4\right)$$

两式相减，得

$$\frac{(\rho\phi)^{(t+\Delta t)}-(\rho\phi)^{(t-\Delta t)}}{2\Delta t}=\left.\frac{\partial(\rho\phi)}{\partial t}\right|_t+\frac{(\Delta t)^2}{6}\left.\frac{\partial^3(\rho\phi)}{\partial t^3}\right|_t-O\left((\Delta t)^3\right)$$

代入式（5-131）得

$$\left.\frac{\partial(\rho\phi)}{\partial t}\right|_t+\frac{\mathcal{L}\left(\phi_C^{(t)}\right)}{V_C}=-\frac{(\Delta t)^2}{6}\left.\frac{\partial^3(\rho\phi)}{\partial t^3}\right|_t+O\left((\Delta t)^3\right)$$

可见，Crank-Nicolson 格式具有二阶精度，但其中的三阶导数为分散项，会引起数值不稳定。

（4）二阶迎风 Euler 格式（SOUE）

与对流项的 SOU 格式类似，取单元面上游两节点的值经线性插值得到时间单元面上的值：

$$(\rho_C\phi_C)^{\left(t+\frac{\Delta t}{2}\right)}=\frac{3}{2}(\rho_C\phi_C)^{(t)}-\frac{1}{2}(\rho_C\phi_C)^{(t-\Delta t)}\tag{5-132}$$

$$(\rho_C\phi_C)^{\left(t-\frac{\Delta t}{2}\right)}=\frac{3}{2}(\rho_C\phi_C)^{(t-\Delta t)}-\frac{1}{2}(\rho_C\phi_C)^{(t-2\Delta t)}$$

代入式（5-128），得

$$\frac{3(\rho_C\phi_C)^{(t)}-4(\rho_C\phi_C)^{(t-\Delta t)}+(\rho_C\phi_C)^{(t-2\Delta t)}}{2\Delta t}V_C+\mathcal{L}\left(\phi_C^{(t)}\right)=0$$

瞬态项的隐式二阶迎风 Euler 格式为

$$\underbrace{\frac{3\rho_C^{(t)}V_C}{2\Delta t}}_{\text{Flux}C^{t}}\phi_C^{(t)}+\mathcal{L}\left(\phi_C^{(t)}\right)=\underbrace{\frac{2\rho_C^{(t-\Delta t)}V_C}{\Delta t}}_{-\text{Flux}C^{t-\Delta t}}\phi_C^{(t-\Delta t)}\underbrace{-\frac{\rho_C^{(t-2\Delta t)}V_C}{2\Delta t}\phi_C^{(t-2\Delta t)}}_{\text{Flux}V^{t-2\Delta t}}\tag{5-133}$$

对 $(\rho\phi)^{(t-\Delta t)}$ 和 $(\rho\phi)^{(t-2\Delta t)}$ 分别进行 Taylor 展开：

$$(\rho\phi)^{(t-\Delta t)} = (\rho\phi)^{(t)} - \left.\frac{\partial(\rho\phi)}{\partial t}\right|_t \Delta t + \left.\frac{\partial^2(\rho\phi)}{\partial t^2}\right|_t \frac{(\Delta t)^2}{2} - \left.\frac{\partial^3(\rho\phi)}{\partial t^3}\right|_t \frac{(\Delta t)^3}{6} + O\left((\Delta t)^4\right)$$

$$(\rho\phi)^{(t-2\Delta t)} = (\rho\phi)^{(t)} - \left.\frac{\partial(\rho\phi)}{\partial t}\right|_t 2\Delta t + \left.\frac{\partial^2(\rho\phi)}{\partial t^2}\right|_t \frac{4(\Delta t)^2}{2} - \left.\frac{\partial^3(\rho\phi)}{\partial t^3}\right|_t \frac{8(\Delta t)^3}{6} + O\left((\Delta t)^4\right)$$

两式相减后得

$$\frac{3(\rho_C\phi_C)^{(t)} - 4(\rho_C\phi_C)^{(t-\Delta t)} + (\rho_C\phi_C)^{(t-2\Delta t)}}{2\Delta t} = \left.\frac{\partial(\rho\phi)}{\partial t}\right|_t - \frac{(\Delta t)^2}{3}\left.\frac{\partial^3(\rho\phi)}{\partial t^3}\right|_t - O\left((\Delta t)^3\right)$$

代入式（5-133）得

$$\left.\frac{\partial(\rho\phi)}{\partial t}\right|_t + \frac{\mathcal{L}\left(\phi_C^{(t)}\right)}{V_C} = \frac{(\Delta t)^2}{3}\left.\frac{\partial^3(\rho\phi)}{\partial t^3}\right|_t + O\left((\Delta t)^3\right)$$

可见，SOUE 格式具有二阶精度。

（5）有限体积法离散时的初始条件

初始条件相当于以第一个时间单元为边界单元，该单元没有上游节点，如图 5-37 所示，对该单元应用一阶隐式 Euler 格式，可得

$$\frac{(\rho_C\phi_C)^{\left(t_{\text{initial}}+\frac{\Delta t}{2}\right)} - (\rho_C\phi_C)^{(t_{\text{initial}})}}{\Delta t}V_C + \mathcal{L}\left(\phi_C^{\left(t_{\text{initial}}+\frac{\Delta t}{2}\right)}\right) = 0$$

这一表示会导致较大的初始误差。为此，将网格改为规则网格，如图 5-38 所示，在第一个时间单元上应用迎风格式：

$$(\rho_C\phi_C)^{\left(t_{\text{initial}}+\frac{3\Delta t}{2}\right)} = (\rho_C\phi_C)^{(t_{\text{initial}}+\Delta t)}$$

$$(\rho_C\phi_C)^{\left(t_{\text{initial}}+\frac{\Delta t}{2}\right)} = (\rho_C\phi_C)^{(t_{\text{initial}})}$$

离散格式成为

$$\frac{(\rho_C\phi_C)^{(t_{\text{initial}}+\Delta t)} - (\rho_C\phi_C)^{(t_{\text{initial}})}}{\Delta t}V_C + \mathcal{L}\left(\phi_C^{(t_{\text{initial}}+\Delta t)}\right) = 0$$

它与内部单元上的离散格式类似。

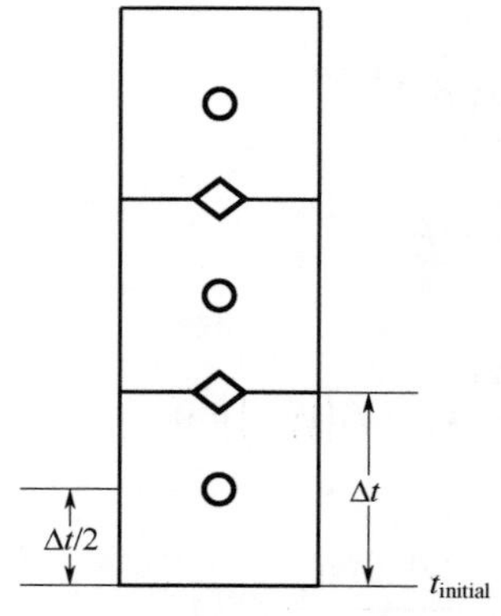

图 5-37　时间边界单元

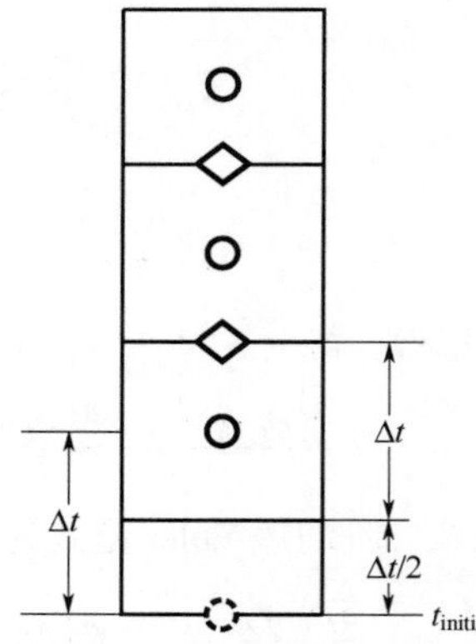

图 5-38　改进初始条件和虚单元质心

5.8.3 非均匀时间步时的离散

实际中经常使用可变的时间步，通过选择允许的最大时间步进值来缩短计算时间。瞬态项的一阶离散格式不受时间步是否可变的影响，但由于二阶格式使用前两个时间点的值，所以会受到影响。对于两步执行的 Crank-Nicolson 格式，除了在每一步中使用不同的时间步进值，时间步可变不会引起其格式的变化，但会影响精度，因为空间导数不再位于时间单元的中心。对于其他二阶格式，需要修改插值格式来表示不均匀的时间步。

在均匀网格条件下，有限体积和有限差分法可得到等价的代数方程，而对于非均匀网格则不然。

（1）非均匀时间步时的有限差分法

对于 Crank-Nicolson 格式，在如图 5-39 所示的时间单元中，应用关于 t 的 Taylor 展开式：

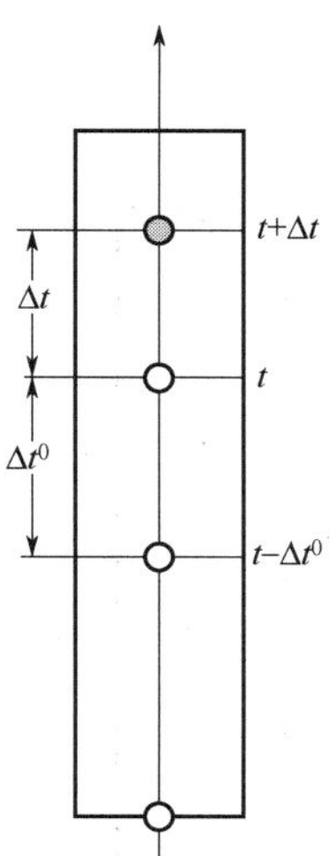

图 5-39　非均匀时间步时推导 Crank-Nicolson 格式的有限差分网格

$$(\rho\phi)^{(t+\Delta t)}=(\rho\phi)^{(t)}+\left.\frac{\partial(\rho\phi)}{\partial t}\right|_t\Delta t+\left.\frac{\partial^2(\rho\phi)}{\partial t^2}\right|_t\frac{(\Delta t)^2}{2}+\left.\frac{\partial^3(\rho\phi)}{\partial t^3}\right|_t\frac{(\Delta t)^3}{6}+\cdots$$

$$(\rho\phi)^{(t-\Delta t^0)}=(\rho\phi)^{(t)}-\left.\frac{\partial(\rho\phi)}{\partial t}\right|_t\Delta t^0+\left.\frac{\partial^2(\rho\phi)}{\partial t^2}\right|_t\frac{(\Delta t^0)^2}{2}-\left.\frac{\partial^3(\rho\phi)}{\partial t^3}\right|_t\frac{(\Delta t^0)^3}{6}+\ldots$$

可得

$$\left.\frac{\partial(\rho\phi)}{\partial t}\right|_t\approx\frac{(\Delta t^0)^2(\rho\phi)^{(t+\Delta t)}-\left[(\Delta t^0)^2-(\Delta t)^2\right](\rho\phi)^{(t)}-(\Delta t)^2\left(\rho\phi\right)^{(t-\Delta t^0)}}{\Delta t(\Delta t^0)^2+\Delta t^0(\Delta t)^2}$$

代入式（5-123）得

$$\frac{(\Delta t^0)^2\left(\rho\phi\right)^{(t+\Delta t)}-\left[(\Delta t^0)^2-(\Delta t)^2\right](\rho\phi)^{(t)}-(\Delta t)^2\left(\rho\phi\right)^{(t-\Delta t^0)}}{\Delta t\Delta t^0[\Delta t+\Delta t^0]}V_C+\mathcal{L}\left(\phi_C^{(t)}\right)=0$$

展开空间项后得离散格式：

$$\underbrace{\frac{\Delta t^0\rho_C^{(t+\Delta t)}V_C}{\Delta t(\Delta t+\Delta t^0)}}_{a_C^{(t+\Delta t)}}\phi_C^{(t+\Delta t)}=b_C-\left[a_C+\underbrace{\frac{(\Delta t-\Delta t^0)\rho_C^{(t)}V_C}{\Delta t\Delta t^0}}_{a_C^{(t)}}\right]\phi_C^{(t)}-\sum_{F\sim NB(C)}\left(a_F\phi_F^{(t)}\right)+\underbrace{\frac{\Delta t\rho_C^{(t-\Delta t)}V_C}{\Delta t^0(\Delta t+\Delta t^0)}}_{-a_C^{(t-\Delta t)}}\phi_C^{(t-\Delta t)}$$

对于 Adams-Moulton 格式，在如图 5-40 所示的时间单元中，应用关于 t 的 Taylor 展开式，有

$$(\rho\phi)^{(t-\Delta t)}=(\rho\phi)^{(t)}-\left.\frac{\partial(\rho\phi)}{\partial t}\right|_t\Delta t+\left.\frac{\partial^2(\rho\phi)}{\partial t^2}\right|_t\frac{(\Delta t)^2}{2}+O\left((\Delta t)^3\right)$$

$$(\rho\phi)^{(t-\Delta t-\Delta t^0)}=(\rho\phi)^{(t)}-\left.\frac{\partial(\rho\phi)}{\partial t}\right|_t(\Delta t+\Delta t^0)+\left.\frac{\partial^2(\rho\phi)}{\partial t^2}\right|_t\frac{(\Delta t+\Delta t^0)^2}{2}+O\left((\Delta t)^3\right)$$

消去二阶项后得

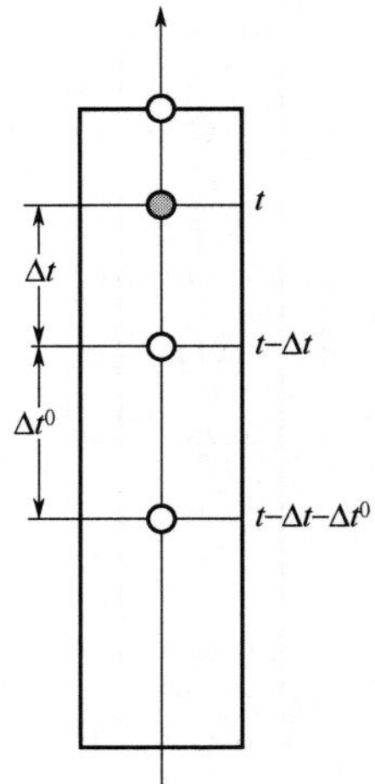

图 5-40 非均匀时间步时推导 Adams-Moulton 格式的有限差分网格

$$\left.\frac{\partial(\rho\phi)}{\partial t}\right|_t=\frac{1}{\Delta t}\left[\left(1+\frac{\Delta t}{\Delta t+\Delta t^0}\right)(\rho\phi)^{(t)}-\left(1+\frac{\Delta t}{\Delta t^0}\right)(\rho\phi)^{(t-\Delta t)}+\frac{(\Delta t)^2}{\Delta t^0(\Delta t+\Delta t^0)}(\rho\phi)^{(t-\Delta t-\Delta t^0)}\right]$$

代入式（5-123）得离散格式为

$$\underbrace{V_C\left(\frac{1}{\Delta t}+\frac{1}{\Delta t+\Delta t^0}\right)}_{a_C^{(t)}}\rho_C^{(t)}\phi_C^{(t)}-\underbrace{V_C\left(\frac{1}{\Delta t}+\frac{1}{\Delta t^0}\right)}_{a_C^{(t-\Delta t)}}\rho_C^{(t-\Delta t)}\phi_C^{(t-\Delta t)}+\underbrace{\frac{V_C\Delta t\rho_C^{(t-\Delta t-\Delta t^0)}}{\Delta t^0(\Delta t+\Delta t^0)}}_{a_C^{(t-\Delta t-\Delta t^0)}}\phi_C^{(t-\Delta t-\Delta t^0)}+a_C\phi_C^{(t)}+\sum_{F\sim NB(C)}\left(a_F\phi_F^{(t)}\right)-b_C=0$$

（2）非均匀时间步时的有限体积法

对于 Crank-Nicolson 格式，在如图 5-41 所示的时间单元中，计算单元面上的值为其相邻两节点上值的平均值：

$$(\rho_C\phi_C)^{\left(t-\frac{\Delta t}{2}\right)}=\frac{\Delta t^0}{\Delta t+\Delta t^0}(\rho_C\phi_C)^{(t)}+\frac{\Delta t}{\Delta t+\Delta t^0}(\rho_C\phi_C)^{(t-(\Delta t+\Delta t^0)/2)}$$

$$(\rho_C\phi_C)^{\left(t-\frac{\Delta t}{2}-\Delta t^0\right)}=\frac{\Delta t^{00}}{\Delta t^0+\Delta t^{00}}(\rho_C\phi_C)^{\left(t-\frac{\Delta t+\Delta t^0}{2}\right)}+\frac{\Delta t^0}{\Delta t+\Delta t^{00}}(\rho_C\phi_C)^{\left(t-t^0-\frac{\Delta t+\Delta t^{00}}{2}\right)}$$

将它们代入式（5-128），得离散格式为

$$\underbrace{\frac{\Delta t^0}{\Delta t+\Delta t^0}\frac{V_C}{\Delta t}\rho_C^{(t)}}_{\text{Flux}C^t}\phi_C^{(t)}+\underbrace{\left(\frac{\Delta t^0}{\Delta t+\Delta t^0}-\frac{\Delta t^{00}}{\Delta t^0+\Delta t^{00}}\right)\frac{V_C}{\Delta t}\rho_C^{\left(t-\frac{\Delta t+\Delta t^0}{2}\right)}}_{\text{Flux}C^{t-\frac{\Delta t+\Delta t^0}{2}}}\phi_C^{\left(t-\frac{\Delta t+\Delta t^0}{2}\right)}$$

$$-\underbrace{\frac{\Delta t^{00}}{\Delta t^0+\Delta t^{00}}\frac{V_C}{\Delta t}\rho_C^{\left(t-\Delta t^0-\frac{\Delta t+\Delta t^{00}}{2}\right)}}_{\text{Flux}V^{t-\Delta t^0-\frac{\Delta t+\Delta t^{00}}{2}}}\phi_C^{\left(t-\Delta t^0-\frac{\Delta t+\Delta t^{00}}{2}\right)}+\mathcal{L}\left(\phi_C^{\left(t-\frac{\Delta t+\Delta t^0}{2}\right)}\right)=0$$

对于 Adams-Moulton（或 SOUE）格式，在如图 5-42 所示的时间单元上，单元面上的值为其上游两节点上的值经线性插值得到

$$(\rho_C\phi_C)^{\left(t+\frac{\Delta t}{2}\right)}=(\rho_C\phi_C)^{(t)}+\left[(\rho_C\phi_C)^{(t)}-(\rho_C\phi_C)^{(t-(\Delta t+\Delta t^0)/2)}\right]\frac{\Delta t}{\Delta t+\Delta t^0}$$

$$(\rho_C\phi_C)^{\left(t-\frac{\Delta t}{2}\right)}=(\rho_C\phi_C)^{\left(t-\frac{\Delta t+\Delta t^0}{2}\right)}+\left[(\rho_C\phi_C)^{\left(t-\frac{\Delta t+\Delta t^0}{2}\right)}-(\rho_C\phi_C)^{\left(t-\Delta t^0-\frac{\Delta t+\Delta t^{00}}{2}\right)}\right]\frac{\Delta t^0}{\Delta t^0+\Delta t^{00}}$$

将它们代入式（5-128），得离散格式为

$$\underbrace{\left(1+\frac{\Delta t}{\Delta t+\Delta t^0}\right)\frac{V_C}{\Delta t}\rho_C^{(t)}}_{\text{Flux}C^t}\phi_C^{(t)}-\underbrace{\left(1+\frac{\Delta t}{\Delta t+\Delta t^0}+\frac{\Delta t^0}{\Delta t^0+\Delta t^{00}}\right)\frac{V_C}{\Delta t}\rho_C^{\left(t-\frac{\Delta t+\Delta t^0}{2}\right)}}_{\text{Flux}C^{t-\frac{\Delta t+\Delta t^0}{2}}}\phi_C^{\left(t-\frac{\Delta t+\Delta t^0}{2}\right)}+$$

$$\underbrace{\frac{\Delta t^0}{\Delta t^0+\Delta t^{00}}\frac{V_C}{\Delta t}\rho_C^{\left(t-\Delta t^0-\frac{\Delta t+\Delta t^{00}}{2}\right)}}_{\text{Flux}V^{t-\Delta t^0-\frac{\Delta t+\Delta t^{00}}{2}}}\phi_C^{\left(t-\Delta t^0-\frac{\Delta t+\Delta t^{00}}{2}\right)}+\mathcal{L}\left(\phi_C^{(t)}\right)=0$$

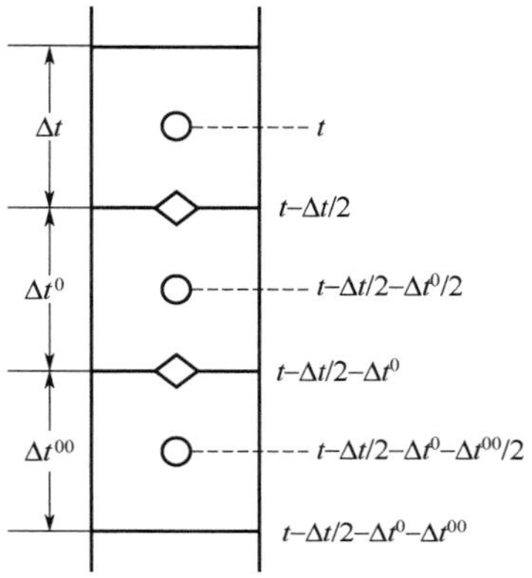

图 5-41 非均匀时间步时推导 Crank-Nicolson 格式的有限体积网格

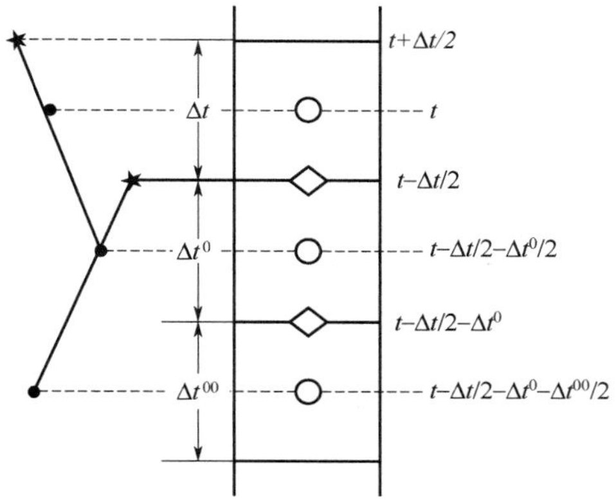

图 5-42 非均匀时间步时推导 SOUE 格式的有限体积网格

5.9 源项的离散

控制方程中的源项不仅会影响物理问题本身，还会影响计算的数值稳定性。如果处理合理，源项可使求解更加可靠。一个普遍的方法是，负的源项（汇）隐式处理，正源项（源）显式处理。

在单元 C 上关于 ϕ 的方程（5-47）中，源项 $Q_C^\phi V_C$ 中 Q_C^ϕ 通常为变量 ϕ 的函数，可由上一迭代步得到的值显式计算为 $Q_C^\phi = Q(\phi_C)$。但这种方法只有在 Q_C^ϕ 恒定或相对较小时可用，当 Q_C^ϕ 值的变化较方程中其他项大时，方程的收敛速度将变慢。这时可通过使用 Taylor 级数展开对 Q_C^ϕ 进行线性化：

$$Q(\phi_C)=Q(\phi_C^*)+\left(\frac{\partial Q}{\partial \phi_C}\right)^*(\phi_C-\phi_C^*)=\underbrace{\left(\frac{\partial Q}{\partial \phi_C}\right)^*\phi_C}_{\text{隐式计算部分}}+\underbrace{Q(\phi_C^*)-\left(\frac{\partial Q}{\partial \phi_C}\right)^*\phi_C^*}_{\text{显式计算部分}} \tag{5-134}$$

式中，上标*表示前一次迭代的计算结果。

假如原微分方程的源项为 $Q(\phi)=4-5\phi^3$，将其在单元 C 上离散为代数方程的方法有：

① 令 $Q(\phi_C)=4-5(\phi_C^*)^3$，相当于利用前一迭代步的值显式计算源项。

② 令 $Q(\phi_C)=4-5(\phi_C^*)^2\phi_C$，该方法对源项进行了线性化，但没有利用源项表达式中的关系。

③ 根据式（5-134）中的结果，有 $Q(\phi_C)=4+10(\phi_C^*)^3-15(\phi_C^*)^2\phi_C$。

④ 另一种线性化方式：令 $Q(\phi_C)=4+20(\phi_C^*)^3-25(\phi_C^*)^2\phi_C$。

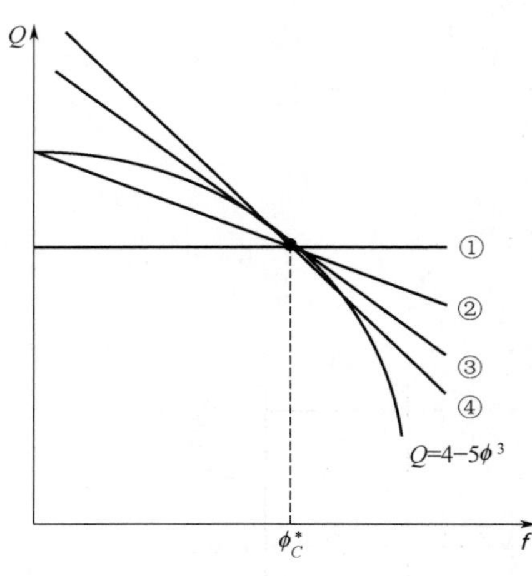

图 5-43 源项的线性化方式

这些方法的比较见图 5-43，使用 Taylor 级数进行线性化的方法③相当于用源项曲线的切线代替原曲线，是最佳选择，比该直线更陡的方法④会导致收敛速度变慢，而比该直线较缓的直线对应的方法②和①往往不被采纳，因为它们不能体现 Q 随 ϕ 的减小关系。

在单元 C 上，应用线性化关系式（5-134），得源项为

$$Q_C^\phi V_C=\int_{V_C}Q^\phi \mathrm{d}V=\int_{V_C}\frac{\partial Q_C^*}{\partial \phi_C}\phi_C \mathrm{d}V+\int_{V_C}\left(Q_C^*-\frac{\partial Q_C^*}{\partial \phi_C}\phi_C^*\right)\mathrm{d}V=\underbrace{\frac{\partial Q_C^*}{\partial \phi_C}V_C}_{\mathrm{Flux}C_C}\phi_C+\underbrace{\left(Q_C^*-\frac{\partial Q_C^*}{\partial \phi_C}\phi_C^*\right)V_C}_{\mathrm{Flux}V_C}$$

原代数方程（5-51）成为

$$(a_C-\mathrm{Flux}C_C)\phi_C+\sum_{F\sim NB(C)}(a_F\phi_F)=\mathrm{Flux}V_C \tag{5-135}$$

其中，$\mathrm{Flux}C_C$ 应为负，以保证系数矩阵为对角占优阵，否则满足 Scarborough 准则后会引起发散。当变量 ϕ 正定时，显式计算部分 $\mathrm{Flux}V_C$ 应为正，以保证 ϕ 为正。

第6章 编写 OpenFOAM 算例

编写 OpenFOAM 算例是为了使用已成功编译的求解器求解特定的物理问题，算例为运行求解器提供所需的各种参数，类似于使用商业软件求解物理问题。在 OpenFOAM 算例中，需要根据物理问题的区域定义有限体积网格、给定边界条件和数学模型中某些系数的值、指定数学模型中各项的离散方法和离散后所得代数方程的求解方法，以及计算过程所使用的求解器和控制参数值等。本章将介绍这些内容。

6.1 OpenFOAM 算例的基本目录结构

一个 OpenFOAM 算例在编写完成后表现为存储在指定位置的目录结构，根目录的名称即算例的名称。OpenFOAM 算例的基本目录结构如图 6-1 所示，其中包含运行一个 OpenFOAM 算例所需的基本文件集。

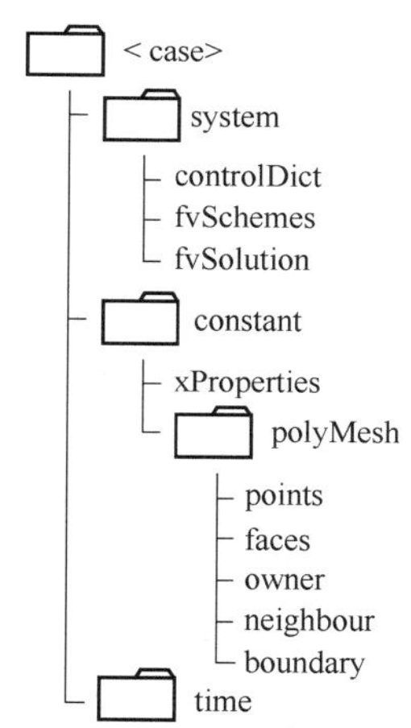

图 6-1 OpenFOAM 算例的组成

图 6-1 中，<case>为算例名称或算例的根目录名，其中包含三个子目录 system、constant 和 time。子目录中 constant/xProperties 文件用于指定数学模型中系数的值，如密度、黏度等。constant/polyMesh 中包含有限体积网格的完整信息，包括点（points）、面（faces）、面的所有者（owner）、相邻单元（neighbour）、边界（boundary）等，它在划分网格完成后自动生成。

system 子目录下的文件用于设置与求解过程相关的参数，该目录中至少包含 3 个文件：controlDict，用于设置算例运行的控制参数，包括开始/结束时间、时间步长和数据输出格式等参数；fvSchemes，用于指定数学模型中各项的离散方法；fvSolution，用于设置代数方程的求解方法、收敛条件和其他算法控制等。

time 子目录用于指定初始条件和边界条件，如果算例的起始计算时间点为 0，则名称 time 为 0。通常在该目录中按指定的名称格式定义各变量场的初始条件和边界条件，如使用标准求解器计算流场时通常需给定速度和压力条件，此时 0 文件夹中至少包含 p 和 U 两个文件，分别用于给定压力和速度的初始和边界条件。

在算例运行过程中，常需要保存指定时间点上的输出结果数据，这些数据以与 time 类似的目录结构存储于根目录下。如 0.001s 时的输出数据存储在名称为 0.001 的文件夹中，其中包含了用户指定的初始条件和边界条件、OpenFOAM 写入的结果数据等。对于稳态问题的求解，虽然计算本身不需要初始条件，但也需要对各变量场定义相应文件。

此外，在 system 子目录下，通常还会包含一个名称为 blockMeshDict 的文件，用于根据计算区域，通过指定顶点、边和单元定义有限体积网格，指定区域的边界。

如果使用 OpenFOAM 标准求解器求解，可直接在 OpenFOAM 自带的算例库（tutorials 目录下）中查找与所求解问题最接近的算例，在其基础上修改为所求解的问题，但最好将该算例的文件夹拷贝至用户目录再修改。

6.2 OpenFOAM 算例文件的基本格式

组成 OpenFOAM 算例目录结构的各文件均为输入输出文件，它们在求解过程中分别由求解器调用，为求解器提供所需的参数。本节总结这些文件在定义时遵守的一些共同格式。

（1）文件头

组成 OpenFOAM 算例的所有数据文件都以一个名为 FoamFile 的字典开头，该字典中包含一组标准的关键字条目，内容有：

version：I/O 格式版本，默认值为 2.0；

format：数据格式，ascii 或二进制；

class：与数据相关的类，可以是字典或场，如 volVectorField；

location：文件路径；

object：文件名，如 controlDict。

例如，常用的文件头为：

```
FoamFile
{
    version     2.0;
    format      ascii;
    class       dictionary;
    location    "system";
    object      fvSolution;
}
```

（2）宏扩展

宏扩展一般用于在 OpenFOAM 字典文件中代替某一数值，其语法是在宏名称前使用符号$。例如，下面语句：

```
a 10;
b $a;
```

通过宏扩展将变量 a 的值赋给 b。

也可以在不同级别的子字典或范围内访问变量，使用范围作用符“/”指明变量所在的字典。例如，下面语句：

```
subdict
{
    a 10;
}
b $subdict/a;
```

将 *b* 的值设置为等于 *a* 的值，*a* 的值在名为 subdict 的子字典中指定。

宏扩展的其他语法规则有：使用前缀“..”遍历上一级子字典；使用前缀“...”遍历上两级子字典；使用前缀“:”遍历最外一级字典；对于多级宏替换，每一级都使用符号“$”并用括号括起来。例如：

```
a 10;
b a;
c ${${b}};            //多级宏替换

subdict
{
    b $..a;           //在上一级字典中寻找 a 的值
    subsubdict
    {
         c $:a;       //在最外一级字典中寻找 a 的值
    }
}
```

（3）文件包含

编制 OpenFOAM 算例时可以使用文件包含来将其他文件中的内容纳入正在编制的文件中，其语法与包含头文件类似，使用符号#和 include 命令实现。例如，在文件 initialConditions 中有如下定义：

```
pressure 1e+05;
```

为了在某一文件中使用变量 pressure 的值，可在该文件中使用如下包含命令：

```
#include "initialConditions"
internalField uniform $pressure;
boundaryField
{
   patch1
   {
       type fixedValue;
       value $internalField;
   }
}
```

其他包含命令还包括：

```
#include"<path>/<fileName>"      //从绝对或相对路径<path>中读入文件 fileName
#includeIfPresent"<path>/<fileName>"    //如果文件存在，则读入
#includeEtc"<path>/<fileName>"  //从相对于$FOAM_ETC 目录的指定目录读入文件
#includeFunc<fileName>          //从 system 目录下读入文件
#remove<keywordEntry>           //删除包含的关键字条目
```

（4）关键字表达式

编写算例时，经常需要从字典中查找关键字来初始化数据。这时可以使用关键字表达式，主要有：

```
"inlet.*"
```

用于匹配以 inlet 开头的所有关键字，包含 inlet 本身，其中符号“.”表示任意字符，符号“*”表示重复任意次数，包括 0 次。

```
"(inlet|output)"
```

用于匹配关键字 inlet 或 output，其中用括号表示一个表达式组，符号“|”表示逻辑“或”。

（5）环境变量

OpenFOAM 程序可以识别输入文件中的环境变量。例如，环境变量$FOAM_RUN 用来指定目录 run，可将其用于包含文件：

```
#include"$FOAM_RUN/pitzDaily/0/U"
```

常用的其他环境变量有：

$FOAM_CASE：正在运行算例的路径和目录；

$FOAM_CASENAME：正在运行算例的目录名；

$FOAM_APPLICATION：正在运行应用的名称。

（6）#calc 内联计算

在组成算例的文件中使用命令#calc 可实现内联计算。例如：

```
halfAngle 45.0;
radius 0.5;
radHalfAngle    #calc"degToRad($halfAngle)";
y   #calc "$radius*sin($radHalfAngle)";
z   #calc "$radius*cos($radHalfAngle)";
```

其中，命令#calc 后引号中的内容为计算表达式，degToRad 为角度值转换为弧度值的函数，sin 和 cos 分别为正弦和余弦函数。

（7）算例文件中的条件语句

算例文件支持两种条件指令：#if…#else…#endif 和#ifEq… #else… #endif。可以使用#calc 内联计算作为#if 的判断条件，例如：

```
angle 65;
laplacianSchemes
{
     #if #calc"${angle}<75"
            default  Gauss linear corrected;
     #else
            default  Gauss linear limited corrected 0.5;
     #endif
}
```

#if Eq 用于比较一个词或字符串，并根据匹配结果决定是否执行其后的语句，例如：

```
ddtSchemes
{
     #ifeq ${FOAM_APPLICATION} simpleFoam
          default         steadyState;
     #else
          default         Euler;
     #endif
}
```

6.3 划分网格

将计算区域划分为网格是数值求解物理问题的重要步骤，合理划分网格是确保得到精确解的关键。本节介绍 OpenFOAM 中的网格划分规范和方法。

6.3.1 OpenFOAM 中与网格有关的类

（1）primitiveMesh 类

primitiveMesh 是用于处理底层结构网格的通用类，包含网格的几何信息，未假设任何特定的离散形式，通常作为其他与网格相关类的基类。主要由组成网格的各点、面和单元的元素构造该类的对象，对应的构造函数为：

```
primitiveMesh(const label nPoints,const label nInternalFaces,const label
      nFaces,const label nCells);                        //构造函数
```

primitiveMesh 定义中提供给了访问网格中各要素信息的成员函数，如点、面和单元的数量、列表、几何信息，联结性以及网格检查函数和存储管理等。下面示例给出了在 OpenFOAM 编程中常用的 primitiveMesh 中的成员函数：

```
inline label nPoints()const;                          //返回网格中点的数量
inline label nEdges()const;                           //返回网格中边的数量
inline label nInternalFaces()const;                   //返回网格中内部面的数量
inline label nFaces()const;                           //返回网格中面的数量
inline label nCells()const;                           //返回网格中单元的数量
virtual const pointField& points()const=0;            //返回组成单元的点的列表
virtual const faceList& faces()const=0;               //返回组成单元的面的列表
virtual const labelList& faceOwner()const=0;
                                                      //返回面的 owner 的列表
virtual const labelList& faceNeighbour()const=0;
                                                      //返回面的neighbour的列表
virtual const pointField& oldPoints()const=0;
                                                      //返回网格移动前的顶点列表
virtual const pointField& oldCellCentres()const=0;
                                                  //返回网格移动前的单元中心列表
const vectorField& cellCentres()const;                //返回单元质心列表
const vectorField& faceCentres()const;                //返回面质心列表
const scalarField& cellVolumes()const;                //返回单元体积列表
const vectorField& faceAreas()const;                  //返回面的面积矢量列表
const scalarField& magFaceAreas()const;               //返回面的面积大小列表
```

（2）polyMesh 类

OpenFOAM 中有不同级别的网格描述，polyMesh 为定义网格的最基本的类，它使用最少的信息，如点（Points）、面（Faces）、单元（Cells）等定义网格几何，如图 6-2 所示。polyMesh 类继承自 objectRegistry 和 primitiveMesh，在 primitiveMesh 的基础上增加了边界的信息。它的构造函数有：

```
explicit polyMesh(const IOobject& io);        //由 IOobject 构造
polyMesh(const IOobject& io,pointField&& points,faceList&& faces,labelList&&
    owner, labelList&& neighbour,const bool syncPar=true);
    //使用 IOobject 或网格的各组成分布构造，并由 addPatch()成员函数添加边界
polyMesh(const IOobject& io,pointField&& points,faceList&& faces,cellList&&
    cells,const bool syncPar=true);
    //使用 cells 构造，无边界，使用 addPatch()成员函数添加边界
polyMesh(const IOobject& io,pointField&& points,const cellShapeList&
    shapes,const faceListList& boundaryFaces,const wordList&
    boundaryPatch Names, const wordList& boundaryPatchTypes,const word&
```

```
    defaultBoundaryPatch Name, const word& defaultBoundaryPatchType,
    const wordList& boundaryPatch Physical Types,const bool syncPar=true);
                            //基于单元形状的迁移构造函数
polyMesh(const IOobject& io,pointField&& points,const cellShapeList&
    shapes,const faceListList& boundaryFaces,const wordList&
    boundaryPatchNames, const PtrList<dictionary>& boundaryDicts,const
    word& defaultBoundaryPatch Name,const word& defaultBoundaryPatchType,
    const bool syncPar=true);
                            //基于单元形状（包含 patch 信息）的迁移构造函数
polyMesh(const polyMesh&);  //复制构造函数
```

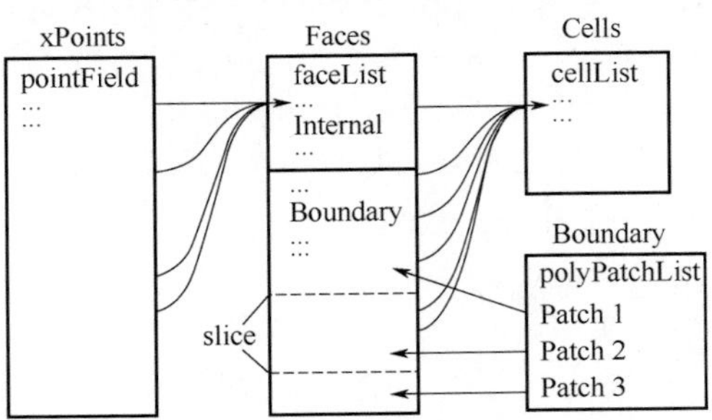

图 6-2 polyMesh 中网格信息的组织

使用 polyMesh 类的下列成员函数可以返回单元数据和单元的拓扑信息：

```
virtual const pointField& points()const;          //返回点的原始数据
virtual const faceList& faces()const;             //返回面的原始数据
virtual const labelList& faceOwner()const;        //返回面的 owner 的原始数据
virtual const labelList& faceNeighbour()const;    //返回面的neighbour的原始
                                                  //数据
virtual const pointField& oldPoints()const;       //返回网格移动前原网格的点
                                                  //数据
virtual const pointField& oldCellCentres()const;//返回网格移动前原网格的单
                                                  //元中心
const meshPointZones& pointZones()const;          //返回点区域
const meshFaceZones& faceZones()const;            //返回面区域
const meshCellZones& cellZones()const;            //返回单元区域
```

（3）fvMesh 类

fvMesh 类继承并扩展了 polyMesh 类，它用来处理有限体积离散所需的网格信息，包括所有拓扑信息和几何信息，并保证所提供的数据为最新。fvMesh 类的构造函数有：

```
explicit fvMesh(const IOobject& io,const bool changers=true,const bool
    stitcher=true);
    //由 IOobject 对象构造，可以选择不实例化网格更换器或缝合器
fvMesh(const IOobject& io,pointField&& points,const cellShapeList& shapes,
    const faceListList& boundaryFaces,const wordList& boundaryPatch
    Names,const PtrList<dictionary>& boundaryDicts,const word&
    defaultBoundary PatchName, const word& defaultBoundaryPatchType,
    const bool syncPar=true);
    //由单元形状和边界构造
fvMesh(const IOobject& io,pointField&& points,faceList&& faces,labelList&&
    allOwner,labelList&& allNeighbour,const bool syncPar=true );
    //由除边界外的组成要素构造网格，边界由 addFvPatches()成员函数添加
fvMesh(const IOobject& io,pointField&& points,faceList&& faces,
    cellList&& cells,const bool syncPar=true);
```

```
    //由无边界的单元构造，边界由 addPatches()成员函数添加
fvMesh(const fvMesh&);        //复制构造函数
```

通过 fvMesh 类的下列成员函数可以访问网格的几何和拓扑信息：

```
const Time& time()const;                                //返回 Time 对象的引用
const fvBoundaryMesh& boundary()const;                  //返回边界网格的引用
virtual lduInterfacePtrsList interfaces()const;         //返回patch 的指针列表
const labelUList& owner()const;      //返回内部面的 owner 单元的索引列表
const labelUList& neighbour()const;  //返回内部面的 neighbour 单元的索引列表
const DimensionedField<scalar,volMesh>& V()const;       //返回单元体积
const DimensionedField<scalar,volMesh>& V0()const;
                                     //返回先前的单元体积
const DimensionedField<scalar,volMesh>& V00()const;
                                     //返回先前的单元体积
const surfaceVectorField& Sf()const;                    //返回单元的面积矢量
const surfaceScalarField& magSf()const                  //返回单元面积的大小
const volVectorField& C()const;                         //返回单元质心
const surfaceVectorField& Cf()const;                    //返回面质心
tmp<surfaceVectorField>delta()const;                    //返回面的 delta 值
const surfaceScalarField& phi()const;                   //返回单元面移动时的通量
```

其中，fvMesh.time()成员函数返回 Time 对象的引用，其函数体为：

```
const Time & time()const {return polyMesh::time();}
```

虽然在 ployMesh 类中未定义 time()函数，但 ployMesh 类从 objectRegistry 类继承而来，objectRegistry 类对 time()函数的定义为：

```
const Time& time()const{return time_;}
```

其中，time_为 objectRegistry 类的 Time 类型私有成员数据。

OpenFOAM 编程中常用的 fvMesh 成员函数及访问方法见表 6-1。

表6-1 fvMesh 类中的常用成员函数及访问方法

功能	返回类型	访问函数
单元体积	volScalarField	V()
面积矢量	surfaceVectorField	Sf()
面积大小	surfaceScalarField	magSf()
单元质心	volVectorField	C()
面质心	surfaceVectorField	Cf()
面通量	surfaceScalarField	phi()

（4）polyBoundaryMesh 类

polyBoundaryMesh 类继承自 polyPatchList 和 public regIOobject 类，其中 polyPatchList 中含有边界上不同区域的信息，对边界进行这样的划分使得可以在不同的 patch 上指定不同的边界条件，OpenFOAM 编程常用其中的成员函数 findPatchID()来根据指定的 patch 名称返回其 label 类型索引。例如：

```
label findPatchID (const word &patchName)const
```

其成员重载操作符[]函数，返回 word 类型名称的 polyPatch 引用。例如：

```
polyPatch & operator[] (const word &)
```

（5）fvBoundaryMesh 类

fvBoundaryMesh 类继承自 fvPatchList 类，用于提供有限体积离散所需的边界 patch 上的单元信息，其构造函数有：

```
fvBoundaryMesh(const fvMesh&);                          //由 fvMesh 对象构造
fvBoundaryMesh(const fvMesh&,const polyBoundaryMesh&);
                                                        //由 polyBoundaryMesh 对象构造
fvBoundaryMesh(const fvBoundaryMesh&);                  //复制构造函数
```

对 fvBoundaryMesh 类对象可执行的操作有：

```
const fvMesh& mesh()const                            //返回网格的引用
lduInterfacePtrsList interfaces()const;              //返回 patch 的指针列表
label findPatchID(const word& patchName)const;  //返回指定名称的 patch 的索引
labelList findIndices(const wordRe&,const bool useGroups)const;
    //给定名称查找 patch 的索引
const fvPatch & operator[] (const word &)const
    //操作符重载[]，返回 fvPatch 类型的引用
```

另外，在 fvMesh.H 中将 fvBoundaryMesh 类定义了别名 BoundaryMesh：

```
typedef fvBoundaryMesh  BoundaryMesh
```

（6）volMesh 和 surfaceMesh 类

volMesh 类和 surfaceMesh 类分别用来为有限体积离散提供网格的单元和单元面的数据，它继承自 GeoMesh<fvMesh>，其构造函数分别为：

```
explicit volMesh(const fvMesh& mesh)                 //由 fvMesh 对象构造
explicit surfaceMesh(const fvMesh& mesh)             //由 fvMesh 对象构造
```

volMesh 类的成员函数主要用于执行如下操作：

```
label size()const;                                   //返回网格规模
static label size(const Mesh& mesh);                 //返回网格规模（单元数量）
const volVectorField& C();                           //返回网格中单元质心位置列表
```

surfaceMesh 类的成员函数与 volMesh 类的成员函数类似，但针对的是单元面。

6.3.2 OpenFOAM 中的网格描述

OpenFOAM 中可以定义由任意多面体单元组成的网格，这些单元之间可以任意多边形面为边界，每个单元可以包含任意数量的面，且每个面可以包含任意数量的边。这种最一般结构的网格在 OpenFOAM 中被称为 polyMesh。

（1）网格约束

OpenFOAM 中规定网格必须满足的约束有：

① 点（Points）。每个点在三维空间中都有确定的位置，点的位置由向量定义。网格中所有点的位置存储在一个链表中，每个点均对应一个索引，该索引代表点在链表中的位置。链表中不能存储那些不属于任何面的点。

② 面（Faces）。OpenFOAM 中将面存储为点的有序链表，链表中表示面的点的顺序为：每两个相邻点顺次连接组成面的边界。所有的面也存储为面链表，链表中每个面对应一个索引，表示面在列表中的位置。面法向矢量的方向由右手规则确定。OpenFOAM 中有两种类型的面：内部面（Internal faces）和边界面（Boundary faces）。内部面为两个单元的分界面，表

示内部面的点的索引顺序为：使得面法向矢量指向较大索引的单元。边界面只属于一个单元，与计算域的边界重合，OpenFOAM 中通常由有关边界单元和边界 patch 的类获得边界单元的属性，表示边界面的点的索引顺序为：使得面法向矢量指向计算域外部。

③ 单元（Cells）。OpenFOAM 中将单元存储为按任意顺序排列的面的链表，要求组成网格的所有单元不相互重叠地连续覆盖整个计算域。每个单元在几何上必须是封闭的，这样组成单元的所有面的面矢量都指向单元外部时，它们的和应为零矢量。每个单元在拓扑结构上也必须是封闭的，这样一个单元包含的所有边都将被该单元的某两个相邻面共用。

④ 边界（Boundary）。OpenFOAM 中将边界表示为 patch 的链表，每一个 patch 都与一个边界条件相关联。将 patch 表示为单元（边界）面的链表。要求边界必须封闭，即所有边界面的面矢量之和应为零矢量。

（2）polyMesh 中的网格描述

在 OpenFOAM 算例目录的 constant/polyMesh 文件中包含 polyMesh 的完整描述。这些描述以单元面为基础，为每个面分配了一个 owner 单元和一个 neighbour 单元，由它们的单元索引描述面的联结性。对于边界面，其联结单元为 owner，将其 neighbour 单元的索引指定为“−1”。polyMesh 的描述由下列文件组成：

① points 文件为描述单元顶点的向量链表，其中链表中的第一个向量表示顶点 0，第二个向量表示顶点 1，以此类推。

② faces 文件为面链表，列表中的第一个条目表示面 0，每个面为点链表中顶点的索引链表。

③ owner 文件为 owner 单元链表，其中各条目的索引与面索引直接相关，链表中的第一个条目为面 0 的 owner 单元的索引，第二个条目为面 1 的 owner 单元的索引，以此类推。

④ neighbour 文件为 neighbour 单元的索引链表。

⑤ boundary 文件为 patch 的链表，包含每个 patch 的字典条目，并使用 patch 名称声明。例如：

```
movingWall {
    type patch;
    nFaces 20;
    startFace 760;
}
```

其中，startFace 为组成 patch 的第一个面的面链表的索引，nFaces 为 patch 中面的数量。

（3）单元形状

虽然 OpenFOAM 支持任何形状的单元，但为了与其他工具使用的网格间相互转换，定义了某些单元形状，如四面体、六面体等，这些单元形状的定义位于$FOAM_ETC 目录的 cellModels 文件中。特定形状的单元由顶点的索引按照形状模型中规定的编号方案排序来定义，图 6-3 给出了常用单元的顶点排序方案。

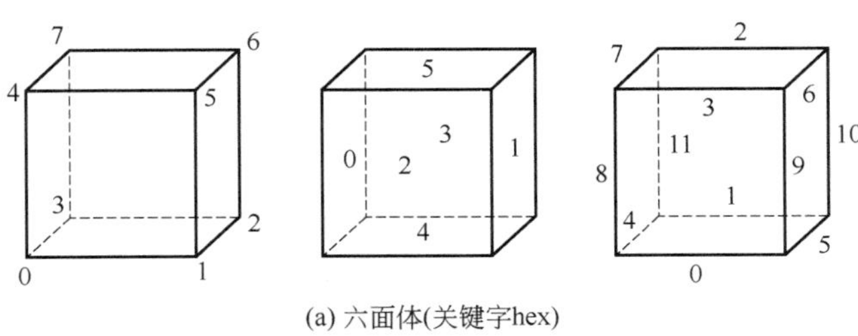

(a) 六面体(关键字hex)

图 6-3

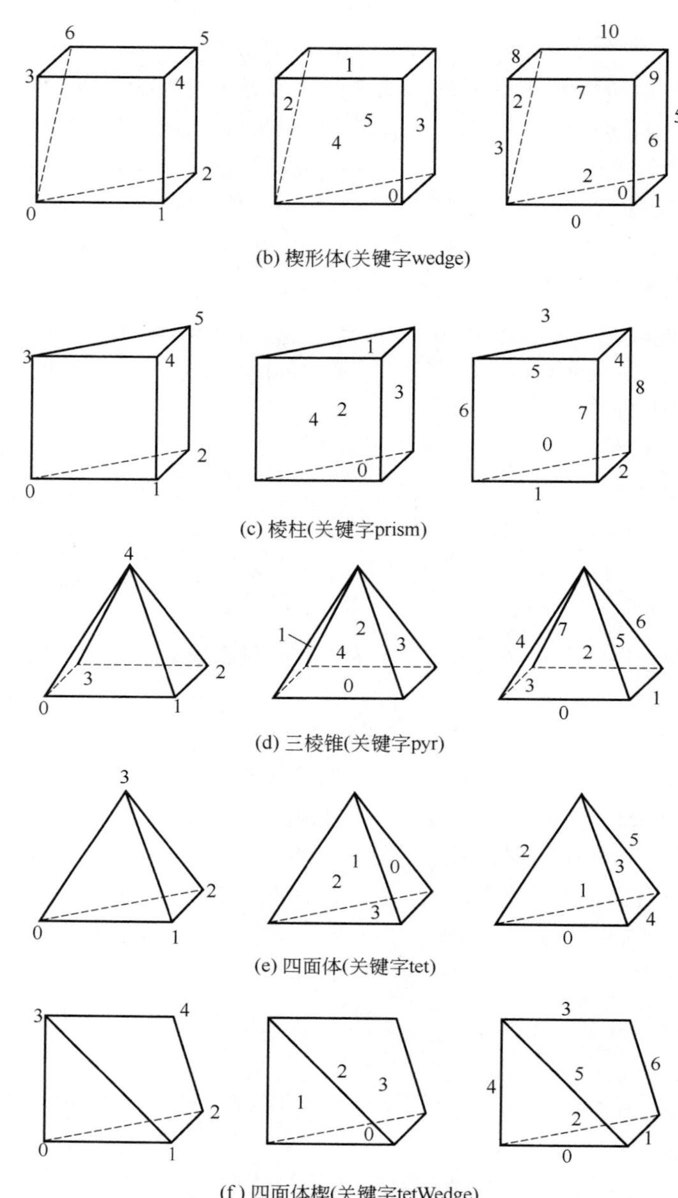

(b) 楔形体(关键字wedge)

(c) 棱柱(关键字prism)

(d) 三棱锥(关键字pyr)

(e) 四面体(关键字tet)

(f) 四面体楔(关键字tetWedge)

图 6-3　各种形状单元的顶点、面和边的编号规则

图 6-3 中单元的描述都由两部分组成：单元模型名称和排序的索引链表。例如，一个六面体单元包含 8 个顶点，这些顶点的列表为：

```
(
    (0 0 0)
    (1 0 0)
    (1 1 0)
    (0 1 0)
    (0 0 0.5)
    (1 0 0.5)
    (1 1 0.5)
    (0 1 0.5)
```

```
)
```

使用这些顶点和关键字 hex 定义六面体单元为：

```
(hex 8(0 1 2 3 4 5 6 7))
```

这也是使用 blockMesh 网格生成程序的语法基础。

（4）一维、二维和轴对称区域的网格

OpenFOAM 中的空间离散都是针对三维空间的，对于一维、二维和轴对称区域，可首先生成三维网格，并在无物理意义的维度上使用特殊的边界条件，表示该方向上无任何定义。具体来说，对于一维和二维问题使用 empty patch 类型，对于轴对称问题使用 wedge 类型。

（5）网格质量

划分有限体积网格的一般规则有：

① 在计算流动问题中，使用六边形、棱柱和四边形形状的网格可很容易实现与流向一致，也可以很容易通过拉伸来在不丧失网格质量的条件下用于求解边界层。

② 三角形和四面体网格对几何结构的适应性强，网格划分过程几乎可以自动完成，但使用它们计算时会导致较大的截断误差。四面体网格通常在求解阶段需要更多的计算资源，但在网格划分阶段可以节省较多时间。

③ 增加网格数量可以改进求解精度，但以牺牲计算时间为代价，且极细的网格有时并不是最好的网格。

④ 在边界层问题的求解中，quads、hexes 和 prisms/wedges 网格比 triangles、tetrahedrons 和 pyramids 网格更适用。

⑤ 如果不使用壁面函数（紊流建模），壁面附近的网格应当足够精细以便求解边界层流动，但会增加网格数量和计算时间。

⑥ 尽量使用六面体网格，尤其是需要得到高精度的结果时。

⑦ 对于没有主流方向的复杂流动问题，四边形和六边形网格将失去优势。

⑧ 划分网格时单元尺寸的变化应较光滑，并尽量将非正交性、网格畸变和长宽比降到最低。

⑨ 划分网格完成后需进行网格质量检查，有时一个单元的好坏就能引起收敛或精确度问题。

网格划分完成后，在终端运行 checkMesh 即可进行网格检查，列出网格状态和每一种网格的总数，拓扑关系和边界条件定义，几何和网格质量（网格边界、单元体积、畸变、正交性、长宽比等）。在终端运行 paraFoam 查看引起检查错误的网格（注意显示网格时勾选 includeSets），也可以在终端键入如下命令列出错误源：

```
ls constant/polyMesh/sets
```

如果网格检查后发现有质量较差的单元，可使用 topoSet 和 subsetMesh 命令去掉这些单元。topoSet 命令通过读入字典 topoSetDict 中的关键字条目值修改文件 cellSets/faceSets/pointSets 中的内容。由 topoSet 创建或操作的网格位于 constant/polyMesh/sets 内，subsetMesh 使用该文件中的内容创建新的 polyMesh，且新 polyMesh 中不含未使用的 unusedPoints。例如，如下命令基于 cellSet 选择网格的一部分：

```
topoSet-dict system/toposetDict1     //创建 cellSets
subsetMesh newcells-overwrite        //创建新的 polyMesh
```

使用如下命令可从 polyMesh 中去除非正交面：

```
topoSet-dict system/toposetDict2     //创建 cellSets
subsetMesh newcells
                    //创建新的 polyMesh，其中不含与 nonOrthoFaces 连接的单元
```

6.3.3 使用 blockMesh 划分网格

OpenFOAM中提供的blockMesh应用程序可以创建不同粗细等级或含有曲线边的参数化网格。使用该程序划分网格时，需要在算例目录下的 system 文件夹中创建字典文件 blockMeshDict，网格划分操作时程序 blockMesh 从该文件读入参数值，生成网格后将网格数据输出至算例目录下的 constant 文件夹内，包括 points、faces、cells 和 boundary，各自用一个文件表示。

划分网格时，blockMesh 程序首先将计算域分解为一组三维六面体块，块的边可以是直线、圆弧或样条曲线。在几何上，每一个块由 8 个顶点定义，这些顶点按其索引编号后存入链表，可通过其索引访问顶点。图 6-4 中给出了一个六面体块的编号格式。每一个块所在的局部坐标系必须是右手系，即当位于原点的观察者沿 Oz 轴看去时，连接 Ox 轴上的点与 Oy 轴上点的圆弧沿顺时针方向。块所在的局部坐标系 (x_1, x_2, x_3) 按以下规则定义：①坐标系原点为定义块的第一个顶点，如图 6-4 中的顶点 0；②由顶点 0 向顶点 1 移动的方向为轴 x_1 的方向；③由顶点 1 向顶点 2 移动的方向为轴 x_2 的方向；④顶点 0、1、2、3 确定平面 $x_3 = 0$；⑤从顶点 0 沿 x_3 轴方向移动时可以发现顶点 4；⑥分别从顶点 1、2、3 沿 x_3 轴方向移动时可发现顶点 5、6、7。

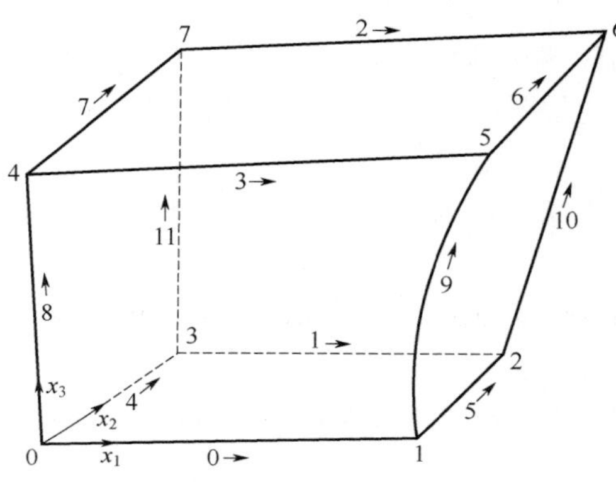

图 6-4 由 blockMesh 划分得到的六面体块

（1）编写 blockMeshDict 文件

blockMeshDict 为字典文件，其中使用的关键字有：

① convertToMeters，指定顶点坐标的缩放系数。例如，值为 0.001 时表示文件内所有的顶点坐标值的单位为 mm，格式为：

```
convertToMeters   0.001;
```

② vertices，块的顶点坐标列表。例如，图 6-4 中块的顶点为：

```
vertices
(
    ( 0    0    0  )    //顶点编号 0
    ( 1    0    0.1)    //顶点编号 1
    ( 1.1  1    0.1)    //顶点编号 2
    ( 0    1    0.1)    //顶点编号 3
    (-0.1-0.1  1  )     //顶点编号 4
    ( 1.3  0    1.2)    //顶点编号 5
    ( 1.4  1.1  1.3)    //顶点编号 6
    ( 0    1    1.1)    //顶点编号 7
);
```

③ edges，描述曲线边。默认情况下连接两顶点的边为直线段，但使用 edges 可指定曲线边，如果块中无曲线边，可不使用该关键字。曲线边的类型有：arc，给定一个插值点或圆心角与轴的圆弧；spline，使用一列插值点的样条曲线；polyLine，使用一列插值点的一组曲线；BSpline，使用一列插值点的 B 样条曲线；line，直线。使用时在曲线类型关键字后指定需连接的两顶点的索引，其后指定插值点的坐标。例如，图 6-4 中的圆弧边在文件中描述为：

```
edges
(
    arc 1 5 (1.1 0.0 0.5)
);
```

对于圆弧曲线，还可以指定圆心角和轴。例如：

```
edges
(
    arc 1 5 25 (0 1 0)                    //圆心角 25°，轴为 y 轴
);
```

对于样条曲线，需要指明曲线连接的两顶点名称和插值点坐标列表。例如：

```
edges
(
    spline 0 1                            //样条曲线连接的两点
    (
         (0.25 0.4 0)                     //插值点列表
          (0.5 0.6 0)
          (0.75 0.4 0)
    )
);
```

④ blocks，指定顶点索引的有序列表和网格尺寸。网格尺寸由每个方向上划分的单元数给定，同时由一个矢量给定三个方向上的单元尺寸变化比例。例如：

```
blocks
(
    hex (0 1 2 3 4 5 6 7)                 //由顶点索引定义六面体
    (10 10 10)                            //给定每个方向上的单元数量
    simpleGrading (1 2 3)                 //单元尺寸变化比例
);
```

其中，单元尺寸变化比例为每一个方向上最后一个单元在该方向上的尺寸与第一个单元的相应尺寸的比值。关键字 simpleGrading 表示单元尺寸沿三个方向均匀变化，还可使用关键字 edgeGrading 表示单元边的变化比例。例如，edgeGrading (1 1 1 1 2 2 2 2 3 3 3 3)表示图 6-4 中 12 条边的变化比例，边的编号顺序和单元尺寸变化方向与图 6-4 中的边编号和给出的箭头方向对应，单元尺寸变化比例沿边 0～3 为 1，沿边 4～7 为 2，沿 8～11 为 3，结果与 simpleGrading (1 2 3)的相同。

划分网格时有时需要在一个块中的不同区域限制不同的单元尺寸变化比例，可以使用 OpenFOAM 的多级比例功能，将一个块在某个方向上划分为不同区域，在每个区域内使用不同的单元尺寸变化比例。方法为：

```
blocks
(
```

```
        hex (0 1 2 3 4 5 6 7)(100 300 100)
        simpleGrading
        (
            1                   //x方向的单元尺寸变化比例
            (
                (0.2 0.3 4)     //y方向 20%的部分包含 30%的单元数量，比例系数为 4
                (0.6 0.4 1)     //y方向 60%的部分包含 40%的单元数量，比例系数为 1
                (0.2 0.3 0.25)  //y方向 20%的部分包含 30%的单元数量，比例系数为 0.25
            )
            3                   //z方向的单元尺寸变化比例
        )
    );
```

其中，在关键字 simpleGrading 后将 y 方向上的比例系数代替为针对不同区域的设置，本例中将块在 y 方向上分为 3 个区域，用块在 y 方向上长度的 20%、60%和 20%表示，在区域 1 和 3 中包含 30%的单元，区域 2 中包含其余 40%的单元，在区域 1 中使用的单元尺寸变化比例为 4，区域 2 和 3 的分别为 1 和 0.25。其中的百分数也可以使用乘以 100 后的值。

⑤ boundary，边界 patch 子字典，OpenFOAM 将边界划分为 patch，每一个 patch 均需给出其名称作为关键字，该名称也作为时间文件夹内场文件中给定边界条件时的标识。需指定的 patch 属性还包括：type，指定 patch 种类；faces，指定组成该 patch 的面的索引。blockMesh 程序在运行时将那些指定为 empty 种类的 patch 从 boundary 列表中删除。这里的面由 4 个顶点的列表定义，顶点的顺序为：从块内部看去，从任何顶点开始，以顺时针方向可遍历定义面的所有其他顶点。

指定 cyclic 类型的 patch 时，必须在 neighbourPatch 关键字后指定相关的重复面。例如：

```
left
{
    type                cyclic;
    neighbourPatch      right;
    faces               ((0 4 7 3));
}
right
{
    type                cyclic;
    neighbourPatch      left;
    faces               ((1 5 6 2));
}
```

⑥ mergePatchPairs，指明要合并的边界 patch 列表。在应用多于 1 个的块创建网格的场合中，当使用多个块的共同顶点连接块时，如果块之间的面不匹配，需使用 mergePatchPairs 将边界合并。合并时首先将块的面包含在 patches 列表中，再将每一对需要面合并的 patch 对包含在 mergePatchPairs 列表中，格式为：

```
mergePatchPairs
(
    (<masterPatch><slavePatch>)        //合并 patch 对 0
    (<masterPatch><slavePatch>)        //合并 patch 对 1
    …
)
```

合并操作时将第一个 patch 作为主 patch，第二个作为从 patch。patch 合并遵守以下规则：①主 patch 的面保留原始定义，其所有顶点仍位于原来位置；②从 patch 的面投影至主 patch，在主、从 patch 间可能存在间隙；③从 patch 上的顶点位置可能会调整以删除小于最小容差的边；④如果 patch 间有重叠，如图 6-5 所示，无须合并的面仍保持为原 patch 的外部面；⑤如果 patch 上的所有面均被合并，patch 本身将不包含任何面，且将被删除。合并后，从 patch 的原始几何不一定会完全保留。例如，在将圆柱形块连接至更大的块时，需将圆柱块指定为主 patch 以便正确保留其圆柱形状。合并操作时的规则还有：在二维几何中，第三维上的单元尺寸应与二维平面中的单元尺寸相近；相同 patch 执行合并操作最好不超过一次；如果要合并的 patch 与要合并的另一个 patch 拥有公共边，则两者均应声明为主 patch。

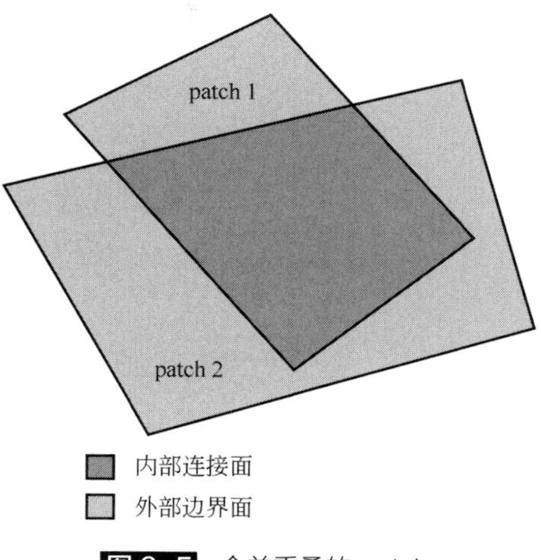

图 6-5　合并重叠的 patch

关于块连接，需要进一步说明的是，当使用多个块创建网格时，需要对块间的公共面进行处理，如果不连接这些公共面，运行 blockMesh 命令时会在块间创建一个边界 patch，求解时需要指定该 patch 上的边界条件。而如果对块进行了连接，运行 blockMesh 时将创建一个内部面，这时则不需要指定该面上的边界条件。有两种连接块的方法：面 matching 和面 merging。当使用面 merging 时，需要定义每一个块的所有顶点，并在 blockMeshDict 文件的 boudnary 中定义这些 patch。例如，下面的例子中将 patch 中的 interface1 和 interface2 合并。

```
interface1
(
    type wall;
    faces ((0 1 5 4));
)
interface2
(
    type wall;
    faces ((11 10 14 15));
)
mergePatchPairs
(
     (interface1 interface2)        //合并 interface1 和 interface2
)
```

使用面 merging 较面 matching 的优点是，前者可以使用不同单元尺寸变化比例和不同单元数的块，如果连接时两个块的这些参数不同，运行 blockMesh 命令时将修改从 patch，而主 patch 不变。但有时执行面 merging 后不再是 2D 网格，这时需要使用 extrudeMesh 来创建 2D 网格，在字典文件 extrudeMeshDict 中设置为：

```
construcFrom patch;
sourceCase "."
sourcePatches (back);                 //patch 源名称
exposedPatchName front;               //镜像 patch 的名称
extrudeModel linearNormal
nLayers 1;                            //网格挤压中使用的层数，2D 情况中指定为 1
linearNormalCoeffs
{
```

```
    thickness 1;                //挤压厚度，推荐使用 1
}
mergeFaces false;
```

（2）对顶点、边、面和块命名

在编写 blockMeshDict 文件时，可以使用关键字 name 对顶点、边、面和块命名。例如：

```
edges
(
    name a1 arc 1 5 (1.1 0.0 0.5)
);
```

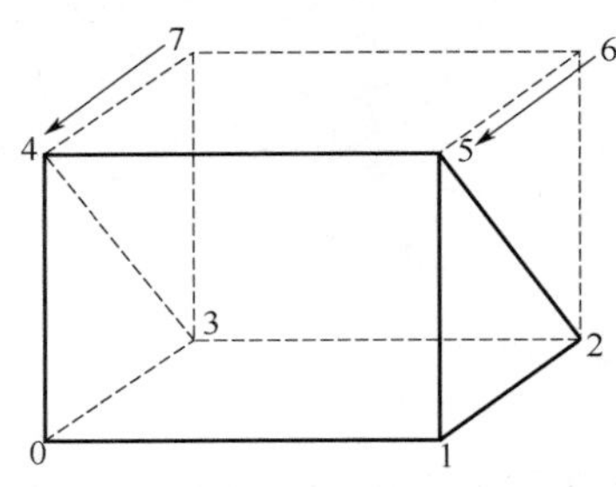

图 6-6 创建少于 8 个顶点的块

对实体命名后，在使用时就可以直接用其名称代替索引。

（3）创建少于 8 个顶点的块

通过合并一对或多对顶点可以创建少于 8 个顶点的块，最常用的场合是创建用于二维轴对称区域的楔形块。例如，在图 6-4 中块的基础上，通过将顶点 7 合并到 4 以及 6 合并到 5 来创建一个楔形块，将原命令中的 7 替换为 4，6 替换为 5 即可实现，结果如图 6-6 所示。

```
hex (0 1 2 3 4 5 5 4)
```

合并后原 patch 面(4 5 6 7)成为(4 5 5 4)，它为一个面积为零的面，其类型应指定为 empty。

6.4 设置微分方程离散方法

在算例目录中的 system/fvSchemes 字典文件中设置组成微分方程中各项的数值离散方法，在该文件中需设置的数值格式包括：

① timeScheme，一阶和二阶时间导数。

② gradSchemes，梯度。

③ divSchemes，散度。

④ laplacianSchemes，Laplacian 算子。

⑤ interpolationSchemes，从单元质心至单元面的插值格式。

⑥ snGradSchemes，垂直于单元面的梯度分量。

⑦ wallDist，计算到壁面的距离。

这里的每一个关键字代表一个子字典，用于指定对特定种类项的离散方法，如 gradSchemes 可指定所有梯度项的离散方法。例如，下面的 fvSchemes 字典文件中包含 6 个子字典，每个子字典都包含一个 default 条目，也可以使用其他条目指定特定项的离散方法，如 div(phi,U)，这样指定后，对该项的离散方式将采用指定的方法而不是默认方法。如果将 default 条目的值设置为 none，则需为所有的同种类项提供离散方法。

```
ddtSchemes
{
    default         Euler;
}
```

```
gradSchemes
{
    default         Gauss linear;
}
divSchemes
{
    default             none;
    div(phi,U)          Gauss linearUpwind grad(U);
    div(phi,k)          Gauss upwind;
    div(phi,epsilon)    Gauss upwind;
    div(phi,R)          Gauss upwind;
    div(R)              Gauss linear;
    div(phi,nuTilda)    Gauss upwind;
    div((nuEff*dev2(T(grad(U)))))   Gauss linear;
}
laplacianSchemes
{
    default         Gauss linear corrected;
}
interpolationSchemes
{
    default         linear;
}
snGradSchemes
{
    default         corrected;
}
```

OpenFOAM 中提供了大量的离散方法，但其中只有很少一部分是常用的。使用命令 foamSearch 可以查看所有可用的方法名称。例如，查看瞬态项的离散方法可以使用：

```
foamSearch $FOAM_TUTORIALS fvSchemes ddtSchemes/default
```

下面介绍微分方程中各项的常用离散方法。

（1）瞬态项的离散方法

一阶时间导数的离散方法由 ddtSchemes 子字典指定，可用的方法有：

① steadyState，设置时间导数为零。

② Euler，一阶隐式，有界。

③ backward，二阶隐式，可能无界。

④ CrankNicolson，二阶隐式，有界，同时需指定偏心系数，系数为 1 表示 CrankNicolson 格式，系数为 0 表示 Euler 格式，为了在计算中使离散格式有界且稳定，系数值一般取为 0.9。

⑤ localEuler，一阶隐式，使用局部时间步进值使求解过程加速达到稳态。

二阶时间导数的离散方法由 d2dt2Schemes 子字典指定，这时只有 Euler 格式可用。

（2）梯度项的离散方法

梯度项的离散方法由 gradSchemes 子字典指定，默认的离散格式主要有 Gauss linear，其中的 Gauss 指明高斯积分的标准有限体积离散，linear 指明由单元质心上的值获得面质心上的值时使用的插值格式为线性插值或中心差分。

对于质量较差的网格，针对特定梯度项需要使用特别的离散格式改进计算的有界性和稳定性，如对于速度梯度和紊流场，使用

```
grad(U)        cellLimited Gauss linear 1;
```

其中，使用 cellLimited 限制因子限制梯度的极值，增强方法的稳定性，使在根据单元质心上的值外推得到面上的值时，面上的值不超过其周围单元质心上的值。限制系数为 1 表示可保证有界性，但丧失了精度；为 0 则表示无限制，可获得高精度解，但解可能变得无约束。梯度限制因子有 cellLimited、cellMDLimited、faceLimited 和 faceMDLimited 4 种，其中前两个限制单元至单元的值，后两个限制面至单元的值，多方向（多维）限制因子（cellMDLimted 和 faceMDLimited）在每一个面方向上单独施加限制因子，而标准限制因子（cellLimited 和 faceLimited）则是对所有梯度分量应用限制因子。

OpenFOAM 中的其他梯度离散格式有：

① leastSquares，具有二阶精度，使用所有相邻单元计算最小二乘距离。

② Gauss cubic，具有三阶精度，用于规则网格上的 dnsFoam 仿真中。

（3）散度项的离散方法

散度项的离散方法由 divSchemes 子字典指定，这里的散度项指形如 $\nabla\cdot$ 的项，不包括形如 $\nabla\cdot(\Gamma\nabla)$ 的项。散度项主要包括对流项，如 $\nabla\cdot(\boldsymbol{U}k)$，其中由速度 $\boldsymbol{U}$ 提供对流通量，还包括部分扩散项，如 $\nabla\cdot\nu(\nabla\boldsymbol{U})^{\mathrm{T}}$。

对于非对流项的散度项，一般使用 Gauss 积分和 linear 插值方法，例如：

```
div(U)        Gauss linear;
```

对流项的离散方法较多，可通过项的表达式区分对流项和非对流项，对流项表达式中一般具有 div(phi,…)的形式，其中 phi 表示密度恒定的流动中单元面上速度通量或者可压缩流动中的质量通量。例如，div(phi,U)表示速度对流，div(phi,e)表示内能对流，div(phi,k)表示湍动能。可使用如下命令查找 OpenFOAM 自带算例中的 div(phi,U)：

```
foamSearch $FOAM_TUTORIALS fvSchemes "divSchemes/div(phi,U)"
```

对流项的离散均基于 Gauss 积分，并使用一种插值格式得到单元面上的通量 phi 和对流场的值，这些插值格式主要有：

① linear，二阶，无界。

② linearUpwind，二阶，偏向迎风格式，无界，需要对指定的速度梯度进行离散。当对流格式 div(phi,U)使用 linearUpwind 格式离散时，需告诉 OpenFOAM 如何计算速度梯度，也即在同一个文件中指定 gradSchemes 的值。

③ LUST，75%的 linear 与 25%的 linearUpwind 的混合格式，需要对指定的速度梯度进行离散。

④ limitedLinear，在梯度快速变化的区域沿迎风方向进行限制的线性格式，系数为 1 代表非常强的限制，为 0 表示趋向于线性。

⑤ upwind，一阶，有界，精度不高，较少使用。

这些离散格式的语法为：

```
div(phi,U)     Gauss linear;
div(phi,U)     Gauss linearUpwind grad(U);
div(phi,U)     Gauss LUST grad(U);
div(phi,U)     Gauss LUST unlimitedGrad(U);
div(phi,U)     Gauss limitedLinear 1;
div(phi,U)     Gauss upwind;
```

“V”离散格式专门用于矢量场，与普通离散格式不同的是，这种格式中的限制器应用于矢量的所有分量，而不是为每个分量指定单独的限制器。“V”格式中的限制器基于梯度变化最快的方向计算，使得得到的限制器极其稳定，但精度较差。这种离散格式的语法为：

```
div(phi,U)     Gauss limitedLinearV 1;
div(phi,U)     Gauss linearUpwindV grad(U);
```

有界的 Gauss 离散格式有助于解保持有界性并促进收敛，这种格式是针对物质导数。例如，场 e 的物质导数为：

$$\frac{\mathrm{D}e}{\mathrm{D}t}=\frac{\partial e}{\partial t}+\boldsymbol{U}\bullet\nabla e=\frac{\partial e}{\partial t}+\nabla\bullet(\boldsymbol{U}e)-(\nabla\bullet\boldsymbol{U})e$$

其中，等号右端的第三项虽然对于不可压缩流动的收敛解而言为零，但在收敛前的计算过程中不一定为零，尤其是在稳态仿真中。所以有界的 Gauss 离散格式将上式中的第三项包含在内。语法为：

```
div(phi,U)     bounded Gauss limitedLinearV 1;
div(phi,U)     bounded Gauss linearUpwindV grad(U);
```

标量场的对流项的离散类似于对矢量场对流项的处理，但在选择离散格式时更加强调解的有界性而不是精度。例如，内能的对流项离散格式有：

```
div(phi,e)     bounded Gauss upwind;
div(phi,e)     Gauss limitedLinear 1;
div(phi,e)     Gauss linearUpwind limited;
div(phi,e)     Gauss LUST grad(e);
div(phi,e)     Gauss upwind;
```

与矢量场对流项的离散格式相比，这里更多地使用 limitedLinear 和 upwind 格式。还有一种专门用于标量场的对流项离散格式 limitedLinear01，它使在 0 和 1 之间具有更强的有界性。例如，在层流火焰传输方程中，使用了

```
div(phiSt,b)   Gauss limitedLinear01 1;
```

multivariateSelection 离散格式用于将多个方程的项组合在一起，并对所有的项应用相同的最强的限制器，例如，流体组分的质量输运方程中对流项统一采用如下离散格式：

```
div(phi,Yi_h)  Gauss multivariateSelection
{
     O2 limitedLinear01 1;
     CH4 limitedLinear01 1;
     N2 limitedLinear01 1;
     H2O limitedLinear01 1;
     CO2 limitedLinear01 1;
     h limitedLinear 1 ;
}
```

（4）面法向梯度项的离散方法

面法向梯度项的离散方法由 snGradSchemes 子字典指定，面法向梯度在单元面上计算，是两相邻单元质心上场值的梯度在垂直于它们公共面方向上的分量。面法向梯度项的主要离散方法有：

```
default        corrected;
default        limited corrected 0.33;
default        limited corrected 0.5;
default        orthogonal;
default        uncorrected;
```

一般将梯度计算为两相邻单元上场值的差除以两质心的间距，如果连接两单元质心的矢量垂直于它们的公共面，一般针对与笛卡儿坐标系对齐的规则网格，这时可使用 orthogonal 格式，具有二级精度。对于不垂直的情况，可以使用 corrected 格式，它在正交分量的基础上加入了显式非正交修正，同样具有二阶精度，非正交性越强，修正值越大。但当连接两单元质心的矢量与面矢量间的夹角超过 70° 时，显式修正项将变得很大，会引起解的不稳定，这时可对 corrected 格式施加限制器，限制器系数为

$$\psi=\begin{cases}0,\ \text{相当于uncorrcted}\\0.333,\text{非正交修正值}\leqslant 0.5\times\text{正交部分}\\0.5,\text{非正交修正值}\leqslant\text{正交部分}\\1,\text{相当于corrected}\end{cases}$$

ψ 选为 0.33 时可提供较强的稳定性，选为 0.5 时可提供较好的精度。

corrected 格式在使用时同时应用欠松弛技术，将隐式正交计算值增大 $\cos^{-1}\alpha$。uncorrected 格式类似于 corrected 格式，无非正交修正，这一点与 orthogonal 格式相似，但应用了欠松弛技术。一般情况下，uncorrected 和 orthogonal 格式只用于非常小的非正交性网格（连接两相邻单元质心的矢量与公共面的面矢量的夹角小于 5° ），通常推荐使用 corrected 格式，但对于最大非正交性超过 70° 的网格，需同时应用 limited。对于非正交性小于 75° 的网格，可设置限制器系数为 1；对于非正交性介于 75° 和 85° 间的网格，可设置限制器系数为 0.5；对于非正交性大于 85° 的网格，很难获得收敛解，最好改进网格，否则可设置限制器系数为 0.5 或 0.333，并增加非正交修正的次数；如果进行 LES 或 DES 模拟，使用限制器系数 1。

（5）Laplacian 项的离散方法

Laplacian 项的离散方法由 laplacianSchemes 子字典指定，Laplacian 项的典型形式为 $\nabla\bullet(\nu\nabla\boldsymbol{U})$，如动量方程中的扩散项，表示为 laplacian(nu,U)。Laplacian 项只有 Gauss 一种离散方法，但在指定离散方法时需要同时选择扩散系数 ν 的插值格式和面法向梯度 $\nabla\boldsymbol{U}$ 的计算方法，一般语法格式为：

```
Gauss<interpolationScheme><snGradScheme>
```

可以使用如下命令查找 Laplacian 项的默认离散格式：

```
foamSearch $FOAM_TUTORIALS fvSchemes laplacianSchemes/default
```

这些默认格式包括：

```
default         Gauss linear corrected;
default         Gauss linear limited corrected 0.33;
default         Gauss linear limited corrected 0.5;
default         Gauss linear orthogonal;
default         Gauss linear uncorrected;
```

其中，所有的 linear 插值格式均可用于计算扩散系数时的插值方法，面法向梯度的计算方法与 snGradSchemes 中的格式一致。

对于其中扩散系数的插值方法，通常使用 linear，而对于特殊情况，如 CHT 问题中每一个区域具有不同的扩散系数，可选择 cubic、midPoint、harmonic、pointLinear、linear、reverseLinear。

（6）插值方法

插值方法由 interpolationSchemes 子字典指定，用于由相邻单元质心上的值插值得到面上

的值，如计算通量 phi 时插值得到面质心上的速度值。虽然 OpenFOAM 中预置了大量的插值方法，但几乎所有算例中均默认使用 linear 插值方法，有很少的情况（如规则网格上的 DNS、应力分析等）使用 cubic 插值。

6.5 设置代数方程求解方法和误差

在算例目录中的 system/fvSolution 字典文件中为每一个求解的变量设置求解其对应代数方程的方法、求解误差等，通过子字典的形式分别指定关键字 solvers、relaxationFactors、PISO、SIMPLE、PIMPLE 等的值来实现。fvSolution 字典文件内容举例如下：

```
solvers
{
    p
    {
        solver              PCG;
        preconditioner      DIC;
        tolerance           1e-06;
        relTol              0.05;
    }
    pFinal
    {
        $p;
        relTol              0;
    }
    U
    {
        solver              smoothSolver;
        smoother            symGaussSeidel;
        tolerance           1e-05;
        relTol              0;
    }
}
PISO
{
    nCorrectors                 2;
    nNonOrthogonalCorrectors    0;
    pRefCell                    0;
    pRefValue                   0;
}
```

下面分别介绍 fvSolution 字典文件中每一部分的设置方法。

（1）代数方程求解的控制

在 solvers 子字典中指定求解每一个离散后代数方程的方法。该子字典中以变量名作为设置关于该变量代数方程求解方法的条目，如上述算例中的 p、U 等，对于每一个变量的代数方程，需指定求解方法的类型及该方法应用的参数，其中类型由 solver 关键字指定，参数包括 tolerance、relTol 和 preconditioner 等。求解方法的类型主要有：

① PCG/PBiCGStab，稳定预处理的共轭梯度法，可用于具有对称和非对称的系数矩阵的代数方程。

② PCG/PBiCG，含有预处理的共轭梯度法，其中 PCG 用于具有对称系数矩阵的代数方程，PBiCG 用于具有非对称系数矩阵的代数方程。

③ smoothSolver，使用平滑器的求解方法。

④ GAMG，几何-代数多重网格法。

⑤ diagonal，对角线法，用于显式求解。

代数方程的求解方法根据代数方程的系数矩阵是否为对称矩阵而有所不同，系数矩阵的对称性取决于所求解方程的项，通常瞬态项和 Laplacian 项离散后的系数矩阵为对称阵，而对流项离散后的系数矩阵一般为非对称阵。而且系数矩阵一般为稀疏阵，所使用的求解方法则是基于减小方程残差的迭代方法，该矩阵中对角线上的元素越多，收敛速度越快。在求解开始前使用命令> renumberMesh -overwrite 可加快线性求解器的计算速度，尤其是第一次迭代中。

残差为将当前解代入方程后，等号左端和右端之间的差值，它与所分析问题的规模无关，残差越小，解越精确。对于某一描述物理场的方程，初始残差基于场的当前解计算得到，每一次迭代完成后使用新得到的解重新评估残差。下列条件中只要满足其中一条，则求解过程中止：

① 残差小于设置的 tolerance 值。

② 当前残差与初始残差的比值小于设置的 relTol 值。

③ 迭代次数超过设置的最大迭代次数 maxIter。

其中，第一个条件表示残差已足够小，解可视为足够精确；第二个条件中的 relTol 设置相对容差极限，表示从初始解到最终解的相对改进量，在瞬态仿真中，通常将 relTol 的值设为 0，这样可使解在每一个时间步中收敛至 tolerance 设置的残差范围内。对每一种求解方法均需指定 tolerance 和 relTol，maxIter 则是可选的，默认值为 1000。

在一个迭代步或时间步内，某些方程可能会求解多次。例如，当使用 PISO 算法求解动量方程时，其中的压力修正方程按照关键字 nCorrectors 的值求解相应次数，这时最后一次求解的方法设置可能会与前几次的不同。使用场名称后加 Final 构成的关键字设置最后一次的求解方法，如本节算例中的 pFinal。这时可将前几次求解中使用的 relTol 值设置得稍大，而最后一次的 relTol 值设为 0。

在流动问题中，压力方程的求解很重要，需要精确求解，所以对于压力，可在起始时设置容差等于 1e-6 和 relTol 等于 0.01，一段时间后将它们分别改为 1e-6 和 0。如果求解过程较慢，可将容差增大至 1e-4，relTol 为 0.05。对于速度和其他输运量（非对称系数矩阵），求解成本较低，残差和容差可选的较严格，如 tolerance 为 1e-8，relTol 为 0。

对于速度矢量，默认的求解顺序是先求解 X 分量，然后求解 Y 分量，最后是 Z 分量。也可以设置为同时求解，如设置求解器种类为 coupled，并将 tolerance 和 relTol 设置为矢量。

在共轭梯度求解方法中，系数矩阵的预处理方式有许多种，它们在 solvers 子字典中的关键字 preconditioner 后指定，这些预处理方法包括：

① DIC/DILU，对角不完全 Cholesky 法（用于对称阵）和对角不完全 LU （用于非对称阵）。

② FDIC，快速对角不完全 Cholesky 法，用于对称阵。

③ diagonal，对角预处理。

④ GAMG，几何-代数多重网格法。

⑤ none，无预处理。

对于使用平滑器的求解方法，需要在 solvers 子字典中的关键字 smoother 后指定，常用的 smoother 有：

① GaussSeidel，Gauss-Seidel 平滑器。

② symGaussSeidel，对称 Gauss-Seidel 平滑器。

③ DIC/DILU，对角不完全 Cholesky 法（用于对称阵）和对角不完全 LU （用于非对称阵）。

④ DICGaussSeidel，具有 Gauss-Seidel 平滑器的对角不完全 Cholesky 或对角不完全 LU 法，可用于对称和非对称阵。

其中，symGaussSeidel 和 GaussSeidel 平滑器应用较多。当使用平滑器时，还可在重新计算残差前通过关键字 nSweeps 指定扫描次数，如果不指定，则默认为 1。

GAMG 的原理是，在含有少量单元的网格（较粗）上快速求解得到一组解，其后将这组解映射至细化的网格上作为在细化网格上精确求解的初始解。当网格细化和数据映射成本较低时，GAMG 比标准方法更加快速。使用 GAMG 时，需通过关键字 agglomerator 指定单元的聚集方法，默认为 faceAreaPair，其他方法包括：

① cacheAgglomeration，切换指定聚集策略的缓存，默认为 true。

② nCellsInCoarsestLevel，根据单元数量近似构建最粗的网格尺寸，单元数量默认为 10。

③ directSolveCoarset，在最粗的网格上使用直接求解器，默认为 false。

④ mergeLevels，控制网格粗化或细化速度的关键字，默认值为 1，这是针对简单网格的最安全设置。可将求解速度增加至每次粗化或细化两个等级，即 mergeLevels 的值设为 2。

使用 GAMG 方法时同样可指定平滑器，这时在不同网格细化等级上平滑器的扫描次数由下面的条目关键字指定：

① nPreSweeps，网格粗化时的扫描次数，默认为 0。

② preSweepsLevelMultiplier，粗化等级之间扫描次数的乘数，默认为 1。

③ maxPreSweeps，网格粗化时的最大扫描次数，默认为 4。

④ nPostSweeps，网格细化时的扫描次数，默认为 2。

⑤ postSweepsLevelMultiplier，细化等级之间扫描次数的乘数，默认为 1。

⑥ maxPostSweeps，网格细化时的最大扫描次数，默认为 4。

⑦ nFinestSweeps，在最细网格等级上的扫描次数，默认为 2。

GAMG 线性求解器常用于系数矩阵为对称阵的变量的求解。例如，如下典型设置适用于稳态和非稳态问题，但对于强耦合的问题，需要设置更严格的容差；而对于稳态求解器，容差可适当放宽。

```
p
{
   solver                        GAMG;
   tolerance                     1e-6;
   relTol                        0.01;
   smoother                      GaussSeidel;
   nPreSweeps                    0;
   nPostSweeps                   2;
   cacheAgglomeration            on;
   agglomerator                  faceAreaPair;
   nCellsInCoarsestLevel         100;
   mergeLevels                   1;
   minIter                       3;
}
```

```
pFinal
{
   solver                       GAMG;
   tolerance                    1e-6;
   relTol                       0
   smoother                     GaussSeidel;
   nPreSweeps                   0;
   nPostSweeps                  2;
   cacheAgglomeration           on;
   agglomerator                 faceAreaPair;
   nCellsInCoarsestLevel        100;
   mergeLevels                  1;
   minlter                      3;
}
```

也可以根据容差控制收敛，在 fvSolution 字典中的 residualControls 子字典中设置：

```
SIMPLE
{
    nNonOrthogonalCorrectors    2;

    residualControl
    {
          p      1e-4;
          U      1e-4;
    }
}
```

线性求解器的选择取决于网格种类、物理问题本身、处理器内存等。通常的选择规则是：通常选用 GAMG 方法，对于对称系数矩阵（如求解压力时）它是最好的选择，GAMG 方法收敛较快（少于 20 次迭代），如果使用该方法时迭代次数超过 100 次才能收敛，则需要改变 smoother 或使用 PCG 求解器；使用多核（大于 1000）运行时，最好选 PCG 方法；在求解某些多相流问题时，PCG 方法优于 GAMG 方法；对于非对称系数矩阵，可以选择具有 DILU 预处理器的 PBiCGStab 方法，也可以选择具有 GaussSeidel 平滑器的 smoothsolver 方法。如果使用具有 DILU 预处理器的 PBiCGStab 方法遇到与预处理器相关的错误，则选用 smoothSolver 方法或改变预处理器。diagonal 求解器常用于回代计算，例如，当使用状态方程（p 和 T 已知）计算密度时。当求解多相流问题时，使用 GAMG 求解器并行运行时可能会产生问题，这与关键字 nCoarsestCeslls 的设置有关，所以通常设置较大的 cells 值（1000 数量级）。

（2）求解过程的欠松弛

OpenFOAM 算例的 fvSolution 文件中第二个常用的子字典为 relaxationFactors，用于控制欠松弛。使用欠松弛技术有助于改进计算的稳定性，尤其是在求解稳态问题时。欠松弛通过限制相邻两次迭代中变量的变化量（由欠松弛因子 α 表征）来实现，欠松弛因子的选择依据如下：

① 未指定，无欠松弛。

② $\alpha=1$，保证系数矩阵为对角线相等或占优。

③ α 减小，欠松弛程度增加。

④ $\alpha=0$，解不随迭代改变。

α 的最优值满足：它足够小以保持求解过程稳定，又足够大可使迭代过程快速进行。α 值达到 0.9 时，在某些算例中能够保证稳定；而小到 0.2 时，会严重减慢迭代过程。

物理场的欠松弛因子在关键子 fields 后指定，方程的欠松弛因子则在关键字 equations 后指定，例如：

```
relaxationFactors
{
    fields
    {
        p                       0.3;
    }
    equations
    {
        U                       0.7;
        "(k|omega|epsilon).*"   0.7;
    }
}
```

（3）PISO、SIMPLE 和 PIMPLE 算法

OpenFOAM 中提供了 PISO、SIMPLE 和 PIMPLE 等求解流体流动问题的标准方法，其中 PISO 和 PIMPLE 用于瞬态问题，SIMPLE 用于稳态问题。在一个时间或迭代步内，这些方法中均会求解一个压力修正方程以保证解满足质量守恒，并显式修正速度以使解满足动量守恒。这些方法求解相同的控制方程，主要区别在于方程的循环方式不同，循环方式由下列参数控制：

① nCorrectors，用于 PISO 和 PIMPLE 方法，设置每一迭代步内求解压力修正方程的次数和动量的修正次数。增加 PISO 修正数可改进解的稳定性和精度，但成本会提高。对于正交网格，选择 PISO 修正数为 1，非正交网格中通常使用 2 或 3。

② nNonOrthogonalCorrectors，所有方法均可用，设置重复求解压力修正方程的次数，用于更新 Laplacian 项 $\nabla \cdot ((1/A)\nabla p)$ 中的显式非正交修正项，通常设置为 0（尤其是对于稳态问题）或 1。

③ nOuterCorrectors，用于 PIMPLE，设置在一个时间步内整个方程组的循环求解次数，通常设置为 1。

④ momentumPredictor，相当于控制求解动量预测器的开关，在低 Reynolds 数流动或多相流等流动中通常设置为 off。

当使用 PISO 求解器时，需要至少一次修正步。当使用 PISO 和 PIMPLE 求解器时，可以在最后一个修正步设置残差，这样可以将所有的计算努力花在最后一个时间步上，而对中间的修正步，可以使用较为宽松的收敛判据。

（4）压力参考值

在不可压缩流动中，压力是相对值，决定方程解的是压力范围，而不是压力的绝对值，所以在求解时需要在参考单元 pRefCell 上设置压力的参考值 pRefValue。设置的条目通常位于 PISO、SIMPLE 和 PIMPLE 子字典内。

6.6 求解过程控制

6.6.1 全局控制

OpenFOAM 中关于求解过程的全局控制参数位于软件安装目录的 etc 文件夹中的 controlDict 文件内，该文件中包含的子字典项有：

① Documentation，用于在浏览器中打开文档。

② InfoSwitches，控制标准输出端（如终端）的打印信息。

③ OptimisationSwitches，用于并行通信和 I/O。

④ DebugSwitches，帮助调试代码的消息开关。

⑤ DimensionedConstants，定义基本物理常数。

⑥ DimensionSets: 定义单位的符号。

DimensionedConstants 的值取决于所采用的单位制，默认单位制为国际单位制（SI），如果需要更改为 USCS 制，可通过关键字 unitSet 设置，例如：

```
DimensionedConstants
{
    unitSet  USCS;  //USCS 制
}
```

用户可以在软件的安装目录内的 controlDict 文件中修改此设置，但建议使用用户目录中的 controlDict 文件。在终端运行如下命令可用来查找全局配准文件的位置：

```
foamEtcFile-list
```

如果后续一直使用 USCS 制，可直接修改安装目录内的 controlDict 文件。但如果只在某一算例应用 USCS 制，可在算例目录的 system/controlDict 文件中增加 DimensionedConstants 条目来指定。

6.6.2 时间和数据输入/输出控制

OpenFOAM 求解器在运行前需设置数据库控制输入和输出，因为在运行过程中的时间步进间需要输出数据，所以时间是数据库设置不可或缺的一部分。在算例目录中的 system/controlDict 字典文件中设置创建数据库必需的输入参数，在该字典文件中必须设置时间控制参数和 writeInterval 参数，其他非必需参数则可使用默认值。一个 controlDict 字典文件内容的例子如下：

```
application          icoFoam;
startFrom            startTime;
startTime            0;
stopAt               endTime;
endTime              0.5;
deltaT               0.005;
writeControl         timeStep;
writeInterval        20;
purgeWrite           0;
writeFormat          ascii;
writePrecision       6;
writeCompression     off;
timeFormat           general;
timePrecision        6;
runTimeModifiable    true;
```

（1）时间控制

用于时间控制的关键字条目有：

startFrom，控制仿真计算的起始时间，可选的值有：

① firstTime，时间目录中的最早时间。

② startTime，由关键字 startTime 指定的时间。

③ latestTime，时间目录中最近的时间。

startTime，指定 startFrom 的值时使用的起始时间。

stopAt，控制仿真计算的结束时间，可选的值有：

① endTime，由关键字 endTime 指定的时间。

② writeNow，完成当前时间步的计算后停止并写入数据。

③ noWriteNow，完成当前时间步的计算后停止但不写入数据。

④ nextWrite，在下一个预定的写入时间完成时停止模拟，由 writeControl 指定。

endTime，指定 stopAt 的值时使用的中止时间。

deltaT，仿真计算的时间步进值。

具体求解过程中，允许第一个时间步的解不收敛，而且往往在第一次迭代时需要使用较小的时间步来保持求解器的稳定性，如果解不收敛，可尝试减小时间步大小。

（2）数据写入

用于控制数据写入的关键字条目有：

writeControl，控制写入输出到文件的时间，可选的值有：

① timeStep，在每个 writeInterval 指定的时间步写入数据。

② runTime，在每个 writeInterval 指定的仿真时间点上写入数据。

③ adjustableRunTime，在每个 writeInterval 指定的仿真时间点上写入数据，必要时调整时间步以与 writeInterval 指定的值一致，一般用于自动调整时间步的情况。

④ cpuTime，在每个 writeInterval 指定的 CPU 时间点上写入数据。

⑤ clockTime，在每个 writeInterval 指定的实际时间点上写入数据。

writeInterval，与 writeControl 一起使用，指定标量时间。

需要说明的是，使用自动时间步控制时步进值很难成为圆整值，这时可指定 writeInterval 为固定值，使 OpenFOAM 强制其自动时间步进程序调整其时间步以在给定的时间点上输出结果，这就要将 writeControl 关键字的值指定为 adjustableRunTime。如果开启了 adjustableRunTime，只有第一个时间步按照 deltaT 的值执行，计算时会自动调整时间步来满足最大的 Courant 数 maxCo 和最大时间步大小 maxDeltaT。如果任何一个最大值达到设定的值，求解器将不再改变时间步大小。一般建议起始时以较小时间步计算，后续计算允许求解器增大时间步。另外，使用 adjustableRunTime 后可能会引起数值振荡，引起时间步的变化，而且尽量避免 adjustTimeStep（在 PIMPLE 类求解器中可用）与 adjustableRunTime 同时使用。

purgeWrite，通过循环覆盖时间目录限制所存储的时间目录数量。例如，如果计算在 $t=5\,\text{s}$ 开始，$\Delta t=1\,\text{s}$，设置 purgeWrite 的值为 2，计算过程中首先将数据写入 6 和 7 两个时间目录，此后当写入时间为 8s 的数据时，将删除目录 6，这样可保证在任何时候只保留两个新的结果目录。如果不使用这一功能，指定 purgeWrite 的值为 0。

writeFormat，指定数据文件的格式。可选的值有：

① ascii，ASCII 格式，默认格式。

② binary，二进制格式。

writePrecision，与 writeFormat 一起使用，指定数据精度，默认值为 6。

writeCompression，指明写入数据时是否使用 gzip 进行压缩，值可以为 on/off、yes/no、true/false。

timeFormat，时间目录名称的格式，可选的值有：

① fixed，格式为±m.dddddd，其中 d 的数量取决于 timePrecision 的值。

② scientific，格式为±m.dddddde±xx，其中 d 的数量取决于 timePrecision 的值。

③ general，默认格式，当时间数据的指数小于-4，或者大于等于 timePrecision 设定的值时，使用 scientific 格式。

timePrecision，指定时间表示的精度，与 timeFormat 一起使用，默认值为 6。

graphFormat，应用程序写入的图形数据格式，可选的值有：

① raw，默认格式，原始 ASCII 格式。

② gnuplot，gnuplot 格式数据。

③ xmgr，Grace/xmgr 格式数据。

④ jplot，jPlot 格式数据。

（3）其他设置

算例目录 system/controlDict 字典文件中的其他设置还有：

adjustTimeStep，设置是否在仿真计算过程中根据 maxCo 的值调整时间步进值。一般计算中很难通过将时间步指定为固定值来满足 Co 判据，所以通常将 adjustTimeStep 的值设为 yes。

maxCo，最大 Courant 数。

runTimeModifiable，设置是否在计算过程中每个时间步开始时重新读取字典文件内容，使用用户在计算过程中修改的参数。

libs，在程序运行过程中需加载的附加库列表，如$LD_LIBRARY_PATH 中的 ibNew1.so、libNew2.so 等。

functions，函数子字典，如在程序运行过程中加载的探针等。

6.7 边界和边界条件

6.7.1 边界

为了在计算区域中不同的边界处施加不同的边界条件，将边界分解为一组 patch，每个 patch 可以包含边界表面上的一个或多个封闭区域，这些区域在物理上可以不连接在一起，并为每个 patch 指定一种类型。边界 patch 在划分网格后自动创建，其各种属性一般位于算例目录 constant/polyMesh 下 boundary 文件内。例如，下面的算例文件 boundary 对边界分别定义了 inlet、bottom 和 defaultFaces 三个 patch，它们的类型分别指定为 patch、symmetryPlane 和 empty。其中描述边界的属性包括：patch 的名称和类型；inGroups 关键字，用于可视化操作时对 patch 的分组，可以将某一 patch 同时置于两组中，这时关键字 inGroups 的值设为 2。未被识别或未指定类型的边界 patch 会自动归入默认的 defaultFaces 型或 empty 组。

```
(
    inlet
    {
        type            patch;
        nFaces          50;
```

```
            startFace           10325;
        }
        bottom
        {
            type                symmetryPlane;
            inGroups            1(symmetryPlane);
            nFaces              25;
            startFace           10415;
        }
        defaultFaces
        {
            type                empty;
            inGroups            1(empty);
            nFaces              10500;
            startFace           10675;
        }
)
```

OpenFOAM 中定义的主要 patch 类型有：

① patch，通用类型，不包含网格的几何或拓扑信息，只是一个可在其上定义边界条件的实体，如用于 inlet 或 outlet。

② wall，用于与实体壁面重合的 patch，可对其应用壁面表面模型，如壁面黏附模型等。

③ symmetryPlane，用于对称平面上的 patch。

④ symmetry，用于使用对称平面边界条件（slip）的非平面 patch。

⑤ empty，用于在二维或一维问题中，无物理意义的维度上的平面。

⑥ wedge，用于二维轴对称计算区域，例如，对于物理场为轴对称的圆柱形区域，可以只建立其中以对称轴为边的楔形区域，如图 6-7 所示，将其中的平面指定为 wedge 类型。

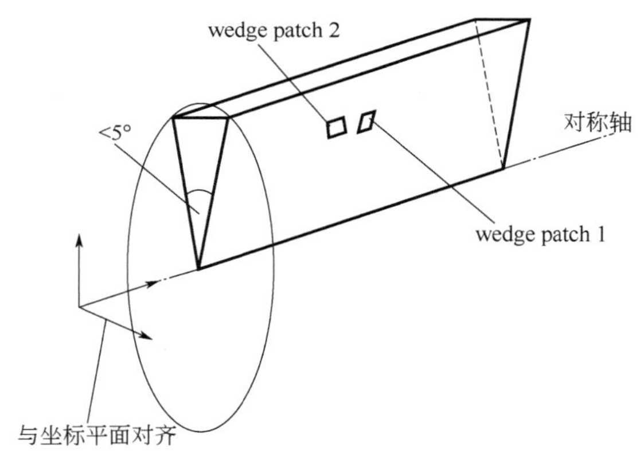

图 6-7　在轴对称几何区域中使用 wedge 类型的 patch

⑦ cyclic，将两个 patch 当作物理连接来处理，多用于重复变化的几何区域，使用 boundary 文件中关键字 neighbourPatch 指定的内容将一个 patch 连接至另一个 patch，使用关键字 matchTolerance 的内容指定每一对连接面中两 patch 的面积差别容差范围。

⑧ cyclicAMI，与 cyclic 类似，但这里的类型针对两个面积不匹配的 patch，多用于旋转几何情况下的滑移界面。

⑨ processor，用于并行计算中网格分解后不同处理器之前的网格边界。

6.7.2 OpenFOAM 中与边界有关的类和函数

（1）PrimitivePatch 类

PrimitivePatch 类为处理 patch 底层信息的模板类，如组成 patch 面的点等。它继承自 PrimitivePatchName 和 FaceList，通过该类可以访问组成 patch 的点、边等的信息。可实现这些功能的成员函数有：

```
label nPoints()const;                              //返回 patch 面的顶点数量
label nEdges()const;                               //返回 patch 中的边的数量
const edgeList& edges()const;                      //返回 patch 的边的列表
label nInternalEdges()const;                       //返回 patch 中内部边的数量
const Field<PointType>& faceCentres()const;        //返回 patch 面的中心
const Field<PointType>& faceAreas()const;          //返回 patch 面的面积
const Field<PointType>& faceNormals()const;        //返回 patch 面的法矢
const Field<PointType>& pointNormals()const;       //返回patch 面上某点处的法矢
```

（2）polyPatch 类

polyPatch 类继承自 patchIdentifier 和 primitivePatch 类，为定义 patch 的最基本的类，通过该类可访问的 patch 信息有：

```
label start()const;           //返回该patch 在 polyMesh 面列表中的起始编号
const polyBoundaryMesh& boundaryMesh()const;      //返回 boundaryMesh 引用
const vectorField::subField faceCentres()const;   //返回 patch 面中心
const vectorField::subField faceAreas()const;     //返回 patch 面的面积矢量
const scalarField::subField magFaceAreas()const;  //返回 patch 面的面积大小
tmp<vectorField>faceCellCentres()const;           //返回patch 面所在单元的质心
const labelUList& faceCells()const; //返回 patch 面所在单元的索引列表
```

（3）fvPatch 类

fvPatch 为应用 polyPatch 和 fvBoundaryMesh 的有限体积类，其构造函数为：

```
fvPatch(const polyPatch&,const fvBoundaryMesh&);
                                        //由 polyPatch 和 fvBoundaryMesh 构造
fvPatch(const fvPatch&);                //复制构造函数
```

OpenFOAM 编程中常用的 fvPatch 类中的成员函数有：

```
const polyPatch& patch()const;                 //返回 polyPatch
virtual const word& name()const;               //返回 patch 的名称
virtual label start()const;                    //返回该patch在polyMesh面列表中的
                                               //起始编号
virtual label size()const;                     //返回 patch 包含的单元数量
const vectorField& Cf()const;                  //返回面质心
const vectorField& Sf()const;                  //返回面积矢量
const scalarField& magSf()const;               //返回面积大小
tmp<vectorField>nf()const;                     //返回面法矢
virtual tmp<vectorField>delta()const;          //返回单元中心至面中心的矢量
const scalarField& deltaCoeffs()const;  //返回面与其相邻单元质心间距离的倒数
virtual const labelUList& faceCells()const;//返回面单元列表
const typename GeometricField::Patch& lookupPatchField
    (const word& name)const;                   //寻找并返回指定名称的 patchField
```

由 patch 组成的指针链表有专门的别名 fvPatchList，也即

```
typedef PtrList<fvPatch>fvPatchList
```

（4）定义新的边界条件时常使用的函数

OpenFOAM 中几乎所有边界条件类的定义中均会用到以下 5 个函数：

① updateCoeffs()：用于显式更新边界面中心处的值，该函数在需要迭代更新 patch 场时被调用。

② valueInternalCoeffs()：对边界条件进行线性化，为散度运算做准备，执行 updateCoeffs() 函数时被调用。

③ valueBoundaryCoeffs()：对边界条件进行线性化，为散度运算做准备，执行 updateCoeffs()函数时被调用。

④ gradientInternalCoeffs()：对边界条件进行线性化，为 Laplace 运算做准备，执行 updateCoeffs()函数时被调用。

⑤ gradientBoundaryCoeffs()：对边界条件进行线性化，为 Laplace 运算做准备，执行 updateCoeffs()函数时被调用。

例如，散度运算中，需要边界上的值，这些值满足

$$\phi_b = \text{Flux}C_b \cdot \phi_C + \text{Flux}V_b = \text{valueInternalCoeffs()} \cdot \phi_C + \text{valueBoundaryCoeffs()}$$

对于 zeroGradientFvPatchField 型边界条件，$\text{valueInternalCoeffs()} = 1$，$\text{valueBoundaryCoeffs()} = 0$。对于 Dirichlet（fixedValue）边界条件，$\text{valueInternalCoeffs()} = 0$，valueBoundaryCoeffs() 为指定值。

Laplacian 运算计算中，需要边界上的梯度值，梯度值线性化后满足

$$\nabla\phi_b = \text{gradientInternalCoeffs()} \cdot \phi_C + \text{gradientBoundaryCoeffs()}$$

对于 zeroFlux 边界条件，$\text{gradientInternalCoeffs()} = 0$，$\text{gradientBoundaryCoeffs()} = 0$。对于 Dirichlet（fixedValue）边界条件，

$$\nabla\phi_b = \frac{-\phi_C + \phi_b}{d} = -\phi_C + \phi_b = -\phi_C \cdot \text{delta} + \phi_b \cdot \text{delta}$$

可见，$\text{gradientInternalCoeffs()} = -\phi_C$，$\text{gradientBoundaryCoeffs()} = \phi_b$。

6.7.3 边界条件

OpenFOAM 算例在时间文件夹下各场的文件中指定边界条件，如 p、U 等，格式如下：

```
dimensions      [0 1-1 0 0 0 0];
internalField   uniform (0 0 0);
boundaryField
{
    inlet
    {
        type            pressureInletOutletVelocity;
        value           $internalField;
    }
    outlet
    {
        type            pressureInletOutletVelocity;
        value           $internalField;
    }
```

```
    upWall
    {
        type            fixedValue;
        value           uniform (0.03125 0 0);
    }
    lowerWall
    {
        type            noSlip;
    }
    frontAndBack
    {
        type            empty;
    }
}
```

其中，组成边界的每一个 patch 均包含一个 type，用于指明边界条件的类型。

OpenFOAM 中预定义的所有基本边界条件位于目录$FOAM_SRC/finiteVolume/fields/fvPatchFields/basic 中，这里介绍其中常用的边界条件，以 patch 场 $\boldsymbol{Q}$ 为例介绍：

① fixedValue，指定边界上的 $\boldsymbol{Q}$ 值。

② fixedGradient，指定边界上的法向梯度值 $\partial \boldsymbol{Q} / \partial n$ 。

③ zeroGradient，指定边界上的法向梯度 $\partial \boldsymbol{Q} / \partial n$ 为零。

④ calculated，边界上的 patch 场 $\boldsymbol{Q}$ 由其他边界场计算得到。

⑤ mixed，由条件 fixedValue 和 fixedGradient 混合而成，将边界上的值表示为

$$Q_p = \text{valueFraction} \times \text{refValue} + (1 - \text{valueFraction}) \times \left(\text{refValue} + \frac{\text{refGradient}}{\Delta} \right)$$

式中，valueFraction 为权重系数，为边界单元面的质心与其相邻单元的质心间距离的倒数。

⑥ directionMixed，在矢量 patch 场的切向和法向使用不同的边界条件，其中的参数 valueFraction 为张量。例如，在切向采用 fixedValue，在法向采用 zeroGradient。

由基本边界条件可以导出许多更加复杂的边界条件，在 OpenFOAM 中使用-listScalarBCs 和-listVectorBCs 命令可列出某一求解器可用的边界条件。例如，在终端界面使用

```
simpleFoam-listScalarBCs-listVectorBCs
```

可列出 simpleFoam 求解器可使用的边界条件。对某一特定边界条件，使用脚本命令 foamInfo 可列出其用法描述和算例。例如，在终端输入命令

```
foamInfo totalPressure
```

后可列出关于 totalPressure 边界条件的描述和使用这一边界条件的算例。

下面介绍几种在计算流体力学中常用的导出边界条件，主要包括：

① inlet，给定入口处的速度场，相应的压力边界条件为 zeroGradient。

② outlet，给定出口处的压力场，相应的速度边界条件为 zeroGradient。

③ no-slip，流体的速度等于壁面的速度，相当于给定边界上的速度值，相应的压力边界条件为 zeroGradient。

④ symmetryPlane，指定垂直于对称面上的梯度分量为零。常用于求解区域和边界条件的对称面上，此时只需建立对称面一侧的模型即可，并在对称面上指定该边界条件。

⑤ inletOutlet，由 mixed 边界条件派生而来，它在 zeroGradient 和 fixedValue 间切换，当

流体在 patch 面上流出计算域时，为 zeroGradient；当流体流入计算域时，为 fixedValue。对于入口流，inlet 的值由 inletValue 对应的值指定，例如：

```
atmosphere
{
    type            inletOutlet;
    inletValue      uniform 0;
    value           uniform 0;
}
```

⑥ totalPressure，常与 pressureInletOutletVelocity 组合，用于发生了流体流入但流速未知的入口 patch，允许法向流速自行确定其值。指定的边界值为：

$$p=\begin{cases}p_0, & \text{对于出口流}\\ p_0-\dfrac{1}{2}\rho\left|\boldsymbol{U}\right|^2, & \text{对于入口流}\end{cases}$$

指定为该边界条件时需通过关键字 p0 给定 p_0 的值，

⑦ prghTotalPressure，常用于在具有浮力效应的问题中，需由重力场求解压力场，指定的边界值为：

$$p=\begin{cases}p_0, & \text{对于出口流}\\ p_0-\dfrac{1}{2}\rho\left|\boldsymbol{U}\right|^2-\rho\left|\boldsymbol{g}\right|\Delta h, & \text{对于入口流}\end{cases}$$

⑧ pressureInletOutletVelocity，对于入口流，指定速度的切向分量为 fixedValue，其他情况均使用 zeroGradient，此时默认 tangentialVelocity 为 0。

⑨ fixedFluxPressure，常用于在使用 zeroGradient 作为速度边界条件，但在求解方程中包含重力和表面张力等体积力的情况中表示压力的边界条件，该条件会调整压力梯度。

在 OpenFOAM 算例中使用其 Function1 功能可以指定随时间变化的边界条件。最常用的这种边界条件为 uniformFixedValue，使用关键字 uniformValue 将边界上的值指定为时间的函数，其中关键字 uniformValue 的内容中需指定所使用的 Function1 函数。这些函数包括：

① constant，恒定值。

② table，时间对的内联链表，在时间点间线性插值。

③ tableFile，与 table 类似，但数据由单独文件提供。

④ square，方波函数。

⑤ squarePulse，单个方波脉冲。

⑥ sine，正弦函数。

⑦ one and zero，恒为 0 或 1。

⑧ polynomial，多项式函数，各项的系数和指数由列表给出。

⑨ coded，通过用户编程给定函数。

⑩ scale，通过标量 scale 函数缩放给定的函数，两个函数可都属于 Function1，scale 函数通常为斜坡函数。

⑪ linearRamp、quadraticRamp、halfCosineRamp、quarterCosineRamp 和 quarterSineRamp，单调斜坡函数，在给定的时间内从 0 上升到 1。

⑫ reverseRamp，将斜坡函数的值翻转，即从 1 下降到 0。

这些函数的用法由下面的例子给出：

```
inlet
{
    type                uniformFixedValue;
    uniformValue        constant 2;
}
inlet
{
    type                uniformFixedValue;
    uniformValue        table((0 0)(10 2));
}
inlet
{
    type                uniformFixedValue;
    uniformValue        polynomial((1 0)(2 2)); //=1*t^0 + 2*t^2
}
inlet
{
    type                uniformFixedValue;
    uniformValue
    {
        type            tableFile;
        format               csv;
        nHeaderLine          4;                    //文件头行数
        refColumn            0;                    //时间列索引
        componentColumns     (1);                  //数据列索引
        separator            ",";                  //分隔符
        mergeSeparators      no;
        file                 "dataTable.csv";
    }
}
inlet
{
    type                uniformFixedValue;
    uniformValue
    {
        type                 square;
        frequency            10;
        amplitude            1;
        scale                2;          //比例系数
        level                1;          //偏移量
    }
}
inlet
{
    type                uniformFixedValue;
    uniformValue
    {
        type                 sine;
        frequency            10;
        amplitude            1;
        scale                2;          //比例系数
        level                1;          //偏移量
    }
}
```

```
input
{
    type                uniformFixedValue;
    uniformValue            //时间从 0 至 0.4，值从 0 变为 2 的 ramp 函数
    {
        type            scale;
        scale           linearRamp;
        start           0;
        duration        0.4;
        value           2;
    }
}
input  //ramp from 2->0,from t=0->0.4
{
    type                    uniformFixedValue;
    uniformValue            //时间从 0 至 0.4，值从 2 变为 0 的反 ramp 函数
    {
        type            scale;
        scale           reverseRamp;
        ramp            linearRamp;
        start           0;
        duration        0.4;
        value           2;
    }
}
inlet
{
    type                    uniformFixedValue;
    uniformValue            //时间从 0 至 0.4，值为 2 的脉冲函数
    {
        type            scale;
        scale           squarePulse
        start           0;
        duration        0.4;
        value           2;
   }
}
inlet
{
    type                    uniformFixedValue;
    uniformValue            coded;
    name                    pulse;
    codeInclude
    #{
        #include "mathematicalConstants.H"
    #};
    code
    #{
        return scalar
        (
            0.5*(1- cos(constant::mathematical::twoPi*min(x/0.3,1)))
        );
     #};
}
```

6.7.4 OpenFOAM 中边界和边界条件的关系

OpenFOAM 算例中边界类型和边界条件类型具有对应关系，OpenFOAM 求解器在计算前除了检查确认两文件中边界名称的一致性外，还检查算例中定义的边界和边界条件类型是否一致，如果不一致，则会报错。表 6-2 中的边界 patch 类型和相应的边界条件是成对出现的。表 6-3 中的一种边界 patch 可对应多种边界条件类型。

表6-2　边界 patch 与边界条件的对应关系（一一对应）

边界 patch 类型	边界条件类型
symmetry	symmetry
symmetryPlane	symmetryPlane
empty	empty
wedge	wedge
cyclic	cyclic
processor	processor

表6-3　边界 patch 与边界条件的对应关系（一对多）

边界 patch 类型	边界条件类型
patch	fixedValue
	zeroGradient
	inletOutlet
	slip
	totalPressure
	supersonicFressStream
	…
wall	fixedValue
	zeroGradient
	…

6.8 使用#codeStream 的内联编程

OpenFOAM 可以在运行时编译、下载和执行 C++代码，以此来传递字典条目，这一功能可通过指令#codeStream 实现，可在任何进行实时编译的输入文件中应用这一功能。其中代码和编译指令通过以下关键字指定：

① code：指定代码，使用参数 OStream& os 和 const dictionary& dict 调用，可以在代码中使用，如从当前算例字典（文件）中查找关键字条目。

② codeInclude（可选）：指定附加的 C++ #include 语句以包含 OpenFOAM 文件。

③ codeOptions（可选）：在 Make/options 中指定要添加到 EXE_INC 的额外编译标志。

④ codeLibs（可选）：指定要添加到 Make/options 中的 LIB_LIBS 的额外编译标志。

#codeStream 源代码的二进制文件自动生成并备份在当前算例目录的 dynamicCode 下，而且源代码在运行时自动编译。例如，有如下输入文件，其中的#codeStream 代码用于计算盒形几何的转动惯量。

```
momentOfInertia #codeStream
{
    codeInclude
    #{
        #include "diagTensor.H"
    #};
    code
    #{
        scalar sqrLx=sqr($Lx);
        scalar sqrLy=sqr($Ly);
        scalar sqrLz=sqr($Lz);
        os<<$mass*diagTensor(sqrLy + sqrLz,sqrLx + sqrLz,sqrLx + sqrLy)/12.0;
    #};
};
```

6.8.1 使用#codeStream 代码定义边界条件

可使用#codeStream 代码执行边界条件，例如，在下面的位于算例文件夹 0 内的速度场文件 U 中，使用#codeStream 代码自定义了边界条件，该边界条件指定边界上的速度场为：

$$U_x = U_{\max}\left(1-\frac{(y-8)^2}{64}\right)$$

```
patch-name
{
    type      fixedValue;
    value     #codeStream                   //使用 codeStream 设置边界条件
    {
        codeInclude
        #{
            #include "fvCFD.H"              //需要一并编译的文件
        #};
        codeOptions                         //编译选项
        #{
            -I$(LIB_SRC)/finiteVolume/lnInclude\
            -I$(LIB_SRC)/meshTools/lnInclude
        #};
        codeLibs                            //需要参与编译的库，在需要对边界条件的输出
        #{                                  //进行可视化时使用
            -lmeshTools\
            -lfiniteVolume
        #};
        code                                //下面为自定义程序段
        #{
            const IOdictionary& d=static_cast<const IOdictionary&>
                                            //访问当前目录
            (
                dict.parent().parent()
```

```
            );
            const fvMesh& mesh=refCast<const fvMesh>(d.db());
                            //访问 mesh 数据库
            const label id=mesh.boundary().findPatchID("velocity-inlet-5");
                            //获得所针对 patch 的索引
            const fvPatch& patch=mesh.boundary()[id];
                            //访问边界单元信息
                            //以上各行用于访问边界单元信息，以下各行定义新的边界条件
            vectorField U(patch.size(),vector(0,0,0));
                            //初始化矢量场
            const scalar pi=constant::mathematical::pi;
                            //声明常数
            const scalar U_0=2.;
            const scalar p_ctr=8.;
            const scalar p_r=8.;
            forAll(U,i) //循环访问边界 patch 面中心，并在其上指定新速度值
             (
                 const scalar y=patch.Cf()[i][1];
                            //获得 patch 面中心的 y 坐标
                 U[i]=vector(U_0*(1-(pow(y-p_ctr,,2))/(p_r*p_r)),0.,0.);
                            //指定 patch 面中心上的 U 值
             )
             U.writeEntry(",os);     //将 U 值写入字典
        #};
    }
};
```

其中，由 code 命令中定义的场变量 U 可以与输入字典的场变量名不一致。

OpenFOAM 中提供了 codeStream 的导出边界条件 codedFixedValue 和 codedMixed，它们的用法与#codeStream 类似，但它们可以从外部字典 system/codeDict 读入 code 部分。例如，下面的例子执行 codedFixedValue 边界条件，结果与上述#codeStream 代码的结果一致。

```
patch-name
{
    type    codedFixedValue;
    value   uniform (0,0,0);          //边界值初始化
    redirectType    name_of_BC;
    codeOptions                       //编译选项
    #{
        -I$(LIB_SRC)/finiteVolume/lnInclude\
        -I$(LIB_SRC)/meshTools/lnInclude
    #};
    codeInclude                       //需要一并编译的文件
    #{
         #include "fvCFD.H"
         #include<cmath>
         #include<iostream>
    #};
    code                              //下面为自定义程序段
    #{
         const fvPatch& boundaryPatch=patch();
         const vectorField& Cf=boundaryPatch.Cf();
         vectorField& field=*this;
         const scalar U_0=2.,p_ctr=8.,p_r=8.;
```

```
            forAll(Cf,faceI)                    //实际执行的边界条件
            (
                field[faceI]=vector(U_0*(1-(pow(y-p_ctr,,2))/(p_r*p_r)),
                    0.,0.);
            )
        #};
    };
```

直接使用 codedFixedValue 和 codedMixed 定义边界条件的语法比 codeStream 的简单。但使用这些边界条件的一个缺点是，不能对 0 时刻的边界条件进行可视化，需要至少一次迭代才能看出来。

如果需要设定随时间变化的边界条件，可使用如下语句访问时间：

```
this->db().time().value()
```

下面的例子（只给出 code 部分，其余部分与上面的例子相同）设置边界条件为：

$$U_x = \sin(t) \times U_{\max}\left(1 - \frac{(y-c)^2}{r^2}\right)$$

```
code
#{
    const fvPatch& boundaryPatch=patch();
    const vectorField& Cf=boundaryPatch.Cf();
    vectorField& field=*this;
    const scalar U_0=2.,p_ctr=8.,p_r=8.;
    scalar t=this->db().time().value();                    //访问时间
    forAll(Cf,faceI)                                        //实际执行的边界条件
     (
        field[faceI]=vector(sin(t)*U_0*(1-(pow(Cf[faceI].y()-
            p_ctr,2))/(p_r*p_r))),0.,0.);
     )
#};
```

6.8.2 使用#codeStream 代码定义初始条件

在 OpenFOAM 算例中设置初始条件可以使用 setFields，它灵活性较好，甚至可以读取 STL 文件中的内容初始化场，但在使用 setFields 不能得到预期的结果时，可以使用 codeStream 执行自定义的初始条件。执行初始条件的典型 codeStream 代码块为：

```
internalField   #codeStream            //初始条件
{
    {
        codeInclude
        #{
            #include "fvCFD.H"   //需要一并编译的文件
        #};
        codeOptions                    //编译选项
        #{
            -I$(LIB_SRC)/finiteVolume/lnInclude\
            -I$(LIB_SRC)/meshTools/lnInclude
        #};
        codeLibs                       //需要参与编译的库，在需要对边界条件的输出
```

```
            #{                                    //进行可视化时使用
                -lmeshTools\
                -lfiniteVolume
            #};
            code                                  //自定义程序段
            #{
                …
            #};
        };
}
```

例如，在多相流仿真中，初始时刻液滴为椭圆形，在该椭圆形内为同一种相，该椭圆的方程为：

$$\frac{(x-h)^2}{a^2}+\frac{(y-k)^2}{b^2}=1$$

定义这一初始状态的程序段为：

```
code
#{
    const IOdictionary& d=static_cast<const IOdictionary&>(dict);
                                                  //访问初始网格信息
    const fvMesh& mesh=refCast<const fvMesh>(d.db());
    scalarField alpha(mesh.nCells(),0.);          //初始化标量场
    scalar he=0.5;
    scalar ke=0.5;
    scalar ae=0.3;
    scalar be=0.15;
    forAll (alpha,i)     //对每一个单元中心指定 alpha 值，其中 alpha 已初始化
    {
        const scalar x=mesh.C()[i][0];            //访问单元中心坐标
        const scalar y=mesh.C()[i][1];
        const scalar z=mesh.C()[i][2];
        if (pow(y-ke,2)<=((1-pow(x-he,2)/pow(ae,2))*pow(be,2)))
        {
            alpha[i]=1.0;                         //指定 alpha 的值
        }
    }
    alpha.writeEntry(" ",os);                     //写出至输入字典
#};
```

这一实例如果用 STL 文件和 setFields 实现则比较复杂，需首先使用造型软件创建实体模型并保存为 STL 格式，然后由 setFields 读入 STL 文件。

6.8.3 使用#codeStream 代码同时定义初始条件和边界条件

以多相流仿真为例，介绍使用#codeStream 代码同时定义初始条件和边界条件的方法。假设初始状态为容器中已填充有部分液体，分别使用 codeStream 和 codedFixedValue 定义这种状态的初始条件和边界条件。需分别在相场文件 alpha.water 和速度场文件 U 中定义，其中在 alpha.water 文件中执行 codeStream 初始条件的 code 部分为：

```
internalField    #codeStream              //初始条件
```

```
{
    …
    code                                          //自定义程序段
    #{
        const IOdictionary& d=static_cast<const IOdictionary&>(dict);
        const fvMesh& mesh=refCast<const fvMesh>(d.db());
        scalarField alpha(mesh.nCells(),0.);      //初始化标量场
        forAll (alpha,i)
        {
            const scalar x=mesh.C()[i][0];        //访问单元中心坐标
            const scalar y=mesh.C()[i][1];
            const scalar z=mesh.C()[i][2];
            if (y<=0.2)
            {
                alpha[i]=1.0;
            }
        }
        alpha.writeEntry(" ",os);                 //写出至输入字典
    #};
```

在 alpha.water 文件中执行 codeFixedValue 边界条件的 code 部分为：

```
leftWall
{
    type   codedFixedValue;
    value  0;                    //边界值初始化
    redirectType   inletProfile2;
    …
    code                         //下面为自定义程序段
    #{
        const fvPatch& boundaryPatch=patch();
        const vectorField& Cf=boundaryPatch.Cf();
        vectorField& field=*this;
        field=patchInternalField();
        const scalar min=0.5,max=0.7;
        scalar t=this->db().time().value();
        forAll(Cf,faceI)
        {
            if ((Cf[faceI].z()>min)&& (Cf[faceI].z()<max && (Cf[faceI].
                y()>min)&&(Cf[faceI].y()<max))
            {field[faceI]=1.;}
            else
            {field[faceI]=0.;}
        }
    #};
};
```

在 U 文件中执行 codeFixedValue 边界条件的 code 部分为：

```
leftWall
{
    type   codedFixedValue;
    value  uniform (0 0 0);        //边界值初始化
    redirectType   inletProfile1;
    …
```

```
        code                                    //下面为自定义程序段
        #{
            const fvPatch& boundaryPatch=patch();
            const vectorField& Cf=boundaryPatch.Cf();
            vectorField& field=*this;
            field=patchInternalField();
            const scalar min=0.5,max=0.7;
            scalar t=this->db().time().value();
            forAll(Cf,faceI)
            {
                if ((Cf[faceI].z()>min)&& (Cf[faceI].z()<max && (Cf[faceI].
                    y()>min)&& (Cf[faceI].y()<max))
                {field[faceI]=vector(1,0,0);}
                else
                {field[faceI]=vector(0,0,0);}
            }
        #};
    };
```

6.9 模型和物理特性

在 OpenFOAM-10 中，将材料的特性和物理现象的模型进行了区分。在算例目录的 constant 子目录中，使用文件 physicalProperties 指定材料特性，对于流体，文件 physicalProperties 中的特性只与静止状态的流体有关，不依赖于流动本身。而诸如紊流、黏弹性和黏度随应变率的变化等特性均在 constant 子目录中的 momentumTransport 文件中指定。本节介绍 OpenFOAM 中预定义的部分模型，包括热物理模型、紊流模型和输运/黏度模型。

6.9.1 热物理模型

热物理模型与热力学（如内能与温度的关系）、输运过程（黏度随温度的变化）、状态（密度随温度和压力的变化）等物理现象有关，而且热物理模型在字典文件 physicalProperties 中指定。在仿真计算时通过关键字 thermoType 指定描述热物理模型的条目。OpenFOAM 中提供的热物理建模包从状态方程开始，添加了更多的热物理建模层，这些添加层从前一层获得属性。thermoType 中的关键字条目反映了这种多层模型和它们的组合，例如：

```
thermoType
{
    type                hePsiThermo;
    mixture             pureMixture;
    transport           const;
    thermo              hConst;
    equationOfState     perfectGas;
    specie              specie;
    energy              sensibleEnthalpy;
}
```

其中，每一个关键字条目指定了所选择的热物理模型，如 transport const 代表恒定黏度和热扩散，关键字 energy 指定求解中使用的能量形式。下面介绍 thermoType 模型包中各条目和选项的含义。

（1）热物理和混合模型

进行热物理建模的求解器均需构建特定热物理模型类对象，这些模型类包括：

① fluidThermo，成分固定的一般流体的热物理模型，使用 fluidThermo 的求解器包括 rhoSimpleFoam、rhoPorousSimpleFoam、rhoPimpleFoam、buoyantFoam、rhoParticleFoam 和 thermoFoam。

② psiThermo，只适用于成分固定的气体的热物理模型，由求解器 rhoCentralFoam 使用。

③ fluidReactionThermo，成分可变的流体的热物理模型，用于求解器 reactingFoam、chtMultiRegionFoam 和 chemFoam。

④ psiuReactionThermo，基于层流火焰速度和回归变量模拟燃烧的求解器的热物理模型，如 XiFoam 和 PDRFoam 等。

⑤ multiphaseMixtureThermo，用于多相的热物理模型，如求解器 compressibleMultiphase InterFoam。

⑥ solidThermo，用于固体的热物理模型，如求解器 chtMultiRegionFoam。

在 thermoType 子字典中的 type 关键字后指定求解器使用的基础热物理模型，可选的项包括：

① hePsiThermo，适用于构建 fluidThermo、fluidReactionThermo 和 psiThermo 模型的求解器。

② heRhoThermo，适用于构建 fluidThermo、fluidReactionThermo 和 multiphaseMixture Thermo 模型的求解器。

③ heheuPsiThermo，适用于构建 psiuReactionThermo 模型的求解器。

④ heSolidThermo，适用于构建 solidThermo 模型的求解器。

在关键字 mixture 后指定混合物的组成。对于无化学反应的热物理模型，该关键字的值可选择 pureMixture，表示具有固定组成的混合物，而且当指定为 pureMixture 时，需要在名称为 mixture 的子字典中指定热物理模型系数。对于发生化学反应的热物理模型，混合物的组成可变，关键字 mixture 的值可指定为 multicomponentMixture，并在化学反应文件中将组分和反应列出，该文件由关键字 foamChemistryFile 指定。此外，使用 multicomponentMixture 模型时需要在以每种组分命名的子词典中为每种组分指定热物理模型系数。对于基于层流火焰速度和回归变量的燃烧，其组分是一组混合物，如燃料、氧化剂和燃烧产物，适用于这种燃烧建模的混合物模型有 homogeneousMixture、inhomogeneousMixture 和 veryInhomogeneousMixture。其他组分可变的模型有 egrMixture、singleComponentMixture 等。

（2）输运模型

输运现象的建模涉及动力黏度 μ、热导率 κ 和热扩散率 α（针对内能和焓方程），OpenFOAM 中提供的输运模型有：

① const，假设恒定的 μ 和 Prandtl 数 $Pr = c_p\mu / \kappa$，分别使用关键字 mu 和 Pr 指定。

② sutherland，由 Sutherland 系数 A_s 和 Sutherland 温度 T_s 计算依赖于温度的 $\mu = A_s\sqrt{T} / (1 + T_s / T)$，这两个参数分别由关键字 As 和 Ts 指定。

③ polynomial，假设 μ 和 κ 为关于温度的任意阶多项式，$\mu=\sum_{i=0}^{N-1}a_iT^i$。

④ logPolynomial，假设 $\ln(\mu)$ 和 $\ln(\kappa)$ 为关于 $\ln(T)$ 的任意阶多项式，$\ln(\mu)=\sum_{i=0}^{N-1}a_i\left[\ln(T)\right]^i$。

⑤ Andrade，假设 $\ln(\mu)$ 和 $\ln(\kappa)$ 为关于 T 的多项式函数，$\ln(\mu)=a_0+a_1T+a_2T^2+a_3/(a_4+T)$。

⑥ tabulated，由统一的表格数据提供作为压力和温度函数的黏度和热导率。

⑦ icoTabulated，由非统一的表格数据提供作为温度函数的黏度和热导率。

⑧ WLF，Williams-Landel-Ferry 的简称，假设 μ 为关于温度的函数，$\mu=\mu_0\exp\left(\dfrac{-C_1(T-T_r)}{C_2+T-T_r}\right)$，其中 C_1、C_2 和参考温度 T_r 分别由关键字 C1、C2 和 Tr 指定。

（3）热力学模型

热力学模型与比热 c_p 或 c_v 的计算有关，OpenFOAM 中提供的 thermo 模型有：

① eConst，假设 c_v 和溶解热 H_f 恒定，分别由关键字 Cv 和 Hf 指定。

② eIcoTabulated，通过对非均匀的表格数据 (T,c_v) 插值计算 c_v。

③ ePolynomial，由关于温度的任意阶多项式计算 c_v，$c_\mathrm{v}=\sum_{i=0}^{N-1}a_iT^i$。

④ ePower，由关于温度的幂函数计算 c_v，$c_\mathrm{v}=c_0\left(\dfrac{T}{T_\mathrm{ref}}\right)^{n_0}$。

⑤ eTabulated，通过对均匀的表格数据 (T,c_v) 插值计算 c_v。

⑥ hConst，假设 c_p 和溶解热 H_f 恒定，分别由关键字 Cp 和 Hf 指定。

⑦ hIcoTabulated，通过对非均匀的表格数据 (T,c_p) 插值计算 c_p。

⑧ hPolynomial，由关于温度的任意阶多项式计算 c_p，$c_\mathrm{p}=\sum_{i=0}^{N-1}a_iT^i$。

⑨ hPower，由关于温度的幂函数计算 c_p，$c_\mathrm{p}=c_0\left(\dfrac{T}{T_\mathrm{ref}}\right)^{n_0}$。

⑩ hTabulated，通过对均匀的表格数据 (T,c_p) 插值计算 c_p。

⑪ janaf，由关于温度 T 的函数计算 c_p，该函数中的系数来自于热力学的 JANAF 表格，其中的数据包括：温度的上下限（由 Thigh 和 Tlow 指定）、常温（由 Tcommon 指定），计算 c_p 时使用函数 $c_\mathrm{p}=R\big(((a_4T+a_3)T+a_2)T+a_0\big)$，在高温段和低温段使用不同的系数组。

（4）各成分的组成

OpenFOAM 中用于指定介质中每种成分组成的模型只有一种，该模型的名称为 specie，由如下条目指定：

① nMoles，组分的摩尔数，该关键字条目只用于基于回归变量和均匀混合物的反应物的燃烧建模，其他建模中设置其值为 1。

② molWeight，组分的摩尔质量。

（5）状态方程

OpenFOAM 的热力学建模库中包含如下状态方程：

① adiabaticPerfectFluid，对应状态方程 $\rho=\rho_0\left(\dfrac{p+B}{p_0+B}\right)^{1/\gamma}$，其中 ρ_0 和 p_0 分别为参考密度和压力，B 为模型常数。

② Boussinesq，对应的方程为 $\rho=\rho_0[1-\beta(T-T_0)]$，其中 β 为体积膨胀系数，ρ_0 为参考温度 T_0 时的参考密度。

③ icoPolynomial，对应的方程为 $\rho=\sum_{i=0}^{N-1}a_iT^i$。

④ icoTabulated，不可压缩流体的 (T,ρ) 表格数据。

⑤ incompressiblePerfectGas，不可压缩理想气体，$\rho=\dfrac{1}{RT}p_{\text{ref}}$，其中 p_{ref} 为参考压力。

⑥ linear，线性状态方程 $\rho=\psi p+\rho_0$，其中 ψ 为可压缩性（不一定为 $\dfrac{1}{RT}$）。

⑦ PengRobinsonGas，Peng Robinson 状态方程 $\rho=\dfrac{1}{zRT}p$，其中 $z=z(p,T)$。

⑧ perfectFluid，理想流体，$\rho=\dfrac{1}{RT}p+\rho_0$，其中 ρ_0 为 $T=0$ 时的密度。

⑨ perfectGas，理想气体，$\rho=\dfrac{1}{RT}p$。

⑩ rhoConst，恒定密度。

⑪ rhoTabulated，可压缩流体的均匀表格数据，ρ 为 T 和 p 的函数。

⑫ rPolynomial，关于固体和液体密度的多项式方程 $\dfrac{1}{\rho}=C_0+C_1T+C_2T^2-C_3p-C_4pT$。

（6）能量变量的选择

在求解热物理问题时，需指定能量的形式，如内能和焓等，以及是否包含生热形式等，这些都是通过关键字 energy 指定的。当包含生热形式时，通常应用绝对能量，否则使用感应能量，这两者之间的关系为 $h=h_{\text{s}}+\sum_i c_i\Delta h_f^i$，其中 c_i 和 h_f^i 分别为摩尔分数和热生成量。在绝大多数情况中使用感应能，因为它易于表示反应引起的能量变化。energy 对应点的关键字条目包括：sensibleEnthalpy、sensibleInternalEnergy 和 absoluteEnthalpy。

（7）热物理特性数据

多物理场计算中，介质组分的热物理特性均由输入数据指定，数据条目需包含以关键字表示的组分名称，如 O_2、H_2 和 mixture，其后给出系数子字典，包括：

① specie，包括组分的摩尔数 nMoles 和分子质量 molWeight。

② thermodynamics，包括所选的热物理模型系数。

③ transport，包括所选的输运模型系数。

例如，下面的例子给出使用 sutherland 输运模型和热力学模型的名称为 fuel 的组分特性：

```
fuel
{
    specie
    {
        nMoles          1;
        molWeight       16.0428;
    }
```

```
        thermodynamics
        {
            Tlow            0;
            Thigh           6000;
            Tcommon         1000;
            highCpCoeffs    (1.63543 0.0100844-3.36924e-06 5.34973e-10
                                -3.15528e-14-10005.6 9.9937);
            lowCpCoeffs     (5.14988-0.013671 4.91801e-05-4.84744e-08
                                1.66694e-11-10246.6-4.64132);
        }
        transport
        {
            As          67212e-06;
            Ts          0.672;
        }
    }
```

下面的例子给出名称为 air 的组分的特性，它使用 const 输运模型和 hConst 热力学模型：

```
    air
    {
        specie
        {
            nMoles          1;
            molWeight       28.96;
        }
        thermodynamics
        {
            Cp              1004.5;
            Hf              2.544e+06;
        }
        transport
        {
            mu              1.8e-05;
            Pr              0.7;
        }
    }
```

6.9.2 紊流模型

多物理场计算中使用的紊流模型由字典文件 momentumTransport 给出，其中使用关键字 simulationType 控制所使用的紊流模型，其值有：

① laminar，不使用紊流模型。

② RAS，使用雷诺平均紊流模型。

③ LES，使用大涡模拟模型。

下面分别介绍这些紊流模型的使用方法。

（1）雷诺平均模拟建模

选用 RAS 时，需要在 RAS 子字典中指定如下条目的值：

① model，RAS 紊流模型的名称。

② turbulence，决定是否求解紊流模型。

③ printCoeffs，决定在仿真起始阶段是否在终端输出模型系数。

④ <model>Coeffs，相应模型的系数字典，覆盖默认系数。

求解器运行时使用选项-listMomentumTransportModels option 可列出紊流模型，例如：

```
simpleFoam-listMomentumTransportModels
```

使用如下命令可查看 OpenFOAM 自带算例中使用的 RAS 模型：

```
foamSearch $FOAM_TUTORIALS momentumTransport RAS/model
```

对于不可压缩流动，可选的 RAS 模型有：

① LRR，Launder、Reece 和 Rodi Reynolds 应力紊流模型。

② LamBremhorstKE，Lam 和 Bremhorst 低雷诺数 k-ε 紊流模型。

③ LaunderSharmaKE，Launder 和 Sharma 低雷诺数 k-ε 紊流模型。

④ LienCubicKE，Lien 三次非线性低雷诺数 k-ε 紊流模型。

⑤ LienLeschziner，Lien 和 Leschziner 低雷诺数 k-ε 紊流模型。

⑥ RNGkEpsilon，重整化群 k-ε 紊流模型。

⑦ SSG，Speziale、Sarkar 和 Gatski 雷诺应力紊流模型。

⑧ ShihQuadraticKE，Shih 二次代数雷诺应力紊流模型。

⑨ SpalartAllmaras，用于不可压缩外部流动的 Spalart-Allmaras 单方程混合长度模型。

⑩ kEpsilon，标准 k-ε 紊流模型。

⑪ kOmega，标准高雷诺数 k-omega 紊流模型。

⑫ kOmega2006，标准（2006）高雷诺数 k-omega 紊流模型。

⑬ kOmegaSST，k-omega-SST 紊流模型。

⑭ kOmegaSSTLM，基于 k-omega-SST RAS 模型的 Langtry-Menter 4 方程过渡 SST 模型。

⑮ kOmegaSSTSAS，基于 k-omega-SST RAS 模型的尺度自适应 URAS 模型。

⑯ kkLOmega，低雷诺数 k-kl-omega 紊流模型。

⑰ qZeta，Gibson 和 Dafa'Alla 的 q-zeta 二方程低雷诺数紊流模型。

⑱ realizableKE，可实现的 k-ε 紊流模型。

⑲ v2f，Lien 和 Kalitzin 的 v2-f 紊流模型，其中对 Davidson 等人给出的紊流黏度进行了限制。

对于可压缩流动，可选的 RAS 模型有：

① LRR，Launder、Reece 和 Rodi 的 Reynolds 应力紊流模型。

② LaunderSharmaKE，用于可压缩和燃烧流的 Launder 和 Sharma 低雷诺数 k-ε 紊流模型，这些流动中包含基于快速失真理论的压缩项。

③ RNGkEpsilon，重整化群 k-ε 紊流模型。

④ SSG，Speziale、Sarkar 和 Gatski 雷诺应力紊流模型。

⑤ SpalartAllmaras，用于可压缩外部流动的 Spalart-Allmaras 单方程混合长度模型。

⑥ buoyantKEpsilon，在标准 k-ε 紊流模型的 k 和 ε 方程中增加浮力生成/耗散项。

⑦ kEpsilon，包含基于快速失真理论的压缩项的标准 k-ε 紊流模型。

⑧ kOmega，标准高雷诺数 k-omega 紊流模型。

⑨ kOmega2006，标准（2006）高雷诺数 k-omega 紊流模型。

⑩ kOmegaSST，k-omega-SST 紊流模型。

⑪ kOmegaSSTLM，基于 k-omega-SST RAS 模型的 Langtry-Menter 4 方程过渡 SST 模型。

⑫ kOmegaSSTSAS，基于 k-omega-SST RAS 模型的尺度自适应 URAS 模型。

⑬ realizableKE，可实现的 k-ε 紊流模型。

⑭ v2f，Lien 和 Kalitzin 的 v2-f 紊流模型，其中对 Davidson 等人给出的紊流黏度进行了限制。

（2）大涡模拟建模

选用 LES 时，需要在 LES 子字典中指定如下条目的值：

① model，LES 紊流模型的名称。

② delta，δ模型的名称。

③ <model>Coeffs，相应模型的系数字典，覆盖默认系数。

④ <delta>Coeffs， 模型的系数字典。

对于不可压缩流动，可选的 LES 模型有：

① DeardorffDiffStress，微分 SGS 应力方程模型。

② Smagorinsky，Smagorinsky SGS 模型。

③ SpalartAllmarasDDES，SpalartAllmaras DDES 紊流模型。

④ SpalartAllmarasDES，SpalartAllmarasDES DES 紊流模型。

⑤ SpalartAllmarasIDDES，SpalartAllmaras IDDES 紊流模型。

⑥ WALE，壁面自适应局部涡黏度（WALE）SGS 模型。

⑦ dynamicKEqn，动态一方程涡黏模型。

⑧ dynamicLagrangian，具有 Lagrangian 平均的动态 SGS 模型。

⑨ kEqn，一方程涡黏模型。

⑩ kOmegaSSTDES，k-omega-SST-DES 紊流模型。

对于不可压缩流动，可选的 LES 模型有：

① DeardorffDiffStress，微分 SGS 应力方程模型。

② Smagorinsky，Smagorinsky SGS 模型。

③ SpalartAllmarasDDES，SpalartAllmaras DDES 紊流模型。

④ SpalartAllmarasDES，SpalartAllmarasDES DES 紊流模型。

⑤ SpalartAllmarasIDDES，SpalartAllmaras IDDES 紊流模型。

⑥ WALE，壁面自适应局部涡黏度（WALE）SGS 模型。

⑦ dynamicKEqn，动态一方程涡黏模型。

⑧ dynamicLagrangian，具有 Lagrangian 平均的动态 SGS 模型。

⑨ kEqn，一方程涡黏模型。

⑩ kOmegaSSTDES，k-omega-SST-DES 紊流模型。

（3）模型系数

RAS 紊流模型的系数在模型各自的源代码中均给出了相应的默认值，如果在计算时需要覆盖这些默认值，可以通过在 RAS 子字典文件中添加一个子字典条目来实现，其关键字的名称为模型名称附加 Coeffs 的名称。例如，对于 kEpsilon 模型的系数，相应的关键字名称为 kEpsilonCoeffs。如果 RAS 子字典中 printCoeffs 的值为 on，则在运行开始阶段创建模型时，相关的…Coeffs 字典的示例将打印至标准输出。可将其复制到 RAS 子词典文件中并根据需要编辑条目。

（4）壁面函数

OpenFOAM 提供了一系列壁面函数模型，它们被作为边界条件应用于各 patch。这样可实现不同的壁面函数模型应用于不同的壁面区域。在算例目录的 0/nut 文件内的紊流黏度场 ν_t 中指定所使用的壁面函数。例如，下面的例子指明 movingWall 上施加的壁面函数为 nutkWallFunction：

```
boundaryField
{
    movingWall
    {
        type            nutkWallFunction;
        value           uniform 0;
    }
    …
}
```

使用如下命令可以查看 OpenFOAM 提供的壁面函数模型：

```
foamInfo wallFunction
```

对于每个壁面函数边界条件，使用时可以通过关键字条目 E、kappa 和 Cmu 覆盖默认的设置。在 nut/mut 文件中的各个 patch 上选定特定的壁面函数后，还需在 epsilon 场中的相应 patch 上选择 epsilonWallFunction，并在紊流场 k、q 和 R 中的相应 patch 上选择 kqRwallFunction。

6.9.3 输运/黏度模型

在使用 OpenFOAM 进行多物理场仿真时，如果假设流体为牛顿流体，则可在 physicalProperties 字典文件中指定黏度，例如，对于不随时间和空间变化的黏度，可指定为

```
viscosityModel  constant;
nu              1.5e-05;
```

而非牛顿模型则需要在 momentumTransport 文件中指定，指定时包含的内容有：

① 表示非均匀黏度随应变率变化的广义牛顿模型。

② 黏弹性模型。

③ lambdaThixotropic 模型。

下面分别介绍这些模型。

（1）Bird-Carreau 模型

Bird-Carreau 广义牛顿模型为

$$\nu = \nu_\infty + (\nu_0 - \nu_\infty)[1 + (k\dot{\gamma})^a]^{(n-1)/a}$$

式中，系数 a 的默认值为 2，在 momentumTransport 文件中指定该模型的示例为

```
viscosityModel BirdCarreau;
nuInf    1e-05;
k        1;
n        0.5;
```

其中，零应变率时的恒定黏度 ν_0 在 physicalProperties 文件中指定。

（2）交叉幂律模型

交叉幂律广义牛顿模型为

$$\nu = \nu_\infty + \frac{\nu_0 - \nu_\infty}{1 + (m\dot{\gamma})^n}$$

在 momentumTransport 文件中指定该模型的示例为：

```
viscosityModel CrossPowerLaw;
nuInf    1e-05;
m        1;
n        0.5;
```

同样地，零应变率时的恒定黏度 ν_0 在 physicalProperties 文件中指定。

（3）幂律模型

幂律广义牛顿模型提供了黏度函数，该黏度受给定的最小值和最大值限制：

$$\nu = k(\dot{\gamma})^{n-1}, \nu_{\min} \leqslant \nu \leqslant \nu_{\max}$$

使用方法示例为：

```
viscosityModel powerLaw;
nuMax        1e-03;
nuMin        1e-05;
k            1e-05;
n            0.5;
```

（4）Herschel-Bulkley 模型

Herschel-Bulkley 广义牛顿模型在流体中综合了 Bingham 塑性和幂律行为的影响，当应变率较低时，将介质建模为具有黏度 ν_0 的非常黏稠的流体，而应变率超过阈值时，黏度由幂律描述：

$$\nu = \min\left(\nu_0, \frac{\tau_0}{\dot{\gamma}} + k(\dot{\gamma})^{n-1}\right)$$

使用方法示例为：

```
viscosityModel HerschelBulkley;
tau0         0.01;
k            0.001;
n            0.5;
```

（5）Casson 模型

Casson 广义牛顿模型是用于血液流变学的基本模型，它分别指定最小和最大黏度：

$$\nu = \left(\sqrt{\frac{\tau_0}{\dot{\gamma}}} + \sqrt{m}\right)^2, \nu_{\min} \leqslant \nu \leqslant \nu_{\max}$$

使用方法示例为：

```
viscosityModel Casson;
m        3.934986e-6;
tau0     2.9032e-6;
nuMax    13.3333e-6;
nuMin    3.9047e-6;
```

（6）应变率函数

使用应变率函数广义牛顿模型可以在仿真过程中指定作为应变率函数的黏度，它通过应用边界条件中的时变属性和 Function1 功能来指定应变率的函数。下面为使用 polynomial 函数的模型示例：

```
viscosityModel            strainRateFunction;
function polynomial       ((0 0.1)(1 1.3));
```

（7）Maxwell 模型

Maxwell 层流黏弹模型求解流体应力张量方程：

$$\frac{\partial \boldsymbol{\tau}}{\partial t} + \nabla \cdot (\boldsymbol{U}\boldsymbol{\tau}) = 2\text{symm}\left[\boldsymbol{\tau} \cdot \nabla \boldsymbol{U}\right] - 2\frac{\nu_{\text{M}}}{\lambda}\text{symm}(\nabla \boldsymbol{U}) - \frac{1}{\lambda}\boldsymbol{\tau}$$

式中，ν_{M} 为 Maxwell 黏度，λ 为弛豫时间。

该模型使用方法示例为：

```
simulationType laminar;
laminar
{
    model                   Maxwell;
    MaxwellCoeffs
    {
        nuM                 0.002;
        lambda              0.03;
    }
}
```

如果在 physicalProperties 文件中指定零应变率时的恒定黏度，该模型则等价于 Oldroyd-B 黏弹模型。Maxwell 模型中包含一个多模式选项，其中 $\boldsymbol{\tau}$ 为应力的和，每种模式与一个弛豫时间相关。

（8）Giesekus 模型

Giesekus 层流黏弹模型与 Maxwell 模型类似，但这里的 $\boldsymbol{\tau}$ 方程中增加了一个迁移率项：

$$\frac{\partial \boldsymbol{\tau}}{\partial t} + \nabla \cdot (\boldsymbol{U}\boldsymbol{\tau}) = 2\text{symm}\left[\boldsymbol{\tau} \cdot \nabla \boldsymbol{U}\right] - 2\frac{\nu_{\text{M}}}{\lambda}\text{symm}(\nabla \boldsymbol{U}) - \frac{1}{\lambda}\boldsymbol{\tau} - \frac{\alpha_{\text{G}}}{\nu_{\text{M}}}\left[\tau_i \cdot \tau_i\right]$$

式中，α_{G} 为迁移率系数。

该模型使用方法示例为：

```
simulationType laminar;
laminar
{
    model               Giesekus;
    GiesekusCoeffs
    {
        nuM             0.002;
        lambda          0.03;
        alphaG          0.1;
    }
}
```

对于 Giesekus 模型的多模式选项，每种模式与一个弛豫时间和迁移率系数相关。

（9）Phan-Thien-Tanner 模型

Phan-Thien-Tanner（PTT）层流黏弹模型同样与 Maxwell 类似，但在 $\boldsymbol{\tau}$ 方程中增加了一个可延展性项，适用于聚合物液体。

$$\frac{\partial \boldsymbol{\tau}}{\partial t} + \nabla \cdot (\boldsymbol{U}\boldsymbol{\tau}) = 2\text{symm}\left[\boldsymbol{\tau} \cdot \nabla \boldsymbol{U}\right] - 2\frac{\nu_{\text{M}}}{\lambda}\text{symm}(\nabla \boldsymbol{U}) - \frac{1}{\lambda}\exp\left(-\frac{\varepsilon\lambda}{\nu_{\text{M}}}\text{tr}(\boldsymbol{\tau})\right)\boldsymbol{\tau}$$

式中，ε 为可延展性系数。

该模型使用方法示例为：

```
simulationType laminar;
laminar
{
    model                  PTT;
    PTTCoeffs
    {
        nuM                0.002;
        lambda             0.03;
        epsilon            0.25;
    }
}
```

对于 Giesekus 模型的多模式选项，每种模式与一个弛豫时间和可扩展性系数相关。

（10）Lambda 触变模型

Lambda 触变模型根据如下方程计算结构参数 λ 的演化：

$$\frac{\partial \lambda}{\partial t}+\nabla \cdot (\boldsymbol{U}\lambda)=a(1-\lambda)^{b}-c\dot{\gamma}^{d}\lambda$$

将黏度计算为 $\nu=\dfrac{\nu_{\infty}}{1-K\lambda^{2}}$，其中 $K=\sqrt{\nu_{\infty}/\nu_{0}}$，黏度 ν_0 和 ν_∞ 为相应于 $\lambda=1$ 和 $\lambda=0$ 的极限值。

该模型使用方法示例为：

```
simulationType laminar;
laminar
{
    model        lambdaThixotropic;
    lambdaThixotropicCoeffs
    {
        a              1;
        b              2;
        c              1e-3;
        d              3;
        nu0            0.1;
        nuInf          1e-4;
    }
}
```

6.10 后处理

OpenFOAM 的计算结果一方面可以通过实用程序 paraFoam 调用第 2 章介绍的 ParaView 软件进行处理，也可以使用第三方软件，如 Ensight、Fieldview、Fluent 等进行可视化处理，还可以直接使用 OpenFOAM 的后处理命令进行数据处理。本节主要介绍 OpenFOAM 这些后处理命令和计算过程中的数据监测方法。

6.10.1 后处理命令行

OpenFOAM 提供了的命令行可直接在 OpenFOAM 环境中运行，可使用命令行进行数据处理、数据采样和可视化以及输入输出控制。这些功能可分为两类：传统的后处理，也即在仿真结束后进行数据处理；运行过程中的处理，即在仿真过程中进行的数据处理。后者可实现对仿真过程中的所有中间数据进行处理，并监测中间数据的变化。实现这些数据处理功能的方法有三种：在求解器中配置实时处理函数；使用实用程序 postProcess 进行传统的后处理；运行求解器时增加-postProcess 选项执行后处理。

（1）后处理功能

后处理功能通过访问 OpenFOAM 中的函数对象来实现，在终端输入如下命令可以查看某一求解器（以求解器 simpleFoam 为例）可使用的函数对象：

```
simpleFoam-listFunctionObjects
```

所列出的每个函数对象代表一种后处理功能，OpenFOAM 将这些功能打包到一组配置工具中，并能够在后处理命令行界面中使用。这些工具位于目录$FOAM_ETC/caseDicts/postProcessing，在终端使用如下命令可查看这些工具：

```
postProcess-list
```

下面介绍这些工具可实现的功能。

① 场计算工具。

age，计算并写出粒子从入口到该位置所花费的时间。

components，写出场分量的标量场。

CourantNo，根据通量场计算 Courant 数场。

ddt，计算场的时间导数。

div，计算场的散度。

enstrophy，计算速度场的熵。

fieldAverage，计算并写出给定场链表的时间平均值。

flowType，计算并写出速度场的 flowType，其中−1 表示旋转流，0 表示简单剪切流，+1 表示平面伸展流。

grad，计算场的梯度。

Lambda2，计算并写出速度梯度张量的对称部分和反对称部分平方和的第二大特征值。

log，计算指定标量场的自然对数。

MachNo，计算速度场的马赫数场。

mag，计算场的大小。

magSqr，计算场的大小的平方。

PecletNo，计算通量场的 Peclet 数场。

Q，计算速度梯度张量的第二个不变量。

randomise，将具有指定扰动幅度的随机分量添加到场。

reconstruct，计算重构的场，如由基于面中心的通量场 phi 构建基于单元中心的速度场。

scale，对场乘以比例系数。

shearStress，计算剪切应力，输出 volSymmTensorField 数据。

streamFunction，写出由指定的 surfaceScalarField 类型的通量场计算得到的 pointScalarField 类型的流函数。

surfaceInterpolation，计算场的表面插值。

totalEnthalpy，计算并写出总焓（volScalarField 类型的场）。

turbulenceFields，计算指定的湍流场并将其存储在数据库中。

turbulenceIntensity，计算并写入湍流强度场。

vorticity，计算涡量场，即速度场的旋度。

wallHeatFlux，计算壁面 patch 上的热通量，将数据输出为 volVectorField 类型的场。

wallHeatTransferCoeff，计算壁面 patch 处不可压缩流动的传热系数，将数据输出为 volScalarField 类型的场。

wallShearStress，计算壁面 patch 处的剪切应力，将数据输出为 volVectorField 类型的场。

writeCellCentres，将基于单元中心的 volVectorField 类型的场及其三个分量场写出为 volScalarFields 类型的场，多用于阈值计算的后处理。

writeCellVolumes，写出单元体积场（volScalarField 类型）。

writeVTK，以 VTK 格式写出算例数据库中的指定对象。

yPlus，计算湍流 y+，输出数据为 yPlus 场。

② 场操作工具。

add，将链表中的场加和。

divide，用链表中的第一个场除以其余场。

multiply，将链表中的场相乘。

subtract，用链表中的第一个场减去其余场。

uniform，创建均匀场。

③ 力和力的系数。

forceCoeffsCompressible，对于可压缩流动，通过在指定 patch 上求力的和得到升力、阻力和力矩系数。

forceCoeffsIncompressible，对于不可压缩流动，通过在指定 patch 上求力的和得到升力、阻力和力矩系数。

forcesCompressible，对于可压缩流动，通过在指定 patch 上求力的和得到压力和黏性力。

forcesIncompressible，对于不可压缩流动，通过在指定 patch 上求力的和得到压力和黏性力。

④ 为图形绘制准备采样点。

graphCell，写出沿某一条直线上指定场的图形数据，该直线由起点和终点确定，在与直线相交的每个单元上均会生成一个图形点。

graphUniform，写出沿某一条直线上指定场的图形数据，该直线由起点和终点确定，需指定图形点的数量，这些点沿直线均匀分布。

graphCellFace，写出沿某一条直线上指定场的图形数据，该直线由起点和终点确定，在与直线相交的每个面和每个单元上均会生成一个图形点。

graphFace，写出沿某一条直线上指定场的图形数据，该直线由起点和终点确定，在与直线相交的每个面上均会生成一个图形点。

graphLayerAverage，生成网格中各层平均场的图线。

⑤ Lagrangian 数据。

dsmcFields，针对 DSMC 仿真，由广延量的平均场计算强度量的场，如 UMean、translationalT、internalT、overallT。

⑥ 监测最大值和最小值。

cellMax，写出一个或多个场中单元上的最大值。

cellMaxMag，写出一个或多个场中单元上最大值的大小。

cellMin，写出一个或多个场中单元上的最小值。

cellMinMag，写出一个或多个场中单元上最小值的大小。

⑦ 数值数据。

residuals，针对特定的场，写出每一个时间步中第一个解的初始残差，对于非标量场，写出每一个分量的最大残差。

⑧ 控制工具。

stopAtClockTime，当达到指定的时钟时间（以 s 为单位）时停止运行，并可选择在停止前写入结果。

stopAtFile，在算例目录中创建文件停止时停止运行。

time，写出运行时间、CPU 时间和时钟时间，也可选择写出每个时间步的 CPU 和时钟时间。

timeStep，将时间步写出至文件以进行监测。

writeObjects，写出特定对象，如场等，并存储在算例数据库中。

⑨ 压力工具。

staticPressureIncompressible，按指定密度缩放后由运动压力计算压力场，以 Pa 为单位。

totalPressureCompressible，计算可压缩流动中的总压力，以 Pa 为单位。

totalPressureIncompressible，计算不可压缩流动中的总压力，以 m^2/s^2 为单位。

⑩ 多相流工具。

populationBalanceMoments，在使用 multiphaseEulerFoam 求解器的仿真计算中，计算尺寸分布的积分（整数矩）或平均属性（均值、方差、标准差），需使用求解器中的后处理模式。

phaseForces，计算作用在给定相上的混合界面力，即阻力、虚拟质量、升力、壁面润滑和湍流分散。它仅适用于求解器后处理模式并与 multiphaseEulerFoam 结合使用。对于涉及两个以上相的模拟，通过循环该相所属的所有 phasePairs 来计算累积力。

phaseMap，写出相比例图 alpha.map，其中每相的值逐渐递增。例如，水的值为 0，空气的值为 1，油的值为 2 等。

populationBalanceSizeDistribution，写出使用 multiphaseEulerFoam 计算得到的整个域或体积区域的尺寸分布，需使用求解器的后处理模式。

⑪ 探针工具。

boundaryProbes，写出经插值得到的指定边界 patch 处的场值。

interfaceHeight，报告一组位置上方的界面高度。对于每个位置，写出该位置和最低边界上方界面的垂直距离，还写出用于计算这些高度的界面上的点。

internalProbes，写出插值到指定点云的场值。

probes，写出与指定位置最近的单元上的场值。

⑫ 表面区域。

faceZoneAverage，在某一 faceZone 上计算一个或多个场的均值。

faceZoneFlowRate，通过在 patch 面上对通量求和计算流过指定面区域的流量，对于使用体积通量的求解器，计算结果为体积流量，而对于使用质量通量的求解器，计算结果为质量流量。

patchAverage，计算某一 patch 上一个或多个场的平均值。

patchDifference，计算两指定 patch 上场的平均值间的差，并计算某一个 patch 上一个或多个场的平均值。

patchFlowRate，通过求 patch 面上通量的和计算通过指定 patch 上的流量，对于使用体积通量的求解器，计算结果为体积流量，而对于使用质量通量的求解器，计算结果为质量流量。

patchIntegrate，计算 patch 上一个或多个场的表面积分。

triSurfaceDifference，计算两个指定三角曲面上场的平均值之间的差。

triSurfaceVolumetricFlowRate，通过将速度插值到三角形上并在该表面上积分来计算通过指定三角曲面的体积流量。需要使用很小的三角形才能获得准确的结果。

⑬ 求解器。

particles，跟踪由连续相流动驱动的粒子云。

phaseScalarTransport，在多项模拟中的一个相内求解某一标量场的输运方程。

scalarTransport，求解某一标量场的输运方程。

⑭ 可视化工具。

cutPlaneSurface，写出 VTK 格式的切割平面上插值场的数据文件。

isoSurface，写出 VTK 格式的等值面上插值场的数据文件。

patchSurface，写出 VTK 格式的 patch 表面上插值场的数据文件。

streamlinesLine，写出 VTK 格式的流线上插值场的数据文件，其中初始点沿线均匀分布。

streamlinesPatch，写出 VTK 格式的流线上插值场的数据文件，其中初始点在某一 patch 内随机选择。

streamlinesPoints，写出 VTK 格式的流线上插值场的数据文件，其中初始点是指定的。

streamlinesSphere，写出 VTK 格式的流线上插值场的数据文件，其中初始点在某一球内随机选择。

（2）运行时的数据处理

如果需要在仿真过程中处理数据，需要配置相应的算例。这里以监测名称为 outlet 的 patch 面上的流量为例介绍其配置过程。首先，在算例的 controlDict 文件中添加 functions 子字典，并使用#includeFunc 指令将 flowRatePatch 函数添加至该子字典。

```
functions
{
    #includeFunc        flowRatePatch
    //其他函数
}
```

这将在 flowRatePatch 配置文件中包含相应的功能，该文件位于以$FOAM_ETC/caseDicts/postProcessing 开头的目录中。

配置 flowRatePatch 文件需要提供 patch 的名称，配置前可以将 flowRatePatch 文件复制到用户的算例目录中，使用 foamGet 脚本语言进行复制：

```
foamGet flowRatePatch
```

在复制文件中将 patch 名称编辑为 outlet，当求解器运行时，它将在算例目录中选择一个包含的函数，而且这一选择优先于在目录$FOAM_ETC/caseDicts/postProcessing 中的选择。此后求解器将计算通过 patch 的流量，并将结果写出至以 postProcessing 命名的目录内的文件中。

配置 flowRatePatch 文件的另一种方法是，在#includeFunc 指令中将指定的 patch 名称作为 flowRatePatch 的参数，语法为 keyword=entry：

```
functions
{
    #includeFunc    flowRatePatch(patch=outlet)
    //其他函数对象
}
```

如果关键字是一个或多个场的名称，则在为函数指定参数时只需要条目。例如，如果需要在模拟过程中计算速度的大小并将其写入时间目录，可以将以下内容添加到 controlDict 中的函数子字典中：

```
functions
{
    #includeFunc    mag(U)
    //其他函数对象
}
```

这种方法有效的原因是，函数的参数 U 是由关键字中的场名称表示的。

对于需要设置很多参数的函数，如计算力和生成可视化单元的函数等，使用第一种方法来复制和配置函数更加可靠和方便。

（3）postProcess 实用程序

使用 postProcess 实用程序在仿真完成后执行后处理函数可以实现数据的后处理，这里以 tutorials 目录中的 pitzDaily 算例为例介绍 postProcess 实用程序的使用方法。当该算例计算完成后，使用 postProcess 命令执行后处理函数，使用选项-help 选项查看其用法：

```
postProcess-help
```

例如，可以使用-func 选项执行 mag 函数：

```
postProcess-func "mag(U)"
```

其中，当命令行中包含括号字符时需要使用引号。这一命令计算速度大小的场并将结果写出至名称为 mag(U)的文件内，在每个时间目录内都包含该文件。类似地，使用 postProcess 命令还可执行 flowRatePatch：

```
postProcess-func "flowRatePatch(name=outlet)"
```

再例如，计算不可压缩流动的总压力，可使用函数 totalPressureIncompressible，但如果键入如下命令：

```
postProcess-func totalPressureIncompressible
```

将会返回如下错误信息：

```
-->FOAM Warning : functionObject pressure: Cannot find required field p
```

表明无加载压力场，对于速度场也有相同的情况。这时可以使用由逗号分隔的参数加载两个场：

```
postProcess-func "totalPressureIncompressible(p,U)"
```

或者可以使用-fields 选项加载场链表：

```
postProcess-fields "(p U)"-func totalPressureIncompressible
```

（4）求解器后处理

这里以计算壁面剪切应力为例介绍求解器后处理的方法。计算壁面剪切应力时需要使用 wallShearStress 函数，例如，运行如下命令：

```
postProcess-fields"(p U)"-func wallShearStress
```

虽然这里加载了相关的场，但仍会出现如下错误：

```
-->FOAM FATAL ERROR:
Unable to find turbulence model in the database
```

表明仿真运行时 postProcess 实用程序没有构建必要的模型。在这种情况下，需要使用带有-postProcess 选项的求解器进行后处理（而不是运行时处理），以便使后处理函数所需的模型可用。可以使用以下命令查看此操作的帮助（以 simpleFoam 求解器为例）：

```
simpleFoam-postProcess-help
```

可以发现具有-postProcess 的求解器的选项与运行 postProcess 实用程序的选项相同，这就意味着可以使用-func 选项执行 wallShearStress 函数。

```
simpleFoam-postProcess-func wallShearStress
```

这里没有提供任何场，因为求解器 simpleFoam 本身构建和存储了所需的场。也可以在 controlDict 文件中 functions 子字典中通过#includeFunc 指令选择函数，而不是使用-func 选项。

6.10.2 数据采样和监测

OpenFOAM 提供了一组通用的后处理函数用于在计算域上进行数据采样，以便绘制图形和可视化，其中的一些函数还可以在单个文件中提供场值关于时间变化关系的数据，可方便地进行图形表达，而且这一时间-场值数据可在仿真过程中使用 foamMonitor 脚本进行监测。

（1）数据探针

可实现数据探针的函数有 boundaryProbes、internalProbes 和 probes，使用这些函数时，需要提供点的位置和场的链表，通过这些函数写出这些点上的场值，这几个函数的不同点在于：

① 函数 probes 识别距离探针位置最近的单元并输出该单元上的值，将数据以时间-场值的格式写出至某个文件，便于绘制图形。

② 函数 boundaryProbes 和 internalProbes 将探针位置捕捉到边界上，并将场值数据插值到探针位置，使数据集在预定的写入时间写入文件。

通常情况下，probes 函数适用于在最少的位置上监测数据，而其他两个函数多用于以最大的位置数量对数据采样。下面以 pitzDaily 算例为例，介绍这些函数的用法。

首先使用 foamGet 命令通过复制文件至用户算例目录来配置 probes 函数：

```
foamGet probes
```

在 probes 文件中修改 probeLocations 如下：

```
#includeEtc "caseDicts/postProcessing/probes/probes.cfg"
fields (p U);
probeLocations
(
```

```
        (0.01 0 0)
);
```

在算例目录的 controlDict 文件中添加#includeFunc 指令完成配置：

```
functions
{
    #includeFunc    probes
    //添加其他函数
}
```

当求解器 simpleFoam 运行时，时间-场值数据将写出至目录 postProcessing/probes/0 下的文件 p 和 U 内。

（2）图形采样

使用 graphUniform 函数为绘制图形采样数据，使用该函数时，将 graphUniform 文件复制至 system 目录中进行配置。仍以 pitzDaily 算例为例介绍其配置方法。使用如下命令复制文件：

```
foamGet graphUniform
```

重新编辑该文件中采样线的起点和终点坐标，下面的条目提供了一条跨越几何图形整个高度的垂直线，它距后台阶 0.01m。

```
start        (0.01 0.025 0);
end          (0.01-0.025 0);
nPoints      100;
fields       (U p);
axis         distance;//图形的自变量，可以是 x、y、z、xyz，或 distance（从起点开始）
#includeEtc "caseDicts/postProcessing/graphs/graphUniform.cfg"
```

在算例目录的 controlDict 文件中添加#includeFunc 指令完成配置：

```
functions
{
    #includeFunc  graphUniform
    //添加其他函数
}
```

这样在运行 simpleFoam 求解器时，距离-场值数据将被写入时间目录中的文件 postProcessing/graphUniform 内。例如，使用如下 gnuplot 命令可展示时间点 296 上的速度 x 分量数据：

```
gnuplot
gnuplot>set style data linespoints
gnuplot>plot "postProcessing/graphUniform/296/line_U.xy" u 2:1
```

还可以在配置文件$FOAM_ETC/caseDicts/postProcessing/graphs 中指定图形的格式，该目录内的 graphUniform.cfg 文件中包含如下配置信息：

```
#includeEtc "caseDicts/postProcessing/graphs/graph.cfg"
sets
(
    line
    {
        type        lineUniform;
        axis        $axis;
        start       $start;
```

```
            end         $end;
            nPoints     $nPoints;
        }
);
```

发现其中默认的采样类型为 lineUniform，意味着在某条直线上均匀分布的点上采样。其他参数可包含在主文件的宏扩展中，并指定直线的起点和终点、点数和在图形水平轴上指定的距离参数等。

另一个图形函数对象 graphCell，采集距离单元中心最近位置上的数据。使用时复制该函数对象文件并进行如下配置：

```
start    (0.01-0.025 0);
end      (0.01 0.025 0);
fields   (U p);
axis     distance;   //图形的自变量，可以是x、y、z、xyz，或distance（从起点开始）
#includeEtc "caseDicts/postProcessing/graphs/graphCell.cfg"
```

同样地，在运行 simpleFoam 后可得到数据图形。

（3）可视化采样

使用表面和流线函数可以生成可视化文件。例如，使用 cutPlaneSurface 函数可生成切割平面，配置该函数时，首先使用 foamGet 命令将 cutPlaneSurface 文件复制到算例的 system 目录下：

```
foamGet cutPlaneSurface
```

配置该文件需要设置平面的原点和法向量，以及需采集的场数据，例如，对该文件进行如下重新编辑可生成法向量指向 z 方向的切割平面：

```
fields        (p U);
interpolate true;        //如果为false，写出单元数据至表面三角形;
                         //如果为true，写出表面点上的插值数据
#includeEtc "caseDicts/postProcessing/surface/cutPlaneSurface.cfg"
```

接着，在算例目录的 controlDict 文件中添加#includeFunc 指令。也可以运行以下命令使用求解器后处理来测试运行该函数：

```
simpleFoam-postProcess-func cutPlaneSurface
```

运行后，在时间目录的 postProcessing/cutPlaneSurface 子目录中生成映射有压力和速度数据的切割平面的 VTK 文件。

（4）数据的实时监测

在仿真模拟过程中执行该功能时，可使用 FoamMonitor 脚本实现在屏幕上实时监测数据。使用该功能时，在 controlDict 文件中包含 residuals 函数。

```
functions
{
    #includeFunc        residuals
    //添加其他函数
}
```

例如，当使用求解器 simpleFoam 计算时，默认的需要捕捉残差的场为 p 和 U，如果需要配置其他场，需要将文件 residuals 复制到 system 目录中，在该文件中重新编辑相应的场条目即可。需要指出的是，所有的函数文件均位于$FOAM_ETC/caseDicts 目录内，使用如下命令

可查找 residuals 文件的位置：

```
foamInfo residuals
```

应用 foamGet 命令将其复制到 system 目录中：

```
foamGet residuals
```

其后，在后台运行求解器。以 simpleFoam 为例：

```
simpleFoam >log &
```

接着，使用-l 选项运行 foamMonitor：

```
foamMonitor-l postProcessing/residuals/0/residuals.dat
```

即可生成压力和速度的残差曲线图。如果在仿真计算前运行该命令，该曲线图也可实时更新显示。

6.11 算例管理工具

OpenFOAM 提供了一些辅助管理算例文件的应用程序和脚本，使用这些脚本还可以在算例文件中查找和设置关键字条目。这些工具主要包括：

（1）文件管理脚本

辅助管理文件的工具有：

① foamListTimes，列出算例的时间目录，默认省略 0 目录，使用-rm 选项可删除列出的时间目录，这样使用如下命令可清除包含计算结果的时间目录：

```
foamListTimes-rm                    //删除已保存的结果
foamListTimes-rm-processor          //删除 processorN 目录中的结果
```

② foamCloneCase，通过复制已有算例的 0、system 和 constant 目录创建新算例，命令格式为：

```
foamCloneCase oldCase newCase
```

其中，oldCase 为已有算例目录，newCase 为创建的新算例目录。

③ foamCleanTutorials，删除计算过程中产生的所有文件夹。

④ foamCleanPolyMesh，删除网格。

（2）foamDictionary 和 foamSearch

使用 foamDictionary 实用程序可在算例文件中编写、编辑和添加关键字条目，该实用程序使用算例字典文件作为参数执行。例如，以算例目录中的 fvSchemes 文件作为参数：

```
foamDictionary system/fvSchemes
```

该命令中没有任何选项，执行时它将列出文件中的所有关键字条目。其中，该命令中使用-entry 选项可在终端输出特定关键字的条目。例如：

```
foamDictionary-entry divSchemes system/fvSchemes
```

执行后将列出 divSchemes 子字典的各条目。在该命令中使用符号“/”可访问子字典中的关键字，例如：

```
foamDictionary-entry"divSchemes/div(phi,U)"system/fvSchemes
```

执行后将列出 divSchemes 子字典中关键字 div(phi,U)对应的整个条目。而在该命令中使用-value 选项后则只输出条目值，例如：

```
foamDictionary-entry"divSchemes/div(phi,U)"-value system/fvSchemes
```

执行后只在终端输出关键字 div(phi,U)对应条目的值。而在命令中使用-keywords 选项则只输出关键字本身，例如：

```
foamDictionary-entry divSchemes-keywords system/fvSchemes
```

执行后列出 divSchemes 子字典中的关键字。

在 foamDictionary 脚本中使用-set 选项可设置关键字条目值。例如，若需要将 div(phi,U)的值修改为 upwind 格式，可执行如下命令：

```
foamDictionary-entry "divSchemes.div(phi,U)"\
        -set "bounded Gauss upwind" system/fvSchemes
```

也可以在其中使用符号“=”修改多条条目值：

```
foamDictionary-set "startFrom=startTime,startTime=0" system/controlDict
```

在 foamDictionary 脚本中使用-add 选项可在算例文件中增加条目。例如，若需要在 divSchemes 子字典中增加名称为 turbulence 的关键字条目，并将其值指定为 upwind 格式，可运行如下命令：

```
foamDictionary-entry"divSchemes.turbulence"\
       -add "bounded Gauss upwind" system/fvSchemes
```

foamSearch 脚本使用 foamDictionary 的功能从指定目录内包含指定名称的所有字典中提取和排序关键字条目，使用-c 选项可计算每种类型的条目数。例如，在 turorials 目录内所有 fvSolution 文件中搜索 p 方程的求解器选择结果，可使用

```
foamSearch-c $FOAM_TUTORIALS fvSolution solvers/p/solver
```

结果为：

```
59 solver          GAMG;
3 solver           PBiCG;
18 solver          PCG;
5 solver           smoothSolver;
```

（3）foamGet 脚本

使用 foamGet 脚本可快速方便地将配置文件复制到算例目录中，该脚本可以在算例目录中运行，或者使用-case 选项标识算例目录。例如，在算例 pitzDaily 的目录内划分网格后，如需要在仿真计算前配置自动后处理，通过如下命令列出预先配置的函数对象：

```
postProcess-list
```

若要选择其中的 patchFlowRate 函数来监测出口 patch 处的流速，可使用 foamGet 将配置文件复制到算例目录的 system 子目录内：

```
foamGet patchFlowRate
```

并且，为了监测流过出口 patch 的流量，还应将 patchFlowRate 文件中的 patch 条目设置为：

```
patch    outlet;
```

同时，在 controlDict 文件中的 functions 子字典内增加内容：

```
functions
{
…
    #includeFunc patchFlowRate
}
```

（4）foamInfo 脚本

使用 foamInfo 脚本可快速检索指定主题的信息和算例，这里的主题可以是模型（包括边界条件和打包的函数对象）、应用程序和脚本。例如，下面的命令可查看有关边界条件 flowRateInletVelocity 的信息：

```
foamInfo flowRateInletVelocity
```

输出结果包括：该边界条件头文件源程序的位置，头文件的描述和使用细节，以及使用该边界条件的算例列表。

第7章 编写 OpenFOAM 求解器

OpenFOAM 可以看作一个 C++库，应用库中的预定义类和函数可以创建可执行文件或应用程序，OpenFOAM 还提供了大量预编译应用程序，用户可通过修改这些应用程序建立自己的应用程序。OpenFOAM 中的应用程序可分为两类：求解器（solvers），用于求解特定的物理场计算问题；实用程序（utilities），执行简单的预处理和后处理任务，主要包括数据操作和代数运算。求解器和实用程序在编译时与 OpenFOAM 中的预编译库动态链接，这样可方便地将用户自定义的求解器添加至库中。本章主要介绍自定义 OpenFOAM 求解器的方法。

7.1 OpenFOAM 求解器组成

OpenFOAM 求解器源代码在编写完成后以目录结构的形式存储于用户指定的位置，一般将其根目录的名称命名为求解器的名称。典型 OpenFOAM 求解器的目录结构及其组成如图 7-1 所示。

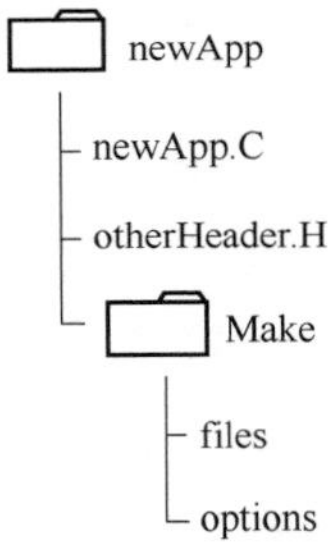

```
newApp
├ newApp.C
├ otherHeader.H
└ Make
   ├ files
   └ options
```

图 7-1 典型 OpenFOAM 求解器的目录结构和组成

OpenFOAM 求解器的目录结构中至少包含一个主程序，该主程序以.C 为扩展名，例如图 7-1 中的 newApp.C 文件，且主程序的名称（不包含后缀）即求解器的名称。主程序是一个完整的 C++程序，编写该程序时需严格遵守第 3 章介绍的 C++编程规范，例如，在其中必须包含 main()函数，按需要使用#include 命令包含 OpenFOAM 库中的头文件或者自定义的头文件，在 main()函数前声明自定义函数，并在 main()函数体后定义这些自定义函数。

求解器的主程序中包含了求解某一特定物理问题的所有过程，包括变量定义、对变量执行的操作，以及结果输出等，但为了增强程序的可读性，一般将求解过程的部分具有独立功能的实现程序段单独定义为头文件，在主程序中需要这些功能时则由#include 命令包含对应的头文件即可。例如，通常将定义变量部分的程序段单独编写为头文件 createFields.H，将实现方程离散的程序段单独编写为头文件 solveEqn.H，将定义求解器需要的物理常数单独编写为名称空间置于头文件 physicalConstants.H 中等。

在 OpenFOAM 求解器的目录结构中，另一类文件为自定义类的声明文件和实现文件，其中类声明文件为头文件，一般需要在主程序中由#include 命令包含该头文件，而且通常将自定义类的头文件置于求解器目录下的 include 文件夹中；类实现文件以.C 为后缀，位于求解器目录下。例如，在某些物理问题中需要特殊的边界条件，而 OpenFOAM 自带的边界条件库中没有这样的边界条件类，则在编制求解器时同时需要定义该边界条件类，假如该自定义边界条件类的声明文件为 niMixedFvPatchField.H，则该文件需置于求解器目录下的 include 文件夹中，而其对应的实现文件 niMixedFvPatchField.C 则位于求解器目录下。

OpenFOAM 求解器目录结构中的 Make/options 文件用于指明求解器编译时相关头文件的路径和库文件的路径，以及指明编译求解器用到的库。但无须指明那些位于当前文件夹内的或者标准 C++的头文件。指明头文件路径的语法规则为：以-I 开始，\表示该行继续，如图 7-2 所示。

指明库文件路径的语法规则为：通过-l 标示符来指定，并且去掉文件名的 lib 前缀以及.so 后缀。例如，指定库文件 libnew.so 的目录时，命令为-lnew，如图 7-3 所示。

```
EXE_ INC = \
        –I <directoryPath1> \
        –I <directoryPath2> \
        . . .
        –I <directoryPathN>
```

图 7-2 Make/options 文件中指明头文件路径的语法规则

```
EXE_ LIBS = \
        –L<libraryPath>\
        –l<library1>\
        –l<library2>\
        ...
        –l<libraryN>
```

图 7-3 Make/options 文件中指明库文件路径的语法规则

一个 options 文件内容的示例为：

```
EXE_INC=\
    -I$(LIB_SRC)/finiteVolume/lnInclude\
    -I$(LIB_SRC)/meshTools/lnInclude\
    -I$(LIB_SRC)/lagrangian/basic/lnInclude\

EXE_LIBS=\
    -lfiniteVolume\
    -lmeshTools\
    -llagrangian\
    -L$(FOAM_USER_LIBBIN)
```

其中，-L 表示目录路径，-l 表示库文件名。

OpenFOAM 求解器目录结构中的 Make/files 文件用于指明程序文件的完整列表和对程序文件的编译类型。列表中的程序文件为需要编译的文件，只包含.C 文件，不包含.H 文件。该列表中一般只包含主程序文件，如 newApp.C。编译类型有编译成库和编译成可执行文件两种，指定编译类型时还需指明编译成的库文件或者可执行文件的名称。如果编译为可执行文件，语法格式为：

EXE = <程序文件路径>

而如果编译为库文件，语法格式为：

lib = <程序文件路径>

一个 options 文件内容的示例为：

```
newApp.C
EXE=$(FOAM_USER_APPBIN)/newApp.C
```

OpenFOAM 中的标准求解器位于目录$FOAM_APPBIN，而自定义的求解器一般位于目录$FOAM_USER_APPBIN 内。推荐在$WM_PROJECT_USER_DIR（一般为目录/root/Open

FOAM/root-10.0）目录下创建 applications 子目录，将自定义求解器文件夹置于该目录中。

7.2 编写 OpenFOAM 求解器时常用的标准头文件

OpenFOAM 求解器的主程序中通常使用#include 宏指令将 OpenFOAM 库中已实现所需功能的头文件包含在程序中，宏指令的位置可能位于 main()函数前，也可能位于 main()函数体内，取决于头文件可实现的功能类型。本节介绍编写 OpenFOAM 求解器时常用的标准头文件可实现的功能，以及这些头文件中提供的经常被调用的函数。

fvCFD.H 头文件是所有 OpenFOAM 求解器必须用到的，该头文件其实是一系列头文件的集合，包含该头文件的命令一般位于 main()函数前。下面的示例中给出了 fvCFD.H 头文件中的部分内容：

```
#include"parRun.H"                //从命令参数初始化并行工作的类
#include"Time.H"                  //OpenFOAM 仿真过程中控制时间的类
#include"fvMesh.H"                //为有限体积离散准备网格数据
#include"fvc.H"                   //计算显式导数的函数的名称空间
#include"fvMatrices.H"            //为标量方程的有限体积求解设计的特殊类和求解器
#include"fvm.H"                   //计算隐式导数的函数的名称空间，返回一个矩阵
#include"linear.H"                //线性可压缩性模型
#include"fixedFluxPressureFvPatchScalarField.H"
            //设置压力梯度边界条件，使得边界上的通量由速度边界条件指定
#include"adjustPhi.H"             //对于没有压力边界的算例，调整通量平衡以满足连续
            //性要求，如果区域封闭，返回 true
#include"findRefCell.H"           //寻找给定单元最近的参考单元
#include"IOMRFZoneList.H"         //具有 IO 功能的 MRF 区域列表
#include"constants.H"             //常数的集合
#include"argList.H"               //从 argc 和 argv 参数中提取命令参数和选项
```

fvOptions.H 头文件一般位于 main()函数外。在其中声明了类 options，定义有限体积选项。主要用来修正源项，如果自定义求解器不需要源项，可不使用该头文件。

createFvOptions.H 头文件一般位于 main()函数体内，用于创建源项，无源项时可不使用。

setRootCase.H 头文件中的内容用于对算例进行初始化，其中定义了一个 argList 类对象 args，并从 argc 和 argv 参数中提取命令参数和选项。args 初始化过程中，利用 argList 的构造函数在屏幕上同时输出 OpenFOAM 标识、软件版本、程序名称、日期、时间、计算机名称、PID、I/O、Case 目录、处理器数量等信息。该头文件一般位于 main()函数体内。

createTime.H 头文件中的内容用于创建 Time 类对象 runTime，命令格式为：

```
Foam::Time runTime(Foam::Time::controlDictName,args);
```

使用了 Time 类的构造函数：

```
Time(const word &name,const argList &args,const word &systemName="system",
    const word &constantName="constant")
```

其中，controlDictName 为 Time 类的 word 类型静态公有成员数据，是控制字典的名称，默认为“controlDict”。

createMesh.H 头文件中的内容用于创建 fvMesh 对象，对象名为 mesh，创建对象 mesh 的程序段为：

```
Foam::fvMesh mesh
(
    Foam::IOobject
    (
        Foam::fvMesh::defaultRegion,
        runTime.timeName(),
        runTime,
        Foam::IOobject::MUST_READ
    )
);
```

其中，defaultRegion 为来自 fvMesh 类的继承类 polyMesh 中的 word 类型静态公有成员数据。

```
static word defaultRegion="region0"
```

用来返回默认区域名。timeName()函数为 Time 类中的成员函数，返回当前时间名，为 word 类型。runTime 为 Time 类对象。

createMeshesPostProcess.H 头文件用于在多计算区域情况时创建网格，其命令为：

```
#include "createMeshes.H"
if(!fluidRegions.size()&& !solidRegions.size())
{
     FatalErrorIn(args.executable())
         <<"No region meshes present"<<exit(FatalError);
}
fvMesh& mesh=fluidRegions.size()?fluidRegions[0]:solidRegions[0];
```

createControl.H 头文件中包含了各种用于计算控制的头文件，主要有：

```
#if defined(NO_CONTROL)
#elif defined(PISO_CONTROL)
      #include "createPisoControl.H"
#elif defined(PIMPLE_CONTROL)
      #include "createPimpleControl.H"
#elif defined(SIMPLE_CONTROL)
      #include "createSimpleControl.H"
#endif
```

createFields.H 头文件用于定义求解器所需的常量和变量场，一般需自定义。

simpleControl.H 头文件用于声明 simpleControl 类，提供时间循环控制方法，一旦达到收敛判据，则退出仿真过程。如果计算时应用 SIMPLE 算法，需包含该头文件。simpleControl 类中有成员函数 momentumPredictor()为求解动量方程的标志，成员函数 consistent()为应用 consistent 进行压力松弛的标志：

```
bool momentumPredictor()const
bool consistent()const
```

pisoControl.H 头文件用于声明类 pisoControl，属于 PISO 控制类，提供时间循环和 PISO 循环控制方法，无须收敛检查。

readTimeControls.H 头文件用于读取 setDeltaT 所使用的控制参数。

CourantNo.H 头文件用于计算 Courant 数。

createPhi.H 头文件用于创建并初始化场 U 的面通量场 phi，一般在文件 createFields.H 中使用，其中的命令为：

```
surfaceScalarField phi
(
    IOobject
    (
        "phi",
        runTime.timeName(),
        mesh,
        IOobject::READ_IF_PRESENT,
        IOobject::AUTO_WRITE
    ),
    fvc::flux(U)
);
```

rhoEqn.H 头文件用于求解密度连续性方程，其中方程的表达式为：

```
fvScalarMatrix rhoEqn
(
    fvm::ddt(rho)
    +fvc::div(phi)
    ==
    fvOptions(rho)
);
fvOptions.constrain(rhoEqn);
rhoEqn.solve();
fvOptions.correct(rho);
```

initContinuityErrs.H 头文件用于声明和初始化累积连续性误差。

postProcess.H 头文件用于使用 functionObjects 对计算结果进行后处理。

rhoThermo.H 头文件用于声明类 rhoThermo，为基于密度的基本热动力学特性类，其成员函数 rho()返回非恒定的局部密度场：

```
virtual volScalarField & rho()
```

solidThermo.H 头文件用于声明类 solidThermo，其中包含了基本的固体热力学特性。类 solidThermo 的成员函数 isotropic()用于判断热导率是否为各向同性：

```
virtual bool isotropic()const=0
```

成员函数 Kappa()，表示热导率，单位为 W/（m • K），函数声明为：

```
virtual tmp<volVectorField>Kappa()const=0
```

成员函数 pis()表示可压缩率，单位为 s^2/m^2，函数声明为：

```
virtual const volScalarField & psi()const
```

继承类 basicThermo 包含成员函数 T()，表示温度，单位为 K，函数声明为：

```
virtual const volScalarField & T()const
```

regionProperties.H 头文件用于声明类 regionProperties，它是耦合区域仿真时处理区域信息的简单类。类 regionProperties 的构造函数为：

```
regionProperties(const Time &runTime)
```

其中，重载操作符函数[]寻找并返回 hashedTable 入口：

```
const wordList & operator[](const word &)const
```

createTimeControls.H 头文件中的内容用于读取 setDeltaT 使用的控制参数。
readSolidTimeControls.H 头文件中的内容用于固体区域中使用的控制参数。

7.3 定义描述物理场的变量和常量

求解多物理场方程时需首先定义描述物理场的变量和常量，在编写 OpenFOAM 求解器时，变量和常量的定义相当于定义第 4 章介绍的物理场类的对象，定义时需遵守 C++编程规范。这里介绍物理场计算中常用变量和常量的定义方法。

7.3.1 定义常量

定义带量纲标量相当于将类模板 dimensioned<Type>中的 Type 实例化为 scalar 后，创建实例化类的对象。例如，从字典文件中读入名称为 nu，量纲为 dimViscosity 的量 nu，并将其赋给带量纲标量场 nu，语句格式为：

```
dimensionedScalar nu
(
    "nu",
    dimViscosity,
    physicalProperties.lookup("nu")
);
```

该对象定义使用了类模板 dimensioned<Type>的构造函数：

```
dimensioned(const word&,const dimensionSet&,Istream&);
```

并在字典文件 physicalProperties 中查找 nu 的值，所以需要预先定义字典类对象 physicalProperties，定义格式为：

```
IOdictionary physicalProperties
(
    IOobject
    (
        "physicalProperties",
        runTime.constant(),
        mesh,
        IOobject::MUST_READ_IF_MODIFIED,
        IOobject::NO_WRITE
    )
);
```

其中，使用了 IOdictionary 类的构造函数：

```
IOdictionary(const IOobject&);
```

和 IOobject 类的构造函数：

```
IOobject(const word& name,const fileName& instance,const objectRegistry&
    registry,readOption r=NO_READ,writeOption w=NO_WRITE,bool registerObject
    =true);
```

也可以在初始化变量的表达式中直接构造 dimensionedScalar，例如：

```
U=fvc::grad(p)*dimensionedScalar("tmp",dimTime,1.);
```

或者在初始化时自定义量纲：

```
dimensionedScalar("tmp",dimensionSet(0,3,-2,0,0),1.)
```

还可以使用类模板 dimensioned<Type>的构造函数：

```
dimensioned(Istream&);
```

定义带量纲标量，例如：

```
dimensionedScalar epsilon(physicalProperties.lookup("epsilon"));
```

定义无量纲矢量的格式为：

```
const vector originVector(0.05,0.05,0.005);
```

定义带量纲矢量的格式为：

```
const dimensionedVector originVector
(
    "x0",
    dimLength,
    vector(0.05,0.05,0.005)
);
```

该对象定义使用了类模板 dimensioned<Type>的构造函数：

```
dimensioned(const word&,const dimensionSet&,const Type&);
```

7.3.2 定义变量

定义体标量场（变量为单元质心上的值）相当于将类模板 GeometricField 实例化后，创建实例化类的对象。例如，定义体标量场 p，它从一个输入输出文件中初始化，文件名为 p，文件所在目录为 runTime/timeName，语句格式为：

```
volScalarField p
(
    IOobject
    (
        "p",
        runTime.timeName(),
        mesh,
        IOobject::MUST_READ,
        IOobject::AUTO_WRITE
    ),
    mesh
);
```

该对象定义使用了类模板 GeometricField 的构造函数：

```
GeometricField(const IOobject&,const Mesh&);
```

定义其中的 IOobject 对象时使用了 IOobject 类的构造函数：

```
IOobject(const word& name,const fileName& instance,const objectRegistry&
    registry, readOption r=NO_READ,writeOption w=NO_WRITE,bool registerObject
    =true);
```

如果需要为定义的体标量场指定初值，例如对体标量场 r 给定初值为 0，方法为：

```
volScalarField r
(
    IOobject
    (
        "r",
        runTime.timeName(),
        mesh,
        IOobject::NO_READ,
        IOobject::NO_WRITE
     ),
     mesh,
     dimensionedScalar("r0",dimLength,0.)
);
```

该对象定义使用了类模板 GeometricField 的构造函数：

```
GeometricField(const  IOobject&,const  Mesh&,const  dimensioned<Type>&,
const word& patchFieldType=PatchField<Type>::calculatedType());
```

给定其中的 const dimensioned<Type>参数时使用了 dimensioned 类模板中的构造函数：

```
dimensioned(const word&,const dimensionSet&,const Type&);
```

可以由已定义的体标量场对新定义的体标量场进行初始化。例如，查找 mesh 中名称为 pName 的体标量场并将其赋给定义的体标量场：

```
const volScalarField& pField=mesh.lookupObject<volScalarField>(pName)
```

定义体矢量场的方法与定义体标量场的方法类似，它们基于相同的类模板定义类对象。例如，定义矢量场 E 为：

```
volVectorField E
(
    IOobject
    (
        "E",
        runTime.timeName(),
        mesh,
        IOobject::READ_IF_PRESENT,
        IOobject::AUTO_WRITE
     ),
    -fvc::grad(phiE)
);
```

其中，使用了类模板 GeometricField 的构造函数：

```
GeometricField(const IOobject&,const GeometricField<Type,PatchField,Geo
    Mesh>&);
```

可以在定义体矢量场时指定边界条件类型，例如：

```
volVectorField U
(
    IOobject
    (
        "U",
        runtime.timeName(),
```

```
            mesh,
            IOobject::NO_READ,
            IOobject::AUTO_WRITE
        ),
        mesh,
        dimensionedVector("U",dimensionSet(0,1,-1,0,0,0,0),vector::zero),
        "zeroGradient"
);
```

其中，使用了类模板 GeometricField 的构造函数：

```
GeometricField(const IOobject&,const Mesh&,const dimensionSet&,const
    word& patchFieldType=PatchField<Type>::calculatedType());
```

应用类似的方法定义面标量场（变量为单元面质心上的值），例如计算面通量 phiU：

```
surfaceScalarField phiU
(
    IOobject
    (
        "phiU",
        runTime.timeName(),
        mesh,
        IOobject::READ_IF_PRESENT,
        IOobject::AUTO_WRITE
        ),
    fvc::flux(Uair)
);
```

其中，使用了与上述定义 E 时相同的构造函数。

对于具有相同的处理方法，或者满足相同微分方程的变量，可使用指针列表类模板 PtrList 批量定义这些变量，格式如下：

```
PtrList<volScalarField>Nq(maxQ+1);  //由maxQ+1个volScalarField变量构成的
                                    //指针列表
for(label i=0; i<=maxQ; i++)
{
     char NPartq[16];               //定义16个字符组成的字符串
     sprintf(NPartq,"Nq%d",i);      //将Nqi写入字符串，作为输入输出的文件名
     Nq.set                         //定义第i个volScalarField变量
    (
        i,
        new volScalarField
        (
            IOobject
            (
                NPartq,
                runTime.timeName(),
                mesh,
                IOobject::MUST_READ,
                IOobject::AUTO_WRITE
            ),
            mesh
        )
    );
}
```

其中，首先将 PtrList 类模板实例化为 volScalarField 类型的指针链表，并使用构造函数

```
explicit PtrList(const label)
```

定义了 PtrList 类对象 Nq，其中包含 maxQ+1 个元素。在 for 循环体中应用 PtrList 类模板的内联成员函数

```
inline autoPtr<T>set(const label,const tmp<T>&);
```

将链表 Nq 中的元素设置为 volScalarField 类型的变量。

7.4 方程离散

7.4.1 fvMatrix 类模板

fvMatrix 类模板是专门为标量方程的有限体积求解而设计的矩阵操作类，编写 OpenFOAM 求解器时总会用到该类的部分成员函数，应用该类模板可实现场的求解、通量的计算、残差的计算和控制、方程应用松弛技术、获得方程中的系数矩阵、设定计算参考等。fvMatrix 继承自类模板 tmp<fvMatrix<Type>>::refCount 和 public lduMatrix，其主要构造函数有：

```
fvMatrix(const GeometricField<Type,fvPatchField,volMesh>&,const dimens-
    ionSet&);                                    //由给定的待求解场构造
fvMatrix(const fvMatrix<Type>&);                 //复制构造函数
fvMatrix(const tmp<fvMatrix<Type>>&);            //不包含参数的复制构造函数
fvMatrix(const GeometricField<Type,fvPatchField,volMesh>&,Istream&);
                                  //由给定待求场和 Istream 对象构造
```

fvMatrix 类模板中的主要成员函数及其可实现的功能有：

```
SolverPerformance<Type>solve(const dictionary&);    //求解并返回解的统计数据
void setReference(const label celli,const Type& value,const bool force
    Reference=false);                         //为解设置参考等级
tmp<GeometricField<Type,fvsPatchField,surfaceMesh>>flux()const;
                //根据矩阵返回面通量场，返回量为几何场类的临时存储类
void relax(const scalar alpha);               //对稳态求解执行松弛技术
void relax();        //对稳态求解执行松弛技术，从 controlDict 字典读入松弛因子
tmp<volScalarField>A()const;                  //返回中心结点系数矩阵
tmp<GeometricField<Type,fvPatchField,volMesh>>H()const;
                                              //返回 H 矩阵
tmp<volScalarField>H1()const;                 //返回 H1 矩阵
tmp<Field<Type>>residual()const;              //返回矩阵的残差
```

此外，fvMatrix 类模板定义中还重载了=、+=、-=、*=、/=等操作符，使得可以应用这些符号定义完整的微分方程。

当 fvMatrix 类模板中的类型参数 Type 分别取 scalar、vector 和 tensor 时，得到各自的实例化类，并使用 typedef 将它们分别声明为 fvScalarMatrix、fvVectorMatrix 和 fvTensorMatrix：

```
typedef fvMatrix<scalar>fvScalarMatrix
```

```
typedef fvMatrix<vector>fvVectorMatrix
typedef fvMatrix<tensor>fvTensorMatrix
```

描述物理场的微分方程经离散后转换为式（5-38）形式的代数方程组，该方程组中 ***A*** 为方阵，$[\phi]$ 为因变量的列向量，***b*** 为源向量。其中向量$[\phi]$和 ***b*** 实际上是定义在几何体上的值，是 GeometricField 类型的场。***A*** 是代数方程组的系数矩阵，是 fvMatrix 类型的量，因此 fvMatrix 类是由 GeometricField 类型的场离散得到的。

7.4.2 fvc 和 fvm 名称空间

编写多物理场计算求解器时，需在程序文件中表达描述物理场的微分方程，这会用到变量求导等诸多函数。OpenFOAM 分别在 Foam::fvc 和 Foam::fvm 名称空间中提供了显式和隐式计算的函数，包含各种微分算子，如 ∇^2 、$\nabla\bullet$、$\partial\phi/\partial t$ 等，可用于微分方程的离散。Fvm 和 fvc 分别为 Finite Volume Method 和 Finite Volume Calculus 的简称，它们中函数的操作对象一般为 geometricField 类型的场变量。它们的源文件分别位于目录$FOAM_SRC/finiteVolume/finiteVolume 下。

Foam::fvc 和 Foam::fvm 名称空间中提供的主要函数的功能和返回类型分别见表 7-1 和表 7-2，这些函数在使用时在函数名前需分别添加作用域解析符 fvc 和 fvm，每一种函数又有若干种重载版本，使得这些函数能够覆盖几乎所有微分方程的表达要求。fvc 中的函数主要用于显示求导和计算，函数通常的返回类型为 geometricField 对象。而 fvm 中的函数主要用于隐式离散，返回 fvMatrix 对象。fvc 和 fvm 中函数的作用对象和作用结果如图 7-4 所示。

表7-1　Foam::fvc 名称空间中的主要函数

average()	对 surfaceField 类型的变量场求面积加权平均值，返回 volField 类型的场
curl()	对 volField 类型的变量场求旋度，返回 volField 类型的场
d2dt2()	对 volField 类型的变量场求关于时间的二阶导数，返回 volField 类型的场
DDt()	计算物质导数
ddt()	计算一阶时间导数
ddtCorr()	计算一阶时间导数
div()	对变量场求散度
flux()	求给定场的面通量，返回 surfaceField 类型的场
grad()	求给定场的梯度，返回矢量场
laplacian()	求给定场的 laplacian 导数
magSqrGradGrad()	对给定 volField 类型场梯度的梯度求平方
meshPhi()	计算网格运动通量并将通量从绝对值转换为相对值后返回
makeRelative()	使给定的通量称为相对值
makeAbsolute()	使给定的通量称为绝对值
relative()	以相对值的形式返回给定的绝对通量
absolute()	以绝对值的形式返回给定的相对通量
reconstruct()	由面通量场重建 volField 类型的场
reconstructMag()	由面通量场重建 volField 类型的场

续表

smooth()	提供使用 FvFaceCellWave 算法的 smooth 和 sweep 函数，以平滑和重新分配第一个场的参数
spread()	
sweep()	
snGrad()	计算给定 volField 类型场的面法向梯度
Su()	源项
Sp()	
SuSp()	
surfaceIntegrate()	对 surfaceField 类型的场在面上积分得到 volField 类型的场
surfaceSum()	对 surfaceField 类型的场在面上求和得到 volField 类型的场
volumeIntegrate()	对 volField 类型的场在单元体上积分得到 volField 类型的场
domainIntegrate()	对 volField 类型的场在区域上积分得到 volField 类型的场
scheme()	返回 Istream 指定格式的权重系数
interpolate()	插值得到面上的场
dotInterpolate()	插值得到面上的场，并将插值结果与给定的 surfaceVectorField 类型的场进行点积

表7-2　Foam::fvm 名称空间中的主要函数

d2dt2()	对 volField 类型的变量场求关于时间的二阶导数，返回 volField 类型的场
ddt()	计算一阶时间导数
div()	计算给定场及其通量的散度矩阵
laplacian()	求给定场的 laplacian 导数
Su()	源项
Sp()	
SuSp()	
S()	

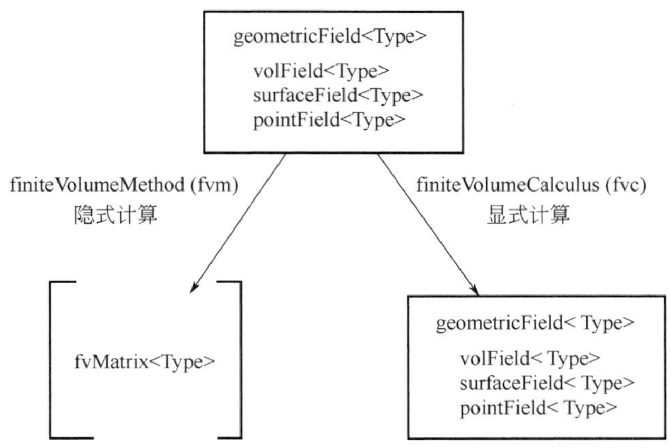

图 7-4　fvm 和 fvc 中函数的作用对象和作用结果总结

7.4.3　微分方程的表示

描述物理场的微分方程中含有张量场关于时间和空间的求导，OpenFOAM 在求解这些微分方程时，使用 fvc 和 fvm 名称空间中的函数表示微分方程中的各导数项，这里典型项的表示见表 7-3，其中 ϕ 为 volField 类型的场变量，表示为 phi；ρ 为标量或 volScalarField 类型的场变量，表示为 rho；Γ 可以为标量、volScalarField、surfaceScalarField、volTensorField 和 surfaceTensorField 等类型的场变量，表示为 Gamma；ψ 为 surfaceScalarField 类型的场变量，表示为 psi；χ 为 volField 或 surfaceField 类型的场变量，表示为 chi。

⊡ 表7-3　微分方程中典型项的表示

方程中的项	隐式/显式	数学表达式	OpenFOAM 中的表示 函数名前加 fvm::或 fvc::
Laplacian 项	隐式/显式	$\nabla^2\phi$， $\nabla \cdot \Gamma\nabla\phi$	laplacian(phi) laplacian(Gamma, phi)
时间导数	隐式/显式	$\partial\phi / \partial t$， $\partial\rho\phi / \partial t$	ddt(phi) ddt(rho, phi)
二阶时间导数	隐式/显式	$\frac{\partial}{\partial t}\left(\rho\frac{\partial\phi}{\partial t}\right)$	d2dt2(rho, phi)
对流项	隐式/显式	$\nabla \cdot (\psi)$， $\nabla \cdot (\psi\phi)$	div(phi, scheme) div(psi, phi, word) div(psi, phi)
源项	隐式 显式	$\rho\phi$	Sp(rho, phi) SuSp(rho, phi)
散度	显式	$\nabla \cdot (\chi)$	div(chi)
梯度	显式	$\nabla\chi$ $\nabla\phi$	grad(chi) gGrad(phi) lsGrad(phi) snGrad(phi) snGradCorrection(phi)
梯度量求梯度后再平方	显式	$\lvert\nabla\nabla\phi\rvert^2$	sqrGradGrad(phi)
旋度	显式	$\nabla \times \phi$	curl(phi)

表 7-3 中，对流项的离散由基类 surfaceInterpolationScheme 来完成，由质心上的值插值得到面上值的插值算法继承自该类。OpenFOAM 中将所有的 TVD 高阶格式组合在一个基类 limitedSurfaceInterpolationScheme 中，该类继承自 surfaceInterpolationScheme 类。类 limited SurfaceInterpolationScheme 中定义了三个主要成员函数用于计算插值权重系数：虚函数 weights()、limiter()和 flux()，用来执行诸多 TVD 格式。

在划分完成的网格上离散微分方程时，需要访问 finite volume 类，这就要添加头文件 fvCFD.H。在完成常数和变量的初始化后，可将一个微分方程及其求解过程表示为以下两种等效格式：

```
solve
(
    fvm::ddt(T)
    +   fvm::div(phi,T)
    -   fvm::laplacian(DT,T)
)
```

```
fvScalarMatrix TEqn
(
    fvm::ddt(T)
```

```
    +   fvm::div(phi,T)
    -   fvm::laplacian(DT,T)
);
TEqn.solve();
```

其中，类 fvScalarMatrix 的对象 TEqn 中含有由方程离散得到的矩阵。fvScalarMatrix 用于标量场，fvVectorMatrix 用于矢量场。

7.5 编写 OpenFOAM 求解器时常用的语句块

7.5.1 物理场典型操作语句

使用数学函数和数学常数计算，格式为：

```
Foam::sin(2.*Foam::constant::mathematical::pi*f*t);
```

计算带量纲矢量 originVector 距所有单元中心点距离中最大的值：

```
const scalar rFarCell=max(
    mag(dimensionedVector("x0",dimLength,originVector)-mesh.C())
    ).value();
```

其中，需事先定义矢量 originVector。

对体标量场显式求导：

```
fvc::grad(p);
```

自定义函数计算几何模型各单元中心至某一确定矢量间的距离，并返回该距离的最大值：

```
scalar computeR(const fvMesh& mesh,volScalarField& r,dimensionedVector x0)
{
     r=mag(mesh.C()-x0);
     return returnReduce(max(r).value(),maxOp<scalar>());
}
```

其中，使用 returnReduce 函数可减少处理器的通信时间。

7.5.2 访问 Time 和 fvMesh 类对象的属性

在编制 OpenFOAM 求解器时常需要访问 Time 和 fvMesh 类对象的属性，这里总结这些操作中的典型语句。

如已经定义了 Time 类对象 runTime，则访问当前时间名称的语句为：

```
runTime.timeName()
```

如已经定义了 fvMesh 类对象 mesh，则访问几何模型内部单元属性的语句有：

```
mesh.C().size() ;          //返回所有网格单元中心点一维数组的元素个数（label 类型）
mesh.Cf().size();          //返回所有网格单元内部面中心一维数组的元素个数（label
                           //类型）
mesh.owner().size();       //返回所有网格单元内部面 owner 单元的数量
mesh.neighbour().size();   //返回所有网格单元内部面 neighbour 单元的数量:
```

```
mesh.C()[cellI];            //返回编号为 cellI（label 类型）的单元中心的坐标
mesh.Cf()[faceI];           //返回编号为 faceI（label 类型）的面中心的坐标
mesh.owner()[faceI];        //返回编号为 faceI 的面的 owner 单元的编号
mesh.neighbour()[faceI];//返回编号为 faceI 的面的 neighbour 单元的编号
```

访问几何模型边界面属性的语句有：

```
forAll(mesh.boundaryMesh(),patchI);        //遍历所有边界面单元执行循环操作
mesh.boundary()[patchI].name();            //返回编号为patchI 的 patch 面的名称
mesh.boundary()[patchI].Cf().size();       //返回编号为patchI 的 patch 面上单元
                                           //面的总数
mesh.boundary()[patchI].Cf()[bfaceI];
              //返回编号为 patchI 的 patch 面上编号为 bfaceI 的单元面中心的坐标
mesh.boundary()[patchI].start();           //返回编号为patchI 的 patch 面的起始
                                           //面编号
mesh.boundary()[patchI].patch().faceCells()[patchFaceI];
          //返回编号为 patchI 的 patch 面上编号为 patchFaceI 的面所在单元的编号
mesh.boundary()[patchI].Sf()[patchFaceI];
          //返回编号为 patchI 的 patch 中编号为 patchFaceI 的面的面积矢量（法向）
mag(mesh.boundary()[patchI].Sf()[patchFaceI]);
          //返回编号为 patchI 的 patch 中编号为 PatchFaceI 的面的面积大小
```

访问几何模型内部单元面属性的语句有：

```
const faceList& fcs=mesh.faces();                 //几何模型所有面（包括内部面
                                                  //和边界面）的列表
const List<point>& pts=mesh.points();             //所有点的列表
const List<point>& cents=mesh.faceCentres();      //面中心点的坐标列表
```

在这些命令定义的变量后加 label 类型[faceI]标号即可输出第 faceI 个元素的值。例如：

```
cents[faceI];               //返回编号为 faceI 的面的中心点坐标值
fcs[faceI].size();          //返回编号为 faceI 的面的顶点数量
pts[fcs[faceI][vertexI]];   //返回编号为 faceI 的面第 vertexI 个顶点的坐标
```

在以上操作中，几何模型内部面的序号 faceI 满足条件：面序号小于单元面数量。例如：

```
if(faceI<mesh.Cf().size())
    Info<<"Internal face ";
```

编号为 patchI 的 patch 上的面序号 faceI 满足条件：大于边界起始单元面序号且 faceI 小于起始单元面序号与该 patch 上边界单元面数量的和。例如：

```
forAll(mesh.boundary(),patchI)
    if((mesh.boundary()[patchI].start()<=faceI)&&
        (faceI<mesh.boundary()[patchI].start()+mesh.boundary()
            [patchI].Cf().size()))
    {
        Info<<"Face on patch "<<patchI<<",faceI ";
        break;
}
```

针对 patch 面，有以下两种典型操作。

① 判断编号为 patchID 的 patch 是否为 empty 类型：

```
label patchID(0);
const polyPatch& pp=mesh.boundaryMesh()[patchID];
if(isA<emptyPolyPatch>(pp)) //判断是否为 Empty front and back plane patch
```

```
{Info<<"You will not see this."<<endl;}
```

② 根据 patch 名称寻找其编号：

```
word patchName("movingWall");
patchID=mesh.boundaryMesh().findPatchID(patchName);
                            //根据名称获得 patch 编号
Info<<"Retrieved patch "<<patchName<<" at index "<<patchID<<"using its
    name only."<<nl<<endl;
```

7.5.3 访问 GeometricField 类对象的属性

GeometricField 类对象往往是求解器的计算对象，其中存储了关于场的诸多属性。使用如下命令可访问整个内部场的信息：

```
forAll(T.internalField(),cellI)
{
    scalar cellT=T.internalField()[cellI];
}
```

使用以下命令可访问整个边界场的信息：

```
const volVectorField::GeometricBoundaryField& UBoundaryList=U.boundary
    Field();
forAll(UBoundaryList,patchI)
{
    const fvPatchField<vector>& fieldBoundary=UBoundaryList[patchI];
    forAll(fieldBoundary,faceI)
    {
        vector faceU=fieldBoundary[faceI];
    }
}
```

或者

```
forAll(T.boundaryField(),patchI)
{
    forAll(T.boundaryField()[patchI],faceI)
    {
        scalar faceT=T.boundaryField()[patchI][faceI];
    }
}
```

7.6 求解器编译

类似于开发 C++应用程序，求解器在编写完成后，需要在编译通过后才能运行。OpenFOAM 求解器中的大部分代码都需要使用自己的指令集来访问 OpenFOAM 库中的相关组件，在 UNIX/Linux 系统中，通常使用标准的 UNIXmake 实用程序对这些指令进行组织并将它们传递给编译器，但 OpenFOAM 使用其自己的 wmake 编译脚本，该脚本基于 make，但更加通用且更易于使用（wmake 可用于任何代码，而不仅仅是 OpenFOAM 库）。

以类 nc 为例介绍 OpenFOAM 求解器的编译过程。OpenFOAM 求解器的代码中通常会大量定义类对象并对其执行操作，定义这些类对象前需声明和定义类本身，或者使用OpenFOAM库中的类，在求解器的主程序中使用#include指令包含类声明的头文件后即可使用相应的类。声明类的文件以.H为扩展名，定义类的文件以.C为扩展名，类nc分别被声明和定义在文件nc.H和nc.C内。其中nc.C文件可以独立于其他代码编译成二进制可执行库文件，称为共享对象库，文件扩展名为.so，即nc.so，如图7-5所示。当编译求解器时，如newApp，其主程序在文件newApp.C内，且在主程序中使用了nc类，这时nc.C不需要重新编译，newApp.C在运行时调用nc.so库。这称为动态链接。

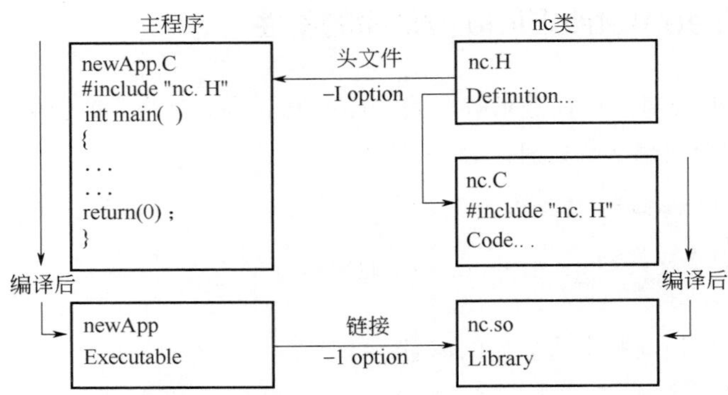

图7-5 OpenFOAM求解器的编译

由于有些类的声明中会包含其他类，所以在求解器的编译过程中，编译器会递归搜索求解器包含的所有相关类，生成头文件列表，使用该列表，编译器可以检查求解器自上次编译以来是否有更新，并选择性地只编译那些更新的头文件。

在求解器的编译过程中，遇到头文件包含指令#include时，编译器会暂停从当前文件读取，转向读取所包含的文件。这种机制使得可以将任何代码放入头文件并使用指令#include包含在主程序的相关位置，不只是类声明文件，这样可增强代码的可读性。例如，求解器编写过程中，将用于创建场和读取场的输入数据的代码包含在文件createFields.H中，该文件在主程序开头被调用；将求解某个特定方程的代码段放入***Eqn.H中，并在主程序合适的位置被调用。

7.6.1 使用wmake编译

使用wmake编译指令可执行下列文件依赖列表维护功能：

① 文件依赖列表的自动生成和维护，针对包含在源文件中并依赖于源文件的文件列表。

② 通过合适的目录结构进行多平台编译和链接。

③ 多种语言的编译和链接，如C、C++和Java等。

④ 多选项的编译和链接，如调试、优化、并行和分析。

⑤ 支持源代码生成程序，如lex、yacc、IDL、MOC等。

⑥ 源文件列表的简单语法。

⑦ 自动为新代码创建源文件列表。

⑧ 简单处理多个共享或静态库。

⑨ 编译后可扩展应用到新的代码解释器。

⑩ 可在任何解释器上使用：make，sh、ksh或csh，lex等。

（1）包含头文件

除了求解器目录结构中的头文件外，与求解器相关的其他头文件在 Make/options 文件由-I 选项指定，如图 7-2 所示。编译器搜索头文件的优先顺序为：

① 目录$WM_PROJECT_DIR/src/OpenFOAM/lnInclude。

② 求解器目录结构中的 lnInclude 目录，如 newApp/lnInclude。

③ 求解器目录，如 newApp/。

④ 在目录$WM_PROJECT_DIR/wmake/rules/$WM_ARCH/下的文件中设置的平台相关路径，如/usr/X11/include and $(MPICH_ARCH_PATH)/include。

⑤ 文件 Make/options 中由-I 选项指定的其他目录。

（2）链接至库

求解器编译时编译器将链接以下目录路径中的共享对象库文件，目录路径由 wmake 中的-L 选项指定：

① 目录$FOAM_LIBBIN。

② 目录$WM_DIR/rules/$WM_ARCH/中的文件内设置的平台相关路径，如/usr/X11/lib and $(MPICH_ARCH_PATH)/lib。

③ Make/options 文件中指定的其他目录。

编译时由-l 选项指定库文件，wmake 默认加载的库有：

① $FOAM_LIBBIN 目录下的 libOpenFOAM.so 库。

② 目录$WM_DIR/rules/$WM_ARCH/中的文件内指定的平台相关库，如目录/usr/X11/lib 内的 libm.so 文件和目录$(LAM_ARCH_PATH)/lib 内的 liblam.so 文件。

③ Make/options 文件中指定的其他库。

（3）需编译的源文件

求解器编译时需建立源文件列表，这些源文件为以.C 为扩展名的文件，而且列表中必须包含主程序所在的文件，还包括为特定应用创建但未包含在类库中的其他源文件，如特殊的边界条件类定义文件。在求解器目录结构中的 Make/files 文件中指定需编译的完整源文件列表，绝大多数求解器中，该列表只包含主程序文件。自定义求解器与 OpenFOAM 中的标准求解器之间的唯一区别是，Make/files 文件应指定将自定义求解器的可执行文件写入用户目录$FOAM_USER_APPBIN 中。

（4）运行 wmake

在终端界面键入如下 wmake 脚本执行编译：

```
wmake <optionalDirectory>
```

其中，<optionalDirectory>为需编译的求解器源代码所在的目录路径，如果是在需编译的求解器源代码所在的目录下运行 wmake，可删除<optionalDirectory>。

（5）wmake 环境变量

wmake 通常使用的环境变量见表 4-1。使用 wmake 编译时的环境变量设置见表 7-4。

表7-4　wmake 编译时的环境变量设置

环境变量名称	含义
$WM_ARCH	操作系统，如 Linux、Linux64、LinuxArm64、LinuxARM7、LinuxPPC64、LinuxPPC64le 等
$WM_ARCH_OPTION	32 位或 64 位

续表

环境变量名称	含义
$WM_COMPILER	使用的编译器，Gcc = gcc，Clang = LLVM Clang
$WM_COMPILE_OPTION	编译选项，Debug = debugging，Opt = optimised
$WM_COMPILER_TYPE	编译器选择，system 或 ThirtParty
$WM_DIR	wmake 目录路径
$WM_LABEL_SIZE	label 型量的位数，32 或 64
$WM_LABEL_OPTION	label 型量的 Int32 或 Int64 编译
$WM_LINK_LANGUAGE	链接库和可执行文件的编译器
$WM_MPLIB	并行通信库，SYSTEMOPENMPI=openMPI 的系统版本，其他的如 OPENMPI、SYSTEMMPI、MPICH、MPICH-GM、HPMPI、MPI、QSMPI、INTELMPI 和 SGIMPI
$WM_OPTIONS	linuxGccDPInt64Opt，由$WM_ARCH、$WM_COMPILER、$WM_PRECISION_OPTION、$WM_LABEL_OPTION 和$WM_COMPILE_OPTION 等的编译得到
$WM_PRECISION_OPTION	二进制文件的浮点精度，SP = 单精度，DP = 双精度

7.6.2 使用 wclean 删除依赖列表

求解器在使用 wmake 编译后建立了一个以.dep 为扩展名的依赖列表文件，例如，newApp 求解器在编译后，在 Make 目录的$WM_OPTIONS 子目录（如 Make/linuxGccDPInt64Opt）中建立了 newApp.C.dep 依赖列表文件。如果在修改代码后需要删除这些文件，可在终端键入如下命令运行 wclean 脚本：

```
wclean <optionalDirectory>
```

同样地，其中的<optionalDirectory>为已编译的求解器源代码所在的目录路径，如果在已编译的求解器源代码所在的目录下运行 wclean，可删除<optionalDirectory>。

7.6.3 编译库

如果使用 wmake 脚本编译库，Make 目录中的文件配置与编译求解器时有两个关键差别：

① 在文件 files 中，由 LIB =代替 EXE =，编译对象的目标目录由$FOAM_APPBIN 更改为$FOAM_LIBBIN（以及等效的$FOAM_USER_LIBBIN 目录）。

② 在文件 options 中，由 LIB_LIBS =代替 EXE_LIBS =，表示将库链接至正在编译的库。

执行 wmake 后，会另外创建一个名为 lnInclude 的目录，其中包含指向库中所有文件的软链接。使用 wclean 脚本删除库源代码的同时，lnInclude 目录也将被删除。

7.6.4 调试消息

OpenFOAM 提供了一个在程序运行时写出消息的系统，使用该系统可辅助解决 OpenFOAM 算例运行过程中遇到的问题，可在$WM_PROJECT_DIR/etc/controlDict 文件中开启该系统。如果希望更改系统中的设置，建议将该文件复制到$HOME 目录，即在$HOME/.OpenFOAM/9/controlDict 文件中修改设置。在该 controlDict 文件中，将某种功能对应的关键字的值设为 1，即可开启该功能。例如，将其中的关键字 dimensionSet 的值设置为 1，则可在程序运行时检查所有计算中的量纲一致性。少数关键字的值有三个值可选，0、1 和 2，如 lduMatrix，开启该关键字对应的功能后可在求解器运行期间提供求解器收敛与否的信息。

系统中还提供了用于控制某些操作和优化问题的关键字，如 fileModificationSkew。OpenFOAM 在运行时扫描数据文件的写入时间以检查该文件是否有修改，当在不同机器上且存在时钟设置差异的 NFS（网络文件系统）上运行时，未作修改的场数据文件可能会被认为被修改，如果 OpenFOAM 将该文件视为新近修改并尝试重新读取此数据时，将会导致问题。fileModificationSkew 关键字的值是以 s 为单元的时间，OpenFOAM 用文件写入时间减去该时间来评估文件是否有新修改。系统中用于优化的主要关键字有：

① fileModificationSkew，以 s 为单位的时间，应设置为大于 NFS 更新和在 NFS 上运行 OpenFOAM 时的最大延迟时间。

② fileModificationChecking，通过读取时间戳或使用 inotify 检查在模拟过程中文件是否被修改的方法；也存在只读取主节点数据的方法，称为 timeStampMaster 和 inotifyMaster。

③ commsType，并行通信类型，包括 nonBlocking、scheduled 和 blocking。

④ floatTransfer，如果值为 1，将在传输前将数字压缩为浮点精度；默认为 0。

⑤ nProcsSimpleSum，处理器数量，高于该值时执行分层求和而不是线性求和，从而可用来优化并行处理的全局求和计算。

7.6.5 将用户定义的库链接到应用程序

OpenFOAM 编程时，如果创建了一个新库，并希望该库中的功能可用于多个求解器。这需要将该库链接至应用程序。例如，创建一个新的边界条件，将其编译为 new，希望多个求解器应用程序、预处理和后处理实用程序、网格工具等能够识别该边界条件。在正常情况下，需要重新编译每个求解器和实用程序使它们与 new 建立链接。

另一种方法是，在 OpenFOAM 运行时动态链接一个或多个共享对象库。操作过程为：将可选关键字条目 libs 添加到算例的 controlDict 文件中，然后在该条目内的列表中输入库的全名（带引号的字符串条目）。例如，如果希望在运行时链接库 new1 和 new2，需将以下内容添加到算例的 controlDict 文件中：

```
libs
(
    "libnew1.so"
    "libnew2.so"
);
```

7.7 运行求解器

7.7.1 运行求解器的方法

OpenFOAM 求解器在编译完成后，可通过在终端输入包含求解器名称的命令行来执行。对于 OpenFOAM 自带的标准求解器或应用程序，还可以通过在终端输入-help 命令来查看运

行时的选项。例如，对于 blockMesh 应用程序，可输入

```
blockMesh-help
```

如果在算例目录内运行求解器或应用程序，则将对该算例执行求解器或应用程序对应的操作。而如果在命令行的求解器名称后添加<caseDir>指定算例的目录路径，则可以在系统的任何位置对该算例执行求解器或应用程序。

与普通的 UNIX/Linux 可执行文件类似，OpenFOAM 求解器或应用程序可以作为后台进程运行，这样可在求解器运行过程中执行其他命令。例如，使 blockMesh 应用程序作为后台进程运行，并将计算进度输出至日志文件，可在终端输入如下命令：

```
blockMesh>log &
```

同样，运行求解器时，如求解器 icoFoam，可使用如下命令在后台运行并将运行记录保存至文件 log.icoFoam，该文件位于算例目录下：

```
icoFoam>log.icoFoam
```

foamLog 可用来提取以可编辑/可绘制的格式保存在目录日志中的信息。例如，下面的命令可用来提取文件 log.icoFoam 中的信息：

```
foamLog log.icoFoam
```

如果希望在计算过程中保存标准输出流的同时在屏幕上显示信息，可使用命令

```
icoFoam>log.icoFoam|tail -f log.icoFoam
```

这种方法运行结束后屏幕终端会被锁定，使用 Ctrl+C 键解锁。也可以后台运行程序，然后输出记录文件，使用命令

```
icoFoam>log.icoFoam &
tail -f log.icoFoam
```

使用如下命令计算后可将结果输出至单一文件：

```
icoFoam|tee log
```

如果不需要输出文件，使用命令

```
icoFoam>/dev/null
```

有时在 system 文件夹下有额外的字典文件，如 pre-文件，需要在求解器运行前运行。例如，假如存在字典文件 setFieldsDict，需要通过该字典文件设置初始场值，这一前置运行的输出存储在 log 文件内用于后续求解使用。

（1）使用 Allrun/Allclean 运行

使用 Shell 脚本将所有的前处理命令写入一个 Linux 环境文件 Allrun，直接输入./Allrun 运行即可完成所有的网格划分或并行处理等。使用./Allclean 命令重置算例（清除所有计算结果和过程记录文件）。例如，算例 Basic 下 laplacianFoam 中的 flange 算例。

（2）使用 gnuplot 查看运行过程

使用 OpenFOAM 自带的 gnuplot 命令可绘制结果随计算过程的变化。例如，已命令 foamLog log.icoFoam 创建了文件 log，下面的命令可实现结果绘制：

```
gnuplot                                        //进入 gnuplot
set logscale y                                 //设置 y 坐标为对数坐标
plot 'logs/p_0' using 1:2 with lines           //绘制 p_0
```

```
plot 'logs/p_0' using 1:2 with lines,'logs/pFinalRes_0' using 1:2 with
    lines
reset                              //调整比例
plot 'logs/CourantMax_0' u 1:2 w l
set logscale y
plot [30:50][]'logs/Ux_0'u 1:2 w l title'Ux','logs/Uy_0'u 1:2 w l title
    'Uy'                           //设置 x 的范围为 30～50
exit
```

（3）同一计算机上运行不同版本的 OpenFOAM

设置合适的环境变量.bashrc 后，可以在工作站或普通计算机上同时安装多个版本的 OpenFOAM，这时可以在不同的终端界面上同时运行不同的版本。使用重命名来溯源 OpenFOAM 的版本，如在.bashrc 文件中做如下定义后，在终端输入 of3x 即可使用 3.0 版本的 OpenFOAM：

```
alias of23x='source /home/joegi/OpenFOAM/OpenFOAM2.3.x/etc/bashrc'
alias of24x='source /home/joegi/OpenFOAM/OpenFOAM 2.4.x/etc/bashrc'
alias of3x='source /home/joegi/OpenFOAM/OpenFOAM 3.0.x/etc/bashrc'
alias fe31='source /home/joegi/foam/foam-extend-3.1/etc/bashrc'
```

当从一个版本切换至另一个版本后，最好清楚所有的 OpenFOAM 环境设置，这时可以使用 unset.sh，但需注意可能有多个 unset.sh 脚本。OpenFOAM 的特性脚本位于目录

```
$WM_PROJECT_DIR/etc/config
```

在该目录下还有一些非常有用的脚本，如 aliases.sh，其中有 OpenFOAM 中所有的重命名定义。也可以使用重命名 wmUNSET 来设置 OpenFOAM 环境变量。在终端窗口键入 alias 可以看到所有的命名值。

（4）查看多区域结果

多区域算例计算完成后，直接使用 paraView 时并不能载入结果，需要对结果进行整合后打开。对每个区域，输入

```
foamToVTK-region<region_name>
```

将 foam 数据转换为 VTK 格式，转换后的结果位于文件夹 VTK 内，这时在 paraView 中打开该结果文件即可载入结果。也可使用语句

```
paraFoam-touchAll
```

将多区域结果创建为一个 paraView 文件。

7.7.2 并行运行应用程序

OpenFOAM 程序可在分布式处理器上并行运行，OpenFOAM 使用域分解法进行并行计算，该方法将几何模型和相应的场分解为子区域并为每个子区域分配单独处理器进行求解。并行计算过程包括：网格和场的分解；并行运行应用程序；对分解后的算例进行后处理。并行运行默认使用标准消息传递接口（MPI）的公共域 openMPI 实现，但也可以使用其他库。

（1）网格和初始场数据的分解

OpenFOAM 使用 decomposePar 实用程序分解网格和场。在算例目录下的 system/decomposeParDict 文件中指定分解几何模型和场的参数，下面的程序段给出该字典文件的内

容示例：

```
numberOfSubdomains 4;
method              simple;
simpleCoeffs
{
    n               (2 2 1);
}
hierarchicalCoeffs
{
    n               (1 1 1);
    order           xyz;
}
manualCoeffs
{
    dataFile        "";
}
distributed         no;
roots               ( );
```

OpenFOAM 提供了 4 种分解方法，由示例中的 method 关键字指定，这 4 种方法分别为：

① simple，将几何模型进行简单分解，沿坐标方向分解几何区域，如 *x* 方向上分解为两个子区域，*y* 方向上为一个子区域。

② hierarchical，将几何模型分层分解，除了指定方向拆分的顺序外，其他内容与简单分解相同，如先沿 *y* 方向分解，再沿 *x* 方向分解。

③ scotch，无须输入几何，以最小化处理器边界的数量为目标进行分解，可以通过 processorWeights 关键字指定处理器之间分解的权重，常在性能不同的处理器上分解时使用。还可以通过输入字符串来控制分解策略，详细信息可参阅文件$FOAM_SRC/parallel/decompose/scotchDecomp/scotchDecomp.C。

④ manual，手动分解，直接将每个单元分配给指定的处理器。

对于每一种分解方法，在字典文件 decompositionDict 的子字典中均需指定一组系数，它们被命名为<method>Coeffs，如上述示例中所示。decomposeParDict 字典中的关键字条目解释如下：

① numberOf Subdomains，分解后子区域的总数。

② method，分解方法，可选 simple、hierarchical、scotch 和 manual。

③ n，用于 simple 和 hierarchical 方法，表示在 *x*、*y* 和 *z* 方向上的子区域数量。

④ order，使用 hierarchical 方法时的分解顺序，如 *xyz*、*xzy*、*yxz* 等。

⑤ processorWeights，用于 scotch 方法，将单元分解至处理器的权重系数列表（<wt1>…<wtN>），其中<wt1>为处理器 1 的权重系数。以此类推，权重系数的值被系统归一化后使用，因此可以采用任何范围的值。

⑥ dataFile，用于 manual 方法，包含分配单元给处理器的数据文件的文件名。

⑦ distributed，值为 yes 或 no，指明数据是否分布在多个磁盘上。

⑧ roots，案例目录的根路径列表（<rt1>…<rtN>），其中<rt1>为第一个节点的根路径。

在终端键入如下命令可执行 decomposePar 实用程序：

```
decomposePar
```

（2）文件的并行输入和输出

并行输入或输出结果文件时，需要在算例目录中创建一组子目录，而且每个处理器对应一个子目录，并将这些子目录命名为 processorN，其中 N 为 0，1，…，代表处理器的编号，且在其中包含一个时间目录，在时间目录内包括分解场的描述和一个包含分解网格描述的 constant/polyMesh 目录。这样的文件组织结构较分明，但大型并行计算往往会生成大量文件，这样的处理可能会遇到问题，如达到操作系统对打开文件数量的限制等。作为替代方案，OpenFOAM 引入了整理文件格式，将每个分解场和分解网格的数据整理为一个在主处理器上读写的单个文件，并将这些文件存储在一个名为 processors 的目录中。这时可以线程化地写入文件，这样使得可以在数据写入文件过程中继续执行计算。而且使用整理格式时不需要 NFS，使用 masterUncollated 选项可以在没有 NFS 的情况下应用未整理的原始格式写入数据。使用 foamFormatConvert 实用程序可以使数据写入格式在整理和未整理格式之间切换，例如：

```
mpirun-np 2 foamFormatConvert-parallel-fileHandler uncollated
```

处理文件输入输出的控件位于 etc/controlDict 文件的 OptimisationSwitches 关键字下，其内容为：

```
OptimisationSwitches
{
    …
    fileHandler uncollated;
    maxThreadFileBufferSize 2e9;
    maxMasterFileBufferSize 2e9;
}
```

通过以下方式为特定的仿真计算设置 fileHandler：

① 在算例目录内的 controlDict 文件中重新定义 OptimisationSwitches，这样可覆盖上述 OptimisationSwitches 内容。

② 使用求解器的-fileHandler 命令行参数。

③ 设置$FOAM_FILEHANDLER 环境变量。

使用线程处理整理文件时处理速度更快，尤其是在大型算例中，但需要在底层 MPI 中启用线程支持，否则计算将被“挂起”崩溃。对于 openMPI，在版本 2 之前默认不设置线程支持，但从版本 2 后启用。可以通过以下命令查看编译 openMPI 时是否支持线程：

```
ompi_info-c|grep-oE "MPI_THREAD_MULTIPLE[^,]*"
```

使用整理文件处理时，系统会为线程中的数据分配内存。使用关键字 maxThreadFileBufferSize 设置分配的最大内存大小，单位为字节。如果数据超过该值，写入过程将不使用线程。如果 MPI 中未启用线程，则必须在 etc/controlDict 文件中禁用它进行整理文件处理。

```
maxThreadFileBufferSize   0;
```

当使用 masterUncollated 进行文件处理时，非阻塞 MPI 通信需要在主节点上有足够大的内存缓冲区，使用 maxMasterFileBufferSize 关键字设置缓冲区的最大大小，如果数据量超过该值，系统将使用预定的通信方式。

（3）分解算例的运行

使用 MPI 的 openMPI 实现并行运行分解后的 OpenFOAM 算例。openMPI 可以简单地在本地多处理器上运行，也可以在跨网络的机器上运行。对于后者，需创建一个包含机器主机名的文件，该文件可以命名为任何名称，并可以存储于任意路径下。假如该文件名和路径为<machines>，其内容中包含机器名称，而且每行列出一台机器名，这些名称必须与运行openMPI机器的/etc/hosts文件中完全解析的主机名相对应。列表中还必须包含运行openMPI的机器的名称。如果一个机器节点包含多个处理器，则在节点名称后面可以跟 cpu = n 条目，其中 n 为 openMPI 应该在该节点上运行的处理器数量。例如，假设希望在机器 aaa、bbb 和 ccc 上运行 openMPI，其中 bbb 包含两个处理器，则<machines>中将包含内容：

```
aaa
bbb cpu=2
ccc
```

使用 mpirun 命令并行运行应用程序：

```
mpirun--hostfile <machines>-np <nProcs><foamExec><otherArgs>-parallel>
     log &
```

其中，<nProcs>为处理器的数量，<foamExec>为可执行文件，输出被重定向到一个名为 log 的文件中。例如，在 machines 指定的 4 个节点上运行 icoFoam，命令为：

```
mpirun--hostfile machines-np 4 icoFoam-parallel>log &
```

（4）跨磁盘分发数据

如果通过仅使用本地磁盘以提高计算性能，需要分发数据文件。在这种情况下，算例目录的根路径可能因机器而异，这时必须在 decomposeParDict 字典文件中使用 distributed 和 roots 关键字指定路径。distributed 条目应为：

```
distributed  yes;
```

roots 条目为每个节点的根路径列表：

```
roots
<nRoots>
(
    "<root0>"
    "<root1>"
    …
);
```

其中，<nRoots>为根路径的数量。同时应将每个 processorN 目录置于 decomposeParDict 字典指定的根路径内的算例目录内，system 目录和 constant 目录内的文件均需置于每一个算例目录内，而且 constant 目录下的文件是必须存在的，而 polyMesh 目录下的文件可不需要。

（5）并行计算算例的后处理

有两种方法可以对并行计算的算例进行后处理：重建网格和场数据以重新创建完整的计算域和场，之后可以按照常规方法进行后处理；分别对分解域的每个部分进行后处理。

使用第一种方法时，通过将来自每个处理器目录 processorN 下的时间目录集合合并为单个时间目录集来重构算例。应用 restorePar 实用程序可实现这样的重构，命令为：

```
reconstructPar
```

当数据分布在多个磁盘上时，需首先将它们复制到本地算例目录下再进行重构。

可以使用 paraView 后处理软件对分解的算例进行后处理。在 paraView 软件中一方面可以通过重构算例对仿真计算结果的整体进行后处理，另一方面可以简单地将单个处理器目录视为一个案例来对每一个分解部分进行后处理。

7.8 编写新求解器的一般方法

本节以建立新求解器 newFoam 为例，阐述自定义求解器的典型创建方法。该求解器用来求解如下方程：

$$\frac{\partial T}{\partial t}+\nabla\bullet(\boldsymbol{U}T)-\nabla\bullet(\Gamma\nabla T)=0$$

一般的步骤为：

① 在终端界面输入如下命令：

```
foamNewApp newFoam
```

此时，在当前目录下建立了如图 7-6 所示的目录结构，各文件中也包含了求解器的部分源代码，其中 newFoam.C 包含执行新求解器所需的初期代码。这些代码为创建任何求解器所必须使用的，包括：

```
#include "fvCFD.H"
int main(int argc,char*argv[])
{
     #include"setRootCase.H"
     #include"createTime.H"
     #include"createMesh.H"
     #include"createFields.H"
     Info<<nl<<"ExecutionTime="<<runTime.elapsedCpuTime()<<"s"
         <<"ClockTime="<<runTime.elapsedClockTime()<<"s"
         <<nl<<endl;
     Info<<"End\n"<<endl;
     return 0;
}
```

creatFields.H 中将用于声明所有的场变量和初始化解，初步建立了示例场：

```
Info<<"Reading field p\n"<<endl;
volScalarField p
(
     IOobject
    (
         "p",
         runTime.timeName(),
         mesh,
         IOobject::MUST_READ,
         IOobject::AUTO_WRITE
     ),
     mesh
);
```

可按照需要修改和增加新的场变量定义。Make/files 文件用于指明程序文件的完整列表和对程序文件的编译类型，初步内容为：

```
newFoam.C
EXE=$(FOAM_USER_APPBIN)/newFoam
```

如果求解器步涉及其他.C 文件，可不更改 files 文件中的内容。在 Make/options 文件中指明搜索与求解器链接文件和库的目录，初步内容为：

```
EXE_INC=\
    -I$(LIB_SRC)/finiteVolume/lnInclude\
    -I$(LIB_SRC)/meshTools/lnInclude
EXE_LIBS=\
    -lfiniteVolume\
    -lmeshTools
```

可根据需要在此基础上添加其他头文件和库的目录。

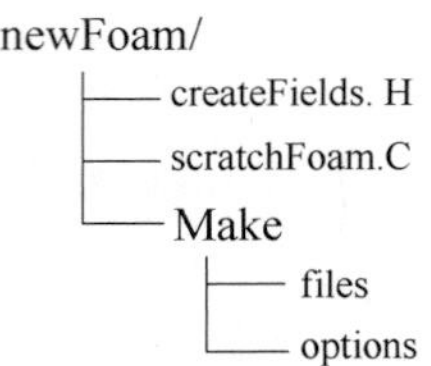

图 7-6 新求解器的目录结构

② 在 newFoam.C 文件中增加如下声明，如果需要 PISO 循环计算，则需要增加头文件 pisoControl.H 等内容。

```
#include "fvCFD.H"
#include "pisoControl.H"
int main(int argc,char *argv[])
{
     …
     # include "initContinuityErrs.H"         //声明和初始化累积连续性误差
     pisoControl piso(mesh);
     Info<<"\nStarting time loop\n"<<endl;
     while(runTime.loop())                     //时间循环
     {
          Info<<"Time="<<runTime.timeName()<<nl<<endl;
          #include"CourantNo.H"                //计算和输出 Courant 数
          while(piso.correct())                //PISO 循环
          {
                while(piso.correctNonOrthogonal())   //非正交修正循环
                {
                     fvScalarMatrix TEqn              //方程定义和离散
                     (
                          fvm::ddt(T)
                          +fvm::div(phi,T)
                          - fvm::laplacian(DT,T)
                     );
                     TEqn.solve();             //方程求解
                }
          }
          runTime.write();                     //将结果写出至时间命名的文件夹
…
}
```

③ 在 createFields.H 头文件中声明和定义求解器中涉及的所有变量和场。删除该文件中

的初始内容，并添加如下信息：

```
Info<<"Reading field T\n"<<endl;
volScalarField T                            //创建标量场 T
(
    IOobject
    (
        "T",                                //读入/输出的字典文件名
        runTime.timeName(),
        mesh,
        IOobject::MUST_READ,
        IOobject::AUTO_WRITE
    ),
    mesh                                    //与网格建立链接
);
Info<<"Reading field U\n"<<endl;
volVectorField U                            //创建矢量场 U
(
    IOobject
    (
        "U",
        runTime.timeName(),
        mesh,
        IOobject::MUST_READ,
        IOobject::AUTO_WRITE
    ),
    mesh                                    //与网格建立链接
);
# include "CreatePhi.H";
Info<<"Reading transportProperties\n"<<endl;
IOdictionary transportProperties      //建立用于读取数据的对象 transportPr-
                                            //operties
(
    IOobject
    (
        "transportProperties",
        runTime.constant(),
        mesh,
        IOobject::MUST_READ_IF_MODIFIED,
        IOobject::NO_WRITE
    )
);
Info<<"Reading DT\n"<<endl;
dimensionedScalar DT(transportProperties.lookup("DT"));     //建立标量 DT
```

④ 前面的三个步骤已完成一个简单求解器的编制，在编译后即可用来求解算例。如果需要根据求解结果计算某些其他量，如求解结果 T 的梯度、散度和拉普拉斯值，可在文件 newFoam.C 中添加一个头文件 write.H，语句为：

```
…
# include "write.H"
Info<<"End\n"<<endl;
…
```

并在头文件 write.H 中添加如下内容：

```
    volVectorField gradT(fvc::grad(T));            //计算 T 的梯度
    volVectorField gradT_vector                    //将矢量场保存在输出目录 gradT
    (
        IOobject
        (
            "gradT",
            runTime.timeName(),
            mesh,
            IOobject::NO_READ,
            IOobject::AUTO_WRITE
        ),
        gradT
    );
    volScalarField divGradT                        //计算并保存 gradT 的散度
    (
        IOobject
        (
            "divGradT",
            runTime.timeName(),
            mesh,
            IOobject::NO_READ,
            IOobject::AUTO_WRITE
        ),
        fvc::div(gradT)
    );
```

7.9 OpenFOAM 中的常用标准求解器

编写 OpenFOAM 求解器时，很多情况下可在 OpenFOAM 中的某些标准求解器基础上根据需要修改其中部分内容，用来求解特定的物理问题，所以了解标准求解器的功能对编写 OpenFOAM 求解器至关重要。本节介绍 OpenFOAM 中的常用标准求解器。

OpenFOAM 中标准求解器的源代码文件位于$FOAM_SOLVERS 目录中，可通过在终端键入 src 快速访问该目录。在该目录中按照连续介质力学中的类别进一步细分为多个子目录，如不可压缩流动、燃烧和固体应力分析等。每个求解器都有一个描述其功能的名称，如 icoFoam 用来求解不可压缩的层流。

7.9.1 基本 CFD 代码

（1）laplacianFoam 求解器

求解简单 Laplace 方程，如固体中的热扩散方程

$$\frac{\partial T}{\partial t} - \nabla^2 (D_T T) = 0$$

式中，未知量为 T，D_T 为常数。

（2）potentialFoam 求解器

求解不可压缩无粘无旋速度势方程。对于不可压缩流体，有速度连续性方程 $\nabla \cdot \boldsymbol{U} = 0$，

对于无旋场，有 $\nabla\times\boldsymbol{U}=0$，所以定义速度势 *Phi*，满足 $-\nabla Phi=\boldsymbol{U}$，将其代入连续性方程，得

$$\nabla\bullet(\nabla Phi)=0$$

可见 *Phi* 满足 Laplace 方程。该求解器中为便于给定边界条件，将方程变换为

$$\nabla\bullet(\nabla Phi)=-\nabla\bullet\boldsymbol{U}$$

这样速度边界条件可以通过源项来影响待求变量。另外，根据散度的定义

$$\nabla\bullet\boldsymbol{U}=\lim_{\Delta V\to 0}\frac{\oiint \boldsymbol{U}\bullet \mathrm{d}\boldsymbol{S}}{\Delta V}$$

在每一个单元上，有

$$\nabla\bullet\boldsymbol{U}=\frac{\sum\boldsymbol{U}\bullet\boldsymbol{S}}{\Delta V}=0$$

定义通量场 *phi*

$$phi=\mathrm{flux}(\boldsymbol{U})=\sum\boldsymbol{U}\bullet\boldsymbol{S}=0$$

从而可将方程进一步演化为

$$\nabla\bullet(\nabla Phi)=\nabla\bullet phi$$

由该方程求解得到 *Phi* 后，修正通量 *phi* 以保证通量守恒，然后由通量场经推导得到速度场 $\boldsymbol{U}$。

为了求解压力场 *p*，将 N-S 方程在无黏无旋无体积力的稳态条件下简化为

$$\nabla^2 p+\nabla\bullet\left[\nabla\bullet(\boldsymbol{U}\boldsymbol{U})\right]=0$$

或

$$\nabla^2 p+\nabla\bullet\left[\nabla\bullet(phi\,\boldsymbol{U})\right]=0$$

（3）scalarTransportFoam 求解器

求解无源标量的稳态或瞬态输运方程：

$$\frac{\partial T}{\partial t}+\nabla\bullet(\boldsymbol{U}T)-\nabla\bullet(\nabla D_T T)=S$$

式中，$\boldsymbol{U}$ 为矢量，且不随时间变化。计算前需在 U 文件内给定 $\boldsymbol{U}$ 的分布。

7.9.2 不可压缩流动求解器

adjointShapeOptimisationFoam 求解器，用于非牛顿流体不可压缩湍流的稳态求解器，在导致压力损失的区域中应用“阻塞”来优化管道形状。

boundaryFoam 求解器，用于不可压缩一维湍流的稳态求解器，仿真时通常在入口处生成边界层条件。

icoFoam 求解器，牛顿流体不可压缩层流的瞬态求解器。使用 PISO 算法，不考虑体积力。

pimpleFoam，用于牛顿流体不可压缩湍流的瞬态求解器。

pisoFoam，使用 PISO 算法的不可压缩湍流的瞬态求解器。

porousSimpleFoam，用于不可压缩湍流的稳态求解器，可隐式或显式地处理孔隙度，支持多参考系。

shallowWaterFoam，无黏浅水方程的瞬态求解器。

simpleFoam，使用 SIMPLE 算法的不可压缩紊流的稳态求解器。

SRFPimpleFoam，具有旋转的无黏浅水方程的瞬态求解器。

SRFSimpleFoam，非牛顿流体在单个旋转坐标系中不可压缩湍流的稳态求解器。

7.9.3 可压缩流动求解器

rhoCentralFoam，基于密度的可压缩流动求解器，应有 Kurganov 和 Tadmor 的中心迎风方案，支持网格移动和拓扑变化。

rhoPimpleFoam，用于 HVAC 及其类似应用的可压缩流体湍流的瞬态求解器，支持可选的网格移动和网格拓扑变化。

rhoPorousSimpleFoam，可压缩流体湍流的稳态求解器，隐式或显式地处理孔隙度，并包含可选源项。

rhoSimpleFoam，可压缩流体湍流的稳态求解器。

7.9.4 多相流

cavitatingFoam，基于均质平衡模型的瞬态空化代码，从中获得液体/蒸气混合物的可压缩性，支持可选的网格移动和网格拓扑变化。

compressibleInterFoam，针对两种可压缩、非等温不混溶流体的求解器，使用基于 VOF 相分数的界面捕获方法，支持可选的网格移动和网格拓扑变化，包括自适应重新划分网格。

compressibleMultiphaseInterFoam，针对 n 个可压缩、非等温不混溶流体的求解器，使用基于 VOF 相分数的界面捕获方法。

driftFluxFoam，针对两种不可压缩流体的求解器，使用混合方法，该方法应用漂移通量近似来计算相的相对运动。

interFoam，针对两种不可压缩、等温不混溶流体的求解器，使用基于 VOF 相分数的界面捕获方法，支持可选的网格运动和网格拓扑变化，包括自适应重新划分网格。

interMixingFoam，针对三种不可压缩流体的求解器，其中两种是可混溶的，使用 VOF 方法捕获界面，支持可选的网格运动和网格拓扑变化，包括自适应重新划分网格。

multiphaseEulerFoam，针对任意数量的具有相同压力但不同属性的可压缩流体相系统的求解器。相模型的类型可在运行时选择，可以选择性地表示多种物质和同相反应。还可在运行时选择相系统，系统中可以表示不同类型的动量、传热和传质。

multiphaseInterFoam，针对 n 种不可压缩流体的求解器，可以捕获界面并包括每种相的表面张力和接触角效应，支持可选的网格移动和网格拓扑变化。

potentialFreeSurfaceFoam，不可压缩 Navier-Stokes 求解器，包含的波高场可实现单相自由表面近似，支持可选的网格移动和网格拓扑变化。

twoLiquidMixingFoam，用于混合两种不可压缩流体的求解器。

7.9.5 传热和浮力驱动流求解器

buoyantFoam，用于计算气体流动和传热的可压缩流体的稳态或瞬态浮力、湍流的求解器，支持可选的网格移动和网格拓扑变化。

thermoFoam，冻结流场上的能量传输和热力学求解器。

chtMultiRegionFoam，用于计算稳态或瞬态流体流动和固体热传导的求解器，具有区域之间的共轭传热、浮力效应、湍流、反应和辐射建模的功能。该求解器可用来处理与主流区域热耦合的二次流，也包含针对每个区域的求解器，这些求解器通过边界条件的更新实现耦合。该求解器可处理以名称区分的不同区域，在不同区域上使用 PIMPLE 算法求解可压缩 N-S 方程；可以考虑重力效应，并可在层流和紊流模型间切换，可在不同的物理区域使用不同的时间步进值。

该求解器针对的数学模型为：对于流体，其质量守恒方程为

$$\frac{\partial \rho}{\partial t} + \nabla \cdot (\rho \boldsymbol{U}) = 0$$

该方程及其求解位于文件 rhoEqn.H 内。动量守恒方程为

$$\frac{\partial (\rho \boldsymbol{U})}{\partial t} + \nabla \cdot (\rho \boldsymbol{U}\boldsymbol{U}) = -\nabla p + \nabla \cdot (\tau + \tau_t)$$

式中，将绝对压力 p 写为相对压力和流体静压力的和 $p = p_{rgh} + \rho g h$；τ 和 τ_t 分别为黏性应力和紊流应力。

该方程及其求解位于文件 UEqn.H 内，并在其中使用 fvc::reconstruct 函数重构一定义在单元中心 P 上的矢量：

$$\boldsymbol{U}_P = \frac{\sum_f \left(\phi_f \frac{S_f}{|S_f|} \right)}{\sum_f \left(\frac{S_f \cdot S_f}{|S_f|} \right)}$$

式中，$\phi_f = \boldsymbol{U}_f \cdot \boldsymbol{S}_f$ 为面通量，该方程为函数

$$\boldsymbol{g}(\boldsymbol{U}) = \sum_f \left[\frac{(\phi_f - \boldsymbol{U}_P \cdot \boldsymbol{S}_f)^2}{|\boldsymbol{S}_f|} \right]$$

取最小值时的解。重构公式具有一阶精度。计算中在面上求和是为了平滑梯度以抑制振荡。

chtMultiRegionFoam 求解器所求解的能量方程为（用总比能量 e 表示）

$$\frac{\partial (\rho K)}{\partial t} + \nabla \cdot (\boldsymbol{U} \rho K) + \frac{\partial (\rho e)}{\partial t} + \nabla \cdot (\boldsymbol{U} \rho e) + \nabla \cdot (p \boldsymbol{U}) = -\nabla \cdot \boldsymbol{q} + \rho r + \nabla \cdot (\boldsymbol{\tau} \cdot \boldsymbol{U}) + \rho \boldsymbol{g} \cdot \boldsymbol{U}$$

该方程的求解位于文件 EEqn.H 内。

为了表示不同化学组分间的化学反应，对每一种组分 k，有物质守恒方程

$$\frac{\partial (\rho Y_k)}{\partial t} + \nabla \cdot (\boldsymbol{U} \rho Y_k) = \nabla \cdot (\mu_{\text{eff}} \nabla Y_k) + R_k$$

式中，R_k 为组分 k 的反应速率，该方程的求解位于 YEqn.H 内。

对于固体区域，只有能量方程，为固体焓的时间变化率等于过固体热传导的散度，即

$$T_f = T_s$$

从界面上进入固体区域的热通量等于经该界面离开液体区域的热通量，即

$$Q_f = -Q_s$$

忽略热辐射时，该方程可写为

$$\kappa_f \frac{\mathrm{d}T_f}{\mathrm{d}n} = -\kappa_s \frac{\mathrm{d}T_s}{\mathrm{d}n}$$

式中，n 表示垂直于边界的方向，κ_f 和 κ_s 分别为流体和固体的热导率。

在求解过程中，该求解器采用分离求解策略，顺序求解用于表征系统特性的每一个变量，并且将前一个方程的求解结果代入后续方程。对于流体和固体间的耦合，用前一次迭代所得的固体温度定义流体的温度边界条件，求解流体方程，此后应用上一次迭代所得的流体温度定义固体的温度边界条件，并求解固体方程。迭代一直执行直到最终收敛。

7.9.6 其他求解器

（1）电磁求解器

electrostaticFoam，求解静电场。

magneticFoam，求解永磁体在空气介质中产生的静磁场。

mhdFoam，磁流体动力学（MHD）求解器，即在磁场影响下导电流体的不可压缩层流。

（2）离散方法

dsmcFoam，用于瞬态多组分流动的直接模拟蒙特卡罗（DSMC）求解器。

mdEquilibrationFoam，平衡和（或）预处理分子动力学系统的求解器。

mdFoam，流体动力学的分子动力学求解器。

（3）颗粒追踪求解器

denseParticleFoam，用于粒子云耦合输运的瞬态求解器，包括粒子体积分数对连续相的影响，支持可选的网格移动和网格拓扑变化。

particleFoam，用于单个运动学粒子云的被动输运瞬态求解器，支持可选的网格移动和网格拓扑更改。

rhoParticleFoam，粒子云被动输运的瞬态求解器。

（4）燃烧求解器

buoyantReactingFoam，使用具有增强浮力处理的基于密度的热力学包进行化学反应燃烧的求解器。

chemFoam，化学问题求解器，专门用于单个单元的算例，可用于与其他化学求解器的比较，该求解器使用单一单元网格，并从初始条件创建场。

PDRFoam，含有湍流模型的可压缩预混/部分预混燃烧求解器。

reactingFoam，化学反应燃烧的求解器。

XiEngineFoam，内燃机燃烧的求解器。

XiFoam，含有湍流模型的可压缩预混/部分预混燃烧求解器。

（5）其他求解器

dnsFoam，各向同性湍流的直接数值模拟求解器。

solidDisplacementFoam，固体线弹性、小应变变形的瞬态求解器，支持可选的热扩散和热应力。

solidEquilibriumDisplacementFoam，固体线弹性、小应变变形的稳态求解器，支持可选的热扩散和热应力。

financialFoam，求解 Black-Scholes 方程。

7.10 OpenFOAM 中的标准实用程序

OpenFOAM 中的标准实用程序主要用于计算过程中的前处理、后处理、程序调试，以及计算过程控制等，这些实用程序位于$FOAM_UTILITIES 目录内。这里介绍使用 OpenFOAM 求解器计算时的常用实用程序。

（1）前处理实用程序

applyBoundaryLayer，将简化的边界层模型应用于基于 1/7 幂律的速度和湍流场。

boxTurb，形成一个符合给定能谱且无发散的湍流 box。

changeDictionary，更改字典条目，例如，可用于更改场和 polyMesh/boundary 文件中的 patch 类型。

createExternalCoupledPatchGeometry，生成与 externalCoupled 边界条件一起使用的 patch 几何（点和面）。

dsmcInitialise，通过读入初始化字典 system/dsmcInitialise 对 dsmcFoam 算例进行初始化。

faceAgglomerate，使用 pairPatchAgglomeration 算法聚集边界面，写出从细网格至粗网格的映射。

foamSetupCHT，使用材料属性、场和系统文件的模板文件设置多区域算例。

mapFields，将定义在单元体上的场从一个网格映射到另一个网格，读取和插值这两种情况下时间目录中存在的所有场。

mapFieldsPar，将定义在单元体上的场从一个网格映射到另一个网格，读取和插值两种情况下时间目录中存在的所有场。并行和非并行情况时无须先重构即可处理。

mdInitialise，对分子动力学模拟中的场进行初始化。

setAtmBoundaryLayer，将大气边界层模型应用于整个计算域以对算例进行初始化。

setFields，通过字典文件在一组选定的单元格/patch 面上设置值。

setWaves，将波动模型应用于整个计算域以便使用水平集对算例进行初始化，可实现二阶精度。

viewFactorsGen，基于面聚集数组计算角系数（由 faceAgglomerate 实用程序生成的 finalAgglom）。

（2）网格生成实用程序

blockMesh，多块网格生成器。

extrudeMesh，从已有 patch（默认法向向外，可选翻转面）或从文件读取的 patch 中抽取网格。

extrude2DMesh，通过 2D 网格（所有面只有两个点，没有正面和背面）以指定厚度拉伸来创建 3D 网格。

extrudeToRegionMesh，将 faceZones（内部或边界面）或 faceSets（仅限边界面）抽取到单独的网格中（作为不同的区域）。

foamyHexMesh，Conformal Voronoi 自动网格生成器。

foamyQuadMesh，Conformal-Voronoi 2D 抽取自动网格器。

snappyHexMesh，自动拆分六面体网格器，细化并捕捉到表面。

（3）网格转换实用程序

ansysToFoam，将从 I-DEAS 导出的 ANSYS 网格文件转换为 OpenFOAM 格式。

ccm26ToFoam，使用 ccm 2.6 读取由 Prostar/ccm 写入的 CCM 文件。

cfx4ToFoam，将 CFX 4 网格转换为 OpenFOAM 格式。

datToFoam，读入一个 datToFoam 网格文件并输出一个点文件。与 blockMesh 一起使用。

fluent3DMeshToFoam，将 Fluent 网格转换为 OpenFOAM 格式。

fluentMeshToFoam，将 Fluent 网格转换为 OpenFOAM 格式，包括多区域和区域边界处理。

foamMeshToFluent，以 Fluent 网格格式写出 OpenFOAM 网格。

foamToStarMesh，读取 OpenFOAM 网格并写出 pro-STAR (v4) bnd/cel/vrt 格式。

foamToSurface，读取 OpenFOAM 网格并以表面格式写入边界。

gambitToFoam，将 GAMBIT 网格转换为 OpenFOAM 格式。

gmshToFoam，读取 Gmsh 写入的.msh 文件。

ideasUnvToFoam，I-Deas unv 格式网格转换。

kivaToFoam，将 KIVA3v 网格转换为 OpenFOAM 格式。

mshToFoam，转换 Adventure 系统生成的.msh 文件。

netgenNeutralToFoam，转换 Netgen v4.4 编写的中性文件格式。

plot3dToFoam，Plot3d 网格（ascii/格式化格式）转换器。

sammToFoam，将 Star-CD (v3) SAMM 网格转换为 OpenFOAM 格式。

star3ToFoam，将 Star-CD (v3) pro-STAR 网格转换为 OpenFOAM 格式。

star4ToFoam，将 Star-CD (v4) pro-STAR 网格转换为 OpenFOAM 格式。

tetgenToFoam，转换由 tetgen 编写的.ele、.node 以及.face 文件。

vtkUnstructuredToFoam，转换由 vtk/paraview 生成的 ascii .vtk（传统格式）文件。

writeMeshObj，用于网格调试，将网格写入三个单独的 OBJ 文件，可以使用 javaview 查看这些文件。

（4）网格操作实用程序

attachMesh，使用指定的网格修改器附加拓扑分离的网格。

autoPatch，根据（用户提供的）特征角度将外部面划分为 patch。

checkMesh，检查网格质量。该实用程序在计算中经常用到，使用该命令可发现一些质量较差的网格，尤其是那些含有拓扑错误的网格，在计算前必须解决。虽然存在网格质量错误（如畸变，长宽比、最小面面积，非正交性等）时求解器仍然能够继续运行，但它们会严重影响解的精度，并使得求解器运行变慢或崩溃。在 OpenFOAM 中运行 checkMesh 后会将报告错误的单元、面或点写出至目录 constant/polyMesh/sets，如果需要可视化这些面、单元或点，可使用 foamToVTK 将它们转换为 VTK 格式，转换后创建了目录 VTK，从中可以看出有错误的网格、面和点，然后可以使用 paraFoam 或 paraView 可视化它们。OpenFOAM 中规定网格质量的文件为：

```
$W_PROJECT_DIR/src/OpenFOAM/meshes/primitiveMesh/
   primitiveMeshCheck/primitiveMeshCheck.C
```

其中的一些最大值定义如下，也可以修改这些值：

```
Foam:scalar Foam::primitiveMesh::closedThreshold_=1.0e-6;
Foam:scalar Foam::primitiveMesh::aspectThreshold_=1000;
```

```
Foam:scalar Foam::primitiveMesh::nonOrthThreshold_=70;
Foam:scalar Foam::primitiveMesh::skewThreshold_=4;
Foam:scalar Foam::primitiveMesh::planarCosAngle_=1.0e-6;
```

createBaffes，将内部面变为边界面。不像 mergeOrSplitBaffles 那样复制点。

createNonConformalCouples，在非耦合 patch 之间创建非共形耦合。

createPatch，从选定的边界面创建 patch，这些面来自已有的 patch 或面集。

deformedGeom，使用位移场和作为参数提供的比例因子改变多边形网格的形状。

flattenMesh，展平二维笛卡儿网格的前后平面。

insideCells，拾取单元中心位于表面内的单元，需要表面为封闭面且单连通。

mergeBaffes，检测具有公共点的面并将它们合并到内部面中。

mergeMeshes，合并两个网格。

mirrorMesh，沿给定平面镜像网格。

moveMesh，网格移动和拓扑网格更改。

objToVTK，读取 obj line 文件并转换成 VTK。

orientFaceZone，更正 faceZone 的方向。

polyDualMesh，计算多边形网格的对偶，连接所有特征和 patch 边缘。

refineMesh，在多个方向细化网格。

renumberMesh，对单元列表中的单元重新变化，以缩小编号范围，读取并对所有时间目录中的所有场重新编号，这样可以加快线性求解器的运行。

rotateMesh，将网格和场从 n1 方向旋转到 n2 方向。

setsToZones，将 pointZones、faceZones 或 cellZones 添加到网格的 pointSets、faceSets 或 cellSets 中。

singleCellMesh，读取所有场并将它们映射到删除了所有内部面的网格（singleCellFvMesh）上，并将该网格写入区域 singleCell。

splitBaffes，检测具有公共点（Baffes）的面，并复制这些点以将它们分开。

splitMesh，使用 attachDetach 通过将内部面设为外部来拆分网格。

splitMeshRegions，将网格分割成多个区域。

stitchMesh，缝合网格。

subsetMesh，基于 cellSet 选择网格的一部分。

topoSet，通过字典对 cellSets/faceSets/pointSets 进行操作。

transformPoints，根据平移、旋转和缩放选项变换 polyMesh 目录中的网格点。

zipUpMesh，读取带有游离顶点的网格并缝合单元，以确保所有具有有效形状的多面体单元都是闭合的。

（5）其他网格工具

autoRefineMesh，细化表面附近的单元。

collapseEdges，折叠短边并组合为直线边。

combinePatchFaces，检查同一单元上的多个 patch 面并将它们组合起来。多个 patch 面可能来自如删除细化的相邻单元，留下 4 个暴露的面，这些面具有相同的 owner。

modifyMesh，修改网格单元。

PDRMesh，用于 PDR 类型模拟的网格和场的准备。

refineHexMesh，通过 2×2×2 单元拆分细化六面体网格。

refinementLevel，查询细化后的笛卡儿网格上细化级别。

refineWallLayer，细化 patch 附近的单元。

removeFaces，删除面（合并面两侧的单元）。

selectCells，选择与表面相关的单元格。

splitCells，由平面分割单元。

（6）后处理实用程序

engineCompRatio，计算几何压缩比。

noise，使用 noiseFFT 库对压力数据进行噪声分析。

particleTracks，为使用跟踪包裹类型云计算的算例生成粒子轨迹的 VTK 文件。

pdfPlot，生成概率分布函数图。

postProcess，对选定时间集上的特定场集执行选定字典（默认为 system/controlDict）或命令行中指定的一组函数对象。

steadyParticleTracks，为使用稳态云计算的算例生成粒子轨迹的 VTK 文件，算例必须在使用前重新构建（如果并行运行）。

temporalInterpolate，在时间步之间插值得到插值场，可用于动画演示。

（7）数据转换后处理程序

foamDataToFluent，将 OpenFOAM 数据转换为 Fluent 格式。

foamToEnsight，将 OpenFOAM 数据转换为 EnSight 格式。

foamToEnsightParts，将 OpenFOAM 数据转换为 Ensight 格式。为每个 cellZone 和 patch 创建一个 Ensight 部分。

foamToGMV，将 OpenFOAM 数据输出转换为 GMV 可读文件。

foamToTetDualMesh，将 polyMesh 结果转换为 tetDualMesh。

foamToVTK，Legacy VTK 文件格式编写器。该程序常用于多区域计算中。

smapToFoam，将 STAR-CD SMAP 数据文件转换为 OpenFOAM 场格式。

（8）并行处理实用程序

decomposePar，自动分解网格和算例以并行执行。

reconstructPar，重构算例的场，该算例已被分解且并行执行。

reconstructParMesh，只使用几何信息重构网格。

redistributePar，根据 decomposeParDict 文件中的当前设置重新分配现有的分解网格和场。

（9）其他程序

foamDictionary，查询和对字典进行操作。

foamFormatConvert，将与算例相关的所有 IOobjects 转换为 controlDict 中指定的格式。

foamListTimes，使用 timeSelector 列出时间。

patchSummary，在每个请求时间点写入每个 patch 的场和边界条件信息。

第8章 物理场计算实例——不可压缩流体流动求解器

不可压缩流体流动求解器通过求解 Navier-Stokes 方程组［动量守恒方程（5-14）和质量守恒方程（5-6）］得到速度和压力场。该方程中压力和速度间具有强耦合，但质量守恒方程中没有作为初始变量的压力，使得这一求解较为复杂。

对于黏度恒定的流体，动量方程（5-14）可进一步写为

$$\frac{\partial \boldsymbol{v}}{\partial t}+\nabla \cdot (\boldsymbol{v}\boldsymbol{v})=-\nabla \frac{p}{\rho}+\nu \nabla^2 \boldsymbol{v}+\frac{\boldsymbol{f}_b}{\rho} \tag{8-1}$$

式中，ν 为流体的运动黏度。OpenFOAM 中的 viscosityModel 类及其继承类定义了几种常用的黏度模型，并通过函数 incompressible::turbulenceModel.divDevReff()返回黏性应力张量的散度。

8.1 动量方程的离散

应用有限体积法离散的目的是将描述流体运动的偏微分方程转化为代数方程组，将计算区域划分为网格单元后，离散步骤为：在每一个单元上对偏微分方程积分，转换为单元上的平衡方程，即将体积分或面积分转换为单元或单元面上的离散代数关系式，得到一组半离散方程；根据第 5 章介绍的离散方法，选择一种插值算法，近似表示相邻单元间待求解变量的变化，建立面质心上的变量值与单元质心上变量值之间的关系，将半离散方程转换为代数方程。为叙述方便，下面以方程（5-14）为例说明动量守恒方程的离散方法。

假设计算区域已划分为网格单元，将方程（5-14）两端在某一单元 C 上积分，有

$$\int_{V_C}\frac{\partial(\rho \boldsymbol{v})}{\partial t}\mathrm{d}V+\int_{V_C}\nabla\cdot(\rho\boldsymbol{v}\boldsymbol{v})\mathrm{d}V=\int_{V_C}-\nabla p\mathrm{d}V+\int_{V_C}\nabla\cdot[\mu(\nabla\boldsymbol{v})]\mathrm{d}V+\int_{V_C}\nabla\cdot[\mu(\nabla\boldsymbol{v})^{\mathrm{T}}]\mathrm{d}V+\int_{V_C}\boldsymbol{f}_b\mathrm{d}V$$

应用散度定理，该式成为

$$\int_{V_C}\frac{\partial(\rho \boldsymbol{v})}{\partial t}\mathrm{d}V+\int_{\partial V_C}(\rho\boldsymbol{v}\boldsymbol{v})\cdot\mathrm{d}\boldsymbol{S}=\int_{V_C}-\nabla p\mathrm{d}V+\int_{\partial V_C}\mu\nabla\boldsymbol{v}\mathrm{d}\boldsymbol{S}+\int_{\partial V_C}\mu(\nabla\boldsymbol{v})^{\mathrm{T}}\mathrm{d}\boldsymbol{S}+\int_{V_C}\boldsymbol{f}_b\mathrm{d}V$$

将其中包围单元面上的积分分解为各单元面上的积分和：

$$\int_{V_C}\frac{\partial(\rho \boldsymbol{v})}{\partial t}\mathrm{d}V+\sum_{f\sim face(C)}\int_f(\rho\boldsymbol{v}\boldsymbol{v})\cdot\mathrm{d}\boldsymbol{S}=\int_{V_C}-\nabla p\mathrm{d}V+\sum_{f\sim face(C)}\int_f\mu\nabla\boldsymbol{v}\cdot\mathrm{d}\boldsymbol{S}+\sum_{f\sim face(C)}\int_f\mu(\nabla\boldsymbol{v})^{\mathrm{T}}\cdot\mathrm{d}\boldsymbol{S}+\int_{V_C}\boldsymbol{f}_b\mathrm{d}V$$

采用一点高斯积分，用被积函数在面质心上的值代替积分值，得

$$\int_{V_C}\frac{\partial(\rho\boldsymbol{v})}{\partial t}\mathrm{d}V+\sum_{f\sim nb(C)}\rho_f(\boldsymbol{vv})_f\cdot\boldsymbol{S}_f=\int_{V_C}-\nabla p\mathrm{d}V+\sum_{f\sim nb(C)}\mu_f(\nabla\boldsymbol{v})_f\cdot\boldsymbol{S}_f+\sum_{f\sim nb(C)}\mu_f(\nabla\boldsymbol{v})_f^{\mathrm{T}}\cdot\boldsymbol{S}_f+\int_{V_C}\boldsymbol{f}_b\mathrm{d}V \tag{8-2}$$

对于方程（8-2）中的对流项，采用 5.6.9 节中的高阶离散格式和迁延修正法，有

$$\sum_{f\sim nb(C)}\rho_f(\boldsymbol{vv})_f\cdot\boldsymbol{S}_f=\left(\sum_{f\sim nb(C)}\left\|\dot{m}_f,0\right\|\right)\boldsymbol{v}_C-\sum_{F\sim NB(C)}\left(\left\|-\dot{m}_f,0\right\|\cdot\boldsymbol{v}_F\right)+\sum_{f\sim nb(C)}\dot{m}_f(\boldsymbol{v}_f^{\mathrm{HO}}-\boldsymbol{v}_f^{\mathrm{U}})$$

式中，$\dot{m}_f=\rho_f\boldsymbol{v}_f\cdot\boldsymbol{S}_f$ 为质量通量，对于不可压缩流体，密度恒定，ρ_f 可以从方程中提出，得到的项 $\phi_f=\boldsymbol{v}_f\cdot\boldsymbol{S}_f$ 称为面 f 上的面通量。

对于方程（8-2）中的扩散项，按照 5.4.4 节的方法考虑网格非正交的情况，有

$$\begin{aligned}\sum_{f\sim nb(C)}\mu_f(\nabla\boldsymbol{v})_f\cdot\boldsymbol{S}_f&=\sum_{f\sim nb(C)}\mu_f(\nabla\boldsymbol{v})_f\cdot\boldsymbol{E}_f+\sum_{f\sim nb(C)}\mu_f(\nabla\boldsymbol{v})_f\cdot\boldsymbol{T}_f\\&=\sum_{F\sim NB(C)}\mu_f\frac{\boldsymbol{v}_F-\boldsymbol{v}_C}{d_{CF}}\cdot\boldsymbol{E}_f+\sum_{f\sim nb(C)}\mu_f(\nabla\boldsymbol{v})_f\cdot\boldsymbol{T}_f\\&=-\left(\sum_{f\sim nb(C)}\mu_f\frac{E_f}{d_{CF}}\right)\boldsymbol{v}_C+\sum_{F\sim NB(C)}\left(\mu_f\frac{E_f}{d_{CF}}\boldsymbol{v}_F\right)+\sum_{f\sim nb(C)}\left[\mu_f(\nabla\boldsymbol{v})_f\cdot\boldsymbol{T}_f\right]\end{aligned}$$

式中，$\boldsymbol{S}_f=\boldsymbol{E}_f+\boldsymbol{T}_f$，$\boldsymbol{E}_f$ 沿两相邻单元 C 和 F 的质心连线方向，$\boldsymbol{T}_f$ 沿面切线方向。对于方程（8-2）中表面应力张量的第二项则进行显式计算。

对于方程（8-2）中的其他项，其被积函数用其质心上的值表示，有

$$\int_{V_C}\frac{\partial(\rho\boldsymbol{v})}{\partial t}\mathrm{d}V=\frac{\partial(\rho_C\boldsymbol{v}_C)}{\partial t}V_C$$

$$\int_{V_C}-\nabla p\mathrm{d}V=-(\nabla p)_C V_C$$

$$\int_{V_C}\boldsymbol{f}_b\mathrm{d}V=(\boldsymbol{f}_b)_C V_C$$

其中，对于压力，有时将密度移至方程的右端，且在计算中使用广义压力 $\dfrac{p}{\rho}$。

为了后续表示方便，用 $\mathcal{L}(\boldsymbol{v}_C)$ 代替除瞬态项外的各项，并将方程（8-2）两端在时间区间 $\left[t-\dfrac{\Delta t}{2},t+\dfrac{\Delta t}{2}\right]$ 上积分，得

$$\int_{t-\frac{\Delta t}{2}}^{t+\frac{\Delta t}{2}}\frac{\partial(\rho_C\boldsymbol{v}_C)}{\partial t}V_C\mathrm{d}t+\int_{t-\frac{\Delta t}{2}}^{t+\frac{\Delta t}{2}}\mathcal{L}(\boldsymbol{v}_C)\mathrm{d}t=0$$

设单元体积 V_C 为常值，该式等号左端第一项化为面通量的差值，第二项应用中值定理，得

$$\frac{(\rho_C \boldsymbol{v}_C)^{t+\frac{\Delta t}{2}} - (\rho_C \boldsymbol{v}_C)^{t-\frac{\Delta t}{2}}}{\Delta t} V_C + \mathcal{L}(\boldsymbol{v}_C^t) = 0$$

式中，上标 $t-\dfrac{\Delta t}{2}$ 和 $t+\dfrac{\Delta t}{2}$ 表示该时刻而非指数。采用式（5-129）表示的一阶隐式 Euler 离散格式，并忽略当前时刻的时间表示，将前一时刻表示为 0，则瞬态项成为

$$\frac{(\rho_C \boldsymbol{v}_C)^{t+\frac{\Delta t}{2}} - (\rho_C \boldsymbol{v}_C)^{t-\frac{\Delta t}{2}}}{\Delta t} V_C = \frac{\rho_C V_C}{\Delta t} \boldsymbol{v}_C - \frac{\rho_C^0 V_C}{\Delta t} \boldsymbol{v}_C^0$$

非瞬态项的离散格式不变。

这样，动量方程的最终有限体积离散格式成为

$$\left[\frac{\rho_C V_C}{\Delta t} + \sum_{f\sim nb(C)} \left(\left\|\dot{m}_f, 0\right\| + \mu_f \frac{E_f}{d_{CF}}\right)\right] \boldsymbol{v}_C + \sum_{F\sim NB(C)} \left[\left(-\left\|-\dot{m}_f, 0\right\| - \mu_f \frac{E_f}{d_{CF}}\right) \bullet \boldsymbol{v}_F\right] = -(\nabla p)_C V_C +$$
$$\frac{\rho_C^0 V_C}{\Delta t} \boldsymbol{v}_C^0 + (\boldsymbol{f}_b)_C V_C + \sum_{f\sim nb(C)} \left[\mu_f (\nabla \boldsymbol{v})_f \bullet \boldsymbol{T}_f - \dot{m}_f \left(\boldsymbol{v}_f^{\mathrm{HO}} - \boldsymbol{v}_f^{\mathrm{U}}\right)\right] + \sum_{f\sim nb(C)} \mu_f (\nabla \boldsymbol{v})^{\mathrm{T}}{}_f \bullet \boldsymbol{S}_f$$

令

$$a_C^v = \frac{\rho_C}{\Delta t} + \sum_{f\sim nb(C)} \frac{\left(\left\|\dot{m}_f, 0\right\| + \mu_f \dfrac{E_f}{d_{CF}}\right)}{V_C}$$

$$a_F^v = \frac{-\left\|-\dot{m}_f, 0\right\| - \mu_f \dfrac{E_f}{d_{CF}}}{V_C}$$

$$b_C^v = \frac{\rho_C^0}{\Delta t} \boldsymbol{v}_C^0 + (\boldsymbol{f}_b)_C + \sum_{f\sim nb(C)} \frac{\left[\mu_f (\nabla \boldsymbol{v})_f \bullet \boldsymbol{T}_f - \dot{m}_f (\boldsymbol{v}_f^{\mathrm{HO}} - \boldsymbol{v}_f^{\mathrm{U}}) + \mu_f (\nabla \boldsymbol{v})_f^{\mathrm{T}} \bullet \boldsymbol{S}_f\right]}{V_C}$$

其中，在等式两端同时除以单元体积 V_C。当将计算区域划分为网格后，并用上一步迭代结果或初始值代替其中的变量值，则这三个系数均为确定值，这样离散方程可写为

$$a_C^v \boldsymbol{v}_C + \sum_{F\sim NB(C)} a_F^v \bullet \boldsymbol{v}_F = -(\nabla p)_C + b_C^v \tag{8-3}$$

或者可进一步写为

$$\boldsymbol{v}_C + H_C(\boldsymbol{v}) = -D_C^v (\nabla p)_C + B_C^v \tag{8-4}$$

式中

$$H_C(\boldsymbol{v}) = \sum_{F\sim NB(C)} \frac{a_F^v}{a_C^v} \bullet \boldsymbol{v}_F$$

$$D_C^v = \frac{1}{a_C^v}$$

$$B_C^v = \frac{b_C^v}{a_C^v}$$

8.2 压力修正方程

在由质量守恒方程和动量守恒方程组成的流体力学方程组中，待求解量为流体速度和压力，但两方程中均没有作为初始变量的压力，这为一典型的鞍点问题，所以首先需要构建一个压力方程。相应的一个迭代步内的求解过程为：

① 应用压力场的上一步迭代结果或猜测的初值求解动量方程，得到满足动量守恒方程的速度场 $\boldsymbol{v}^*$，但不一定满足质量守恒方程。

② 应用新求解得到的速度场 $\boldsymbol{v}^*$，根据半离散格式的动量方程和连续性方程构建压力方程，求解压力方程得到新的压力场 p^*。

③ 应用新的压力场 p^* 修正速度场，使其满足质量守恒方程。

构建压力修正方程的方法为：根据离散格式的动量方程，用压力表示速度，将表示结果代入离散格式的连续性方程即得到关于压力的方程。而离散的连续性方程中的速度为单元面上的速度，所以需要先求得面上速度的表示式。

如果应用同位网格离散计算域，当由单元质心速度经线性插值计算单元面上的速度时，会导致压力和速度解耦，进而引起跳格问题。为了避免这种情况，采用 Rhie-Chow 插值计算单元面上的速度。具体计算时，构建一单元面速度的虚动量方程，该方程中各项的系数由原离散格式的动量方程的系数从单元质心插值得到。

对两相邻单元 C 和 F，由方程（8-4）得

$$\boldsymbol{v}_C + H_C(\boldsymbol{v}) = B_C^v - D_C^v(\nabla p)_C \tag{8-5}$$

$$\boldsymbol{v}_F + H_F(\boldsymbol{v}) = B_F^v - D_F^v(\nabla p)_F \tag{8-6}$$

使用类似的形式构建两单元间面上的动量方程（虚动量方程）为

$$\boldsymbol{v}_f + H_f(\boldsymbol{v}) = B_f^v - D_f^v(\nabla p)_f \tag{8-7}$$

用面 f 的相邻结点 C 和 F 上的动量方程的系数值经插值来近似代替该方程中的系数：

$$H_f(\boldsymbol{v}) = g_C H_C(\boldsymbol{v}) + g_F H_F(\boldsymbol{v}) = \overline{H_f}(\boldsymbol{v})$$

$$B_f^v = g_C B_C^v + g_F B_F^v = \overline{B_f^v}$$

$$D_f^v = g_C D_C^v + g_F D_F^v = \overline{D_f^v}$$

虚动量方程成为

$$\boldsymbol{v}_f + \overline{H_f}(\boldsymbol{v}) = \overline{B_f^v} - \overline{D_f^v}(\nabla p)_f \tag{8-8}$$

将方程（8-5）和方程（8-6）代入上述系数表达式中，得

$$\begin{aligned}\overline{H_f}(\boldsymbol{v}) &= g_C\left[-\boldsymbol{v}_C + B_C^v - D_C^v(\nabla p)_C\right] + g_F\left[-\boldsymbol{v}_F + B_F^v - D_F^v(\nabla p)_F\right] \\ &= -(g_C\boldsymbol{v}_C + g_F\boldsymbol{v}_F) - \left[g_C D_C^v(\nabla p)_C + g_F D_F^v(\nabla p)_F\right] + (g_C B_C^v + g_F B_F^v) \\ &= -\overline{\boldsymbol{v}_f} - \overline{D_f^v}\cdot\overline{(\nabla p)_f} + \overline{B_f^v}\end{aligned}$$

其中，最后一步关于项 $\left[g_C D_C^v(\nabla p)_C + g_F D_F^v(\nabla p)_F\right]$ 使用了二阶精度的近似。将这一表示代入虚动量方程（8-8），得到 Rhie-Chow 插值法下的单元面上的速度：

$$\boldsymbol{v}_f = \overline{\boldsymbol{v}_f} - \overline{D_f^v} \cdot \left[(\nabla p)_f - \overline{(\nabla p)_f} \right] \tag{8-9}$$

这里计算压力梯度时采用修正形式：

$$(\nabla p)_f \cdot \boldsymbol{e}_{CF} = \frac{p_F - p_C}{d_{CF}}$$

式中，d_{CF} 为沿连接两相邻结点 C 和 F 的线段长度，$\boldsymbol{e}_{CF}$ 为沿该方向上的单位矢量。

在推导同位网格时的压力修正方程时，首先由 Rhie-Chow 插值法下的面上的速度及其求解格式得到面上的修正速度，然后利用离散格式动量方程（8-4）及其求解格式得到两相邻单元质心上的修正速度，两者经线性插值得到面上的修正速度均值，将该均值代入面上修正速度的表达式中，利用得到的面上修正速度式代入连续性方程从而得到压力修正方程。

Rhie-Chow 插值法下的面上速度求解格式为

$$\boldsymbol{v}_f^* = \overline{\boldsymbol{v}_f^*} - \overline{D_f^v} \cdot \left[(\nabla p)_f^{(n)} - \overline{(\nabla p)_f^{(n)}} \right] \tag{8-10}$$

式中，上标*表示本次迭代需计算的量，(n) 表示上次迭代的计算结果。

将该式与式（8-9）相减，得到面上修正速度满足

$$\boldsymbol{v}'_f = \overline{\boldsymbol{v}'_f} - \overline{D_f^v} \cdot \left[(\nabla p)'_f - \overline{(\nabla p)'_f} \right] \tag{8-11}$$

求解格式的动量方程为

$$\boldsymbol{v}_C^* + H_C(\boldsymbol{v}^*) = -D_C^v (\nabla p)_C^{(n)} + B_C^v$$

将该式与方程（8-4）相减，得单元 C 质心上的修正速度

$$\boldsymbol{v}'_C + H_C(\boldsymbol{v}') = -D_C^v (\nabla p)'_C \tag{8-12}$$

同理，对于单元 F，有

$$\boldsymbol{v}'_F + H_F(\boldsymbol{v}') = -D_F^v (\nabla p)'_F$$

由两相邻单元 C 和 F 上的修正速度经线性插值得到它们之间面上的修正速度均值：

$$\overline{\boldsymbol{v}'_f} = -\overline{H_f}(\boldsymbol{v}') - \overline{D_f^v} \cdot \overline{(\nabla p)'_f}$$

将其代入表达式（8-11），得面上的修正速度为

$$\boldsymbol{v}'_f = -\overline{H_f}(\boldsymbol{v}') - \overline{D_f^v} \cdot (\nabla p)'_f \tag{8-13}$$

连续性方程（5-6）具有离散格式

$$\sum_{f \sim nb(C)} (\rho_f \boldsymbol{v}_f \cdot \boldsymbol{S}_f) = \sum_{f \sim nb(C)} (\rho_f \boldsymbol{v}_f^* \cdot \boldsymbol{S}_f + \rho_f \boldsymbol{v}'_f \cdot \boldsymbol{S}_f) = 0 \tag{8-14}$$

为了用质量通量表示，表达式中增加了密度。将式（8-13）代入方程（8-14），得压力修正方程

$$\sum_{f \sim nb(C)} \left[-\rho_f \overline{D_f^v} \cdot (\nabla p)'_f \cdot \boldsymbol{S}_f \right] = -\sum_{f \sim nb(C)} \dot{m}_f^* + \sum_{f \sim nb(C)} \left[\rho_f \overline{H_f}(\boldsymbol{v}') \cdot \boldsymbol{S}_f \right] \tag{8-15}$$

该方程建立了结点上的速度修正值与压力修正值间的关系，且修改或去掉方程中某些项不会影响最终的计算结果，但会影响收敛效率。

对于方程（8-15）中的压力梯度项，可做如下处理：

$$\overline{D_f^v} \cdot (\nabla p)'_f \cdot \boldsymbol{S}_f = (\nabla p)'_f \left(\overline{D_f^v} \right)^{\mathrm{T}} \cdot \boldsymbol{S}_f$$

考虑网格非正交的情况，将等效表面积沿相邻单元结点连线和面的切线方向分解为 $\boldsymbol{S}'_f = \boldsymbol{E}_f + \boldsymbol{T}_f$，得

$$(\nabla p)'_f \boldsymbol{S}'_f = (\nabla p)'_f \boldsymbol{E}_f + (\nabla p)'_f \boldsymbol{T}_f = E_f \frac{p'_F - p'_C}{d_{CF}} + (\nabla p)'_f \boldsymbol{T}_f$$

如果忽略等号右端的最后一项，得

$$(\nabla p)'_f \boldsymbol{S}'_f = \mathcal{D}_f \left(p'_F - p'_C \right)$$

其中，$\mathcal{D}_f = E_f / d_{CF}$，此时压力修正方程成为

$$\underbrace{\sum_{f\sim nb(C)} (\rho_f \mathcal{D}_f) p'_C}_{a_C^{p'}} + \sum_{F\sim NB(C)} \left(\underbrace{\rho_f \mathcal{D}_f}_{a_F^{p'}} p'_F \right) = \underbrace{- \sum_{f\sim nb(C)} \dot{m}_f^* + \sum_{f\sim nb(C)} \left[\rho_f \overline{H_f}(\boldsymbol{v}') \cdot \boldsymbol{S}_f \right]}_{b_C^{p'}} \tag{8-16}$$

并进一步简化为

$$a_C^{p'} p'_C + \sum_{F\sim NB(C)} \left(a_F^{p'} p'_F \right) = b_C^{p'} \tag{8-17}$$

压力修正方程中的质量通量则根据求解格式的 Rhie-Chow 插值结果式（8-10）计算为

$$\dot{m}_f^* = \rho_f \boldsymbol{v}_f^* \cdot \boldsymbol{S}_f = \rho_f \overline{\boldsymbol{v}_f^*} \cdot \boldsymbol{S}_f - \rho_f \overline{D_f^v} \cdot \left[(\nabla p)_f^{(n)} - \overline{(\nabla p)_f^{(n)}} \right] \cdot \boldsymbol{S}_f \tag{8-18}$$

8.3 求解算法

流体流动的有限体积计算中最常用的算法为 SIMPLE（Semi Implicit Method for Pressure Linked Equations）算法类，该类型算法中将速度和压力分开相继处理，用离散的动量方程中的速度代入连续性方程，得到压力方程来计算压力。SIMPLE 类型算法中不同算法的主要区别在于处理压力修正方程（8-15）中的 $\overline{H_f}(\boldsymbol{v}')$ 项上。基本 SIMPLE 算法将这一项忽略，因为保留这一项将导致方程难以处理，而将其忽略不会影响最终结果，但会影响收敛过程，所以 SIMPLE 算法中需要对压力进行欠松弛处理来抵消这一影响。但即使应用了欠松弛技术，基本 SIMPLE 算法的收敛速度仍然会因所求解问题的不同而不同。为此，人们开发了 SIMPLEC、SIMPLER、PISO、PRIME、SIMPLEM、SIMPLEX 和 SIMPLEST 等算法。这里介绍实际中应用较多的 SIMPLE、SIMPLEC、PISO、PIMPLE 等算法。

8.3.1 SIMPLE 和 SIMPLEC 算法

SIMPLE 算法中忽略了修正速度表达式中的项 $H_C(\boldsymbol{v}')$，修正质量通量表达式中忽略了项 $\overline{H_f}(\boldsymbol{v}')$，并在压力更新时进行了显式欠松弛。使用 SIMPLE 算法求解动量方程的流程如图 8-1 所示，其中迭代过程中在得到压力修正值后，更新速度、压力、质量通量场的方法为

$$\boldsymbol{v}'_C = -D_C^v (\nabla p)'_C \text{，} \quad \dot{m}'_f = -\rho_f \overline{D_f^v} \cdot (\nabla p)'_f \cdot \boldsymbol{S}_f$$

$$\boldsymbol{v}_C^{**} = \boldsymbol{v}_C^* + \boldsymbol{v}'_C \text{，} \quad \dot{m}_f^{**} = \dot{m}_f^* + \dot{m}'_f \quad \text{，} \quad p_C^* = p_C^{(n)} + \lambda^p p'_C \tag{8-19}$$

其中，更新压力表达式中的 λ^p 为松弛因子。

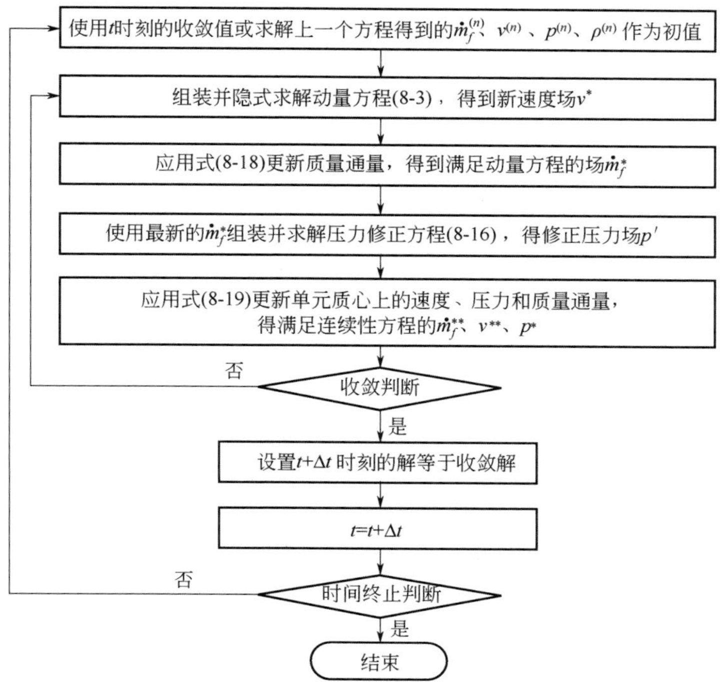

图 8-1　SIMPLE 算法求解流程

SIMPLEC 算法与 SIMPLE 算法的主要区别是，假设单元 C 上的速度修正值为其相邻结点上速度修正值的加权平均，表示为

$$\boldsymbol{v}'_C \approx \frac{\sum\limits_{F\sim NB(C)} (a_F^v \boldsymbol{v}'_F)}{\sum\limits_{F\sim NB(C)} a_F^v}$$

可得

$$\sum_{F\sim NB(C)} (a_F^v \boldsymbol{v}'_F) \approx \boldsymbol{v}'_C \sum_{F\sim NB(C)} a_F^v$$

两端同时除以 a_C^v 后，有

$$H_C(\boldsymbol{v}') \approx \boldsymbol{v}'_C H_C(1)$$

将其代入方程（8-12），得

$$\boldsymbol{v}'_C = \frac{-D_C^v}{1+H_C(1)} (\nabla p)'_C$$

在方程（8-3）左端加上再减去项 $\sum\limits_{F\sim NB(C)} a_F^v \cdot \boldsymbol{v}_C$，并整理得

$$\boldsymbol{v}_C + \underbrace{\frac{\sum\limits_{F\sim NB(C)} a_F^v (\boldsymbol{v}_F - \boldsymbol{v}_C)}{a_C^v + \sum\limits_{F\sim NB(C)} a_F^v}}_{\tilde{H}_C(\boldsymbol{v}-\boldsymbol{v}_C)} = -\underbrace{\frac{1}{a_C^v + \sum\limits_{F\sim NB(C)} a_F^v}}_{\tilde{D}_C^v} (\nabla p)_C + \underbrace{\frac{b_C^v}{a_C^v + \sum\limits_{F\sim NB(C)} a_F^v}}_{\tilde{B}_C^v} \tag{8-20}$$

同样可写出关于这一方程的求解格式，两式相减，得到速度修正方程为

$$\boldsymbol{v}_C' = -\tilde{H}_C(\boldsymbol{v}' - \boldsymbol{v}_C') - \tilde{D}_C^v(\nabla p)_C'$$

SIMPLEC 算法忽略了上式中的 $\tilde{H}_C(\boldsymbol{v}' - \boldsymbol{v}_C')$ 项，与 SIMPLE 算法相比，速度修正项中忽略的值相对较小，能更好地满足动量方程，可得到更快的收敛速度，且不需要对压力进行松弛处理。

OpenFOAM 中的 simpleFoam 求解器为使用 SIMPLE 和 SIMPLEC 算法的稳态、不可压缩紊流求解器，求解的动量守恒方程中不含瞬态项，故没有时间步进循环。实际程序中使用了基本 SIMPLE 和 SIMPLEC 算法的主要思想，但并非严格按上述方法组装压力修正方程。由动量守恒方程的离散格式（8-3）可得其求解格式：

$$a_C^v[\boldsymbol{v}^{(n)}]\boldsymbol{v}_C^* + \sum_{F\sim NB(C)} a_F^v[\boldsymbol{v}^{(n)}]\boldsymbol{v}_F^* = b_C^v[\boldsymbol{v}^{(n)}] - \left(\nabla p\right)_C^{(n)} \tag{8-21}$$

其中，各系数中的 $[\boldsymbol{v}^{(n)}]$ 表示该系数需根据 $[\boldsymbol{v}^{(n-1)}]$ 计算得到。上标*表示为预测值而非最终值。该求解格式方程左端系数矩阵中对角线元素组成的矩阵即 $a_C^v[\boldsymbol{v}^{(n)}]$，OpenFOAM 中函数 UEqn.A()返回该矩阵，非对角元素组成的矩阵即 $a_F^v[\boldsymbol{v}^{(n)}]$。该步求解得到的 $\boldsymbol{v}_C^*$ 近似（由于系数矩阵和源项应用了上一步的求解结果）满足动量方程，但不满足连续性方程。方程（8-21）可整理为

$$\boldsymbol{v}_C^* = \frac{b_C^v[\boldsymbol{v}^{(n)}] - \sum\limits_{F\sim NB(C)} a_F^v[\boldsymbol{v}^{(n)}]\boldsymbol{v}_F^*}{a_C^v[\boldsymbol{v}^{(n)}]} - \frac{1}{a_C^v[\boldsymbol{v}^{(n)}]}(\nabla p)_C^{(n)} = \underbrace{\tilde{\boldsymbol{v}}_C^*}_{\mathrm{HbyA}_C^*} - \underbrace{\frac{1}{a_C^v[\boldsymbol{v}^{(n)}]}}_{\mathrm{rAU}_C}(\nabla p)_C^{(n)} \tag{8-22}$$

其中，矩阵 $b_C^v[\boldsymbol{v}^{(n)}] - \sum\limits_{F\sim NB(C)} a_F^v[\boldsymbol{v}^{(n)}]\boldsymbol{v}_F^*$ 在 OpenFOAM 中由函数 UEqn.H()返回，$\tilde{\boldsymbol{v}}_C^*$ 可以看作无压力梯度贡献时的速度场，OpenFOAM 中用体矢量场 HbyA 表示。

方程（8-21）与动量方程的离散格式（8-3）相减得

$$a_C^v\boldsymbol{v}_C' + \sum_{F\sim NB(C)} a_F^v\boldsymbol{v}_F' = -(\nabla p)_C'$$

SIMPLE 算法忽略该式中的项 $\sum\limits_{F\sim NB(C)} a_F^v\boldsymbol{v}_F'$，得

$$a_C^v\boldsymbol{v}_C' = -(\nabla p)_C'$$

该式与方程（8-22）相加，得

$$\boldsymbol{v}_C = \underbrace{\tilde{\boldsymbol{v}}_C^*}_{\mathrm{HbyA}_C^*} - \underbrace{\frac{1}{a_C^v[\boldsymbol{v}^{(n)}]}}_{\mathrm{rAU}_C}(\nabla p)_C \tag{8-23}$$

由该式得到 Rhie-Chow 插值法下单元面上的速度为

$$\boldsymbol{v}_f = \mathrm{HbyA}_f^* - \mathrm{rAU}_f(\nabla p)_f$$

将其代入离散格式的连续性方程（8-14）中，得

$$\sum_{f\sim nb(C)} (\mathrm{HbyA}_f^* \cdot \boldsymbol{S}_f) = \sum_{f\sim nb(C)} (\mathrm{rAU}_f\left(\nabla p\right)_f \cdot \boldsymbol{S}_f)$$

该方程相应的离散前的方程为

$$\nabla \cdot \text{HbyA}^* = \nabla \cdot (\text{rAU} \cdot \nabla p) \tag{8-24}$$

simpleFoam 的程序中应用了这种表示，避开了直接使用 Rhie-Chow 插值计算面上速度的过程，只不过对方程（8-24）等号左端的项应用先前求解动量方程得到的速度场进行显式求解。

SIMPLE 算法的执行过程可概括为如图 8-2 所示的循环过程，控制循环过程的选项在算例的 fvSolution 字典文件中 SIMPLE 子字典内指定，其中压力修正方程一般只需求解一次。还可给定网格非正交修正次数，由关键字 nNonOrthogonalCorrectors 指定，对于非正交网格至少选 1。

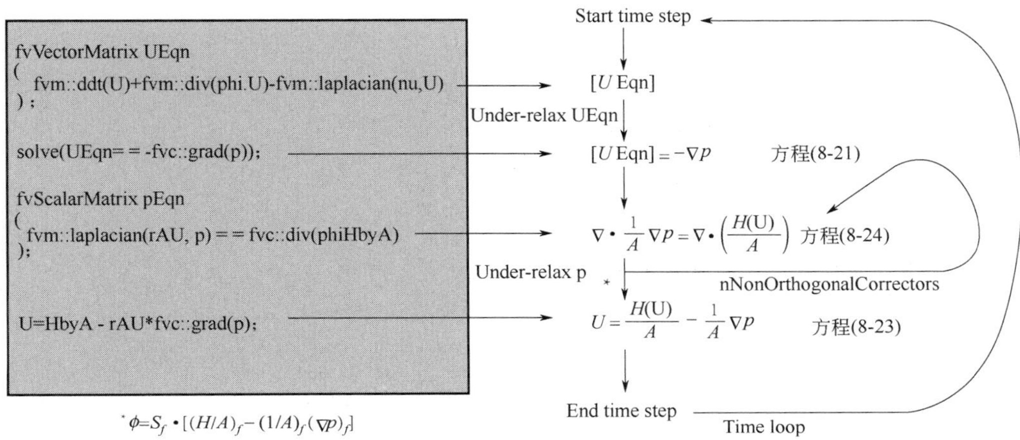

图 8-2　SIMPLE 循环

程序中使用 SIMPLEC 算法时，对方程（8-20）等号左端的项应用了不同的组合方法，可得到

$$\left(a_C^v - \sum_{F\sim NB(C)} a_F^v\right)\boldsymbol{v}_C + \sum_{F\sim NB(C)} a_F^v \cdot (\boldsymbol{v}_F + \boldsymbol{v}_C) = -(\nabla p)_C + b_C^v$$

其求解格式为

$$\left(a_C^v - \sum_{F\sim NB(C)} a_F^v\right)\boldsymbol{v}_C^* + \sum_{F\sim NB(C)} a_F^v \cdot (\boldsymbol{v}_F^* + \boldsymbol{v}_C^*) = -(\nabla p)_C^{(n)} + b_C^v$$

两式相减得

$$\left(a_C^v - \sum_{F\sim NB(C)} a_F^v\right)\boldsymbol{v}'_C = -\sum_{F\sim NB(C)} a_F^v \cdot (\boldsymbol{v}'_F + \boldsymbol{v}'_C) - (\nabla p)'_C$$

忽略项 $\sum_{F\sim NB(C)} a_F^v \cdot (\boldsymbol{v}'_F + \boldsymbol{v}'_C)$，得

$$\boldsymbol{v}'_C = -\frac{1}{a_C^v - \sum_{F\sim NB(C)} a_F^v}(\nabla p)'_C$$

该式与方程（8-22）相加，得

$$\boldsymbol{v}_C = -\frac{\sum_{F\sim NB(C)} a_F^v \boldsymbol{v}_F^*}{a_C^v} - \frac{1}{a_C^v}(\nabla p)_C^{(n)} - \frac{1}{a_C^v - \sum_{F\sim NB(C)} a_F^v}(\nabla p)'_C$$

$$= -\frac{\sum_{F\sim NB(C)} a_F^v \boldsymbol{v}_F^*}{a_C^v} - \frac{1}{a_C^v}(\nabla p)_C^{(n)} + \frac{1}{a_C^v - \sum_{F\sim NB(C)} a_F^v}(\nabla p)_C^{(n)} -$$

$$\frac{1}{a_C^v - \sum_{F\sim NB(C)} a_F^v}(\nabla p)_C^{(n)} - \frac{1}{a_C^v - \sum_{F\sim NB(C)} a_F^v}(\nabla p)'_C$$

$$= -\underbrace{\frac{\sum_{F\sim NB(C)} a_F^v \boldsymbol{v}_F^*}{a_C^v}}_{\text{HbyA}_C^*} - 1\underbrace{\left(\frac{1}{a_C^v} - \frac{1}{a_C^v - \sum_{F\sim NB(C)} a_F^v}\right)}_{\text{rAU}_C - \text{rAtU}_C}(\nabla p)_C^{(n)} - 1\underbrace{\frac{1}{a_C^v - \sum_{F\sim NB(C)} a_F^v}}_{\text{rAtU}_C}(\nabla p)_C \tag{8-25}$$

同样，由该式得到 Rhie-Chow 插值法下单元面上的速度为

$$\boldsymbol{v}_f = \text{HbyA}_f^* - (\text{rAU}_f - \text{rAtU}_f)(\nabla p)_f^{(n)} - \text{rAtU}_f(\nabla p)_f$$

代入连续性方程得

$$\sum_{f\sim nb(C)} \left\{\left[\text{HbyA}_f^* - (\text{rAU}_f - \text{rAtU}_f)(\nabla p)_f^{(n)}\right] \cdot \boldsymbol{S}_f\right\} = \sum_{f\sim nb(C)} \left(\text{rAU}_f(\nabla p)_f \cdot \boldsymbol{S}_f\right)$$

相应的离散前的方程为

$$\nabla \cdot \left[\text{HbyA}^* - (\text{rAU} - \text{rAtU})(\nabla p)^{(n)}\right] = \nabla \cdot (\text{rAU} \cdot \nabla p) \tag{8-26}$$

程序的 SIMPLEC 算法中应用了这一压力方程，其中等号左端的项显式求解。

在算例的 fvSolution 字典文件中 SIMPLE 子字典内通过关键字 consistent 开启或关闭 SIMPLEC 方法，默认为关闭。使用 SIMPLEC 方法提高了每次迭代的计算成本，但收敛速度变快，从而可减少迭代次数。使用 SIMPLEC 方法后，方程的收敛性变好，对动量方程无须施加较强松弛。

OpenFOAM 中的 simpleFoam 求解器由主程序文件 simpleFoam.C 和头文件 createFields.H、UEqn.H、pEqn.H 组成。文件 createFields.H 中定义并初始化场变量等，UEqn.H 中定义并求解动量守恒方程，pEqn.H 中组装并求解压力方程、松弛压力，并更新速度。文件中部分程序段解释如下：

（1）主程序 simpleFoam.C

```
#include "fvCFD.H"
#include "singlePhaseTransportModel.H"
#include "turbulentTransportModel.H"    //对 burbulenceModel 等的宏定义
#include "simpleControl.H"              //SIMPLE 算法的时间循环控制
#include "fvOptions.H"
int main(int argc,char*argv[])
{
    #include "postProcess.H"
    #include "setRootCaseLists.H"      //包含 listOptions.H、
                                          setRootCase.H、listOutput.H
    #include "createTime.H"
    #include "createMesh.H"         //定义了 fvMesh 类对象 mesh
    #include "createControl.H"      //如果定义了 SIMPLE_CONTROL，执行 create
                                    // SimpleControl.H,定义 SimpleControl
                                    //类对象 simple(mesh)
    #include "createFields.H"
    #include "initContinuityErrs.H"    //声明和初始化累积连续误差
                                    //cumulativeContErr=0
    turbulence->validate();         //在构建后使紊流场有效
    Info<<"\nStarting time loop\n"<<endl;
```

```
        while (simple.loop(runTime))
        {
            Info<<"Time="<<runTime.timeName()<<nl<<endl;
            // --- Pressure-velocity SIMPLE corrector
            {
                  #include "UEqn.H"
                  #include "pEqn.H"
            }
             laminarTransport.correct();        //修正层流模型
             turbulence->correct();             //求解紊流方程，修正紊流黏度
             runTime.write();
             Info<<"ExecutionTime="<<runTime.elapsedCpuTime()<<"s"
                 <<"ClockTime="<<runTime.elapsedClockTime()<<"s"
                 <<nl<<endl;
        }
        Info<<"End\n"<<endl;
        return 0;
 }
```

（2）createFields.H 文件

```
Info<<"Reading field p\n"<<endl;
volScalarField p                                      //定义压力场 p
(
     IOobject
     (
         "p",
         runTime.timeName(),
         mesh,
         IOobject::MUST_READ,
         IOobject::AUTO_WRITE
     ),
     mesh
);
Info<<"Reading field U\n"<<endl;
volVectorField U                                      //定义速度场 U
(
     IOobject
     (
         "U",
         runTime.timeName(),
         mesh,
         IOobject::MUST_READ,
         IOobject::AUTO_WRITE
     ),
     mesh
);
#include "createPhi.H"                                //定义并初始化面通量 phi，面标量场
                                                      //phi=fvc:flux(U)
label pRefCell=0;                                     //设置压力场相对值
scalar pRefValue=0.0;
setRefCell(p,simple.dict(),pRefCell,pRefValue);
                                                      //设置 p 场的参考单元为 0 号单元
mesh.setFluxRequired(p.name());
singlePhaseTransportModel laminarTransport(U,phi);
                                                      //基于黏度模型的输运模型
autoPtr<incompressible::turbulenceModel> turbulence
                                                      //指向所选紊流模型的指针
```

```
(
    incompressible::turbulenceModel::New(U,phi,laminarTransport)
);
#include "createMRF.H"      //定义 MRF 对象
```

（3）UEqn.H 文件

```
MRF.correctBoundaryVelocity(U);
tmp<fvVectorMatrix> tUEqn               //稳态动量方程中除压力项的部分
(
    fvm::div(phi,U)
    + MRF.DDt(U)                        //多参考坐标系的动网格中应用
    + turbulence->divDevReff(U)         //返回应力张量的散度，适用于不可压缩流体
    ==
    fvOptions(U)
);
fvVectorMatrix& UEqn=tUEqn.ref();
UEqn.relax();                           //动量方程采用欠松弛计算
fvOptions.constrain(UEqn);
if (simple.momentumPredictor())
{
    solve(UEqn==-fvc::grad(p));         //求解动量方程
    fvOptions.correct(U);
}
```

（4）pEqn.H 文件

```
{
     volScalarField rAU(1.0/UEqn.A());
     volVectorField HbyA(constrainHbyA(rAU*UEqn.H(),U,p));
     surfaceScalarField phiHbyA("phiHbyA",fvc::flux(HbyA));
     MRF.makeRelative(phiHbyA);
     adjustPhi(phiHbyA,U,p);                     //调整通量平衡使其满足连续性
                                                 //SIMPLEC 算法
     tmp<volScalarField> rAtU(rAU);
        if (simple.consistent())                 //使用 SIMPLEC 算法的 flag
        {
              rAtU=1.0/(1.0/rAU - UEqn.H1());
              phiHbyA += fvc::interpolate(rAtU()- rAU)*fvc::snGrad(p)*
                  mesh.magSf();
                                                 //式（8-25）右端前两项
              HbyA-=(rAU-rAtU())*fvc::grad(p);
        }
     tUEqn.clear(); //如果对象指针指向有效对象，删除对象并将指针指向 nullptr
     constrainPressure(p,U,phiHbyA,rAtU(),MRF); //更新压力边界条件以保证通
                                                        //量一致
     while (simple.correctNonOrthogonal()) //非正交压力修正循环
     {
        fvScalarMatrix pEqn
         (
              fvm::laplacian(rAtU(),p)==fvc::div(phiHbyA);
                                                 //压力方程（8-24）或方程（8-26）
         );
         pEqn.setReference(pRefCell,pRefValue);
         pEqn.solve();
         if (simple.finalNonOrthogonalIter())
         {
              phi=phiHbyA - pEqn.flux();
```

```
            }
        }
        #include"continuityErrs.H"
        p.relax();                              //显式松弛压力
        U=HbyA - rAtU()*fvc::grad(p);           //更新速度，方程(8-23)或方程(8-25)
        U.correctBoundaryConditions();          //修正速度边界条件
        fvOptions.correct(U);                   //修正源项
    }
```

8.3.2 PISO 算法

PISO（Pressure-Implicit Split Operator）算法中，将项 $\overline{H_f}(\boldsymbol{v}')$ 看作分裂算子方法的一部分，等价于在 SIMPLE 算法的基础上增加多步的压力修正，且在修正步中显式求解动量方程。总的求解步骤如图 8-3 所示。

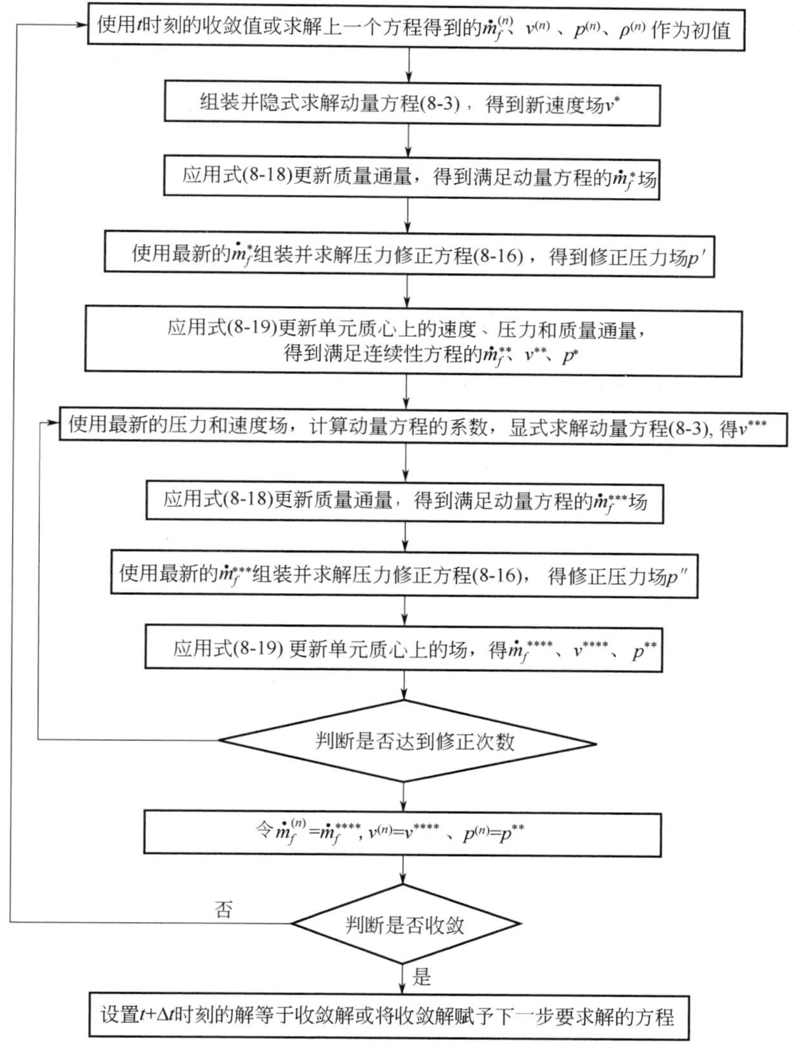

图 8-3　PISO 算法求解流程（一个时间步内）

PISO 算法的执行过程可概括为如图 8-4 所示的循环过程，控制循环过程的选项在算例的 fvSolution 字典文件中 PISO 子字典内指定。这种方法需要至少一次修正（由关键字 nCorrections 指定），为了增加精度和稳定性，可增加修正次数。由关键字 nNonOrthogonalCorrectors 指定网格非正交修正次数，对于非正交网格至少选 1。使用可选关键字 momentumPredictor 开启或关闭动量预测步，动量预测器有助于在求解速度近似时稳定解，尤其是在对流相占优（大雷诺数）的流动中。绝大多数求解器中默认 momentumPredicitor 开启。对于低雷诺数流动或蠕动流，推荐关闭动量预测器。而如果开启动量预测器，需要同时指定变量对应的线性求解器。

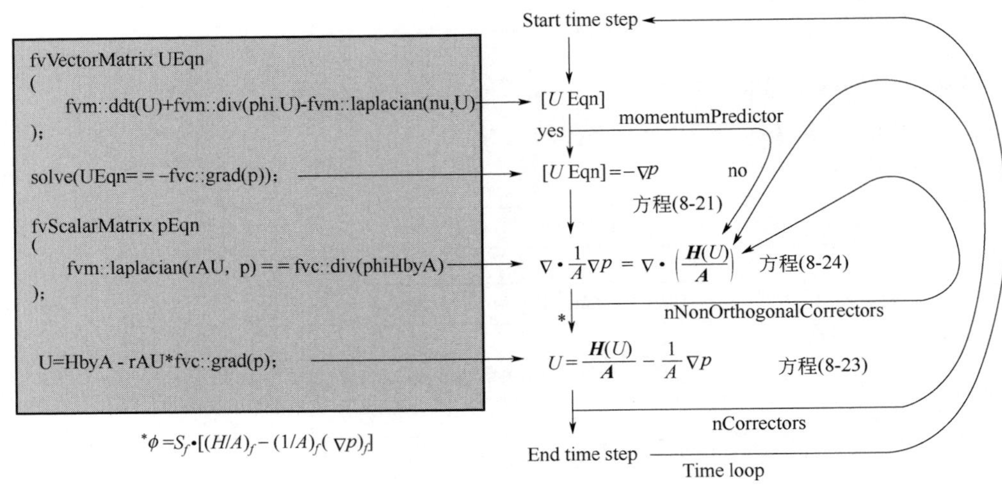

$*\phi = S_f \cdot [(H/A)_f - (1/A)_f(\nabla p)_f]$

$\nabla \cdot \frac{1}{A}\nabla p = \nabla \cdot \left(\frac{\boldsymbol{H}(U)}{\boldsymbol{A}}\right)$

$U = \frac{\boldsymbol{H}(U)}{\boldsymbol{A}} - \frac{1}{A}\nabla p$

图 8-4 PISO 循环

OpenFOAM 中的 pisoFoam 求解器和 icoFoam 求解器均应用了 PISO 算法。在求解对象上，前者为不可压缩紊流瞬态求解器，后者为不可压缩牛顿流体的瞬态层流求解器。两求解器使用的压力修正方程均为方程（8-24）。两者的程序内容也极为相似，主要区别在于后者的动量守恒方程表达式中直接给出扩散项表达式，而前者则使用了紊流黏度模型。这里给出 icoFoam 求解器的主程序及其解释如下。

```
#include"fvCFD.H"
#include"pisoControl.H"
int main(int argc,char*argv[])
{
    #include"setRootCase.H"
    #include"createTime.H"
    #include"createMesh.H"
    pisoControl piso(mesh);
    #include"createFields.H"
    #include"initContinuityErrs.H"
    Info<<"\nStarting time loop\n"<<endl;
    while (runTime.loop())
    {
        Info<<"Time="<<runTime.timeName()<<nl<<endl;
        #include "CourantNo.H"
        // Momentum predictor
        fvVectorMatrix UEqn            //组装离散的动量方程
        (
```

```
            fvm::ddt(U)
          + fvm::div(phi,U)
          - fvm::laplacian(nu,U)     //直接给出扩散项表达式
        );
        if (piso.momentumPredictor())
        {
            solve(UEqn==-fvc::grad(p));   //求解方程（8-21），得到速度场预
                                          //测值 U_C^*
        }
        // --- PISO loop
        while (piso.correct())
        {
            volScalarField rAU(1.0/UEqn.A());      //rAU=1/ a_C^V |v^(n)|
            volVectorField HbyA(constrainHbyA(rAU*UEqn.H(),U,p));
                                                   //= ṽ_C^*
            surfaceScalarField phiHbyA             //由 U_C^* 计算的通量
            (
                "phiHbyA",
                fvc::flux(HbyA)
                + fvc::interpolate(rAU)*fvc::ddtCorr(U,phi)
                                          //动网格情况下的流率修正
            );
            adjustPhi(phiHbyA,U,p); //调整入口和出口通量使满足连续性
            constrainPressure(p,U,phiHbyA,rAU);
                                      //更新压力边界条件以保证通量一致性

            while (piso.correctNonOrthogonal())
                                          //非正交压力修正循环
            {
                fvScalarMatrix pEqn      //组装压力方程（8-24）
                (
                    fvm::laplacian(rAU,p)==fvc::div(phiHbyA)
                );
                pEqn.setReference(pRefCell,pRefValue);
                                          //不可压缩流动中的相对压力作用
                pEqn.solve(mesh.solver(p.select(piso.finalInnerIter
                    ())));
                if (piso.finalNonOrthogonalIter())
                        //在最后一步非正交修正循环中使用最新的 p 修正通量
                {
                    phi=phiHbyA-pEqn.flux();
                }
            }
            #include "continuityErrs.H"
            U=HbyA-rAU*fvc::grad(p);     //计算最终速度，方程（8-23）
            U.correctBoundaryConditions();
        }
        runTime.write();
        Info<<"ExecutionTime="<<runTime.elapsedCpuTime()<<"s"
            <<"  ClockTime="<<runTime.elapsedClockTime()<<"s"
            <<nl<<endl;
    }
    Info<<"End\n"<<endl;
    return 0;
}
```

8.3.3 PIMPLE 算法

PIMPLE 算法结合了 SIMPLE 算法和 PISO 算法，在每个时间步内应用 SIMPLE 稳态算法求解，时间步间的步进则应用 PISO 算法。应用该算法的 pimpleFoam 求解器可使用较大的时间步长计算不可压缩瞬态紊流，但为了保持稳定性，需要增加修正步数。在算例的 fvSolution 字典文件内的 PIMPLE 关键字下需指明 nOuterCorrectors 的数值，表示 PIMPLE 的迭代次数。设置 nOuterCorrectors 为 1 后该方法等价于 PISO 方法。一种典型的修正步数设置为：

```
PIMPLE
{
    momentumPredictor yes;
    nOuterCorrectors    1;
    nCorrectors 2;
    nNonorthogonalCorrectors    1;
}
```

第9章 物理场计算实例——多区域静磁场求解器

OpenFOAM 中计算磁场的标准求解器 magneticFoam 只能用于永磁体的磁场计算，且只针对位于永磁体外单一介质的磁场分布的求解。本章介绍编制多区域静磁场求解器的方法。

9.1 静磁场的控制方程

对于无自由电流和自由电荷存在的区域，描述磁场的磁场强度 $\boldsymbol{H}$ 和磁感应强度 $\boldsymbol{B}$ 分别满足方程：

$$\nabla \times \boldsymbol{H} = 0 \tag{9-1}$$

$$\nabla \cdot \boldsymbol{B} = 0 \tag{9-2}$$

据此可将磁场强度表示为磁标势 φ_m 的梯度：

$$\boldsymbol{H} = -\nabla \varphi_m \tag{9-3}$$

对于永磁体所在的区域，其本构方程为

$$\boldsymbol{B} = \mu_0 \mu_r \boldsymbol{H} + \boldsymbol{B}_r \tag{9-4}$$

式中，$\boldsymbol{B}_r$ 为永磁体的剩磁，μ_r 为其相对磁导率，μ_0 为真空磁导率。根据方程（9-1）和方程（9-2），永磁体区域中磁场的控制方程成为

$$\nabla \cdot \left(\frac{1}{\hat{\mu}} \nabla \varphi_m \right) = \nabla \cdot \left(\frac{\boldsymbol{B}_r}{\mu_0} \right) \tag{9-5}$$

式中，$\hat{\mu} = \dfrac{1}{\mu_r}$。

对于空气介质所在的区域，根据磁感应强度与磁化强度间的关系

$$\boldsymbol{B} = \mu_0 (\boldsymbol{H} + \boldsymbol{M}) \tag{9-6}$$

且空气介质中 $\boldsymbol{M} = 0$，结合方程（9-2），可得该区域内的控制方程为

$$\nabla^2 \varphi_m = 0 \tag{9-7}$$

对于其他类型的介质所在的区域，如顺磁性介质内，将介质的磁化强度看作磁场强度的函数，表示为 $\boldsymbol{M}(\boldsymbol{H})$，根据方程（9-2）和式（9-6），表示为一般的控制方程形式：

$$\nabla^2 \varphi_m = \nabla \cdot \boldsymbol{M} \tag{9-8}$$

9.2 控制方程的有限体积离散

以二维区域为例介绍磁标势方程（9-5）的有限体积法离散过程。方程（9-5）左端的项相当于扩散项，$\frac{1}{\hat{\mu}}$ 相当于扩散系数，将其右端的项看作源项。对于如图 9-1 所示的规则笛卡儿网格中的平面单元 C，其相邻单元分别表示为 E、W、N 和 S，包围单元 C 的面分别为 e、w、n 和 s。

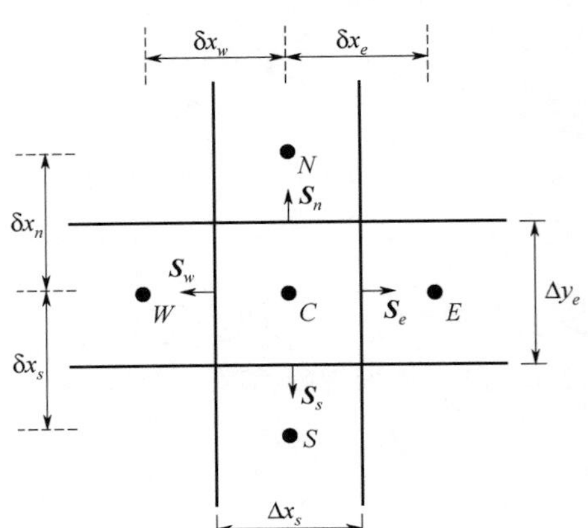

图 9-1 规则笛卡儿网格区域内的网格单元

在控制体 C 上对方程（9-5）两端积分

$$\int_{V_C}\nabla\cdot\left(\frac{1}{\hat{\mu}}\nabla\varphi_m\right)\mathrm{d}V=\int_{V_C}\nabla\cdot\left(\frac{\boldsymbol{B}_r}{\mu_0}\right)\mathrm{d}V \tag{9-9}$$

应用 Gauss 定理，将体积分转换为面积分

$$\int_{\partial V_C}\left(\frac{1}{\hat{\mu}}\nabla\varphi_m\right)\cdot\mathrm{d}\boldsymbol{S}=\int_{\partial V_C}\left(\frac{\boldsymbol{B}_r}{\mu_0}\right)\cdot\mathrm{d}\boldsymbol{S} \tag{9-10}$$

将其中被积函数的值用面质心上的值近似代替，式（9-10）成为

$$\sum_{f\sim nb(C)}\left(\frac{1}{\hat{\mu}}\nabla\varphi_m\right)_f\cdot\boldsymbol{S}_f=\sum_{f\sim nb(C)}\left(\frac{\boldsymbol{B}_r}{\mu_0}\right)_f\cdot\boldsymbol{S}_f \tag{9-11}$$

展开该式：

$$\begin{aligned}&\left(\frac{1}{\hat{\mu}}\nabla\varphi_m\right)_e\cdot\boldsymbol{S}_e+\left(\frac{1}{\hat{\mu}}\nabla\varphi_m\right)_w\cdot\boldsymbol{S}_w+\left(\frac{1}{\hat{\mu}}\nabla\varphi_m\right)_n\cdot\boldsymbol{S}_n+\left(\frac{1}{\hat{\mu}}\nabla\varphi_m\right)_s\cdot\boldsymbol{S}_s=\\&\left(\frac{\boldsymbol{B}_r}{\mu_0}\right)_e\cdot\boldsymbol{S}_e+\left(\frac{\boldsymbol{B}_r}{\mu_0}\right)_w\cdot\boldsymbol{S}_w+\left(\frac{\boldsymbol{B}_r}{\mu_0}\right)_n\cdot\boldsymbol{S}_n+\left(\frac{\boldsymbol{B}_r}{\mu_0}\right)_s\cdot\boldsymbol{S}_s\end{aligned} \tag{9-12}$$

对于其中等号右端的项，可直接根据已知的 $\boldsymbol{B}_r$ 表示。对于其中等号左端的某一项，有

$$\left(\frac{1}{\hat{\mu}}\nabla\varphi_m\right)_e\cdot\boldsymbol{S}_e=\frac{1}{\hat{\mu}_e}S_e\boldsymbol{i}\cdot\left(\frac{\partial\varphi_m}{\partial x}\boldsymbol{i}+\frac{\partial\varphi_m}{\partial y}\boldsymbol{j}\right)_e=\frac{1}{\hat{\mu}_e}\Delta y_e\left(\frac{\partial\varphi_m}{\partial x}\right)_e$$

假设相邻单元质心间 φ_m 呈线性变化关系，则上式中的导数项可表示为

$$\left(\frac{\partial\varphi_m}{\partial x}\right)_e=\frac{\varphi_{m,E}-\varphi_{m,C}}{\delta x_e}$$

从而有

$$\left(\frac{1}{\hat{\mu}}\nabla\varphi_m\right)_e\cdot\boldsymbol{S}_e=\frac{1}{\hat{\mu}_e}\frac{\Delta y_e}{\delta x_e}(\varphi_{m,E}-\varphi_{m,C})$$

同理

$$\left(\frac{1}{\hat{\mu}}\nabla\varphi_m\right)_w\cdot\boldsymbol{S}_w=\frac{1}{\hat{\mu}_w}\times\frac{\Delta y_w}{\delta x_w}(\varphi_{m,W}-\varphi_{m,C})$$

$$\left(\frac{1}{\hat{\mu}}\nabla\varphi_m\right)_n\cdot\boldsymbol{S}_n=\frac{1}{\hat{\mu}_n}\times\frac{\Delta x_n}{\delta y_n}(\varphi_{m,N}-\varphi_{m,C})$$

$$\left(\frac{1}{\hat{\mu}}\nabla\varphi_m\right)_s \cdot \boldsymbol{S}_s = \frac{1}{\hat{\mu}_s} \times \frac{\Delta x_s}{\delta y_s}(\varphi_{m,S} - \varphi_{m,C})$$

将这些表达式代入式（9-12）并经整理，得到最终的离散方程

$$-\left(\frac{1}{\hat{\mu}_e}\times\frac{\Delta y_e}{\delta x_e}+\frac{1}{\hat{\mu}_w}\times\frac{\Delta y_w}{\delta x_w}+\frac{1}{\hat{\mu}_n}\times\frac{\Delta x_n}{\delta y_n}+\frac{1}{\hat{\mu}_s}\times\frac{\Delta x_s}{\delta y_s}\right)\varphi_{m,C}+\frac{1}{\hat{\mu}_e}\times\frac{\Delta y_e}{\delta x_e}\varphi_{m,E}+$$

$$\frac{1}{\hat{\mu}_w}\times\frac{\Delta y_w}{\delta x_w}\varphi_{m,W}+\frac{1}{\hat{\mu}_n}\times\frac{\Delta x_n}{\delta y_n}\varphi_{m,N}+\frac{1}{\hat{\mu}_s}\times\frac{\Delta x_s}{\delta y_s}\varphi_{m,S}=\frac{B_{rx,e}\Delta y_e}{\mu_0}-\frac{B_{r_{x,w}}\Delta y_w}{\mu_0}+\frac{B_{r_{y,n}}\Delta x_n}{\mu_0}-\frac{B_{r_{y,s}}\Delta x_s}{\mu_0} \tag{9-13}$$

令

$$a_E=\frac{1}{\hat{\mu}_e}\times\frac{\Delta y_e}{\delta x_e},\quad a_W=\frac{1}{\hat{\mu}_w}\times\frac{\Delta y_w}{\delta x_w},\quad a_N=\frac{1}{\hat{\mu}_n}\times\frac{\Delta x_n}{\delta y_n},\quad a_S=\frac{1}{\hat{\mu}_s}\times\frac{\Delta x_s}{\delta y_s},$$

$$a_C=a_E+a_W+a_N+a_S,$$

$$b_C=\frac{B_{r_{x,e}}\Delta y_e}{\mu_0}-\frac{B_{r_{x,w}}\Delta y_w}{\mu_0}+\frac{B_{r_{y,n}}\Delta x_n}{\mu_0}-\frac{B_{r_{y,s}}\Delta x_s}{\mu_0}$$

则离散方程成为

$$-a_C\varphi_{m,C}+a_E\varphi_{m,E}+a_W\varphi_{m,W}+a_N\varphi_{m,N}+a_S\varphi_{m,S}=b_C \tag{9-14}$$

分析方程（9-14）中的各系数，可知，它们明显满足 Patankar 提出的有限体积法离散需满足的四项基本准则中的三项，即：

① 正系数：将方程（9-14）中等号左端的非 $\varphi_{m,C}$ 项移至右端并对整个方程乘以−1，可知中心结点 C 的系数与各相邻结点的系数全都具有相同的符号。

② 源项的负斜率线性化：本离散中的源项不含求解量的项，可认为其系数为零。

③ 相邻结点的系数之和等于中心结点的系数。

而对于另一项基本准则，通量密度在控制体面上连续性准则，需通过下一节推导单元间界面上的相对磁导率来实现。

9.3 同一磁介质内单元间界面上的相对磁导率

离散后的代数方程（9-14）的各系数中除单元界面上的相对磁导率外，其他均为已知的几何参数。如果磁导率在介质内非均匀变化，需提供计算单元界面上相对磁导率的计算方法，且该方法还需满足四项基本法则。

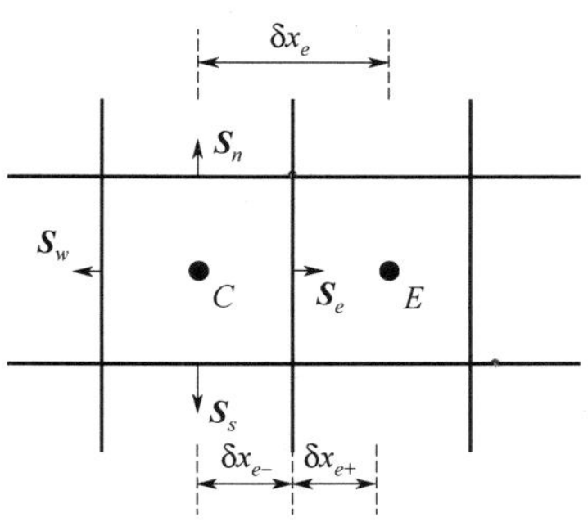

图 9-2　与单元间界面 e 有关的距离

单元 C 和 E 之间的面 e（图 9-2）上的磁感应强度（相当于通量密度）可表示为

$$\boldsymbol{B}_e=-\mu_0\mu_{r,e}(\nabla\varphi_m)_e$$

式中，$\mu_{r,e}$ 为界面 e 上的相对磁导率。利用相邻单元质心上的值线性化表示其中的梯度项，得

$$B_e = -\mu_0 \mu_{r,e} \frac{\varphi_{m,E} - \varphi_{m,C}}{\delta x_e} \tag{9-15}$$

为满足基本法则，令界面两侧的磁感应强度连续，即

$$B_e = B_{e,C} = B_{e,E} \tag{9-16}$$

假设单元 C 的控制容积内材料的磁导率均匀，为 $\mu_{r,C}$；单元 E 的控制容积内材料的磁导率均匀，为 $\mu_{r,E}$，且有

$$B_{e,C} = -\mu_0 \mu_{r,C} (\nabla \varphi_m)_e = -\mu_0 \mu_{r,C} \frac{\varphi_{m,e} - \varphi_{m,C}}{\delta x_{e^-}}$$

$$B_{e,E} = -\mu_0 \mu_{r,E} (\nabla \varphi_m)_e = -\mu_0 \mu_{r,E} \frac{\varphi_{m,E} - \varphi_{m,e}}{\delta x_{e^+}}$$

该两式相等，得

$$\varphi_{m,e} = \frac{\dfrac{\mu_{r,C}}{\delta x_{e^-}} \varphi_{m,C} + \dfrac{\mu_{r,E}}{\delta x_{e^+}} \varphi_{m,E}}{\dfrac{\mu_{r,C}}{\delta x_{e^-}} + \dfrac{\mu_{r,E}}{\delta x_{e^+}}}$$

将该式代入 $B_{e,C}$ 的表达式中，得

$$B_{e,C} = -\mu_0 \frac{\mu_{r,C}}{\delta x_{e^-}} \left(\frac{\dfrac{\mu_{r,C}}{\delta x_{e^-}} \varphi_{m,C} + \dfrac{\mu_{r,E}}{\delta x_{e^+}} \varphi_{m,E}}{\dfrac{\mu_{r,C}}{\delta x_{e^-}} + \dfrac{\mu_{r,E}}{\delta x_{e^+}}} - \varphi_{m,C} \right) = -\mu_0 \frac{\mu_{r,C} \mu_{r,E}}{\delta x_{e^-} \delta x_{e^+}} \left(\frac{\varphi_{m,E} - \varphi_{m,C}}{\dfrac{\mu_{r,C}}{\delta x_{e^-}} + \dfrac{\mu_{r,E}}{\delta x_{e^+}}} \right)$$

联立式（9-15）和式（9-16），并利用上述 $B_{e,C}$ 的表达式，得单元间界面上的相对磁导率

$$\mu_{r,e} = \frac{\delta x_e \mu_{r,C} \mu_{r,E}}{\mu_{r,C} \delta x_{e^+} + \mu_{r,E} \delta x_{e^-}} \tag{9-17}$$

整理为

$$\frac{1}{\mu_{r,e}} = \frac{\delta x_{e^+}}{\delta x_e} \times \frac{1}{\mu_{r,E}} + \frac{\delta x_{e^-}}{\delta x_e} \times \frac{1}{\mu_{r,C}} \tag{9-18}$$

可见，单元界面上相对磁导率的倒数可由相邻单元质心上相对磁导率倒数经反线性插值得到，这也是在控制方程中使用相对磁导率的倒数作为扩散系数的原因。从而可在 OpenFOAM 中指定扩散系数的插值方法时，直接使用已有的 reverseLinear，即在算例的 system/fvSchemes 文件中，可指定 Laplacian 项的计算方法为：

```
LaplacianSchemes
{
    default Gauss   reverseLinear   corrected
}
```

9.4 不同磁介质间界面上的边界条件

在两种磁介质的界面两侧，边界条件为：磁感应强度矢量的法向分量连续，磁场强度矢

量的切向分量连续。在 OpenFOAM 中表示这些边界条件时，首先需根据它们确定界面上的磁标势和磁标势梯度的表达式，由此得到组成 OpenFOAM 中边界条件的 5 个最重要的函数表达式：updateCoeffs()、valueInternalCoeffs()、valueBoundaryCoeffs()、gradientInternalCoeffs() 和 gradientBoundaryCoeffs()。

为得到普适性表达式，假设边界 b 的 1 侧为永磁体，2 侧为非永磁体介质（剩余磁感应强度 $\boldsymbol{B}_r$ 为零，但为了在 OpenFOAM 中表示，同样也给出该介质内的剩余磁感应强度），永磁体侧单元 1 质心与边界 b 的距离为$\varDelta_1$，在 OpenFOAM 中表示为 1/this->patch().deltaCoeffs()，非永磁体侧单元 2 与边界 b 的距离为$\varDelta_2$，在 OpenFOAM 中表示为 1/nbrPatch().deltaCoeffs()，如图 9-3 所示，δ_2 为单元 2 质心与边界面质心间的距离，在 OpenFOAM 中表示为 nbrPatch().delta()，其中 nbrPatch()为当正在计算当前单元 1 时，相邻单元 2 侧的 patch 面。

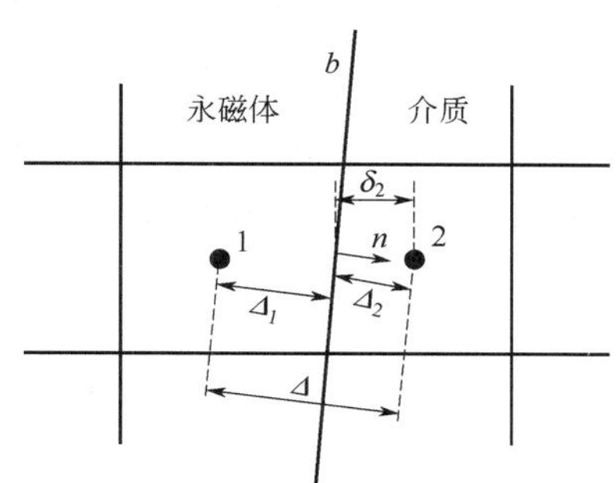

图 9-3　不同磁介质之间的分界面

在分界面两侧，磁标势和磁感应强度的法向分量满足

$$B_{b1n} = B_{b2n} \tag{9-19}$$

$$\varphi_{m,b1} = \varphi_{m,b2} = \varphi_{m,b} \tag{9-20}$$

计算磁感应强度的法向分量并线性化表示为

$$B_{b1n} = -\mu_0\mu_{r,1}\left(\frac{\partial\varphi_{m,1}}{\partial n}\right)_b + B_{r,1n} = -\mu_0\mu_{r,1}\frac{\varphi_{m,b1}-\varphi_{m,1}}{\varDelta_1} + B_{r,1n}$$

$$B_{b2n} = -\mu_0\mu_{r,2}\left(\frac{\partial\varphi_{m,2}}{\partial n}\right)_b + B_{r,2n} = -\mu_0\mu_{r,2}\frac{\varphi_{m,2}-\varphi_{m,b2}}{\varDelta_2} + B_{r,2n}$$

式中，$B_{r,1n} = \boldsymbol{B}_{r,1}\cdot\boldsymbol{n}$，$B_{r,2n} = \boldsymbol{B}_{r,2}\cdot(-\boldsymbol{n})$，在 OpenFOAM 中分别表示为 Br & this->patch().nf() 和 Br & nbrPatch().nf()。将它们分别代入式（9-19）中，并应用式（9-20），得

$$\varphi_{m,b} = \frac{\dfrac{\mu_{r,1}}{\varDelta_1}}{\dfrac{\mu_{r,1}}{\varDelta_1}+\dfrac{\mu_{r,2}}{\varDelta_2}}\varphi_{m,1} + \frac{\dfrac{\mu_{r,2}}{\varDelta_2}}{\dfrac{\mu_{r,1}}{\varDelta_1}+\dfrac{\mu_{r,2}}{\varDelta_2}}\varphi_{m,2} + \frac{1}{\dfrac{\mu_{r,1}}{\varDelta_1}+\dfrac{\mu_{r,2}}{\varDelta_2}}\left(\frac{B_{r,1n}}{\mu_0}+\frac{B_{r,2n}}{\mu_0}\right) \tag{9-21}$$

可见，分界面上$\varphi_{m,b}$的表达式具有对称性，这样有利于程序实现，可只用一个类表示不同磁特性介质间界面上的耦合磁特性。此外，为了表示方便，将$\dfrac{\boldsymbol{B}_r}{\mu_0}$代替 $\boldsymbol{B}_r$ 当作变量。令

$K = \dfrac{\dfrac{\mu_{r,1}}{\varDelta_1}}{\dfrac{\mu_{r,1}}{\varDelta_1}+\dfrac{\mu_{r,2}}{\varDelta_2}}$，则式（9-21）成为

$$\varphi_{m,b} = K\varphi_{m,1} + (1-K)\varphi_{m,2} + \frac{1}{\dfrac{\mu_{r,1}}{\varDelta_1}+\dfrac{\mu_{r,2}}{\varDelta_2}}\left(\frac{B_{r,1n}}{\mu_0}+\frac{B_{r,2n}}{\mu_0}\right) \tag{9-22}$$

如果当前正在计算单元 1 的值，根据 OpenFOAM 中的表示

$$\varphi_{m,b} = \text{valueInternalCoeffs()}\varphi_{m,1} + \text{valueBoundaryCoeffs()}$$

可得函数

$$\text{valueInternalCoeffs}() = K \tag{9-23}$$

$$\text{valueBoundaryCoeffs}() = (1-K)\varphi_{m,2} + \frac{1}{\dfrac{\mu_{r,1}}{\varDelta_1}+\dfrac{\mu_{r,2}}{\varDelta_2}}\left(\frac{B_{r,1n}}{\mu_0}+\frac{B_{r,2n}}{\mu_0}\right) \tag{9-24}$$

如果以类 mixedFvPatchScalarField 为基类构造表示磁介质分界面上磁特性的 patch 类，还需定义函数 updateCoeffs()。该函数将分界面上的值表示为

$$\varphi_{m,b} = \text{valueFunction} \cdot \text{refValue} + (1-\text{valueFunction}) \cdot (\varphi_{m,1} + \text{refGrad} \cdot \varDelta_1)$$

所以需结合式（9-22）给定其中的三个参数，得

$$\text{refValue} = \varphi_{m,2}$$

$$\text{valueFunction} = 1-K$$

$$\text{refGrad} = \frac{1}{\mu_{r,1}}\left(\frac{B_{r,1n}}{\mu_0}+\frac{B_{r,2n}}{\mu_0}\right)$$

为了推导磁标势梯度的表达式，需应用磁场强度切向分量连续的边界条件。切向分量矢量可利用法向分量矢量表示为

$$\boldsymbol{H}_t = \boldsymbol{H} - (\boldsymbol{H} \cdot \boldsymbol{n})\boldsymbol{n} \tag{9-25}$$

则分界面上 1 侧和 2 侧的磁场强度可分别表示为

$$\boldsymbol{H}_{b1t} = \boldsymbol{H}_{b1} - (\boldsymbol{H}_{b1} \cdot \boldsymbol{n})\boldsymbol{n} = -(\nabla\varphi_{m,1})_b + \left(\frac{\partial \varphi_{m,1}}{\partial n}\right)_b \boldsymbol{n} \approx -\left(\nabla\varphi_{m,1}\right)_b + \frac{\varphi_{m,b1}-\varphi_{m,1}}{\varDelta_1}\boldsymbol{n}$$

$$\boldsymbol{H}_{b2t} = \boldsymbol{H}_{b2} - (\boldsymbol{H}_{b2} \cdot \boldsymbol{n})\boldsymbol{n} = -(\nabla\varphi_{m,2})_b + \left(\frac{\partial \varphi_{m,2}}{\partial n}\right)_b \boldsymbol{n} \approx -(\nabla\varphi_{m,2})_b + \frac{\varphi_{m,b2}-\varphi_{m,2}}{\varDelta_2}\boldsymbol{n}$$

由边界条件 $\boldsymbol{H}_{b1t} = \boldsymbol{H}_{b2t}$，并利用 $\varphi_{m,b1} = \varphi_{m,b2} = \varphi_{m,b}$，可得

$$(\nabla\varphi_{m,1})_b = -\frac{\boldsymbol{n}}{\varDelta_1}\varphi_{m,1} + \frac{\boldsymbol{n}}{\varDelta_2}\varphi_{m,2} + \left(\frac{1}{\varDelta_1}-\frac{1}{\varDelta_2}\right)\boldsymbol{n}\varphi_{m,b} + (\nabla\varphi_{m,2})_b \tag{9-26}$$

其中，$(\nabla\varphi_{m,2})_b$ 可线性化计算为

$$\begin{aligned}
(\nabla\varphi_{m,2})_b &= \left(\frac{\partial\varphi_{m,2}}{\partial x}\right)_b \boldsymbol{i} + \left(\frac{\partial\varphi_{m,2}}{\partial y}\right)_b \boldsymbol{j} + \left(\frac{\partial\varphi_{m,2}}{\partial z}\right)_b \boldsymbol{k} \\
&\approx \frac{\varphi_{m,2}-\varphi_{m,b}}{\delta_{2,x}}\boldsymbol{i} + \frac{\varphi_{m,2}-\varphi_{m,b}}{\delta_{2,y}}\boldsymbol{j} + \frac{\varphi_{m,2}-\varphi_{m,b}}{\delta_{2,z}}\boldsymbol{k} \\
&= \left(\frac{1}{\delta_{2,x}}\boldsymbol{i} + \frac{1}{\delta_{2,y}}\boldsymbol{j} + \frac{1}{\delta_{2,z}}\boldsymbol{k}\right)\varphi_{m,2} - \left(\frac{1}{\delta_{2,x}}\boldsymbol{i} + \frac{1}{\delta_{2,y}}\boldsymbol{j} + \frac{1}{\delta_{2,z}}\boldsymbol{k}\right)\varphi_{m,b}
\end{aligned}$$

令 $\boldsymbol{r}_v = \dfrac{1}{\delta_{2,x}}\boldsymbol{i} + \dfrac{1}{\delta_{2,y}}\boldsymbol{j} + \dfrac{1}{\delta_{2,z}}\boldsymbol{k}$，有

$$(\nabla\varphi_{m,2})_b \approx \boldsymbol{r}_v\varphi_{m,2} - \boldsymbol{r}_v\varphi_{m,b}$$

另外，界面法矢 $\boldsymbol{n}$ 可表示为 $\boldsymbol{n} = n_x\boldsymbol{i} + n_y\boldsymbol{j} + n_z\boldsymbol{k}$，将它们代入式（9-26）中，得

$$(\nabla\varphi_{m,1})_b = -\frac{\boldsymbol{n}}{\varDelta_1}\varphi_{m,1} + \left(\frac{\boldsymbol{n}}{\varDelta_2} + \boldsymbol{r}_v\right)\varphi_{m,2} + \left[\left(\frac{1}{\varDelta_1}-\frac{1}{\varDelta_2}\right)\boldsymbol{n} - \boldsymbol{r}_v\right]\varphi_{m,b} \tag{9-27}$$

或展开式

$$(\nabla\varphi_{m,1})_b=\left\{-\frac{n_x}{\Delta_1}\varphi_{m,1}+\left(\frac{n_x}{\Delta_2}+\frac{1}{\delta_{2,x}}\right)\varphi_{m,2}+\left[\left(\frac{1}{\Delta_1}-\frac{1}{\Delta_2}\right)n_x-\frac{1}{\delta_{2,x}}\right]\varphi_{m,b}\right\}\boldsymbol{i}+$$
$$\left\{-\frac{n_y}{\Delta_1}\varphi_{m,1}+\left(\frac{n_y}{\Delta_2}+\frac{1}{\delta_{2,y}}\right)\varphi_{m,2}+\left[\left(\frac{1}{\Delta_1}-\frac{1}{\Delta_2}\right)n_y-\frac{1}{\delta_{2,y}}\right]\varphi_{m,b}\right\}\boldsymbol{j}+ \qquad (9\text{-}28)$$
$$\left\{-\frac{n_z}{\Delta_1}\varphi_{m,1}+\left(\frac{n_z}{\Delta_2}+\frac{1}{\delta_{2,z}}\right)\varphi_{m,2}+\left[\left(\frac{1}{\Delta_1}-\frac{1}{\Delta_2}\right)n_z-\frac{1}{\delta_{2,z}}\right]\varphi_{m,b}\right\}\boldsymbol{k}$$

在 OpenFOAM 中，$\boldsymbol{r}_v$ 的各分量可分别表示为

```
rv[faceI][0]=scalar(1.0)/nbrField.patch( ).delta( )[faceI][0]
rv[faceI][1]=scalar(1.0)/nbrField.patch( ).delta( )[faceI][1]
rv[faceI][2]=scalar(1.0)/nbrField.patch( ).delta( )[faceI][2]
```

在 OpenFOAM 的 fvPatch 类中，$(\nabla\varphi_{m,1})_b$ 表示为

$$(\nabla\varphi_{m,1})_b=\text{gradientInternalCoeffs()}\varphi_{m,1}+\text{gradientBoundaryCoeffs()}$$

由于计算量为标量场，所以其中的两个系数函数也均需为标量场，而由式（9-27）表示的场为矢量场，故这里用 $(\nabla\varphi_{m,1})_b$ 的法向分量近似代替其本身，在规则笛卡儿网格中，这一近似是精确的。近似过程为

$$\begin{aligned}(\nabla\varphi_{m,1})_b&\approx(\nabla\varphi_{m,1})_{b,n}=(\nabla\varphi_{m,1})_b\cdot\boldsymbol{n}\\&=-\frac{1}{\Delta_1}\varphi_{m,1}+\left(\frac{1}{\Delta_2}+\boldsymbol{r}_v\cdot\boldsymbol{n}\right)\varphi_{m,2}+\left[\left(\frac{1}{\Delta_1}-\frac{1}{\Delta_2}\right)-\boldsymbol{r}_v\cdot\boldsymbol{n}\right]\varphi_{m,b}\end{aligned} \qquad (9\text{-}29)$$

从而有

$$\text{gradientInternalCoeffs()}=-\frac{1}{\Delta_1}$$
$$\text{gradientBoundaryCoeffs()}=\left(\frac{1}{\Delta_2}+\boldsymbol{r}_v\cdot\boldsymbol{n}\right)\varphi_{m,2}+\left[\left(\frac{1}{\Delta_1}-\frac{1}{\Delta_2}\right)-\boldsymbol{r}_v\cdot\boldsymbol{n}\right]\varphi_{m,b} \qquad (9\text{-}30)$$

如果以类 mixedFvPatchScalarField 为基类构造包含以上 5 个系数函数的继承类，则继承类中需对其中的函数 valueInternalCoeffs()、valueBoundaryCoeffs()、gradientInternalCoeffs()和 gradientBoundaryCoeffs()按上述计算结果进行重新定义，且均需为虚函数。

9.5 基于多区域耦合方法的求解器编制

前述 9.1 节的磁场控制方程需要在多区域求解器上求解，因为不同种类磁性材料的区域具有不同的输入条件。将该求解器命名为 magenticMultiRegionFoam，其主要组成部分如图 9-4 所示。顺序求解每一种磁介质区域内的磁标势方程，使用分离求解策略实现每两个相邻区域间的耦合。例如，对于由外向内分别为空气、铁磁流体、永磁体组成的区域，首先利用上一迭代步中空气区域的内部场，由 magPhiMixedFvPatchField 计算空气与铁磁流体区域间的边界场，其后根据该边界场求解铁磁流体区域内的磁场方程，最后根据该求解结果计算铁磁流体与永磁体区域间的边界场，以此类推，直到最终收敛。

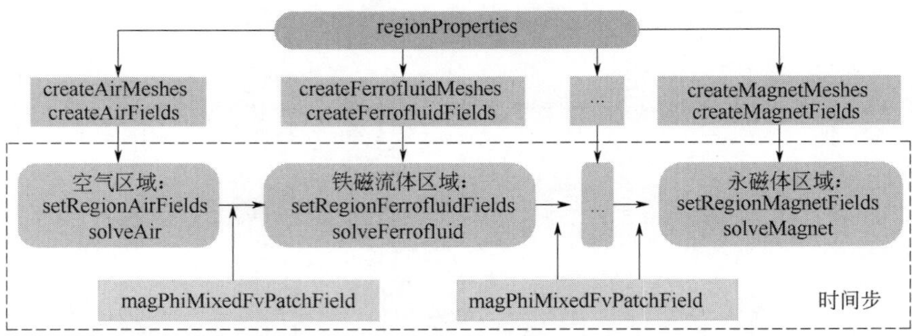

图 9-4　magenticMultiRegionFoam 求解器的主要组成部分

下面以空气-铁磁流体-永磁体组成的区域为例，介绍求解器 magenticMultiRegionFoam 的编制方法，该求解器的具体组成如图 9-5 所示。

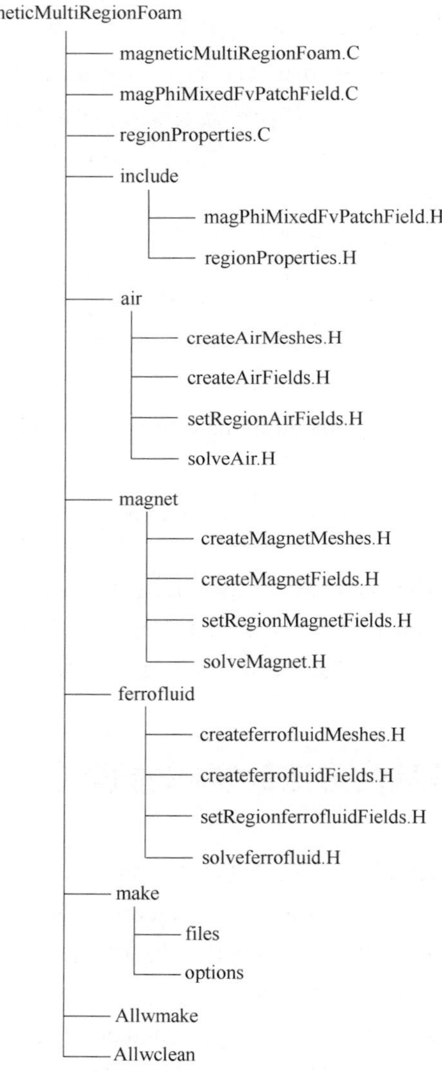

图 9-5　求解空气-铁磁流体-永磁体组成区域内磁场的 magenticMultiRegionFoam 求解器的组成

9.5.1 创建网格、场和不同种类的区域

在图 9-5 所示的求解器组成中，在文件 regionProperties.H 中声明类 regionProperties，用来描述每一种区域的名称、数量等属性。在主程序的 main()函数中定义 regionProperties 类的对象 rp，用来创建整个区域，这样可以通过 rp 访问每一个区域的信息，main()函数中的相应程序段为：

```
…
#include"regionProperties.H"
int main(int argc,char*argv[])
{
     …
     #include"createTime.H"
     regionProperties rp(runTime);
     …
```

与典型的 OpenFOAM 应用程序类似，在 main()函数内，时间循环前需建立每一个区域内网格对象和场变量的对象，这可通过#include 指令包含相应的头文件实现，程序段为：

```
…
#include"createAirMeshes.H"
#include"createFerrofluidMeshes.H"
#include"createMagnetMeshes.H"
#include"createAirFields.H"
#include"createFerrofluidFields.H"
#include"createMagnetFields.H"
…
```

9.5.2 控制方程的离散和求解

在上述头文件内，网格和场变量对象被组装为 1D 链表，每一个区域对应链表中的一个元素，但求解过程则按照区域先后顺序一个一个地求解，所以在求解每一个变量前需从链表中抽取每一个区域对应的变量，这是通过头文件 setRegion**Fields.H 实现的，其中**代表区域名称。以永磁体所在区域为例，实现相应功能的程序段为：

```
while (runTime.loop())
{
     …
     forAll(magnetRegions,i)
     {
          …
          #include"setRegionMagnetFields.H"
          #include"solveMagnet.H"
          …
```

在头文件 solve**.H 中组装并求解每一个区域内的控制方程，这里使用 SIMPLE 循环求解磁标势，场变量 ***B***、***H*** 和 ***M*** 可由求解得到的磁标势显式计算。例如，对于永磁体区域，相应的程序段为：

```
#include "simpleControl.H"
simpleControl simple(magnetRegions[i]);
while (simple.correctNonOrthogonal())
{
     solve(fvm::laplacian(1.0/mub,phi)==fvc::div(BrDivMu0));
     …
}
volVectorField tem(fvc::reconstruct(fvc::snGrad(phi)*magnetRegions[i].
    magSf()*(-1.0)));
B=tem*constant::electromagnetic::mu0/mub+
    (BrDivMu0*constant::electromagnetic::mu0);
…
```

其中，phi 为磁标势，mub 为 $\hat{\mu}$，BrDivMu0 为 $\boldsymbol{B}_r / \mu_0$。

9.5.3 定义边界条件

自定义类 magPhiMixedFvPatchField 用来计算不同介质区域间界面上的场，相应的边界条件定义为 magPhiMixed。类 magPhiMixedFvPatchField 继承自 OpenFOAM 中的已有类 mixedFvPatchScalarField，但以虚函数的形式重新定义了 9.4 节介绍的 5 个函数。函数 valueInternalCoeffs()定义为：

```
tmp<scalarField> magPhiMixedFvPatchField::valueInternalCoeffs
    (const tmp<scalarField>&)const
{
    const mappedPatchBase& mpp=
         refCast<const mappedPatchBase> (this->patch().patch());
    const polyMesh& nbrMesh=mpp.sampleMesh();
    const fvPatch& nbrPatch=
         refCast<const fvMesh>(nbrMesh).boundary()
         [mpp.samplePolyPatch().index()];
    const mapDistribute& distMap=mpp.map();
    const scalarField& nbrMub=
        refCast<const scalarField>
        (nbrPatch.lookupPatchField<volScalarField,scalar>("mub"));
    scalarField mubNbr(nbrMub);
    distMap.distribute(mubNbr);
    scalarField mub=
         patch().lookupPatchField<volScalarField,scalar>("mub");
    scalarField K((this->patch().deltaCoeffs()/mub)/(this->patch().
         deltaCoeffs()/mub+nbrPatch.deltaCoeffs()/mubNbr));
    return scalar(pTraits<scalar>::one)*K;
}
```

其中，定义 K 的语句之前的所有语句用来寻找相邻单元（这里为 mubNbr）上的 $\hat{\mu}$，其他几个函数在遇到需要寻找相邻单元上的场时也使用相同的方法。

根据式（9-24），函数 valueBoundaryCoeffs()定义为：

```
tmp<scalarField> magPhiMixedFvPatchField:: valueBoundaryCoeffs
    (const tmp<scalarField>&)const
{
    …
    scalarField BrnDivMu0(BrDivMu0 & this->patch().nf());
```

```
    scalarField nbrBrnDivMu0(BrNbrDivMu0 & nbrPatch.nf());
    return (1.0-K)*nbrIntFld+(BrnDivMu0+nbrBrnDivMu0)
        /(patch().deltaCoeffs()/mub+nbrPatch.deltaCoeffs()/mubNbr);
    …
}
```

其中，nbrIntFld、nbrBrnDivMu0 和 mubNbr 分别为相邻单元上的场 φ_m 、 $\dfrac{B_{r,n}}{\mu_0}$ 和 $\hat{\mu}$ 。

函数 gradientInternalCoeffs()表示为：

```
tmp<scalarField> magPhiMixedFvPatchField::gradientInternalCoeffs()const
{
    return-pTraits<scalar>::one*this->patch().deltaCoeffs();
}
```

根据式（9-30）定义函数 gradientBoundaryCoeffs()为：

```
tmp<scalarField> magPhiMixedFvPatchField::gradientBoundaryCoeffs()const
{
…
    vectorField normal=this->patch().nf();
    vectorField revDisCenterVector(this->size(),
        pTraits<vector>::zero);
    vectorField disCenter=nbrField.patch().delta();
    forAll(disCenter,faceI)
    {
        if (disCenter[faceI][0]!=0.0)
        {revDisCenterVector[faceI][0]=scalar(1.0)/disCenter[faceI]
            [0];}
        if (disCenter[faceI][1]!=0.0)
        {revDisCenterVector[faceI][1]=scalar(1.0)/disCenter[faceI]
            [1];}
        if (disCenter[faceI][2]!=0.0)
        {revDisCenterVector[faceI][2]=scalar(1.0)/disCenter[faceI]
            [2];}
    }
    return(nbrPatch.deltaCoeffs()+(revDisCenterVector & normal))* nbrIntFld+
        ((this->patch().deltaCoeffs()-nbrPatch.deltaCoeffs())-
        (revDisCenterVector & normal))*(*this);
}
```

其中，revDisCenterVector 表示 $\boldsymbol{r}_v$ 。

对于函数 updateCoeffs()，需读入三个参数：

```
void magPhiMixedFvPatchField::updateCoeffs()
{
    …
    this->refValue()=nbrIntFld;
    this->refGrad()=(BrnDivMu0+nbrBrnDivMu0)* mub;
    this->valueFraction()=(1.0-K);
    …
```

完成类 magPhiMixedFvPatchField 的定义后，在算例中的相应文件中使用 magPhiMixed 指定 patch 类型后即可应用 9.4 节介绍的边界条件：

```
boundary
```

```
{
    type    magPhiMixed;
}
```

9.6 求解器验证

以圆柱形永磁体在柱形边界的空气区域中产生的磁场分布的计算为例，验证求解器 magenticMultiRegionFoam 的正确性，将相应的算例命名为 magnetInAirTest，其组成如图 9-6 所示。由于区域的柱对称性，将实际的三维空间区域简化为二维区域，区域示意图及施加的边界条件如图 9-7 所示。图中的几何参数如下：永磁体半长 5mm，半径 2.5mm，空气区域半长 25mm，半径 20mm。永磁体剩余磁感应强度为 1.23T，相对磁导率为 1.03。OpenFOAM 中的网格划分结果见图 9-8。

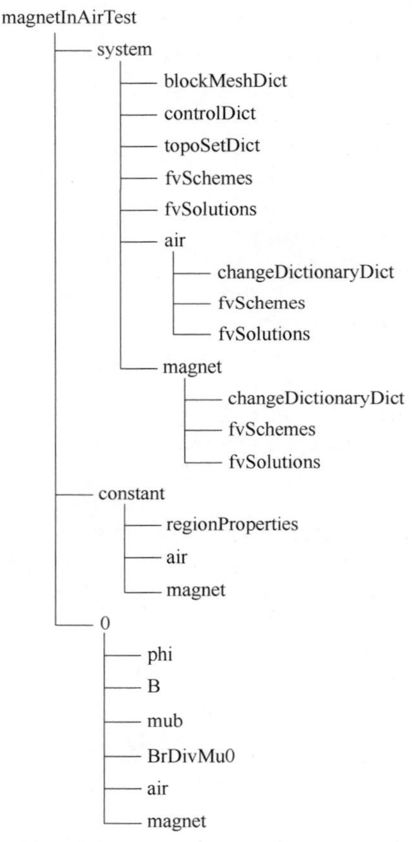

图 9-6 算例 magnetInAirTest 的组成

分别使用圆柱形永磁铁磁场分布的解析结果和用 Comsol 软件在相同边界条件下的数值计算结果与 magenticMultiRegionFoam 求解的计算结果进行对比，来验证其正确性。

对于沿轴向均匀磁化的圆柱形永磁铁，在柱坐标系(ρ，θ, z)中，其磁场的磁感应强度在径向和轴向的分量分别为

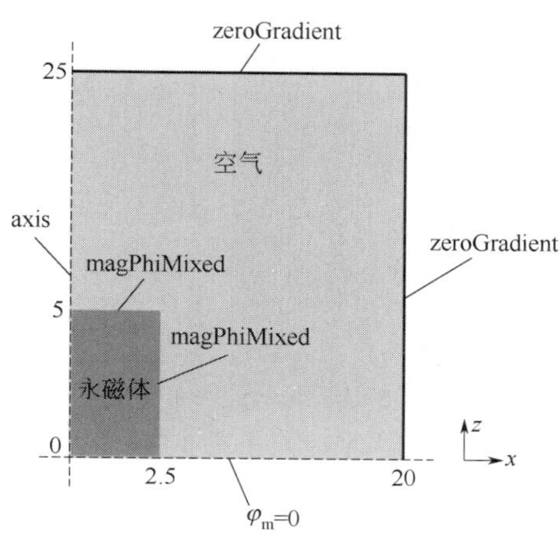

图 9-7　计算圆柱形永磁体在柱形边界的空气区域中产生的磁场分布的区域和边界条件

图 9-8　OpenFOAM 中的网格划分结果

$$B_{\rho}=\frac{\mu_0 MR}{\pi}\left[\alpha_{+}P_1(k_{+})-\alpha_{-}P_1(k_{-})\right] \tag{9-31}$$

$$B_z=\frac{\mu_0 MR}{\pi(\rho+R)}\left[\beta_{+}P_2(k_{+})-\beta_{-}P_2(k_{-})\right] \tag{9-32}$$

其中的辅助函数分别定义为

$$P_1(k)=\mathcal{K}-\frac{2}{1-k^2}(\mathcal{K}-\mathcal{E})$$

$$P_2(k)=-\frac{\gamma}{1-\gamma^2}(\mathcal{P}-\mathcal{K})-\frac{1}{1-\gamma^2}(\gamma^2\mathcal{P}-\mathcal{K})$$

符号 $\mathcal{K}$ 、$\mathcal{E}$ 和 $\mathcal{P}$ 分别表示第一、第二和第三完全椭圆积分，即

$$\mathcal{K}=\int_0^{\pi/2}\frac{\mathrm{d}\theta}{\sqrt{1-(1-k^2)\sin^2\theta}}$$

$$\mathcal{E}=\int_0^{\pi/2}\sqrt{1-(1-k^2)\sin^2\theta}\,\mathrm{d}\theta$$

$$\mathcal{P}=\int_0^{\pi/2}\frac{\mathrm{d}\theta}{\left(1-(1-\gamma^2)\sin^2\theta\right)\sqrt{1-(1-k^2)\sin^2\theta}}$$

式（9-31）和式（9-32）中其他符号的含义为

$$\alpha_{\pm}=\frac{1}{\sqrt{\xi_{\pm}^2+(\rho+R)^2}}z\pm L\,,\ \beta_{\pm}=\xi_{\pm}\alpha_{\pm}\,,\ \gamma=\frac{\rho-R}{\rho+R}\,,\ k_{\pm}^2=\frac{\xi_{\pm}^2+(\rho-R)^2}{\xi_{\pm}^2+(\rho+R)^2}\,,\ \xi_{\pm}=z\pm L$$

式中，R 和 L 分别为圆柱形永磁铁的半径和半长。

图 9-9 所示为求解器得到的磁感应强度大小结果与 Comsol 计算结果的比较，虽然由于两种软件中的颜色设置不同，不能分辨它们的差别大小，但两者拥有相同的磁感应强度极值。图 9-10 定量地给出了不同 z 位置处三种计算方法得到的磁标势和磁感应强度的结果比较，可见，除永磁体边缘拐点处 Comsol 计算的磁感应强度结果偏大外，其他计算结果非常接近，验证了求解器 magenticMultiRegionFoam 的正确性。

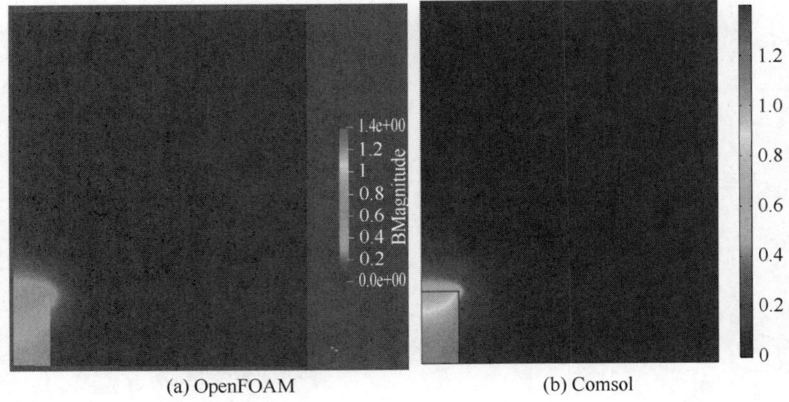

(a) OpenFOAM (b) Comsol

图 9-9 磁感应强度结果比较（单位：A）

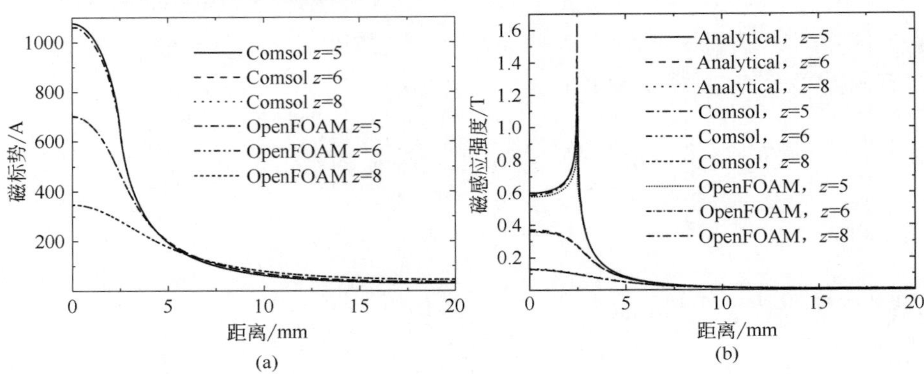

图 9-10 不同 z 位置处磁标势和磁感应强度的解析结果、Comsol 和 OpenFOAM 计算结果的比较

第10章 物理场计算实例——铁磁流体磁-流耦合流动求解器

铁磁流体是一种由纳米尺寸的铁磁性或亚铁磁性固体颗粒均匀悬浮于载液中形成的胶状溶液，颗粒表面包覆有表面活性剂以保证不发生团聚，颗粒在液体中的 Brownian 运动使它们能够长期保持悬浮状态。组成铁磁流体的磁性颗粒为单畴结构，流体整体上表现为超顺磁性，在强外磁场作用下仍能保持流动性。铁磁流体的流动性和磁性使其广泛应用于密封、润滑、减振等领域中。

铁磁流体能够响应磁场的特性，使其在外磁场作用下表现出诸多奇特现象。在 Couette-Poiseuille 流中，垂直流动方向上的恒定均匀磁场可使流动发生阻滞和入口区变短，恒定梯度磁场会促使流量增大。在管流中，恒定轴向磁场作用会引起绕轴线的旋转流，轴向交变磁场作用导致表观黏度减小，流量增大。

在连续介质的假设条件下，描述铁磁流体流动的动力学方程组由磁场方程、动量方程、角动量方程和磁化方程组成，即广义的 Rosensweig 模型。Shliomis 在该模型基础上，忽略自旋角动量的惯性项、体力偶项和自旋扩散项，得到显式表示的角动量方程，与其他方程一起称为 Shliomis 模型。通常的铁磁流体中颗粒间的距离在量级上与颗粒尺寸相当，所以 Shliomis 的假设一般均能满足。对于组成各模型的磁化方程，研究人员提出了多种表达形式。Shliomis 推广了 Debye 弛豫方程，得到唯象磁化方程 I，也是至今应用最广的磁化弛豫方程，但这一方程只适用于微弱不平衡磁化状态。为了表达铁磁流体在强磁场作用下的磁化行为，Shliomis 提出了第二种唯象磁化方程。但迄今为止，经仿真和实验证明能够在较广磁场范围内描述铁磁流体磁化行为的方程只有基于有效场方法的微观磁化方程，相比较而言，该方程表达较为复杂，求解相对困难。

本章首先给出铁磁流体动力学方程组，其中使用了微观磁化方程，基于 OpenFOAM 编制求解该方程组的求解器，并通过单纯流场、弱场作用下的旋转黏度、垂直于流动方向上磁场作用下的 Couette-Poiseuille 流等算例验证求解器的正确性。

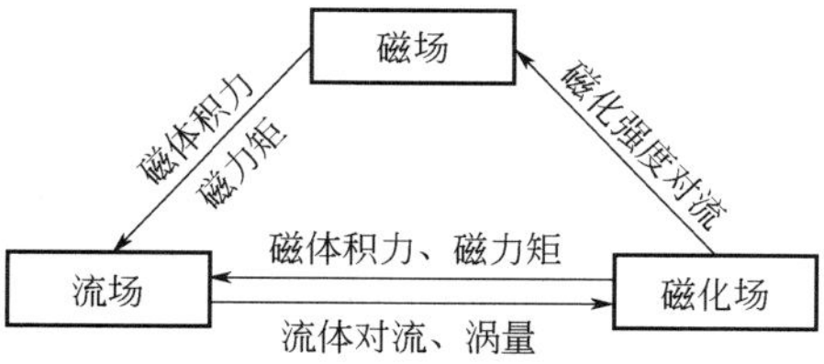

图10-1 铁磁流体动力学方程组中各方程间的耦合关系

组成铁磁流体动力学的各方程间通过诸多物理参数相互耦合，如图 10-1 所示。磁场和磁化场通过磁体积力和磁力矩影响铁磁流体流动，而流场通过对流影响铁磁流体内的磁化强度分布；此外，磁化强度对流成为一种磁场源。表 10-1 和表 10-2 分别给出了本章使用的变量和常量符号定义。

⊡ 表10-1　本章的变量符号定义

符号	含义	单位
$\boldsymbol{B}$	磁感应强度	T
$\boldsymbol{H}$	磁场强度	A/m
$\boldsymbol{H}_e$	有效场	A/m
$\boldsymbol{M}$	磁化强度	A/m
p	流体静压力	Pa
t	时间	s
$\boldsymbol{v}$	铁磁流体流速	m/s
α	无量纲场，$\mu_0\bar{m}\boldsymbol{H} / k_B T$	—
ς	无量纲有效场	—
φ_m	磁标量势	A
$\boldsymbol{\omega}_p$	铁磁流体中磁性颗粒的旋转速度	s^{-1}
$\boldsymbol{\Omega}$	流动涡量	s^{-1}

⊡ 表10-2　本章的常量符号定义

符号	含义	数值或计算式	单位
d_p	铁磁流体中颗粒直径		m
I	颗粒惯性矩密度	$\rho_s\phi d_p^2 / 10$	kg/m
k_B	Boltzmann 常数	1.381×10^{-23}	J/K
$\bar{m}$	颗粒磁矩	$M_d V_p$	$A \cdot m^2$
M_d	颗粒块材的磁化强度		A/m
M_S	铁磁流体的饱和磁化强度		A/m
T	温度		K
V_p	颗粒的体积		m^3
ς	涡旋黏度	$1.5\eta\phi$	$Pa \cdot s$
η	铁磁流体剪切黏度		$Pa \cdot s$
μ_0	真空磁导率	4×10^{-7}	N/A^2
ρ	铁磁流体密度		kg/m^3
ρ_s	铁磁流体中颗粒的块材密度		kg/m^3
τ_B	铁磁流体的磁化弛豫时间		s
ϕ	铁磁流体中颗粒的体积分数		—

10.1 控制方程

在流体恒温、均质、不可压缩、不导电的假设条件下，描述铁磁流体运动的控制方程包括动量守恒方程、角动量守恒方程、本构方程和静磁场方程，其中本构方程包括磁化方程和应力张量表达式。

连续性方程为

$$\nabla \cdot \boldsymbol{v} = 0 \tag{10-1}$$

式中，$\boldsymbol{v}$ 为铁磁流体的平动速度。铁磁流体的动量和角动量守恒方程分别由宏观的动量和角动量方程推导得到，分别为

$$\rho \frac{\mathrm{D}\boldsymbol{v}}{\mathrm{D}t} = \boldsymbol{F} + \nabla \cdot \boldsymbol{T} \tag{10-2}$$

$$\rho I \frac{\mathrm{D}\boldsymbol{\omega}_{\mathrm{p}}}{\mathrm{D}t} = \boldsymbol{G} + \nabla \cdot \boldsymbol{C} + \boldsymbol{\epsilon} : \boldsymbol{T} \tag{10-3}$$

式中，$\mathrm{D}/\mathrm{D}t$ 表示物质导数，I 为惯性矩密度，$\boldsymbol{\omega}_{\mathrm{p}}$ 为铁磁流体中颗粒的旋转速度，$\boldsymbol{T}$ 为 Cauchy 应力张量，$\boldsymbol{G}$ 为体力矩密度，$\boldsymbol{C}$ 为矩应力二阶张量，$\boldsymbol{\epsilon}$ 为单位三阶张量。体积力密度 $\boldsymbol{F} = \mu_0 \boldsymbol{M} \cdot \nabla \boldsymbol{H}$，其中 μ_0 为真空磁导率，$\boldsymbol{M}$ 为磁化强度，$\boldsymbol{H}$ 为磁场强度。Cauchy 应力张量计算为

$$\boldsymbol{T} = -p\boldsymbol{I} + \eta[\nabla \boldsymbol{v} + (\nabla \boldsymbol{v})^{\mathrm{T}}] + 2\zeta \boldsymbol{\epsilon} \cdot (\boldsymbol{\Omega} - \boldsymbol{\omega}_{\mathrm{p}}) + \lambda(\nabla \cdot \boldsymbol{v})\boldsymbol{I} \tag{10-4}$$

式中，$\boldsymbol{I}$ 为单位二阶张量；p 为流体静压力；$\boldsymbol{\Omega} = (\nabla \times \boldsymbol{v})/2$ 为流动涡量；η、λ 和 ζ 分别为剪切、块体和涡旋黏度，其中 $\zeta = 1.5\eta\phi$。体力矩密度 $\boldsymbol{G}$ 表示为 $\boldsymbol{G} = \mu_0 \boldsymbol{M} \times \boldsymbol{H}$，其中忽略了铁磁流体中颗粒的各向异性分布。矩应力二阶张量 $\boldsymbol{C}$ 具有形式

$$\boldsymbol{C} = \eta'[\nabla \boldsymbol{\omega}_{\mathrm{p}} + (\nabla \boldsymbol{\omega}_{\mathrm{p}})^{\mathrm{T}}] + \lambda'(\nabla \cdot \boldsymbol{\omega}_{\mathrm{p}})\boldsymbol{I} \tag{10-5}$$

式中，η' 和 λ' 分别为剪切和块体自旋黏度系数。

铁磁流体中磁性颗粒的惯性矩密度为 $I = \rho_{\mathrm{s}}\phi d_{\mathrm{p}}^2/10$，其中 ρ_{s} 为颗粒块材的密度，d_{p} 为颗粒直径，由于颗粒平均直径为 10nm，所以 I 通常较小，可以忽略。由量纲分析可知，$\eta' \sim \eta l^2 \phi^2$，其中 l 为铁磁流体中颗粒间的距离，其大小与颗粒的直径相当，ϕ 为铁磁流体中磁性颗粒的体积分数，量级为 0.1，由此可知，η' 的量级为 10^{-20}，所以通常也将其忽略。在本构方程（10-4）和方程（10-5）中应用这些假设，并将得到的结果代入守恒方程（10-2）和方程（10-3）中，得到动量方程和角动量方程的展开式：

$$\rho\left[\frac{\partial v}{\partial t} + (\boldsymbol{v} \cdot \nabla)\boldsymbol{v}\right] = -\nabla p + \eta \nabla^2 \boldsymbol{v} + \mu_0 \boldsymbol{M} \cdot \nabla \boldsymbol{H} + \frac{\mu_0}{2} \nabla \times (\boldsymbol{M} \times \boldsymbol{H}) \tag{10-6}$$

$$4\zeta(\boldsymbol{\omega}_{\mathrm{p}} - \boldsymbol{\Omega}) = \mu_0 \boldsymbol{M} \times \boldsymbol{H} \tag{10-7}$$

为了描述铁磁流体的磁化动力学，研究人员提出了多种磁化方程，其中应用最广的为 Shliomis 的唯象磁化方程 I：

$$\frac{\partial \boldsymbol{M}}{\partial t} + (\boldsymbol{v} \cdot \nabla)\boldsymbol{M} = \boldsymbol{\Omega} \times \boldsymbol{M} - \frac{1}{\tau_{\mathrm{B}}}(\boldsymbol{M} - \boldsymbol{M}_0) - \frac{\mu_0}{4\zeta} \boldsymbol{M} \times (\boldsymbol{M} \times \boldsymbol{H}) \tag{10-8}$$

式中，τ_{B} 为 Brownian 磁化弛豫时间，表征当磁矩固结在颗粒上后外磁场方向改变后颗粒磁矩转向外磁场方向所用的时间，$\boldsymbol{M}_0$ 为平衡磁化强度，其方向与外磁场方向相同，其大小表示为

$$M_0 = M_{\mathrm{S}}\left(\coth\alpha - \frac{1}{\alpha}\right) = M_{\mathrm{S}} L(\alpha), \quad \alpha = \mu_0 \bar{m} H / (k_{\mathrm{B}} T) \tag{10-9}$$

式中，$L(\alpha)$ 为 Langevin 函数，M_{S} 为铁磁流体的饱和磁化强度，k_{B} 为 Boltzmann 常数，T

为绝对温度，$\bar{m}$ 为单个颗粒的磁矩，计算为 $\bar{m} = M_{\mathrm{d}} V_{\mathrm{p}}$。$M_{\mathrm{d}}$ 和 V_{p} 分别为颗粒块材的磁化强度和颗粒的体积。方程（10-8）在弱场和 $\boldsymbol{\Omega}\tau_{\mathrm{B}} \ll 1$ 的条件下预测静态磁场作用下铁磁流体的旋转黏度时与实验结果吻合较好

能够在全磁场强度范围内有效描述铁磁流体的磁化动力学的则是 Shliomis 的微观磁化方程：

$$\frac{\partial \boldsymbol{M}}{\partial t} + \boldsymbol{v} \cdot \nabla \boldsymbol{M} = \boldsymbol{\Omega} \times \boldsymbol{M} - \frac{1}{\tau_{\mathrm{B}}}\left(\boldsymbol{M} - M_{\mathrm{S}}\frac{L(\varsigma)}{\varsigma}\boldsymbol{\alpha}\right) - \frac{\mu_0}{L(\varsigma)}\left(\frac{1}{L(\varsigma)} - \frac{3}{\varsigma}\right)\frac{\boldsymbol{M} \times (\boldsymbol{M} \times \boldsymbol{H})}{6\eta\phi} \tag{10-10}$$

式中，$\boldsymbol{M}$ 为非平衡磁化强度，可看作在某有效场 $\boldsymbol{H}_e$ 作用下的平衡磁化强度，它们之间的关系由 Langevin 方程表示为

$$\boldsymbol{M} = \frac{M_{\mathrm{S}} L(\varsigma)\varsigma}{\varsigma} = \frac{M_{\mathrm{S}}\varsigma}{\varsigma}\left(\coth\varsigma - \frac{1}{\varsigma}\right), \quad \varsigma = \mu_0 \bar{m} \boldsymbol{H}_{\mathrm{e}} / (k_{\mathrm{B}} T) \tag{10-11}$$

式中，$L(\varsigma)$ 为 Langevin 函数，ς 为无量纲有效场，方程（10-9）中的参数 $\boldsymbol{\alpha}$ 计算为 $\boldsymbol{\alpha} = \mu_0 \bar{m} \boldsymbol{H} / (k_{\mathrm{B}} T)$，表征磁场力和 Brownian 力的相对大小。应用微观磁化方程时磁化强度 $\boldsymbol{M}$ 的变化由方程（10-10）和方程（10-11）隐式决定，但与流体速度 $\boldsymbol{v}$ 和外磁场 $\boldsymbol{H}$ 间相互耦合。

在不导电的铁磁流体中，静磁场方程为

$$\boldsymbol{H} = -\nabla \varphi_m, \quad \nabla \cdot \boldsymbol{B} = 0, \quad \boldsymbol{B} = \mu_0(\boldsymbol{M} + \boldsymbol{H}) \tag{10-12}$$

式中，φ_m 为磁标量势，$\boldsymbol{B}$ 为磁感应强度矢量。应用这些方程可得到计算磁标量势的 Poisson 方程

$$\nabla^2 \varphi_m = \nabla \cdot \boldsymbol{M} \tag{10-13}$$

10.2 方程离散和求解方法

首先将计算域划分为控制体，以二维计算域为例，划分后该计算域可认为由如图 10-2 所示的控制体组成，其中 C 表示控制体的质心，S_f 表示该控制体的任一表面积，图中将控制体 C 的 4 个表面积分别表示为 S_w、S_e、S_n 和 S_s。同时，将时间域离散为均匀的时间区间 $[t_n, t_{n+1}]$，时间步长为 Δt。下面针对每一个控制方程，介绍其有限体积法离散方法。

N
S_n
S_w
S_e
W
C
E
S_s
S

图 10-2 组成二维计算域的一个控制体

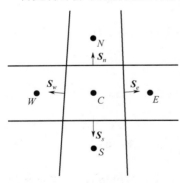

10.2.1 磁场方程的离散和求解

将 Poisson 方程在控制体 C 上取积分，并应用散度定理，得

$$\int_{\partial V_C} \nabla \varphi_m \cdot \mathrm{d}\boldsymbol{S} = \int_{\partial V_C} \boldsymbol{M} \cdot \mathrm{d}\boldsymbol{S}$$

式中，V_C 表示任取控制体的体积；∂V_C 表示包围该控制体的所有表面；矢量 $\mathrm{d}\boldsymbol{S}$ 的大小为控制体表面积，方向为对应表面的法线方向。将其中在整个包围面上的面积分解为包围控制体

各表面上的积分，并应用平均值积分法，取面质心为积分点，得到半离散形式的 Poisson 方程

$$\sum_{f\sim nb(C)}(\nabla\varphi_m)_f\cdot\boldsymbol{S}_f=\sum_{f\sim nb(C)}\boldsymbol{M}_f\cdot\boldsymbol{S}_f \tag{10-14}$$

式中，各变量的下标 f 表示在控制体表面 f 质心上取值。

在铁磁流体中，当外磁场变化时，其内部的磁化强度变化量远小于磁场强度的变化量，所以方程（10-14）中的源项 $\sum\limits_{f\sim nb(C)}\boldsymbol{M}_f\cdot\boldsymbol{S}_f$ 可由上一迭代步得到的磁化强度场显式计算，其中定义在单元界面上的 $\boldsymbol{M}_f$ 可由相邻单元质心上的值线性化表示 $\boldsymbol{M}_f=g_C\boldsymbol{M}_C+g_F\boldsymbol{M}_F$，其中 g_C 和 g_F 分别为几何插值因子。对于方程（10-14）中的扩散项 $\sum\limits_{f\sim nb(C)}(\nabla\varphi_m)_f\cdot\boldsymbol{S}_f$，如果面积矢量 $\boldsymbol{S}_f$ 与连接相邻单元质心的矢量 $\overline{CF}$ 不共线，首先将面法矢 $\boldsymbol{S}_f$ 分别沿 $\overline{CF}$ 和平行单元交界面方向进行矢量分解，得到 $\boldsymbol{S}_f=\boldsymbol{E}_f+\boldsymbol{T}_f$，如图 10-3 所示。采用正交修正法，近似计算矢量 $\boldsymbol{E}_f$ 为 $\boldsymbol{E}_f=S_f\boldsymbol{e}$，其中 $\boldsymbol{e}$ 为沿 $\overline{CF}$ 方向上的单位矢量，从而可将 $\boldsymbol{T}_f$ 表示为 $\boldsymbol{T}_f=\boldsymbol{S}_f-\boldsymbol{E}_f=S_f(\boldsymbol{n}-\boldsymbol{e})$。此时，扩散项成为

$$\sum_{f\sim nb(C)}(\nabla\varphi_m)_f\cdot\boldsymbol{S}_f=\sum_{f\sim nb(C)}(\nabla\varphi_m)_f\cdot\boldsymbol{E}_f+\sum_{f\sim nb(C)}(\nabla\varphi_m)_f\cdot(\boldsymbol{n}-\boldsymbol{e})S_f$$

对于该式等号右端的第一项，将定义在单元面上的梯度 $(\nabla\varphi_m)_f$ 线性化为

$$(\nabla\varphi_m)_f=\frac{(\varphi_m)_F-(\varphi_m)_C}{d_{CF}}\boldsymbol{e}$$

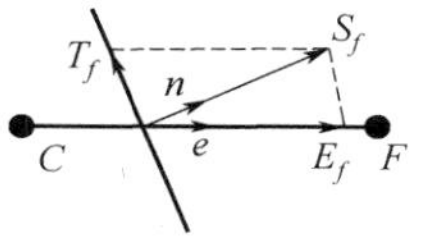

式中，d_{CF} 为连接两相邻单元质心 C 和 F 的距离。上式等号右端的第二项可根据当前单元质心上的梯度 $\nabla\varphi_m$ 进行显式表示，$(\nabla\varphi_m)_f=g_C(\nabla\varphi_m)_C+g_F(\nabla\varphi_m)_F$。最终将扩散项离散为

图 10-3　非正交面矢量项的处理

$$\sum_{f\sim nb(C)}(\nabla\varphi_m)_f\cdot\boldsymbol{S}_f=\sum_{F\sim NB(C)}\frac{(\varphi_m)_F-(\varphi_m)_C}{d_{CF}}E_f+\sum_{f\sim nb(C)}\left[g_C(\nabla\varphi_m)_C+g_F(\nabla\varphi_m)_F\right]\cdot(\boldsymbol{n}-\boldsymbol{e})S_f$$

将以上各项的离散结果代入方程（10-14）中，得到在单元 C 上离散格式的 Poisson 方程：

$$\sum_{F\sim NB(C)}\frac{(\varphi_m)_F-(\varphi_m)_C}{d_{CF}}E_f=\sum_{F\sim NB(C)}\left(g_C\boldsymbol{M}_C+g_F\boldsymbol{M}_F\right)\cdot\boldsymbol{S}_f-\sum_{F\sim NB(C)}\left[g_C(\nabla\varphi_m)_C+g_F(\nabla\varphi_m)_F\right]\cdot(\boldsymbol{n}-\boldsymbol{e})S_f$$

进一步整理为

$$\left(\sum_{F\sim NB(C)}\frac{E_f}{d_{CF}}\right)(\varphi_m)_C-\sum_{F\sim NB(C)}\left[\frac{E_f}{d_{CF}}(\varphi_m)_F\right]=\sum_{F\sim NB(C)}\left\{\left[g_C(\nabla\varphi_m)_C+g_F(\nabla\varphi_m)_F\right]\cdot(\boldsymbol{n}-\boldsymbol{e})S_f-(g_C\boldsymbol{M}_C+g_F\boldsymbol{M}_F)\cdot\boldsymbol{S}_f\right\} \tag{10-15}$$

其中，等号右端的所有项为离散后的源项，均使用当前值显式计算。相应地，在计算域内所

有单元上均可得到类似的代数方程。采用 DIC 法（对角不完全 Cholesky）预处理的共轭梯度法（PCG）求解离散格式的代数方程组（10-15）。

10.2.2 动量方程的有限体积法离散和求解

为方便动量方程的离散，利用矢量恒等式

$$\nabla\times(\boldsymbol{M}\times\boldsymbol{H})=\boldsymbol{M}(\nabla\bullet\boldsymbol{H})-\boldsymbol{H}(\nabla\bullet\boldsymbol{M})+\boldsymbol{H}\bullet\nabla\boldsymbol{M}-\boldsymbol{M}\bullet\nabla\boldsymbol{H}$$

和

$$\nabla\bullet(\boldsymbol{MH})=\boldsymbol{M}\bullet\nabla\boldsymbol{H}+\boldsymbol{H}(\nabla\bullet\boldsymbol{M}),\quad \nabla\bullet(\boldsymbol{HM})=\boldsymbol{H}\bullet\nabla\boldsymbol{M}+\boldsymbol{M}(\nabla\bullet\boldsymbol{H})$$

将方程（10-6）中等号右端的最后两项化简为

$$\begin{aligned}&\mu_0\boldsymbol{M}\bullet\nabla\boldsymbol{H}+\frac{\mu_0}{2}\nabla\times(\boldsymbol{M}\times\boldsymbol{H})\\&=\frac{\mu_0}{2}\left[\boldsymbol{M}(\nabla\bullet\boldsymbol{H})-\boldsymbol{H}(\nabla\bullet\boldsymbol{H})+\boldsymbol{H}\bullet\nabla\boldsymbol{M}-\boldsymbol{M}\bullet\nabla\boldsymbol{H}\right]+\mu_0\boldsymbol{M}\bullet\nabla\boldsymbol{H}\\&=\frac{\mu_0}{2}\left[\boldsymbol{M}(\nabla\bullet\boldsymbol{H})-\boldsymbol{H}(\nabla\bullet\boldsymbol{H})+\boldsymbol{H}\bullet\nabla\boldsymbol{M}+\boldsymbol{M}\bullet\nabla\boldsymbol{H}\right]\\&=\frac{\mu_0}{2}\left[\nabla\bullet\left(\boldsymbol{MH}\right)+\nabla\bullet\left(\boldsymbol{HM}\right)\right]-\mu_0\boldsymbol{H}(\nabla\bullet\boldsymbol{H})\end{aligned}$$

在 OpenFOAM 中，这样化简后可将这两项表示为

```
fvc::div(phiH,(0.5*DB*M))
```

和

```
fvc::div(phiM,(0.5*DB*H))
```

其中，DB 代表 μ_0/ρ，phiH 和 phiM 分别表示磁场强度和磁化强度在单元面上的通量。

同时，利用矢量恒等式

$$\nabla\bullet(\boldsymbol{vv})=\boldsymbol{v}\bullet\nabla\boldsymbol{v}+\boldsymbol{v}(\nabla\bullet\boldsymbol{v})$$

和不可压缩流体连续性方程（10-1），将方程（10-6）左端第二项变为

$$(\boldsymbol{v}\bullet\nabla)\boldsymbol{v}=\nabla\bullet(\boldsymbol{vv})$$

从而原动量方程成为

$$\rho\left[\frac{\partial\boldsymbol{v}}{\partial t}+\nabla\bullet(\boldsymbol{vv})\right]=-\nabla p+\eta\nabla^2\boldsymbol{v}+\frac{\mu_0}{2}\left[\nabla\bullet(\boldsymbol{MH})+\nabla\bullet(\boldsymbol{HM})\right]-\mu_0\boldsymbol{H}(\nabla\bullet\boldsymbol{M})\tag{10-16}$$

对动量方程（10-16）两端在控制体 C 上取积分，得

$$\begin{aligned}&\int_{V_C}\rho\frac{\partial\boldsymbol{v}}{\partial t}\mathrm{d}V+\int_{V_C}\rho\nabla\bullet\left(\boldsymbol{vv}\right)\mathrm{d}V=\int_{V_C}-\nabla p\mathrm{d}V+\int_{V_C}\eta\nabla^2\boldsymbol{v}\mathrm{d}V-\\&\qquad\int_{V_C}\mu_0\boldsymbol{H}(\nabla\bullet\boldsymbol{M})\mathrm{d}V+\int_{V_C}\frac{\mu_0}{2}\left[\nabla\bullet(\boldsymbol{HM})+\nabla\bullet(\boldsymbol{HM})\right]\mathrm{d}V\end{aligned}$$

应用散度定理，上式成为

$$\begin{aligned}&\int_{V_C}\rho\frac{\partial\boldsymbol{v}}{\partial t}\mathrm{d}V+\int_{\partial V_C}\rho(\boldsymbol{vv})\bullet\mathrm{d}\boldsymbol{S}=\int_{V_C}-\nabla p\mathrm{d}V+\int_{\partial V_C}\eta\nabla\boldsymbol{v}\bullet\mathrm{d}\boldsymbol{S}-\\&\qquad\int_{V_C}\mu_0\boldsymbol{H}(\nabla\bullet\boldsymbol{M})\mathrm{d}V+\int_{\partial V_C}\frac{\mu_0}{2}\left[(\boldsymbol{HM})+(\boldsymbol{HM})\right]\bullet\mathrm{d}\boldsymbol{S}\end{aligned}$$

将其中包围单元面上的积分分解为各单元面上的积分和：

$$\int_{V_C}\rho\frac{\partial \boldsymbol{v}}{\partial t}\mathrm{d}V+\sum_{f\sim face(C)}\int_f\rho(\boldsymbol{vv})\cdot\mathrm{d}\boldsymbol{S}=\int_{V_C}-\nabla p\mathrm{d}V+\sum_{f\sim face(C)}\int_f\eta\nabla\boldsymbol{v}\cdot\mathrm{d}\boldsymbol{S}+$$
$$\int_{V_C}\mu_0\boldsymbol{H}(\nabla\cdot\boldsymbol{M})\mathrm{d}V+\sum_{f\sim face(C)}\int_f\frac{\mu_0}{2}[(\boldsymbol{MH})+(\boldsymbol{HM})]\cdot\mathrm{d}\boldsymbol{S}$$

式中，下标 $face(C)$ 表示单元 C 的各面。采用一点高斯积分，用被积函数在面质心上的值代替积分值，得到半离散形式的动量方程：

$$\int_{V_C}\rho\frac{\partial \boldsymbol{v}}{\partial t}\mathrm{d}V+\sum_{f\sim nb(C)}\rho_f(\boldsymbol{vv})_f\cdot\boldsymbol{S}_f=\int_{V_C}-\nabla p\mathrm{d}V+\sum_{f\sim nb(C)}\eta_f(\nabla\boldsymbol{v})_f\cdot\boldsymbol{S}_f+$$
$$\int_{V_C}\mu_0\boldsymbol{H}(\nabla\cdot\boldsymbol{M})\mathrm{d}V+\frac{\mu_0}{2}\sum_{f\sim nb(C)}\left[(\boldsymbol{MH})_f+(\boldsymbol{HM})_f\right]\cdot\boldsymbol{S}_f \tag{10-17}$$

对于方程（10-17）中的对流项 $\sum_{f\sim nb(C)}\rho_f(\boldsymbol{vv})_f\cdot\boldsymbol{S}_f$，首先利用质量通量表示为

$$\sum_{f\sim nb(C)}\rho_f(\boldsymbol{vv})_f\cdot\boldsymbol{S}_f=\sum_{f\sim nb(C)}\dot{m}_f\boldsymbol{v}_f$$

式中，$\dot{m}_f=\rho_f\boldsymbol{v}_f\cdot\boldsymbol{S}_f$ 为质量通量。采用二阶迎风格式（SOU），对于如图 10-4 所示的单元面 f 上，将流速值表示为

$$\boldsymbol{v}_f=\boldsymbol{v}_C+\frac{\boldsymbol{v}_D-\boldsymbol{v}_C}{|\boldsymbol{d}_{CD}|}|\boldsymbol{d}_{Cf}|$$

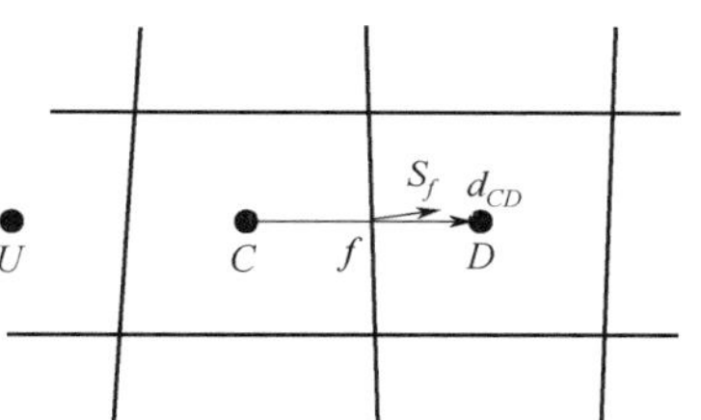

图 10-4　非结构化网格中的单元

同时，将单元质心 C 上和面 f 上的速度梯度分别表示为

$$(\nabla\boldsymbol{v})_C=\frac{\boldsymbol{v}_D-\boldsymbol{v}_U}{|\boldsymbol{d}_{UD}|}，\quad(\nabla\boldsymbol{v})_f=\frac{\boldsymbol{v}_D-\boldsymbol{v}_C}{|\boldsymbol{d}_{CD}|}$$

从而可将单元面 f 上的速度表示为

$$\boldsymbol{v}_f=\boldsymbol{v}_C+\left(2\frac{\boldsymbol{v}_D-\boldsymbol{v}_U}{|\boldsymbol{d}_{UD}|}-\frac{\boldsymbol{v}_D-\boldsymbol{v}_C}{|\boldsymbol{d}_{CD}|}\right)|\boldsymbol{d}_{Cf}|=\boldsymbol{v}_C+(2(\nabla\boldsymbol{v})_C-(\nabla\boldsymbol{v})_f)|\boldsymbol{d}_{Cf}|$$

根据这一表示，对于图 10-2 中的面 $\boldsymbol{S}_e$，有

$$\dot{m}_e\boldsymbol{v}_e=\|\dot{m}_e,0\|\cdot\left[\boldsymbol{v}_C+\left(2(\nabla\boldsymbol{v})_C-(\nabla\boldsymbol{v})_e\right)|\boldsymbol{d}_{Ce}|\right]-\|-\dot{m}_e,0\|\cdot\left[\boldsymbol{v}_E+\left(2(\nabla\boldsymbol{v})_E-(\nabla\boldsymbol{v})_e\right)|\boldsymbol{d}_{Ee}|\right]$$

式中，$\|\dot{m}_e,0\|$ 表示取两者的极大值，控制体 C 的其他面上也有类似的表示，从而可将控制体 C 上对流项展开为

$$\sum_{f\sim nb(C)}\rho_f(\boldsymbol{vv})_f\cdot\boldsymbol{S}_f=\left(\sum_{f\sim nb(C)}\|\dot{m}_f,0\|\right)\boldsymbol{v}_C-\sum_{F\sim NB(C)}\left(\|-\dot{m}_f,0\|\cdot\boldsymbol{v}_F\right)+$$
$$\sum_{f\sim nb(C)}\left[\|\dot{m}_f,0\|\cdot\left(2(\nabla\boldsymbol{v})_C-(\nabla\boldsymbol{v})_f\right)|\boldsymbol{d}_{Cf}|\right]- \tag{10-18}$$
$$\sum_{F\sim NB(C)}\left[\|-\dot{m}_f,0\|\cdot\left(2(\nabla\boldsymbol{v})_F-(\nabla\boldsymbol{v})_f\right)|\boldsymbol{d}_{Ff}|\right]$$

对于式（10-18）中定义在单元质心上的梯度项，根据 Green-Gauss 理论，计算为

$$(\nabla \boldsymbol{v})_C = \frac{1}{V_C} \sum_{f \sim nb(C)} \boldsymbol{v}_f \boldsymbol{S}_f$$

利用两相邻单元质心上函数值的加权平均值计算其中面上的 $\boldsymbol{v}_f$：

$$\boldsymbol{v}_f = g_C \boldsymbol{v}_C + (1 - g_C) \boldsymbol{v}_F$$

式中，g_C 为几何插值因子，且

$$g_C = \frac{|\boldsymbol{d}_{Ff}|}{|\boldsymbol{d}_{FC}|}$$

式（10-18）中定义在单元面上的梯度项，由单元质心上梯度的加权平均计算得到，即

$$(\nabla \boldsymbol{v})_f = g_C (\nabla \boldsymbol{v})_C + (1 - g_C)(\nabla \boldsymbol{v})_F$$

只不过这里计算质心上的梯度值时进行显式计算。

对于方程（10-17）中的扩散项 $\sum_{f \sim nb(C)} \eta_f (\nabla \boldsymbol{v})_f \cdot \boldsymbol{S}_f$，考虑网格非正交的情况，采用正交修正法，将面矢量同样按图 10-3 进行分解，并将定义在单元面上的梯度 $(\nabla \boldsymbol{v})_f$ 线性化为

$$(\nabla \boldsymbol{v})_f = \frac{\boldsymbol{v}_F - \boldsymbol{v}_C}{d_{CF}}$$

从而得到扩散项的离散格式

$$\begin{aligned}
\sum_{f \sim nb(C)} \eta_f (\nabla \boldsymbol{v})_f \cdot \boldsymbol{S}_f &= \sum_{f \sim nb(C)} \eta_f (\nabla \boldsymbol{v})_f \cdot \boldsymbol{E}_f + \sum_{f \sim nb(C)} \eta_f (\nabla \boldsymbol{v})_f \cdot \boldsymbol{T}_f \\
&= \sum_{F \sim NB(C)} \eta_f \frac{\boldsymbol{v}_F - \boldsymbol{v}_C}{d_{CF}} \cdot \boldsymbol{E}_f + \sum_{f \sim nb(C)} \eta_f (\nabla \boldsymbol{v})_f \cdot \boldsymbol{T}_f \\
&= -\left(\sum_{f \sim nb(C)} \eta_f \frac{E_f}{d_{CF}} \right) \boldsymbol{v}_C + \sum_{F \sim NB(C)} \left(\eta_f \frac{E_f}{d_{CF}} \boldsymbol{v}_F \right) + \\
&\quad \sum_{f \sim nb(C)} \left[\eta_f (\nabla \boldsymbol{v})_f \cdot S_f (\boldsymbol{n} - \boldsymbol{e}) \right]
\end{aligned}$$

式中，$\boldsymbol{S}_f = \boldsymbol{E}_f + \boldsymbol{T}_f$，$\boldsymbol{E}_f$ 沿两相邻单元 C 和 F 的质心连线方向，$\boldsymbol{T}_f$ 沿面切线方向。

方程（10-17）中除瞬态项外的其他项均可当作源项处理，对于压力梯度项，利用其质心上的值表示被积函数：

$$\int_{V_C} \nabla p \mathrm{d}V = (\nabla p)_C V_C$$

对于方程（10-17）中的源项 $\int_{V_C} \mu_0 \boldsymbol{H}(\nabla \cdot \boldsymbol{M}) \mathrm{d}V$，其被积函数值用其质心上的值表示：

$$\int_{V_C} \mu_0 \boldsymbol{H}(\nabla \cdot \boldsymbol{M}) \mathrm{d}V = \mu_0 \left(\boldsymbol{H}(\nabla \cdot \boldsymbol{M}) \right)_C V_C$$

对于源项 $\sum_{f \sim nb(C)} \left[(\boldsymbol{MH})_f + (\boldsymbol{HM})_f \right] \cdot \boldsymbol{S}_f$，利用变量在控制体质心上的值经线性插值得到定义在面上的值：

$$\sum_{f\sim nb(C)}\left[(\boldsymbol{MH})_f+(\boldsymbol{HM})_f\right]\cdot\boldsymbol{S}_f=\sum_{f\sim nb(C)}\left[\boldsymbol{M}_f(\boldsymbol{H}_f\cdot\boldsymbol{S}_f)+\boldsymbol{H}_f(\boldsymbol{M}_f\cdot\boldsymbol{S}_f)\right]$$

式中

$$\boldsymbol{M}_f=g_C\boldsymbol{M}_C+(1-g_C)\boldsymbol{M}_F\text{，}\quad \boldsymbol{H}_f=g_C\boldsymbol{H}_C+(1-g_C)\boldsymbol{H}_F$$

离散方程（10-17）中的瞬态项时，为表示方便，用 $\mathcal{L}(\boldsymbol{v}_C)$ 代替除瞬态项外的其他各项的离散格式。首先将瞬态项 $\int_{V_C}\rho\dfrac{\partial\boldsymbol{v}}{\partial t}\mathrm{d}V$ 的被积函数用其质心上的值表示，有

$$\int_{V_C}\rho\frac{\partial\boldsymbol{v}}{\partial t}\mathrm{d}V=\rho_C\frac{\partial\boldsymbol{v}_C}{\partial t}V_C$$

将方程（10-17）两端在时间区间 $\left[t-\dfrac{\Delta t}{2},t+\dfrac{\Delta t}{2}\right]$ 上积分，得

$$\int_{t-\frac{\Delta t}{2}}^{t+\frac{\Delta t}{2}}\rho_C\frac{\partial\boldsymbol{v}_C}{\partial t}V_C\mathrm{d}t+\int_{t-\frac{\Delta t}{2}}^{t+\frac{\Delta t}{2}}\mathcal{L}(\boldsymbol{v}_C)\mathrm{d}t=0$$

假设控制体体积 V_C 为常值，上式等号左端第一项化为面通量的差值，第二项应用中值定理，得

$$\frac{(\rho_C\boldsymbol{v}_C)^{\left(t+\frac{\Delta t}{2}\right)}-(\rho_C\boldsymbol{v}_C)^{\left(t-\frac{\Delta t}{2}\right)}}{\Delta t}V_C+\mathcal{L}(\boldsymbol{v}_C^t)=0$$

式中，上标 $t-\dfrac{\Delta t}{2}$ 和 $t+\dfrac{\Delta t}{2}$ 表示该时刻而非指数。应用具有 Crank-Nicholson 格式的线性插值方法，将瞬态项中时间单元面上的值转换为时间单元中心处的值：

$$\frac{(\rho_C\boldsymbol{v}_C)^{\left(t+\frac{\Delta t}{2}\right)}-(\rho_C\boldsymbol{v}_C)^{\left(t-\frac{\Delta t}{2}\right)}}{\Delta t}V_C=\frac{(\rho_C\boldsymbol{v}_C)^{(t+\Delta t)}-(\rho_C\boldsymbol{v}_C)^{(t-\Delta t)}}{2\Delta t}V_C$$

而非瞬态项的离散格式不变。

综上所述，最终得到动量方程的有限体积离散格式：

$$\begin{aligned}&\left[\frac{\rho_C V_C}{2\Delta t}+\sum_{f\sim nb(C)}\left(\left\|\dot{m}_f,0\right\|+\eta_f\frac{E_f}{d_{CF}}\right)\right]v_C+\sum_{F\sim NB(C)}\left[\left(-\left\|\dot{m}_f,0\right\|-\eta_f\frac{E_f}{d_{CF}}\right)\cdot v_F\right]=\\&\quad\frac{V_C}{2\Delta t}(\rho_C v_C)^{(t-\Delta t)}-(\nabla p)_C V_C+\sum_{f\sim nb(C)}\left\{-\left[\left\|\dot{m}_f,0\right\|\cdot(2(\nabla\boldsymbol{v})_C-(\nabla\boldsymbol{v})_f)\,|\,\boldsymbol{d}_{Cf}\,|\right]+\right.\\&\quad\left.\eta_f(\nabla\boldsymbol{v})_f\cdot S_f(\boldsymbol{n}-\boldsymbol{e})\right\}+\sum_{F\sim NB(C)}\left[\left\|\dot{m}_f,0\right\|\cdot(2(\nabla\boldsymbol{v})_F-(\nabla\boldsymbol{v})_f)\,|\,\boldsymbol{d}_{Ff}\,|\right]+\\&\quad\mu_0(\boldsymbol{H}(\nabla\cdot\boldsymbol{M}))_C V_C+\frac{\mu_0}{2}\sum_{f\sim nb(C)}\left[\boldsymbol{M}_f(\boldsymbol{H}_f\cdot\boldsymbol{S}_f)+\boldsymbol{H}_f(\boldsymbol{M}_f\cdot\boldsymbol{S}_f)\right]\end{aligned}\tag{10-19}$$

令

$$a_C^v=\frac{\rho_C V_C}{2\Delta t}+\sum_{f\sim nb(C)}\left(\left\|\dot{m}_f,0\right\|+\eta_f\frac{E_f}{d_{CF}}\right)$$

$$a_F^v = -\|-\dot{m}_f, 0\| - \eta_f \frac{E_f}{d_{CF}}$$

$$\begin{aligned} b_C^v = &\frac{V_C}{2\Delta t}(\rho_C \boldsymbol{v}_C)^{(t-\Delta t)} + \\ &\sum_{f\sim nb(C)} \left\{-\left[\|\dot{m}_f, 0\| \cdot \left(2(\nabla \boldsymbol{v})_C - (\nabla \boldsymbol{v})_f\right)\left|\boldsymbol{d}_{Cf}\right|\right] + \eta_f (\nabla \boldsymbol{v})_f \cdot \boldsymbol{S}_f (\boldsymbol{n}-\boldsymbol{e})\right\} + \\ &\sum_{F\sim NB(C)} \left[\|-\dot{m}_f, 0\| \cdot \left(2(\nabla \boldsymbol{v})_F - (\nabla \boldsymbol{v})_f\right)\left|\boldsymbol{d}_{Ff}\right|\right] + \mu_0 (\boldsymbol{H}(\nabla \cdot \boldsymbol{M}))_C V_C + \frac{\mu_0}{2} \\ &\sum_{f\sim nb(C)} \left[\boldsymbol{M}_f(\boldsymbol{H}_f \cdot \boldsymbol{S}_f) + \boldsymbol{H}_f(\boldsymbol{M}_f \cdot \boldsymbol{S}_f)\right] \end{aligned}$$

当将计算区域划分为网格后，并用上一步迭代结果或初始值代替其中的变量值，则这三个系数均为确定值，这样离散方程可写为

$$a_C^v \boldsymbol{v}_C + \sum_{F\sim NB(C)} a_F^v \cdot \boldsymbol{v}_F = -(\nabla p)_C V_C + b_C^v$$

或者可进一步写为

$$\boldsymbol{v}_C + H_C(\boldsymbol{v}) = -D_C^v (\nabla p)_C + B_C^v \tag{10-20}$$

式中

$$H_C(\boldsymbol{v}) = \sum_{F\sim NB(C)} \frac{a_F^v}{a_C^v} \cdot \boldsymbol{v}_F$$

$$D_C^v = \frac{V_C}{a_C^v}$$

$$B_C^v = \frac{b_C^v}{a_C^v}$$

得到动量方程的离散格式后，采用与 8.2 节类似的方法，获得压力修正方程[方程（8-16）]并计算质量通量［式（8-18）]。

采用 DIC 法（对角不完全 Cholesky）预处理的共轭梯度法（PCG）求解关于压力的代数方程组，采用对称 Gauss Seidel 法求解关于流速的代数方程组。动量方程的求解采用图 8-2 所示的 PISO 算法，只不过这里给定初值或上一步迭代值对需包括磁场强度 $\boldsymbol{H}$ 和磁化强度 $\boldsymbol{M}$ 的值。

10.2.3 磁化方程的有限体积法离散和求解

（1）磁化方程的离散

磁化方程（10-8）或方程（10-10）中等号左端分别为瞬态项和对流项，等号右端各项均可看作源项，为了表示方便，将等号右端表示为 $\mathcal{R}(\boldsymbol{M})$，如对于微观磁化方程：

$$\mathcal{R}(\boldsymbol{M}) = \boldsymbol{\Omega} \times \boldsymbol{M} - \frac{1}{\tau_B}\left(\boldsymbol{M} - M_S \frac{L(\varsigma)}{\varsigma}\boldsymbol{\alpha}\right) - \frac{\mu_0}{L(\varsigma)}\left(\frac{1}{L(\varsigma)} - \frac{3}{\varsigma}\right)\frac{\boldsymbol{M} \times (\boldsymbol{M} \times \boldsymbol{H})}{6\eta\phi}$$

各个不同的磁化强度方程均可使用相同的方法进行离散。同时，根据矢量恒等式

$$\nabla \cdot (\boldsymbol{v}\boldsymbol{M}) = \boldsymbol{v} \cdot \nabla \boldsymbol{M} + \boldsymbol{M}(\nabla \cdot \boldsymbol{v})$$

和连续性方程（10-1），将扩散项表示为

$$\boldsymbol{v} \cdot \nabla \boldsymbol{M} = \nabla \cdot (\boldsymbol{v}\boldsymbol{M})$$

从而磁化方程成为

$$\frac{\partial \boldsymbol{M}}{\partial t} + \nabla \cdot (\boldsymbol{v}\boldsymbol{M}) = \mathcal{R}(\boldsymbol{M}) \tag{10-21}$$

方程（10-21）两端同时在图 10-2 所示的单元 C 上积分，有

$$\int_{V_C} \frac{\partial \boldsymbol{M}}{\partial t} \mathrm{d}V + \int_{V_C} \nabla \cdot (\boldsymbol{v}\boldsymbol{M}) \mathrm{d}V = \int_{V_C} \mathcal{R}(\boldsymbol{M}) \mathrm{d}V$$

对其中的第二项应用散度定理，其他项的被积函数用其单元质心上的值表示，得

$$\frac{\partial \boldsymbol{M}_C}{\partial t} V_C + \int_{\partial V_C} \mathrm{d}\boldsymbol{S} \cdot (\boldsymbol{v}\boldsymbol{M}) = \mathcal{R}(\boldsymbol{M}_C) V_C$$

采用一点高斯积分，用被积函数在面质心上的值代替积分值：

$$\frac{\partial \boldsymbol{M}_C}{\partial t} V_C + \sum_{f \sim nb(C)} \boldsymbol{S}_f \cdot (\boldsymbol{v}\boldsymbol{M})_f = \mathcal{R}(\boldsymbol{M}_C) V_C \tag{10-22}$$

采用高阶离散格式和迁延修正法离散，有

$$\sum_{f \sim nb(C)} \boldsymbol{S}_f \cdot (\boldsymbol{v}\boldsymbol{M})_f = \left(\sum_{f \sim nb(C)} \left\| \boldsymbol{v}_f \cdot \boldsymbol{S}_f, 0 \right\| \right) \boldsymbol{M}_C - \sum_{F \sim NB(C)} \left(\left\| -\boldsymbol{v}_f \cdot \boldsymbol{S}_f, 0 \right\| \cdot \boldsymbol{M}_F \right) + \sum_{f \sim nb(C)} \boldsymbol{v}_f \cdot \boldsymbol{S}_f (\boldsymbol{M}_f^{\mathrm{HO}} - \boldsymbol{M}_f^{\mathrm{U}})$$

对于瞬态项，使用与 10.2.2 节类似的方法进行离散，得

$$\int_{t-\frac{\Delta t}{2}}^{t+\frac{\Delta t}{2}} \frac{\partial \boldsymbol{M}_C}{\partial t} V_C \mathrm{d}t = \frac{V_C}{2\Delta t} \boldsymbol{M}_C^{(t+\Delta t)} - \frac{V_C}{2\Delta t} \boldsymbol{M}_C^{(t-\Delta t)}$$

将这些结果代入方程（10-22），并整理得磁化强度方程离散格式为

$$\begin{aligned} &\left[\frac{V_C}{2\Delta t} + \left(\sum_{f \sim nb(C)} \left\| \boldsymbol{v}_f \cdot \boldsymbol{S}_f, 0 \right\| \right) \right] \boldsymbol{M}_C + \sum_{F \sim NB(C)} \left(-\left\| -\boldsymbol{v}_f \cdot \boldsymbol{S}_f, 0 \right\| \cdot \boldsymbol{M}_F \right) \\ &= \frac{V_C}{2\Delta t} \boldsymbol{M}_C^{(t-\Delta t)} - \sum_{f \sim nb(C)} \boldsymbol{v}_f \cdot \boldsymbol{S}_f (\boldsymbol{M}_f^{\mathrm{HO}} - \boldsymbol{M}_f^{\mathrm{U}}) + \mathcal{R}(\boldsymbol{M}_C) V_C \end{aligned} \tag{10-23}$$

采用对称 Gauss Seidel 法求解该方程对应的代数方程组。

（2）磁化方程的求解方法

对于磁化方程（10-8），需先计算平衡磁化强度 $\boldsymbol{M}_0 = M_{\mathrm{S}} L(\alpha) \boldsymbol{H} / H$，为了在 OpenFOAM 中表示该表达式并方便计算，定义无量纲系数

$$LangevinDivMagH = \frac{M_{\mathrm{S}} L(\alpha)}{H} = \frac{M_{\mathrm{S}}}{H} \left(\frac{1}{\tanh \alpha} - \frac{1}{\alpha} \right)$$

$$\alpha = \frac{\mu_0 \overline{m} H}{k_{\mathrm{B}} T} = \frac{\pi \mu_0 M_{\mathrm{d}} d_{\mathrm{p}}^3}{6 k_{\mathrm{B}} T} H = gamma \cdot H$$

其中，带量纲标量

$$gamma = \frac{\pi \mu_0 M_{\mathrm{d}} d_{\mathrm{p}}^3}{6 k_{\mathrm{B}} T}$$

在计算无量纲系数 *LangevinDivMagH* 时，对每一个单元上的值进行逐项计算，表示为

```
    LangevinDivMagH[i]=Ms.value()*(1.0/Foam::tanh(gamma.value()*mag(H).
ref()[i])-1.0/(gamma.value()*mag(H).ref()[i]))/mag(H).ref()[i]
```

其中，对于系数 M_S 和 *gamma* 使用了其成员函数.value()，对于场 mag(H)，使用了其引用场.ref()，以便表达式中的表示均为无量纲值。

对于方程（10-8）中等号右端的最后一项，根据矢量恒等式将其写为

$$\boldsymbol{M}\times(\boldsymbol{M}\times\boldsymbol{H})=\boldsymbol{M}(\boldsymbol{M}\cdot\boldsymbol{H})-\boldsymbol{H}M^2$$

在 OpenFOAM 中表示为

```
    (M&H)*M-magSqr(M)*H
```

对于磁化方程（10-10），在求解该方程前需先计算出本次迭代步的变量ς，以及等号右端第二项和第三项涉及的系数$\dfrac{1}{L(\varsigma)}$和$\left(\dfrac{1}{L(\varsigma)}-\dfrac{3}{\varsigma}\right)$。为了方便表示和计算，将这三个系数分别定义为 scalarField 型和 volScalarField 型变量，这两种变量的区别是：前者只是场点上值的集合，但后者还与几何区域有关，即具有类似于算例文件夹 0/中各标量变量的内部值和边界值，由于后两个系数需要在定义 solve()求解对象时使用，所以必须定义为 vol…或 surface…型场变量。三个系数分别定义并初始化为

```
    scalarField scalarSigma2=0.0*(mag(M)/mag(M));
    volScalarField tempCoeff1=0.0*(mag(M)/mag(M));
    volScalarField tempCoeff2=0.0*(mag(M)/mag(M));
```

其中，使用表达式 0.0*(mag(M)/mag(M))，一方面使这些变量具有与 M 相同的 mesh 维数，另一方面使其无量纲化。这里 scalarSigma2 代表ς，tempCoeff1 代表$\dfrac{1}{L(\varsigma)}$，tempCoeff2 代表$\left(\dfrac{1}{L(\varsigma)}-\dfrac{3}{\varsigma}\right)$。

应用牛顿法求解 Langvin 方程 $M=M_S L(\varsigma)$ 中的ς。令

$$f(\varsigma)=L(\varsigma)-M/M_S$$

对该式两端求导，得

$$f'(\varsigma)=L'(\varsigma)=1-\frac{1}{\tanh^2\varsigma}+\frac{1}{\varsigma^2}$$

由牛顿法原理知，第 $k+1$ 次迭代的根为

$$\varsigma_{k+1}=\varsigma_k-\frac{f(\varsigma_k)}{f'(\varsigma_k)}=\varsigma_k-\frac{L(\varsigma_k)-M/M_S}{f'(\varsigma_k)}$$

在这一迭代过程中，如果 $M=0$，在第 6 步出现无意义的解；当 M/M_S 接近 1 时，需较多的迭代步方能收敛，但一般不会大于 10 步。故程序中需根据值的大小设置牛顿法的迭代步数。每一迭代步内的表达式为

```
    scalarSigma2[i]=scalarSigma2[i]-(
        ((1.0/Foam::tanh(scalarSigma2[i])-1.0/scalarSigma2[i])-mag(M).ref()
[i]/Ms.value())
        /
        (1.0-1.0/(Foam::tanh(scalarSigma2[i])*Foam::tanh(scalarSigma2[i]))+
```

```
1.0/(scalarSigma2[i]*scalarSigma2[i]))
```

在计算系数 $\dfrac{L(\varsigma)}{\varsigma}$ 时，为了避免当 ς 接近于零时［此时 $L(\varsigma)=\dfrac{1}{\tanh\varsigma}-\dfrac{1}{\varsigma}$ 的数值结果为 0］出现的不收敛，计算时预先判断 $L(\varsigma)$ 的值是否为零，如果满足零值条件，应用 $\varsigma \ll 1$ 时的近似值 $L(\varsigma)\sim\varsigma/3$。同样，在计算系数 $\dfrac{1}{L(\varsigma)}\left(\dfrac{1}{L(\varsigma)}-\dfrac{3}{\varsigma}\right)$ 时，应用相同的近似，当 $L(\varsigma)\to 0$ 时，有 $\dfrac{1}{L(\varsigma)}\left(\dfrac{1}{L(\varsigma)}-\dfrac{3}{\varsigma}\right)\to 0$。如系数 $\dfrac{1}{L(\varsigma)}\left(\dfrac{1}{L(\varsigma)}-\dfrac{3}{\varsigma}\right)$ 的计算过程为

```
forAll(M,i)
{
     if(L[i]==0.0)
     {
          tempCoeff2[i]=0.0;
     }
     else
     {
          tempCoeff2[i]=(1.0/L[i])*(1.0/L[i]-3.0/scalarSigma2[i]);
     }
}
```

其中，L 表示 Langvin 函数。

将磁化方程（10-10）的源项展开为

$$\mathcal{R}(\boldsymbol{M})=\boldsymbol{\Omega}\times\boldsymbol{M}-\frac{1}{\tau_{\mathrm{B}}}\boldsymbol{M}+\frac{M_{\mathrm{S}}}{\tau_{\mathrm{B}}}\times\frac{\mu_0\bar{m}}{k_{\mathrm{B}}T}\times\frac{L(\varsigma)}{\varsigma}\boldsymbol{H}-\frac{\mu_0}{6\eta\phi}\times\frac{1}{L(\varsigma)}\left(\frac{1}{L(\varsigma)}-\frac{3}{\varsigma}\right)(\boldsymbol{M}\bullet\boldsymbol{H})\boldsymbol{M}+\frac{\mu_0}{6\eta\phi}\times\frac{1}{L(\varsigma)}\left(\frac{1}{L(\varsigma)}-\frac{3}{\varsigma}\right)M^2\boldsymbol{H}$$

在求解过程中，该式中等号右端第二和第四项隐式处理，其他项显示处理。

10.2.4 总体求解过程

铁磁流体动力学方程组的总体求解过程如图 10-5 所示。采用顺序求解法解耦各方程，对于动量方程中压力 p 与流速 $\boldsymbol{v}$ 间的强耦合关系，采用构建压力修正方程和图 8-2 所示的求解方法进行解耦。另外，由于磁化方程（10-23）的源项中含有求解量本身，而源项在计算时使用上一迭代步得到的结果，所以计算时对 Langevin 方程和磁化方程进行 n 次修正后再进行后续方程的求解。

在每一个时间步内，首先利用上一迭代步结果中的磁化强度 $\boldsymbol{M}^{(k)}$ 求解 Langevin 方程，得到无量纲有效场 ς；其次利用该有效场和上一迭代步结果中的 $\boldsymbol{M}^{(k)}$、$\boldsymbol{v}^{(k)}$ 和 $\boldsymbol{H}^{(k)}$，求解磁化方程，得到磁化强度分布 $\boldsymbol{M}^{(k+1)}$；利用该磁化强度场，求解 Poisson 方程，得到磁标势和磁场强度分布 $\boldsymbol{H}^{(k+1)}$；利用该磁场强度分布和 $\boldsymbol{M}^{(k+1)}$，求解动量方程，得到速度分布 $\boldsymbol{v}^{(k+1)}$ 和压强分布 $p^{(k+1)}$；利用相邻两次迭代步的速度分布相对误差进行收敛判断；收敛后显式求解角动量方程，得到角动量分布。

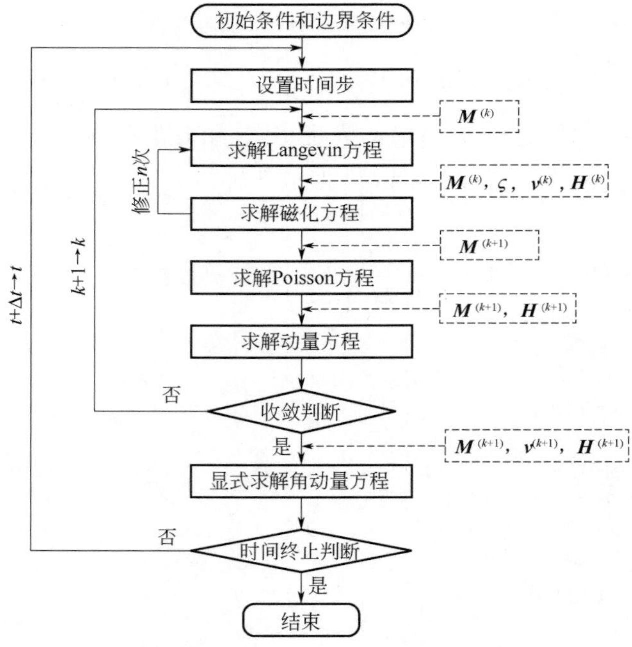

图 10-5 铁磁流体动力学方程组的总体求解过程

10.3 求解器编制

10.3.1 求解器组成

求解铁磁流体动力学方程组的求解器由如图 10-6 所示的各文件组成。求解两种磁化方程的求解器除了文件 MEqn.H 中的内容不同外，其余均相同。将求解器命名为 fhdFoam，求解器的主程序位于 fhdFoam.C 文件内，该文件还调用如下头文件：

```
#include "fvCFD.H"
#include "pisoControl.H"
```

其中，头文件 fvCFD.H 为 OpenFOAM 求解器创建必需的应用类，pisoControl.H 用于声明 pisoControl 类，提供时间循环控制方法，并为动量方程和压力修正方程的求解提供 PISO 循环控制方法。

在主函数中，首先进行算例的初始化、定义时间、创建网格对象，分别由#include 宏指令包含下列头文件来实现：

```
int main(int argc,char*argv[])
{
    …
    #include"setRootCaseLists.H"
    #include"createTime.H"
    #include"createMesh.H"
    …
    #include"createFields.H"
    …
```

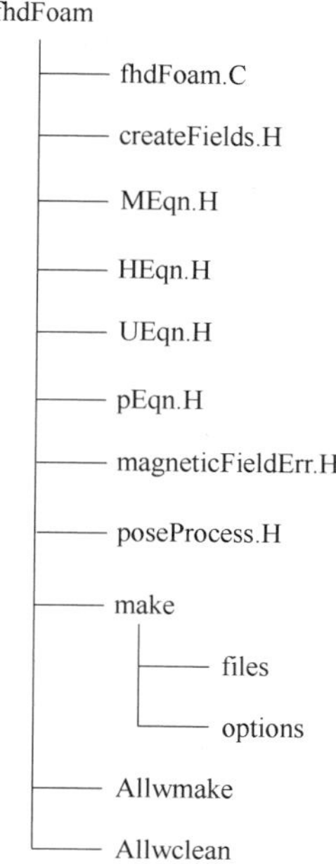

图 10-6　铁磁流体动力学方程组求解器组成

头文件 createFields.H 用于创建求解的场量和计算过程中需要的场量。在时间迭代步前，还需定义 PISO 控制类：

```
…
pisoControl piso(mesh);
pisoControl mpiso(mesh,"MPISO");
…
```

其中，类 PISO 控制类 piso 和 mpiso 分别用于压力修正方程和磁化方程的循环求解过程。

在主程序的时间迭代步内，按照图 10-5 的顺序顺次求解各控制方程，分别通过包含下列头文件实现：

```
…
while(mpiso.correct()) {#include"MEqn.H"}
#include"HEqn.H"
#include"UEqn.H"
while(piso.correct()) {#include"pEqn.H"}
…
```

其中，位于 PISO 修正循环体内的头文件 MEqn.H 和 pEqn.H 分别用于定义和求解磁化方程和压力修正方程，这里将 Langevin 方程的定义和求解合并在头文件 MEqn.H 中进行。

头文件 poseProcess.H 用来根据方程组的求解结果进行后处理，获得所需的各种物理量，如壁面受到的剪切应力、计算域内的平均涡量等。

10.3.2 建立参数和变量

求解过程中涉及的参数均在头文件 createFields.H 中定义，包括非场量的参数和场量，前者通过定义输入/输出字典类 transportProperties 从算例文件 constant/transportProperties 中读入，铁磁流体动力学方程组求解过程中涉及的非场量参数有：铁磁流体的密度ρ、动力黏度η、饱和磁化强度M_S、颗粒体积分数ϕ、颗粒直径d_p、磁化弛豫时间τ_B，块材饱和磁化强度M_d和温度 T。计算时假设这些参数均为常数，不随变量场变化。以τ_B（求解器中的名称为 tau）为例，其定义方法为：

```
dimensionedScalar tau("tau",dimensionSet(0,0,1,0,0,0,0),
    transportProperties);
```

createFields.H 中需定义的场量有待求解的场和作为中间量的场，它们均通过固结在网格上的输入/输出对象 IOobject 定义。本求解器中的中间场有流动涡量$\boldsymbol{\Omega}$、速度通量 phiU、磁场强度通量 phiH、磁化强度通量 phiM，它们均由其他场量计算得到，且均定义在单元面上。以 phiU 为例，定义方法为：

```
surfaceScalarField phi
(
     IOobject
     (
          "phi",
          runTime.timeName(),
          mesh,
          IOobject::READ_IF_PRESENT,
          IOobject::AUTO_WRITE
      ),
      fvc::flux(U)
);
```

createFields.H 中需定义的另一类变量仅为计算结果量，不作为耦合因素参与计算。例如颗粒旋转速度ω_p，其定义方法如下：

```
volVectorField w
(
     IOobject
     (
          "w",
          runTime.timeName(),
          mesh,
          IOobject::NO_READ,
          IOobject::AUTO_WRITE
      ),
      0.25*constant::electromagnetic::mu0*(M^H)/(1.5*fai*rho*nu)+0.5*
fvc::curl(U)
);
```

其中，“constant::electromagnetic::mu0”为真空磁导率μ_0，fai 代表ϕ，rho 代表ρ，nu 代表运动黏度。

10.3.3 控制方程的离散和求解

在头文件 HEqn.H 中离散和求解 Poisson 方程，并计算后续计算所需的磁场强度及其通量。求解 Poisson 方程的程序段为：

```
solve
(
      fvm::laplacian(potenH)==fvc::div(M)
);
```

其中，potenH 代表 φ_m。

在头文件 MEqn.H 中离散和求解磁化方程，该文件中首先应用牛顿法求解方程中的参数 ς，其次分别计算依赖于场的变量系数，组装磁化方程（10-10）中的各项如下：

```
fvVectorMatrix MEqn
(
      fvm::ddt(M)
      +fvm::div(phi,M)
      +fvm::Sp(1.0/tau,M)
      +fvm::Sp(DM*tempCoeff2*(M&H),M)
      ==
      (Omega ^ M)
      +tempCoeff1*Ms*gamma*H/tau
      +DM*tempCoeff2*magSqr(M)*H
);
```

其中，Omega 代表 $\boldsymbol{\Omega}$，gamma 代表 $\mu_0\overline{m}/(k_\mathrm{B}T)$，DM 代表 $\dfrac{\mu_0}{6\eta\phi}$。

在头文件 UEqn.H 和 pEqn.H 中分别组装和求解动量方程，编制时参照 OpenFOAM 标准库中的 pisoFoam 求解器，应用 PISO 算法求解动量方程。例如，在 UEqn.H 中组装和求解动量方程为：

```
fvVectorMatrix UEqn
(
      fvm::ddt(U)
      +fvm::div(phi,U)
      -fvm::laplacian(nu,U)
      -fvc::div(phiH,(0.5*DB*M))
      -fvc::div(phiM,(0.5*DB*H))
      +DB*fvc::div(M)*H
);
…
if(piso.momentumPredictor())
{solve(UEqn==-fvc::grad(p));}
```

10.3.4　后处理——铁磁流体对壁面的平均剪切应力和铁磁流体内涡旋强度的计算

铁磁流体动力学方程组求解完成后，一般还需要对计算结果进行后处理获得所关注的物理量，后处理的程序在头文件 poseProcess.H 中实现。这里以铁磁流体对壁面的平均剪切应力和铁磁流体内涡旋强度为例说明。

对于有磁场作用的铁磁流体，流体对邻近壁面的作用力包括黏性剪切应力和磁化强度突变引起的磁应力两部分，计算为：

$$f_\tau=\eta\frac{\partial v_\tau}{\partial x_n}+\frac{\mu_0}{2}(M_\tau H_n-M_n H_\tau)$$

式中，下标 τ 和 n 分别表示切向和法向。假设长度为 L 的壁面沿 x 方向，且壁面附近的网格划分均匀，壁面沿 x 方向的运动速度为 U，当计算域被离散为网格单元后，单位长度壁面上的应力计算为：

$$\Gamma=\frac{1}{L}\int_0^L f_\tau \mathrm{d}x=\frac{1}{L}\sum_k^{CM}\left(\eta\frac{U-v_{x,k}}{(\Delta y)_k/2}+\frac{\mu_0}{2}M_{x,k}H_{y,k}+\frac{\mu_0}{2}M_{y,k}H_{x,k}\right)\Delta x \tag{10-24}$$

式中，CM 表示与壁面相邻的单层网格数量，下标 k 表示第 k 个单元，Δx 为每一个单元在 x 方向上的长度。

假设需要计算平均应力的壁面 patch 名为“upWall”，黏性剪切应力的计算方法为：

```
aveShearStress=aveShearStress+
(
    (U.boundaryField()[mesh.boundary()["upWall"].index()].component
         (0)()[patchCellI]-U.boundaryField().boundaryInternalField()
         [mesh.boundary()["upWall"]. index()].component(0)()[patchCellI])
     /
     mesh.boundary()["upWall"].delta()().component(1)()[patchCellI]
);
```

其中，patchCellI 代表单元编号，“mesh.boundary()["upWall"].index()”给出 patch“upWall”的编号，成员函数 component(0)()给出方向分量。成员函数“mesh.boundary()["upWall"]”返回 fvPatch 类，该类的成员函数“delta()”给出单元中心至面中心矢量。类 GeometricField 的成员函数“U.boundaryField()”返回 Boundary 类，该类的成员函数“boundaryInternal Field()”给出与壁面相邻的单元上的场量值。类似地，第一项和第二项磁应力分别计算为：

```
aveMagStress=aveMagStress+
(
    0.5e-7*4.0*Foam::constant::mathematical::pi*
    M.boundaryField().boundaryInternalField()[mesh.boundary()["upWall"].
        index()].component(0)()[patchCellI]
    *
    H.boundaryField().boundaryInternalField()[mesh.boundary()["upWall"].
        index()].
    component(1)()[patchCellI]
);
```

和

```
aveMagStress2=aveMagStress2+
(
    0.5e-7*4.0*Foam::constant::mathematical::pi*
    H.boundaryField().boundaryInternalField()[mesh.boundary()["upWall"].
        index()].component(0)()[patchCellI]
    *
    M.boundaryField().boundaryInternalField()[mesh.boundary()["upWall"].
        index()].component(1)()[patchCellI]
);
```

将以上三段程序置于如下循环体内，并在所有邻近壁面的网格上求和，即可得到由式（10-24）表示的剪切应力。

```
for(label patchCellI(0);patchCellI<=mesh.boundary()["upWall"].size()-1;
        patchCellI++)
{
    ...
}
```

为了研究铁磁流体中涡旋强度随各参数的变化规律，计算整个流体区域内的平均涡量为：

$$\Omega_{\mathrm{rms}}=\left[\frac{1}{CN\times CM}\sum_{(i,j)=(1,1)}^{(CN,CM)}\left(\frac{1}{2}\nabla\times\boldsymbol{v}\right)_{i,j}^{2}\right]^{1/2}$$

式中，CN 为某一纵向截面内的单元总数，CM 为与横向流体层的单元数量，计算程序为：

```
scalar rmsOmega(0.0);
for(label cellI(0);cellI<=Omega.size()-1;cellI++)
{
        rmsOmega=rmsOmega+pow(mag(Omega[cellI]),2);
}
rmsOmega=rmsOmega/Omega.size();
rmsOmega=Foam::sqrt(rmsOmega);
```

其中，“rmsOmega”代表 Ω_{rms}。

有时为了计算流过一定区域的流体的流量，如两平板间的二维区域，假设平板平行于 x 方向配置，其流量计算为

$$Q=\int_0^h v_x\mathrm{d}y=\sum_{k=1}^{CN}v_{x,k}(\Delta y)_k$$

式中，CN 为某一截面内的单元总数，h 为截面高度。如果 z 方向上的单元宽度均相等，选入口 patch“inlet”处为计算截面，计算程序为：

```
scalarField Q(U.boundaryField()[mesh.boundary()["inlet"].index()].
    component(0)());
forAll(U.boundaryField()[mesh.boundary()["inlet"].index()],i)
{
     Q[i]=U.boundaryField()[mesh.boundary()["inlet"].index()].component(0)
          ()[i]
     *
     (mesh.boundary()["inlet"].magSf()[i]) ;
}
scalar Qtot=Foam::sum(Q);
```

10.3.5 算例组成

如图 10-7 所示为执行求解器 fhdFoam 的一个完整算例，该算例由“system”“constant”

“0”文件夹组成。其中，“system”文件夹中的文件“controlDict”用于规定时间步控制，文件“fvSchemes”用于规定控制方程的离散方法，文件“fvSolution”用于规定求解各场量的代数方程组的方法，文件“blockMeshDict”用于几何建模和网格划分。“constant”文件夹中的“transportProperties”文件用于定义物理常量。“0”文件夹中的各文件用于定义各常量在各边界上的初始和边界条件。

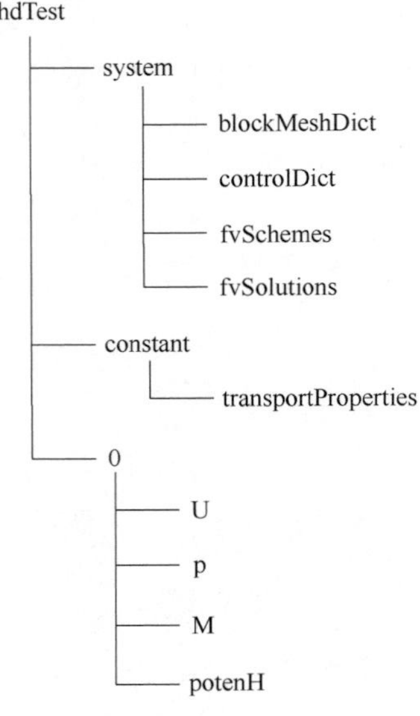

图 10-7 算例组成

“fvSchemes”文件中规定控制方程离散方法的程序段为：

```
…
ddtSchemes {default  Euler;}
gradSchemes {default  Gauss linear; grad(p)  Gauss linear;}
divSchemes {default  Gauss linear;}
laplacianSchemes {default  Gauss linear corrected;}
interpolationSchemes { default  linear;}
snGradSchemes { default  corrected;}
```

“fvSolution”文件中规定代数方程求解方法的程序段为：

```
…
p
{
    solver  PCG;
    preconditioner  DIC;
    tolerance  1e-06;
    relTol  0.05;
}
pFinal
{
    $p;
    relTol  0;
}
"(U|H|M|sigma2)"
{
```

```
        solver              smoothSolver;
        smoother            symGaussSeidel;
        tolerance           1e-05;
        relTol              0;
    }
    potenH
    {
        solver              PCG;
        preconditioner      DIC;
        tolerance           1e-6;
        relTol              0;
    }
    PISO
    {
        nCorrectors                 2;
        nNonOrthogonalCorrectors    0;
        pRefCell                    0;
        pRefValue                   0;
    }
```

10.4 求解器验证

求解器的验证主要针对应用微观磁化方程的动力学方程组，从三个角度验证求解器 fhdFoam 的正确性：无外磁场作用时铁磁流体的平面 Couette-Poiseuille 流，与解析结果比较；恒定外磁场作用下平面 Couette 流中垂直于流动方向上的磁化强度，与解析结果比较；恒定外磁场作用下平面 Poiseuille 流中的流速分布，与对称应力张量假设条件下的正则摄动渐进解相比较。

10.4.1 无磁场作用时的铁磁流体平面 Couette-Poiseuille 流

无磁场作用时，在上平板的驱动下，同时如果出入口压力差不为零，则两平板间的铁磁流体流动为 Couette-Poiseuille 流，这种流动的流速只有 x 方向上的分量，具有解析解

$$v_x = \frac{y}{h}U - \frac{h^2}{2\eta} \times \frac{\mathrm{d}p}{\mathrm{d}x} \times \frac{y}{h}\left(1 - \frac{y}{h}\right) \tag{10-25}$$

式中

$$P = -\frac{h^2}{2\eta U} \times \frac{\mathrm{d}p}{\mathrm{d}x}$$

式中，h 为两平板的间距。

OpenFOAM 求解时采用 $h = 0.2$ mm，$U = 0.03125$ m/s，$\eta = 0.01$ Pa·s，在不同 P 值的条件下进行求解，在流动截面上流速的求解结果与解析结果的比较如图 10-8 所示。可以看出，所编制的求解器在求解无磁场作用的平面 Couette-Poiseuille 流时与解析结果的一致性较好。

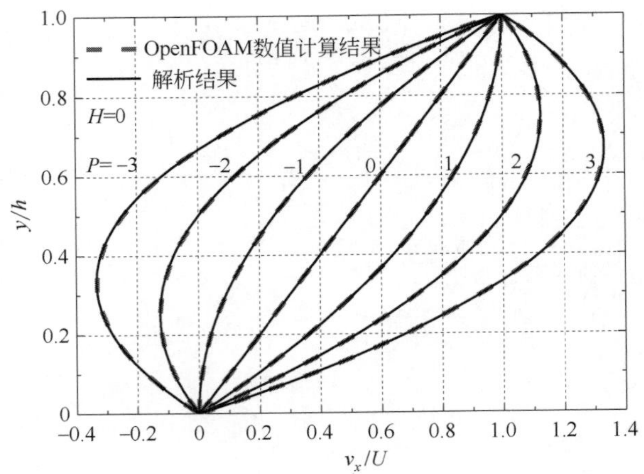

图 10-8　无磁场作用时 Couette-Poiseuille 流的结果比较

10.4.2　铁磁流体平面 Couette 流在小剪切率时垂直于外磁场方向上的磁化强度

针对如图 10-9 所示的简单 Couette 流，壁面以恒定速度 $\boldsymbol{U}$ 驱动铁磁流体沿 x 方向流动，恒定外磁场方向沿 y 方向作用。如果满足剪切速率与磁化弛豫时间的乘积远小于 1，即 $\Omega\tau_{\mathrm{B}} \ll 1$ 时，此时可以通过直接积分解析求解磁化方程得到非磁场方向上的磁化强度 M_x，将由求解器得到的结果与该解析解比较来验证磁化强度方程求解的正确性。

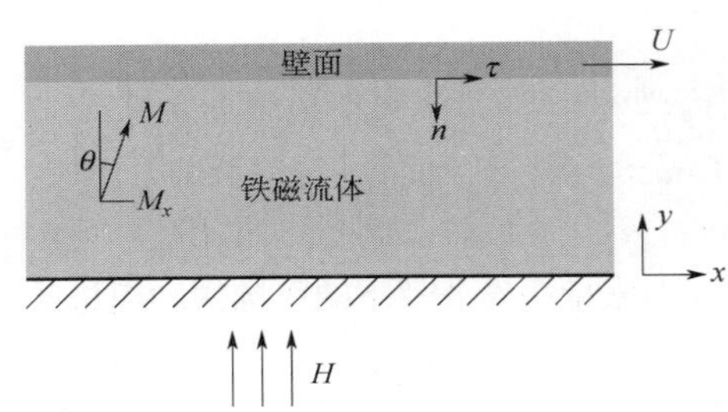

图 10-9　铁磁流体平面 Couette 流

设铁磁流体的速度为 $\boldsymbol{v} = (v(y), 0, 0)$，在纵向磁场 $\boldsymbol{H} = (0, H, 0)$ 的作用下，流体内的磁化强度具有两个分量，$\boldsymbol{M} = (M_x, M_y, 0)$。如果涡量大小与 Brownian 磁化弛豫时间的乘积满足 $\Omega\tau_{\mathrm{B}} \ll 1$，则解析求解微观磁化方程的线性化方程可得 x 方向上的磁化强度为：

$$M_{x,\mathrm{M}} = \frac{2\tau_{\mathrm{B}} L(\alpha) M_0 \Omega}{\alpha - L(\alpha)} \tag{10-26}$$

式中

$$\alpha = \frac{\pi\mu_0 M_{\mathrm{d}} d_{\mathrm{p}}^3}{6k_{\mathrm{B}}T} H, \quad M_0 = M_{\mathrm{S}} L(\alpha), \quad \tau_{\mathrm{B}} = \frac{\pi d_{\mathrm{p}}^3 \eta}{2k_{\mathrm{B}}T}, \quad L(\alpha) = \coth(\alpha) - \frac{1}{\alpha}$$

各参数值取值为：

真空磁导率：$\mu_0 = 4\pi \times 10^{-7}\ \mathrm{N/A^2}$；

磁性颗粒块材的饱和磁化强度：$M_{\mathrm{d}} = 4.46 \times 10^5\ \mathrm{A/m}$；

铁磁流体的饱和磁化强度：$M_{\mathrm{S}} = 5.25 \times 10^4\ \mathrm{A/m}$；

磁性颗粒包覆表面活性剂后的尺寸：$d_{\mathrm{p}} = 12\mathrm{nm}$；

Boltzmann 常数：$k_{\mathrm{B}} = 1.38 \times 10^{-23}\ \mathrm{J/K}$；

热力学温度：$T = 300\ \mathrm{K}$；

铁磁流体的动力黏度：$\eta = 0.01\,\text{Pa}\cdot\text{s}$；

磁场强度：$H_0 = 470\ \text{A/m}$。

OpenFOAM 建模时使用的平板间距为 0.2mm，平板长度分别为 1mm，上平板平移速度为 0.03125m/s，这时平板间铁磁流体的涡量为 78.125/s，由上述各参数计算得到的弛豫时间为 $\tau_B = 6.5564\times10^{-6}\,\text{s}$，则 $\Omega\tau_B = 5.12\times10^{-4} \ll 1$，满足极限条件。

分别使用式（10-26）和求解器 fhdFoam 的计算结果比较如图 10-10 所示。可以看出，对于使用微观磁化方程的求解器，在小于 $43\times H_0$ 的范围内，求解器的计算结果与解析结果的相对大小小于 5%，一致性较好。

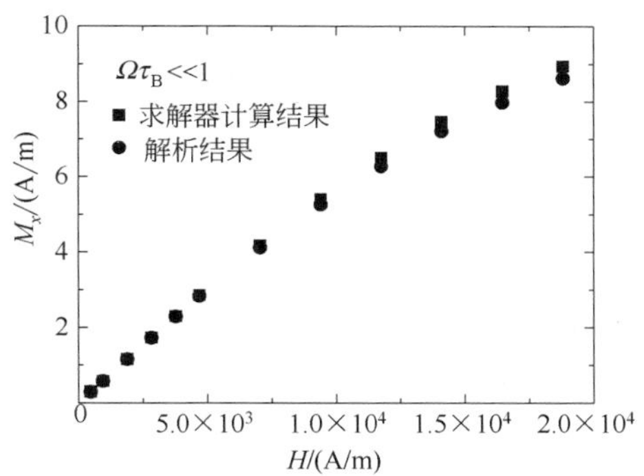

图 10-10　Couette 流中垂直于外磁场方向上的磁化强度计算结果与解析解的比较

10.4.3　垂直于流动方向恒定磁场作用下的铁磁流体平面 Couette-Poiseuille 流

在图 10-9 所示流动的基础上，如果在流体出口和入口间有压力差，则该流动成为 Couette-Poiseuille 流。在垂直于流动方向的恒定均匀外磁场作用下，Couette-Poiseuille 流会被阻滞。在弱场和 $\Omega\tau_B \ll 1$ 条件下，由正则摄动法求解无量纲的铁磁流体动力学方程组，可得到这种流型对应无量纲流速 v_x^* 的渐进解，表示为

$$v_x^* = \left[-\frac{\gamma}{2}y^2 + \left(1+\frac{\gamma}{2}\right)y\right] + \varepsilon\left[\frac{\gamma^2}{12}y^4 - \frac{\gamma}{6}(2+\gamma)y^3 + \frac{1}{2}\left(1+\frac{\gamma}{2}\right)^2 y^2 + \left(-\frac{\gamma^2}{24} - \frac{\gamma}{6} + \frac{1}{2}\right)y\right] + \varepsilon^2\left[-\frac{\gamma^3}{180}y^6 + \frac{\gamma^2}{60}(2+\gamma)y^5 - \frac{\gamma}{48}(2+\gamma)^2 y^4 + \left(\frac{\gamma^3}{72} + \frac{11}{114}\gamma^2 + \frac{\gamma}{12} + \frac{1}{12}\right)y^3 + \left(-\frac{\gamma^3}{192} - \frac{\gamma^2}{32} + \frac{\gamma}{48} + \frac{1}{8}\right)y^2 - \left(\frac{7}{960}\gamma^3 - \frac{7}{1440}\gamma^2 + \frac{\gamma}{48} - \frac{9}{24}\right)y\right] \tag{10-27}$$

式中

$$\varepsilon = \frac{3\phi M n_f M_0^* Pe^2}{8} \times \frac{\partial H_x^*}{\partial y^*}$$

$$\gamma = \frac{3\phi M n_f M_0^*}{2} \times \frac{\partial H_x^*}{\partial y^*} - \frac{\partial p^*}{\partial x^*}$$

$$Mn_f = \frac{\mu_0 H_0^2}{\zeta U / h}, \quad Pe = \frac{\tau_B}{h / U}, \quad M_0^* = \frac{M_0}{H_0}, \quad p^* = \frac{p}{U\eta / h}, \quad x^* = \frac{x}{h}, \quad H_x^* = \frac{H_x}{H_0}$$

可利用式（10-27）验证求解器的正确性，如图 10-11 为求解器计算结果与相应条件下渐进解的比较，可以看出，两者的误差小于 5%，一致性较好。

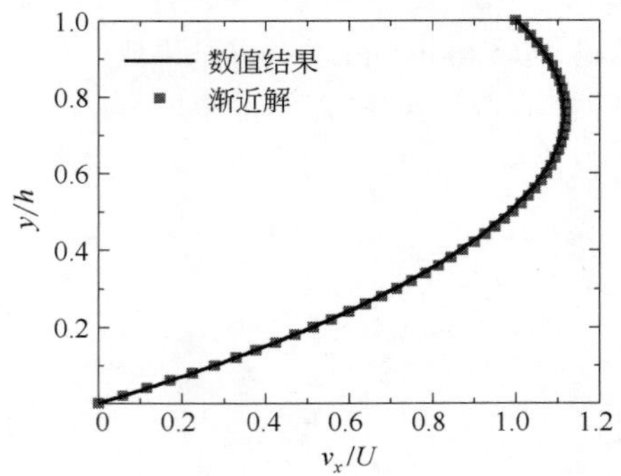

图 10-11 均匀磁场作用下 Couette-Poisseuille 流的正则摄动渐进解与求解器计算结果的比较

第11章
物理场计算实例——纳米颗粒直接荷电过程多场耦合求解器

颗粒荷电技术是污染控制、材料合成、分离技术、气溶胶测量等方向的共性基础技术，明晰其中荷电过程的物理机理对于提高荷电效率具有重要意义。一般而言，气溶胶颗粒获得净电荷的方式有：火焰荷电、静态充电（包括电解荷电、喷雾荷电和接触荷电）、扩散荷电、场致荷电、光电子放射和辐照荷电等。而对于尺寸小于 100nm 的纳米气溶胶颗粒，工程中应用最多的荷电方式是扩散荷电（除非荷电过程中电场非常强时会伴有场致荷电发生），即当气溶胶颗粒与离子混合时，离子与颗粒各自的布朗运动会使它们发生相互碰撞，进而将电荷转移到颗粒上而使其荷电。

根据荷电过程中离子气氛只由一种还是由两种极性离子组成，扩散荷电有单极和双极之分。其中在双极扩散荷电过程中，荷电与中和同时发生，这种方式对纳米气溶胶颗粒的荷电效率较单极扩散荷电低。电晕放电是产生单极扩散荷电所需离子的主要方法，按照电晕荷电器件的结构不同可分为丝-筒式和针-板式两类，按照放电和颗粒荷电是否在同一区域发生可分为直接和间接荷电。

本章针对针-板式电晕放电对纳米气溶胶颗粒的单极扩散直接荷电过程，建立描述该过程的多场耦合物理模型，并基于 OpenFOAM 编制求解模型的求解器，通过与商用软件或已报道结果的比较验证求解器的正确性。

图 11-1 给出了针-板式电晕放电过程和颗粒直接荷电过程的示意图。在放电阳极的曲率半径、两电极间距等参数一定后，放电阳极和阴极间的电压降超过起晕电压时，电晕放电发生，被电场加速后的高能电子与气体分子间发生碰撞电离，产生电子雪崩和气体离子，并在阳极周围形成电离区。根据 Townsend 放电模型，电晕放电中电离区的厚度与放电间隙内的

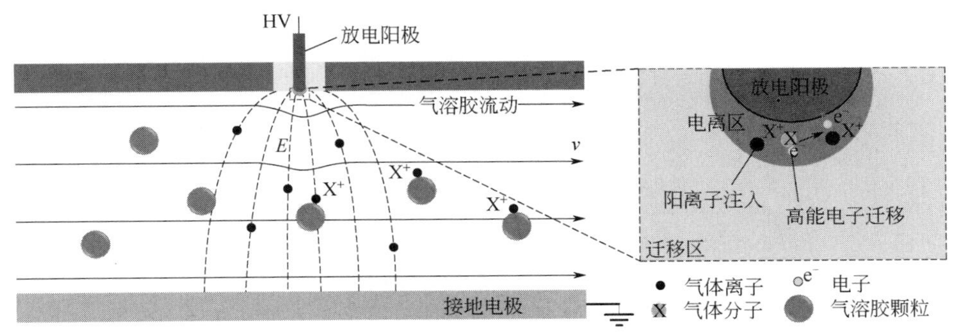

图 11-1 电晕放电和颗粒荷电过程示意图

迁移区相比可以忽略。所以将电离区看作放电阳极的一部分表面，认为放电间隙区域只由迁移区组成，而且迁移区内的离子只有高浓度单极阳离子，这些离子从阳极表面以一定的速率注入至迁移区。如果将气溶胶颗粒暴露在电晕放电迁移区的离子气氛中，由于颗粒的 Brownian 运动，发生气体离子-颗粒碰撞，颗粒捕获离子后带电。由于忽略电离区的尺寸，所以荷电气溶胶颗粒上最终只带有正电荷。颗粒流出荷电器后，将具有确定的荷电状态，该荷电状态与它们的尺寸相关。这里忽略颗粒的形状和成分对其荷电状态的影响。

电晕直接荷电过程涉及诸多物理场间的耦合作用，如图 11-2 所示。电场通过 EHD 力（Electrohydrodynamic force）影响气溶胶流动；气溶胶流动通过热对流输运热能，同时温度梯度在流体中产生浮力（Buoyancy force）；离子在电场中运动时通过 Joule 热的形式成为一种热源；热场温度分别通过改变相应的扩散系数影响颗粒和气体离子的扩散迁移；气溶胶流场分别通过颗粒对流或离子对流影响颗粒浓度场和离子浓度场；荷电颗粒和气体离子通过它们的感应电场影响宏观电场分布，而电场又分别通过相应的电迁移影响颗粒或气体离子的浓度分布；颗粒浓度场和气体离子浓度场间通过颗粒-离子吸附作用互相影响，其中这一吸附作用还包括气体离子与中性颗粒间的相互作用。本章用到的变量和常量符号定义见表 11-1 和表 11-2。

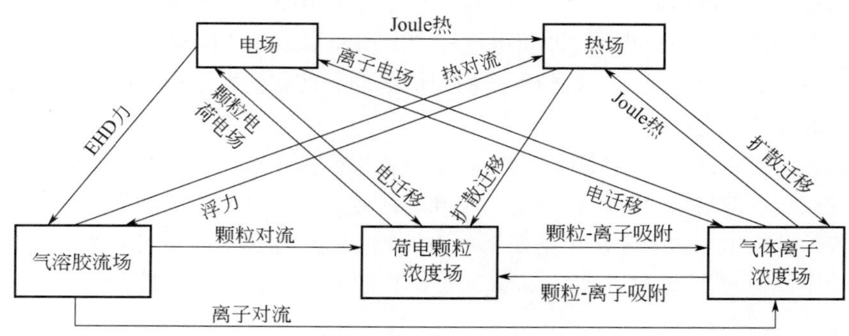

图 11-2 电晕放电和气溶胶颗粒荷电过程多场耦合示意图

表11-1 变量符号定义

符号	含义	单位
B	气溶胶颗粒的机械迁移率	m/（N・s）
b	离子与气溶胶颗粒间的碰撞系数	m
C_c	滑移修正系数	1
$\overline{c}$	离子平均热运动速度	m/s
D_i	正离子扩散率	m^2/s
D_p	气溶胶颗粒的扩散系数	N・m/K
$\boldsymbol{E}$	电场强度	N/C
$\boldsymbol{f}_\mathrm{B}$	气溶胶流内的浮力	kg/（s^2・m^2）
$\boldsymbol{f}_\mathrm{EHD}$	气溶胶流受到的 EHD 力	kg/（s^2・m^2）
$\boldsymbol{j}$	电流密度	A/m^2
n_i	计算域内的正离子数量浓度	m^{-3}

续表

符号	含义	单位
$N^{(q)}$	带有 q 个电荷的气溶胶颗粒数量浓度	m^{-3}
p	气溶胶流内的压强	Pa
q	气溶胶颗粒上的电荷数量	—
$\dot{Q}$	单位体积内的热产生速率	W/m^3
r	离子与颗粒中心间的距离	m
r_a	极限球内离子运动轨道的拱距	m
t	时间	s
T	温度	K
$\boldsymbol{v}$	气溶胶流速	m/s
$Z_p^{(q)}$	携带 q 个正电荷的气溶胶颗粒的电迁移率	m^2/（V·s）
$\alpha(q)$	离子与携带 q 个电荷的颗粒的碰撞概率	1
$\beta^{(q\to q+1)}$	正离子与携带 q 个正电荷的颗粒的结合系数	m^3/s
δ	极限球的半径	m
λ	正离子运动的平均自由程	m
φ	计算域内电场的电势	V
ϕ	颗粒电场中正离子具有的静电势	V
$\rho(T)$	气溶胶流场内局部温度梯度引起的密度	K

表11-2　常量符号定义

符号	含义	数值	单位
a	气溶胶颗粒半径		m
C_p	气溶胶的定压比热	1.005	kJ/（kg·K）
d_p	气溶胶颗粒直径		m
e	元电荷量	1.602×10^{-19}	C
$\boldsymbol{g}$	重力加速度	9.8	m/s^2
I	电晕放电电流		A
k	气溶胶的导热系数	2.59×10^{-2}	W/（m·K）
k_B	Boltzmann 常数	1.381×10^{-23}	J/K
M	气溶胶气体摩尔质量	28.963×10^{-3}	kg/mol
m_a	空气中颗粒荷电的质量常数	4.78×10^{-26}	kg
m_i	正离子质量	3.32×10^{-25}	kg
p_0	压强	1.013×10^{5}	Pa
q_{max}	气溶胶颗粒能够获得电荷的最大数量		—
R	气体常数	8.314	J/（mol·K）

续表

符号	含义	数值	单位
s	放电阳极表面积		m^2
Z_i	正离子迁移率	1.33×10^{-4}	m^2/（V・s）
ε_0	真空介电常数	8.854×10^{-12}	C^2/（N・m^2）
ε	计算域内介质的相对介电常数	1	1
ν	气溶胶流的运动黏度	1.510×10^{-5}	m^2/s
η	气溶胶流的动力黏度	1.820×10^{-5}	Pa・s
ρ_0	气溶胶流的密度	1.205	kg/m^3

11.1 控制方程

11.1.1 电晕放电过程

工业应用中由电晕放电产生气体离子时多采用正电晕，因为与负电晕相比，正电晕可减少臭氧的产生，并可保证金属电极较长的寿命。所以本章针对直流正电晕，即在针形正电极上施加直流正电压，负极板接地。为了计算方便，只考虑占有绝大多数的单电荷正离子。将发生电晕放电的区域简化为如图 11-3 所示的计算域，区域Ω表示中性气体分子、气溶胶颗粒和迁移过程中的正离子占据的区域。假设正电极周围电离层的厚度与计算域整体的长度尺度相比可以忽略，将电离层表示为注入正离子的边界，如图 11-3 中的Γ_a。

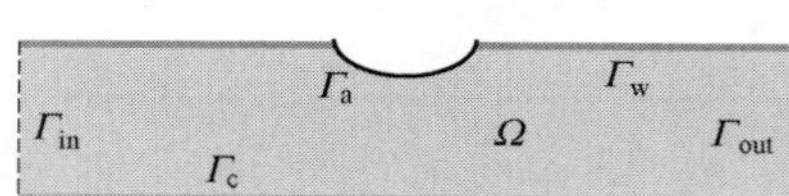

图 11-3 计算区域和边界

间隙内的电场主要由两电极上的外加电压产生，还受到间隙内正离子和荷电颗粒的影响，由 Maxwell 方程可得计算域内电场 $\boldsymbol{E}$ 的分布满足

$$\nabla\cdot(\varepsilon\varepsilon_0\boldsymbol{E})=\sum_{q=1}^{q_{\max}}(qeN^{(q)})+en_{\mathrm{i}}$$

式中，ε_0 为真空介电常数，ε 为区域内介质的相对介电常数，e 为元电荷量，n_{i} 为正离子数量浓度，$N^{(q)}$ 为带有 q 个正电荷的颗粒的数量浓度。由于荷电颗粒数量浓度远小于气体离子的数量浓度，所以上述方程中等号右端的第一项忽略。由电场强度 $\boldsymbol{E}$ 与电势 φ 间的关系 $\boldsymbol{E}=-\nabla\varphi$，得电场强度满足的方程为

$$-\nabla\cdot(\varepsilon\varepsilon_0\nabla\varphi)=en_{\mathrm{i}} \tag{11-1}$$

忽略电子和荷电颗粒迁移引起的电流。根据电流连续性方程，单位体积单位时间内电荷量的减少等于该单位体积内流出的电流密度的散度与单位时间内通过扩散荷电减少的电荷量，即

$$\frac{\partial(en_{\mathrm{i}})}{\partial t}=-\nabla\cdot\boldsymbol{j}-\sum_{q=1}^{q_{\max}}(\beta^{(q\to q+1)}en_{\mathrm{i}}N^{(q)})$$

式中，$\beta^{(q\to q+1)}$ 为正离子与携带 q 个正电荷的颗粒的结合系数。电流密度 $\boldsymbol{j}$ 包括正离子迁移、对流和扩散三方面的贡献，表示为

$$\boldsymbol{j}=en_{\mathrm{i}}(Z_{\mathrm{i}}\boldsymbol{E}+\boldsymbol{v})-eD_{\mathrm{i}}\nabla n_{\mathrm{i}}$$

式中，$\boldsymbol{v}$ 为气溶胶流速，Z_{i} 为正离子的电迁移率，D_{i} 为正离子扩散率，它们之间的关系可由 Einstein 关系式描述：

$$D_{\mathrm{i}}=Z_{\mathrm{i}}k_{\mathrm{B}}T/e \tag{11-2}$$

式中，k_{B} 为 Boltzmann 常数，T 为温度。这里采用 Hoppel 和 Frick 在室温和大气压条件下的测量结果，$Z_{\mathrm{i}}=1.33\times10^{-4}\mathrm{m}^2/(\mathrm{V\cdot s})$。将电流密度的表达式代入电流连续性方程，得

$$\frac{\partial n_{\mathrm{i}}}{\partial t}+\nabla\cdot(\boldsymbol{v}n_{\mathrm{i}})=-\nabla\cdot(Z_{\mathrm{i}}n_{\mathrm{i}}\boldsymbol{E})+\nabla\cdot(D_{\mathrm{i}}\nabla n_{\mathrm{i}})-\sum_{q=0}^{q_{\max}}(\beta^{(q\to q+1)}n_{\mathrm{i}}N^{(q)}) \tag{11-3}$$

假设气溶胶流为不可压缩的 Newtonian 流体，忽略重力的影响，其动量守恒方程为

$$\rho\left(\frac{\partial\boldsymbol{v}}{\partial t}+(\boldsymbol{v}\cdot\nabla)\boldsymbol{v}\right)=-\nabla p+\eta\nabla^2\boldsymbol{v}+\boldsymbol{f}_{\mathrm{EHD}}+\boldsymbol{f}_{\mathrm{B}} \tag{11-4}$$

式中，η 和 ρ 分别为气溶胶流的动力黏度和密度；p 为流体内的压强；EHD 力密度 $\boldsymbol{f}_{\mathrm{EHD}}=en_{\mathrm{i}}\boldsymbol{E}$；因温度梯度引起的浮力密度 $\boldsymbol{f}_{\mathrm{B}}=\boldsymbol{g}\left[\rho(T)-\rho_0\right]$，其中 $\boldsymbol{g}$ 为重力加速度，ρ_0 为参考密度，$\rho(T)$ 为流场内的局部密度。为了计算方便，将方程（11-4）进一步化简为

$$\frac{\partial\rho\boldsymbol{v}}{\partial t}+\nabla\cdot(\rho\boldsymbol{v}\boldsymbol{v})=-\nabla p+\eta\nabla^2\boldsymbol{v}+\boldsymbol{f}_{\mathrm{EHD}}+\boldsymbol{f}_{\mathrm{B}} \tag{11-5}$$

将气溶胶流看作理想气体，由理想气体状态方程可得

$$\rho(T)=\frac{pM}{R}\times\frac{1}{T}$$

式中，p 为压强，本计算中假设 p 不变，为标准大气压，M 为气溶胶载气的摩尔质量，R 为气体常数。气溶胶流的连续性方程为

$$\nabla\cdot\boldsymbol{v}=0 \tag{11-6}$$

描述系统的能量守恒方程为

$$\frac{\partial(C_{\mathrm{p}}\rho T)}{\partial t}+\nabla\cdot(C_{\mathrm{p}}\rho\boldsymbol{v}T)=\nabla\cdot(k\nabla T)+\dot{Q}$$

式中，C_{p} 和 k 分别为气溶胶的定压比热和导热系数；$\dot{Q}$ 为单位体积内的热产生率，表示为电流密度 $\boldsymbol{j}$ 引起的 Joule 热和 EHD 力的机械功之间的平衡 $\dot{Q}=\boldsymbol{j}\cdot\boldsymbol{E}-\boldsymbol{v}\cdot\boldsymbol{f}_{\mathrm{EHD}}$，代入该表达式后得能量守恒方程

$$\frac{\partial(C_{\mathrm{p}}\rho T)}{\partial t}+\nabla\cdot(C_{\mathrm{p}}\rho\boldsymbol{v}T)=\nabla\cdot(k\nabla T)+(en_{\mathrm{i}}Z_{\mathrm{i}}\boldsymbol{E}-eD_{\mathrm{i}}\nabla n_{\mathrm{i}})\cdot\boldsymbol{E} \tag{11-7}$$

11.1.2 Fuchs 扩散荷电模型

Fuchs 模型可在较广的气溶胶颗粒尺寸范围内描述它们的扩散荷电过程，该模型将荷电

过程看作流向球形气溶胶颗粒的稳态离子运动过程，颗粒通过捕获气体离子实现电荷转移，转移过程由 Knudson 数 $Kn = \lambda / a$ 决定，其中 λ 为离子的平均自由程，a 为颗粒的半径。当 $Kn \to 0$ 时，连续介质假设成立，此时离子向气溶胶颗粒的扩散过程由离子在荷电颗粒电场中的连续扩散方程描述。为了将这一理论推广至过度流（0.1<Kn<10）和自由分子流（$Kn \to \infty$），Fuchs 模型认为，每一个颗粒的周围空间被一与颗粒同心的极限球壳划分为两互不重叠的部分，极限球半径的量级约比颗粒半径大一倍的离子平均自由程。在极限球外，离子的行为符合连续介质假设，由连续体的扩散-迁移方程描述离子的运动；在极限球内，假设在极限球上产生的离子和向内移动的离子不与气体分子发生碰撞，类似于真空中的自由分子输运轨迹（具有 Hamiltonian 轨道），这样就可以用气体运动理论和 Hamiltonian 动力学描述离子的运动。为了计算离子-气溶胶颗粒结合系数，在两部分空间的交界面（球壳）上，令极限球外离子的宏观扩散-迁移通量等于极限球内的微观通量，这种离子通量连续的假设为扩散-迁移方程提供了必要的边界条件。

通过求解连续介质假设条件下的离子扩散-迁移方程，得到离子流向颗粒的稳态扩散-迁移通量，令该通量等于离子穿过极限球壳到达颗粒的自由分子通量，获得到达颗粒的总离子通量。到达颗粒的离子的总通量除以离子的宏观数量浓度即离子-颗粒结合系数，表示离子与颗粒间的结合速率，正离子与携带 q 个正电荷的颗粒间的结合系数为

$$\beta^{(q \to q+1)} = \frac{\pi\delta^2\overline{c}\alpha(q)}{\exp\left[\dfrac{\phi(q,\delta)}{k_\mathrm{B}T}\right] + \dfrac{\delta^2\overline{c}\alpha(q)}{4D_\mathrm{i}}\displaystyle\int_\delta^\infty \frac{1}{x^2}\exp\left[\dfrac{\phi(q,x)}{k_\mathrm{B}T}\right]\mathrm{d}x}$$

对于该式等号右端分母中的积分，可以经变量代换 $y = \delta / x$，将该积分变换为

$$\begin{aligned}\int_\delta^\infty \frac{1}{x^2}\exp\left[\frac{\phi(q,x)}{k_\mathrm{B}T}\right]\mathrm{d}x &= \int_1^0 \frac{y^2}{\delta^2}\exp\left[\frac{\phi(q,\delta/y)}{k_\mathrm{B}T}\right]\left(-\frac{\delta}{y^2}\right)\mathrm{d}y \\ &= \frac{1}{\delta}\int_0^1 \exp\left[\frac{\phi(q,\delta/y)}{k_\mathrm{B}T}\right]\mathrm{d}y\end{aligned} \tag{11-8}$$

将该结果代入原式，得

$$\beta^{(q \to q+1)}(a,q) = \frac{\pi\delta^2\overline{c}\alpha(q)}{\exp\left[\dfrac{\phi(q,\delta)}{k_\mathrm{B}T}\right] + \dfrac{\delta\overline{c}\alpha(q)}{4D_\mathrm{i}}\displaystyle\int_0^1 \exp\left[\dfrac{\phi(q,\delta/y)}{k_\mathrm{B}T}\right]\mathrm{d}y} \tag{11-9}$$

式中，a 为颗粒半径，δ 为极限球半径，表示为

$$\delta = \frac{a^3}{\lambda^2}\left[\frac{1}{5}\left(1+\frac{\lambda}{a}\right)^5 - \frac{1}{3}\left(1+\frac{\lambda^2}{a^2}\right)\left(1+\frac{\lambda}{a}\right)^3 + \frac{2}{15}\left(1+\frac{\lambda^2}{a^2}\right)^{5/2}\right] \tag{11-10}$$

λ 为正离子运动的平均自由程，且

$$\lambda = \frac{16\sqrt{2}}{3\pi} \times \frac{D_\mathrm{i}}{\overline{c}}\sqrt{\frac{m_\mathrm{a}}{m_\mathrm{a}+m_\mathrm{i}}} \tag{11-11}$$

式中，m_i 为正离子质量，其值采用 Reischl 等使用的值，$m_\mathrm{i} = 200\mathrm{amu} = 3.32 \times 10^{-25}\mathrm{kg}$。对于

空气中的颗粒荷电过程，$m_{\mathrm{a}}=28.8\mathrm{amu}=4.78\times10^{-26}\mathrm{kg}$。$\overline{c}$ 为正离子平均热运动速度，计算为

$$\overline{c}=\sqrt{\frac{8k_{\mathrm{B}}T}{\pi m_{\mathrm{i}}}} \tag{11-12}$$

ϕ 为离子在颗粒电场中的静电势，假设离子可看作点电荷，且颗粒上均匀分布有 i 个元电荷，这时 ϕ 可表示为

$$\phi(r)=\frac{e^2}{4\pi\varepsilon_1}\left[\frac{i}{r}-\frac{\varepsilon_2-\varepsilon_1}{\varepsilon_2+\varepsilon_1}\times\frac{a^3}{2r^2(r^2-a^2)}\right] \tag{11-13}$$

其中，当离子电荷与颗粒上的电荷的极性相同时，i 为正，否则为负。r 为离子与颗粒中心间的距离，ε_1 和 ε_2 分别为气体介质和颗粒的介电常数。本计算中气体介质为空气，故 $\varepsilon_1=\varepsilon_0$。对于导电性颗粒在空气介质中荷电的情况，系数 $\frac{\varepsilon_2-\varepsilon_1}{\varepsilon_2+\varepsilon_1}=1$。式（11-13）中等号右端中括号内的第一项表示离子与颗粒间的 Coulomb 相互作用，第二项表示颗粒球与点电荷间的极化相互作用引起的吸引镜像势。

$\alpha(q)$ 为离子与气溶胶颗粒间的碰撞概率，表示实际到达颗粒表面的离子数量占极限球内总离子数的比例。为了计算 $\alpha(q)$，需考虑从极限球上某一点出发的离子的运动轨迹，它们的平均热运动能为 $3k_{\mathrm{B}}T/2$。根据 Natanson 的观点，有一临界离子运动轨道将离子被捕获时对应的轨道与未被捕获且不与颗粒表面相交时对应的轨道分隔开来，该临界轨道具有最小的拱距和碰撞系数 $b_{\min}$。临界离子运动轨道表示离子刚好避免被捕捉时与颗粒间的最近轨道，当进入极限球内的离子的碰撞系数 $b<b_{\min}$ 时，它们将被气溶胶颗粒捕获。有电场作用时的碰撞概率计算为

$$\alpha(q)=\left(\frac{b_{\min}}{\delta}\right)^2 \tag{11-14}$$

颗粒附近离子的运动可由经典力学中的二体理论描述，对在颗粒中心力场内运动的离子应用能量和角动量守恒定律，得到碰撞系数 b 与拱距 r_a 间的关系方程：

$$b^2=r_{\mathrm{a}}^2\left\{1+\frac{2}{3k_{\mathrm{B}}T}\left[\phi(\delta)-\phi(r_{\mathrm{a}})\right]\right\} \tag{11-15}$$

根据该方程，可由数值方法得到最小碰撞参数 $b_{\min}$，进而计算得到特定颗粒尺寸和荷电状态的 $\alpha(q)$。方程（11-15）只对拥有拱点的离子运动轨道有效，这种轨道运动的离子不会通过螺旋运动进入颗粒表面。

确定离子-颗粒结合系数后，带有 q 个电荷的气溶胶颗粒的守恒方程可表示为

$$\begin{aligned}\frac{\partial N^{(q)}}{\partial t}+\nabla\cdot(\boldsymbol{v}N^{(q)})=-\nabla\cdot(Z_{\mathrm{p}}^{(q)}\boldsymbol{E}N^{(q)})+\nabla\cdot(D_{\mathrm{p}}\nabla N^{(q)})+\\ \beta^{(q-1\to q)}n_{\mathrm{i}}N^{(q-1)}-\beta^{(q\to q+1)}n_{\mathrm{i}}N^{(q)}\end{aligned} \tag{11-16}$$

式中，$Z_{\mathrm{p}}^{(q)}$ 为携带有 q 个电荷的颗粒的电迁移率，计算为

$$Z_{\mathrm{p}}^{(q)}=qeB \tag{11-17}$$

式中，B 为气溶胶颗粒的机械迁移率，表示作用在颗粒上的单位大小的力引起的速度：

$$B = \frac{C_c}{3\pi \eta d_p} \tag{11-18}$$

式中，d_p 为气溶胶颗粒的直径，C_c 为滑移修正系数，在标准大气压下，有

$$C_c = 1 + \frac{\lambda}{d_p}\left[2.34 + 1.05\exp\left(-0.39\frac{d_p}{\lambda}\right)\right] \tag{11-19}$$

D_p 为气溶胶颗粒的扩散系数，表示为

$$D_p = \frac{k_B T C_c}{3\pi \eta d_p} = k_B T B \tag{11-20}$$

方程（11-16）等号左端第二项表示颗粒跟随气体对流引起的浓度分布变化，等号右端第一项和第二项分布表示荷电颗粒在电场中的电迁移和颗粒扩散引起的浓度变化，最后两项分别表示颗粒-离子结合引起的浓度变化。在方程（11-16）中，q 的取值范围为 $(0, q_{max})$，所以方程（11-16）包含 $q_{max}+1$ 个方程，当 $q=0$ 时，表示中性颗粒的守恒方程，方程为

$$\frac{\partial N^{(0)}}{\partial t} + \nabla \cdot (\boldsymbol{v} N^{(0)}) = \nabla \cdot (D_p \nabla N^{(0)}) - \beta^{(0\to1)} n_i N^{(0)} \tag{11-21}$$

综上所述，针-板式电晕放电间隙内纳米气溶胶颗粒的单极扩散直接荷电过程可由电场 Maxwell 方程（11-1）、电流连续性方程（11-3）、动量守恒方程（11-4）、气溶胶流连续性方程（11-5）、能量守恒方程（11-7）和气溶胶颗粒守恒方程（11-16）描述，它们之间通过不同变量相互耦合。

11.1.3 边界条件和初始条件

在如图 11-3 所示的计算域和边界中，可将其中的边界分为 5 种：Γ_{in}、Γ_a、Γ_w、Γ_c、Γ_{out}，不同种类边界上的边界条件也不相同。对于离子密度 n_i、气溶胶流速 $\boldsymbol{v}$、温度 T 和颗粒浓度 $N^{(q)}$ 的初始条件，则基于器件运行前的状态设置，并假设为均匀场。为便于应用，将电晕放电荷电过程模型的边界条件总结如下：

在气溶胶入口边界 Γ_{in} 上，气溶胶流速 $\boldsymbol{v}$、温度 T 和颗粒浓度 $N^{(q)}$ 采用 Dirichlet 边界条件，压强 p 采用 Neumann 边界条件。假设入口边界远离放电电极，所以可假设电势 φ 和正离子浓度 n_i 沿该边界外法线方向上的梯度为零。将这些边界条件总结为

$$\begin{cases} \boldsymbol{v} = \boldsymbol{v}_{in} \\ T = T_{in} \\ N^{(0)} = N_0, N^{(q)} = 0, \quad q \geqslant 1 \\ \dfrac{\partial p}{\partial n} = 0 \\ \dfrac{\partial \varphi}{\partial n} = 0 \\ \dfrac{\partial n_i}{\partial n} = 0 \end{cases} \tag{11-22}$$

式中，$\boldsymbol{v}_{\text{in}}$ 和 T_{in} 分别为入口气溶胶流速和温度，表示对应边界外法线方向上的单位矢量分量。

在气溶胶出口边界 Γ_{out} 上，假设该边界同样远离放电电极，在该边界上流体应力张量的法向分量为零，温度梯度、电荷密度梯度、荷电颗粒浓度梯度和电势梯度均为零，即

$$\begin{cases} -\nu\dfrac{\partial \boldsymbol{v}}{\partial n}+p\boldsymbol{n}=0 \\ k\dfrac{\partial T}{\partial n}=0 \\ \dfrac{\partial N^{(q)}}{\partial n}=0, \quad q\geqslant 0 \\ \dfrac{\partial \varphi}{\partial n}=0 \\ \dfrac{\partial n_{\text{i}}}{\partial n}=0 \end{cases} \tag{11-23}$$

在绝缘壁面 Γ_{w} 上，漂移和扩散电流密度均为零，即 $\boldsymbol{E}\cdot\boldsymbol{n}=0$ 和 $\nabla N^{(q)}\cdot\boldsymbol{n}=0$，气溶胶流满足无穿透条件 $\boldsymbol{v}\cdot\boldsymbol{n}=0$ 和无滑移边界条件 $|\boldsymbol{v}-(\boldsymbol{v}\cdot\boldsymbol{n})\cdot\boldsymbol{n}|=\nabla p\cdot\boldsymbol{n}=0$，穿过该边界的热流密度为定值 $\dot{q}_{\text{w}}$，颗粒浓度采用 Neumann 边界条件，总结为

$$\begin{cases} \boldsymbol{v}=\boldsymbol{0} \\ -k\dfrac{\partial T}{\partial n}=\dot{q}_{\text{w}} \\ \dfrac{\partial N^{(q)}}{\partial n}=0, \quad q\geqslant 0 \\ \dfrac{\partial \varphi}{\partial n}=0 \\ \dfrac{\partial n_{\text{i}}}{\partial n}=0 \end{cases} \tag{11-24}$$

在放电阳极边界 Γ_{a} 上，电势采用 Dirichlet 边界条件，气溶胶流同样满足无穿透和无滑移边界条件，穿过该边界的热流密度为定值 $\dot{q}_{\text{a}}$。正电晕放电的研究中最常使用的放电阳极边界条件为令阳极电流等于实验测得的放电电流值，其中假设正离子电流密度的法向分量沿边界 Γ_{a} 均匀分布，表示为

$$\begin{cases} \boldsymbol{v}=\boldsymbol{0} \\ -k\dfrac{\partial T}{\partial n}=\dot{q}_{\text{a}} \\ \dfrac{\partial N^{(q)}}{\partial n}=0, \quad q\geqslant 0 \\ \varphi=\varphi_{\text{a}} \\ -eZ_{\text{i}}E_n n_{\text{i}}+eD_{\text{i}}\dfrac{\partial n_{\text{i}}}{\partial n}=\dfrac{I}{s} \end{cases} \tag{11-25}$$

式中，E_n 为电场强度的法向分量，I 为实验测得的放电电流，s 为放电阳极表面积。

在放电阴极边界 Γ_{c} 上，电势、气溶胶流速、温度的边界条件与 Γ_{a} 上的相同，正离子浓度采用 Neumann 边界条件，表示阴极电流只因离子漂移引起，且每一个撞击阴极的正离子都

将与阴极释放的电子复合成为中性分子。Γ_c 上的边界条件总结为

$$\begin{cases} \boldsymbol{v}=\mathbf{0} \\ -k\dfrac{\partial T}{\partial n}=\dot{q}_{\mathrm{a}} \\ \dfrac{\partial N^{(q)}}{\partial n}=0, \quad q \geqslant 0 \\ \varphi=0 \\ \dfrac{\partial n_{\mathrm{i}}}{\partial n}=0 \end{cases} \tag{11-26}$$

11.2 求解方法

11.2.1 区域离散和方程离散

将图 11-3 所示的计算区域划分为如图 11-4 所示的非结构化六面体网格单元集合，对于二维区域，在垂直于纸面方向上只有一个单元（图中未标出）。在有限体积法中也将每一个单元称为控制体。划分单元后的下一步为在每一个控制体上对控制方程进行离散，以图 11-4 中任选的其中一个控制体为例，介绍各控制方程的离散方法，其中 C 表示控制体的中心，S_f 表示该控制体的任一表面积。

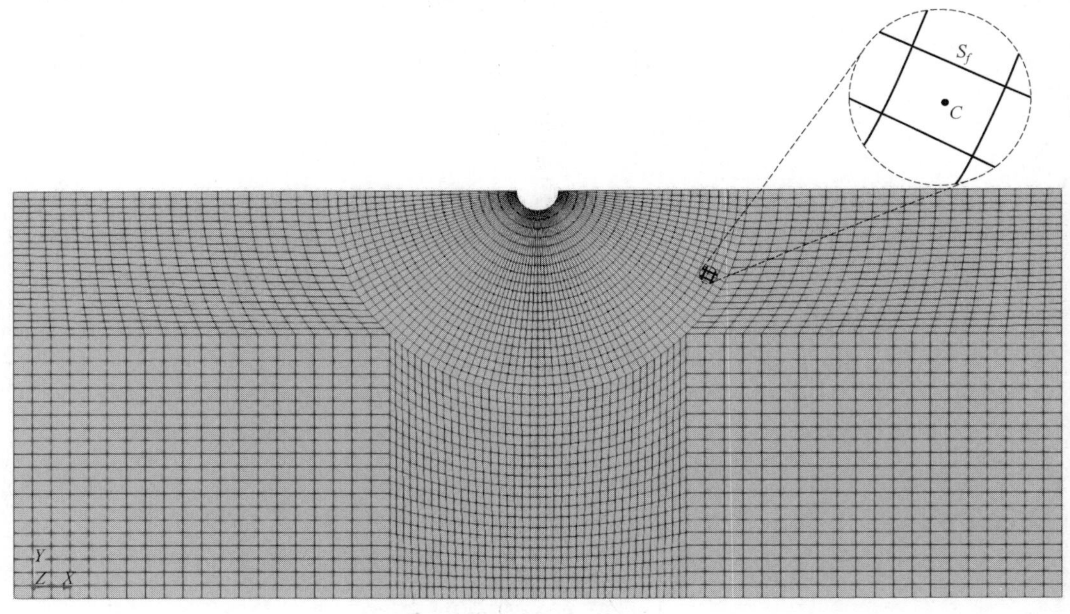

图 11-4　网格划分结果

对于前述控制方程组中的每一个方程，均可看作由瞬态项、扩散项、对流项和源项组成。对方程进行有限体积法离散时，首先将每一个方程中的各项在控制体上取积分并应用散度定理，以电场强度满足的方程为例，得到

$$-\varepsilon_0 \int_{\partial V_C} (\varepsilon \nabla \varphi) \cdot \mathrm{d}\boldsymbol{S} = e \int_{V_C} n_\mathrm{i} \mathrm{d}V$$

式中，V_C 表示任取控制体的体积，∂V_C 表示包围该控制体的所有表面，矢量 $\mathrm{d}\boldsymbol{S}$ 的大小为控制体表面积，方向为对应表面的法线方向。将其中的面积分分解为包围控制体各表面上的积分，并应用平均值积分法，取面质心为积分点，该方法具有二阶精度，电场强度积分方程中等号左端的项成为

$$-\varepsilon_0 \int_{\partial V_C} (\varepsilon \nabla \varphi) \cdot \mathrm{d}\boldsymbol{S} = -\varepsilon_0 \sum_{f \sim nb(C)} (\varepsilon \nabla \varphi)_f \cdot \boldsymbol{S}_f$$

对于电场强度积分方程中等号右端的源项，应用一点高斯积分，有

$$\int_{V_C} n_\mathrm{i} \mathrm{d}V = (n_\mathrm{i})_C V_C$$

这样得到半离散形式的电场强度方程

$$-\varepsilon_0 \sum_{f \sim nb(C)} (\varepsilon \nabla \varphi)_f \cdot \boldsymbol{S}_f = e(n_\mathrm{i})_C V_C$$

将各方程在控制体上离散后，对于瞬态方程，还需在时间单元上对瞬态项进行有限体积法离散，即在时间区间$\left[t-\dfrac{\Delta t}{2}, t+\dfrac{\Delta t}{2}\right]$上积分，以能量方程为例，得到能量方程的积分形式

$$\int_{t-\frac{\Delta t}{2}}^{t+\frac{\Delta t}{2}} \left(\frac{\partial (C_\mathrm{p} \rho T)}{\partial t} \right)_C V_C \mathrm{d}t + \int_{t-\frac{\Delta t}{2}}^{t+\frac{\Delta t}{2}} L(X)_C \mathrm{d}t = 0$$

其中，等号左端第二项中的被积函数 $L(X)_C$ 表示能量方程在控制体上离散后的方程，等号左端第一项中的 V_C 假设为常值，并将该项化为面通量的差，同时对第二项应用中值定理，得

$$\frac{((C_\mathrm{p}\rho T)_C)^{\left(t+\frac{\Delta t}{2}\right)} - ((C_\mathrm{p}\rho T)_C)^{\left(t-\frac{\Delta t}{2}\right)}}{\Delta t} V_C + L(X)_C = 0$$

应用以上方法分别在控制体和时间单元上离散各方程，得到半离散形式的方程组：

$$\varepsilon_0 \sum_{f \sim nb(C)} (\varepsilon \nabla \varphi)_f \cdot \boldsymbol{S}_f = -e(n_\mathrm{i})_C V_C \tag{11-27}$$

$$\begin{aligned} &\frac{\left((C_\mathrm{p}\rho T)_C\right)^{\left(t+\frac{\Delta t}{2}\right)} - \left((C_\mathrm{p}\rho T)_C\right)^{\left(t-\frac{\Delta t}{2}\right)}}{\Delta t} V_C + \sum_{f \sim nb(C)} \left[\left(C_\mathrm{p}\rho \boldsymbol{v} T\right)_f - \left(k \nabla T\right)_f \right] \cdot \boldsymbol{S}_f \\ &= \left((e n_\mathrm{i} Z_\mathrm{i} \boldsymbol{E} - e D_\mathrm{i} \nabla n_\mathrm{i}) \cdot \boldsymbol{E} \right)_C V_C \end{aligned} \tag{11-28}$$

$$\frac{\left((\rho \boldsymbol{v})_C\right)^{\left(t+\frac{\Delta t}{2}\right)} - \left((\rho \boldsymbol{v})_C\right)^{\left(t-\frac{\Delta t}{2}\right)}}{\Delta t} V_C + \sum_{f \sim nb(C)} \left[(\rho \boldsymbol{v}\boldsymbol{v})_f - (\eta \nabla \boldsymbol{v})_f \right] \cdot \boldsymbol{S}_f = (-\nabla p + \boldsymbol{f}_\mathrm{EHD} + \boldsymbol{f}_\mathrm{B})_C V_C \tag{11-29}$$

$$\begin{aligned} &\frac{((n_\mathrm{i})_C)^{\left(t+\frac{\Delta t}{2}\right)} - \left((n_\mathrm{i})_C\right)^{\left(t-\frac{\Delta t}{2}\right)}}{\Delta t} V_C + \sum_{f \sim nb(C)} \left[(\boldsymbol{v} n_\mathrm{i})_f + (Z_\mathrm{i} n_\mathrm{i} \boldsymbol{E})_f - (D_\mathrm{i} \nabla n_\mathrm{i})_f \right] \cdot \boldsymbol{S}_f \\ &= -V_C \sum_{q=0}^{q_{\max}} \left(\beta^{(q \to q+1)} n_\mathrm{i} N^{(q)} \right)_C \end{aligned} \tag{11-30}$$

$$\frac{\left((N^{(q)})_C\right)^{\left(t+\frac{\Delta t}{2}\right)}-\left((N^{(q)})_C\right)^{\left(t-\frac{\Delta t}{2}\right)}}{\Delta t}V_C+\sum_{f\sim nb(C)}\left[(\boldsymbol{v}N^{(q)})_f+(Z_{\mathrm{p}}^{(q)}\boldsymbol{E}N^{(q)})_f-(D_{\mathrm{p}}\nabla N^{(q)})_f\right]\cdot\boldsymbol{S}_f$$
$$=\left(\beta^{(q-1\to q)}n_{\mathrm{i}}N^{(q-1)}\right)_C V_C-\left(\beta^{(q\to q+1)}n_{\mathrm{i}}N^{(q)}\right)_C V_C \tag{11-31}$$

半离散形式方程组中的系数 ρ、D_{i}、D_{p}、$Z_{\mathrm{p}}^{(q)}$、$\beta^{(q\to q+1)}$ 为非恒定系数，编制求解器时将它们作为场量来处理，即根据其定义式中对求解场变量的依赖关系，计算每一个单元质心上这些系数的值。

半离散形式的方程并不能直接求解，需要对其中的部分项进一步线性化以化为代数方程组。采用均匀时间步，应用线性插值方法（具有二阶精度的 Crank-Nicholson 格式）将瞬态项中时间单元面上的值转换为时间单元中心处的值，如对于能量方程中的瞬态项，有

$$\frac{(C_{\mathrm{p}}\rho T)^{t+\frac{\Delta t}{2}}-(C_{\mathrm{p}}\rho T)^{t-\frac{\Delta t}{2}}}{\Delta t}V_C=\frac{(C_{\mathrm{p}}\rho T)^{t+\Delta t}-(C_{\mathrm{p}}\rho T)^{t-\Delta t}}{2\Delta t}V_C$$

对于方程（11-27）～方程（11-31）中的扩散项 $\sum_{f\sim nb(C)}(\varepsilon\nabla\varphi)_f\cdot\boldsymbol{S}_f$，$\sum_{f\sim nb(C)}(k\nabla T)_f\cdot\boldsymbol{S}_f$，$\sum_{f\sim nb(C)}(\eta\nabla\boldsymbol{v})_f\cdot\boldsymbol{S}_f$，$\sum_{f\sim nb(C)}(D_{\mathrm{i}}\nabla n_{\mathrm{i}})_f\cdot\boldsymbol{S}_f$ 和 $\sum_{f\sim nb(C)}(D_{\mathrm{p}}\nabla N^{(q)})_f\cdot\boldsymbol{S}_f$，进一步离散时采用正交修正法（Orthogonal correction approach）处理面积矢量的非正交项，并由定义在相邻单元质心上的梯度加权平均得到定义在单元面上的梯度。另外，以上扩散项中的 D_{i} 和 D_{p} 为非均匀扩散系数，应用线性插值法根据定义在单元质心上的值计算得到定义在单元面上的这些系数。经过以上处理，最终将扩散项表示为关于定义在单元质心上的求解场量的代数表达式，这些表达式的系数为扩散系数和网格几何参数的组合。

对于方程（11-28）～方程（11-31）中的对流项 $\sum_{f\sim nb(C)}(C_{\mathrm{p}}\rho\boldsymbol{v}T)_f\cdot\boldsymbol{S}_f$，$\sum_{f\sim nb(C)}(\rho\boldsymbol{v}\boldsymbol{v})_f\cdot\boldsymbol{S}_f$，$\sum_{f\sim nb(C)}\left[(\boldsymbol{v}n_{\mathrm{i}})_f+(Z_{\mathrm{i}}n_{\mathrm{i}}\boldsymbol{E})_f\right]\cdot\boldsymbol{S}_f$ 和 $\sum_{f\sim nb(C)}\left[(\boldsymbol{v}N^{(q)})_f+(Z_{\mathrm{p}}^{(q)}\boldsymbol{E}N^{(q)})_f\right]\cdot\boldsymbol{S}_f$，为保证对流有界性和解不振荡，采用 NVF 框架下的 MUSCL 格式进行离散，其中引起对流的场量 $\boldsymbol{v}$ 和 $\boldsymbol{E}$ 在计算时使用上一步迭代得到的结果或初始值。对流项中的非均匀系数 ρ 和 $Z_{\mathrm{p}}^{(q)}$ 应用线性插值法根据定义在单元质心上的值计算得到定义在单元面上的这些系数。

对于方程（11-27）～方程（11-31）中等号右端的源项，其中的正项可根据上一步迭代得到的场量值进行显式计算，负项则需进行隐式离散，应用类 Taylor 级数展开后线性化为隐式计算部分和显式计算部分。对于源项中含有的定义在控制体质心上的梯度 ∇n_{i} 和 ∇p，以及离散后的扩散项中包含的定义在控制体质心上的梯度 $\nabla\varphi$、∇T、$\nabla\boldsymbol{v}$、∇n_{i}、$\nabla N^{(q)}$，首先应用 Green-Gauss 梯度法将梯度计算转换为相应变量在面质心上值的计算，如对于压力梯度，计算为

$$(\nabla p)_C=\frac{1}{V_C}\sum_{f\sim nb(C)}p_f\boldsymbol{S}_f$$

然后由定义在控制体质心上的场量值经线性插值得到上式中定义在面质心上的值（如 p_f），

但在插值时使用限制器（Limiter）保证数值稳定性。

经过以上离散方法，最终将各方程离散为具有如下格式的代数方程组，以控制体 C 上的方程为例，有

$$a_C\phi_C + \sum_{F\sim NB(C)} a_F\phi_F = b_C$$

式中，ϕ 表示求解的场量，下标 C 和 F 分别表示定义在控制体质心 C 和 F 上，$NB(C)$ 表示与控制体 C 相邻的控制体的集合。

针对空间和时间离散得到的代数方程组，应用 DIC 法（对角不完全 Cholesky）预处理的共轭梯度法（PCG）求解关于 p 和 φ 的代数方程，采用对称 Gauss Seidel 法求解关于 $\boldsymbol{v}$ 的代数方程，应用 DILU（对角不完全 LU）法预处理的双共轭梯度法求解关于其他场量的代数方程。

11.2.2　求解过程

确定了控制方程组的离散方法和相应代数方程组的求解方法后，拟定各变量对应方程的总体求解过程如图 11-5 所示。总体上采用顺序求解法解耦各方程，但对于压力 p 与流速 $\boldsymbol{v}$ 间的强耦合关系，则采用 PISO 算法组装压力方程并进行非正交修正。

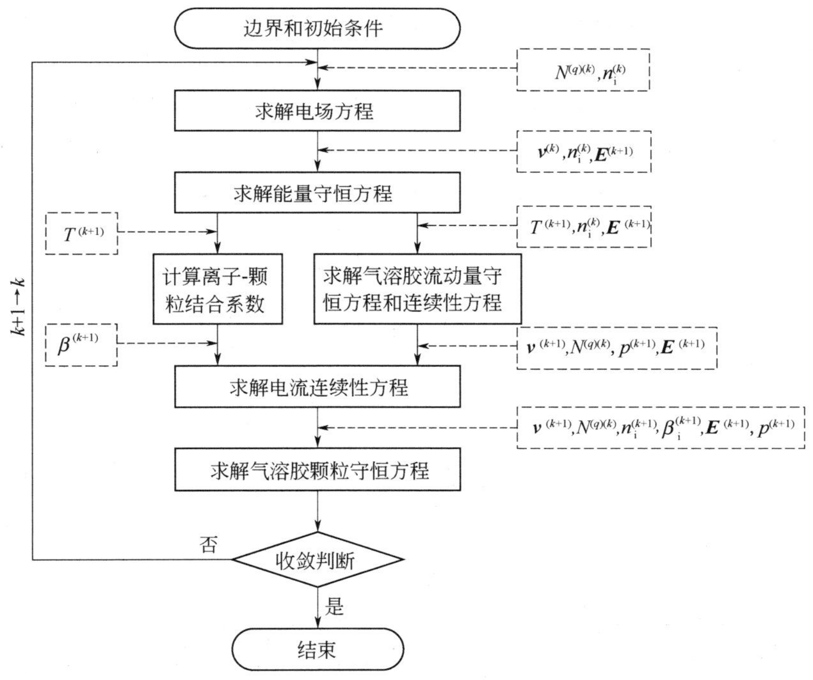

图 11-5　总体计算流程

在每一个迭代步内，首先利用上一迭代步结果中的 $N^{(q)(k)}$ 和 $n_i^{(k)}$ 求解电场方程，得到电场强度分布 $\boldsymbol{E}^{(k+1)}$；其次利用该电场分布，以及上一迭代步结果中的 $\boldsymbol{v}^{(k)}$ 和 $n_i^{(k)}$ 求解能量守恒方程，得到温度场分布 $T^{(k+1)}$；利用该温度场分布，显式计算得到离子-颗粒结合系数 $\beta^{(k+1)}$，

并利用本次迭代得到的$\boldsymbol{E}^{(k+1)}$和$T^{(k+1)}$，以及上一迭代步的结果$n_{\mathrm{i}}^{(k)}$，求解动量守恒方程和连续性方程，得到速度场分布$\boldsymbol{v}^{(k+1)}$和压力场分布$p^{(k+1)}$；再次，利用本次迭代步得到的结合系数、电场、速度场和压力场结果，以及上一迭代步的结果$N^{(q)(k)}$，求解电流连续性方程，得到离子浓度分布$n_{\mathrm{i}}^{(k+1)}$；最后，利用所有上述本次迭代结果和上一迭代步的结果$N^{(q)(k)}$，求解$q_{\max}+1$个颗粒守恒方程，得到颗粒浓度分布$N^{(q)(k+1)}$。

除了在求解每一个方程时规定相对容差和绝对容差进行单个方程的收敛判断外，整体求解过程采用器件出口处某一荷电水平的颗粒数量浓度在两相邻迭代步间的相对容差进行收敛判断。

11.2.3 计算结合系数β的方法

离子-颗粒结合系数是电流连续性方程和颗粒守恒方程中的关键系数，该系数的求解结果是否精确关系到这两个方程求解的准确性，而且计算离子-颗粒结合系数时用到的参数较多，还涉及数值积分和数值优化方法，计算较为复杂，所以这里单独介绍。

计算离子-颗粒结合系数的流程如图 11-6 所示。首先，利用温度场计算结果，分别根据式（11-12）和式（11-2）计算离子平均热运动速度$\bar{c}$和离子扩散率D_{i}，利用这两个场的结果，根据式（11-11）计算离子运动的平均自由程λ；其次，利用λ场的结果，根据式（11-10）计算极限球半径δ；应用颗粒半径值a，根据式（11-13）定义与每一种颗粒上的电荷数量对应的静电势$\phi(r)$；利用$\phi(r)$的定义和温度场计算结果，根据方程（11-15）定义碰撞系数方程b^2，应用 Fibonacci 搜索法求得最小值$b_{\min}$，并根据式（11-14）计算得到碰撞概率$\alpha(q)$；再次，利用温度场计算结果和δ，根据积分表达式（11-8），应用 Simpson 法求解该积分；最后，利用以上得到的结果，根据表达式（11-9）计算得到结合系数。

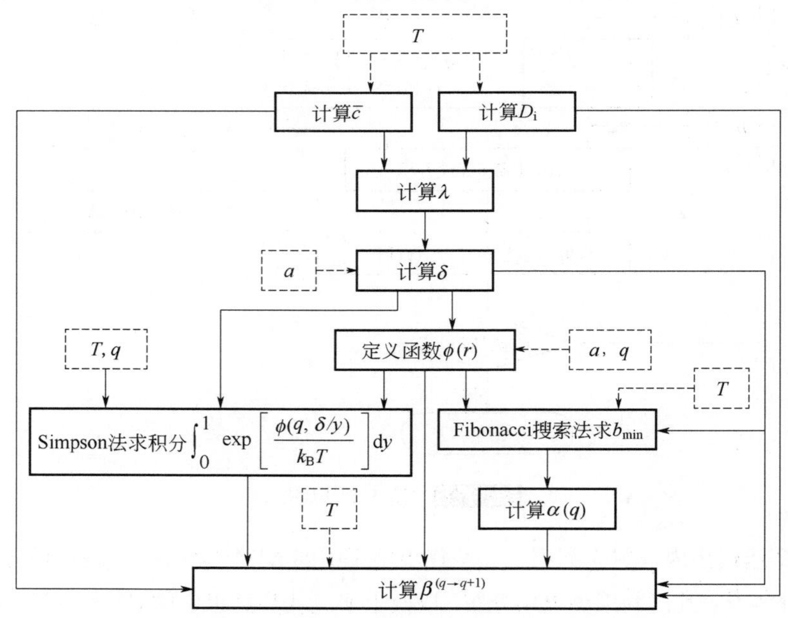

图 11-6 计算离子-颗粒结合系数流程

由于以上方法中利用了温度场，所以图 11-6 中每一步的求解结果，如 D_{i}、$\overline{c}$、λ、δ、$b_{\min}$、$\alpha(q)$、Simpson 积分值等，均为定义在控制体质心上的标量场，其中 $\phi(r)$、$b_{\min}$、$\alpha(q)$ 和 Simpson 积分值对每一种颗粒荷电水平 q 均需定义或计算一次。

11.3 求解器编制

11.3.1 求解器组成

用于求解前述控制方程并执行前述求解方法的求解器如图 11-7 所示，这里将该求解器命名为 coronaChargingFoam。组成该求解器的各文件中，主程序位于 coronaChargingFoam.C 文件内，该文件中还包含各头文件调用，如：

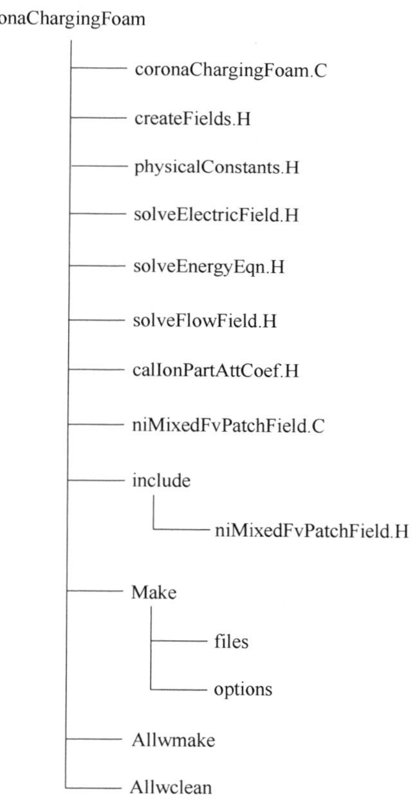

图 11-7　求解器总体组成

```
#include "fvCFD.H"
#include "physicalConstants.H"
#include "niMixedFvPatchField.H"
#include "mathematicalConstants.H"
#include "pisoControl.H"
```

其中，头文件 fvCFD.H 为 OpenFOAM 求解器创建必需的应用类，mathematicalConstants.H 为 OpenFOAM 库中自带的数学常数类，pisoControl.H 用于声明 pisoControl 类，提供时间循环和 PISO 循环控制方法，physicalConstants.H 和 niMixedFvPatchField.H 为自定义头文件，physical Constants.H 用于定义颗粒荷电模型中应用的恒定物理常数 ε_0 、e、R、k_B 、$\boldsymbol{g}$、 p_0，定义方法为

```
const dimensionedScalar kb
(
    "kb",
    dimensionSet(1,2,-2,-1,0,0,0),
    1.3806488e-23
);
```

niMixedFvPatchField.H 用于定义放电阳极上离子浓度边界条件，定义方法在 11.3.5 节详细讨论。

在主函数前，还需要声明自定义函数，这些函数分别用来定义静电势 ϕ、计算 b^2 、求 Fibonacci 数列、Fibonacci 搜索法求 b^2 的最小值、定义 Simpson 积分的被积函数和计算 Simpson 积分值，声明格式如下：

```
double phiPoten(double,double,double);
double bSquare(double,double,double,double,double);
double fib(int);
double bSqMin(double,double,double,double,double,double,
       double,double);
double integ(double,double,double,double,double);
double simprl(double,double,int,double,double,double,double);
```

以上声明函数中的定义将在 11.3.4 节中详细介绍。

在主函数中，首先进行算例的初始化、定义时间、创建网格对象，分别由#include 宏指令包含下列头文件来实现：

```
int main(int argc,char*argv[])
{
     #include"setRootCaseLists.H"
     #include"createTime.H"
     #include"createMesh.H"
…
#include"createFields.H"
…
```

头文件 createFields.H 用于创建求解的场量和计算过程中需要的场量。在主程序的时间迭代步内，按照图 11-5 的顺序顺次求解各控制方程，分别通过包含下列头文件实现：

```
…
#include "solveElectricField.H"
#include "solveEnergyEqn.H"
#include "solveFlowField.H"
#include "calIonPartAttCoef.H"
…
```

其中，计算离子-颗粒结合系数、求解电流连续性方程和求解气溶胶颗粒守恒方程在一个头文

件 callonPartAttCoef.H 中实现。

11.3.2 建立参数和场量

求解过程中涉及的参数除了在 mathematicalConstants.H 和 physicalConstants.H 中定义的数学和物理常量外，其余均在 createFields.H 头文件中定义，包括非场量的参数和场量，前者通过定义输入/输出字典类 physicalProperties 从算例的 constant/physicalProperties 文件中读入。以 ε（求解器中的名称为 epsilon）为例，其定义方法为：

```
dimensionedScalar epsilon(physicalProperties.lookup("epsilon"));
```

createFields.H 中需定义的场量有待求解的场和作为中间量的场，它们均通过固结在网格上的输入/输出对象 IOobject 定义。本求解器中的中间场有离子扩散率 D_i、速度通量 phiU 和电场强度通量 phiEF，它们均由其他场量计算得到，其中 D_i 定义在单元质心上，两通量场均定义在单元面上。以 phiU 为例，定义方法为：

```
surfaceScalarField phiU
(
    IOobject
    (
        "phiU",
        runTime.timeName(),
        mesh,
        IOobject::READ_IF_PRESENT,
        IOobject::AUTO_WRITE
    ),
    fvc::flux(Uair)
);
```

在算例的 0 文件夹中无须为中间场量建立初始或边界条件，但它们在算例的其他时间文件夹中会建立结果输出文件，这由上面语句中的“IOobject::READ_IF_PRESENT”和“IOobject::AUTO_WRITE”控制。

所有求解场均定义在单元质心上，且必须在算例的 0 文件夹中为它们建立初始或边界条件，也会在算例的其他时间文件夹中建立结果输出文件。以温度场 T 为例，定义方法为：

```
volScalarField T
(
    IOobject
    (
        "T",
        runTime.timeName(),
        mesh,
        IOobject::MUST_READ,
        IOobject::AUTO_WRITE
    ),
    mesh
);
```

需要定义的荷电气溶胶颗粒浓度场 $N^{(q)}$ 的数量与 q 的最大值 q_{max} 有关，计算时 q_{max} 值从算例的 constant/physicalProperties 文件中读入，对于不同的颗粒粒径和离子浓度，q_{max}

均不相同，即不同的算例可能采用不同的 q_{max} 值。为此，采用体标量场指针列表 PtrList <volScalarField>定义 $q_{max}+1$ 个 $N^{(q)}$ 场，定义方法为：

```
int maxQ=qmax.value();
PtrList<volScalarField>Nq(maxQ+1);
for(label i=0;i<=maxQ;i++)
{
      char NPartq[16];
      sprintf(NPartq,"Nq%d",i);
      Nq.set(i,new volScalarField(IOobject(…),mesh));
}
```

11.3.3 控制方程的离散和求解

在头文件 solveElectricField.H 中离散和求解电场方程，并计算后续计算所需的电场强度及其通量。求解电场方程的程序段为：

```
solve
(
   fvm::laplacian(epsilon,phiE)
   +
   fvc::Sp((1.0/physicalConstant::epsilon0)*physicalConstant::e,ni)
);
```

在头文件 solveEnergyEqn.H 中离散和求解能量方程，该文件中首先计算气溶胶密度场，其次利用该密度场作为能量方程的瞬态项系数，并组装能量方程（11-7）中各项如下：

```
fvScalarMatrix TEqn
(
      fvm::ddt(Cp*rho,T)
      +rho* fvm::div(Cp*phiU,T)
      -fvm::laplacian(k,T)
      +fvm::Sp(Urho,T)
   ==
      physicalConstant::e*ni*Zi*(E & E)
      -physicalConstant::e*Di*(E & fvc::grad(ni))
);
```

利用求解得到的温度场，显式计算离子迁移率 D_i。

求得温度场后，在求解动量方程前，再次计算依赖于温度的气溶胶密度场，在头文件 solveFlowField.H 中实现，并利用该密度场作为动量方程中的系数，组装速度方程，同时根据 PISO 算法，组装压力修正方程。其中，速度方程定义如下：

```
fvVectorMatrix UairEqn
(
      fvm::ddt(Uair)
      +fvm::div(phiU,Uair)
      -fvm::laplacian(nu,Uair)
      -physicalConstant::e*ni*E/rho
      -physicalConstant::g*(rho-rho0)/rho
);
```

为了尽量少地定义输入/输出场量，将离子-颗粒结合系数的计算、电流连续性方程的求解和颗粒守恒方程的求解合并在同一头文件 callonPartAttCoef.H 中实现。在该头文件中，首先显式计算体标量场$\bar{c}$、λ和δ，其次利用这些结果，调用主程序 coronaChargingFoam.C 中的自定义函数，根据表达式（11-9）显式计算离子-颗粒结合系数，并将其按照颗粒上的电荷量q值保存为体标量场指针列表。利用得到的结合系数，组装和求解电流连续性方程和颗粒守恒方程。其中，电流连续性方程组装如下：

```
fvScalarMatrix niEqn
(
      fvm::ddt(ni)
      +fvm::div(phiU,ni)
      +fvm::div(Zi*phiEF,ni)
      -fvm::laplacian(Di,ni)
      +1.0* fvc::Sp(betaNq,ni)
);
```

其中，系数 betaNq 为$\beta^{(q\to q+1)}$和$N^{(q)}$的乘积。

在求解颗粒守恒方程前，需首先显式计算参数C_c、B、D_{p}和$Z_{\mathrm{p}}^{(q)}$，前三个参数直接定义为体标量场，参数$Z_{\mathrm{p}}^{(q)}$与q值有关，定义为体标量场指针列表。应用这些参数场，分别组装和求解中性颗粒守恒方程和$q_{\max}$个荷电颗粒守恒方程。以荷电颗粒守恒方程为例，其组装和求解的程序段为：

```
for(label i=1;i<=maxQ;i++)
{
     fvScalarMatrix NqiEqn
     (
          fvm::ddt(Nq[i])
          +fvm::div(phiU,Nq[i])
          +Zp[i]*fvm::div(phiEF,Nq[i])
          -fvm::laplacian(Dp,Nq[i])
          -fvc::Sp(beta[i-1]*ni,Nq[i-1])
          +fvm::Sp(beta[i]*ni,Nq[i])
     );
     NqiEqn.relax();
     NqiEqn.solve();
}
```

11.3.4 计算离子-颗粒结合系数

计算离子-颗粒结合系数$\beta^{(q\to q+1)}$时，对计算过程中用到的与q值有关的参数，需定义为体标量场指针列表，包括$\beta^{(q\to q+1)}$、b^2和$\alpha(q)$，定义格式如下：

```
…
int maxQ=qmax.value();
PtrList<volScalarField>beta(maxQ+1);
PtrList<volScalarField>minbSquare(maxQ+1);
PtrList<volScalarField>alpha(maxQ+1);
…
```

通过调用主程序中的自定义函数给列表中各场元素赋值，具体为：

```
for(label j=0;j<=maxQ;j++)
```

```
{
    forAll(T,i)
    {
        …
        temp1[i]=bSqMin(l,r,tol,ed,T[i],delta[i],j,ap.value());
        temp2[i]=simprl(0.0,1.0,160.0,delta[i],T[i],j,ap.value());
        temp3[i]=
           Foam::exp(phiPoten(delta[i],j,ap.value())/(physicalConstant::
                kb.value()*T[i]));
    }
    minbSquare.set(j,temp1);
    alpha.set(j,temp1/Foam::pow(delta,2.0));
    volScalarField temp4=temp3+0.25*delta*cm*alpha[j]*temp2/Di;
    beta.set(j,Foam::constant::mathematical::pi*Foam::pow(delta,2.0)*
       cm*alpha[j]/ temp4);
}
```

计算离子-颗粒结合系数时调用的自定义函数除了在主程序 coronaChargingFoam.C 中声明和定义外，采用 C++编程规范，以静电势 ϕ（程序中表示为 phiPoten）的定义为例，其程序段为：

```
double phiPoten(double r,double iq,double a)
{
    double phiP=0.0;
    phiP=(Foam::pow(physicalConstant::e.value(),2.0)/
       (4.0*Foam::constant::mathematical::pi*physicalConstant::
       epsilon0.value()))*
       (iq/r-Foam::pow(a,3.0)/(2.0*Foam::pow(r,2.0)*(Foam::pow(r,2.0)-
       Foam::pow(a,2.0))));
    return phiP;
}
```

其中，函数的传递参数 r、iq、a 分别表示表达式（11-12）中的函数参数 r、i 和 a。

Fibonacci 搜索法求 b^2 最小值的方法如下：

```
double bSqMin(double l,double r,double tol,double ed,double T1,double
    d1,double iq,double a)
{
    //determine n
    int i=1;
    double F=1.0;
    while(F <=(r-l)/tol)
    {
        F=fib(i);
        i++;
    }

    int n=i-1;
    double AF[n-2];
    double BF[n-2];
    AF[0]=l;
    BF[0]=r;
    double ra1=AF[0]+(fib(n-3)/fib(n-1))*(BF[0]-AF[0]);
    double ra2=AF[0]+(fib(n-2)/fib(n-1))*(BF[0]-AF[0]);
```

```
    int k=0;
    while(k != n-4)
    {
        if(bSquare(ra1,T1,d1,iq,a)>bSquare(ra2,T1,d1,iq,a))
        {
            AF[k+1]=ra1;
            BF[k+1]=BF[k];
            ra1=ra2;
            ra2=AF[k+1] +(fib(n-k-1)/fib(n-k))*(BF[k+1]-AF[k+1]);
        }
        else
        {
            AF[k+1]=AF[k];
            BF[k+1]=ra2;
            ra2=ra1;
            ra1=AF[k+1]+(fib(n-k-2)/fib(n-k))*(BF[k+1]-AF[k+1]);
        }
        k++;
   }
   if(bSquare(ra1,T1,d1,iq,a)>bSquare(ra2,T1,d1,iq,a))
   {
       AF[n-3]=ra1;
       BF[n-3]=BF[n-4];
       ra1=ra2;
       ra2=AF[n-3]+(0.5+ed)*(BF[n-3]-AF[n-3]);
   }
   else
   {
       AF[n-3]=AF[n-4];
       BF[n-3]=ra2;
       ra2=ra1;
       ra1=AF[n-3]+(0.5-ed)*(BF[n-3]-AF[n-3]);
   }

   if(bSquare(ra1,T1,d1,iq,a)>bSquare(ra2,T1,d1,iq,a))
   {
       l=ra1;
       r=BF[n-3];
   }
   else
   {
       l=AF[n-3];
       r=ra2;
   }

   double X=0.0;
   X=bSquare(0.5*(l+r),T1,d1,iq,a);
   return X;

}
```

根据组合 Simpson 求积法，计算 Simpson 积分的程序段为：

```
double simprl(double low,double up,int M,double d1,double T1,double
```

```
    iq,double a)
  {
     double h=(up-low)/(2*M);
     double s1=0.0;
     double s2=0.0;
     double x=0.0;
     for(label k=1;k<=M;k++)
     {x=low +h*(2*k-1);s1=s1 +integ(x,d1,T1,iq,a);}
     for(label k=1;k<=M-1;k++)
     {x=low +h*2*k;s2=s2 +integ(x,d1,T1,iq,a);}
     double s=h*(integ(low,d1,T1,iq,a)+integ(up,d1,T1,iq,a)+4*s1 +2*
          s2)/3.0;
     return s;
  }
```

其中，integ 表示调用被积函数 f，根据式（11-8）由另外的函数定义。程序中首先将积分区间[low, up]划分为 $2\times M$ 个宽度为 h 的等距子区间 $[x_k, x_{k+1}]$，根据组合 Simpson 公式，利用下式逼近积分值：

$$S=\frac{h}{3}\left[f(\text{low})+f(\text{up})+2\times\sum_{k=1}^{M-1}f(x_{2k})+4\times\sum_{k=1}^{M}f(x_{2k-1})\right]$$

11.3.5 定义边界条件

在 11.1.3 节介绍的各物理量在不同边界上的边界条件中，绝大多数边界条件在 OpenFOAM 标准库中均有定义，如 Dirichlet 和 Neumann 边界条件，在应用时可分别由“fixedValue”和“zeroGradient”指定，但在放电阳极上，用实验电流值表示的电流连续性边界条件需重新定义。有两种方法可以定义该边界条件：一种为自定义边界条件类，并在算例中调用和指定；另一种为在算例中应用 codeStream 设置边界条件。

当使用自定义类定义阳极电流连续性边界条件时，需在求解器文件夹中创建类文件，并在 include 文件夹中创建类声明头文件。这里将该类名确定为 niMixedFvPatchField，相应的类文件名和头文件名分别为 niMixedFvPatchField.C 和 niMixedFvPatchField.H，算例中应用时使用“niMixed”指定边界条件。niMixedFvPatchField 类由标准库中的 mixedFvPatchScalarField 类继承得到，其构造函数和析构函数在形式上保持不变，但需修改成员函数。将式（11-25）中的最后一个边界条件表达式分别变形为 $\frac{\partial n_\text{i}}{\partial n}=\frac{Z_\text{i}E_n}{D_\text{i}}n_\text{i}+\frac{I}{eD_\text{i}s}$ 和 $n_\text{i}=\frac{D_\text{i}}{Z_\text{i}E_n}\times\frac{\partial n_\text{i}}{\partial n}-\frac{I}{seZ_\text{i}E_n}$ 后，可得到修改后的成员函数的值分别为：

$\text{valueInternalCoeffs()}=0$；

$\text{valueBoundaryCoeffs()}=\frac{D_\text{i}}{Z_\text{i}E_n}\times\frac{\partial n_\text{i}}{\partial n}-\frac{I}{seZ_\text{i}E_n}$；

$\text{gradientInternalCoeffs()}=\frac{Z_\text{i}E_n}{D_\text{i}}$；

$\text{gradientBoundaryCoeffs()}=\frac{I}{eD_\text{i}s}$。

以及修改后的成员函数 updateCoeffs()的各系数分别为：

valueFraction $=1.0$；

refGrad $=0$；

refValue $=\dfrac{D_{\mathrm{i}}}{Z_{\mathrm{i}}E_n}\times\dfrac{\partial n_{\mathrm{i}}}{\partial n}-\dfrac{I}{seZ_{\mathrm{i}}E_n}$。

根据这些表达式，定义成员函数 valueInternalCoeffs() 为：

```
tmp<scalarField>niMixedFvPatchField::valueInternalCoeffs
(const tmp<scalarField>&)const
{
    return tmp<scalarField>(new scalarField(this->size(),pTraits<scalar>::
        zero));
}
```

定义成员函数 valueBoundaryCoeffs() 为：

```
tmp<scalarField>niMixedFvPatchField::valueBoundaryCoeffs
(const tmp<scalarField>&)const
{
    const fvPatchField<scalar>& ni_patch=
        patch().lookupPatchField<volScalarField,scalar>("ni");
    scalarField gradni_patch=ni_patch.snGrad();
    const scalarField& En=
        patch().lookupPatchField<volVectorField,vector>("E")& patch().
        nf();
    const scalarField& Di=patch().lookupPatchField<volScalarField,
        scalar>("Di");
    …
    return(Di/(Zi*En))*gradni_patch-I/(e*s*Zi*En);
}
```

定义成员函数 gradientInternalCoeffs() 为：

```
tmp<scalarField>niMixedFvPatchField::valueBoundaryCoeffs()const
{
    const fvPatchField<scalar>& ni_patch=
        patch().lookupPatchField<volScalarField,scalar>("ni");
    const scalarField& En=
        patch().lookupPatchField<volVectorField,vector>("E")& patch().
        nf();
    const scalarField& Di=patch().lookupPatchField<volScalarField,
        scalar>("Di");
    …
    return Zi*En*ni_patch/Di;
}
```

定义成员函数 gradientBoundaryCoeffs() 为：

```
tmp<scalarField>niMixedFvPatchField::gradientBoundaryCoeffs()const
{
   const scalarField& En=
       patch().lookupPatchField<volVectorField,vector>("E")& patch().
       nf();
   …
   return I/(e*s*Zi*En);
}
```

在成员函数中读取各系数值：

```
void niMixedFvPatchField::updateCoeffs()
{
    …
    this->valueFraction()=scalarField(gradni_patch.size(),1.0);
    this->refGrad()=scalarField(gradni_patch.size(),0.0);
    this->refValue()=(Di/(Zi*En))*gradni_patch -I/(e*s*Zi*En);
    …
}
```

11.3.6 算例组成

执行求解器的一个完整算例由如图 11-8 所示的“system”“constant”“0”文件夹组成。其中，“system”文件夹中的“controlDict”用于规定时间步控制，“fvSchemes”用于规定控制方程的离散方法，“fvSolution”用于规定求解各场量的代数方程组的方法，“blockMeshDict”用于几何建模和网格划分。“constant”文件夹中的“physicalProperties”文件用于定义物理常量。“0”文件夹中的各文件用于规定各常量在各边界上的初始条件和边界条件。

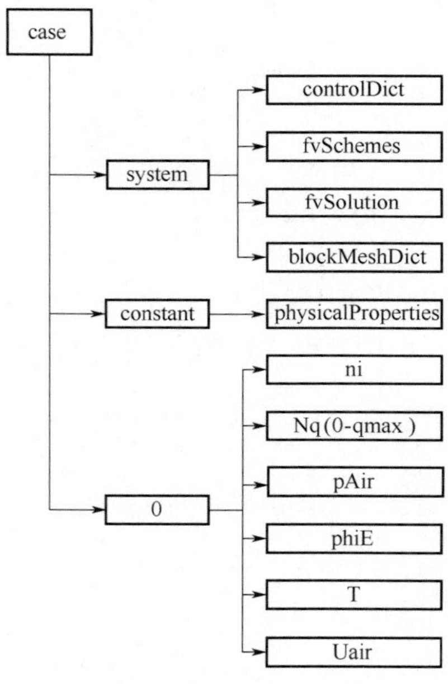

图 11-8 算例组成

“fvSchemes”文件中规定控制方程离散方法的程序段为：

```
…
ddtSchemes {default  Euler;}
gradSchemes {default  cellLimited Gauss linear 0.5;}
divSchemes {default  Gauss MUSCL;}
laplacianSchemes {default  Gauss linear corrected;}
interpolationSchemes {default  linear;}
snGradSchemes {default  corrected;}
```

“fvSolution”文件中规定代数方程求解方法的程序段为：

```
…
pAir
{
    solver              PCG;
    preconditioner      DIC;
    tolerance           1e-06;
    relTol              0.05;
}
pAirFinal
{
    $pAir;
    relTol              0;
}
Uair
{
    solver              smoothSolver;
    smoother            symGaussSeidel;
    tolerance           1e-05;
    relTol              0;
}
phiE
{
    solver              PCG;
    preconditioner      DIC;
    smoother            symGaussSeidel;
    tolerance           1e-6;
    relTol              0.2;
}
T
{
    solver              PBiCGStab;
    preconditioner      DILU;
    tolerance           1e-6;
    relTol              0.2;
}
"(ni|Nq0|Nq1|Nq2|Nq3|Nq4|Nq5)"
{
    solver              PBiCGStab;
    preconditioner      DILU;
    tolerance           1e-6;
    relTol              0.2;
}
PISO
{
    nCorrectors                 2;
    nNonOrthogonalCorrectors    1;
    pRefCell                    0;
    pRefValue                   0;
}
```

11.4 求解器验证

从三个方面验证所编制的求解器：首先针对电场强度分布，与 Comsol 软件的计算结果相比较；其次针对离子-颗粒荷电效率，与 Hoppel 和 Firck 报道的研究结果相比较；最后针对气溶胶颗粒的荷电效率，与已报道的实验结果相比较。

11.4.1 电场分布计算结果验证

在 Comsol 软件中建立与本研究相同的几何模型，假设初始空间内初始电荷密度为零，并施加相同的边界条件，在放电阳极施加恒定电势 0.8kV，阴极接地，对壁面施加“零表面电荷密度”边界条件，应用“超细化”级别的单元大小划分网格，计算荷电器内的电场强度分布，将该结果与应用本求解器得到的结果进行比较。以荷电器阳极下方纵向中线上的电场强度分布作为比较指标，结果如图 11-9 所示。可以看出，除极靠近放电阳极附近 Comsol 的结果偏大外，其他部分两者的计算结果几乎一致。

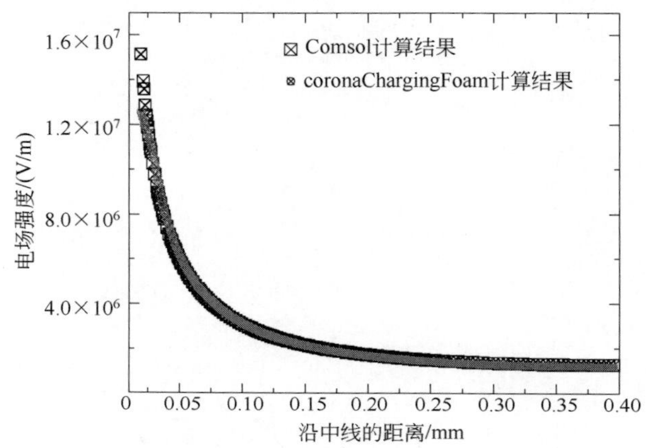

图 11-9 荷电器内沿纵向中线处的电场强度分布比较

11.4.2 离子-颗粒结合系数计算结果验证

Hoppel 和 Frick 采用修正的 Fuchs 理论计算了离子-颗粒结合系数，并得到了实验验证。这里将求解器 coronaChargingFoam 的计算结果与 Hoppel 和 Frick 的结果相比较，验证本节模型和计算方法的正确性。分别针对半径为 50nm 和 100nm 的气溶胶颗粒，在恒温 298K、无气体流动时进行计算，结果及其与 Hoppel 和 Frick 结果的比较如图 11-10 所示。两种粒径时结合系数的计算结果相对误差分别位于 15%和 17%内，一致性良好，验证了本模型中结合系数数值计算方法的正确性。

11.4.3 荷电效率计算结果验证

本求解器可用来预测电晕直接荷电器的荷电效率，针对气溶胶入口流速 2.7m/s，入口处单分散气溶胶颗粒的数量浓度 $1.8\times10^{11}/m^3$，两极板间距 0.4mm，放电电流 4.1mA，阳极电势 0.8kV 的情况，计算荷电器出口处带多于一个电荷的颗粒的数量浓度，进而得到荷电效率的值。图 11-11 给出了 5 种粒径气溶胶颗粒的荷电效率计算结果及其与实验结果的比较。求解器的预测结果与实验结果总体一致，但对于粒径稍大的颗粒，如图 11-11 中的 209nm 和 280nm，预测结果值明显大于实验结果，这是因为本计算模型尚未考虑荷电颗粒在求解器内的损失。颗粒荷电后，尤其是当带有较多电荷时，在电晕电场的作用下，荷电颗粒会向负极板漂移，与负极板碰撞后恢复为中性颗粒，而且粒径越大，损失量也越大。

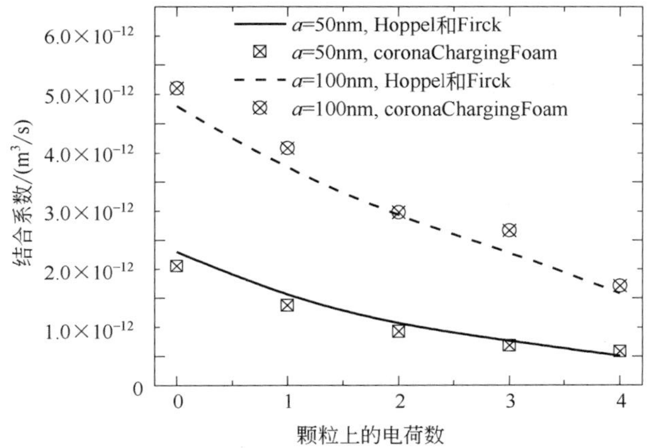

图 11-10　离子-颗粒结合系数比较

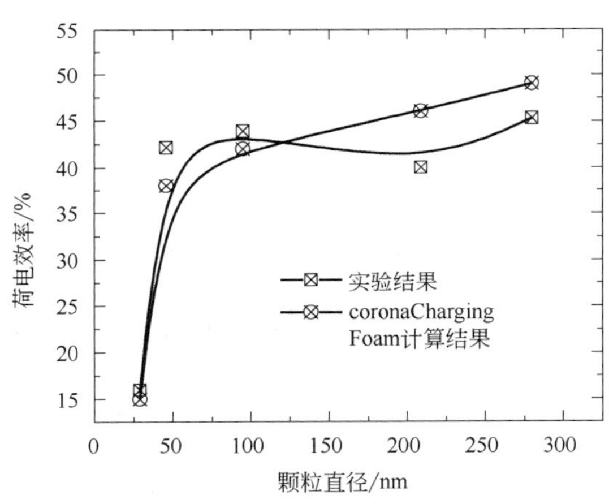

图 11-11　荷电效率比较

参考文献

[1] 陶松，刘雍，韩海玲，等. Ubuntu Linux 从入门到精通 [M]. 北京：人民邮电出版社，2014.

[2] https://www.runoob.com/linux/linux-tutorial.html.

[3] https://www.paraview.org/.

[4] Stephen Prata. C++ Primer Plus 中文版 [M]. 6 版. 张海龙，苑国忠，译. 北京：人民邮电出版社，2012.

[5] Bjarne Stroustrup. C++程序设计语言 [M]. 王刚，杨巨峰，译. 北京：机械工业出版社，2016.

[6] 谭浩强. C++程序设计 [M]. 4 版. 北京：清华大学出版社，2021.

[7] https://openfoam.org/.

[8] http://www.dyfluid.com/.

[9] 黄先北，郭嫱. OpenFOAM 从入门到精通 [M]. 北京：中国水利水电出版社，2021.

[10] Christopher J G，Henry G W. Notes on Computational Fluid Dynamics：General Principles [M]. Caversham：CFD Direct Limited，2022.

[11] 黄克智，薛明德，陆明万. 张量分析 [M]. 北京：清华大学出版社，2003.

[12] 谢树艺. 矢量分析与场论 [M]. 北京：高等教育出版社，2004.

[13] http://www.dyfluid.com/.

[14] Suhas V P. Numerical Heat Transfer and Fluid Flow [M]. New York：CRC Press，Taylor & Francis Group，1980.

[15] Pfister P D，Perriard Y. Slotless permanent-magnet machines：General analytical magnetic field calculation [J]. IEEE Transactions on Magnetics，2011，47(6)：1739-1752.

[16] Norman D，Stanislaw O. Cylindrical magnets and ideal solenoids [J]. American Journal of Physics，2010，78(3)：229-235.

[17] Caciagli A，Baars R J，Philipse A P，et al. Exact expression for the magnetic field of a finite cylinder with arbitrary uniform magnetization [J]. Journal of Magnetism and Magnetic Materials，2018，456：423-432.

[18] Moukalled F，Mangani L，Darwish M. The Finite Volume Method in Computational Fluid Dynamics，An Advanced Introduction with OpenFOAM® and Matlab® [M]. Switzerland：Springer，2016.

[19] Hoppel W A，Frick G M. Ion-aerosol attachment coefficients and the steady-state charge distribution on aerosols in a bipolar ion environment [J]. Aerosol Science and Technology，1986，5(1)：1-21.

[20] Reischl G P，Makehi J，Karch R，et al. Bipolar charging of ultrafine particles in the size range below 10 nm [J]. Journal of Aerosol Science，1996，27(6)：931-949.

[21] He K，Ma X，Lu J，et al. Charging models for airborne suspended particles around HVDC lines [J]. High Voltage，2021，6：348-357.

[22] Nishida R T，Boies A M，Hochgreb S. Modelling of direct ultraviolet photoionization and charge recombination of aerosol nanoparticles in continuous flow [J]. Journal of Applied Physics，2017，121：023104.

[23] Nishida R T，Yamasaki N M，Schriefl M A，et al. Modelling the effect of aerosol polydispersity on unipolar charging and measurement in low-cost sensors [J]. Journal of Aerosol Science，2019，130：10-21.

[24] Cagnoni D，Agostini F，Christen T，et al. Multiphysics simulation of corona discharge induced ionic wind [J]. Journal of Applied Physics，2013，114：233301.

[25] Hoppel W A，Frick G M. The nonequilibrium character of the aerosol charge distributions produced by neutralizes [J]. Aerosol Science and Technology，1990，12(3)：471-496.

[26] Yang W，Zhu R，Wang L，et al. Charging efficiency of nanoparticles in needle-to-plate chargers with micro discharge gaps [J]. Journal of Nanoparticle Research，2019，21：125.

[27] Rosensweig R E. Ferrohydrodynamics [M]. New York：Dover Publications，2002.

[28] Yang W，Liu B. Magnetic levitation force of composite magnets in a ferrofluid damper [J]. Smart Materials and Structures，2018，27：115009.

[29] Yang W，Wang P，Hao R，et al. Experimental verification of radial magnetic levitation force on the cylindrical magnets in ferrofluid dampers [J]. Journal of Magnetism and Magnetic Materials，2017，426：334-339.

[30] Yang W，Liu B. Effects of magnetization relaxation in ferrofluid film flows under a uniform magnetic field[J]. Physics of Fluids，2020，32：062003.

[31] Odenbach S. Ferrofluids，Magnetically Controllable Fluids and Their Applications [M]. Heidelberg：Springer，2002.

[32] Rinaldi C，Chaves A，Elborai S，et al. Magnetic fluid rheology and flows [J]. Current Opinion in Colloid and Interface Science，2005，10：141-157.

[33] Jansons K M. Determination of the constitutive equations for a magnetic fluid [J]. Journal of Fluid Mechanics，1983，137：187-216.

[34] Saravia M. A finite volume formulation for magnetostatics of discontinuous media within a multi-region OpenFOAM framework [J]. Journal of Computational Physics，2021，433：110089.

[35] Versteeg H K，Malalasekera W. An Introduction to Computational Fluid Dynamics：the Finite Volume Method [M]. New Jersey：Prentice Hall，1995.

[36] Yang W，Zhu R，Zhang C，et al. Simulation of gas discharge in a needle-to-plane geometry with hundreds of micrometers gap and its enlightenment for direct charging of aerosol particles [J]. IEEE Transactions on Plasma Science，2018，46（9）：3179-3187.

[37] Yang W. On the boundary conditions of magnetic field in OpenFOAM and a magnetic field solver for multi-region applications [J]. Computer Physics Communications，2021，263：107883.

[38] Yang W，Fang B，Liu B. coronaChargingFoam：An OpenFOAM based solver for multi-physical simulations of direct unipolar diffusion charging of aerosol particles [J]. Computer Physics Communications，2022，279：108435.